Windows NT 4.0 Server

Instalación y Gestión

Guía Avanzada

CONSULTORES EDITORIALES:

Windows NT 4.0 Server

Instalación y Gestión

Guía Avanzada

JOSÉ MANUEL MARTÍNEZ
Licenciado en Informática
XAVIER MARTÍNEZ
Licenciado en Informática

PRENTICE HALL
Madrid • Upper Saddle River • Londres • México • Nueva Delhi • Rio de Janeiro
Santafé de Bogotá • Singapur • Sydney • Tokio • Toronto

Datos de catalogación bibliográfica

JOSÉ MANUEL MARTÍNEZ • XAVIER MARTÍNEZ
Windows NT 4.0 Server
Instalación y Gestión • Guía Avanzada
PRENTICE HALL, Madrid, 1997

ISBN: 84-8322-032-6
Materia: Informática 681.3

Formato 170 x 240 Páginas 496

JOSÉ MANUEL MARTÍNEZ • XAVIER MARTÍNEZ
Windows NT 4.0 Server
Instalación y Gestión • Guía Avanzada

ISBN: 84-8322-032-6
Depósito legal: M. 25.457-1999
1.ª reimpresión, 1998
2.ª reimpresión, 1999

Diseño de cubierta: Marcelo Spotti
Composición: ANGEL GALLARDO
Impreso por: Imprenta Fareso, S. A.

IMPRESO EN ESPAÑA - PRINTED IN SPAIN

Este libro ha sido impreso con papel y tintas ecologicos.

Contenido

I Conceptos y administración básica

Agradecimientos

José Manuel Martínez

Llevar a cabo un proyecto de esta envergadura requiere muchas horas de dedicación. Durante estos meses quien más ha soportado mis "neuras" ha sido Montserrat, por esto debe ser la primera persona que aparezca en esta sección de agradecimientos junto con los componentes de mi familia, Teresa, Amalio, Ana María, Oscar, Montserrat y David, el peque, que ya comienza a realizar sus primeros pinitos con los ordenadores.

A mis amigos, que no piensen que me he olvidado de ellos, lo que sucede es que han sido muchas horas absorbidas por a este proyecto. No puedo citarlos a todos, pero sí a algunos como José Antonio, Miguel, Quique, Andrés, Carlos, José Angel, Alberto, Pau, Josep Oriol, Marta, Sergio, Silvia, Montserrat, Víctor, Isabel, Antonio, Raquel, gracias a todos en general.

A mis compañeros de trabajo que en todo momento me han demostrado su apoyo, Carmen, Jordi, Javier, Carlos, Mercedes, "Manuel", Ismael, Martí, Javier, Francisco, Alex, Max y a Manuel Salazar.

No sería justo no agradecer a la dirección de Hispan Tecnologic la confianza que han depositado en mi persona para llevar adelante este proyecto y a mis compañeros Vicens Oliveras y Alberto Delgado, que pese a lo atareado que se encontraba siempre estuvo dispuesto a prestar su colaboración en el presente libro.

Por último quiero hacer una cita especial de dos personas que se encuentran atravesando una grave situación: Josep Torroella y Javier Cañizares. Ánimo y adelante.

Xavier Martínez

Debo dedicar mi primer y más sincero agradecimiento a mi esposa, M.ª Jesús, que ha soportado con paciencia durante algunos meses que haya sustituido nuestro tiempo de ocio por horas de trabajo delante de una pantalla de ordenador. También agradecer el apoyo que me han proporcionado muchas personas para que no decayera en esta tarea, entre las que quiero destacar a mis padres, Francisco y Montserrat, así como al resto de mi familia, Verónica, Jordi, Violeta, Sergio, Mireia, Jesús, Palmira y Susana. Y no olvido al grupo '6+1', en especial a Miquel y Quique.

A mis compañeros de trabajo de Caixa de Catalunya, Lluís, Xavier, Félix, Pepe, Raúl, Germán, Andoni, Francesc, Fermí, Ramón, Jordi, Angel, Enric, Josep, Joan, Sebastiá, Dídac, Neus, Albert, Pedro, Roger, Maribel, Jose, que seguro necesitarán consultar este libro alguna vez (eso espero).

Por último, al personal de Hispan Tecnológic que me ha proporcionado al posibilidad de escribir este libro, agradezco la confianza depositada en mí para llevar a cabo esta tarea.

PARTE I

Conceptos y administración básica

Capítulo 1
Introducción

En este capítulo veremos las características del entorno Windows NT, su vocabulario y algunos conceptos necesarios para poder administrar eficazmente este sistema operativo. Se intentará resolver las posibles dudas conceptuales que puedan surgir a usuarios que, estando trabajando con otros sistemas operativos como Unix, MS-DOS o Windows 3.x, deban ahora entrar en Windows NT.

¿Por qué Windows NT?

En los años anteriores a 1980, los sistemas informáticos de las empresas estaban mayoritariamente formados por un **Mainframe central** que poseía y controlaba todos los recursos disponibles (discos, CPU, memoria) y una serie de **terminales de trabajo** que sólo eran útiles si se encontraban conectados a este Mainframe central del que compartían disco, CPU y memoria.

Esta configuración tenía una serie de **problemas asociados:**

- El Mainframe era **caro**, ya que necesitaba gran cantidad de recursos disponibles, y en mayor cantidad cuanto más terminales tenía conectados.
- Era **difícil de mantener** al necesitar un departamento especial que se encargara de ello. Además era necesario personal muy especializado para este mantenimiento.
- Las **necesidades de nuevo software eran costosas y lentas:** el departamento gestor del Mainframe también se encargaba normalmente de la programación del mismo. Como se debía dar soporte a todas las peticiones de los usuarios, éstas acostumbraban a tardar en realizarse dependiendo de las prioridades del momento y de la prioridad de la aplicación a desarrollar. Pero, a veces, una aplicación no prioritaria dentro de la empresa sí lo es para el usuario que la pide si esto le ahorra esfuerzo y tiempo.

Expansión del PC

A partir del año 1980 y, debido a la **expansión y a la popularidad del PC**, se produce un cambio en las empresas: muchos usuarios descontentos por las dificultades que encontraban para satisfacer sus necesidades de software, se vuelcan hacia la utilización de los PC's, ya que éstos ofrecían una serie de **ventajas** respecto a los Mainframes:

- Su **precio era más barato** con relación al coste de ampliación de los Mainframes.
- Era **fácil de usar** y **mantener**. No era necesario ser un experto para utilizarlo ni para mantenerlo.
- Cada usuario podía comprar el software que necesitaba o podía programárselo, con lo que el **tiempo de obtención de nuevo software se reducía** mucho.

Pero esta explosión en la utilización de los PC's a nivel de empresa también traía consigo una serie de **desventajas:**

- La utilización de los PC's era **ineficiente en un entorno empresarial**, ya que, por ejemplo, se duplicaban las aplicaciones en todos los equipos (pensemos en una empresa con miles de empleados en la que utilizaban todos el mismo procesador de textos por compatibilidad: cada uno de ellos tendría en su equipo una copia de este procesador, con la consecuente ineficiencia en el uso de espacio de disco) o bien se infrautilizaban las impresoras (cada equipo, al estar independiente, necesitaba una impresora conectada, pero ésta no se utilizaba continuamente).
- La **información** que había en un equipo **no se podía compartir** con el resto de usuarios, lo cual era necesario en un entorno empresarial donde los usuarios realizan trabajos en equipo. Esto obligaba a un continuo trasiego de disquetes entre los usuarios, con el consiguiente riesgo de expansión de los virus informáticos.
- Existía **poca seguridad de los datos** contenidos en el disco duro de los equipos en caso de desastre o de intrusos. Era el propio usuario del equipo quien debía encargarse de sus propios datos tanto a nivel de copias de seguridad (para recuperarlos en caso de pérdida de la información del disco del equipo), como a nivel de prohibición frente a la entrada de usuarios no autorizados.
- El propio usuario debía gastar cierto **tiempo en administrar** el equipo: añadir nuevo software o hardware, realizar las copias de seguridad, etc. Esto implicaba que los usuarios tenían que formarse en unas tareas que se apartaban de su trabajo normal de cada día.

Aparición de las redes

Algunas compañías, como **Novell**, intentaron solucionar algunos de estos problemas mediante la aparición de los conceptos de **red local** y **servidor**, los cuales permitían compartir información/recursos entre los usuarios y poseían una mayor seguridad en los datos en caso de desastre, ya que se realizaban las copias de seguridad de manera centralizada. Pero no solucionaban otros problemas como la seguridad local frente a usuarios no autorizados. Además también comenzaban a surgir un nuevo tipo de **redes** denominadas de **nivel global**, las cuales eran utilizadas en empresas con varios centros, instituciones financieras, universidades, etc., que exigían otro tipo de interacción con máquinas que no se encontraban en el área local.

En los últimos años y, debido al boom de la red Internet, se ha incrementado la necesidad de interacción con máquinas remotas, lo que ha hecho evolucionar más rápidamente los sistemas operativos propios de PC's.

Aparición de Windows NT

El sistema operativo Windows NT intenta dar una solución global a todas estas necesidades cubiertas parcialmente por uno u otro modelo, haciendo el mayor énfasis en la facilidad de administración de la red (local o global), de manera que estas tareas se puedan realizar desde una sola estación de la misma sin necesidad de desplazarse físicamente al resto de equipos que componen la red.

Con la última versión 4.0 de Windows NT Server también obtendremos un soporte para la creación de servidores Internet (véase el capítulo dedicado a Internet Information Server), así como aplicaciones para el acceso remoto a equipos específicos o bien a Internet.

La familia Windows

Seguro que hemos oído muchas veces las palabras Microsoft y Windows, nos han hablado de las excelencias de la presentación gráfica de Windows o, incluso, hemos tenido la oportunidad de navegar por el escritorio de algún equipo con un sistema operativo Windows. Pero, para algunos usuarios no familiarizados, es posible que surjan dudas respecto de las distintas versiones existentes en el mercado de este sistema operativo y las prestaciones ofrece cada una de ellas. Para los usuarios experimentados en este entorno la siguiente referencia no ofrecerá ningún nuevo dato, pero para aquellos que no lo sean tanto, quizás les ayude a clarificar qué se puede esperar de cada versión.

La primera versión distribuida masivamente en el mercado fue la versión Windows 3.1. Esta versión estaba construida sobre el sistema operativo MS-DOS, es decir, era necesario tener instalado MS-DOS para poder instalar Windows 3.1. Debido a esta limitación, Windows 3.1 seguía padeciendo los problemas de MS-DOS: su sistema de ficheros (FAT), su falta de seguridad lógica, su dependencia con el hardware instalado, etc. Pero ofrecía unas mejoras sustanciales respecto a MS-DOS, como era su nuevo interface gráfico, un mejor sistema de manejo de la memoria y una gestión cooperativa del procesador o multitarea cooperativa (más adelante veremos qué significa la multitarea cooperativa). De todos modos no solucionaba algunos problemas, como la necesidad de compartir datos, con lo que su utilización se limitó a equipos particulares o pequeñas empresas.

Para solucionar la falta de interconectividad entre los distintos usuarios de Windows 3.1, Microsoft desarrolló una segunda versión llamada Windows para trabajo en grupo o Windows 3.11 que añadía una manera fácil de compartir directorios, impresoras y otros dispositivos entre los diferentes equipos de una red local. A pesar de esta mejora, seguía manteniendo las carencias de Windows 3.1, ya que también estaba construido sobre MS-DOS.

El siguiente paso de Microsoft fue construir un sistema operativo independiente de MS-DOS que solucionara todas las carencias de éste y que ofreciera unas mayores prestaciones en cuanto a conectividad y robustez. Este paso siguiente fue Windows NT Server (que incorporaba aplicaciones de gestión de una red que le permitían actuar como servidor de una red local) y Windows NT WorkStation (el cual se diseñó principalmente para trabajar contra un servidor de red, aunque también puede trabajar sin estar conectado a una red), primero en su versión 3.1 y más adelante en su versión 3.51, los cuales se apoyaban en el interface gráfico de Windows 3.1 y Windows 3.11.

En el año 1995, Microsoft lanzó un nuevo producto para sustituir a las versiones Windows 3.1 y Windows 3.11: Windows 95. Este nuevo producto ofrecía un nuevo interface gráfico y una serie de mejoras en la arquitectura del sistema, entre las que cabe destacar la multitarea preemptiva y una mayor velocidad de procesamiento debido a que era un sistema operativo 32 bits, pero seguía basado en el sistema operativo MS-DOS con lo que seguía adoleciendo de algunas de las limitaciones propias de este sistema operativo.

Por último, ya en el último trimestre de 1996, Microsoft incorporó a su familia una nueva versión 4.0 del sistema operativo Windows NT (Server y WorkStation) que ofrecía como mejoras esenciales el cambio al interface de usuario propio de Windows 95 y una serie de servicios de conectividad con otras redes y con la red Internet, incluyendo la posibilidad de transformar un equipo con Windows NT Server en un servidor de Internet.

Características de Windows NT

Dentro de todas las **características** que definen **Windows NT** (Server y WorkStation), algunas de las cuales ya hemos nombrado antes, podemos resaltar las siguientes :

- A diferencia de Windows 3.x y Windows para trabajo en grupo que están construidos sobre el sistema operativo MS-DOS, **Windows NT es un sistema operativo independiente del MS-DOS.**
- Windows NT, en su versión 4.0, adopta el **interface de Windows 95**, facilitando un rápido aprendizaje del mismo a través de los Asistentes de trabajo. Este interface incluye todos los elementos que ya posee Windows 95 (barra de tareas, accesos directos, menú Inicio, utilización del botón derecho) y la utilidad Explorador de Windows NT, que reemplaza al Administrador de archivos, y desde la cual podemos manejar ficheros, directorios, discos locales o conexiones de red.
- **Interface integrada con Internet** mediante el Microsoft Internet Explorer que permite una navegación fácil por Internet y soporta todos los estándares HTML. Windows NT Server 4.0 también incluye la posibilidad de ser instalado como servidor Internet gracias a su módulo Internet Information Server versión 2.0.
- Windows NT permite trabajar con varios **sistemas de ficheros** : FAT, NTFS y CDFS.
- Implementación de sistemas de **definición de los entornos de trabajo de los usuarios** a través de los perfiles de usuario y las directivas de sistema, los cuales pueden ser gestionados en una red para que se apliquen a usuarios específicos independientemente de la estación desde donde inicie la sesión.
- Ofrece unos servicios y utilidades para **centralizar el control y administración** de los usuarios de una red, sus características y sus niveles de acceso.
- Cumple el estándar de **seguridad con nivel C2** (sólo si utilizamos el sistema de archivos NTFS). Este estándar de seguridad exige las siguientes **características:**

  — Un mecanismo de acceso seguro requiere que los usuarios se identifiquen introduciendo un único y exclusivo identificador de acceso (nombre) y una contraseña antes de que les sea permitido el acceso al sistema.

— El control de acceso discrecional permite al dueño de un recurso determinar quién puede acceder al recurso y lo que puede hacer con él. Dicho dueño consigue esta característica garantizando derechos de acceso a un usuario o a un grupo de usuarios.
— La auditoría proporciona la posibilidad de detectar y registrar eventos importantes relacionados con la seguridad de cualquier intento de crear o acceder a, o eliminar recursos del sistema. Utiliza identificadores de acceso (nombre) para registrar la identidad del usuario que llevó a cabo la acción.
— La protección de memoria evita que cualquiera lea información escrita por otra persona, incluso después de que una estructura de datos haya sido devuelta al sistema operativo. La memoria es reinicializada antes de volver a ser utilizada.

- Funcionalidades para la **utilización en equipos portátiles**, como por ejemplo la posibilidad de llamar automáticamente por el sólo hecho de ejecutar un icono o la creación de diferentes perfiles de hardware que permiten iniciar el equipo seleccionando qué configuración hardware utilizaremos. También incluye el icono **Mi Maletín** para el transporte de documentos entre diferentes equipos.
- Incorpora utilidades de copias de seguridad, soporte a sistemas de alimentación ininterrumpida y tolerancia a fallos como **sistemas de protección física de los datos**.
- Windows NT trabaja con **instrucciones y direccionamiento de 32 bits**, con lo que obtenemos hasta un máximo de 4 GB de direccionamiento RAM.
- Posee una **protección del espacio de direccionamiento** de cada proceso (4 GB) respecto del resto de procesos del sistema, incluyendo las aplicaciones 16 bits. Esto proporciona una total independencia de cada programa en ejecución, con lo que si se produce un error de ejecución, esto no afectará al resto de programas ni al sistema operativo.
- Gestión de **multitarea preemptiva**. Windows NT permite la ejecución simultánea de varias aplicaciones, de manera que las aplicaciones que no están activas siguen ejecutándose aunque el usuario esté trabajando con otra aplicación. Es el sistema operativo el que se encarga de asignar un tiempo de CPU a cada proceso, dependiendo de su prioridad. Cuando un proceso A agota su tiempo, el sistema operativo lo deja en suspenso y entrega la CPU a otro proceso B durante un tiempo que ha asignado el propio sistema. Cuando más adelante el proceso A vuelva a tener la CPU, se reanudará su ejecución hasta que vuelve a agotar su tiempo y quede de nuevo en suspenso. Debido a que toda esta gestión, así como la asignación de tiempos, la realiza el sistema operativo, el propio sistema operativo necesita parte del tiempo de CPU para sí mismo.

  Esta clase de multitarea la podemos comparar con la **multitarea cooperativa** que utilizan Windows 3.1 y Windows 3.11, en la que el proceso que tiene la CPU en cada momento es el que debe encargarse de liberarla para que otro proceso la pueda tomar, es decir, no existe nadie que se encargue de la distribución de tiempo de la CPU, sino que cada proceso es responsable de tomarla y liberarla.
- Soporte de **multithreading**. Un proceso puede subdividirse en varios threads o hilos de ejecución simultáneos para aprovechar mejor la multitarea, ya que Windows NT asigna CPU a cada thread independientemente del proceso al que corresponda.

- Soporte de **multiprocesadores simétricos.** Windows NT soporta equipos con más de un procesador. El sistema operativo se encarga de asignar los diferentes threads que tiene en ejecución a los diferentes procesadores, aunque éstos pertenezcan al mismo proceso. Hay que diferenciar el soporte a multiprocesadores simétricos del soporte a **multiprocesadores asimétricos**, donde el sistema operativo se asigna un procesador sólo para su uso, mientras el resto de procesadores se utilizan para las aplicaciones de usuarios. Este segundo método de soporte de multiprocesadores es menos eficiente, ya que se pierde el tiempo de CPU en que el sistema operativo no necesita ejecutar nada.
- Soporte de **múltiples plataformas:** INTEL, RISC (MIPS, ALPHA, PowerPC). En todas estas arquitecturas Windows NT tiene el mismo aspecto, siendo la arquitectura transparente para el usuario.
- Diseño y soporte de **procedimientos con llamadas remotas**, es decir, aplicaciones cliente/servidor.
- Soporte para diferentes **protocolos de red:** TCP/IP (DHCP, WINS, DNS, PPP, PPTP, SLIP), NetBEUI, NWLink, DLC, AppleTalk, lo que nos permitirá interactuar con cualquier tipo de máquina o red que soporte alguno de estos protocolos.
- Integración de los servicios **WINS** (Windows Internet Name Service) y **DNS** (Domain Name System) que constituyen una especie de DNS dinámico.
- Windows NT permite el **acceso a clientes que no sean Windows NT**, como Windows 3.1, Windows para trabajo en grupos, MS-DOS, OS/2, Novell NetWare o Macintosh (sólo a servidores NT Server).
- Posibilidad de **conexión remota** desde o hacia otros equipos vía el **servicio RAS**, el cual permite actuar como si estuviéramos conectados localmente a la red.
- **Administración de toda la red desde un solo equipo**. Esta red puede estar compuesta por equipos Windows NT, Windows 95, Windows 3.1 o Windows para trabajo en grupo.
- Soporte a **aplicaciones de otros sistemas operativos:** MS-DOS, POSIX (UNIX), aplicaciones OS/2 en modo carácter (no gráficas), Windows 16 bits, Windows 95. Existe la posibilidad de añadir mediante unos módulos adicionales soporte a aplicaciones de otros sistemas operativos.
- Incluye **tecnología API OpenGL** de alto rendimiento para gráficos tridimensionales en color. Ofrece soporte a las API de 16 y 32 bits para las funciones de Video for Windows 1.1.
- Incluye soporte a estándar **UNICODE.**
- Ofrece **emulación de procesador 486** para que se puedan ejecutar aplicaciones 386-extendidas de 16 bits sobre sistemas RISC.

Algunas de estas características las veremos más detalladamente en los siguientes capítulos del libro.

Windows NT Server versus Windows NT WorkStation

En el anterior apartado hemos descrito las características más destacables del entorno Windows NT aplicables a la versión Server y a la versión WorkStation. Pero ambas versiones ofrecen algunas diferencias, en cuanto a arquitectura y funcionalidad, que podemos ver en la Tabla 1.1:

Tabla 1.1. Diferencias entre Windows NT Server y Windows NT WorkStation

	WorkStation	Server
Número de conexiones de entrada concurrentes	10	Ilimitado
Número de conexiones de salida concurrentes	Ilimitado	Ilimitado
Multiprocesadores simétricos	2	32
Número de conexiones remotas (RAS)	1	256
Validación de sesión al dominio	NO	SÍ
Tolerancia a fallos de disco	NO	SÍ
Duplicación de directorios	Importación	Importación/Exportación
Soporte para Macintosh	NO	SÍ

En esta tabla podemos observar que Windows NT Server ofrece una mayor potencia en el aspecto de la conectividad, ya que permite un número ilimitado de conexiones tanto de entrada, es decir, desde otros equipos hacia él (un mismo equipo puede tener varias conexiones hacia otro) como de salida, es decir, desde él hacia otros equipos; mientras que Windows NT WorkStation sólo permite un máximo de 10 conexiones de entrada, aunque también con un número ilimitado de conexiones de salida. Esta diferencia es normal, ya que Windows NT Server se utilizará como servidor de red y, por tanto, es posible que muchos equipos se conecten a él, mientras Windows NT WorkStation está pensado para trabajar contra un servidor de red y sólo necesita tener una gran conectividad hacia otros equipos. Windows NT Server también posibilita hasta 256 conexiones vía el servicio RAS (véase el capítulo dedicado a este servicio), mientras NT WorkStation sólo permite 1 conexión.

Otra diferencia importante entre ambas versiones es la mayor capacidad de procesamiento en Windows NT Server (admite hasta 32 multiprocesadores simétricos) que en Windows NT WorkStation, sobre todo debido a su carácter de servidor de red, el cual también obliga a una mayor seguridad en la validación de acceso por parte de los usuarios y en los posibles fallos físicos de los discos.

Una última característica diferenciadora entre Windows NT Server y Windows NT WorkStation es la posibilidad, por parte del primero, del servicio de duplicación de directorios, que permite que ciertos directorios situados en un equipo (llamado importador) con Windows NT Server puedan ser duplicados periódicamente y sin intervención de ningún usuario a otras máquinas de la red (llamadas exportadoras), las cuales pueden tener Windows NT Server o Windows NT WorkStation.

Como característica adicional de Windows NT Server, cabe destacar que forma parte del paquete BackOffice, el cual integra varias herramientas para hacer de Windows NT un poderoso sistema operativo de aplicaciones cliente-servidor. Este paquete integra, además de Windows NT Server, Microsoft SQL (una base de datos), Systems Management Server (un gestor de la red), SNA Server (un paquete de conectividad a Mainframes) y Exchange Server (una herramienta de correo electrónico).

Requisitos hardware

Windows NT WorkStation

Antes de realizar la instalación del sistema operativo Windows NT WorkStation en un equipo, hemos de comprobar que el hardware del que disponemos nos lo permitirá. Esta comprobación la podemos dividir en:

- Los componentes hardware de nuestro equipo deben estar en la lista de Hardware Compatible que soporta Microsoft. Esta lista se adjunta al paquete de instalación del sistema operativo.
- La **CPU mínima** es un 80486/25 en caso de máquinas INTEL, aunque se recomienda Pentium o superior. En caso de estaciones RISC, se exige un procesador ALPHA AXP, MIPS R4x00 o PowerPC.
- Se requiere un **espacio de disco mínimo** de 110 MB en las estaciones INTEL y de 148 en las estaciones RISC.
- La **memoria RAM mínima** es de 12 MB, aunque se recomiendan 16 MB (en estaciones RISC es necesaria memoria de 16 MB).
- Modelo de pantalla VGA o superior.

Windows NT Server

En el caso de la instalación de Windows NT Server deberemos realizar las mismas comprobaciones que en el apartado anterior, aunque los mínimos exigidos son mayores en algunos componentes:

- Los componentes hardware de nuestro equipo deben estar en la lista de Hardware Compatible que soporta Microsoft. Esta lista se adjunta al paquete de instalación del sistema operativo.
- La **CPU mínima** es un 80486/25 en caso de máquinas INTEL (aunque se recomienda un Pentium), mientras en las estaciones RISC se exige un procesador ALPHA AXP, MIPS R4x00 o PowerPC.
- El **espacio de disco mínimo** requerido son 110 MB en las estaciones INTEL y de 158 en las estaciones RISC.
- La **memoria RAM mínima** para la instalación de Windows NT Server es de 16 MB, aunque son recomendables 32 MB.
- La pantalla debe ser VGA o superior.

Modelos de red: WorkGroup y Dominio

Windows NT nos ofrece dos maneras o modelos de trabajar para aquellos equipos conectados a una red. Cada uno de los modelos tiene sus características, aunque las podríamos resumir diciendo que el **modelo WorkGroup** o grupo de trabajo está pensado para redes en las que cada equipo de la misma trabaja de manera independiente del resto y que, ocasionalmente, necesita obtener información de algún otro equipo; mientras el **modelo Dominio** es útil para redes en las que la interacción entre los diferentes usuarios es continua e imprescindible.

Modelo WorkGroup

El modelo **WorkGroup (grupo de trabajo) o de red entre iguales** es el modelo que utiliza Windows 3.11 para permitir la conexión entre los diferentes equipos de una red. Se caracteriza por que tanto los recursos (directorios locales a los cuales permitimos acceder a usuarios de otros equipos desde la red) como las cuentas de usuario se administran en cada uno de los equipos de la red. Por tanto, cada usuario del grupo de trabajo es responsable de administrar su terminal. En concreto, depende de cada usuario ofrecer o no los recursos de su equipo a los demás usuarios del grupo de trabajo. Además, si una cuenta de usuario de un equipo tiene que acceder a los recursos de otro terminal, será necesario agregar esa cuenta de usuario al segundo terminal. Esto implica que en un grupo de trabajo pueden existir distintas cuentas de usuario con el mismo nombre de cuenta. Por lo tanto, cada estación de grupo de trabajo puede usarse como servidor de recursos (tiene sus propias cuentas de usuario, las administra y establece sus políticas de seguridad) o como estación peticionaria de recursos.

Por estas razones, el modelo de grupo de trabajo funciona bien para pequeños grupos en los que la seguridad no es importante y donde los usuarios tienen los conocimientos suficientes para compartir recursos y administrar cuentas de usuario de forma adecuada. En cambio, este modelo de trabajo no funciona bien en redes con gran número de cuentas de usuario o bien si hay necesidad de una administración y seguridad centralizada de los recursos y de las cuentas de usuario.

Podemos resumir diciendo que el modelo WorkGroup o de grupo de trabajo nos proporciona una serie de ventajas pero también tiene una serie de desventajas.

Ventajas

- Útil para pequeñas redes con usuarios con ciertos conocimientos.
- Fácil compartir recursos.
- Los recursos se encuentran distribuidos por los diferentes equipos de la red.
- Se necesita muy poco mantenimiento por parte de los administradores del sistema, ya que cada usuario es responsable de administrar su equipo.

Desventajas

- No hay control centralizado (cuentas de usuario, acceso a recursos, seguridad y configuración de las estaciones de trabajo).
- Difícil la administración en redes con muchas estaciones de trabajo.
- Duplicación de cuentas en todas las estaciones de trabajo.

Modelo Dominio

Características

En un **dominio** la administración y seguridad están centralizadas en un equipo, a diferencia del grupo de trabajo donde cada estación era responsable de su administración y seguridad. Podemos decir que un dominio consta de una serie de estaciones (servidoras y clientes) interconectadas a través de una red, lo cual permite:

- Una **administración centralizada.** En un dominio todas las cuentas de usuario de toda la red se pueden administrar desde un único punto en lugar de hacerse en los distintos equipos. De esta forma se libera a los usuarios de la responsabilidad de administración, incluyendo la de recordar la contraseña del Administrador. Además, el administrador no tiene que crear información de cuentas (cuentas de usuario y de grupo) para cada máquina. El administrador sólo tiene que agregar cuentas en una base de datos para todos los equipos del dominio. De esta manera los usuarios iniciarán sesiones en los dominios y no en las estaciones individuales, necesitando únicamente una cuenta para trabajar en todo el dominio y facilitando la labor de los administradores que minimizarán el número de cuentas a administrar y la de los usuarios que únicamente deberán recordar una contraseña.
- **Uso compartido de recursos.** Los administradores administran los recursos del servidor en lugar de hacerlo los usuarios individualmente en cada equipo. De todos modos, los usuarios pueden seguir compartiendo recursos en su equipo, pero los recursos centrales de los servidores se comparten y administran de forma centralizada.
- **Definición de un entorno de usuario.** Los administradores pueden definir perfiles de usuario o establecer unas restricciones para configurar el entorno de inicio de sesión de cada usuario. Esta característica permite a los administradores controlar el entorno de cada usuario que se conecte al dominio.
- **Seguridad de los recursos.** La seguridad de los recursos está centralizada en los servidores del dominio. De esta forma los administradores del dominio poseen un control completo sobre los recursos de la red.

Organización

Para que todas estas funciones se puedan realizar, ciertas estaciones de la red (servidores) deben ser designadas como controladores del dominio. En Windows NT Server existen **dos tipos de controladores de dominio** :

- **Controlador principal de dominio (PDC).** Una estación de cada dominio, a la que se conoce como controlador principal del dominio, es la responsable de validar y controlar las cuentas de usuario. Todos los cambios en la base de datos de cuentas se realizan en el PDC. Cuando un usuario quiere entrar en el dominio, la conexión real se establece con el PDC del dominio, quien valida nombre/contraseña contra su base de datos y consulta las restricciones que este usuario pueda tener, autorizando o no la entrada. Si el PDC no está accesible, nadie podrá entrar en el dominio a no ser que exista otro servidor que actúe como backup o reserva.

- **Controlador de reserva (BDC).** El BDC se copia periódicamente la base de cuentas del dominio (situada en el PDC del mismo), de manera que pueda autentificar y permitir iniciar sesión a usuarios del dominio si el PDC no está disponible. Esta operación se realiza automáticamente sin intervención del administrador y de modo transparente para los usuarios. En este caso, el administrador no podrá realizar ninguna modificación sobre la base de datos de cuentas a no ser que promueva a PDC uno de los BDC del dominio (es frecuente disponer de varios BDC), actuando entonces como cualquier PDC.

Además de los controladores, en un dominio podemos tener otros servidores de dominio, denominados simplemente servidores, que pueden usarse como servidores dedicados a aplicaciones. Como tales no tendrán que duplicar cuentas ni validar sesiones de usuarios en el dominio. No es posible cambiar estos servidores a BDC ni PDC sin reinstalar Windows NT Server.

Normalmente, el grupo de estaciones que forman un dominio están organizadas conforme a una finalidad lógica o común. En una gran compañía, por ejemplo, cada departamento podría crear su propio dominio. El límite práctico de usuarios por dominio se encuentra actualmente en 15.000 cuentas.

Capítulo 2

Instalación

Previamente a iniciar el proceso de instalación de Windows NT, es conveniente verificar que disponemos de recursos suficientes para ello. En el capítulo anterior ya vimos los requerimientos mínimos en cuanto a procesador, memoria y espacio disponible en disco, dependiendo de la versión que instaláramos (Server o WorkStation).

Es importante verificar la compatibilidad de nuestro hardware con Windows NT. En primer lugar se puede consultar la **lista de compatibilidad** o asegurarse de que nuestro proveedor nos facilita los drivers necesarios para poder utilizar su hardware con Windows NT. Los componentes más importantes que deben ser verificados son los siguientes:

- Adaptadores de red
- Tarjetas controladoras de vídeo
- Unidades de CD-ROM

Deberemos disponer de todos los controladores de estos dispositivos. Windows NT incorpora drivers de los dispositivos más corrientes, aunque en todas las opciones será posible utilizar discos facilitados por los fabricantes.

Windows NT incorpora un asistente para realizar la instalación. Durante el proceso deberemos ir tomando algunas decisiones importantes. En próximos capítulos detallaremos todas las opciones disponibles en Windows NT, dedicándonos en este capítulo a explicar cómo funciona una instalación sencilla.

Deberemos tener los tres discos de instalación que se facilitan con el CD-ROM, aunque, en su defecto, será posible crearlos en cualquier momento desde el propio CD-ROM, según veremos a continuación.

Deberemos tener accesible la clave del CD para introducirla en el momento en que sea requerida para proseguir con la instalación.

Si el equipo ya se está utilizando con algún sistema operativo será aconsejable realizar una copia de seguridad de la información contenida en el disco donde vamos a instalar Windows NT. Será posible realizar migraciones de Windows 3.x a Windows NT, pero no desde Windows 95. De todas maneras estos aspectos los trataremos en profundidad en el Capítulo 9 ya que en el presente nos dedicaremos a una instalación básica en un equipo que se utiliza por primera vez.

Otros datos que necesitaremos durante la instalación es el nombre de la estación en la red, así como en el caso de que la red trabaje con TCP/IP la dirección IP de la misma o la dirección de un servidor DHCP.

Inicio de la instalación

Cuando se instala Windows NT por primera vez, en una estación basada en procesadores Intel x86, se debe iniciar el equipo con el disquete etiquetado como **Disquete de inicio de instalación.** Para esto debemos introducir el disquete en la unidad A con el equipo apagado y ponerlo en marcha. El programa de instalación está preparado para iniciarse automáticamente.

El programa de instalación en primer lugar irá cargando los archivos necesarios para la instalación. En todo momento nos irá indicando en la línea inferior de la pantalla la labor que está realizando, así como las opciones que tenemos disponibles cuando el sistema requiera una intervención del usuario.

Cuando se hayan cargado los archivos del primer disco de instalación deberemos introducir el segundo y presionar la tecla **Entrar.**

Antes de iniciar la instalación nos aparecerá una pantalla en la que podríamos seleccionar reparar una instalación dañada de Windows NT. Esta opción es útil cuando tenemos problemas y no queremos perder toda la información almacenada en la estación (para más información, referirse al Capítulo 12: *Tolerancia a fallos y seguridad física*).

Detección de hardware

El programa de instalación está capacitado para reconocer la mayoría del hardware estándar que esté conectado al equipo. En muchos pasos se nos ofrecerá la posibilidad de que el programa de instalación detecte el hardware o bien de ser nosotros mismos quienes introduzcamos los controladores de los dispositivos, ya sea a través de los que proporciona Microsoft en el CD-ROM de distribución o bien a través de los discos facilitados por los fabricantes.

En general, es conveniente que sea el propio programa de instalación quien detecte el hardware e instale los controladores necesarios para manejarlos.

El **programa de instalación detecta el siguiente hardware** :

- Bus/adaptador
- Teclado
- Adaptadores SCSI
- CD-ROM
- Puertos de comunicaciones
- Ratón
- Procesador
- Adaptador de vídeo
- Unidades de disquete
- Puertos paralelos

Todo lo que detecte el programa de instalación podrá ser modificado si disponemos de controladores más actualizados.

La detección automática se ejecuta también cuando se inicia una sesión en un equipo con Windows NT para detectar posibles cambios en la configuración así como la instalación de nuevos componentes.

Tras introducir el segundo disquete de instalación el programa de instalación nos ofrecerá la posibilidad de detectar los dispositivos SCSI y las unidades de CD-ROM. Si conocemos exactamente la configuración podemos saltar este paso de detección e introducir directamente los dispositivos que sabemos que están instalados. Algunos dispositivos no pueden ser detectados por el programa de instalación: éste es otro de los motivos por lo que nos ofrece la posibilidad de saltar el paso de detección automática. Aunque haga esta detección automática, en la siguiente pantalla podremos introducir los dispositivos no detectados presionando la tecla **S**.

Aunque no nos aparece en pantalla el programa de instalación también detecta las unidades IDE y ESDI. Los dispositivos aparecen en la ventana representada en el cuadro de la Figura 2.1. En caso de no encontrar ninguno, aparece **<Ninguno>** en la lista. Si disponemos de algún dispositivo deberemos introducirlo manualmente utilizando la opción S →, especificar adaptador SCSI adicional y utilizar los discos que nos haya facilitado el fabricante. Las unidades de CD-ROM también deben aparecer en la lista de los adaptadores SCSI, los discos duros no.

Estos dispositivos, si no es la unidad de CD-ROM que será necesaria para el proceso de instalación, podrán ser instalados más adelante en un inicio de sesión cualquiera posteriormente a la instalación.

Puesto que el CD-ROM es detectado en este paso y Windows NT incorpora los drivers necesarios para su manejo, no es necesario preocuparse por cargar dichos drivers en ningún momento de la fase instalación.

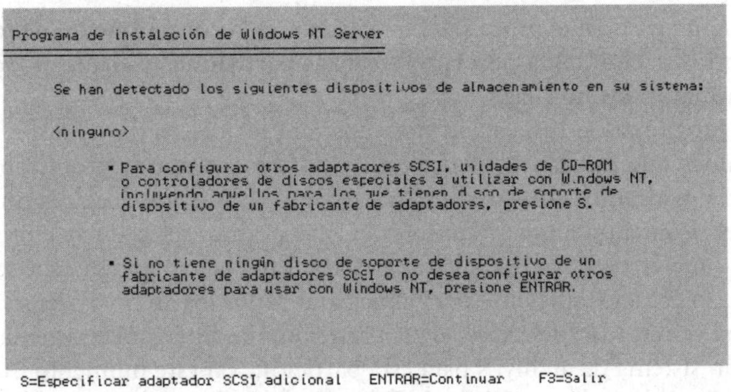

Figura 2.1. Detección de unidades de almacenamiento.

Una vez introducidos y detectados estos dispositivos, nos aparecerá el **contrato de licencia** que deberemos pasar hasta la última pantalla del contrato para que se nos active la tecla **F8** que indica que aceptamos los términos del contrato.

Una vez aceptada la licencia, continuará el proceso. En caso de tener alguna instalación antigua de Windows NT nos ofrecerá la posibilidad de actualizarla o bien realizar una nueva instalación.

Después de este proceso se nos presentará una ventana (Figura 2.2) en la que observaremos toda la configuración detectada por el programa de instalación.

Si no estamos de acuerdo con la información del equipo detectada podemos movernos con las flechas arriba y abajo para seleccionar el componente que queremos modificar y, a continuación, presionar **ENTRAR** para acceder a las opciones de configuración.

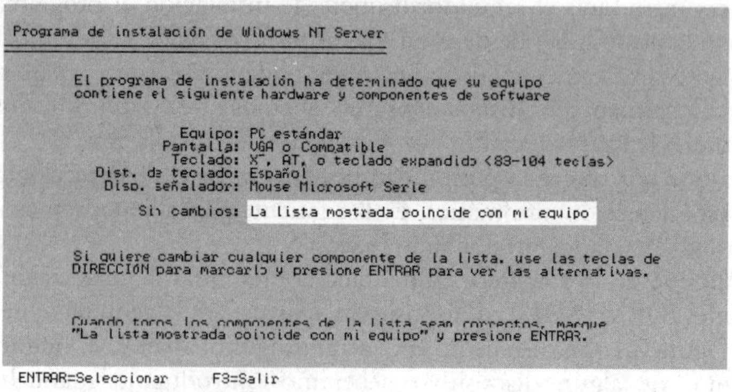

Figura 2.2. Comprobación del hardware.

Según la opción, nos aparecerá la lista de opciones disponibles para modificar la configuración detectada por el programa de instalación.

Elección de la partición destino y selección del sistema de archivos

El siguiente paso en el proceso de instalación es la **configuración de los discos** que tenemos en la estación. Será necesario **crear las particiones** y **elegir un sistema de archivos** para formatear las mismas.

El programa de instalación nos mostrará los discos duros disponibles así como las particiones que puedan contener cada uno. En este momento dispondremos de varias opciones: podremos crear y eliminar particiones, así como elegir la unidad en que se instalará el sistema operativo Windows NT; se podrán seleccionar tanto unidades ya existentes como espacio sin particionar todavía. En esta ventana se debe seleccionar una partición con espacio suficiente para almacenar todos los archivos del sistema operativo.

Una vez creada y seleccionada la partición que albergará el sistema operativo, se debe elegir un sistema de archivos para esta partición. En este momento es posible especificar dos sistemas de archivos: **FAT** y **NTFS**. También es posible crear el resto de particiones que queremos tener en los diferentes discos aunque sólo utilicemos una para instalar los archivos de sistema de Windows NT.

La decisión de utilizar uno u otro sistema de archivos dependerá de las características que necesitemos. Si, en la estación en que se está instalando, sólo se va a utilizar Windows NT, se puede formatear la partición con NTFS. En cambio, si vamos a necesitar compartir la partición con otro sistema operativo como MS-DOS, necesitaremos el sistema FAT para que ambos puedan acceder a los archivos de la partición. En este caso dispondremos de arranque dual para iniciar la estación con uno u otro sistema operativo.

Si se quiere utilizar MS-DOS y Windows NT es conveniente instalar los sistemas operativos en este orden, puesto que en caso contrario la instalación de DOS podría dañar archivos de arranque de Windows NT.

En el momento de la instalación será posible elegir el sistema de archivos que ha de utilizar una partición siempre y cuando no tenga ya un formato dado. En este caso, es posible mantener el sistema de archivos que posea la partición, aunque si nos interesa se puede formatear de nuevo.

Nota:

Aunque seleccionemos el sistema de archivos NTFS, el programa de instalación utilizará el sistema de archivos FAT durante toda la primera fase del proceso de instalación. Antes de comenzar la segunda fase se producirá un paso intermedio en que se convertirá la partición de FAT a NTFS.

Este paso lo podrá realizar también el usuario en cualquier momento (consultar el Capítulo 4 para más detalles).

Después de haber formateado la partición que albergará los archivos de sistema de Windows NT, es necesario especificar el **directorio principal** para estos archivos. De manera predeterminada nos ofrece **\WINNT** dentro de la unidad que hayamos seleccionado en la pantalla anterior. Este nombre es opcional y podremos modificarlo escribiendo la ruta de acceso que nos interese.

Una vez especificado el directorio raíz, el programa de instalación nos ofrece la posibilidad de realizar un estudio exhaustivo de los discos que tiene el sistema por si pudieran tener errores. Este paso es opcional, aunque el sistema verificará la partición donde debe instalarse Windows NT.

Después de todos estos pasos se comienzan a copiar los archivos de instalación a la unidad seleccionada para que se pueda reiniciar el sistema. Cuando se finalice con éxito la copia de estos archivos aparecerá la Figura 2.3 en la que se nos comunica que la primera fase de la instalación ha finalizado y que para proseguir la misma es necesario reiniciar el equipo puesto que ya estamos en disposición de iniciar el programa de instalación Windows NT arrancando el propio sistema operativo.

Para no tener problemas de arranque, la unidad de disquete debe estar vacía, ya que se va a arrancar con los archivos copiados al disco duro de Windows NT.

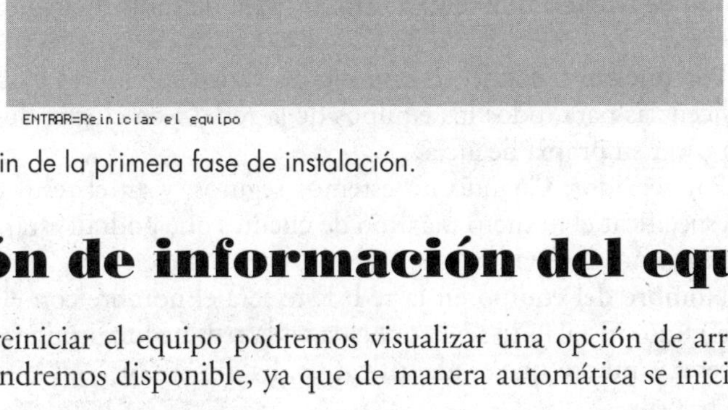

Figura 2.3. Fin de la primera fase de instalación.

Obtención de información del equipo

Después de reiniciar el equipo podremos visualizar una opción de arranque dual que todavía no tendremos disponible, ya que de manera automática se iniciará el programa de instalación. Este programa de instalación es un asistente que en primer lugar copiará los archivos necesarios para proseguir la instalación y a continuación recogerá información adicional sobre el equipo y la configuración mínima necesaria para poder funcionar en el entorno de red de nuestra organización.

La primera pantalla del asistente de instalación es la representada en la Figura 2.4, en la cual observamos los pasos que van a continuar haciéndose para completar la instalación del sistema operativo.

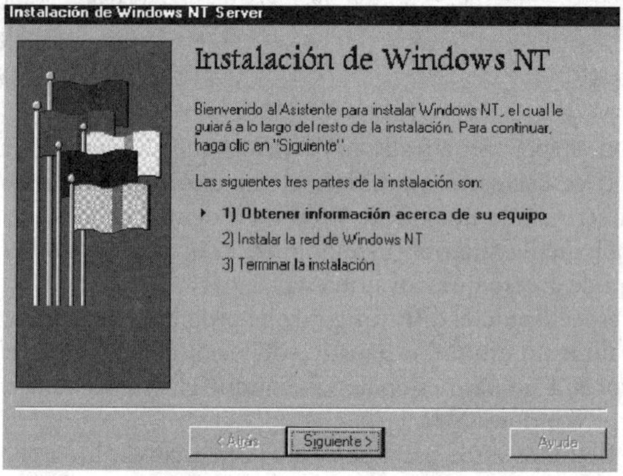

Figura 2.4. Asistente de instalación.

Durante todo el proceso de utilización del asistente de instalación tendremos disponibles los botones *Siguiente* y *Atrás* para movernos a través de las diferentes pantallas y rectificar los datos introducidos en cualquier momento.

En estas ventanas deberemos ir introduciendo información referente a diferentes aspectos:

- **Nombre de usuario** y **nombre de la organización** que servirá para identificar al usuario en algunas operaciones. Es necesario introducirlos.
- **Clave del CD-ROM** que se facilita junto con el CD-ROM de distribución. Normalmente aparece impresa en la parte posterior de la caja del CD.
- **Modo de licencia** que se va a utilizar (para más información véase Capítulo 8):

  – **Por puesto**: Cuando se dispone de varios servidores y suficiente número de licencias para todos los equipos de la red. Cada cliente de este servidor deberá poseer su propia licencia.
  – **Por servidor**: Cuando no estemos seguros, y en el resto de casos, deberemos especificar el número máximo de clientes que podrán estar conectados simultáneamente al servidor.
  – **Nombre del equipo en la red**: Este será el nombre con el que la estación que estamos instalando será conocida en la red. La longitud máxima es de 15 caracteres y, puesto que es identificativo, ha de ser único en la red.

Tipo de servidor

El siguiente paso que deberemos configurar es qué papel va a desempeñar el servidor que estamos instalando en la red. Dispondremos de tres posibilidades: en primer lugar podrá ser **controlador de dominio** (principal o de reserva) o bien podrá ser un **servidor autónomo** que nos permitirá controlar ciertos recursos de la red (Figura 2.5).

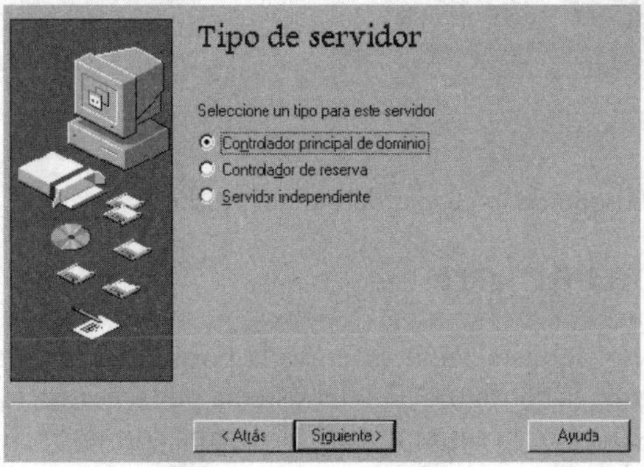

Figura 2.5. Selección de tipo de servidor.

Ya hemos tratado anteriormente, en el capítulo introductorio, sobre la finalidad de los servidores controladores de dominio: el principal es el que se encargará de realizar todas las validaciones de los accesos de usuarios a un dominio, mientras que el de reserva se encargará de llevar una copia de la base de datos de usuarios por si el servidor principal queda fuera de servicio y es necesario que se promocione al controlador de reserva a controlador principal. Los servidores autónomos serán aquellos que no cumplen ninguna de estas dos funciones.

Contraseña de Administrador

Durante la instalación de Windows NT se crean dos cuentas de usuario de manera predeterminada.

La cuenta de **Administrador** es la que dispondrá de mayor poder sobre la estación que estamos instalando. En este momento es necesario facilitar la contraseña que tendrá esta cuenta de usuario. Es posible no introducir ninguna contraseña, aunque por razones obvias de seguridad no es aconsejable mantener esta situación indefinidamente.

Para validar que no hemos cometido ningún error a la hora de introducir la contraseña y, puesto que ésta no es visualizada, será necesario introducir dos veces la misma contraseña. Se debe tener en cuenta que Windows NT en cuanto a contraseñas hace distinción entre mayúsculas y minúsculas (Figura 2.6). La contraseña podrá contener hasta 14 caracteres y es importante conservarla en sitio seguro, puesto que la pérdida de la contraseña llevaría consigo el no poder utilizar la cuenta de administrador.

El nombre de la cuenta del administrador podrá ser modificado en un inicio de sesión posterior a la instalación de Windows NT.

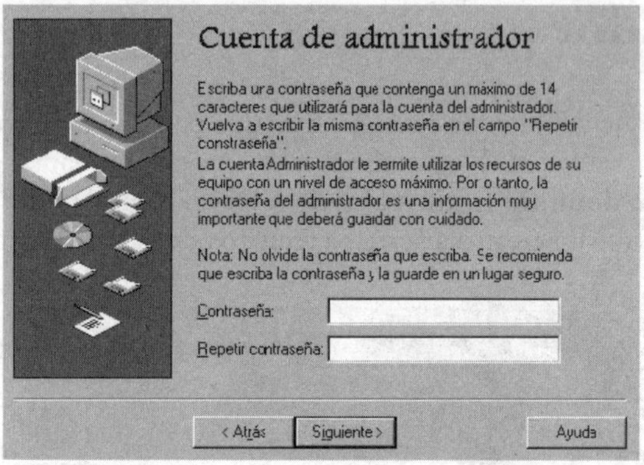

Figura 2.6. Contraseña de la cuenta del Administrador.

Disco de reparación

Durante el proceso de instalación tenemos la posibilidad de crear un **disco de reparación**. En él se guarda la configuración del sistema por si es necesario restaurarla tras alguna incidencia que no nos permita utilizar el sistema con normalidad, como por ejemplo porque se han dañado los archivos de configuración.

Si elegimos *Sí*, deberemos disponer de un disco formateado para almacenar la configuración. En caso negativo, es posible crear el disco de reparación más adelante con la utilidad **RDISK.EXE** (véase el Capítulo 12: *Tolerancia a fallos y seguridad física*).

Aunque la información de configuración para reparaciones de emergencia se almacena también en el disco duro, se aconseja la utilización de esta opción. Se debería actualizar el disquete cada vez que se efectúen cambios en la configuración del sistema (hardware o software).

En esta pantalla únicamente diremos si vamos a crear el disco o no, ya que éste nos será requerido más adelante, antes de finalizar la instalación.

Componentes a instalar

Llegados a este punto deberemos seleccionar los **componentes opcionales** que podemos instalar:

- Accesorios
- Comunicaciones
- Juegos
- Mensajería
- Multimedia
- Opciones de accesibilidad

La instalación de todos estos componentes es opcional, pudiendo seleccionar aquellos que nos interesen. Por defecto podemos instalar los componentes de uso más frecuente o elegir las opciones de personalizar la lista de componentes a instalar.

Cuando se decida personalizar la lista aparecerá un cuadro con todas las opciones disponibles, debiendo marcar las casillas correspondientes a los componentes a instalar.

Será posible detallar los elementos que forman parte de los mismos pulsando sobre el botón **Detalles.**

Una vez seleccionados, estaremos en disposición de instalar los componentes de red para que el equipo pueda participar en la red corporativa. Esta es la última oportunidad que tendremos durante la instalación para modificar todas las opciones vistas anteriormente.

Instalación de los componentes de red

Cuando llegamos a este punto el asistente de instalación nos vuelve a mostrar la pantalla inicial (Figura 2.4), pero con la opción segunda seleccionada: **Instalar la red de Windows NT.**

Para configurar el equipo con el fin de utilizar la red será imprescindible la configuración de un adaptador de red, así como el protocolo de transporte a utilizar.

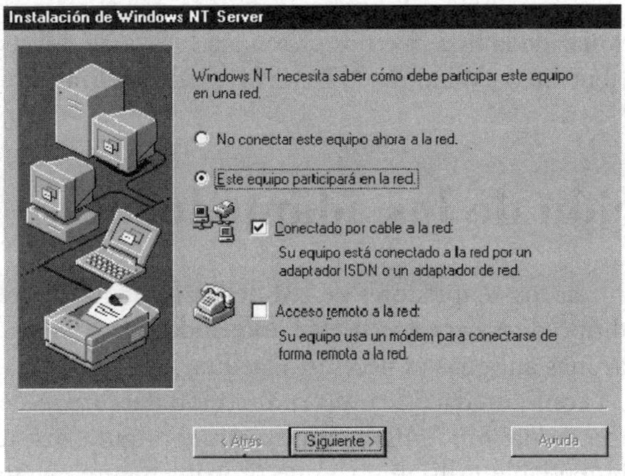

Figura 2.7. Forma de participar en la red.

Participar en la red

En primer lugar es necesario indicar al programa de instalación si el equipo va a participar o no en una red. Para ello bastará seleccionar la casilla correspondiente en la ventana que nos mostrará el asistente de instalación (Figura 2.7). En el caso de estaciones servidoras, la configuración de la red es obligatoria y no tendremos la posibilidad de elegir no conectar a la red, apareciendo las opciones de conectado a la red o acceso remoto a la red. En caso de instalar Windows NT WorkStation, se dispondrá además de la posibilidad de no conectar el equipo a la red.

Para estaciones WorkStation será posible no unir de entrada la estación a la red y dejar este paso para una sesión posterior al proceso de instalación. Si elegimos la opción de participar en la red, deberemos especificar si vamos a acceder mediante un adaptador de red o mediante un módem vía telefónica. Estas dos opciones no son excluyentes: un equipo puede utilizar las dos formas de conexión.

La siguiente opción que nos requerirá el asistente es si queremos instalar Internet Information Server. En este momento saltaremos este paso indicando que no deseamos hacerlo. En el Capítulo 20 dedicamos unas páginas dedicadas a la instalación y configuración de este servicio.

Adaptadores de red

Cuando estemos instalando Windows NT Server será indispensable la utilización de una tarjeta de red, puesto que si no disponemos de ninguna no tiene sentido la utilización de un servidor, siendo además uno de los requisitos para que funcione la versión servidor.

El asistente de instalación nos ofrece la posibilidad de detectar automáticamente los adaptadores de red instalados en el equipo. Para iniciar el proceso de búsqueda basta con pulsar el botón **Comenzar la búsqueda.** Si conocemos con exactitud el adaptador que tenemos instalado o bien queremos utilizar el disquete facilitado por el fabricante, deberemos utilizar la opción **Seleccionar de la lista** que nos presentará la lista de drivers incorporados en el CD-ROM de distribución de Windows NT con la opción **Utilizar disco de fabricante.**

Configuración de los adaptadores de red

Para poder utilizar los adaptadores de red deberán ser configurados. Esta configuración dependerá del tipo de tarjeta que se esté utilizando.

En tarjetas más antiguas es necesario facilitar el número de interrupción de servicio para la que está configurada, así como la dirección del puerto de entradas y salidas a utilizar. Otras tarjetas más modernas permitirán la configuración automática. Esta configuración es recomendable utilizarla, ya que probablemente evitará que entremos en conflicto con otros componentes del hardware del equipo.

Este es uno de los pasos que deberemos realizar con más cuidado, siendo necesario que la configuración de la tarjeta y la que facilitamos al programa de instalación se correspondan, ya que en caso contrario podríamos encontrarnos con que no disponemos de acceso a la red.

Protocolos de transporte

Durante el proceso de instalación deberemos seleccionar los **protocolos** que vamos a utilizar para acceder a la red. Esta selección es necesaria para que nuestra estación se pueda comunicar con otros equipos participantes de la red.

Los protocolos que podremos seleccionar son:

- TCP/IP
- IPX/SPX
- NetBEUI

Todos estos protocolos están tratados en profundidad en los capítulos dedicados al trabajo en red con Windows NT. Para proseguir con la instalación básica seleccionaremos NetBEUI que es un protocolo muy sencillo que no necesita configuración adicional. Si elegimos un protocolo como TCP/IP, será necesario facilitar durante el proceso de instalación datos adicionales tales como dirección IP o servidor DHCP. Si esto último fuera necesario, referirse, antes de iniciar la instalación, a los capítulos correspondientes a cada protocolo.

Servicios

Después de haber instalado el adaptador de red, el siguiente paso será seleccionar los **servicios** que queremos instalar durante la instalación de Windows NT Server. Esta opción no está disponible en la instalación de Windows NT WorkStation.

De manera predeterminada aparecen los servicios necesarios para poder dar soporte a todas las configuraciones que hemos ido introduciendo en las pantallas anteriores. Es posible incorporar, en este momento, nuevos servicios. Si pulsamos sobre el botón **Agregar**, nos aparecerá la lista de servicios disponibles y podremos instalar aquellos que nos interesen.

Confirmación

En este punto habremos finalizado la configuración de los componentes de red necesarios para ejecutar Windows NT y para que pueda participar en una red local. El asistente de instalación nos mostrará una ventana indicando que se ha finalizado la selección de las opciones de red (Figura 2.8). Si seleccionamos *Siguiente* se copiarán los archivos necesarios; si elegimos *Atrás* podremos rectificar las opciones que creamos convenientes.

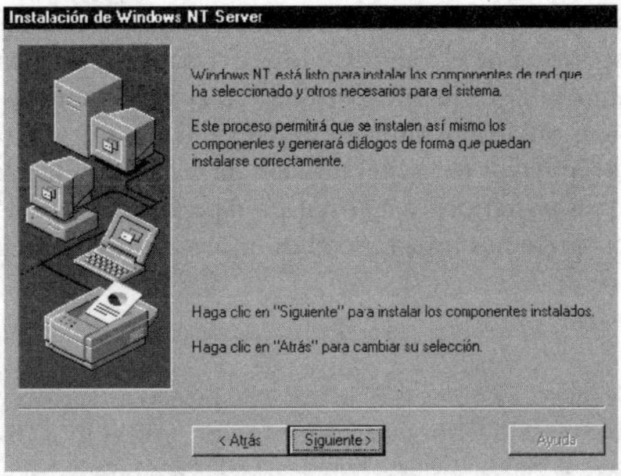

Figura 2.8. Fin de la instalación de los componentes de red.

Durante el proceso de copia de los archivos puede ser necesario configurar los distintos componentes. Para ello podrán aparecer cuadros de diálogo para introducir esta información de configuración. Por ejemplo, tal y como se ha dicho anteriormente, si utilizamos el protocolo TCP/IP será necesario facilitar una dirección IP o proporcionar la dirección del servidor DHCP que proporcione la mencionada dirección.

Enlaces

El último de los componentes de red necesario para el funcionamiento de Windows NT en un entorno de red son los **enlaces entre el resto de componentes**. Estos son siempre creados de manera automática por el sistema operativo cuando se instala o se quita algún componente. Estos enlaces podrán ser objeto de administración activándolos o desactivándolos. Durante el proceso de instalación también tendremos disponible esta función administrativa. Se recomienda no manipular los enlaces si no se es un administrador experto.

Configuración de dominio

Si utilizamos el **modelo WorkGroup**, es posible especificar un nombre de grupo existente al que nos queramos unir o bien crear un nuevo grupo de trabajo. Cuando se realizan búsquedas en la red, todas las estaciones que pertenezcan a un grupo de trabajo aparecerán de manera agrupada.

Si estamos instalando un **controlador principal de dominio** deberemos dar el nombre del dominio que controla. Esto nos será requerido en el cuadro de diálogo que aparecerá tras haber configurado todos los componentes de red. El nombre de dominio ha de ser único en la red y no puede coincidir con ningún otro nombre de dominio, nombre de estación o nombre de grupo de trabajo.

En el caso de **controladores de reserva** será necesario facilitar el nombre del dominio del cual pasaremos a ser controladores de reserva, así como facilitar nombre de un usuario y contraseña que disponga de permisos suficientes para crear este tipo de controladores.

En el caso de **servidores autónomos** nos puede interesar incorporarlos a un dominio. Para ello es necesario que el administrador del dominio haya creado una cuenta de equipo en el dominio, aunque se puede realizar en este momento si disponemos de una cuenta de usuario con privilegios suficientes para ello.

Si desconocemos los datos del modelo de trabajo no hemos de preocuparnos, puesto que en sesiones posteriores a la instalación podrá ser posible modificar el grupo de trabajo al que nos queremos integrar o el dominio al que nos queremos conectar.

Nota:

Si se está reinstalando una estación que pertenecía a un dominio, el administrador del dominio debe eliminar la cuenta de estación antigua y crear una nueva para permitir que la estación pueda iniciar sesiones en el dominio, ya que todo el mecanismo de seguridad se basa en números de identificación internos no reutilizables.

Terminar la instalación

Cuando lleguemos a este punto nos volverá a aparecer la ventana inicial del asistente de instalación, en esta ocasión con la opción 3 seleccionada: **Terminar la instalación.** Si pulsamos sobre el botón **Terminar** deberemos introducir las últimas opciones de configuración tales como la zona horaria o configuración de la pantalla.

La primera de estas opciones es la configuración de la **zona horaria**. Para ello seleccionaremos la zona correspondiente en el cuadro representado por la Figura 2.9.

Figura 2.9. Configuración Zona horaria.

También podemos proceder al ajuste de fecha y hora actual seleccionando la ficha correspondiente.

La siguiente ventana que aparecerá es un mensaje que nos indicará la pantalla detectada, pudiendo configurar el modo de vídeo deseado (Figura 2.10). En el momento de la instalación no será posible modificar el controlador de la tarjeta de vídeo, y será necesario dejar esta operación para un inicio de sesión posterior. Se podrá acceder a esta pantalla utilizando la aplicación **Pantalla** que encontraremos en el **Panel de control.**

Para poder pasar esta pantalla **será obligatorio** realizar una prueba del modo de vídeo seleccionado.

Después de haber realizado la prueba podremos pulsar sobre el botón **Aceptar** con lo que se copiarán nuevos archivos al disco duro de la estación que estamos instalando, creándose los iconos y los accesos directos a los componentes que hemos solicitado instalar. Por último, almacena toda la configuración en el **Registro de Configuración** y nos presenta la ventana para reiniciar el equipo e iniciar una sesión con Windows NT.

Inicio de sesión en Windows NT

Una vez hemos finalizado la instalación estamos en disposición de iniciar una sesión para trabajar con Windows NT. Para ello, cuando iniciemos el equipo, observaremos que ten-

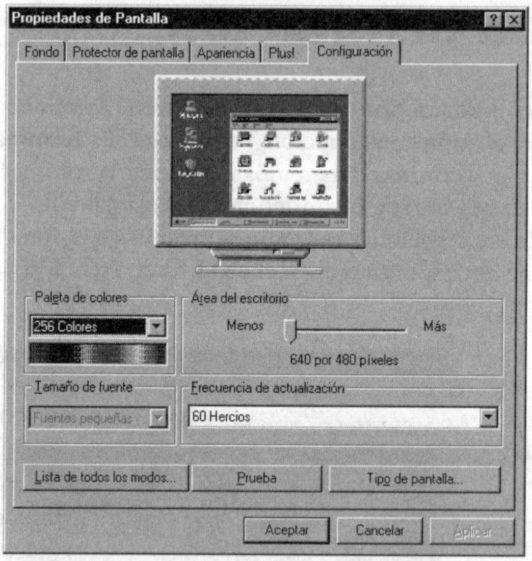

Figura 2.10. Propiedades de pantalla.

dremos dos **opciones de arranque** de Windows NT. Una versión normal y una versión en modo VGA. Este segundo modo deberemos utilizarlo cuando tengamos problemas de inicio de sesión debido a cambios en la resolución del monitor. Esta opción intenta iniciar una sesión en el modo más sencillo de VGA, modo que es soportado por la totalidad de monitores y tarjetas de vídeo.

Durante el arranque podemos presionar la **Barra espaciadora** para acceder a los perfiles de hardware.

Para iniciar una sesión nos aparecerá siempre un mensaje indicando que debemos presionar **Ctrl+Alt+Supr** para poder acceder al cuadro de diálogo (Figura 2.11) en el que se debe especificar usuario y contraseña.

Nota:

En sistemas anteriores a Windows NT, la combinación de teclas **Ctrl+Alt+Supr** servía para reinicializar el equipo. Ahora bajo Windows NT esta posibilidad se encontrará sometida a los derechos que posea el usuario. La combinación de teclas se ha utilizado como paso previo a los inicios de sesión por los usuarios y será, por tanto, uno de los mecanismos adicionales que van a contribuir a incrementar la seguridad del sistema.

Después de pulsar la combinación de teclas deberemos introducir nombre de usuario y contraseña para iniciar la sesión. En el caso de pertenecer a un dominio, deberá especificarse el nombre del dominio en el que queremos participar.

El nombre de usuario que se crea durante la instalación se conoce con el nombre **Administrador** y su contraseña es la que especificamos en el momento de la instalación. Esta cuenta es la única que tiene acceso a la estación después de haber finalizado una instalación.

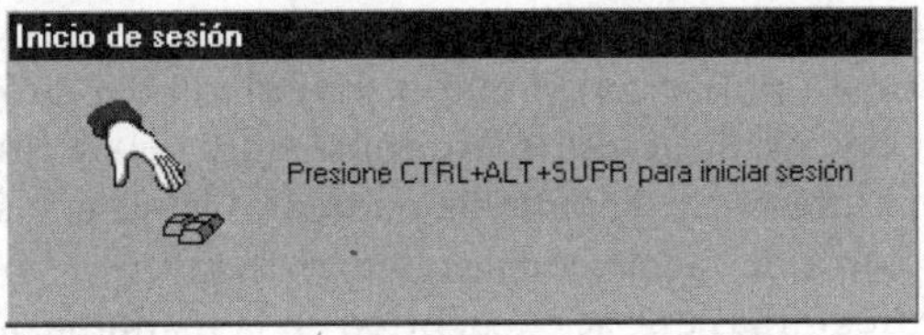

Figura 2.11. Inicio de sesión.

Una vez que el sistema ha validado el identificador de usuario y la contraseña, se permitirá el acceso al escritorio de Windows NT. La primera vez que se utilice el sistema nos aparecerán dos ventanas de manera predeterminada.

La primera ventana es de bienvenida a Windows NT y aparecerá siempre la primera vez que un usuario se conecte a una estación NT. Se ofrece la posibilidad de conocer las novedades que incorpora la nueva versión de Windows NT, así como el acceso a la ayuda en línea que lleva consigo Windows NT.

La segunda es la herramienta **Asistente de administración** que contiene los asistentes para algunas de las herramientas más importantes de Windows NT. Esta ventana, lógicamente, sólo aparecerá cuando sea el administrador quien esté iniciando una sesión en el equipo.

Las dos ventanas tienen la posibilidad de desactivar la aparición de las mismas en el siguiente inicio de sesión del usuario que se encuentra conectado.

Todas estas herramientas se encuentran tratadas ampliamente en los capítulo correspondientes, por lo que en este capítulo las obviaremos y nos dedicaremos exclusivamente a los primeros pasos en el entorno Windows NT.

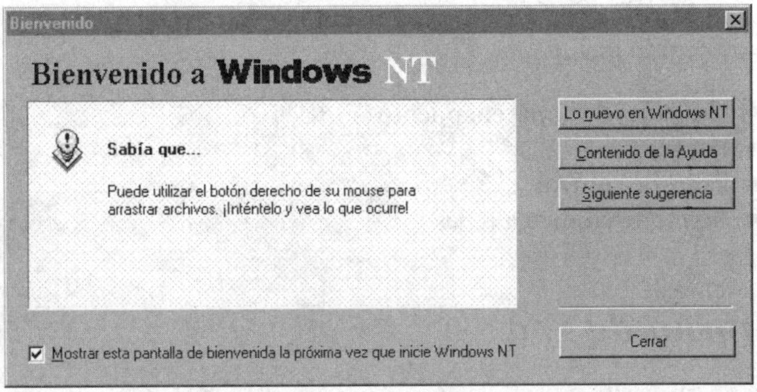

Figura 2.12. Pantalla de bienvenida.

El escritorio y la barra de tareas

Una vez que hemos llegado a este punto nos encontraremos frente al **escritorio** que es toda el área que llena la pantalla. Este escritorio será personalizable por el usuario, ya que será posible crear accesos directos a programas, documentos e impresoras.

Para personalizar esta apariencia utilizaremos uno de los recursos básicos de un entorno Windows: pulsar con el botón secundario del ratón en un área libre del escritorio para tener opción de acceso a las propiedades del escritorio.

En la parte inferior de la pantalla podremos ver una barra que se denomina **barra de tareas**. En la barra de tareas encontraremos siempre el botón de inicio el cual permite acceder a los programas que se encuentren en la máquina, acceder a los documentos, etc. Basta con pulsar sobre este botón para que se nos abra el menú.

Nota:

Para antiguos usuarios de entornos Windows, la combinación de teclas **Ctrl+Esc** significaba mostrar la lista de tareas para permitir cambiar de una tarea a otra. En Windows NT esta combinación de teclas equivale a pulsar con el ratón en el botón **Inicio**.

Cuando estemos ejecutando un programa nos aparecerá un botón asociado al mismo en la barra de tareas. Estos botones nos permitirán cambiar rápidamente de una aplicación a otra.

De manera predeterminada encontraremos una serie de iconos en el escritorio. Estos iconos permitirán ejecutar algunas de las aplicaciones y utilidades incorporadas por Windows NT.

Mi PC

El icono **Mi PC** nos muestra el contenido de la estación en la que estamos trabajando. Este contenido incluye :

- Unidades de almacenamiento
- Impresoras
- Panel de control
- Acceso telefónico a redes

Entorno de red

Mediante la aplicación asociada al **entorno de red** podremos explorar toda la red para examinar los equipos que se encuentran conectados a la misma y, en el caso de tener permisos para ello, acceder a sus recursos compartidos.

Internet Explorer

Windows NT incorpora en el sistema un explorador que nos permitirá la visualización de páginas Web, tanto en Internet como cuando estemos trabajando con una Intranet.

Papelera de reciclaje

Cuando eliminemos documentos y programas, éstos serán enviados a la **papelera de reciclaje** en lugar de ser eliminados inmediatamente. Esto se hace por si fuera necesario recuperar los archivos eliminados, puesto que si utilizamos el sistema de archivos NTFS no se pueden hacer recuperaciones. Cuando estemos seguros de que los archivos que se encuentran en la papelera no son necesarios, deberán ser eliminados con la opción de **vaciar la papelera.**

Mi Maletín

Es una carpeta que permite sincronizar diferentes versiones de documentos. Cuando deseamos llevarnos trabajo fuera del equipo de trabajo normal deberemos mover los archivos deseados a la carpeta del maletín. El maletín nos lo llevaremos en un equipo portátil o en un disquete que será el que introduzcamos en otro equipo.

Cuando hayamos finalizado el trabajo deberemos retornar los archivos al sistema principal. Para ello se deberá elegir la opción **actualizar todo** del menú **Mi Maletín**. Los archivos serán automáticamente reemplazados en el sistema principal. La revisión de los documentos se realiza de manera automática con lo que no es necesario quitar trabajos ni eliminar copias por parte de los usuarios.

Si utilizamos un portátil deberemos tener establecida una conexión a través de la red. En el caso de utilizar disquetes, el traspaso y la recepción de los archivos incorporados al mismo deberá realizarse a través del programa Mi Maletín de ambos equipos.

Bandeja de entrada

Permitirá en primer lugar la instalación de los programas de correo electrónico y posteriormente nos ofrecerá un interfaz para enviar y recibir correo.

Los botones ?, Minimizar, Maximizar, Cerrar

En todas las ventanas de Windows NT dispondremos de la opción **Cerrar ventana**. Está opción está representada por una X en la parte superior derecha de la ventana y obliga a finalizar la ejecución de la aplicación que se está ejecutando en esa ventana.

Cuando encontremos el botón ?, significará que tenemos información de ayuda explicándonos el significado de los diferentes componentes del cuadro de diálogo. También es accesible pulsando con el botón secundario del ratón, el cual nos muestra un botón con el título **¿Qué es esto?** Pulsando sobre él nos aparecerá la información asociada.

El botón con un signo menos inserto en él (–) permite minimizar la ventana de la aplicación que tenemos en primer plano. Para volver a tenerla disponible en pantalla podremos pulsar sobre el botón que representa a esta aplicación en la barra de tareas.

Tendremos disponible otro botón que estará representado por una ventana o dos ventanas (una detrás de la otra). Estos dibujos representan las opciones de que dispondremos sobre la ventana de la aplicación que estamos ejecutando. Cuando aparece un único cuadro de pantalla quiere decir que podremos pulsar sobre él para utilizar la pantalla completa para esta aplicación. Cuando nos encontramos en esta situación aparecen los dos cuadros que representan que se puede dejar de utilizar esta opción de pantalla completa y restaurar la opción anterior.

El menú Inicio

Ya hemos visto que tenemos varias posibilidades para acceder al **menú Inicio** :

- Pulsando sobre el botón **Inicio** de la barra de tareas
- Presionando la combinación de teclas **Ctrl+Esc**
- Con las teclas especiales que encontraremos en los teclados Windows 95

Veremos ahora la composición de este menú y las posibilidades que tendremos de personalizarlo.

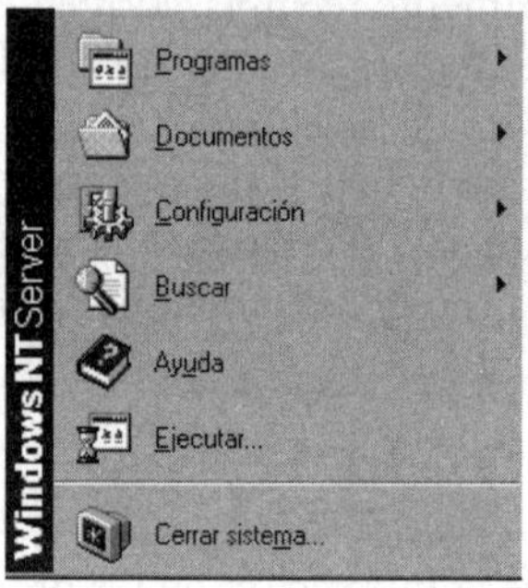

Figura 2.13. Menú Inicio.

Si observamos el menú, vemos la existencia de cuatro opciones desplegables :

- Programas
- Documentos
- Configuración
- Buscar

y tres opciones directas:

- Ayuda
- Ejecutar
- Cerrar sistema

Programas

La opción **Programas** contendrá una serie de opciones que nos conducirán directamente a programas ejecutables o bien a otros submenús a través de los cuales podremos elegir las opciones que nos interesen.

De manera predeterminada, durante la instalación, se crean varias opciones en el submenú de programas. Las más importantes son los Accesorios, el Explorador de Windows NT, la interfaz de comandos y las herramientas administrativas.

Documentos

La opción **Documentos** nos presentará una lista de opciones con los últimos documentos a los que hemos accedido. De esta manera se consigue un acceso rápido para recuperarlos, ya que el sistema supone que los últimos documentos a los que se ha accedido van a ser objeto de revisión posteriormente.

Configuración

El menú **Configuración** nos va a dar acceso a los programas que van a permitir personalizar todo el entorno de trabajo. Para realizar esta tarea dispondremos de varias herramientas. Toda la configuración del sistema se realizará a través del **Panel de control**, por lo que será la primera opción de este menú. La segunda opción es un acceso directo a la utilidad que se encarga de manejar las impresoras, encontrando, por último, la opción para personalizar la barra de tareas.

Buscar

El menú **Buscar** está subdivido en dos opciones:

- **Buscar archivos o carpetas**: Permite la localización de archivos o carpetas en cualquier estación que se encuentre unida a la red. Para ello deberemos proporcionar el nombre de archivo o carpeta y seleccionar la estación de la red sobre la que deseamos realizar la búsqueda.

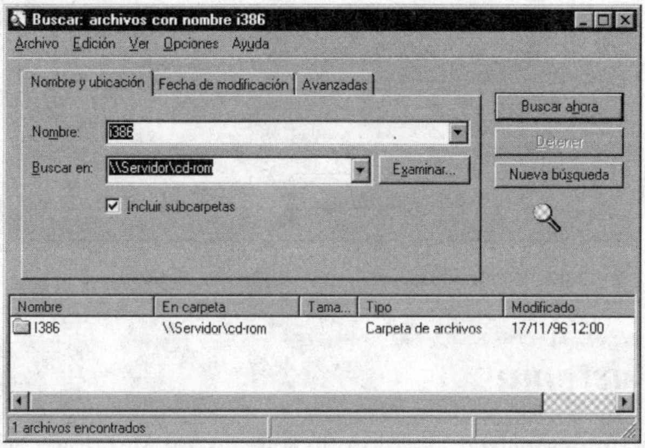

Figura 2.14. Búsqueda de archivos.

- **Buscar equipo** : Deberemos facilitar el nombre del equipo que queremos buscar en la red. En caso de tener éxito, el programa nos mostrará la localización de los equipos que ha encontrado con ese nombre, con indicación del dominio o grupo de trabajo en el que se encuentran, así como el comentario asociado a las estación localizada. En caso de no localizarlo, nos aparecerá un mensaje indicando 0 equipos encontrados.

Ayuda

Esta opción nos permite el acceso a la ayuda en línea incorporada por Windows NT. El camino más fácil para acceder a la misma es presionar la tecla **F1** cuando nos encontremos sobre el escritorio. También las aplicaciones incorporan esta funcionalidad de mostrar la ayuda presionando la tecla **F1**.

La ventana de ayuda está dividida en tres partes principales :

- **Contenido**: Nos mostrará el contenido de la ayuda organizada por temas.
- **Índice**: Muestra una lista de entradas de índice. Nos ofrece la posibilidad de introducir una palabra para situarnos rápidamente en una entrada o bien recorrer la lista.
- **Buscar**: Permite la búsqueda de palabras o conjunto de palabras en los contenidos de las pantallas de ayuda.

Ejecutar

Mediante la opción **Ejecutar** podremos lanzar los programas que no tengamos disponibles a través de la opción Programas, como por ejemplo cuando estemos instalando un nuevo programa desde un disquete en la unidad A o desde una unidad de CD-ROM. Para poder usar esta opción será necesario facilitar la ruta completa de acceso al programa, así como el nombre del mismo.

Puesto que no siempre conoceremos de memoria todos estos datos, dispondremos en el cuadro de diálogo de un botón **Examinar** que nos permitirá explorar el contenido de las unidades que seleccionemos.

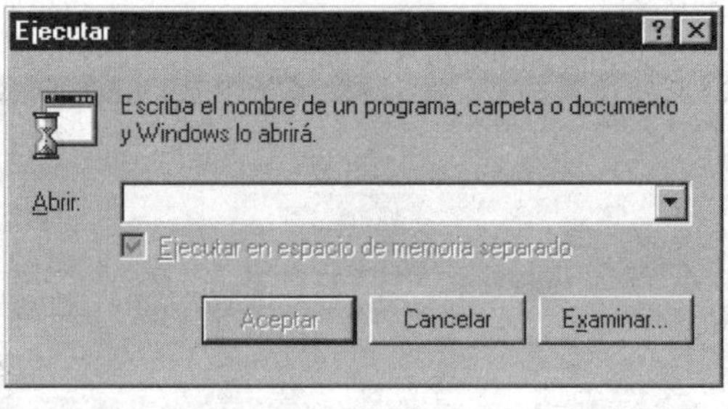

Figura 2.15. Ejecutar programas.

Cerrar sistema

Cuando queramos finalizar la sesión de trabajo con Windows NT deberemos elegir la opción **Cerrar sistema**. Esta opción nos permitirá varias acciones:

- **Cerrar el equipo**: Esta opción forzará a que todas las tareas pendientes, como por ejemplo grabar las últimas modificaciones a disco, se realicen. También se cerrarán todas las aplicaciones que se encuentren activas. Todo esto se realiza con el objetivo de apagar el equipo.
- **Reiniciar el equipo**: Esta opción realiza las mismas funciones que cerrar equipo pero se encarga de reiniciar la máquina para iniciar una nueva sesión. Esta opción es útil cuando hemos introducido modificaciones en la configuración del equipo y necesitamos reiniciar la máquina para recoger los últimos cambios que se han realizado.
- **Cerrar todos los programas e iniciar la sesión como un usuario distinto**: Esta opción únicamente finaliza la sesión de usuario y permitirte que la máquina siga en funcionamiento, pero permitiendo que otro usuario o el mismo, pero con otro identificador, se pueda conectar a la estación de trabajo.

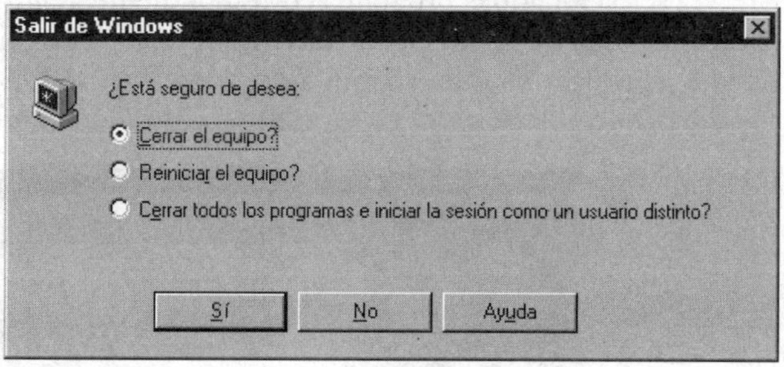

Figura 2.16. Cerrar sistema.

Personalización de la barra de tareas y del menú Inicio

Las opciones de configuración predeterminadas serán modificables por el usuario. Para ello se debe acceder a la opción **barra de tareas** del menú **Configuración** que encontraremos en el **menú Inicio**.

La barra de tareas, de forma predeterminada, se encuentra situada en la parte inferior de la pantalla. Es posible ubicarla en cualquiera de los otros tres límites de la pantalla seleccionando la barra con el ratón y moviéndola a la nueva ubicación.

Nos aparecerá una ventana con dos paneles de configuración:

- Opciones de la **barra de tareas:** Cuatro son las opciones de configuración que dispondremos sobre la barra de tareas.
  - **Siempre visible**: La barra de tareas siempre se encontrará visible, incluso cuando se estén ejecutando programas que utilicen la pantalla completa.
  - **Ocultar automáticamente**: Siempre que no estemos situados sobre la barra de tareas quedará oculta. Se visualizará una línea muy fina en la parte inferior de la pantalla (o donde hayamos situado la barra de tareas) para permitir volver a visualizar la misma cuando situemos el foco del ratón sobre esta línea delgada.
  - **Mostrar iconos pequeños en el menú Inicio**: El utilizar los iconos pequeños permite que el menú Inicio ocupe menos espacio en la pantalla.

– **Mostrar reloj**: Permite visualizar el reloj digital en la parte derecha de la barra de tareas. Al pulsar sobre él se tiene acceso al calendario que incorpora Windows NT.

- Programas del **menú Inicio**: Mediante esta opción podremos agregar y quitar elementos del menú Inicio, así como eliminar la lista de documentos más recientes del menú Documentos.

  – Para agregar programas se debe pulsar sobre el botón **Agregar**, así aparecerá un cuadro de diálogo en el que deberemos introducir la ruta de acceso y nombre del programa que queremos agregar al menú Inicio. Cuando no estemos seguros de todos estos datos, dispondremos de la posibilidad de utilizar el botón **Examinar** para localizarlos.
  Una vez seleccionado el programa correspondiente, tendremos la posibilidad de seleccionar una de las carpetas existentes o bien crear una carpeta nueva para albergar el programa que estamos agregando (Figura 2.17).

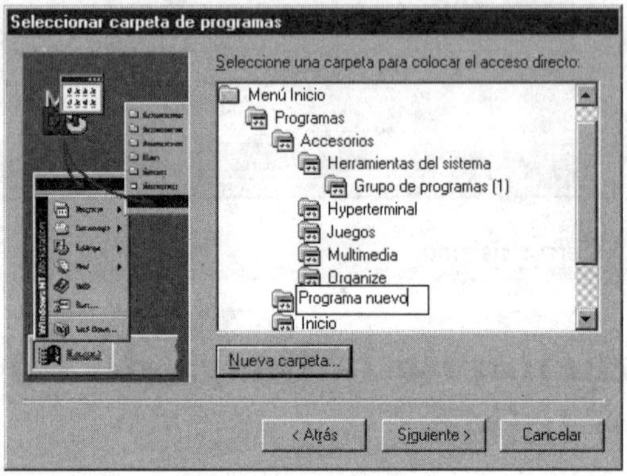

Figura 2.17. Agregar programa al menú Inicio.

  Una vez que pulsemos sobre el botón **Terminar** dispondremos de las nuevas opciones en el menú Inicio.

  – Para quitar programas deberemos pulsar sobre el botón correspondiente. Tras ello nos aparecerá una lista con la configuración del menú Inicio, en la que deberemos seleccionar el programa o carpeta que deseemos eliminar. Nos aparecerá una solicitud de confirmación previamente a su envío a la **papelera de reciclaje**.

Modificar vista de los iconos en las carpetas

Cuando nos encontremos observando el contenido de una carpeta dispondremos de cuatro posibilidades para examinar su contenido. Estas opciones son aplicables a **Mi PC** y al **Explorador de Windows NT**:

- **Iconos grandes:** Cuando no se disponen de muchos archivos puede ser más práctico observar los iconos grandes.
- **Iconos pequeños:** Cuando el volumen de archivos empieza a ser grande se pueden ver más entradas en la misma ventana disminuyendo el tamaño de los iconos. Esta opción muestra los iconos por filas.
- **Lista:** La opción Lista muestra los iconos en forma de lista. Cada vez que se finaliza una columna se continua en la columna contigua.
- **Detalles:** Permite la visualización de datos asociados a las entradas representadas: tipo de entrada, espacio que ocupan y disponible en el caso de unidades, etc.

Otra posibilidad de la que dispondremos es la de clasificar los datos visualizados según diferentes criterios: nombre, tamaño, fecha y tipo.

Cortar, copiar y pegar

Una alternativa de mucha utilidad es la que nos permite cortar, copiar y pegar en muchas de las alternativas que nos ofrece Windows NT.

De esta manera será posible mover elementos de una carpeta a otra seleccionando el elemento a mover y arrastrándolo con el ratón a la carpeta destino.

Será posible seleccionar más de un elemento para realizar estas tareas. Normalmente estará disponible la opción de seleccionar al presionar la tecla **Ctrl** y simultáneamente pulsando el ratón sobre el elemento que queremos que quede seleccionado.

También suelen estar disponible las formas clásicas de selección mediante el teclado:

CTRL+X para cortar
CTRL+C para copiar
CTRL+V para pegar

Accesos directos

Windows NT ofrece la posibilidad de crear accesos directos a los programas, documentos o recursos del sistema. Este acceso directo es útil cuando con frecuencia utilizamos una determinada aplicación y queremos evitar su búsqueda a través de las opciones del menú Inicio.

Para crear un acceso directo basta con arrastrar el icono de la aplicación, documento o recurso hasta el escritorio. Cuando se hace esta acción, el sistema nos informa que no es posible mover ni copiar estos elementos al escritorio y que la única posibilidad disponible es la de crear un acceso directo.

Aunque todavía no conocemos todas las **herramientas de Windows NT**, más adelante surgirá la necesidad de crear accesos directos en el escritorio a las herramientas de mayor utilización. Las herramientas más importantes las relacionamos en la tabla de la página siguiente.

Estas herramientas también se pueden ejecutar desde la opción **Ejecutar** del **menú Inicio**. Algunas de ellas, como el **Editor del registro** o el **Administrador de ficheros** no tienen opciones en este menú, siendo éste uno de los caminos para ejecutar las herramientas.

Tabla 2.1. Nombres de las herramientas administrativas

Nombre de programa	Descripción
CMD	Interface de comandos
CONTROL	Panel de control
EVENTVWR	Visor de sucesos
MUSRMGR	Administrador de usuarios local
PERFORM	Monitor de rendimiento
PRINTMGR	Administrador de impresoras
REGEDIT	Editor del registro para Windows 95
REGEDT32	Editor del registro para Windows NT
SRVMGR	Administrador de servidores
USRMGR	Administrador de usuarios para dominios
WINDISK	Administrador de discos
WINFILE	Administrador de ficheros
WINMSD	Diagnosis de Windows NT

Utilización de CTRL+ALT+SUPR

Esta combinación de teclas va a tener en Windows NT una nueva utilización. Cuando pulsemos estas teclas nos aparecerá una ventana desde la que dispondremos seleccionar diferentes opciones:

- **Bloquear estación de trabajo**: Permite abandonar la estación dejándola bloqueada, pero con todos los programas que estamos utilizando en ese momento abiertos. Esta es una medida de seguridad para evitar que los usuarios que abandonan momentáneamente las estaciones de trabajo estando conectados puedan sufrir el uso de la misma por un usuario no autorizado que pueda acceder a los recursos de la estación o del dominio completo. Para volver a la sesión y seguir trabajando con normalidad será necesario volver a presionar las teclas **Ctrl+Alt+Supr** e introducir de nuevo la contraseña para continuar la sesión en el lugar en que la habíamos dejado.
  Antes de bloquear la estación es conveniente grabar todos aquellos datos que hayamos introducido por última vez, puesto que la estación aceptará que un administrador desconecte la sesión, cerrando todas las aplicaciones activas para permitir que un nuevo usuario se conecte a la misma. Aunque avisa al administrador que se pueden perder datos de la sesión, el sistema permitirá la desconexión del usuario actual.
- **Cerrar sesión**: El cierre de sesión deja la máquina en funcionamiento pero antes de acabar la sesión se cierran todas las aplicaciones que se estuviesen ejecutando por el usuario.
- **Cerrar el sistema**: Esta opción es equivalente a la que encontrábamos en el **menú Inicio** para cerrar el sistema.
- **Cambiar la contraseña**: Desde aquí cualquier usuario podrá modificar su contraseña. Para ello se deberá introducir la contraseña y dos veces la nueva contraseña para verificar que se ha introducido correctamente.

- **Administrador de tareas**: Es una herramienta que permite visualizar las aplicaciones y procesos que se están ejecutando en la estación. Permite que intercambiemos entre aplicaciones, así como detener las mismas cuando estemos observando que están provocando problemas en el funcionamiento normal del sistema. Esta herramienta la estudiaremos con más detenimiento en el capítulo dedicado al Rendimiento del sistema (Capítulo 15).
- **Cancelar**: Para salir sin realizar ninguna operación.

Instalación de programas

Una vez que tenemos el sistema es marcha es posible que deseemos instalar nuevos programas o bien agregar o quitar componentes de Windows NT. Por ejemplo, si en el momento de la instalación no se seleccionaron los Accesorios, deberíamos ejecutar un programa que nos permitiera esta acción. Este programa se encuentra en el **Panel de control** con el título **Agregar o quitar programas**. Nos presentará un cuadro de diálogo en el que tendremos dos fichas a seleccionar:

- **Instalar o desinstalar programas**: Permite la instalación de programas desde unidades de disquete o CD-ROM. También permite agregar o quitar los programas instalados que nos serán mostrados en una lista en la parte inferior de la ventana.
- **Instalación de Windows NT**: Nos aparecerá una pantalla semejante a la vista en la instalación en la que podremos marcar los componentes que deseamos sean instalados. En el caso de desmarcar alguno de los que ya tengamos instalados, se procederá a quitarlo del sistema.

Opciones de accesibilidad

Las **opciones de accesibilidad** se han pensado para personas que tienen ciertos tipos de discapacidades. Para facilitar el trabajo de estas personas es posible configurar una serie de opciones. La configuración de estas opciones se realizará a través del programa que encontraremos en el **Panel de control** que incluye las siguientes opciones.

- **Teclado**: Incluye opciones para facilitar el trabajo a los usuarios que tienen problemas para pulsar más de una tecla simultáneamente, eliminar la pulsación de teclas repetidas o de corta duración, o generar un tono cuando se pulsen ciertas teclas.
- **Sonido**: Permite visualizar una intermitencia cuando el altavoz emite una señal o permitir visualizar un texto cuando un programa transmite información utilizando tonos. Esta opción es útil para personas con problemas auditivos.
- **Mouse**: Permite utilizar el teclado número para manejar el puntero del ratón.
- **General**: Cuando más de un usuario utiliza un equipo es posible desactivar las características cuando lleva un tiempo, a especificar, sin utilizarse. Permite conectar dispositivos de SerialKey a través del puerto serie. Esta opción no se encuentra afectada por la desactivación de características cuando se desactivan por no utilización del equipo.

Capítulo 3
Usuarios

La administración de usuarios

Una de las labores más importantes cuando se están administrando redes y los recursos accesibles por los usuarios es sin duda la administración de usuarios. Para realizar esta labor, Windows NT incorpora una herramienta que facilitará la labor del administrador, permitiendo la creación de cuentas de usuario así como su posterior mantenimiento. Con el **Administrador de usuarios** podremos conceder una serie de derechos a los usuarios para que puedan ejecutar ciertas funciones cuando se encuentren en el sistema y mejor aún, nos permitirá llevar la administración por grupos, dando derechos a grupos e indicando qué usuarios pertenecen a cada grupo, aligerando la carga de trabajo que provoca esta tarea.

También desde el Administrador de usuarios será posible implementar un plan de seguridad y establecer relaciones de confianza con otros dominios que puedan existir en la red. Estos apartados los vamos a dejar expresamente para ser tratados en profundidad en el Capítulo 10 de este libro y, de momento, nos vamos a encargar de administrar un único dominio para simplificar la introducción de todos los conceptos referentes a la administración de usuarios.

En este punto creo importante hacer notar la diferencia entre dos herramientas de administración: el **Administrador de usuarios** de una estación de trabajo y el **Administrador de usuarios del dominio** de una estación controladora de dominio.

El **Administrador de usuarios** se encarga de administrar una base de datos local del equipo en que nos encontramos, conteniendo todos los usuarios que tendrán derecho a iniciar una sesión en esa máquina en concreto. Por lo tanto, únicamente es posible administrar las cuentas locales al equipo.

El **Administrador de usuarios del dominio** permite acceso a todas las cuentas de usuarios del dominio local, de un dominio remoto o de estaciones Windows NT que no sean controladores de dominio. Se tiene acceso a todos los usuarios que pueden participar en el dominio desde cualquier estación que esté unida al mismo.

- Para poder utilizar el Administrador de usuarios se deberán poseer unos derechos especiales que el sistema concede de manera predeterminada al grupo de Administradores.

Cuentas de usuario

Windows NT almacena toda la información referente a los usuarios en una Base de datos. Esta base de datos está formada por listas de control de acceso, las cuales contienen toda la información necesaria para garantizar la seguridad en el entorno de trabajo. Externamente, lo que verá el administrador es simplemente una cuenta de usuario. Esta cuenta de usuario estará asociada a un identificador interno de la base de datos de seguridad que contendrá toda la información necesaria para que un usuario pueda iniciar una sesión en una determinada estación de trabajo (identificación de usuario y contraseña), derechos que posee y permisos que tiene sobre los diferentes recursos del sistema. La cuenta de usuario también contendrá una serie de informaciones que serán meramente informativas, como por ejemplo el nombre completo del usuario que será propietario de una cuenta, o administrativas, como por ejemplo a qué horas y días un usuario está autorizado a conectarse a una determinada estación.

El identificador de usuario deberá ser único en un dominio o estación, según el modelo de trabajo que hayamos elegido, ya que todos los derechos de usuario y permisos sobre los recursos se van a conceder a estos identificadores.

Una consecuencia clara que tendremos de esta distinción entre identificador interno e identificador externo es cuando estemos eliminando y creando cuentas. Cada vez que se crea una cuenta se le asigna un identificador interno que será el que se utilice para almacenar derechos y permisos del usuario. Cuando una cuenta es eliminada este identificador interno es liberado y en caso de volver a crear una nueva cuenta con el mismo identificador de usuario no será posible recuperar todos los privilegios que poseía anteriormente, puesto que al crear una nueva cuenta se le asigna otro identificador interno totalmente distinto que inicialmente no tendrá ni derechos ni permisos sobre ningún recurso.

Es importante en este punto hacer una distinción entre dos conceptos básicos de la administración de Windows NT:

- **Derechos de usuario**: Los derechos de usuario determinan **qué** acciones puede llevar a cabo un usuario en las diferentes estaciones del dominio
- **Permisos**: Determinan **a qué** recursos tiene acceso un usuario y con qué nivel de privilegio puede acceder a los mismo.

Usuarios predeterminados

Tras haber realizado la instalación de Windows NT y, de manera predeterminada, observaremos que se crean dos cuentas de usuario, las cuales llevan incorporados una serie de derechos. Estas cuentas corresponden al **administrador** de la estación o del dominio en caso de haber instalado un controlador principal de dominio, y al **invitado** para permitir acceso anónimo de usuarios a los recursos del sistema.

Administrador

Esta es la cuenta que dispondrá de mayor poder y se crea en el momento de la instalación del sistema operativo. Es en ese momento cuando se debe proporcionar una contraseña a esta cuenta de administrador, siendo importante conservar la misma en lugar seguro, puesto que en caso de extraviarse nos veríamos en la imposibilidad de utilizar esta cuenta y, en caso de que no tuviéramos otra cuenta de administrador, podría llevarnos a tener que reinstalar de nuevo el sistema operativo. Por este motivo es aconsejable, en el caso de que haya varias personas encargadas de la administración de la estación o del dominio, que se les asigne contraseñas distintas con capacidades de administración.

El nombre de la cuenta Administrador puede ser modificado en cualquier momento pero, puesto que es la cuenta con la que se instaló el equipo y es la que tiene mayor poder sobre el resto, nunca podrá ser eliminada de la base de datos. Cualquier otra cuenta que hayamos podido crear con los privilegios de administrador, podrá ser eliminada en cualquier momento, ya que su tratamiento por parte de un administrador sigue las mismas pautas que las de cualquier otra cuenta de usuario del dominio.

Nota:

Por motivos de seguridad se recomienda utilizar la opción de modificar el nombre de la cuenta de administrador, puesto que, de esta manera, colaboramos a incrementar la seguridad del sistema, ya que dificultamos más el trabajo de una persona que quiera acceder de manera no autorizada a los recursos que estamos administrando.

Invitado

La cuenta de **invitado** se crea con el fin de permitir a personas que no son usuarios del dominio o de la estación, o que lo son pero, por algún motivo, no tienen disponible su cuenta de usuario (por ejemplo, porque se ha bloqueado la cuenta propia al haber agotado un número de intentos de conexión), acceder al sistema.

Para garantizar la seguridad, en el momento de la instalación la cuenta de invitado se crea, pero se deja desactivada, siendo el administrador quien tiene la responsabilidad de activar la cuenta si se considera necesaria su utilización, así como la de asignarle una contraseña que únicamente será conocida por los usuarios autorizados.

El tratamiento de la cuenta de invitado será como el de cualquier otra cuenta de la base de datos, ya que se le podrán asignar derechos y permisos como si de una cuenta creada por el administrador se tratara. Por defecto la cuenta no tiene ningún tipo de derechos sobre los controladores de dominio.

El uso de la cuenta de invitado no está únicamente restringido a inicios de sesiones locales, sino que se puede utilizar también para inicios de sesión remotos.

También, como sucedía con la cuenta de administrador, es posible modificar el nombre de la cuenta en cualquier momento, pero no será posible su eliminación.

Nota:

Es posible tener activada la cuenta de Invitado para sesiones locales, pero no permitirle iniciar sesiones desde estaciones de la red. Para ello deberemos asegurarnos de que no tiene el derecho de **Acceder a este equipo desde la red** (más adelante veremos cómo se realiza esta tarea).

Crear nuevas cuentas de usuario

Cada usuario que deba utilizar los recursos del dominio o de la estación de trabajo deberá poseer su propia cuenta de usuario. La asignación de cuentas de usuarios a las personas no tiene por qué ser una relación uno a uno, sino que debemos pensar en la posibilidad de que una persona física disponga de más de una cuenta de usuario, cada una con diferentes derechos y permisos. Un ejemplo muy claro y que contribuye enormemente a la seguridad del sistema es el caso de los administradores. Un administrador, como tal, deberá poseer una cuenta para realizar todas las tareas administrativas, pero no siempre estará realizando esta labor. Cuando se conecte como usuario podría hacerlo con otra cuenta con permisos suficientes para realizar su trabajo diario. De esta manera se pueden prevenir acciones accidentales que podrían afectar gravemente al funcionamiento del sistema. También se dificulta que personas que quieran averiguar la identificación y contraseña del administrador tengan mayores problemas para ello, ya que nos conectamos normalmente como usuario y no como administrador.

La herramienta que va a permitir crear las cuentas de usuario es el **Administrador de usuarios para dominios** y lo podremos encontrar dentro de las **Herramientas administrativas.** Cuando estemos administrando una estación de trabajo y no un controlador de dominio nos estaremos refiriendo al **Administrador de usuarios** de la máquina local.

Cuando seleccionemos esta opción, nos aparecerá un cuadro de diálogo como el representado en la Figura 3.1.

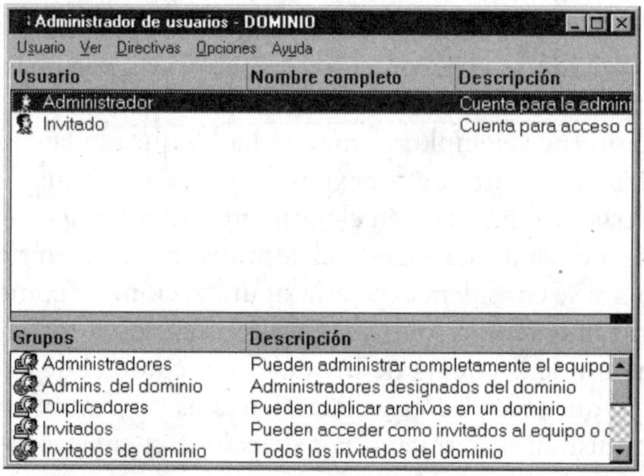

Figura 3.1. El Administrador de usuarios.

Si observamos el cuadro de diálogo observaremos en el primer cuadro (Usuarios) los usuarios que se han creado de manera predeterminada en el momento de la instalación: la cuenta del administrador y la cuenta de invitado. En el caso de haber instalado Internet Information Server, también nos aparecería una cuenta de invitado anónimo para Internet, que si no nos interesa sí que puede ser eliminada.

En el cuadro inferior (Grupos) aparecen los grupos incorporados por Windows NT que existen en el sistema de manera predeterminada y de los que nos ocuparemos más adelante.

En la ventana observamos la existencia de cinco menús principales, cada uno de los cuales tendrá unas funciones concretas para dar soporte a las diferentes necesidades de administración:

- **Usuarios:** Mediante las opciones del menú usuarios tendremos acceso a todas las opciones que nos van a permitir crear y eliminar cuentas de usuario, crear y eliminar grupos locales y globales y administrar la pertenencia de los usuarios a estos grupos.
- **Ver:** Las opciones que encontramos en el menú Ver nos permitirán la visualización de los usuarios que aparecen en el cuadro correspondiente según dos posibilidades de clasificación: Identificador de usuario y nombre completo de usuario. También dispone de la opción Actualizar que en un momento determinado fuerza a que se acceda a la base de datos para actualizar los usuarios que se están visualizando en la ventana. Esta opción es útil cuando se administran usuarios a través de la red y puede haber modificaciones que no son recogidas inmediatamente en la ventana en la que estamos trabajando.
- **Directivas:** A través del menú de directivas podremos implementar el plan que hayamos diseñado de seguridad así como establecer las relaciones de confianza con otros dominios que se encuentren en la misma red. El plan de seguridad incluye la activación de los registros de auditoría, las propiedades de las contraseñas y la asignación de derechos a grupos y usuarios.
- **Opciones:** Permite configurar ciertos aspectos, tales como pedir confirmación cuando se realizan ciertas tareas, guardar la configuración que tengamos en el momento de abandonar el administrador, etc. También, cuando sea necesario, podremos configurar la conexión a baja velocidad.
- **Ayuda:** Permite el acceso a la ayuda en línea de Windows NT.

Puesto que en este primer apartado estamos intentado crear una nueva cuenta de usuario, accederemos al menú **Usuario** y dentro de él elegiremos la opción **Usuario nuevo...** la cual nos abrirá paso al cuadro de diálogo Usuario nuevo (Figura 3.2) en la que habremos de introducir los datos necesarios para crear la cuenta de usuario.

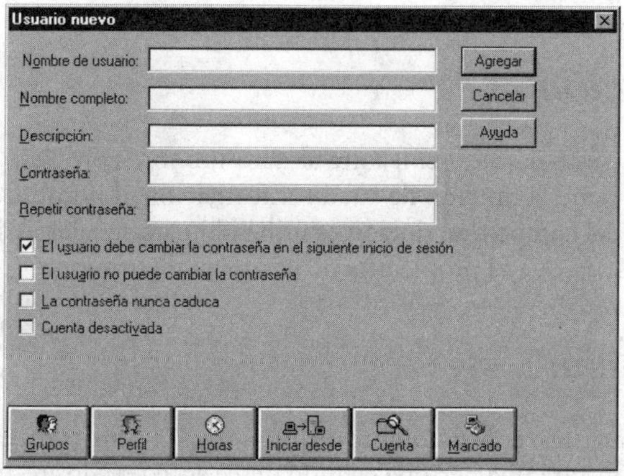

Figura 3.2. Creación de cuentas de usuario.

Al crear una cuenta nueva de usuario deberemos facilitar una información imprescindible para que pueda ser utilizada junto con otros datos que serán meramente informativos, y señalar opciones de seguridad del sistema. Los datos que introduciremos en el presente cuadro de diálogo son los que se describen a continuación.

Nombre de usuario

El nombre de usuario será el identificador de la cuenta de usuario, deberá ser un nombre único en la red y no podrá sobrepasar la longitud de 20 caracteres. Admite cualquier combinación de caracteres (mayúsculas y minúsculas). La única limitación es que no será posible utilizar el siguiente conjunto de caracteres:

```
" / \ [ : ; | = , + * ? <>
```

También se debe considerar que, a pesar de que introduzcamos el nombre de usuario en mayúsculas y minúsculas, cuando se realicen validaciones del mismo no se distinguirá entre ambas. Esto quiere decir que, por ejemplo, la combinación Administrador es exactamente igual a ADMINISTRADOR.

Respecto al nombre de los usuarios es interesante llevar una normativa de asignación de nombres puesto que son muchas las ventanas de Windows NT que nos presentarán información de usuarios clasificadas por este identificador.

Nombre completo

El campo nombre completo no es obligatorio y su principal función es la de permitir al administrador la identificación de la persona física que es propietaria de una determinada cuenta de usuario. Puesto que su función es de identificación y, aunque no tiene repercusiones administrativas, se recomienda utilizar algún tipo de normativa, ya que si no perdería capacidades para poder dar servicio a su función. Un ejemplo típico de norma es introducir en primer lugar los dos apellidos de usuario y posteriormente el nombre.

Algunas ventanas de administración, como por ejemplo el propio administrador de usuarios, nos permitirá visualizar una lista de usuarios clasificada por este nombre.

Descripción

La función de este dato es semejante al dato nombre completo, puesto que tampoco es obligatorio y tiene la función de añadir información al nombre de la persona. Una utilización típica del campo descripción es utilizarlo para señalar el departamento al que pertenece la persona que es propietaria de la cuenta de usuario.

Contraseña

La contraseña, junto con el nombre de usuario, es el primer mecanismo de seguridad con el que se encontrará una persona cuando desee acceder a los recursos de un dominio o de una estación de trabajo. Las contraseñas no serán más que secuencias de caracteres que no podrán sobrepasar los 14 caracteres de longitud. También como en el caso de los otros datos podremos utilizar indistintamente mayúsculas y minúsculas, pero se debe tener en cuenta que a la hora de efectuar las validaciones, la contraseña debe ser reproducida exactamente igual que la almacenada en la base de datos, esto es, se diferencia entre mayúsculas y minúsculas, son caracteres distintos.

Para prevenir que alguna persona pueda "interceptar" las contraseñas simplemente visualizando los datos que está introduciendo un usuario, las contraseñas no serán visibles en pantalla, sustituyéndose todos los caracteres de la contraseña por el carácter *. Aunque no se utilicen los 14 caracteres disponibles, siempre se mostrarán 14 asteriscos puesto que de esta manera también se impide que se pueda conocer la longitud de la misma.

Repetir contraseña

El dato que introducimos en este cuadro sirve para verificar que la contraseña introducida en el cuadro contraseña es la que realmente queríamos introducir. En caso de que no coincida, el sistema nos requerirá de nuevo que introduzcamos la contraseña y su verificación para poder almacenar la cuenta de usuario.

Respecto a la contraseña encontraremos cuatro casillas seleccionables que deberemos elegir o no según el plan de seguridad que tengamos implementado y que limitarán ciertas acciones que podrá realizar el usuario con su cuenta. Estas posibilidades son las siguientes:

- **El usuario debe cambiar la contraseña en el siguiente inicio de sesión:** El administrador cuando crea una cuenta de usuario debe facilitarle una contraseña, la cual puede ser estándar para la organización. Por motivos de seguridad y para que esta contraseña no quede indefinidamente activa, se puede forzar a que el usuario tenga que modificar la contraseña en el siguiente inicio de sesión. Para ello basta con seleccionar esta casilla. Cabe indicar que la opción predeterminada por Windows NT es la de obligar al cambio de contraseña en el siguiente inicio de sesión. Esta opción también se puede activar de manera automática cuando una cuenta caduca. Las cuentas caducan según el periodo de vigencia que se haya establecido en el Plan de Cuentas. Una vez que el usuario ha modificado la contraseña después del inicio de sesión, esta casilla queda automáticamente desactivada, no siendo requerida ninguna acción administrativa.
- **El usuario no puede cambiar la contraseña:** Si no deseamos que un usuario pueda modificar la contraseña de una cuenta se deberá seleccionar esta casilla. Esta opción es útil cuando en nuestra organización dispongamos de cuentas de usuario compartidas por más de una persona. En este caso no deberíamos permitir que una de ellas modificase la cuenta y pudiera provocar una situación en la que las otras no podrían trabajar porque se les ha modificado la contraseña. Un ejemplo de cuenta compartida por varios usuario es la cuenta de Invitado.
- **La contraseña nunca caduca:** Seleccionar esta opción implica que esta cuenta de usuario no estará sometida al plan de cuentas que el administrador haya definido, con lo que no le será de aplicación el periodo de vigencia de las contraseñas.
- **Cuenta desactivada:** La opción de desactivar la cuenta provoca que temporalmente no sea posible utilizar la cuenta, es decir, no se podrá realizar un inicio de

sesión con esta cuenta. Esta acción la puede llevar a cabo el administrador cuando observe incidencias en la manera de utilizar la cuenta o también es posible que lo haga el sistema de manera automática, como por ejemplo cuando se ha alcanzado el número máximo de reintentos de autentificación de un usuario. La desactivación de cuentas tiene muchas más utilidades: es conveniente dejar desactivada una cuenta previamente a la eliminación, sobre todo si no estamos convencidos de que la baja de la cuenta ha de ser definitiva. Recordar que, debido a que los datos de seguridad se almacenan con identificadores no visibles para el usuario, no es posible recuperar todos los privilegios que poseía una cuenta después de eliminada. Las cuentas desactivadas también serán un mecanismo sencillo para crear nuevas cuentas utilizando unas plantillas de cuentas-tipo que deberán estar creadas en forma de cuentas desactivadas.

Por último, en el cuadro de usuarios nuevos podemos observar la existencia de una serie de botones que se encargan de ampliar las opciones disponibles para el administrador:

- **Grupos:** Mediante este botón accederemos al cuadro de diálogo en el que deberemos introducir los grupos de pertenencia del usuario, los cuales le permitirán realizar ciertas tareas en su interacción con el sistema. Existe una limitación de 1.000 grupos a los que puede pertenecer un usuario
- **Perfil:** Contiene información referente a las rutas de acceso para especificar un directorio privado del usuario, así como la posibilidad de especificar un archivo de órdenes a ejecutar al inicio de sesión o la de proporcionar la ruta de acceso al perfil del usuario.
- **Horas:** En este apartado se permite establecer la banda de días y horas en que un usuario tiene permitido el acceso al dominio. Por defecto no hay restricciones. La especificación de alguna limitación afectará tanto a los inicios de sesión en las estaciones como en la conexión a los servidores a través de la red.
  Cuando se selecciona la opción aparece un cuadro de diálogo con los siete días de la semana y un cuadro por cada hora dentro de cada día. Con el ratón podremos seleccionar los cuadros que queramos permitir o denegar y pulsar en el botón correspondiente.
- **Iniciar desde:** El cuadro de diálogo que aparecerá (Figura 3.3) nos permitirá dos cosas: permitir que un usuario inicie una sesión desde cualquier estación de trabajo (esta es la opción por defecto) o bien limitar su acceso a una serie de estaciones que deberemos especificar en los cuadro correspondientes.

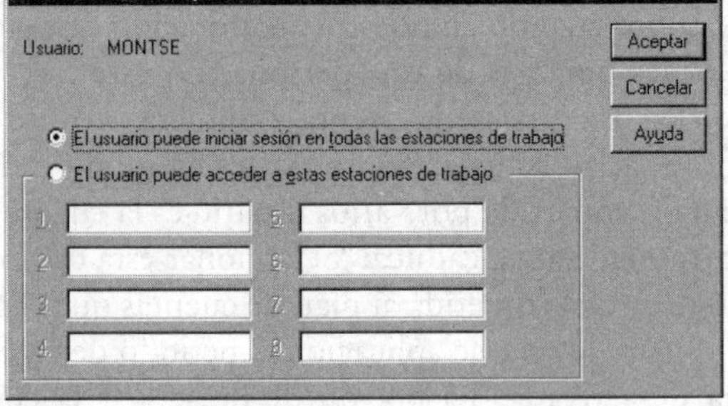

Figura 3.3. Estaciones de acceso para usuarios.

- **Cuenta:** En la información de la cuenta especificaremos su tipo (local o global). Por defecto las cuentas son globales. También se especifica la fecha de caducidad de la cuenta. Las cuentas cuando caducan quedan desactivadas, y no son eliminadas hasta que el Administrador lo crea conveniente o proceda a su activación.
- **Marcado:** Sirve para conceder el permiso de marcado a los usuarios seleccionando la casilla correspondiente. El permiso de marcado permite que los usuarios puedan conectarse utilizando el acceso telefónico. En el cuadro **Contestar** se debe configurar si el servidor ha de efectuar una devolución de llamada o no. En el caso de devolución es posible predeterminar un número de teléfono o solicitarlo en el momento que el usuario intenta la conexión. Esta parte la estudiaremos a fondo en el Capítulo 18 que dedicaremos al servicio de acceso remoto.

Cuentas locales y cuentas globales

Hemos visto la posibilidad de especificar si una cuenta es local o global. Vamos a ver más a fondo las implicaciones que tiene esta decisión.

Las **cuentas locales** permiten acceso exclusivamente a recursos de un único dominio. A este dominio se puede llegar a través de una conexión a través de la red o bien mediante el inicio de una sesión en ese dominio.

Si un usuario se encuentra conectado y quiere acceder a un recurso de otro dominio, en el cual tiene definida una cuenta local, podrá conectarse al recurso especificando el nombre del dominio donde se encuentra y el identificador de usuario y contraseña de la cuenta local que posee en ese dominio.

El funcionamiento del mecanismo de autentificación de usuarios a través de la red cuando se quiere acceder a un recurso de otro dominio en el que tenemos cuenta local es el siguiente:

1. En primer lugar se valida el identificador y contraseña del usuario que se envía al controlador de dominio propietario del recurso al que queremos acceder.
2. El controlador de dominio valida con su base de datos si el usuario tiene acceso o no al recurso correspondiente.
3. En el caso de que no tenga acceso con su propio identificador de usuario y contraseña, ya sea porque no tiene cuenta o tiene cuenta pero con otra contraseña, se requerirá el identificador de cuenta con el que quiere acceder o bien la contraseña correcta.

El icono que representa las cuentas de usuarios locales añade un monitor de ordenador junto al icono normal utilizado para las cuentas globales.

El funcionamiento de las cuentas globales se comprenderá mejor cuando hayamos visto los conceptos de grupos globales y relaciones de confianza.

Copiar cuentas de usuario existentes

La administración de usuarios puede convertirse en una faena rutinaria en la que muchos usuarios van a tener características semejantes. La copia de cuentas de usuario existentes nos va a permitir realizar este trabajo de una manera más ágil y cómoda, ya que mediante el procedimiento de copia será posible crear nuevas cuentas de usuarios con todas las propiedades de una cuenta preexistente (grupos de pertenencia, descripción, perfil y características de contraseña).

Para realizar la copia de una cuenta de usuario existente a una cuenta nueva que queramos crear, se deberá seleccionar, en primer lugar, un usuario de la lista de usuarios actuales de la base de datos del dominio o de la estación de trabajo. A continuación se debe elegir la opción **Copiar** del menú **Usuario**.

Una vez hechas estas operaciones, nos aparecerá un cuadro de diálogo idéntico al que teníamos en la opción de crear nuevas cuentas de usuario pero con el título **Copia de...**. Toda la información de la cuenta origen es literalmente copiada a la cuenta destino, aunque será posible realizar las modificaciones que sean necesarias. El identificador de usuario y el nombre completo aparecerán en blanco para que el administrador introduzca los identificadores de la nueva cuenta.

Nota:

Es importante tener en cuenta que ni los derechos de usuario ni los permisos sobre los recursos son copiados. Esto es un argumento más en favor de que éstos no deben ser asignados directamente a las cuentas de usuario sino a los grupos de pertenencia de éstos. Los grupos de pertenencia de la cuenta de usuario sí que son objeto del mecanismo de copia de las cuentas de usuario.

No sólo existe la posibilidad de copiar cuentas de usuarios, sino que es posible organizar la creación de las cuentas de usuario en base a plantillas que serán las que se utilicen para crear las cuentas con el procedimientos de copia. Las plantillas serán cuentas normales de usuario pero tendrán la propiedad de estar desactivas para que nadie pueda utilizarlas para iniciar sesiones en ninguna estación.

Cambiar identificador de usuario

Cuando vimos las cuentas de usuario que se creaban de manera predeterminada, dijimos que era posible modificar el identificador de usuario y que, por motivos de seguridad, convenía hacerlo. También es posible modificar el identificador de cualquier cuenta cuando se considere necesario. Para ello elegiremos un usuario de la lista de usuarios y accederemos a la opción **Cambiar nombre** del menú **Usuario**. Tras esta elección nos aparecerá un cuadro de diálogo en el que podremos introducir el nuevo identificador de usuario.

Eliminar una cuenta de usuario

Cuando una cuenta deja de ser necesaria se debe proceder a su eliminación. Cuando no estemos seguros de que la cuenta ha de desaparecer, podemos marcar la casilla **Cuenta desactivada** para que la cuenta no pueda ser utilizada.

Si estamos seguros de querer eliminar la cuenta, seleccionaremos un usuario de la lista de usuarios y elegiremos la opción **Eliminar** del menú **Usuario**.

El administrador de usuarios nos requerirá confirmación con un aviso donde nos explica que eliminar la cuenta implica que aunque posteriormente creemos una cuenta con el mismo nombre no será posible recuperar los derechos y permisos que poseía la cuenta anteriormente, ya que internamente las cuentas de usuario se corresponden con un identificador interno no reutilizable.

Administración de propiedades de cuentas de usuario

Las propiedades que se asignan en el momento de crear la cuenta no son estáticas sino que se pueden ir modificando cuando sea necesario. Para acceder a las propiedades del usuario de debe seleccionar un usuario de la lista de usuarios y acceder a la opción **Propiedades** del menú **Usuario**. Después de esta opción tendremos accesibles los mismos cuadros de diálogo que utilizábamos en el momento de crear y copiar cuentas.

Se debe considerar que para que todos los cambios que se realicen en las propiedades de una cuenta estén operativos, es necesario que el usuario inicie una nueva sesión, ya que una vez que ha iniciado una sesión, ésta se inicia con las propiedades que tenía en ese momento y éstas no pueden ser modificadas dinámicamente.

Si nos fijamos en el cuadro de diálogo que nos aparecerá, observaremos la existencia de una nueva opción con el título **Cuenta bloqueada**. Esta opción se activa automáticamente cuando el usuario agota el número de intentos posibles para establecer un inicio en una estación o en un dominio.

Selección de usuarios

Muchas veces desearemos realizar acciones administrativas que afecten a más de una cuenta de usuario. Para permitirlo dispondremos de varias opciones que permitirán realizar una selección de usuarios.

La primera opción será la de situarnos sobre un usuario de la lista y presionando la tecla **<Ctrl>** pulsar el botón izquierdo del ratón. La cuenta de usuario quedará seleccionada, debiendo repetir la operación para cada cuenta que queramos seleccionar.

Una segunda opción es acceder a la opción **Seleccionar usuarios** del menú **Usuarios**. Cuando seleccionamos esta opción nos aparecerá un cuadro de diálogo en el que nos aparecerán todos los grupos que tengamos definidos en el dominio o en la estación. Para cada grupo que seleccionemos de esta lista, automáticamente quedarán seleccionados todos los usuarios que pertenezcan a este grupo.

Asignación de perfil

Especificación ruta de acceso al perfil de usuario

El aspecto de creación y administración de perfiles de usuario será tratado ampliamente en el Capítulo 11. En este apartado únicamente nos referiremos al lugar dónde debemos especificar la ruta de acceso a este perfil de usuario.

La ruta de acceso y almacenamiento de los perfiles debe ser especificada de la siguiente manera:

```
\\servidor\recurso_compartido\nombre_de_perfil
```

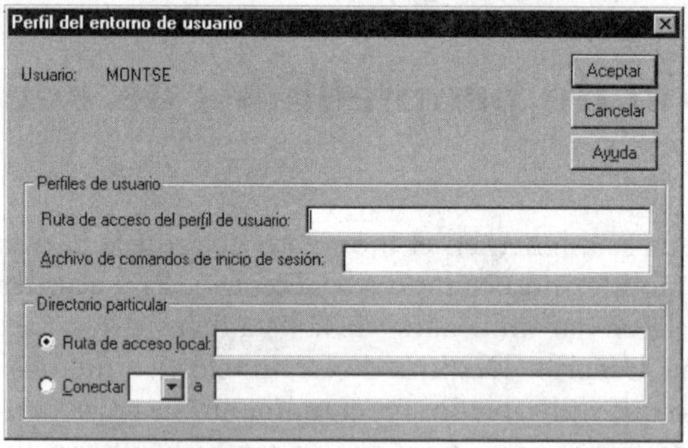

Figura 3.4. Perfil del entorno de usuario.

Especificación del directorio particular

Es posible asignar a cada usuario un directorio de trabajo en el cual podrá almacenar sus archivos de datos y programas. También es posible asignar un directorio de trabajo a varios usuarios, los cuales podrán compartir todos los archivos que almacenen en el mismo.

Si no se indica ningún directorio particular se utilizará el creado de manera predeterminada por Windows NT *\USERS\DEFAULT* en la unidad en la que se encuentre trabajando el usuario. Este directorio se utilizará de manera predeterminada en todas las opciones del tipo **Abrir archivo** y **Guardar como**, utilizándolo también todas aquellas aplicaciones que no tengan especificado un directorio de trabajo por defecto.

El directorio particular no tiene por qué estar creado en el servidor, sino que es posible utilizar cualquier estación de la red para almacenar este directorio.

Cuando estemos especificando directorio particular hemos de conocer la posibilidad de utilizar variables de entorno para especificar el mismo. En el caso que estamos tratando, podríamos especificar una ruta de acceso en la que en lugar de utilizar el nombre de usuario como último dato de la ruta de acceso, utilizaríamos la variable correspondiente que almacena este valor. La variable de entorno que representa el nombre de usuario es %USERNAME%. Cuando el sistema encuentra una variable de este tipo lo que hace es sustituir la variable por su valor correspondiente.

Una utilización muy práctica es cuando estamos utilizando la opción de crear cuentas de usuario mediante el procedimiento de copia de cuentas existentes o a través de plantillas predefinidas. Si tuviéramos asignado un directorio particular a la cuenta origen, este sería copiado a la cuenta destino. Utilizando variables de entorno se copia la ruta de acceso con esta variable de entorno que, en el momento de ejecución, es sustituida por el valor correspondiente, siendo distinto para cada usuario.

El administrador incorpora la posibilidad de crear el directorio particular que estamos especificando aunque, si no puede hacerlo, nos mostrará un mensaje indicándonos que deberemos crearlo manualmente.

Los directorios particulares pueden ser tanto locales, cuando estamos administrando una estación de trabajo, como directorios que se encuentren en conexiones a unidades de red. También en este caso dispone de la posibilidad de crear el directorio.

Especificación del archivo de órdenes de inicio de sesión

Se puede asignar un **archivo de órdenes** a cada usuario el cual se ejecutará automáticamente cada vez que inicie una sesión. Sirve para personalizar el entorno de trabajo. Un mismo archivo podrá ser asignado a diferentes usuarios. Esto facilita el trabajo del administrador, ya que puede establecer conexiones de red sólo modificando estos archivos.

Normalmente serán archivos de órdenes, aunque no hay ningún inconveniente en utilizar ficheros directamente ejecutables. En estos archivos de órdenes es posible utilizar las variables de entorno. Por defecto estos archivos se almacenan en el directorio:

```
%systemroot%\system32\repl\import\scripts
```

En caso de querer almacenarlo en otro directorio, habría de especificarse la ruta completa.

Entre las más importantes podemos destacar las descritas en la Tabla 3.1.

Tabla 3.1. Principales variables de entorno

Variable	Descripción
%HOMEPATH%	Ruta del directorio particular
%OS%	Sistema operativo de la estación de trabajo
%USERDOMAIN%	Dominio al que pertenece la cuenta de usuario
%USERNAME%	Nombre del usuario

Es importante recordar que con esta opción sólo damos la ruta para localizar el archivo. La creación de este archivo es responsabilidad del administrador o administradores.

Administración de la pertenencia a grupos

Mediante la opción **Grupos**, a la cual accedemos con el botón situado en el cuadro de propiedades de usuario, podemos indicar a qué grupos pertenece un usuario o grupo de usuarios seleccionado. Con esta opción podremos agregar y eliminar grupos de pertenencia.

En el siguiente apartado trataremos el tema relativo a los grupos.

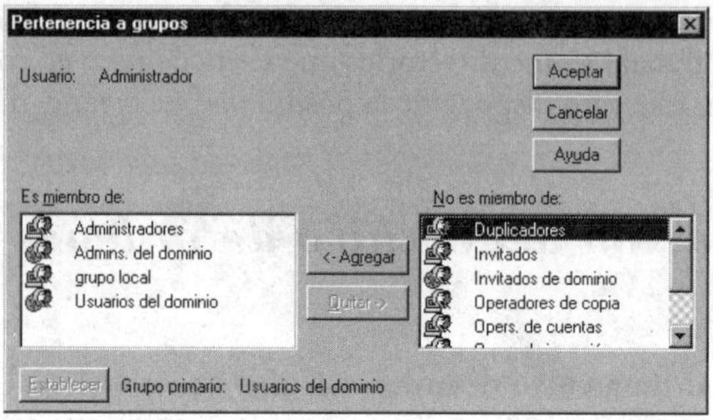

Figura 3.5. Pertenencia a grupos.

Gestión de grupos

En puntos anteriores hemos hecho referencia a la pertenencia de un usuario a un grupo. Ahora vamos a estudiar en profundidad este concepto.

Un **grupo** no es más que un tipo especial de cuenta que está formada por un conjunto de cuentas de usuario, las cuales adquieren todos los derechos, permisos y privilegios que se asignan al grupo. Será más fácil la administración de permisos a los grupos y posteriormente incorporar usuarios a los grupos que no ir concediendo permisos individualmente a los usuarios. Por ejemplo, si se desea revocar algún derecho a varios usuarios de un mismo departamento, se debería ir modificando uno a uno para conseguirlo; si en lugar de cuentas individuales tenemos asociada la pertenencia a un grupo, sería suficiente modificar este grupo para que todos los usuarios que contiene vean revocado ese derecho.

Para la utilización de los grupos será preciso, en primer lugar, la creación del grupo asignando los permisos y derechos que se crea conveniente, agregando, posteriormente, los usuarios que deseemos pertenezcan al grupo. Para modificar los derechos de todos los usuarios, bastará con modificar los permisos asignados al grupo.

Existe una limitación en cuanto al número de grupos a los que puede pertenecer un usuario, este límite es de 1.000 grupos.

Grupos incorporados

Windows NT tiene creada una serie de grupos por defecto que contribuyen a la simplificación del trabajo del administrador. Veremos que en algunos usuarios del dominio bastará con que pertenezcan a alguno de estos grupos. Todos los grupos predeterminados tienen asociado un conjunto determinado de derechos. Estos grupos predeterminados variarán según si estamos trabajando con el controlador de dominio o con una estación de trabajo o servidor miembro.

En el **controlador de dominio** los grupos incorporados son los siguientes:

Administradores

Es el grupo que mayor control dispone sobre el equipo que se está administrando. Se le conceden todos los derechos y permisos posibles. Por defecto son los únicos que pueden administrar los registros de auditoría y seguridad. Podrán tomar posesión de archivos u otros objetos.

Duplicadores

Permite la duplicación de archivos y directorios en el dominio. Este grupo debería ser asignado a una única cuenta de usuario para realizar específicamente estas funciones, y no a usuarios reales.

Invitados

El grupo de invitados permite a sus miembros (cuenta invitado) acceder de forma ocasional a una sesión en la estación con unas capacidades restringidas.

Operadores de copia

Este grupo está creado con la finalidad de autorizar a sus miembros a efectuar las copias de seguridad y restaurar las mismas cuando sea necesario en los controladores de dominio (principal y reserva).

Operadores de cuentas

Tienen permiso para utilizar el administrador de usuarios y realizar el mantenimiento de cuentas de usuario y de grupos del dominio.

Operadores de impresión

Su tarea es la administración de los recursos compartidos de impresión. De esta manera podrán crear, gestionar y eliminar estos recursos.

Operadores de servidores

Tienen permitido administrar los controladores del dominio (principal y reserva). Podrán administrar impresoras, archivos,... Junto con los administradores pueden modificar la hora del sistema.

Por defecto, todos los grupos de operadores tienen privilegios para permitir apagar el sistema.

Usuarios

Este grupo permite trabajar con los derechos y permisos necesarios para trabajar con un equipo, permitiendo realizar las tareas más comunes.

Power Users (Usuarios avanzados)

Proporciona algunas facultades de administración a los miembros del grupo, pero sin tener tanto control como los administradores. Se les permite compartir directorios a través de la red, administrar impresoras y crear grupos de programas comunes.

También tienen la facultad de crear y administrar grupos y cuentas de usuario, así como agregar o eliminar cuentas de usuario de los grupos de usuarios avanzados, usuarios e invitados.

Sólo existen en estaciones Windows NT que no sean controladores de dominio.

Aparte de estos grupos incorporados nos encontraremos con otro conjunto de grupos especiales que aparecerán cuando estemos administrando los derechos de los grupos. La razón de que no aparezcan estos grupos es que no es posible modificar la pertenencia a los mismos, sino que es el propio sistema el que se encarga de administrar esta pertenencia. Estos grupos especiales son los siguientes.

Grupos especiales

Todos

Cualquier usuario que utilice el equipo. Están incluidos usuarios locales y remotos. Se les puede conceder cualquier tipo de derechos.

INTERACTIVE (Interactivo)

Cualquier usuario local.

NETWORK (Red)

Cualquier usuario conectado a través de la red.

CREATOR OWNER (Propietario creador)

Contiene la cuenta que creó o tomó posesión de un recurso. En particiones NTFS, los permisos a directorios y ficheros los concede el propietario creador. Si asignamos permisos a este grupo en un directorio, los nuevos ficheros y subdirectorios que se creen bajo él heredarán estos permisos.

Por ejemplo, este grupo podemos utilizarlo para administrar directorios y ficheros públicos, ya que podremos dar permiso de lectura al grupo Todos y de Acceso Completo al grupo Propietario creador, con lo cual cualquier usuario que cree un fichero o directorio en él tendrá acceso completo al mismo.

Grupos locales y grupos globales

Los **grupos locales** son aquellos a los que se concede acceso a recursos de un único dominio o una única estación de trabajo Windows NT. Está formado por cuentas de uno o varios dominios. Podrán contener grupos globales pero no otros locales.

Los **grupos globales**, en cambio, contienen cuentas de usuarios a las cuales se les puede asignar permisos sobre múltiples dominios o estaciones de trabajo. Las cuentas que pueden integrarse en este grupo forzosamente deben pertenecer al dominio en el que se creó el grupo global y no pueden contener usuarios de otros dominios. Los grupos globales no pueden contener otros grupos.

Cuando nos interese agrupar usuarios para utilizar recursos en otros dominios o estaciones de trabajo crearemos un grupo global, el cual se puede añadir a los grupos locales o también concederle directamente permisos y derechos en otros dominios.

Si el grupo necesita permisos en un único dominio, se creará un grupo local, que podrá contener grupos globales de varios dominios y cuentas de usuario.

Un ejemplo de grupo local en una organización estaría formado por el conjunto de usuarios que han de acceder al sistema de gestión de clientes y sus recursos de impresión asociados.

En los controladores de dominio (principal y reserva), existen tres grupos globales más predefinidos, los cuales sirven para proporcionar la pertenencia automática a los grupos locales. Estos grupos no se pueden eliminar, aunque si modificar sus derechos:

Administradores de dominio

Este grupo formará parte del grupo local de administradores de la estación. Esto se puede modificar por el administrador de la estación, es decir, puede agregar o eliminar el grupo global de administradores del dominio del grupo local de administradores. Es importante hacer notar que, de manera predeterminada, el administrador no tiene acceso a todos los archivos, sino que sólo tiene este acceso si posee el permiso necesario para ello, teniendo siempre el poder de tomar posesión de cualquier archivo para poder acceder a él.

Usuarios de dominio

Como hemos mencionado, este grupo pertenecerá al grupo local de usuarios, con lo cual tendrá los mismos privilegios que cualquier usuario de este grupo. También se puede modificar e impedir esta pertenencia.

Invitados de dominio

Formarán parte del grupo de invitados local de la estación.

Todos estos grupos son añadidos automáticamente a los grupos locales y son visibles en el administrador de usuarios para asignarles otros derechos o permisos.

Los grupos locales pueden incluir usuarios y grupos globales, pero no pueden incluir otro grupo local.

Creación de grupos locales

Debemos elegir la opción **Grupo local nuevo** en el menú **Usuario** del Administrador de usuarios (sólo en estaciones Windows NT Server), apareciendo la siguiente ventana:

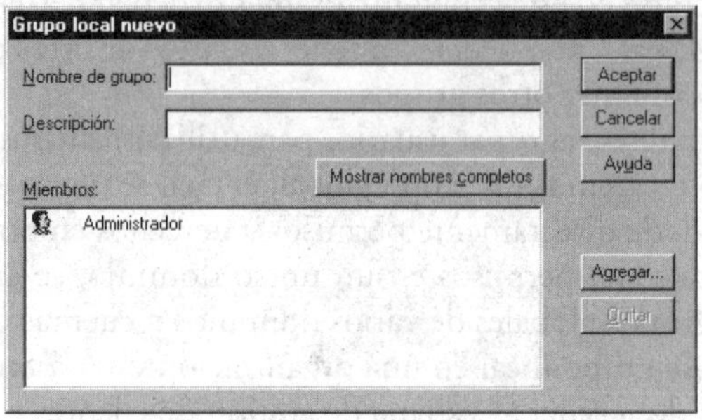

Figura 3.6. Grupos locales.

Nombre de grupo (local): Como en el caso de las cuentas de usuario, ha de ser un identificador único dentro del dominio y puede llegar a tener hasta 256 caracteres pudiendo contener cualquier carácter excepto \.

Cuando es necesario diferenciar un nombre de grupo perteneciente a dos dominios o estaciones distintas, el nombre se nos presentará con el siguiente formato :

```
dominio\nombre de grupo o estación\nombre de grupo
```

Descripción: Texto libre para describir el grupo.

Mostrar nombres completos: Pulsando este botón se nos presentarán los nombres completos. Si el grupo local tiene muchos usuarios de otros dominios, esta operación puede tardar bastantes minutos.

Agregar: Pulsando este botón se nos presentará una lista con los usuarios y grupos que se pueden agregar al grupo local que estamos creando. Bastará ir seleccionándolos y al final pulsar el botón *Aceptar*.

Copia de grupos locales

También, como sucedía en el caso de cuentas de usuario, se puede proceder a la creación de un nuevo grupo mediante el procedimiento de copia. Para ello basta seleccionar en la

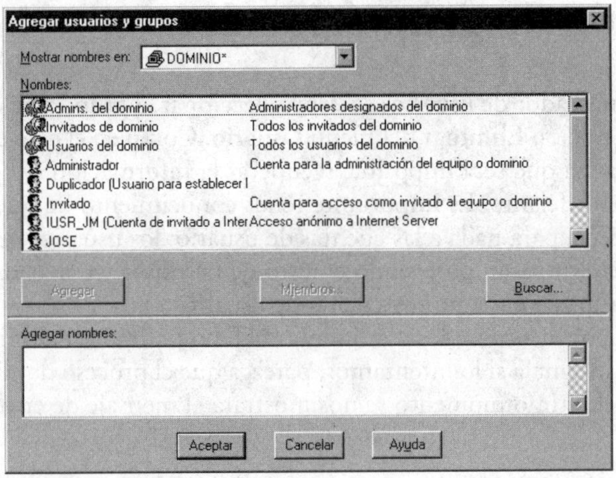

Figura 3.7. Agregar usuarios y grupos.

lista el grupo que nos interesa y seleccionar **Copiar** en el menú **Usuario**. Nos aparecerá la ventana que nos solicita el nombre de grupo con el resto de datos completos. De esta manera se asegura que todos los usuarios y grupos que se encontraban en el grupo original se encuentran en el nuevo grupo.

Una vez creado el grupo local, ya estamos en disposición de asignarle permisos y derechos sobre recursos de su dominio y, en el caso de los grupos globales, sobre dominios que confían. La asignación de permisos la podremos realizar por medio del **Explorador de Windows NT** en el caso de ficheros, y con las utilidades de impresoras en el caso de dispositivos compartidos de impresión.

Modificación de grupos locales

Una vez creado el grupo local, se podrán añadir y eliminar nuevos usuarios, eligiendo la opción **Propiedades** del menú **Usuario**. Se nos mostrará una ventana semejante a la utilizada en el momento de la creación del grupo local.

Otra opción modificable en las propiedades del grupo es la descripción asignada al mismo.

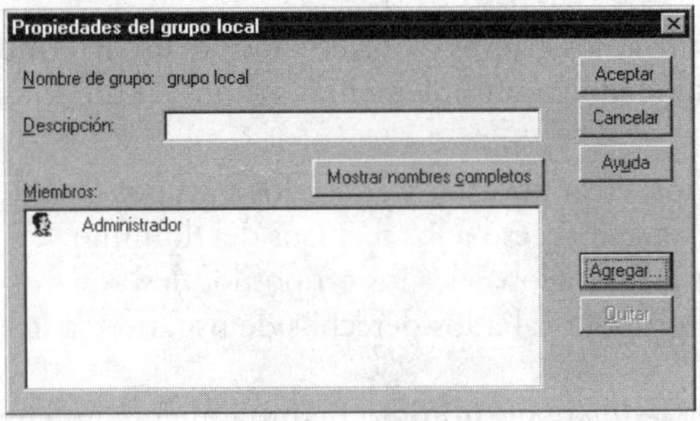

Figura 3.8. Propiedades del grupo local.

Eliminación de grupos locales

En el administrador de usuarios se debe seleccionar el grupo que nos interese eliminar y pulsar en la opción **Eliminar** del menú **Usuario.** Como en el caso de las cuentas de usuario, se nos avisa que será imposible recuperar la información del grupo, en caso de que continuemos adelante. Es importante tener conocimiento de que la eliminación de un grupo no afecta para nada a las cuentas de usuario; los usuarios que pertenecen al grupo eliminado continuarán poseyendo el resto de permisos y derechos que tenían asignados por otros grupos o en la propia cuenta de usuario.

Los grupos incorporados a Windows NT no podrán ser eliminados, a pesar de que, en primera instancia si lo intentamos, parezca que el proceso de eliminación está funcionando. En el último momento se nos mostrará el mensaje de error.

Adición y administración de grupos globales

La forma de proceder con los grupos globales es la misma que para el caso de grupos locales, aunque en el menú de **Usuario** encontraremos dos opciones para crear grupos:

Grupo local nuevo ...
Grupo global nuevo ...

Encontraremos algunas diferencias respecto a la administración de grupos locales, como por ejemplo que sólo podrán pertenecer a un grupo global las cuentas del dominio que se está gestionando.

Como en el caso de las cuentas de usuario ha de ser un nombre único en el dominio o en la estación administrada, aunque en este caso sólo puede contener hasta 20 caracteres incluyendo mayúsculas y minúsculas, y exceptuando:

" / \ [ ] : ; | = , + * ? < >

Estrategias de grupo

Es conveniente utilizar los grupos globales y locales predeterminados lo máximo posible. El método recomendado para implementar grupos en un dominio es:

1. En dominios, crear usuarios y añadirlos a grupos globales existentes o nuevos si se desea que tengan acceso a los recursos del dominio.
2. Añadir los grupos globales a los grupos locales.
3. Asignar el grupo local a los derechos de usuario y a los permisos de los recursos.

Esta estrategia requiere un mínimo mantenimiento en cuanto a cambios. Todos los cambios se hacen en los miembros de los grupos globales del controlador de dominio; no se necesita hacer nada en los grupos locales ni en los permisos y derechos asignados a los grupos locales.

Windows NT implementa esta estrategia de forma predeterminada. Por ejemplo:

- Cuando se crea un usuario, se hace miembro automáticamente del grupo global de Usuarios del Dominio.
- El grupo Usuarios del Dominio es un miembro del grupo local Usuarios. Por lo tanto, el nuevo usuario es un miembro del grupo local de usuarios.
- Cuando una estación Windows NT se afilia a un dominio, el grupo global de Usuarios del Dominio se añade automáticamente al grupo local de Usuarios del nuevo equipo del dominio.

Capítulo 4

Discos y sistemas de ficheros

Una de las características de Windows NT es la posibilidad de soportar múltiples sistemas de ficheros. Esta prestación se basa en la existencia de un driver de soporte de cada sistema de ficheros, con lo que la extensión al soporte de un nuevo sistema de ficheros sólo necesitaría el desarrollo de un nuevo driver.

Una de la decisiones a tomar en el momento de la instalación de Windows NT es el sistema de ficheros que utilizaremos en nuestra partición de sistema. Hemos de tener en cuenta que Windows NT nos permite formatear cada volumen de nuestro disco con un sistema de ficheros independientemente del sistema utilizado en el resto de volúmenes. En esta elección hemos de tener en cuenta varios factores, entre los cuales podemos indicar:

- Si algún otro equipo con diferente sistema operativo debe acceder al volumen, hemos de verificar si el sistema de ficheros que hemos elegido es soportado por éste, ya que en caso contrario podríamos tener problemas en los accesos.
- Si vamos a instalar otro sistema operativo en la misma partición en la que instalaremos Windows NT, será necesario utilizar un sistema de ficheros soportado por ambos sistemas operativos, como por ejemplo, si quiero acceder a una misma partición desde MS-DOS mediante arranque dual necesitaré el sistema de archivos FAT.
- El nivel de seguridad que necesitemos, ya que no todos los sistemas de ficheros ofrecen las mismas prestaciones de seguridad lógica de los datos que contienen.
- La mayor eficiencia de un sistema de ficheros respecto a las características de los diferentes volúmenes del disco.

Windows NT soporta cuatro tipos de sistemas de ficheros:

- **FAT**, que es el sistema de ficheros primitivo de MS-DOS y que además es soportado por el sistema operativo OS/2.
- **HPFS**, sistema de ficheros nativo de OS/2. Este sistema sólo será soportado si se realiza una actualización desde Windows NT 3.51, ya que la versión 4.0 no dispone de este driver.
- **NTFS**, que es el sistema de ficheros propio de Windows NT.
- **CDFS**. Es el sistema de archivos utilizado para leer dispositivos CD-ROM. Debido a que es un sistema de ficheros de sólo lectura, no es utilizable como sistema de

ficheros de un dispositivo no removible. Por lo tanto, no se tratará en este capítulo como el resto de sistemas de ficheros.

Estos dos últimos sistemas de archivos sólo son soportados por Windows NT.

A continuación estudiaremos los conceptos básicos de la administración de discos y cada uno de los sistemas de ficheros soportados por Windows NT, a excepción del CDFS. Por último, se describirá la herramienta que aporta Windows NT para la administración de los discos del sistema: el **Administrador de discos**.

Conceptos sobre administración de discos

Se denomina *espacio disponible* a una porción de disco duro sin utilizar y sin formatear que se puede dividir en particiones.

Una *partición* es una porción de disco físico que funciona como si fuera una unidad independiente.

Una *tabla de particiones* es una tabla que se encuentra en el primer sector de cada disco duro y que contiene el número de sector de comienzo y fin de cada partición del disco.

Un *volumen* es una partición o colección de particiones que han sido formateadas para ser utilizadas por un sistema de ficheros. Cada volumen de un disco puede ser formateado con un sistema de ficheros diferente y le será asignada una letra de unidad.

Una *partición primaria* es una partición de disco que se puede marcar como activa y que puede usarse por un sistema operativo para arrancar el ordenador. Pueden existir hasta cuatro particiones primarias o bien tres primarias y una extendida por cada disco físico. Una partición primaria no puede tener subparticiones. Tener múltiples particiones primarias permite arrancar el equipo bajo diferentes sistemas operativos o bajo diferentes configuraciones de un mismo sistema operativo. Como mínimo, en cada estación debe existir un disco duro con una partición primaria definida y debe estar activada.

Una *partición extendida* es una partición que no puede usarse como tal, sino que debe ser subparticionada en una o más unidades lógicas (no hay límite máximo de unidades lógicas). Solamente una de las cuatro particiones permitidas por un disco físico puede ser una partición extendida.

Una *partición de sistema* es una partición primaria que contiene archivos específicos del hardware para iniciar el sistema. Es necesario que haya una partición de sistema activada en un equipo para que éste arranque.

Una *partición de arranque o inicialización* es una partición que contiene los archivos necesarios para ejecutar un sistema operativo. En función de cada sistema operativo esta partición de arranque puede ser una partición primaria (coincidiendo, por tanto, una partición de sistema con una de arranque) o bien puede ser una partición extendida (como es el caso de Windows NT y OS/2).

Un *cluster* es la unidad básica de direccionamiento en el almacenamiento del disco. Sin tener en cuenta el tamaño de un archivo, éste como mínimo ocupará un cluster del disco y, cuando un archivo no ocupa completamente un cluster, el espacio sobrante de ese cluster se malgasta. Cuanto mayor sea el tamaño del cluster, más pérdidas tendremos, lo cual se incrementará conforme el disco sea más grande.

Cada cluster se encuentra dividido en *sectores* que son la unidad básica de almacenamiento en un disco físico (normalmente un sector son 512 bytes).

Se dice que un fichero se encuentra *fragmentado* cuando no está totalmente almacenado en clusters físicamente contiguos del disco. Cuanta mayor fragmentación tenga en un disco, mayor será el tiempo de búsqueda de los ficheros en el mismo.

Un disco duro debe ser particionado antes de ser formateado mediante un sistema de archivos. Cuando se crea una partición primaria o una unidad lógica de una partición extendida, Windows NT le asigna una letra de unidad, la cual será diferente de A y B, ya que éstas están reservadas para las unidades de disquete.

Sistema de ficheros FAT

Este sistema de ficheros ha sido utilizado desde los comienzos de MS-DOS. Han ido apareciendo diversas versiones del mismo, pero la base no ha cambiado en todas ellas. El nombre de FAT (File Allocation Table) viene dado por su método de organización, el cual veremos a continuación.

Un volumen de un disco formateado con el sistema de ficheros FAT se organiza según se muestra en la siguiente figura.

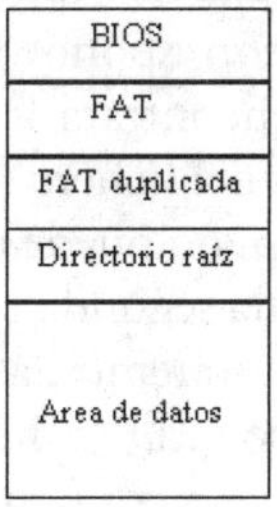

Figura 4.1. Partición de disco FAT.

- El primer bloque del volumen se asigna a parámetros de arranque del mismo.
- En los siguientes bloques y, en unas direcciones específicas del disco para que el sistema pueda acceder a los archivos necesarios para inicializar el volumen, se coloca la FAT del volumen y una copia de la misma. Esto es así para una mayor seguridad frente a fallos físicos (pensemos en sectores dañados) en la FAT original. El mismo sistema de ficheros se encarga de llevar actualizada la copia de la FAT.
- A continuación tendremos el directorio raíz del volumen, el cual tiene un tamaño (512 entradas) y una localización fija en el disco. Cada fichero y subdirectorio de la raíz tiene una entrada en este directorio raíz, la cual tiene un tamaño de 32 bytes e incluye, entre otras, la siguiente información:

  — Nombre del fichero o subdirectorio y su extensión.
  — Byte de atributos que incluye indicación de si la entrada es un directorio o un fichero y cuatro atributos especiales que indican si es un fichero de sistema, oculto, de sólo lectura o bien si se ha modificado desde la última copia de seguridad.

— Hora de la última modificación.
— Fecha de la última modificación.
— Dirección de la FAT donde encontraremos la primera dirección donde encontrar los datos.
— Tamaño del fichero.

• Y, por último, el espacio reservado a los datos del volumen.

Hemos indicado que una de las informaciones que incluía el directorio raíz era la dirección de la FAT donde encontraría la primera dirección de datos. En la siguiente figura se muestra un ejemplo de enlace entre el directorio raíz y la FAT.

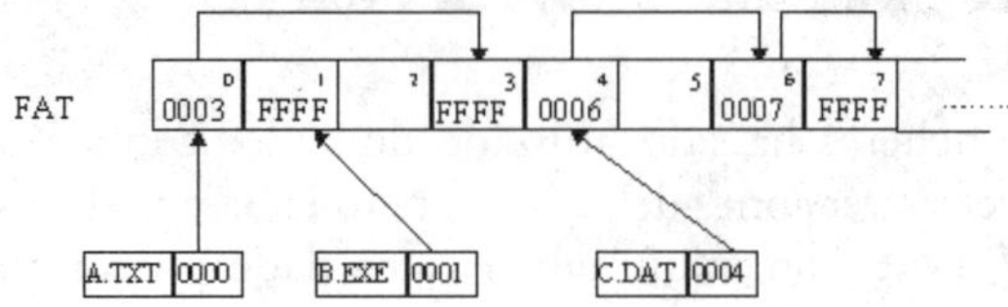

Figura 4.2. Ejemplo de estructura de una tabla FAT.

En esta ilustración se incluye la distribución de tres ficheros a través de la FAT. Cada entrada del directorio raíz que corresponde a un fichero contiene, en su información, la posición de la FAT donde se encontrará la dirección del primer cluster de la zona de datos del volumen con los datos del fichero (que puede comprender uno o más sectores). Si el fichero, debido a su tamaño, no puede tomar suficiente espacio contiguo a partir de este primer cluster, necesitará una segunda entrada en la FAT con la dirección de la zona de datos a partir de la cual encontraremos la continuación del fichero en cuestión. Así en nuestra figura anterior, el fichero C.DAT necesita tres unidades de localización o entradas de la FAT, cada una de las cuales contiene la dirección de la zona de datos y un apuntador a la siguiente entrada de la FAT, mientras el fichero A.TXT necesita dos. El final viene determinado por la secuencia FFF en el apuntador. En cambio, el fichero B.EXE es un fichero pequeño ya que sólo requiere de una unidad de localización. Es posible que en la FAT existan entradas libres (como es el caso de las entradas 2 y 5) debido a ficheros que se han borrado del volumen de datos y que, por tanto, también han liberado su correspondiente entrada en la FAT.

Este sistema de ficheros fue originalmente diseñado para pequeños volúmenes y estructuras simples de directorios, ya que se necesita una constante actualización de la tabla FAT con la consecuente pérdida de velocidad de acceso a los datos del disco cuanto mayor sea éste. Su diseño ha sido mejorado a lo largo de los años para trabajar más eficientemente con volúmenes de altas capacidades y en ordenadores personales que cada vez son más potentes. Con la versión 4.0 de MS-DOS, las entradas de la FAT crecieron en tamaño, pasando de 12 a 16 bits lo cual permitía crear volúmenes mayores de 32MB.

Una **característica clave** del sistema de ficheros FAT es la **simplicidad**, ya que tiene una cabecera muy pequeña. Es esta simplicidad la que le da una facilidad de gestión, pero a su vez limita a 512 entradas máximas en el directorio raíz.

Sin embargo, estas prestaciones decaen notablemente para volúmenes de disco grandes. Además está desprovista de características más sofisticadas tales como recuperabilidad y seguridad. Y la convención de llamar a los ficheros con nombres de "8+3" caracteres es más restrictiva que otra cosa. **Bajo Windows NT** (también bajo Windows 95 se ha incluido), el sistema de archivos FAT ha recibido ciertas **mejoras** que solucionan algunos de estos problemas:

- **Soporta archivos con nombres largos.** El nombre puede llegar hasta 255 caracteres, incluyendo el path completo y excluyendo la extensión (.XXX). Esta mejora no implica que un equipo con un sistema operativo que sólo soporte FAT no mejorada no pueda acceder al volumen, sino que por cada fichero con nombre largo que se crea se autogenera un nombre en formato corto
- El nombre del fichero puede contener **múltiples espacios** (en las versiones de MS-DOS, los nombres no podían contener espacios).
- El nombre puede contener **múltiples extensiones** separadas entre comas.
- Los **nombres no son *case-sensitive***, pero guardan mayúsculas y minúsculas.
- El **tamaño máximo de un volumen FAT es 4 GB**.
- El **tamaño máximo de un fichero** en un volumen FAT es también de **4 GB**.

Aunque algunas de las limitaciones iniciales del sistema de ficheros FAT siguen existiendo, como es el caso de la obligación de que los nombres de ficheros empiecen por una letra o un número y que no contengan caracteres del tipo " / \ [ ] : ; | = , ^ * ? .

Existen algunas **consideraciones adicionales a tener en cuenta** en el caso de utilizar este sistema de ficheros en Windows NT:

- No se puede utilizar la utilidad de UNDELETE con un fichero ya borrado, ya que esta utilidad accede al hardware directamente y Windows NT no permite este tipo de acceso.
- FAT es el sistema de archivos más eficiente para volúmenes menores de 200 MB. En cambio, su rendimiento decrece si existen muchos ficheros en el volumen, ya que el sistema de búsqueda por la tabla de directorios se ralentiza al realizarse secuencialmente.
- El sistema FAT graba los datos en el primer espacio libre que encuentra. Con el paso del tiempo, este método trae consigo una elevada fragmentación del volumen, ya que los ficheros están almacenados en diferentes porciones discontinuas del mismo.
- El tamaño del cluster de un volumen FAT depende del tamaño del volumen según la siguiente tabla.

Tabla 4.1. Tamaños cluster FAT según tamaño volumen

Tamaño del volumen	Tamaño del cluster
Menos de 64MB	1.024 bytes (1 KB)
64 MB a 128 MB	2.048 bytes (2 KB)
128 MB a 256 MB	4.096 bytes (4 KB)
256 MB a 512 MB	8.192 bytes (8 KB)
512 MB a 1.024 MB	16.384 bytes (16 KB)
1.024 MB a 2.048 MB	32.768 bytes (32 KB)

Como vemos, en volúmenes FAT de gran tamaño, el espacio perdido por cada cluster es importante y puede afectar negativamente el espacio útil de almacenamiento del mismo.

- Si utilizamos el sistema de ficheros FAT no podremos utilizar el sistema de seguridad de ficheros y directorios propio de Windows NT.

Sistema de ficheros HPFS

El **HPFS** es un sistema de ficheros instalable con unas características que lo hacen rápido y potente para particiones de disco muy grandes. Entre sus **características** podemos destacar las siguientes:

- **Soporta nombres de ficheros largos**, hasta 255 caracteres, lo que permite al usuario dar nombres descriptivos. También permite asignar múltiples extensiones a los ficheros. Esta característica hace que sistemas operativos que no soporten nombres de ficheros largos no puedan acceder a estos ficheros con nombres extendidos.
- El sistema de ficheros HPFS realiza un estudio antes de escribir los nuevos ficheros, de manera que busca el espacio libre idóneo donde escribirlo para que tanto los nuevos ficheros a escribir como los existentes tengan espacio para poder expandirse. Esta característica es una de las muchas que este sistema de ficheros tiene para permitir una **captura rápida de datos y minimizar la fragmentación.**
- Necesita de, aproximadamente, 2 MB para almacenar la información del volumen.
- Junto a la característica de la planificación de la escritura de ficheros, el **uso de los BTrees** ayuda al acceso rápido a la información en el sistema HPFS. Un BTree es una estructura en forma de árbol con una raíz, ramas y nodos en sus puntas, los cuales contienen datos organizados de una forma lógica (alfabética en el caso del sistema de ficheros HPFS) para hacer que la estructura entera pueda ser rápidamente verificada utilizando búsquedas binarias. La raíz contiene una pequeña cantidad de información administrativa, una mapa del resto de la estructura y posiblemente una pequeña cantidad de datos. Los nodos y las ramas contienen la mayor parte de los datos. En grandes discos este sistema se muestra mucho más competitivo que el sistema lineal de la FAT.
- **Disk caching** y **lazy writing** son dos características más que aceleran las operaciones en el HPFS. En muchos casos, cuando un programa necesita escribir información al disco duro, no es necesario que sea escrito inmediatamente. Cuando se utiliza HPFS, la información que el programa envía para ser escrita en el disco duro es temporalmente almacenada en una caché de disco. Esto es lo que se llama disk caching. Más tarde, cuando el disco no tiene nada que hacer, HPFS escribe la información en el disco como una tarea secundaria. Esto se llama lazy writing.
- Cuando el HPFS utiliza el sistema lazy writing, puede ocurrir un error de escritura mucho después de que una aplicación pudiera hacer nada al respecto. Por eso, HPFS utiliza una técnica llamada **hotfixing** para controlar los errores de escritura. Así, cuando un error es detectado, el sistema de ficheros coge un bloque libre fuera de una zona reservada para hotfix, escribe en este bloque los datos que no han podido ser escritos por error y actualiza el mapa de hotfix. HPFS también reemplaza cualquier número de sectores corrompidos por el correspondiente número

de sectores correctos y guarda la información en el mapa de hotfix. Una copia de este mapa se escribe en disco. Esta operatoria es totalmente transparente para las aplicaciones, de forma que si una aplicación intentara acceder a un sector dañado no se daría cuenta de que existe un problema con el mismo. Si más de un determinado número de hotfix ocurriera, el sistema de ficheros visualizaría un mensaje comunicándole al usuario que ejecutara una orden CHKDSK/F para chequear y, posiblemente, reparar el volumen.

- Esta técnica de hotfixing no se encuentra soportada en Windows NT, mientras las características de disk caching y lazy writing son controladas por el administrador de caché de Windows NT y no por el propio sistema de ficheros HPFS.
- El sistema de ficheros HPFS no permite el acceso a sus volúmenes si reiniciamos el sistema desde un disquete con MS-DOS, sino que necesitamos un disquete de reinicio OS/2 que cargue el driver de HPFS. Por tanto, ofrece una mayor seguridad frente a acceso físico externo.

En un volumen con el sistema de ficheros HPFS, los primeros 18 sectores del mismo son reservados por el propio sistema de ficheros para iniciar el sistema operativo, mantener la estructura del propio HPFS y para recuperar posibles errores.

El HPFS también tiene algunos **puntos débiles**. Por ejemplo, si algo se dañara en la primera porción del volumen, que es la que contiene la información de arranque y el puntero al directorio raíz, se perderían los datos del mismo.

Como desventaja si utilizamos HPFS bajo Windows NT, es que no puede utilizar el sistema de seguridad de ficheros y directorios propio de Windows NT.

Windows NT no provee ninguna mejora sobre este sistema de archivos, sino que lo utiliza para facilitar una migración desde OS/2 a Windows NT.

En resumen, el HPFS es un potente sistema de ficheros diseñado para ser eficiente y rápido en volúmenes de hasta 2GB de capacidad, aunque no nos permite utilizar el sistema de seguridad que nos ofrece Windows NT.

Sistema de ficheros NTFS

El sistema de ficheros **NTFS** es el sistema de archivos preferido bajo Windows NT por varias razones, pero sobre todo por el tema de la **seguridad**, ya que ofrece una seguridad a nivel de archivo o directorio, permitiendo al administrador determinar los permisos sobre los mismos para cada usuario. NTFS proporciona una combinación de altas prestaciones y gran fiabilidad que no se encuentran en los sistemas de ficheros FAT o HPFS. La desventaja que tiene es que sólo es soportado por Windows NT, con lo que si tenemos previsto que otro sistema operativo acceda a esta partición, quizás deberemos utilizar otro sistema de ficheros.

NTFS ofrece una mejor protección ante el acceso físico que la que ofrecen FAT o HPFS. Los usuarios no pueden acceder a volúmenes NTFS aunque arranquen el sistema desde un disquete MS-DOS o OS/2 con HPFS, ya que el driver que permite acceder al formato NTFS se carga exclusivamente cuando lo hace Windows NT. Además no es posible formatear un disquete con NTFS debido a la gran sobrecarga que necesita este sistema.

El sistema de ficheros NTFS ve a cada fichero o directorio (también visto como un fichero por el NTFS) del volumen como un conjunto de atributos de fichero como el nombre de fichero, su información de seguridad e incluso sus datos. Cada atributo es identificado por un código de tipo de atributo y, opcionalmente, un nombre atributo.

La tabla siguiente muestra algunos de los atributos de fichero que actualmente están definidos en NTFS.

Tabla 4.2. Tipos de atributos de ficheros

Tipo de atributo	Descripción
Información estándar	Incluye, entre otras, hora y fecha de creación.
Lista de atributos	Define los atributos válidos.
Nombre del fichero	Nombre del fichero.
Descriptor de seguridad	Muestra información sobre quién puede acceder al fichero y a quién pertenece.
Datos	Datos del fichero (sólo implementado en ficheros).
Raíz del índice	Contiene información del índice en caso de directorios.
Localización del índice	Utilizado para implementar directorios.
Información de la partición	Utilizado sólo en los ficheros de sistema del volumen e incluye, entre otras cosas, la versión y nombre del volumen.
Atributos extendidos	Atributos utilizados en servidores de ficheros conectados a sistemas OS/2. Este atributo no es usual en Windows NT.

Un volumen formateado con el sistema de ficheros NTFS tiene el siguiente aspecto:

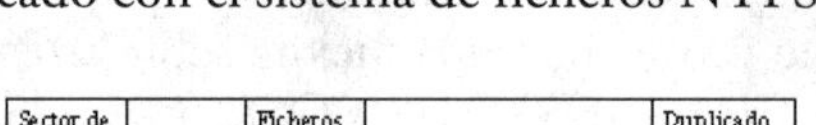

Figura 4.3. Estructura de un volumen NTFS.

En el sector de arranque tendremos la información necesaria para iniciar el sistema operativo, así como la localización de la tabla MFT. Al final del volumen encontraremos un duplicado de esta información de arranque para evitar problemas en el arranque en el caso de que el sector original esté corrompido.

Cada fichero de una partición NTFS es representado por un registro en un fichero especial o tabla llamada **Master File Table (MFT)**, la cual acostumbra a tener un tamaño que oscila entre 1 y 5 MB.

NTFS reserva los 16 primeros registros de esta tabla para información especial. El primer registro de la tabla describe la misma MFT, seguido por un registro que contiene una copia del MFT. El siguiente registro es utilizado por el sistema de recuperación de NTFS. El 17 y posteriores son utilizados para cada fichero y directorio del volumen (que recordemos son vistos desde NTFS como un conjunto de atributos).

Cada fichero y directorio de la partición tienen asignada una cierta cantidad de espacio en la MFT (dependiendo del tamaño del cluster), de forma que los ficheros y directorios pequeños puedan estar contenidos completamente en su entrada de MFT. Pero si ese espacio es insuficiente se extiende hacia otras zonas del volumen. Los directorios grandes son organizados en BTrees, estando estos árboles almacenados en áreas extendidas de la MFT.

Este tipo de organización hace que el acceso a ficheros sea muy rápido en comparación con el sistema de ficheros FAT, ya que en éste, cuando se quiere ver un fichero, hay que consultar primero el nombre del fichero en el directorio raíz para asegurar su existencia y, entonces, utilizando la dirección de la tabla FAT, localizar el fichero en la zona de datos y acceder al mismo. En cambio, con NTFS, tan pronto como encontramos el fichero, ya tenemos parte de los datos.

NTFS soporta particiones desde 5 MB hasta 16 EB (Exabytes).

Conversión de tamaños

Recordemos que 1 EB = 1024 PB (Pentabytes), 1PB = 1024 TB (Terabytes) y que 1TB = 1024 GB.

Otra característica de NTFS es su intento de reducir al máximo la fragmentación de los ficheros. Cuando tiene que grabar un fichero, intenta reservar un espacio de disco continuo suficientemente grande para que quepa entero ese fichero. Si debido a posteriores ampliaciones, un fichero se ha fragmentado y disponemos de otro volumen en nuestro equipo, NTFS copia el fichero fragmentado en otro volumen y luego lo vuelve a copiar en su volumen original, ya que al volverlo a copiar NTFS intentará grabarlo en un espacio continuo del disco.

Otra ventaja que nos ofrece NTFS frente a FAT es el tamaño del cluster. Si vimos con el sistema de ficheros FAT que los volúmenes mayores de 256 MB eran ineficientes respecto al espacio de almacenamiento perdido en cada cluster, con NTFS esto no ocurre así. El tamaño del cluster para cualquier tamaño de volumen es mucho menor que con el sistema FAT, ofreciendo su mejor rendimiento en los volúmenes mayores de 400 MB.

Tabla 4.3. Tamaños cluster NTFS según el tamaño del volumen

Tamaño del volumen	Tamaño del cluster
Menos de 512 MB	512 bytes
512 MB a 1.024 MB (1 GB)	1.024 bytes (1 KB)
1.024 MB a 2.048 MB (2 GB)	2.048 bytes (2 KB)
2.048 MB o más	4.096 bytes (4 KB)

NTFS también permite **nombres de ficheros de hasta 255 caracteres** y, a la vez, permite el acceso a estos ficheros desde el MS-DOS. Los ficheros de NTFS son accesibles desde una red con sistemas operativos como el OS/2 y el MS-DOS, ya que, igual que pasaba con FAT mejorada, por cada fichero con nombre largo que se crea se autogenera un nombre en formato corto. Esta es una característica particularmente importante para los ficheros de un servidor, especialmente en una red en la que se utilicen ordenadores personales con diferentes sistemas operativos.

Recuperación de datos

NTFS es un sistema de ficheros recuperables. Combina la velocidad del **lazy writing** (vista anteriormente en el sistema HPFS) con la prácticamente instantánea recuperación de errores mediante un sistema de recuperación de volumen que normalmente sólo requiere de uno a dos segundos. Esta consistencia del volumen es garantizada gracias a la técnica llamada "transaction logging". El "**transaction logging**" sólo requiere una pequeña cantidad de información que se almacena, como hemos visto al estudiar el diseño del MFT, en el tercer registro de la misma.

El funcionamiento del "transaction logging" es el siguiente: cada operación de entrada/salida que modifica un fichero en un volumen NTFS es visto por el sistema de ficheros como una transacción y puede ser manejada como una unidad atómica. Cuando un usuario actualiza un fichero, el Servicio de Registro de Ficheros (**Log File Service**) registra toda la información para repetir la transacción y para deshacerla. Si el sistema cayese o se produjera alguna interrupción en la operación de entrada/salida, NT utilizaría este registro de transacciones para restaurar el volumen, evitando así la corrupción de los datos causada por la finalización anormal de un programa o por finalización del sistema. El sistema NTFS no confirma ninguna acción en disco sin verificar antes que dicha acción se ha completado satisfactoriamente.

Además, cada unos pocos segundos, NTFS chequea la caché para determinar el estado del lazy writing y marca el estado como un checkpoint en el fichero de registro. Si el sistema falla en la secuencia posterior a un checkpoint, el sistema sabe cómo recuperar el volumen a partir del mismo.

NTFS también incluye, como hacia el sistema de ficheros HPFS, la técnica de **hotfixing**, de forma que el sistema, de forma automática, marca los sectores defectuosos del disco colocando los nuevos datos en otros sectores más seguros. Los datos que contenga un sector defectuoso se pierden a no ser que el sistema tenga implementada una técnica de tolerancia a fallos.

Todas estas técnicas de recuperación y fiabilidad hacen que, como se ha dicho antes, el sistema de ficheros NTFS ofrezca un buen rendimiento en volúmenes mayores de 400 MB, ya que se compensan las sobrecargas originadas por los procesos que garantizan la seguridad y fiabilidad.

Otra característica de NTFS respecto a la recuperación es la imposibilidad de recuperar archivos suprimidos aunque se encuentren físicamente en el volumen NTFS y estén en buen estado.

Seguridad del sistema de ficheros

NTFS es el único y genuino sistema de ficheros seguro para utilizar con Windows NT. Con NTFS cada fichero o directorio (esté compartido en la red o no) tiene un descriptor de seguridad que contiene una lista de control de acceso (ACL) que está formado por una serie de entradas que definen los permisos de acceso para un individuo o grupo. Cada acción que intenta un usuario es chequeada contra la lista de control de ese fichero o directorio.

Comparación entre FAT/HPFS/NTFS

A continuación y, a manera de resumen y comparación entre los tres sistemas de ficheros vistos anteriormente, se muestra una tabla donde podemos observar las características más destacables que pueden condicionar nuestra elección del sistema de ficheros a utilizar. Recordemos que el sistema de ficheros HPFS sólo estaría disponible si realizáramos una actualización desde Windows NT 3.51 y hubiéramos instalado el sistema operativo en este tipo de sistema de ficheros.

Tabla 4.4. Diferencias entre los sistemas de ficheros

Atributo	FAT mejorada	HPFS	NTFS
Longitud de nombres de archivos	255	254	255
Tamaño máximo de fichero	4 GB	4 GB	16 EB
Tamaño máximo de partición	4 GB	2 TB	16 EB
Atributos	Elementales	Extendidos	Más extendidos
Directorios	Lista enlazada	BTree	BTree
Accesible por	MS-DOS OS/2 Windows NT Windows 95	OS/2 Windows NT	Windows NT
Seguridad de Windows NT	No	No	Sí
Recuperación ficheros suprimidos	No	No	No
Evita la fragmentación de ficheros	No	Sí	Sí
Tratamiento clusters defectuosos	No	Sí	Sí
Formateable desde Windows NT	Sí	No	Sí

Administrador de discos

¿Quién no ha utilizado alguna vez la utilidad **fdisk** de MS-DOS? Esta utilidad nos permitía administrar los discos físicos que tenía el equipo, creando, eliminando o visualizando las diferentes particiones del mismo.

Windows NT WorkStation y Windows NT Server nos ofrecen una utilidad denominada **Administrador de discos** que incluye todas las funciones de **fdisk**, mejorando algunas de ellas, más una serie de nuevas funciones propias de Windows NT, como son la creación de conjuntos de volúmenes o de conjuntos de bandas. Además el Administrador de discos tiene una gran ventaja respecto al fdisk: ya no es una utilidad basada en caracteres, sino que es una herramienta totalmente gráfica.

Durante la instalación inicial de Windows NT hemos de establecer la partición que utilizaremos para instalar el sistema operativo. Esta partición puede ser una ya existente (que podemos formatear de nuevo) o bien una de nueva creación. Pero los cambios que queramos realizar posteriormente a la instalación del sistema operativo en los discos duros existentes en el equipo o bien en nuevos discos agregados, se deberán realizar mediante el Administrador de discos, la cual podemos ejecutar desde el menú de **Herramientas Administrativas.**

¿Quién puede usar el Administrador de discos?

Sólo los usuarios con privilegios de administrador podrán ejecutar el Administrador de discos.

En la lista siguiente se puede encontrar un resumen de algunas de las **operaciones** que se pueden realizar con el Administrador de discos.

- **Crear y eliminar particiones** primarias o extendidas en los discos duros del equipo.
- **Crear y eliminar unidades lógicas** en una partición extendida.
- **Crear, extender y eliminar conjuntos de volúmenes.**
- **Extender volúmenes NTFS.**
- **Crear y eliminar conjuntos de bandas sin paridad.**
- Obtener **información sobre los discos** y de las particiones en que están divididos como tamaño, etiqueta, letra de unidad de cada partición, cantidad de espacio libre disponible para crear particiones adicionales, etc.
- Administrar **características de dispositivos CD-ROM** instalados en el equipo, ya que aparecen como cualquier otro disco del sistema.
- **Administrar las letras de unidad** asignadas a los diferentes volúmenes.
- Administrar diferentes **configuraciones** de discos.
- Implementar características de rendimiento y **tolerancia a fallos**. Esta opción sólo está disponible en el Administrador de discos de Windows NT Server.

En la siguiente figura se observa un ejemplo del aspecto que muestra el Administrador de discos en un ordenador con Windows NT Server (en un equipo con Windows NT WorkStation no tendríamos el ítem de menú dedicado a Tolerancia a fallos), en el cual existen dos discos duros y un dispositivo CD-ROM.

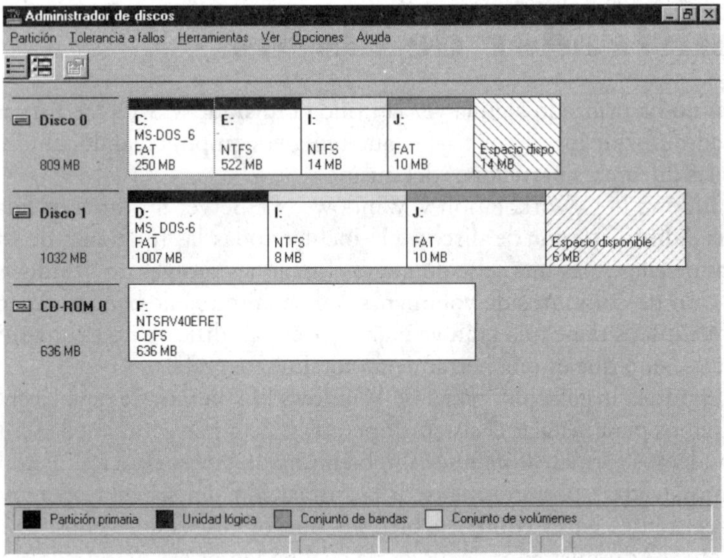

Figura 4.4. Aspecto general del Administrador de discos.

Como se ve en la figura anterior, el Administrador de discos visualiza cada uno de los discos del sistema, informándonos de su tamaño total y de las diferentes particiones de que está compuesto, las cuales tienen diferente color si son primarias, lógicas, conjunto de volúmenes o conjunto de bandas. Además, en cada una de las particiones ocupadas, obtenemos información sobre la etiqueta del volumen (si posee), tipo de sistema de ficheros con la que ha sido formateada y espacio que ocupa. En el caso de porciones del disco que no están asignadas a ninguna partición, esta herramienta nos informa de esta situación y nos indica el espacio libre disponible.

Visualización de espacio disponible

Dentro de un disco físico existen dos tipos de espacios disponibles o libres. El primero es un espacio disponible asignable a una nueva partición primaria, una nueva partición extendida (si no existe ya una) o a otro tipo de volúmenes; el segundo tipo corresponde a espacio disponible dentro de una partición extendida para crear particiones lógicas u otro tipo de volúmenes. Para diferenciar ambos tipos en la ventana del Administrador de discos hay que tener en cuenta la inclinación de las líneas diagonales de la porción que especifica el espacio disponible: si las líneas van de abajo-izquierda a arriba-derecha, corresponde a espacio libre del disco; si las líneas van de arriba-izquierda a abajo-derecha, corresponde a espacio libre de una partición extendida.

Así en la Figura 4.4, el espacio disponible del disco 0 corresponde a espacio libre de una partición extendida, mientras el espacio libre del disco 1 corresponde a espacio libre del disco.

Existe otro aspecto de visualización del Administrador de discos que sólo nos muestra aquellos volúmenes existentes, pero no los espacios libres de los que disponemos, el cual se puede activar desde la opción **Volúmenes** del menú **Ver** (si deseamos volver a la representación gráfica seleccionaremos la opción **Configuración de disco** del mismo menú).

La primera vez que arrancamos esta utilidad en una máquina, se nos mostrará un mensaje como el que se muestra en la Figura 4.5 por cada uno de los discos que tenemos en el equipo. En este mensaje se pide permiso para escribir una marca en el disco, la cual ayuda al Administrador de discos a identificar el disco, incluso si se cambia el disco a un controlador diferente. El Administrador de discos no podrá gestionar los discos a menos que se garanticen los permisos de esa marca y repetirá esta petición cuando se añadan nuevos discos duros al sistema.

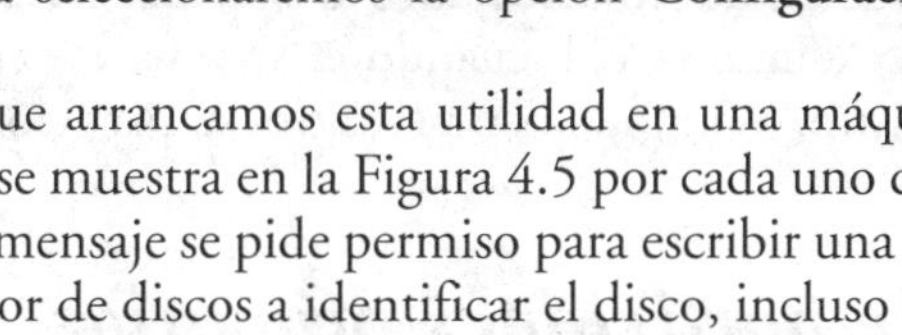

Figura 4.5. Mensaje de marca en disco del Administrador de discos.

Cualquier modificación efectuada mediante esta herramienta no entra en vigor hasta que la guardemos saliendo del programa o a través de la opción de menú de **Registrar los cambios ahora**, ya que de esta manera se obliga a grabar la información en el Registro de Windows NT. De todas maneras, hay algunas opciones como eliminar, formatear particiones existentes o crear conjuntos de bandas que necesitan del reinicio del sistema para poder realizarse.

Siempre que realicemos una modificación en la configuración de los discos y, posteriormente, la guardemos a través de los dos sistemas descritos anteriormente, el Administrador de discos nos mostrará un mensaje de recomendación de actualización del disco de reparación por medio del programa **RDISK.EXE** (ver apartado en tema de Seguridad física de datos). Esta acción es conveniente realizarla si deseamos poder utilizar este disco en caso de problemas en nuestro sistema, ya que si no lo actualizamos perderíamos todas las operaciones realizadas en el Administrador de discos y restauraríamos la situación anterior a éstas.

En los siguientes apartados se expondrán las diferentes posibilidades que nos ofrece el Administrador de discos, a excepción de la implementación de la tolerancia a fallos que será vista en el tema dedicado a la seguridad física de los datos.

Creación de particiones de disco

Si se ha instalado Windows NT en un equipo con un disco duro y, en el momento de la instalación inicial, se ha tomado como partición de sistema todo el disco, no necesitaremos crear nuevas particiones en el mismo a no ser que decidamos reinstalar el sistema operativo y realizar otra estructura de particiones. Si, en cambio, nuestro disco no está completamente ocupado por la partición de sistema, tenemos varios discos en nuestro equipo o, más adelante, agregamos nuevos discos al ordenador, deberemos hacer uso de las posibilidades que nos ofrece el Administrador de discos para crear nuevas particiones.

Cuando se añade un **nuevo disco duro al sistema**, el Administrador de discos **actualiza el Registro** de Windows NT cuando el sistema es reiniciado. Una vez que se ha actualizado el Registro, Windows NT permitirá su particionado y uso.

Creación de particiones primarias

Inicialmente cuando instalamos Windows NT en nuestro ordenador tendremos, como mínimo, una partición primaria que será a la vez la partición de sistema. He dicho antes como mínimo porque es posible que instalemos Windows NT en un equipo que ya tiene un sistema operativo instalado y que deseemos instalarlo en otra partición diferente a la que ocupa el sistema operativo existente. En un caso u otro, si disponemos de espacio libre en el/los discos del equipo una vez instalado Windows NT, podremos crear mediante el Administrador de discos nuevas particiones.

En el apartado **Conceptos sobre administración de discos** se dijo que en un disco físico se podían crear hasta cuatro particiones primarias o bien tres si, además, existía una partición extendida en el mismo. El fdisk de MS-DOS sólo nos permitía la creación de una partición primaria (que estaba ocupada por el sistema operativo del equipo) y una partición extendida a pesar de que el disco admitía un mayor número de particiones físicas. Con el Administrador de discos de Windows NT se ha eliminado esta limitación, siendo posible la creación de estas cuatro particiones primarias o tres primarias y una extendida sobre un disco duro. Debemos tener presente que una vez llegado a este límite máximo de particiones, el espacio restante no asignado a ninguna, quedará inutilizado.

Partición de configuración EISA

Algunos ordenadores crean, para uso propio, una partición de configuración EISA que contiene herramientas para la administración del hardware de los mismos. Esta partición se crea como una partición primaria en el primer disco del equipo, con lo que éste sólo dispondrá de tres particiones primarias o dos primarias y una extendida para usar en el particionado desde el Administrador de discos.

Si deseamos **crear una partición primaria** desde el Administrador de discos, primero debemos seleccionar una zona de espacio disponible en un disco del equipo y elegir la opción **Crear** en el menú **Partición**. Una vez elegida esta opción, el Administrador de discos nos mostrará un cuadro de diálogo como el de la Figura 4.6, debiendo nosotros introducir el tamaño deseado de esta nueva partición, el cual debe estar comprendido entre los límites de tamaño mínimo y máximo posible que establezca la herramienta. Cuando pulsemos **Aceptar** esta nueva partición se visualizará en el disco correspondiente como partición primaria, pero no será utilizable hasta que sea formateada con un sistema de ficheros. Si este disco duro ya hubiera llegado a su límite de particiones físicas, se nos permitiría ejecutar esta opción de Crear, pero al pulsar Aceptar se nos mostraría un mensaje indicándonos que no se pueden crear nuevas particiones en ese disco.

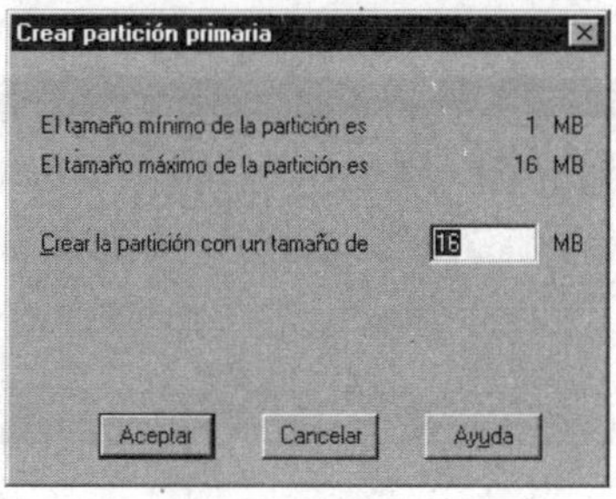

Figura 4.6. Creación de una partición primaria.

Cuando creemos una partición primaria en una zona de espacio disponible, el sistema asignará espacio a la nueva partición comenzando desde el principio del espacio disponible y no preguntará al usuario dónde la quiere crear. Por lo tanto, debemos planificar con antelación las particiones que deseemos en un disco duro con el objetivo de aprovechar todo el espacio disponible y no dejar separaciones entre las diferentes particiones que luego no se puedan utilizar. De la misma forma, en caso de eliminación de particiones, se ha de decidir cómo reestructurar las particiones del disco para no tener espacio malgastado, bien mediante la creación de nuevas particiones o bien por la ampliación de las existentes.

Una vez hayamos creado una nueva partición primaria, Windows NT asignará, automáticamente, a la misma, la primera letra de unidad disponible en el sistema. Esta letra de unidad dependerá de las particiones ya existentes en los diferentes discos del equipo, incluidos dispositivos CD-ROM u otros dispositivos de almacenamiento removibles.

Acceso a discos con varias particiones primarias desde MS-DOS

Al crear múltiples particiones primarias sobre un disco físico, Windows NT nos muestra un mensaje indicándonos que no serán accesibles desde MS-DOS. Esto sucede porque MS-DOS y los sistemas basados en él, como Windows 3.x o Windows 95, sólo pueden acceder a una partición primaria en cada disco. Por lo tanto, si tenemos varias particiones primarias sólo podrán acceder a una de ellas, quedando el resto invisibles.

De todos modos, es posible cambiar posteriormente la letra de unidad asignada a una partición mediante la opción **Asignar letra de unidad** del menú **Herramientas** (véase el apartado de Administración de particiones).

En algunos casos, al crear una nueva partición primaria en el disco donde tenemos instalado el sistema operativo Windows NT nos puede aparecer el mensaje de la Figura 4.7. Este mensaje nos indica que se ha producido un cambio en el orden de las particiones del disco donde se encuentra el sistema operativo y, como Windows NT tiene identificado en su archivo **BOOT.INI** la partición donde se encuentran sus archivos de inicio, debemos modificar este fichero para que los encuentre en el próximo arranque. Es imprescindible realizar el cambio aquí expresado, ya que en caso de no hacerlo, el sistema no reiniciará la próxima vez (véase el funcionamiento del fichero BOOT.INI en el apartado dedicado a Instalación avanzada).

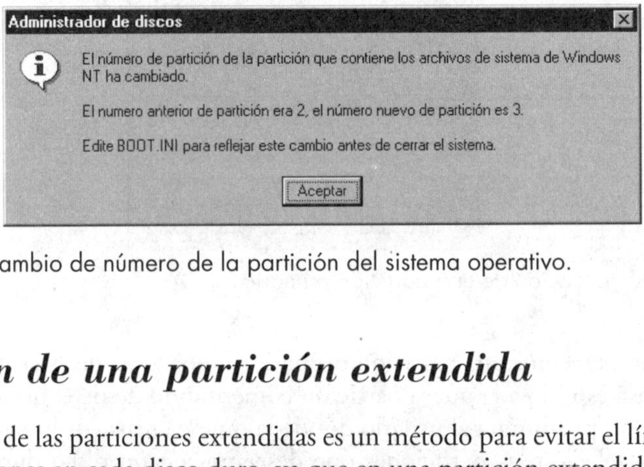

Figura 4.7. Cambio de número de la partición del sistema operativo.

Creación de una partición extendida

La utilización de las particiones extendidas es un método para evitar el límite máximo de cuatro particiones en cada disco duro, ya que en una partición extendida podemos definir tantas áreas lógicas como soporte el sistema.

Particionado de discos

Si estamos realizando el particionado de un disco que no ha de contener ninguna partición de sistema al ya existir otro disco con la misma, no necesitamos crear ninguna partición primaria en el mismo, sino que podemos dedicar el total de espacio del disco a una partición extendida.

Como se ha dicho anteriormente, una de las cuatro particiones que se pueden crear en un disco duro, si hay suficiente espacio en él, es una partición extendida. Pero una partición extendida, por si sola, no puede ser utilizada como unidad de disco desde cualquier sistema operativo, sino que su espacio disponible debe ser utilizado para crear varias unidades lógicas y/o bien para crear, como veremos más adelante, conjuntos de volúmenes u otra clase de volúmenes que nos permitan implementar sistemas de tolerancia a fallos. El uso más habitual será dividir la partición extendida en una o más unidades lógicas independientes.

Para **crear una partición extendida** seleccionaremos, como en la creación de particiones primarias, una zona de espacio disponible en un disco que no haya llegado al límite de cuatro particiones y que, además, no tenga ya una partición extendida creada. A continuación elegiremos la opción **Crear partición extendida** del menú **Partición**, mostrándose un cuadro de diálogo parecido al de la Figura 4.6 con el tamaño mínimo y máximo posible para la partición extendida, debiendo escribir un tamaño deseable para la partición que no quede fuera de esos límites.

Si ya existiera una partición extendida en el disco o bien ya hubiera llegado éste al límite de cuatro particiones, se nos mostraría, al intentar crear la partición, un mensaje informándonos de la situación y no se crearía la partición extendida.

Igual que ocurría al crear particiones primarias, Windows NT creará la partición extendida al inicio del espacio disponible seleccionado. Por lo tanto, hay que tener en cuenta las mismas recomendaciones efectuadas anteriormente respecto a la planificación en la creación de particiones de disco.

Creación de unidades lógicas

Una vez que hemos creado una partición extendida en un disco, como se ha dicho anteriormente, si no creamos unidades lógicas o utilizamos la partición extendida para crear otro tipo de volúmenes, no podremos utilizar su espacio disponible, ya que por el hecho de crear la partición extendida Windows NT no le asigna ninguna letra de unidad. El número máximo de unidades lógicas que podremos crear en nuestro equipo dependerá del número de letras de unidades que tengamos disponibles para asignar.

Para crear una unidad lógica seleccionaremos una zona de espacio disponible en la partición extendida y escogeremos la opción **Crear** en el menú **Partición**. El Administrador de discos mostrará el cuadro de diálogo **Crear Disco Lógico** (Figura 4.8) con el tamaño mínimo y máximo posible para la unidad lógica, introduciendo nosotros un tamaño entre ambos para la nueva unidad lógica.

Tal y como sucedía con la creación de particiones primarias, al crear una unidad lógica Windows NT le asigna una letra de unidad automáticamente. Esta letra de unidad será aquella primera disponible en su lista de unidades, aunque, posteriormente, se puede cambiar mediante la opción **Asignar letra de unidad** del menú **Herramientas**.

Administración de particiones

Una vez que hayamos creado las particiones en nuestros discos físicos necesitamos prepararlos para su uso por el sistema, ya que por el simple hecho de crear una partición no

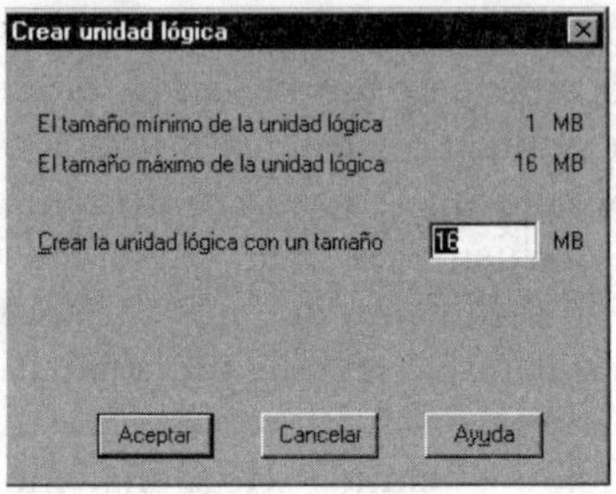

Figura 4.8. Creación de una unidad lógica.

pasa a estar disponible para el almacenamiento de datos. Esta preparación se compone del formateado de la partición, asignación de etiqueta a la misma e, incluso, de cambio de letra de unidad.

Formateado y asignación de etiqueta a una partición

El primer paso a efectuar antes de poder guardar archivos y directorios en las particiones recién creadas es formatear cada partición con un sistema de ficheros, ya que en caso contrario no serán accesibles desde los iconos de **Mi PC** o **Explorador de Windows NT**. Como ya se comentó en el apartado dedicado a los sistemas de ficheros, cada partición (primaria o lógica) de un disco duro puede ser formateada con un sistema de ficheros diferente del utilizado en el resto de particiones del disco. Si bien Windows NT 4.0 soporta el sistema de ficheros HPFS en el caso de proceder de una actualización de la versión 3.5, sólo es posible formatear particiones en los sistemas de ficheros FAT y NTFS (véase los apartados dedicados a los diferentes sistemas de ficheros) en cualquier situación. También es posible formatear particiones ya existentes, pero en este caso hemos de tener presente que todos los datos o programas que contengan se eliminarán.

Durante la operación de formateado de una partición también podemos asignar etiquetas descriptivas a las mismas que nos ayuden a distinguir rápidamente el contenido de cada partición.

Una primera forma de realizar el formateado y asignación de etiquetas a una partición es a través del Administrador de discos seleccionando la partición y escogiendo la opción **Formatear** del menú **Herramientas**, la cual nos mostrará el cuadro de diálogo de la Figura 4.9. Este cuadro también se puede obtener desde los iconos del menú **Mi PC**, pulsando con el botón derecho del ratón sobre el volumen seleccionado y escogiendo el ítem **Formatear**.

Es posible que si acabamos de crear una nueva partición primaria o lógica en nuestro disco e intentamos formatearla, la opción de Formatear la encontremos deshabilitada. Esto sucede porque debemos guardar los cambios efectuados en nuestro equipo, bien saliendo del Administrador de discos o bien mediante la opción de **Registrar los cambios ahora**, antes de realizar la siguiente acción de formateado.

En este cuadro de diálogo podemos introducir la etiqueta o nombre del volumen (es opcional), el sistema de ficheros con el que la queremos formatear (FAT o NTFS) y si se desea un formato rápido, el cual no incluye búsqueda de sectores dañados en la parti-

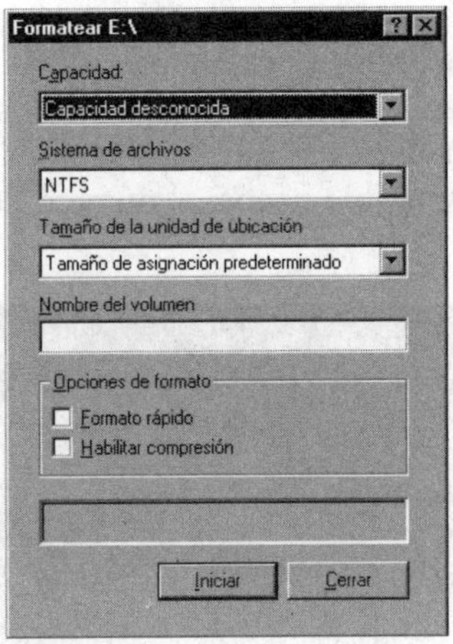

Figura 4.9. Cuadro de formateado de particiones.

ción. Si se escoge formatear con el sistema de ficheros NTFS, tendremos la opción de activar la compresión para los ficheros y directorios de esta partición. También obtendremos información sobre la capacidad actual del volumen (si no está ya formateado nos dirá que es desconocida) y el tamaño de la unidad de ubicación o asignación (se tomará el valor predeterminado en el sistema que depende del tamaño del sector).

Otra forma de formatear una partición y asignarle etiqueta es desde una ventana de comandos del sistema (esta forma no permite formatear particiones recién creadas y sin formato anterior). En la misma podemos escribir **help format** y aparecerá información de ayuda que mostrará la sintaxis completa de la orden, así como el significado de cada modificador (Figura 4.10). Hay que tener cuidado al volver a formatear una partición que ya contenga información, ya que no podremos recuperar los datos aunque no se hayan borrado físicamente de la partición. Si en la orden de formato apropiado no incluimos la etiqueta de la nueva partición, se pedirá que se asigne una al finalizar la operación de formateo.

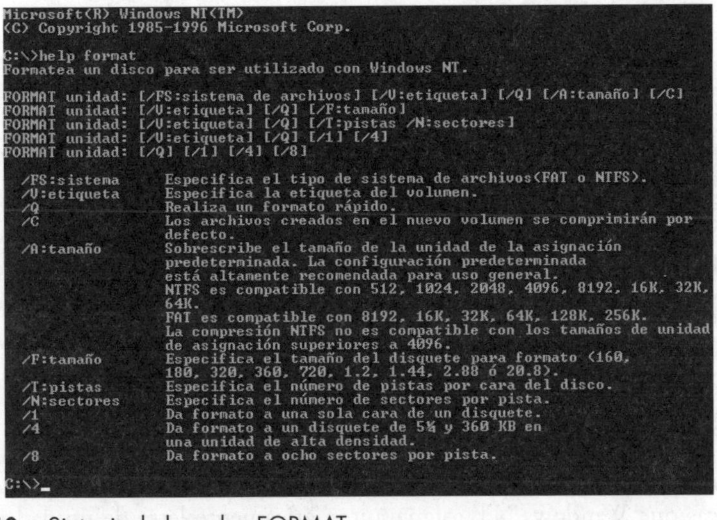

Figura 4.10. Sintaxis de la orden FORMAT.

Como veremos en el siguiente ejemplo (Figura 4.11), la orden **Format** reconoce el sistema de ficheros actualmente presente en la partición y, si no se indica explícitamente en la sintaxis de la orden, vuelve a formatear con el mismo sistema de ficheros. Asimismo interroga sobre la etiqueta que se quiere asignar, dándonos finalmente información sobre el total de espacio disponible y sobre el número de serie del volumen.

```
D:\>format f:
El tipo del sistema de archivos es FAT.

ADVERTENCIA: Todos los datos del disco duro no extraíble
F se perderán.
¿Formatear (S/N)? s
Comprobando 1MB
Formato terminado.
Escriba una etiqueta de volumen (11 caracteres, ENTRAR para ninguna)

   2035200 bytes de espacio total en disco.
   2035200 bytes disponibles en disco.

       512 bytes en cada unidad de asignación.
      3975 unidades de asignación disponibles en disco.

El número de serie del volumen es 4C96-5013
```

Figura 4.11. Ejemplo de formato desde una ventana de órdenes.

También podemos **cambiar o eliminar una etiqueta de una partición** a través de la orden **label** desde una ventana de comandos del sistema.

label [unidad :][etiqueta]

Si no se especifica una etiqueta para la partición, el sistema mostrará la etiqueta actual, el número de serie del volumen y después solicitará una etiqueta nueva (véase un ejemplo en Figura 4.12). Si se presiona **ENTRAR** antes de indicar una etiqueta, eliminará la etiqueta actual o dejará la partición sin etiqueta.

```
D:\>LABEL
El volumen de la unidad D no tiene etiqueta
El número de serie del volumen es BCCB-1B7A
Escriba una etiqueta de volumen (ENTRAR para ninguna)
```

Figura 4.12. Ejemplo de la orden LABEL.

Formato de particiones con archivos de Windows NT

No está permitido formatear particiones que contengan los archivos del sistema Windows NT en ejecución en ese momento. Si hemos instalado Windows NT en una partición extendida, la partición de arranque que contenga los archivos necesarios para el arranque del equipo (como NTDETECT.COM, BOOT.INI, NTLDR) tampoco podrá ser formateada.

Asignación de letras de unidad

Hemos dicho en los anteriores apartados dedicados a la creación de particiones primarias o lógicas que Windows NT asigna automáticamente letra de unidad según las que se encuentran disponibles en aquel momento. Pero nosotros podemos cambiar esta asignación de letras de unidad posteriormente, lo cual significa que es posible asignar de forma permanente otras letras de unidad a particiones, unidad lógica o dispositivos CD-ROM específicos. Cuando se crean nuevas particiones a un sistema existente, las letras de unidad ya asignadas no se verán afectadas. Sin embargo, esta asignación permanente de otras letras de unidad sólo puede realizarse una vez utilizado el Administrador de discos en la estación de trabajo.

Letras de unidad disponibles

Las letras de unidad A y B están reservadas para las unidades de disquete. Sin embargo, si no hay una unidad física B, se puede utilizar la letra B para una unidad de red.

Si cuando instalamos Windows NT en un ordenador ya existen particiones creadas en los discos del mismo, Windows NT les asignará automáticamente letra de unidad siguiendo la regla de asignación siguiente: en primer lugar se asignarán letras a la primera partición primaria de cada disco duro, comenzando por la letra C; a continuación asignará las letras de unidad a cada unidad lógica, siguiendo el orden que éstas ocupen en los diferentes discos duros; y, por último, asignará las particiones primarias que sean secundarias de cada disco duro. Generalmente, la partición de sistema activa será la unidad C.

Letras de unidad en MS-DOS y Windows 3.x

Hay que tener cuidado al asignar las letras de unidad, puesto que numerosos programas de MS-DOS y de Windows hacen referencia a una letra de unidad en particular. Por ejemplo, la variable de entorno **path** muestra letras de unidad específicas junto a los nombres de los programas.

También hemos de tener en cuenta que desde estos sistemas operativos sólo es posible acceder a una partición primaria en cada disco duro, con lo que si tenemos varias particiones primarias sólo podremos acceder a una de ellas (la activa) y, por lo tanto, se puede producir un cambio en las letras asignadas a cada partición de los discos del equipo.

Para **asignar una nueva letra de unidad** a una partición, unidad lógica o dispositivo de CD-ROM, seleccionar la misma y elegir la opción **Asignar letra de unidad** en el menú de **Herramientas**. En el cuadro de diálogo **Asignar letra a unidad** (Figura 4.13), seleccionar la letra que deseamos asignar o bien la opción de no asignar letra de unidad (en este caso la partición, unidad lógica o dispositivo de CD-ROM dejará de estar accesible desde el sistema).

Si se obtiene un mensaje indicando que la letra de unidad no puede ser reasignada porque esa unidad está siendo utilizada, puede ser que haya una aplicación abierta que está usando un fichero de la misma.

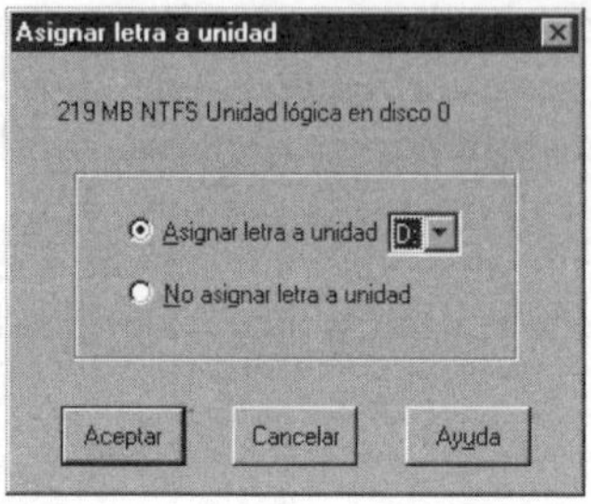

Figura 4.13. Asignación de letra de unidad.

Conversión del sistema de ficheros

Windows NT ofrece la posibilidad de **convertir el sistema de archivos de un volumen FAT** existente al formato **NTFS** sin perder los datos contenidos en el mismo. Para ello se puede usar la orden **CONVERT.EXE** desde una ventana de comandos del sistema, el cual tiene el siguiente formato:

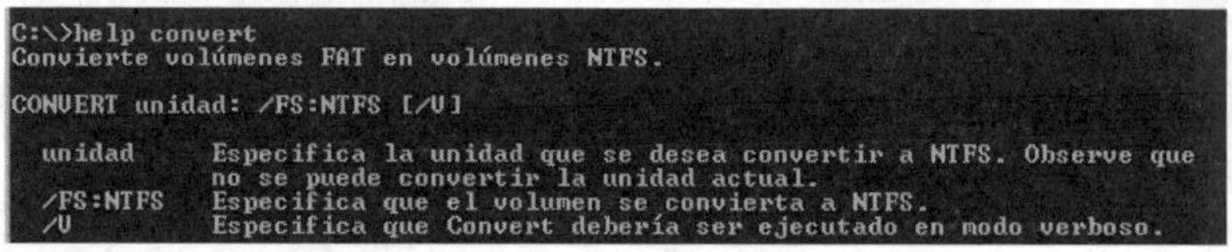

Figura 4.14. Orden de conversión de un volumen FAT a NTFS.

donde **unidad:** es el volumen a convertir a NTFS. La opción /V indica al programa que nos dé detalles de la conversión.

Si intentamos convertir a NTFS un volumen con el cual estamos trabajando (por ejemplo el volumen donde tenemos el sistema operativo), Windows NT nos indicará que no puede realizar la conversión en ese momento, ya que el volumen está bloqueado, pero que si reiniciamos el equipo efectuará la conversión. Si hacemos esta operación, observaremos en el siguiente arranque que se realiza la conversión del volumen especificado.

En la siguiente figura vemos un ejemplo de conversión de una partición FAT a NTFS, en el cual se puede observar que necesita un mínimo de espacio libre en la partición para utilizar con el sistema de ficheros NTFS (recordemos que este sistema de ficheros necesita cierto espacio de disco para almacenar la información sobre su estructura; para más información remitirse al apartado dedicado a este sistema de ficheros).

Figura 4.15. Ejemplo de conversión de FAT a NTFS.

Conversión de una partición NTFS a FAT

Una vez convertida una unidad al sistema de ficheros NTFS, ésta no se puede reconvertir de nuevo a FAT sin hacer una copia de seguridad completa de la misma, reformatear y restaurar la información.

Sin embargo, si Windows NT está instalado en la partición NTFS que queremos reconvertir, no se podrá formatear la partición desde una ventana de comandos ni tampoco eliminarla desde el Administrador de discos, sino que debemos reinstalar el sistema operativo y después restaurar la información.

Hemos de tener en cuenta que la conversión de un volumen FAT en uno NTFS puede llevar cierto tiempo dependiendo del tamaño y de la fragmentación del volumen a convertir. Además, no se muestra ninguna información sobre la progresión de la conversión, por lo que quizás podemos pensar que el sistema se ha quedado colgado cuando realmente todavía está realizando la conversión. Por eso a veces es más rápido, si estamos convirtiendo un volumen que no tenga instalado los archivos del sistema operativo, efectuar una copia de seguridad del volumen, reformatear el mismo con el sistema NTFS y recuperar la información.

Marcar particiones como activas

Como ya se comentó en el apartado de conceptos sobre la administración de discos, las particiones que contienen los archivos necesarios para el arranque de la máquina se denominan particiones de sistema, las cuales pueden contener también el sistema operativo a cargar.

En las computadoras con procesador INTEL, la partición de sistema debe ser una partición primaria marcada como activa a efectos de inicio y estar situada en el disco al que accede la computadora cuando inicia el sistema (normalmente el disco 0). Sólo puede existir una partición de sistema activa, la cual aparece en la pantalla marcada con un asterisco. Si se quiere utilizar otra partición primaria como partición de arranque, primero hay que marcarla como activa y después reiniciar la computadora.

En las computadoras RISC, las particiones no se marcan como activas, sino que se configuran por medio de un programa de configuración de hardware suministrado por el fabricante. En las computadoras RISC, la partición de sistema debe tener siempre el formato del sistema de archivos FAT.

En ninguno de los dos tipos de computadoras (RISC o INTEL), la partición de sistema puede formar parte de un conjunto de bandas o de un conjunto de volúmenes.

Para **marcar una partición como activa** en un sistema INTEL, seleccionaremos la partición primaria que contenga los archivos de arranque que se desea activar y elegiremos la opción **Marcar como activa** en el menú **Partición**. Aparecerá un mensaje indicando que la partición ha sido marcada como activa y que el sistema operativo de dicha partición se iniciará cuando se reinicie la computadora.

Partición activa no es de sistema

Si marcamos una partición que no contenga los archivos de sistema como activa, al reiniciar la computadora éste no arrancará. Si queremos volver a marcar otra partición como activa, deberemos arrancar mediante disquetes de MS-DOS el equipo y modificar la marca de partición activa mediante la utilidad **fdisk.**

Eliminar particiones o unidades lógicas

Antes de eliminar particiones o unidades lógicas en Windows NT debemos asegurarnos de que el volumen a eliminar no contiene datos que necesitemos o, si los contiene, que hemos realizado una copia de seguridad y que ésta se encuentra en perfecto estado para una restauración posterior. Cualquier volumen eliminado no podrá ser recuperado posteriormente aunque los datos no se hayan borrado físicamente. Recordemos que para que una eliminación se haga efectiva hemos de salir del Administrador de discos y grabar las modificaciones o bien ejecutar la opción de **Registrar los cambios ahora.**

De todos, Windows NT impone ciertas restricciones en la operación de eliminación de particiones o unidades lógicas. Así por ejemplo, no permite eliminar la partición donde se encuentran los archivos necesarios para ejecutar Windows NT ni tampoco eliminar particiones individuales que formen parte de un conjunto sin eliminar todo el conjunto. Sin embargo, en las computadoras RISC es posible eliminar la partición de sistema donde residen los archivos necesarios para cargar Windows NT, por lo que conviene tener mucho cuidado.

Por otra parte, antes de eliminar una partición extendida, Windows NT requiere que sean eliminadas todas las unidades lógicas u otros volúmenes existentes en dicha partición extendida. Aquí hemos de tener presente que la unidad lógica o volumen eliminado pasará a formar parte del espacio disponible de la partición extendida, y que, para tener el espacio totalmente disponible para una nueva partición primaria o extendida, deberemos eliminar posteriormente la partición extendida.

Para **eliminar una partición o una unidad lógica** seleccionaremos el volumen a eliminar y elegiremos la opción **Eliminar** en el menú **Partición**. Windows NT nos mostrará un mensaje advirtiéndonos de que se perderán todos los datos contenidos en el volumen y pidiendo que se confirme la acción.

Conjuntos de volúmenes

Los **conjuntos de volúmenes** son un mecanismo que permite utilizar de una forma más eficaz el espacio disponible total de un disco. Para crear un conjunto de volúmenes se necesitan zonas de espacio disponible de igual o distinto tamaño pertenecientes a un número de discos físicos que puede variar entre 1 y 32 (los discos pueden utilizar diferente tecnología de acceso, incluyendo SCSI, ESDI o IDE). Este conjunto de volúmenes se verá desde Windows NT como una sola partición, a la que se asignará una letra de unidad automáticamente de igual modo que sucedía con las particiones primarias o unidades lógicas. Esta letra de unidad se podrá cambiar mediante la opción **Asignar letra de unidad** de la forma descrita anteriormente.

Los espacios disponibles utilizados en un conjunto de volúmenes pueden ser espacios disponibles no asignados a ninguna partición o bien espacios de particiones extendidas no asignadas a ninguna unidad lógica. Pero, independientemente de la procedencia del espacio disponible a utilizar, se ha de cumplir siempre la regla del límite de particiones en un disco físico; así por ejemplo, si se toma un espacio disponible no asignado a ninguna partición para un conjunto de volúmenes, este miembro del conjunto se convertirá en una partición primaria en el momento de establecer el número de particiones creadas en el disco; si, en cambio, se toma el espacio disponible de una partición extendida, éste contará como una unidad lógica dentro de la partición extendida y no como una unidad primaria.

Para **crear un conjunto de volúmenes** desde el Administrador de discos, elegiremos dos o más zonas de espacio disponible pertenecientes desde 1 hasta 32 discos duros, seleccionando la primera zona y después presionando **Ctrl** y pulsando en cada una de las zonas restantes. A continuación, seleccionaremos la opción **Crear conjunto de volúmenes** en el menú **Partición**, presentándose un cuadro de diálogo con los tamaños máximo y mínimo posibles para el conjunto de volúmenes, tal y como se observa en la Figura 4.16, en el cual podremos escribir el tamaño del conjunto de volúmenes deseado.

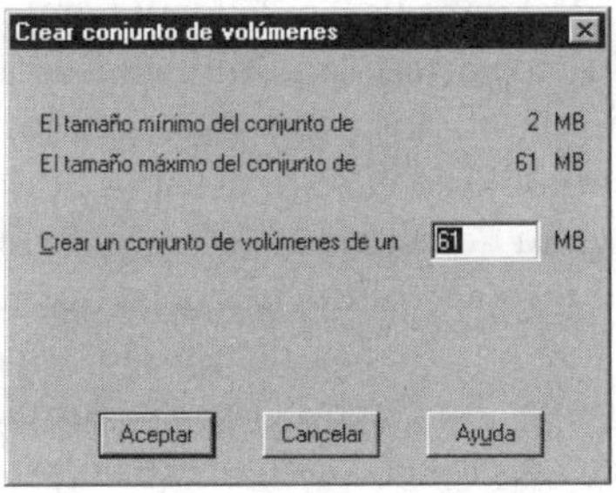

Figura 4.16. Creación de conjunto de volúmenes.

Si se decide crear un conjunto que sólo utilice una parte del espacio total disponible, el Administrador de discos dividirá el tamaño deseado por el número de espacios disponibles seleccionados, creando particiones de un tamaño aproximadamente igual en cada uno de los espacios disponibles seleccionados (como sucedía con las particiones primarias, extendidas o unidades lógicas, las nuevas particiones se crean al inicio del espacio disponible). Para que el conjunto de volúmenes entre en funcionamiento, debemos guardar los cambios efectuados, reiniciar el equipo y después formatear el nuevo volumen con el sistema de ficheros que se desee, FAT o NTFS. A partir de ese momento, podremos utilizar el conjunto de volúmenes creado como si fuera una única partición.

Uso de conjuntos de volúmenes en otros sistemas operativos

Existen algunos sistemas operativos, como el MS-DOS, que no disponen de soporte a conjuntos de volúmenes, no pudiendo, por lo tanto, reconocer los conjuntos de volúmenes creados con Windows NT. Si se crea un conjunto de volúmenes en computadora de doble sistema operativo de inicialización, este tipo de particiones será invisible para estos sistemas operativos.

No está permitido instalar Windows NT en una partición que sea un conjunto de volúmenes.

En un conjunto de volúmenes, los datos son escritos sólo en un área del mismo hasta que esta agota su espacio, pasando entonces a escribir sobre la siguiente área del conjunto de volúmenes.

Los conjuntos de volúmenes incrementan el número de fallos potenciales, ya que al combinar áreas de múltiples discos si uno de ellos falla, perderíamos todos los datos al no poder recuperar la información que queda.

Si en algún momento quisiéramos utilizar por separado alguna de las porciones de que está compuesto un conjunto de volúmenes, deberíamos deshacer el conjunto completo, pero esto implicaría perder todos los datos almacenados en el mismo.

Para **eliminar un conjunto de volúmenes** actuaremos de la misma forma que para eliminar una partición o unidad lógica, seleccionando el conjunto que se desea eliminar y eligiendo la opción **Eliminar** en el menú **Partición.**

Ampliación de conjuntos de volúmenes

Supongamos que hemos creado un conjunto de volúmenes y lo hemos formateado con el sistema de ficheros NTFS. Si nos llegara la fatalidad de quedarnos sin espacio libre en el conjunto, Windows NT nos ofrece la posibilidad de ampliar con espacio disponible adicional este conjunto sin perder los datos almacenados en ese momento. Esta opción de ampliación no está disponible en el resto de tipos de volúmenes ni si hemos formateado el conjunto con el sistema de ficheros FAT.

Para **extender un conjunto de volúmenes** debemos seleccionar el conjunto de volúmenes y, a continuación, una o más áreas de espacio disponible en los discos o en particiones extendidas. A continuación elegir la opción **Ampliar conjunto de volúmenes** en el menú **Partición**, apareciéndonos el cuadro de diálogo que presenta los tamaños máximo y mínimo posibles para la extensión del conjunto de volúmenes. Después de escribir el tamaño a ampliar, deberemos guardar los cambios o salir de Administrador de discos. Windows NT reiniciará el equipo automáticamente, momento en el cual formateará la nueva extensión con el sistema de ficheros del conjunto y lo añadirá al mismo sin tocar los datos existentes en él.

Conjuntos de bandas

Los **conjuntos de bandas** o conjuntos de bandas sin paridad se crean de manera similar a los conjuntos de volúmenes, ya que combinan áreas de espacio libre sin formatear para formar una sola partición desde el punto de vista de acceso a la misma. Pero, a diferencia de un conjunto de volúmenes el cual se podía implementar con espacios disponibles correspondientes a un solo disco físico, un conjunto de bandas **requiere como mínimo dos discos físicos**, ya que cada área de espacio disponible miembro del conjunto de bandas debe pertenecer a un disco físico diferente, pudiendo formar parte del mismo hasta un máximo de 32 discos. Otra diferencia respecto a los conjuntos de volúmenes es que aquel permitía que las áreas que formasen parte del conjunto fueran de igual o diferente tamaño, mientras los conjuntos de bandas necesitan que cada área miembro tenga el mismo tamaño.

Los conjuntos de bandas, como ocurría antes en los conjuntos de volúmenes, también pueden combinar el uso de discos con diferente tecnología de acceso, SCSI, ESDI o IDE.

Los conjuntos de bandas ofrecen una **ventaja** que los conjuntos de volúmenes no poseían: **en un conjunto de bandas los datos son distribuidos a través de todos los discos**, es decir, los datos no se graban todos en una sola área hasta que se agota su espacio, sino que se van almacenando de manera uniforme en las diferentes áreas que componen el conjunto, ya que el sistema divide los datos a escribir en bloques de 64 K y va escribiendo cada uno de ellos en una banda diferente. Así todos los discos que tengan un área miembro del conjunto de bandas trabajan simultáneamente, permitiendo realizar entradas/salidas concurrentes sobre todos los discos del conjunto. Este modelo de trabajo mejora el rendimiento del sistema, ya que aumenta la velocidad de las operaciones de entrada/salida al realizarse varias operaciones en paralelo en lugar de secuencialmente (esta ganancia de rendimiento sólo será posible si el sistema tiene discos duros accesibles simultáneamente).

En la Figura 4.17 vemos un ejemplo de un conjunto de bandas el cual está formado por cinco áreas de discos diferentes, cada una de las cuales se divide en varias bandas.

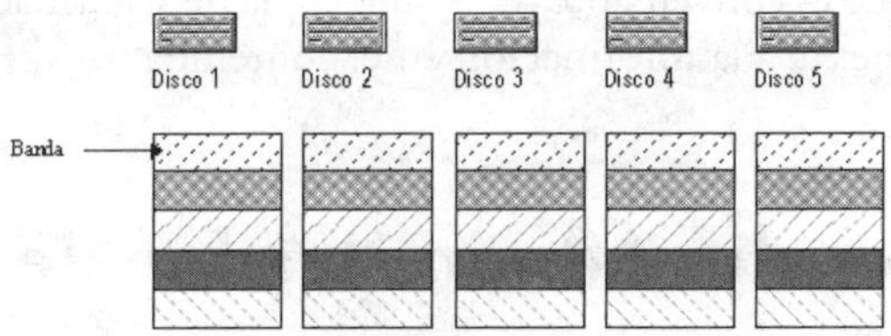

Figura 4.17. Ejemplo de implementación de conjunto de bandas.

Uso de conjuntos de bandas en otros sistemas operativos

Existen algunos sistemas operativos, como el MS-DOS, que no disponen de soporte para conjuntos de bandas, no pudiendo, por lo tanto, reconocer los conjuntos de bandas creados con Windows NT. Si se crea un conjunto de bandas en computadora de doble sistema operativo de inicialización, este tipo de particiones será invisible para estos sistemas operativos.

Tampoco está permitido instalar Windows NT en una partición que sea un conjunto de bandas.

Igual que en los conjuntos de volúmenes, los conjuntos de bandas también incrementan el número de fallos potenciales, ya que utilizan áreas de múltiples discos y, si uno de ellos falla, perderíamos todos los datos al no poder recuperar la información del resto. También ocurre que si en algún momento quisiéramos utilizar por separado alguna de las porciones de que está compuesto un conjunto de bandas, deberíamos deshacer el conjunto completo, pero esto implicaría perder todos los datos almacenados en el mismo.

Para **crear un conjunto de bandas** hay que elegir dos o más áreas de espacio disponible que correspondan cada una a un disco duro diferente, seleccionando la primera área y después presionando **Ctrl** y pulsando en un área adicional de cada uno de los discos duros restantes. Una vez seleccionadas las áreas, elegir la opción **Crear conjunto de bandas** en el menú **Partición**, presentándose el cuadro de diálogo que nos muestra los tamaños máximo (que será el resultado de multiplicar el espacio menor disponible por el número de discos físicos que formarán parte del conjunto de bandas) y mínimo posibles para el conjunto de bandas, permitiéndonos escribir el tamaño del conjunto de bandas que se desee crear. Al aceptar la configuración del conjunto de bandas, el Administrador de discos dividirá el tamaño total del conjunto por el número de discos físicos que forman parte del mismo, creando particiones sin formato del mismo tamaño en cada uno de los discos seleccionados y asignando una sola letra de unidad al conjunto de bandas. Si se elige un tamaño que no se pueda dividir en partes exactas, el Administrador de discos redondeará cada una al valor superior o inferior más próximo.

Para que el conjunto de bandas entre en funcionamiento, debemos guardar los cambios efectuados, reiniciar el equipo y después formatear el nuevo volumen con el sistema de ficheros que se desee, FAT o NTFS. A partir de ese momento, podremos utilizar el conjunto de bandas creado como si fuera una única partición.

Cuando ya no necesitemos utilizar el conjunto de bandas podemos eliminarlo a través de la opción **Eliminar** del menú **Partición**. Esta opción borrará toda la información que contengan todas las áreas del conjunto (no se puede eliminar el contenido de una sola área), por lo que es conveniente tener una copia de seguridad del mismo si queremos acceder posteriormente a la información en él contenida.

Otras opciones del Administrador de discos

Administración de configuraciones de discos

Windows NT, mediante su herramienta Administrador de discos, permite guardar la configuración actual de los discos instalados en el sistema para una posterior recuperación en éste u otro equipo. Pero ¿para qué me puede servir guardar la configuración de los discos? Existen varias respuestas a esta pregunta, algunas de las cuales pueden ser:

- Debo sustituir un disco del equipo por avería. Si tengo guardada la configuración de los discos del sistema, al sustituir el disco y recuperar esta configuración volveré a tener el mismo particionado que antes de la sustitución.
- Quiero configurar otro equipo con la misma configuración que tengo en el equipo original. Salvo la configuración del equipo original y la recupero en el equipo destino.

Para realizar todas estas operaciones accederemos a la opción **Configuración** del menú **Partición**, en la cual encontremos tres posibilidades:

- **Guardar**: Al seleccionar esta opción se nos demandará un disquete para almacenar la configuración sobre las letras de unidad y sobre el particionado de los discos. Este disquete puede ser incluso el disco de reparación de emergencia, ya que éste también contiene la configuración de los discos del equipo.

- **Restaurar**: Permite recuperar una configuración a partir de un fichero de configuración de discos. Como observamos en la Figura 4.18, al recuperar una configuración se producirá un cambio en las particiones definidas y en las letras asignadas a las mismas según esta configuración, pero no se eliminará ni creará ninguna partición en los discos.

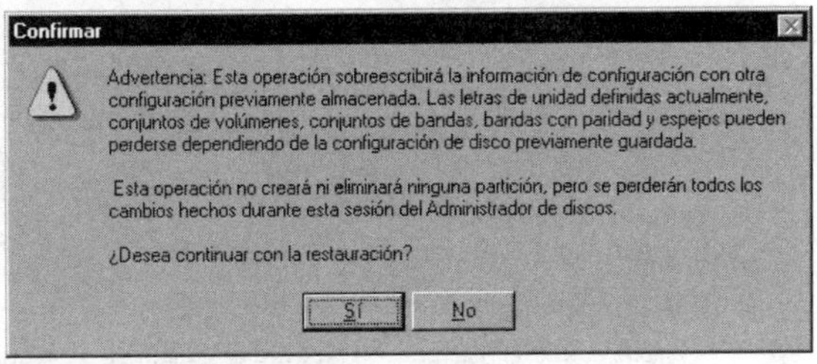

Figura 4.18. Restauración de la configuración de los discos.

- **Buscar**: Busca en los discos del sistema un fichero de configuración de discos.

Partición del sistema en equipos RISC

Debido a que en los equipos RISC la partición de sistema debe estar formateada con el sistema de ficheros FAT, no hay ninguna forma de proteger los datos contenidos en la misma. Por este motivo, Windows NT ofrece la posibilidad de marcar la partición de sistema para que sólo pueda ser accesible por parte de los administradores del sistema. Esta operación se puede realizar mediante la opción **Asegurar partición del sistema** del menú **Partición**, quedando marcada la misma en este menú. Si quiero volver a dejar sin asegurar esta partición volveré a pulsar la misma opción, desapareciendo entonces la marca de la misma. Para que cualquiera de estas operaciones entre en vigor es necesario salir del Administrador de discos y reiniciar el equipo.

Propiedades de los volúmenes

Podríamos pensar que con todo lo expuesto en este tema ya no necesitamos nada más para sacar todo el provecho a los discos de un equipo. Pero el Administrador de discos todavía nos ofrece la posibilidad de administrar individualmente cada uno de los volúmenes que tenemos en él definidos. Si seleccionamos un volumen y accedemos al menú de **Herramientas**, veremos que tenemos una opción denominada **Propiedades**, la cual, al ejecutarla, nos muestra una hoja de propiedades como la de la Figura 4.19.

Esta hoja de propiedades también la podemos obtener desde el icono **Mi PC** pulsando con el botón derecho sobre cualquier volumen allí presente, incluidos los correspondientes a recursos remotos, y escogiendo la opción de **Propiedades**.

En la Figura 4.19 vemos el aspecto de la página **General** de la hoja de propiedades, en la cual obtenemos información de la etiqueta del volumen (se puede modificar si es un volumen local y no es un dispositivo CD-ROM), donde está localizado (localmente, remoto o

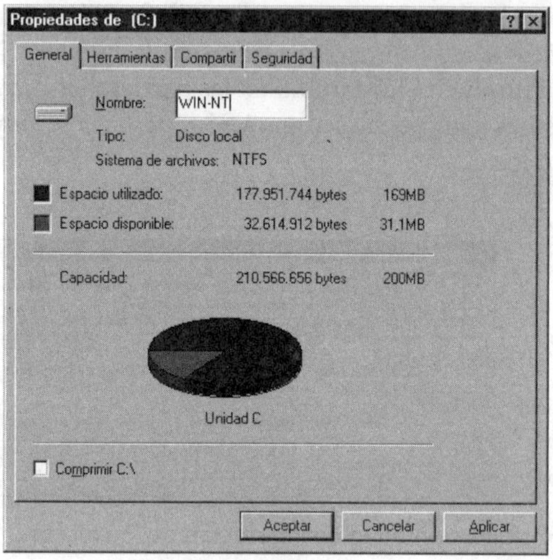

Figura 4.19. Aspecto de la hoja de Propiedades.

CD-ROM), tipo de sistema de ficheros con que ha sido formateado y utilización del espacio disponible. También, si es un volumen NTFS, tenemos la posibilidad de activar el mecanismo de compresión de este sistema de ficheros (casilla **Comprimir**), aunque esto sólo lo activa para los ficheros contenidos en la raíz del volumen. Si lo queremos también para los ficheros contenidos en cualquier carpeta del mismo, deberemos activar la casilla correspondiente en el mensaje que se muestra al pulsar los botones de Aplicar o Aceptar.

Como se observa también en esta figura, la hoja de propiedades tiene tres páginas más que corresponden a **Herramientas**, **Compartir** y **Seguridad**. Esta última sólo aparece en los volúmenes que han sido formateados con el sistema de ficheros NTFS, ya que permite administrar la seguridad, auditoría y toma de posesión del volumen en cuestión, propiedades que sólo ofrece este sistema de ficheros (véase el apartado dedicado a la seguridad de ficheros y directorios).

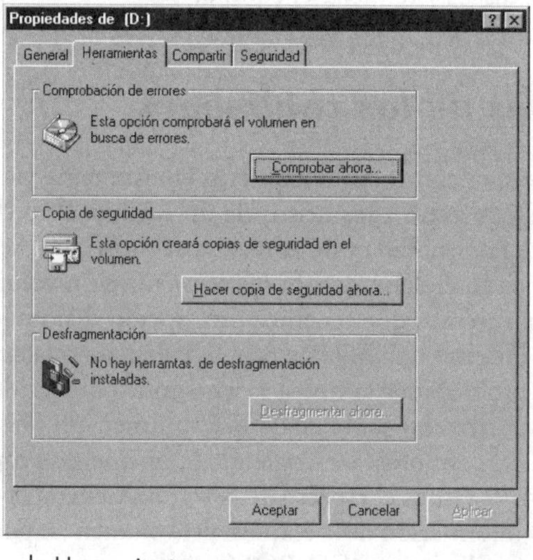

Figura 4.20. Página de Herramientas.

La página de **Herramientas** nos permite administrar la seguridad física del volumen. Esta página no estará disponible en los dispositivos CD-ROM. Tal y como se observa en la Figura 4.20, esta página tiene tres botones que corresponden a las siguientes utilidades:

- **Comprobación de errores**: Repara los errores del sistema de ficheros del volumen seleccionado (Figura 4.21). Si estamos haciendo esta comprobación en un volumen que está siendo utilizado en ese momento y que contiene ficheros abiertos (por ejemplo el volumen en que está instalado Windows NT), se nos informará de esta situación y se nos preguntará si se quiere hacer la comprobación en el siguiente reinicio del equipo.

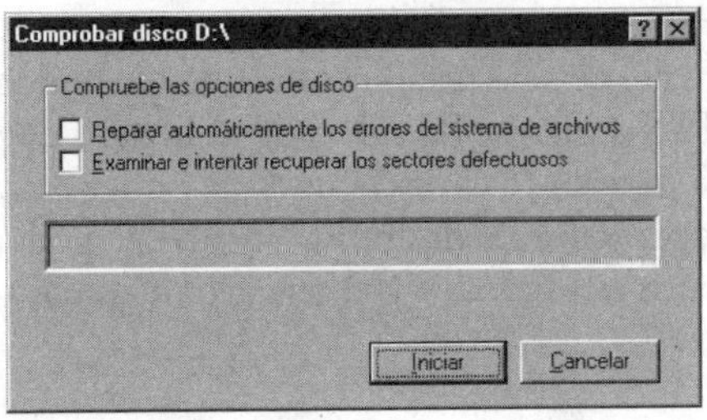

Figura 4.21. Utilidad de comprobación de errores del volumen.

  La casilla **Examinar e intentar recuperar los sectores defectuosos** efectúa la comprobación de errores y, además, intenta recuperar los sectores defectuosos que pueda contener ese volumen.
- **Copias de seguridad**: Ejecuta la utilidad de Copias de seguridad que viene incluida en Windows NT, permitiéndonos preparar una copia de este volumen o de otros.
- **Desfragmentación del disco**: Si se ha instalado una utilidad de desfragmentación del disco, se ejecutará al pulsar este botón. Recordemos que el sistema de ficheros NTFS ya nos provee de un mecanismo automático que reduce la fragmentación en los discos.

Por último, la página de **Compartir** permite crear o gestionar un recurso compartido para que se pueda acceder al volumen completo desde otros equipos de la red. Inicialmente todos los volúmenes locales tienen ya creado un recurso compartido (este recurso toma como nombre la unidad del volumen más un carácter $ a continuación), pero éste sólo es accesible desde la red por los administradores del dominio. Desde esta página puedo gestionar los permisos de acceso a este recurso existente, o bien crear uno de nuevo y asignar los permisos correspondientes (véase el apartado dedicado a la creación y uso de recursos compartidos). Si accedemos a las propiedades desde el icono **Mi PC**, esta página sólo estará disponible para los usuarios con privilegios de administrador del sistema.

Uso de discos removibles

Muchos de los actuales modelos de discos removibles se pueden utilizar con Windows NT. Para una lista actualizada de los modelos soportados, consultar la Lista de Hardware Compatible que podemos encontrar en la dirección Internet correspondiente a Microsoft: www.microsoft.com.

Si conectamos un disco removible a nuestro equipo, éste aparecerá en los iconos de **Mi PC** o **Explorador de Windows NT** como una unidad de disquete más, aunque realmente el manejo es diferente, ya que mientras las unidades de disquete tienen su propio driver, los discos removibles se tratan con los drivers de un dispositivo SCSI normal, no necesitando de drivers especiales.

A pesar de esta similitud de tratamiento entre los discos duros y los discos removibles, estos últimos tienen algunas características y limitaciones propias. Así, por ejemplo, los discos removibles sólo permiten tener una sola partición primaria definida (no extendida), no pudiendo formar parte de un conjunto de volúmenes o de un conjunto de bandas.

Un disco removible puede ser formateado con el sistema de ficheros FAT o NTFS. Si se elige formatearlo con FAT, el disco podrá ser extraído del dispositivo en cualquier momento, igual que si utilizáramos un disquete de 3'5. Si, en cambio, se formatea con el sistema NTFS o bien se ha colocado el fichero de paginación en él, hay que forzar que Windows NT desmonte el disco antes de poder extraerlo, ya que éste puede encontrarse en uso. Esta operación de desmonte incluye la grabación de todos los datos pendientes, el cierre de todos sus ficheros y el registro de que no se podrá acceder al disco.

Capítulo 5
Seguridad

Hemos visto en el Capítulo 3 que el primer nivel de seguridad está proporcionado por las cuentas de usuario y las contraseñas asociadas a las mismas. Mediante la combinación de identificación de usuario y contraseña se autentificará el acceso del usuario a los recursos de una estación de trabajo o de un dominio. Esto solo no es suficiente, puesto que es necesario ampliar las opciones de seguridad para indicar qué recursos estarán disponibles para cada usuario, ya que normalmente no se trata únicamente de conectarse y acceder a todos los recursos. Esta ampliación de las medidas de seguridad está proporcionada por los permisos que el administrador podrá conceder sobre los diferentes recursos del sistema. Estos podrán ser asignados directamente a las cuentas de usuario o bien a los grupos, debiendo, entonces, los usuarios pertenecer a algunos de los grupos que se definan.

Los usuarios que se encuentren conectados desde una estación de trabajo a una red podrán localizar los recursos que se han puesto en la misma para que puedan ser utilizados. Previamente a que el usuario tenga accesibles estos recursos será necesario realizar una serie de tareas administrativas con este fin. Deberemos permitir la compartición de directorios, archivos y dispositivos de impresión, especificando de igual manera los permisos de acceso que poseerá cada usuario o grupo de usuarios.

Windows NT para este fin proporcionará una serie de herramientas, a través de las cuales podremos indicar los recursos que queremos compartir, quién los podrá utilizar y qué nivel de acceso tendrán a los mismos.

Cuando se estudiaron los diferentes sistemas de ficheros soportados por Windows NT se vio que para poder conseguir las máximas prestaciones de seguridad cuando se están compartiendo archivos o directorios, se necesitaba que éstos estuvieran en particiones formateadas con el sistema de archivos propio de Windows NT, el NTFS. Unicamente con este sistema de archivos podremos conseguir asignar permisos hasta el nivel, incluso, de archivo individual, cosa que no es posible con los otros sistemas de archivos. Como gran inconveniente o ventaja, según la instalación en que estemos trabajando, tenemos que estas particiones no pueden ser accesible cuando se inicia la estación con otro sistema operativo distinto a Windows NT.

Si utilizáramos el sistema de archivos FAT únicamente podríamos alcanzar la asignación de permisos a nivel de directorio compartido, no pudiendo detallar permisos a nivel de archivo o directorio local, es decir, sólo entrarán en vigor cuando el acceso al directorio compartido se produzca desde una estación de trabajo a través de la red local.

Con NTFS se pueden dar permisos de fichero y de directorio, especificando qué grupo o usuarios tienen acceso a un determinado recurso y además con qué nivel de acceso.

La herramienta que nos va a permitir la posibilidad de conceder y revocar permisos sobre los diferentes recursos del sistema es el **Explorador de Windows NT**.

Protección de recursos locales

Los recursos locales ofrecidos por una estación de trabajo se encontrarán sometidos a todo un sistema de permisos. Cada tipo de recurso dispondrá de una serie de permisos que podrán ser asignados a usuarios y grupos, tanto locales como remotos, que determinarán las acciones que un usuario puede realizar cuando utilice este recurso.

En primer lugar daremos un repaso al sistema de permisos que incorpora Windows NT para los diferentes recursos, cómo podremos definir tipos de acceso especiales y de qué manera se conceden y se revocan los permisos a usuarios y grupos mediante el **Explorador de Windows NT**.

Los permisos sirven para definir un plan de seguridad general. Por este motivo, serán de aplicación tanto a los usuarios que se conectan localmente a la estación como a los que realizan conexiones a través de la red. Esto será posible cuando utilicemos el sistema de archivos propio de Windows NT (NTFS).

Permisos en directorios

Para estudiar los permisos existentes en Windows NT es necesario, en primer lugar, conocer que todo el sistema de permisos se encuentra basado en una serie de permisos básicos o elementales que vamos a relacionar a continuación. Entre paréntesis indicaremos su abreviatura que utilizaremos en futuras referencias para referirnos a los mismos y, que también será posible encontrar en los diferentes cuadros de diálogo proporcionados por Windows NT:

- **Lectura** (R). Permite visualizar, ver los atributos, propietario y permisos.
- **Ejecución** (X). Permite ejecución.
- **Escritura** (W). Permite escribir o cambiar sus atributos.
- **Eliminación** (D). Permite borrar.
- **Cambio de Permisos** (P). Permite cambiar los permisos.
- **Toma de posesión** (O). Permite hacerse con la propiedad.

Estos permisos individuales son la base para que Windows NT proporcione un conjunto de permisos estándar tanto para directorios como para archivos. Estos permisos estándar serán combinaciones de estos permisos individuales y, en caso de no encontrar el tipo que se adapte a nuestras necesidades, tendremos la posibilidad de crear un tipo propio con base en esos mismos permisos básicos.

Estos permisos estándar, junto con los permisos individuales que incluyen, los detallaremos a continuación. Los dos paréntesis indican, en primer lugar, los permisos asignados al directorio propiamente dicho y, en segundo lugar, los permisos que se aplicarán a los nuevos archivos que se creen en este directorio:

- **Sin acceso (Ninguno) (Ninguno)**: No permite el acceso al directorio ni a ninguno de sus archivos ni subdirectorios. Este permiso elimina cualquier otro que pueda tener el usuario por cualquier otro camino.
- **Lectura (RX) (RX)**: Permitirá visualizar los contenidos del directorio y sus subdirectorios y visualizar los datos de los archivos así como ejecutar aplicaciones.
- **Cambio (RWXD) (RWXD)**: Aparte de las acciones que posee el tipo lectura, permite agregar y quitar directorios dentro del directorio, así como modificar los datos de los archivos.
- **Control total (Todos) (Todos)**: Incluye las propiedades de Cambio, y sólo bajo sistema de archivos NTFS, permite modificar los permisos asignados y tomar la posesión del directorio.

Cuando trabajamos en volúmenes NTFS, este conjunto de tipos de acceso se amplía por lo que podremos utilizar:

- **Listado (RX) (Sin especificar)**: Sólo podrán visualizar los archivos y subdirectorios.
- **Agregar (WX) (Sin especificar)**: El usuario únicamente podrá agregar archivos al directorio, pero no podrá visualizar su contenido.
- **Agregar y leer (RWX) (RX)**: El usuario únicamente podrá agregar archivos y visualizar subdirectorios y archivos. No podrá modificar los archivos existentes.
- **Acceso especial a directorios...**: Permite al administrador crear una combinación especial de permisos para conceder a grupos o usuarios.
- **Acceso especial a archivos...**: Como en el caso anterior pero para archivos.

Si nos interesara algún otro tipo de combinación de permisos individuales, la deberíamos crear a partir del acceso especial a directorios y archivos.

De esta manera, observando la anterior lista, veremos que tenemos dos permisos estándar idénticos a nivel de directorio (lectura y lista proporcionan el mismo control a nivel de directorio). La diferencia entre ambos permisos radica en los permisos asociados a los archivos y subdirectorios que contiene. Por este motivo, es importante tener siempre presente que, cuando se establece un permiso a nivel de directorio, también se están estableciendo permisos a nivel de los archivos y subdirectorios que contiene.

Cuando tenemos acceso a archivos "**Sin especificar**", quiere decir que no se podrá acceder a los archivos hasta que no se especifiquen permisos de acceso a archivos individuales.

Los permisos son acumulables aunque el permiso "**Sin acceso**" prevalece sobre todos los demás. Podremos encontrar usuarios que pertenezcan a dos grupos distintos con diferentes privilegios sobre un directorio o un archivo, si en un grupo tiene permiso de lectura y en otro grupo tiene permiso de control total, el resultado será que el usuario tiene control total sobre el directorio o archivo en cuestión.

En el caso de disponer permiso de control total a través de uno de los grupos y sin acceso a través de otro de los grupos de pertenencia, el resultado final será que el usuario no dispondrá de acceso sobre el directorio o archivo tratado.

Cuando se asignan los permisos a los directorios compartidos, deberemos especificar si nos interesa que estos permisos sean modificados en los subdirectorios que contiene (por defecto, no se modificarán) en la opción **Reemplazar permisos en subdirectorios** y si queremos modificar los permisos de los archivos existentes (por defecto, esta opción aparecerá marcada) con la opción **Reemplazar permisos en archivos existentes.**

Cuando aparece un * junto al nombre de grupo, significa que los subdirectorios no heredan los permisos.

Los archivos y subdirectorios que se vayan creando irán heredando los permisos del directorio en que se encuentren.

Especificación del acceso especial

Para especificar un tipo de acceso distinto al que nos proporciona de manera estándar Windows NT, deberemos acceder a la ficha de **Seguridad** de las **Propiedades** después de haber seleccionado los directorios y ficheros sobre los que deseamos establecer un tipo de permiso especial.

Posteriormente se debe seleccionar el usuario o grupo de usuarios a los que se desea asignar el permiso especial y abrir el cuadro de diálogo correspondiente:

Acceso especial a directorios ...

Acceso especial a archivos ...

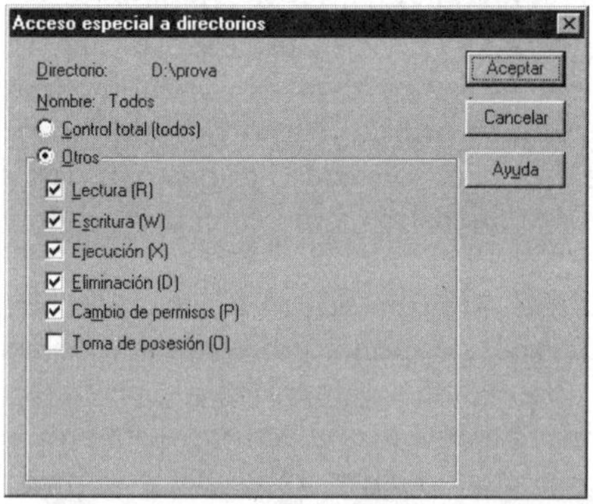

Figura 5.1. Acceso especial a directorios.

Para crear el tipo de acceso especial, deberemos seleccionar los permisos que deseamos que incluya, marcando las casillas correspondientes. Cuando finalicemos y salgamos del cuadro de diálogo, automáticamente el usuario o grupo de usuarios de la lista habrá modificado el tipo de acceso que poseía sobre el recurso.

El cuadro de diálogo para el acceso a archivos es muy semejante. La variación más importante es que nos permite la posibilidad de indicar el permiso **Sin especificar** para el acceso a archivos con las consecuencias que hemos visto anteriormente.

Permisos en archivos

En caso de volúmenes FAT sólo podemos establecer permisos a nivel de directorio compartido. Es cuando trabajamos con NTFS cuando podremos asignar permisos a nivel de archivo.

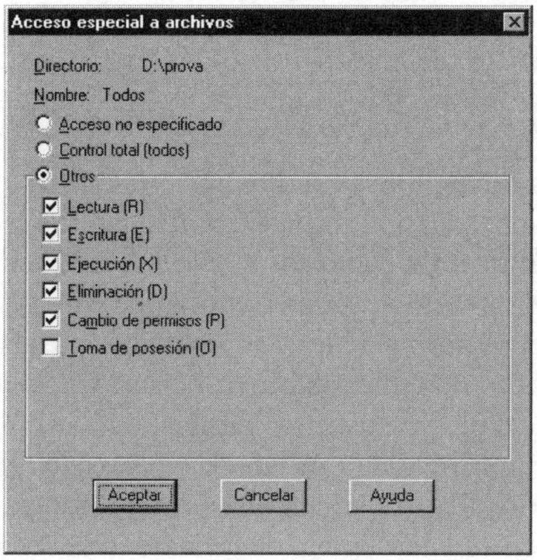

Figura 5.2. Acceso especial a archivos.

Para controlar la seguridad del acceso a nuestros archivos, bajo volúmenes NTFS, existen varios niveles de permisos de acceso a los archivos. Estos niveles permiten controlar quién accede a cada fichero y con qué tipo de acceso, como sucedía en el caso de los directorios.

Cuando accedemos a la ficha de **seguridad** de un directorio o archivo, veremos que se nos amplían las posibilidades de conceder permisos.

Los permisos predefinidos para archivos son los siguientes:

- **Sin acceso**: No permite el acceso al fichero aunque el usuario tenga acceso sobre el directorio.
- **Lectura (RX)**: El usuario podrá visualizar el contenido de los archivos y en caso de que fuera una aplicación, podría ejecutarla.
- **Cambio (RWXD)**: Posibilidad de leer, modificar y borrar archivos.
- **Control total (Todos)**: Además puede dar permisos y tomar posesión.
- **Acceso especial...**: Tal y como sucedía con los directorios, se puede establecer cualquier combinación de permisos individuales.

La forma de conceder permisos a los archivos es exactamente la misma que para el caso de los directorios, en el explorador de Windows NT se deberá seleccionar un archivo en lugar de un directorio cuando accedamos a la ficha de **Seguridad**.

Cuando se formatea una partición con NTFS, por defecto, no existe ningún control de seguridad, es como si fuera una partición FAT. Se da permiso de Control Total al grupo Todos, de esta manera, cualquier usuario tiene acceso ilimitado a los recursos locales.

Esta opción por defecto deberá ser modificada, dependiendo del nivel de seguridad que se desee en la instalación. Un primer paso sería, por ejemplo, eliminar el grupo Todos de la lista de permisos de acceso, o bien, limitar el acceso a sólo lectura.

Es importante tener en cuenta que si eliminamos el grupo Todos, es conveniente, dar a los administradores Control Total sobre todo el árbol de directorios de la partición NTFS.

Los archivos que se van creando en un directorio van adquiriendo los permisos definidos en el momento de especificar los permisos del directorio.

Otro punto importante en el tema de los permisos es que los permisos sobre los archivos tienen prioridad sobre los permisos asignados a los directorios, esto quiere decir, que si sobre un fichero tenemos, por ejemplo, Control Total y este fichero está en un directorio sobre el cual sólo tenemos permiso de lectura, entonces podremos realizar con este fichero la acción que creamos conveniente, ya que prevalece el permiso dado al fichero sobre el del directorio.

El usuario que crea un archivo o un directorio es el propietario del mismo y como tal tendrá el permiso de Control Total sobre el recurso que ha creado. Esto quiere decir que este usuario podrá modificar los permisos que se hayan creado por defecto.

Cuando tratamos el capítulo de grupos, vimos que era más conveniente asignar los permisos a nivel grupo, y posteriormente ir incorporando los usuarios a los grupos, esto facilita la labor de administración, no teniendo que ir fichero a fichero modificando los permisos cada vez que se desea modificar un usuario. También será más ágil y práctico agregar grupos globales a grupos locales a la hora de conceder permisos a los grupos globales.

Es conveniente que los archivos ejecutables de aplicaciones tengan definidos permisos de sólo lectura, pero con permiso de Cambio de permisos para los administradores, será una vía para evitar la entrada de virus y otros programas ajenos al sistema que podrían causar daños irreparables. En caso de tener que actualizar la aplicación, bastaría modificar el permiso de lectura, actualizar la aplicación y volver a dejar el archivo con permiso de sólo lectura.

En directorios compartidos será más práctico dar permiso de Cambio a los usuarios que no Control Total, ya que con este permiso estaría en disposición de modificar todo el sistema de permisos del recurso compartido.

Asignación y modificación de permisos

Los permisos pueden ser asignados a:

- Grupos locales, grupos globales y usuarios del dominio del cual somos administrador y que contiene los recursos que estamos administrando.
- Grupos globales y usuarios de otros dominios que tienen acceso a nuestros recursos a través de las relaciones de confianza.
- Grupos especiales.

La concesión y modificación de los permisos, ya hemos visto, se realiza a través del explorador de Windows NT. Se debe seleccionar, por ejemplo, el directorio que queremos actualizar y acceder a sus **Propiedades**, podemos hacerlo con los menús del explorador o bien pulsando con el botón secundario del ratón. En la ficha de **Seguridad** encontraremos el botón **Permisos** el cual nos dará acceso al cuadro de diálogo en el que podremos asignar permisos a los usuarios y grupos vistos anteriormente. Siempre nos aparecerán los permisos que se crean de manera predeterminada y dispondremos de los botones Agregar y Quitar grupos y/o usuarios con los permisos asociados a los mismos.

Conceda permisos a grupos y no a usuarios individuales, aligerará la carga administrativa que generan los permisos.

Utilice grupos locales para asignarles permisos y no grupos globales, haciendo miembros a los grupos globales de los grupos locales adquieren los derechos y permisos de éstos.

Toma de posesión de archivos y directorios

Todo el mecanismo de seguridad de Windows NT se basa en que cualquier directorio o archivo tiene un propietario. El propietario es el usuario que ha creado el archivo o directorio en el servidor. Será, por lo tanto, el propietario quien se encargue de administrar los permisos y su concesión a los usuarios de la red. Para este cometido el propietario dispondrá de **Control Total** sobre el archivo o directorio que acaba de crear. El sistema, de manera predeterminada, asigna al recurso que ha creado los permisos asociados al directorio en que se ha creado, el propietario creador podrá modificar estos permisos si no está de acuerdo con ellos.

Cuando estemos administrando servidores, lo normal será que los recursos del mismo sean propiedad de los administradores. Por si esto no fuera así, los administradores siempre tienen la capacidad de tomar posesión de cualquier recurso. Esto quiere decir, que es posible que un administrador no tenga permiso de acceso sobre un determinado archivo, pero podrá tomar la posesión, o sea, pasar a ser el propietario del archivo, para realizar las tareas necesarias. Un ejemplo de utilización de esta capacidad es, cuando por ejemplo, tenemos problemas de espacio en el servidor a causa de un archivo que ocupa un espacio grande en el disco. El administrador podrá tomar su posesión para eliminarlo y liberar el espacio, o bien moverlo a otra parte, etc.

Esta capacidad de hacerse con la propiedad puede ser proporcionada por el propietario creador a otros usuarios que no pertenezcan al grupo de administradores.

Puesto que la transmisión de la propiedad no es posible, esta capacidad de tomar posesión, es la que permite modificar la propiedad de los archivos y directorios. Los administradores podrán tomar posesión de los archivos de los usuarios que abandonan la empresa, o bien, podrán intercambiarse archivos entre usuarios proporcionando este derecho.

Para realizar la toma de posesión de un archivo o directorio, o bien conocer quién es el propietario sin realizar ninguna tarea más, se debe seleccionar en el Explorador de Windows NT el recurso que queremos poseer y posteriormente acceder a sus **Propiedades**, en la ficha de seguridad (Figura 5.3) se debe seleccionar el botón **Propietario**:

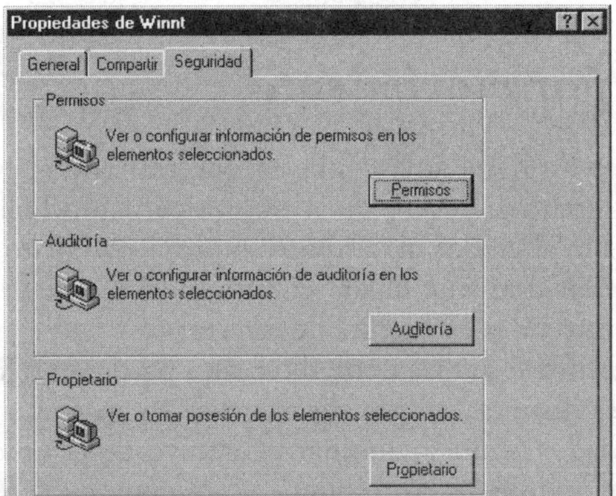

Figura 5.3. Seguridad.

Seleccionando el botón **Propietario** nos aparecerá el cuadro representado en la Figura 5.4:

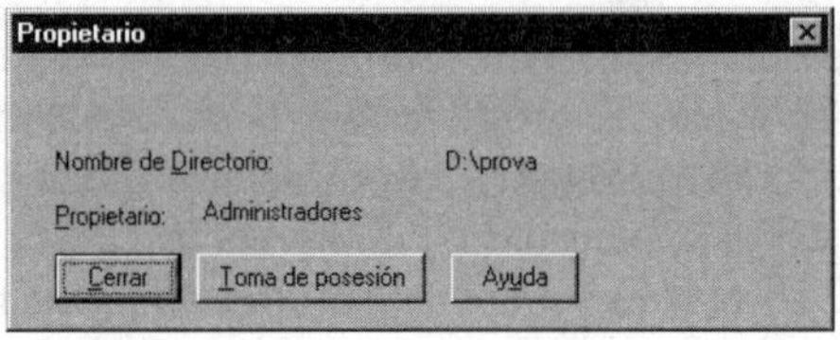

Figura 5.4. Propietario de un recurso.

En esta ventana directamente visualizamos quién es el propietario del recurso que hemos seleccionado y, si tenemos permiso para tomar la posesión, bastará pulsar sobre el botón **Toma de posesión** para que el recurso pase a ser de nuestra propiedad.

Permisos por copia y movimiento de archivos y directorios

Permisos por copia

Cuando se realiza una copia de un archivo de un directorio origen a un directorio destino, el archivo destino es tratado como un archivo nuevo y por tanto, los permisos que adquirirá son los que tenga preestablecidos el directorio destino para nuevos ficheros. El usuario que está efectuando la copia será el propietario del archivo destino.

Cuando se está copiando un directorio en lugar de un archivo, al directorio destino se le asignarán los permisos de directorio y de archivos que posea el directorio padre, directorio en que se encuentra ubicado el directorio que estamos copiando. Los archivos que se vayan creando recibirán por tanto los permisos especificados en este directorio.

Permisos por movimiento

Cuando en lugar de hacer una copia, lo que realizamos es un movimiento físico del directorio o del archivo, dentro de la misma partición lógica, los permisos del objeto movido no se verán alterados ni tampoco su propiedad. Esto se debe a que físicamente el objeto pertenece en el mismo lugar, con un movimiento lo que se está modificando es el apuntador dentro de la estructura de directorios

Si el movimiento se realiza entre diferentes particiones lógicas, la operación que se está realizando es distinta, ya que el sistema se encuentra en la necesidad de hacer una copia en la unidad destino y eliminar el archivo de la unidad origen. Realmente este mecanismo de movimiento corresponde al de copia, y como tal son de aplicación las regla comentadas en el apartado anterior. Se heredan las propiedades del directorio padre y el propietario será el usuario que ha efectuado el movimiento, recordando que ello será posible siempre que la unidad destino utilice el sistema de archivos NTFS. En el caso de que el destino sea una partición FAT se perderán los permisos.

Para poder realizar el movimiento de archivos y directorios es necesario tener como mínimo permiso de agregar archivos y directorio en el destino, y permiso para eliminar archivos y directorios del directorio origen.

Uso compartido de recursos

Para que usuarios de la red puedan acceder a recursos que se encuentran en una estación local, es necesario compartir estos recursos y autorizar a los usuarios remotos a realizar conexiones a los recursos a través de la red. Esta autorización se realizará a través de los permisos vistos anteriormente. Los recursos que se pueden compartir pueden ser variados como, por ejemplo, directorios, archivos, unidades de almacenamiento, impresoras, etc.

Cuando compartimos directorios y archivos a través de la red, hemos de tener en cuenta el sistema de archivos que se está utilizando en la estación servidora. En el caso de estar utilizando el sistema de archivos FAT, únicamente podremos indicar si el directorio está compartido o no y, cuando un usuario tenga acceso al mismo, inmediatamente tendrá acceso a todos los archivos que se encuentren en el directorio compartido.

En el caso de utilizar el sistema de archivos NTFS podremos asignar permisos para llegar a proteger, incluso, a nivel de archivo individual. Aunque un usuario tenga permisos suficientes para acceder a un directorio, es posible que algunos archivos no los tenga disponibles si tiene asignados permisos más restrictivos que a nivel directorio.

Los permisos asignados a los usuarios o grupos y recursos son válidos tanto para los accesos locales a los mismos como para los usuarios que se conectan a través de la red cuando el recurso se encuentra compartido en la red.

Todo recurso compartido en la red deberá tener un nombre con el que el resto de usuarios podrán conocerlo para realizar las conexiones necesarias al mismo. Este nombre deberá ser proporcionado en el momento de crear el recurso compartido. Es posible crear varios recursos compartidos sobre el mismo recurso, para lo que será necesario proporcionar un nombre distinto para cada recurso compartido.

Como hemos visto, cuando hemos tratado el tema de los permisos, no todos los usuarios estarán autorizados a modificar los permisos asignados a todos estos recursos compartidos. Para poder realizar estas acciones será necesario disponer de permiso de control total sobre el recurso que queremos compartir aunque puede ser suficiente ser el propietario del recurso o tener derechos para poder modificar permisos.

Consideraciones sobre los nombres de recursos compartidos

Cuando estemos asignando nombres a los recursos compartidos para su utilización a través de la red, deberemos tener en cuenta las restricciones que nos imponen los sistemas operativos que van a conectarse a estos recursos.

Si únicamente tenemos clientes Windows NT podremos especificar nombres de recursos de hasta 80 caracteres, en cambio si vamos a tener clientes MS-DOS o Windows Para Trabajo en Grupo deberemos tener en cuenta las restricciones que imponen estos sistemas que no soportan nombres más largos de ocho posiciones.

Es importante tener en cuenta que Windows NT y Windows 95 soportan nombres largos para nombres de archivos y directorios y, para permitir la compatibilidad con sistemas anteriores realizan una conversión automática de nombre largo a nombre 8+3 posiciones. Esto únicamente es válido cuando nos encontremos visualizando contenidos de directorios y no se puede aplicar para los recursos compartidos. En este caso es responsabilidad del administrador proporcionar nombres de recursos compartidos compatibles para todos los sistemas que deben acceder al recurso.

Nota:

Las aplicaciones que no soportan nombres largos de archivo utilizarán el nombre corto asignado por Windows NT. Cuando se modifica el archivo se perderá el nombre largo.

Reglas de conversión nombres largos a nombres cortos

- Se eliminan los espacios en blanco.
- Se modifican caracteres no válidos para MS-DOS por el carácter _.
- Se toman los primeros 6 caracteres del nombre se agrega el carácter ~ y un número para evitar duplicados comenzando por el número 1 y acabando por 4. En el caso de alcanzar una quinta repetición se asignan caracteres aleatorios a los cuatro últimos caracteres y ~1.
- Si los nombres largos tienen puntos, se utilizarán como extensión del nombre corto.

Recursos compartidos especiales

Después de la instalación de Windows NT Server si utilizamos el Administrador de Servidores, podremos observar que se han creado unos recursos compartidos por defecto. Estos recursos se utilizan para uso de administración y para el propio sistema.

Estos recursos compartidos son:

- **ADMIN$**: Es el recurso que utilizará el sistema para la administración remota de un equipo. La ruta de acceso al recurso es el directorio en el que se encuentra instalado Windows NT. A este recurso solamente se pueden conectar los Administradores y Operadores de copia y servidores.
- **Unidad$**: Por cada unidad lógica que tengamos en el equipo se creará un recurso compartido con el nombre de la inicial más el símbolo $. Los mismos grupos que en el caso ADMIN$ serán los que tengan acceso.

- **IPC$**: Es el recurso para compartir las canalizaciones de comunicación entre programas
- **NETLOGON**: Éste es el recurso que permite la iniciación de sesiones de red. Sólo está disponible en estaciones Windows NT Server.
- **print$**: Recurso para tener acceso a las impresoras compartidas.
- **REPL$**: Recurso para exportar la duplicación.

La configuración de estos recursos sólo es modificable por el grupo de administradores.

Compartición de directorios

La compartición de directorios sólo sirve para controlar el acceso a los recursos locales por el resto de usuarios de la red. El mecanismo de compartición no sirve para controlar el acceso de los usuarios en las sesiones locales, esto debe realizarse mediante la asignación de permisos a los usuarios que pueden iniciar sesiones locales en la estación de trabajo o servidor.

Para poder crear un directorio compartido es necesario cumplir tres condiciones:

- El servicio Servidor ha de estar iniciado, en caso de no estarlo, se puede iniciar a través de la opción **Servicios** del **Panel de Control**, o bien con la opción **Servicios** del **Administrador de Servidores.**
- El usuario que está creando el directorio compartido ha de tener derechos para poder realizarlo. Normalmente serán los Administradores, Usuarios avanzados y Operadores de servidores.
- Si la partición es NTFS como mínimo se debe poseer el permiso de Listar.

Para compartir directorios de la estación en que nos encontramos, debemos seleccionar el directorio en el Explorador de Windows NT y elegir la opción **Propiedades** del menú **Archivo.**

En el caso de administración remota será necesario conectarse al directorio raíz compartido del ordenador remoto unidad$ y a continuación a través del árbol buscar el directorio que se desea compartir.

Tendremos que utilizar la ficha **Compartir** de Propiedades para compartir el directorio. En esta ficha tenemos la posibilidad de especificar si el recurso es compartido o no, para compartirlo deberemos pulsar en **Compartido como** y deberemos facilitar un nombre de recurso compartido, el sistema nos facilitará uno por defecto. El tamaño de los nombres que se pueden proporcionar a los recursos está limitado a 12 posiciones. Es posible introducir un **comentario** asociado al recurso compartido, este comentario es interesante que sea descriptivo para facilitar la labor de los usuarios a la hora de buscar un recurso a través de la red. De igual manera podremos especificar el máximo número de usuarios que pueden acceder simultáneamente al recurso.

> Windows NT Server permite que un número ilimitado de estaciones remotas establezcan conexiones sobre sus recursos, mientras que Windows NT WorkStation establece un máximo de 10 conexiones remotas simultáneas sobre sus recursos compartidos.

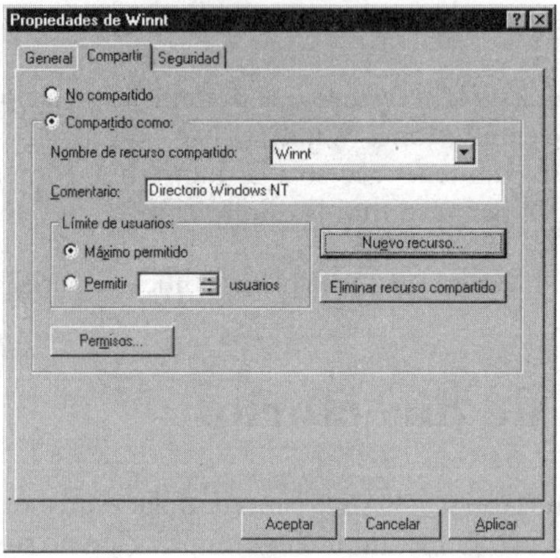

Figura 5.5. Propiedades de recurso compartido.

Es posible que el directorio ya estuviera compartido, puesto que un mismo directorio se puede compartir varias veces, entonces encontraríamos lleno el campo **Compartido como** y nos aparecería un nuevo botón **Nuevo recurso**, a través del cual puede crearse un nuevo recurso compartido sobre el mismo directorio aunque para ellos deberemos facilitar otro nombre y con posibilidad de facilitar otro comentario y límite de usuarios.

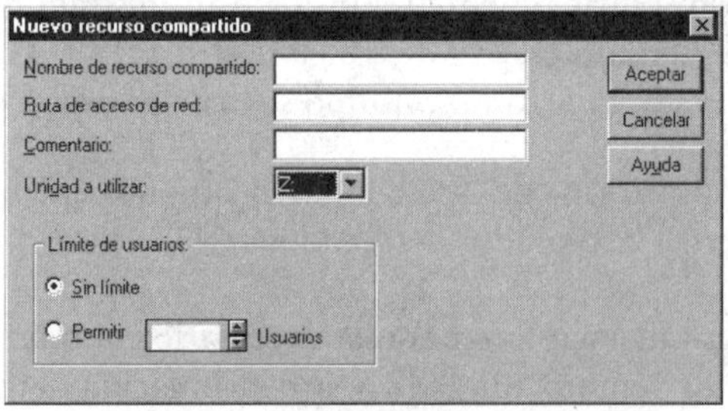

Figura 5.6. Nuevo recurso compartido.

Con el botón **Permisos...** pasaremos a la ventana donde especificaremos los permisos sobre el directorio que estamos compartiendo.

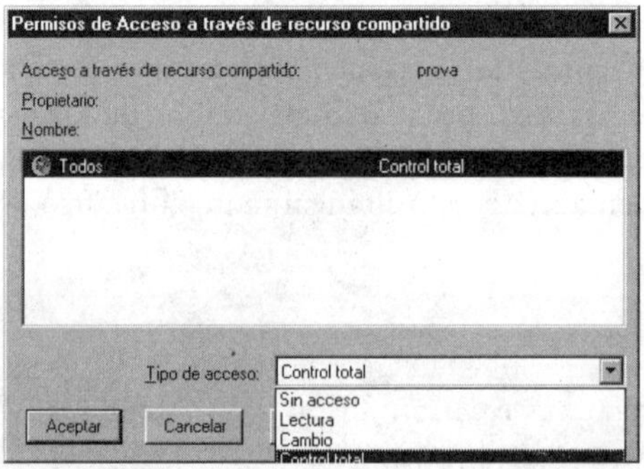

Figura 5.7. Permisos de acceso.

En esta ventana vemos a qué grupos o usuarios se les da permiso para compartir el directorio y con qué tipo de acceso. Podremos agregar y quitar grupos y usuarios, cada uno con diferente tipo de acceso. Para ello cuando pulsemos sobre el botón Agregar nos aparecerá un cuadro de diálogo en el que elegiremos un grupo o una cuenta de usuario y un tipo de acceso para el directorio que estamos compartiendo.

Especificación de permisos de acceso de recursos compartidos

En éste es importante tener clara la diferencia entre los permisos locales de los recursos y los permisos de recursos compartidos. Cuando nos encontremos accediendo localmente a los recursos de una estación entrarán en juegos los permisos locales del recurso (directorio, por ejemplo). Estos permisos no se encuentran afectados por los permisos que hayamos podido crear en el momento de indicar que queremos compartir el directorio; es decir, no afectan los permisos concedidos al recurso compartido para acceso a través de conexiones de red.

Cuando el usuario accede remotamente, los permisos utilizados para validar el acceso son los que se declaran en la ficha de directorio compartido. Estos permisos son los que se establecen para permitir a un usuario realizar la conexión o no. En segundo lugar, después de haber realizado la conexión, entrarán en juego los permisos locales, ya que no será posible conceder mayor nivel de acceso que el especificado en el sistema de permisos local.

De esta manera, puede suceder que un usuario disponga de permiso de lectura cuando se conecta localmente en la estación y disponga de permiso de Control Total cuando se conecta remotamente al recurso compartido. En este caso siempre prevalecen las restricciones locales, el usuario únicamente dispondrá de permiso de lectura independientemente del tipo de acceso que posea al recurso compartido.

Nota:

Si deseamos controlar todos los permisos de los permisos locales, podremos conceder sin ningún problema el permiso de Control Total a todos los usuarios que deban acceder a los recursos compartidos a través de la red. Siempre y cuando utilicemos el sistema de archivos NTFS.

Los tipos de acceso para los recursos compartidos son los siguientes:

- **Sin acceso**: Es posible establecer la conexión con el directorio, pero no se permite el acceso.
- **Lectura**: Permite visualizar los subdirectorios y archivos, así como los datos de éstos. Si son aplicaciones se permite su ejecución.
- **Cambio**: Además de lo permitido en el tipo anterior, permite crear subdirectorios, añadir, modificar y eliminar archivos y subdirectorios.
- **Control Total**: Incluye todos los permisos anteriores y además permite modificar los permisos de los recursos y tomar posesión de los mismos.

Modificación de las propiedades de los recursos compartidos

Para cambiar las propiedades de un directorio compartido, debemos ser miembros del grupo Administradores, Operadores de servidores o Usuarios avanzados. Los miembros de los grupos Administradores y Operadores de servidores pueden modificar además las propiedades de recursos compartidos de administración.

Las propiedades de los recursos compartidos se deben modificar desde el Administrador de servidores mediante la opción **Recursos compartidos...** del menú **Equipo**:

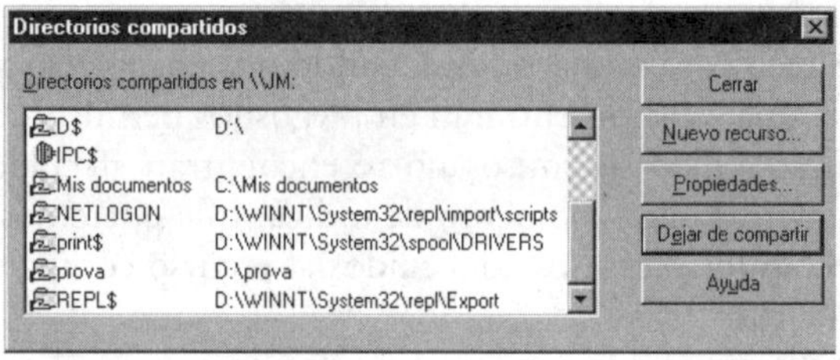

Figura 5.8. Directorios compartidos.

En este cuadro de diálogo tenemos las opciones de dejar de compartir un recurso, agregar un nuevo recurso para compartir, o bien acceder a las propiedades de los recursos compartidos existentes.

Con la opción de propiedades se podrá modificar la ruta de acceso, modificar el comentario asociado al recurso compartido o modificar el número de usuarios que pueden acceder simultáneamente. Asimismo se dispondrá del botón **Permisos** para poder modificar los permisos.

Con esta opción se pueden modificar los recursos especiales creados durante el proceso de instalación de Windows NT Server. Los recursos especiales se pueden eliminar, aunque en la siguiente ocasión que se inicie el servicio Servidor volverán a estar disponibles.

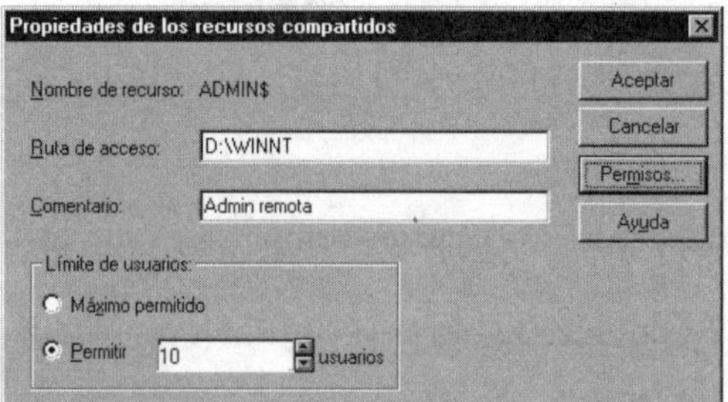

Figura 5.9. Propiedades de los recursos compartidos.

Sobre los recursos especiales para funciones administrativas no se pueden establecer permisos.

El otro camino que permite la modificación es el Explorador de Windows NT, seleccionando la ficha **Compartir** de la opción **Propiedades**, o bien directamente la opción **Compartir.** A continuación tenemos la ventana de propiedades accesible, en caso que el directorio esté compartido más de una vez, se deberá seleccionar en el cuadro "Nombre de recursos compartido" el recurso que queremos modificar.

Cancelación de la compartición de directorios

Conviene desactivar la compartición de todos aquellos directorio que no son necesarios, ello contribuirá a la seguridad del sistema y prevendrá accesos incorrectos al mismo.

En el cuadro de diálogo **Directorios Compartidos** del Administrador de servidores, en el que se mostraban todos los directorios compartidos, veíamos la existencia del botón **Dejar de compartir.** Basta con pulsar sobre este botón para que el directorio deje de estar compartido. Como siempre que se hace una acción de este tipo, es conveniente avisar previamente a los usuarios que puedan estar conectados, puesto que si se deja de compartir un directorio mientras hay usuarios conectados, éstos podrían perder parte de los datos con los que están trabajando. El sistema avisará si hay usuarios conectados antes de dejar de compartir el directorio.

Para utilizar esta opción se debe pertenecer al grupo de Administradores, Usuarios avanzados u Operadores de servidores.

Otros caminos para dejar de compartir directorios es el Explorador de Windows NT, accediendo a la ficha **Compartir** de las **Propiedades** de un directorio y marcando en la ficha la casilla de **No compartido.**

El Explorador de Windows NT distingue los directorios compartidos con un icono de directorio compartido junto al nombre del directorio.

Visualización y cierre de recursos compartidos

Es posible ver qué usuarios comparten un archivo y detener la utilización de un archivo.

Para detener la utilización de un archivo compartido, hay que ser miembro del grupo Administradores, Operadores de servidores o Usuarios avanzados.

Para ver o cerrar un archivo compartido se debe seleccionar un archivo en la lista de contenido de la ventana de directorio y elegir **Propiedades** en el menú **Archivo.** Seleccionaremos el botón **Abierto por** en el cuadro de diálogo Propiedades.

Para detener la utilización del archivo, se deben seleccionar los usuarios y elegir el botón **Cerrar selección.** Para detener la utilización del archivo por parte de todos los usuarios, elegir el botón **Cerrar todos.**

Acceso a directorios compartidos

Existen dos maneras para conectarse a un recurso compartido desde una estación remota:

- Desde el Explorador de Windows NT mediante la opción **Conectar a unidad de red** del menú **Herramientas** podemos visualizar los recursos que están disponibles en la red y seleccionar al que nos queremos conectar.
  En el caso de conocer la **ruta de acceso** la podemos especificar directamente de la siguiente manera:

```
\\servidor\recurso_compartido
```

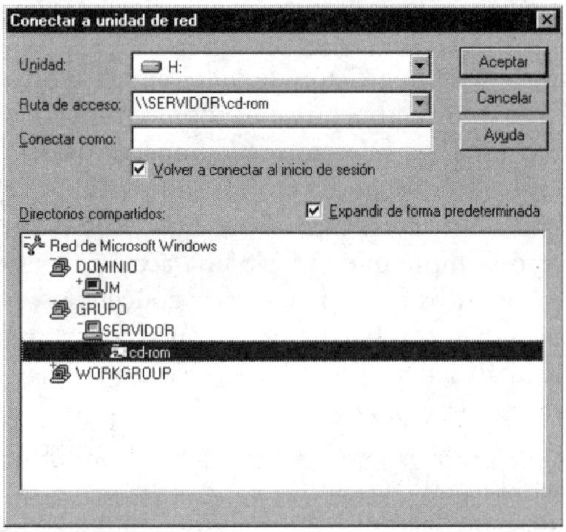

Figura 5.10. Conexión a una unidad de red.

- A través de la orden **NET USE** en la Interfaz de comandos:

```
NET USE unidad : \\nombre_estación\recurso
```

Para la unidad deberemos utilizar una letra disponible. En el caso de no estar seguros de cuál es la siguiente letra libre podemos desplegar la lista en el cuadro unidad.

La casilla **Volver a conectar en el inicio de sesión** sirve para que el sistema restablezca la sesión automáticamente en el siguiente inicio de sesión.

Permisos en las impresoras

Los permisos en las impresoras sirven para especificar si un usuario estará autorizado a utilizar o no un determinado dispositivo de impresión, así como para indicar los privilegios que poseerá para manejar las colas de impresión y poder administrar los documentos propios o de otros usuarios que se encuentren en esta cola. Este apartado será tratado más ampliamente en el Capítulo 7 dedicado a la impresión en Windows NT, ahora simplemente proporcionaremos unas nociones básicas para poder compartir una impresora.

Tal y como sucede con los archivos y directorios, se dispone de varios caminos para poder compartir una impresora y por tanto controlar los permisos asignados a los diferentes usuarios o grupos de usuarios; por ejemplo, podremos utilizar el Explorador de

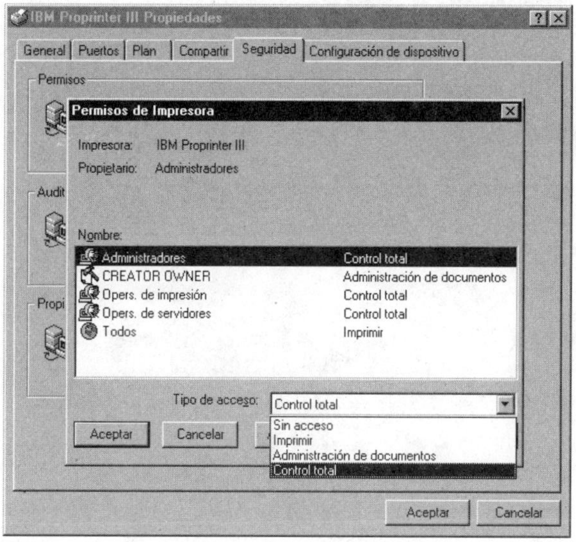

Figura 5.11. Permisos de impresora.

Windows NT o bien a través del acceso directo **Impresoras** que encontraremos en el **Panel de Control**, o en la carpeta correspondiente a **Mi PC.**

En cualquiera de los casos debemos acceder a la ficha de **Seguridad** de las **Propiedades** de la impresora.

Para poder modificar los permisos de las impresoras, se debe ser el propietario o tener el permiso de Control Total.

Los tipos de acceso disponibles y que se encuentran más detallados en el Capítulo 7, dedicado a la impresión de documentos bajo Windows NT, son los siguientes:

- Sin acceso
- Imprimir
- Administración de documentos
- Control Total

Capítulo 6

Trabajo en red

Arquitectura de red de Windows NT

Windows NT es un sistema operativo de red, esto quiere decir que en el sistema operativo van integrados todos los componentes necesarios para el manejo de la red. Es por esto que llamamos a Windows NT Sistema Operativo de Red y no simplemente Sistema Operativo.

Los sistemas operativos más populares en el entorno PC son el MS-DOS, OS/2 de IBM y UNIX. Estos sistemas necesitan un nivel superior al sistema operativo para acceder a una red. Este nivel superior ha de proporcionar manejadores para la utilización de adaptadores de red, proporcionar protocolos de comunicaciones y ofrecer una serie de servicios a los niveles superiores.

El objetivo de Windows NT era integrar en el sistema operativo todos los componentes necesarios para ser manejados como una parte más del sistema y evitar la necesidad de incorporar productos de otros fabricantes para conseguir satisfacer estas necesidades de interconexión. Será necesario seleccionar manejadores y servicios con los que deseamos trabajar, pero no será necesario instalar software adicional.

Esta integración perseguía diferentes **objetivos**, entre ellos podemos destacar:

- Permitir que todas las estaciones de trabajo pudieran **simultanear la función de servidor y de cliente**, de manera que las estaciones pudieran compartir directorios, ficheros e impresoras con otras estaciones de trabajo.
- **Facilidad** a la hora de instalar y ampliar la red.
- Permitir el **trabajo con otros entornos de red** que ya estuviesen funcionando. Para ello Windows NT incluye la mayor parte de protocolos existentes en el mercado, así como soporte para los adaptadores de red. De esta manera es posible operar con redes Microsoft, con NetWare de Novell, con TCP/IP, con AppleTalk y RAS sin necesidad de instalar software adicional. Esto no quiere decir que no sea posible añadir nuevos componentes para aumentar la interoperabilidad con otras redes.
- **Soportar las APIs** estándar de la industria para el establecimiento de terminales, transferencia de datos y listas de recursos. Entre las aplicaciones de APIs que se ejecutan sobre Windows NT, se pueden utilizar, para el acceso a red, los interfaces: NetBIOS, Sockets y la Windows Network (WNet).
- **Soportar el desarrollo de aplicaciones distribuidas.** Windows NT incorpora una utilidad de RPC (Remote Procedure Call) para permitir que una aplicación de

una estación local pueda llamar a funciones proporcionadas por una estación de trabajo remota, a pesar de que las funciones sean proporcionadas por esta estación local.

En primer lugar estudiaremos la arquitectura de red de Windows NT, veremos cómo logra los objetivos de su diseño y veremos cómo soporta los estándares definidos por la industria (OSI y IEEE.802), así como los componentes de la arquitectura de red desde la perspectiva que nos proporcionan estos modelos.

Visión general de una red

Rápidamente con la aparición de los ordenadores, surgió la necesidad de la conectividad entre diferentes equipos, con lo que las grandes compañías comenzaron a diseñar sus estándares de trabajo para permitir conectar diferentes equipos a través de una red.

Los estándares describían los mecanismos necesarios para el transporte de datos de un equipo a otro. Sólo eran válidos entre equipos de una misma empresa, y no solían ser compatibles con otras plataformas.

Debido a la gran diversidad de estándares diferentes, no compatibles entre ellos, surgieron organizaciones para intentar estandarizar todos los mecanismos de conectividad. Las más importantes son la International Standards Organization (ISO) y el Institute of Electrical and Electronic Engineers (IEEE), que desarrollaron modelos que empezaron a ser adoptados por la industria. Estos modelos se basan en la disgregación de las diferentes capacidades en niveles, independientes unos de otros y en proporcionar cada uno servicios y funciones para comunicarse con los otros niveles.

Modelo de referencia OSI

EL ISO desarrolló un modelo de referencia conocido con el nombre de OSI (Open Systems Interconnection). Este modelo describe el flujo de datos desde que una aplicación de usuario envía datos hasta que físicamente son enviados por la red. Este es uno de los modelos más conocidos para describir el funcionamiento de un red.

Este modelo es un modelo teórico que raramente se puede encontrar completamente implantado. Lo que sucede es que la industria va adoptando muchas de las recomendaciones.

OSI está construido en base a siete niveles básicos, donde las operaciones más básicas de poner datos en la red se describen en el nivel 1 y las funciones que interconexionan con las aplicaciones en el nivel 7. Entre ambos niveles se describen las funciones de transporte, presentación, etc.

Cada capa o nivel desempeñará una serie de funciones y proporcionará una serie de servicios al nivel superior, utilizando los servicios que le proporcione el nivel inferior. De esta manera no necesitará conocer nada de este nivel inferior, simplemente requerirá a éste que realice una función. Cada nivel será independiente del resto, debiéndose "entender" con el mismo nivel de la máquina remota.

Veremos una breve explicación de los distintos niveles del modelo de referencia OSI.

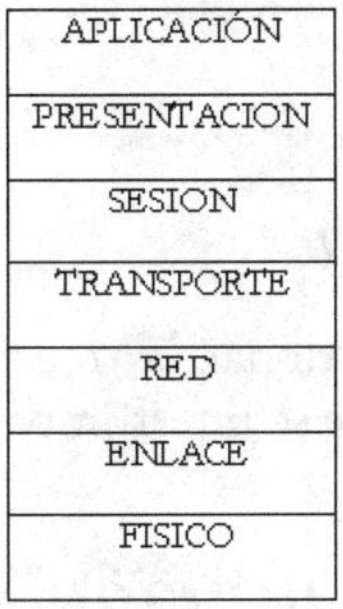

Figura 6.1. Modelo de referencia OSI de ISO.

1. Nivel físico

En este nivel se especifican las características que tiene el medio físico a través del cual se realizará el intercambio de información, como por ejemplo puede ser el tipo de conector, el nivel de tensión asociado a un bit, el tipo de cable utilizado, etc.

Contiene mecanismos para informar al nivel superior de pérdida de una conexión física.

2. Nivel de enlace

Este nivel es el que se encarga de recibir y transmitir las tramas de datos, intentando recuperar errores que se hayan podido producir a nivel físico. Las normas establecen el formato de las tramas, métodos de sincronización y desconexión del enlace, etc.

Este nivel, según el proyecto IEEE.802, subdivide el nivel en dos subniveles más:

- **Control de Acceso al Medio**: Es la subcapa más cercana al nivel físico. Proporciona un acceso compartido de las tarjetas de red a la capa física. Es responsable de entregar los datos libres de errores a las computadoras conectadas en red, así como de poner los datos en la red.
- **Control del Enlace Lógico**: Controla el enlace de datos y define el uso de los puntos de acceso al servicio que se utilizan para transferir datos a las capas superiores. Suele venir representado por los manejadores de las tarjetas de red.

3. Nivel de red

Se encarga de encaminar los datos de la estación transmisora a la receptora. Deberá seleccionar los nodos por los que circulará la transferencia de datos. Una de las normas más extendidas es la X-25 del CCITT.

4. Nivel de transporte

Este nivel permite aislar a las capas superiores de las restricciones que puedan estar impuestas por los niveles referentes a la topología de la red. Se encarga de tomar los datos enviados por las capas superiores y empaquetarlos de manera que puedan ser utilizados por el nivel de red. Esto hace ver a los niveles superiores como si se tuviera una conexión punto a punto entre dos estaciones. También incluye procedimientos de detección y corrección de errores.

5. *Nivel de sesión*

Este nivel se encarga de gestionar la transferencia de datos, tratando de recuperar la comunicación en caso de que se interrumpa.

6. *Nivel de presentación*

Proporciona la conversión, formato y encriptación de los datos de las aplicaciones de los usuarios. Permite, por ejemplo, que dos estaciones que estén trabajando con diferentes códigos de caracteres o con diferentes sistemas operativos tengan un medio para intercambiar información y poder entenderla.

7. *Nivel de aplicación*

Este nivel es el que hace trasparente la red al usuario final. Se encarga de la transferencia de información entre aplicaciones de usuario que estén funcionando sobre la red.

Modelo de red de Windows NT

Arquitectura

Siguiendo los modelos de referencia OSI y IEEE, la arquitectura de Windows NT está formada por capas, lo cual proporciona todas las ventajas de estos modelos, como por ejemplo su ampliación, permitiendo incorporar nuevas funciones y servicios. Windows NT no sigue exactamente el modelo de referencia OSI, pero se asimila bastante. Podríamos resumir su arquitectura en los siguientes **niveles**:

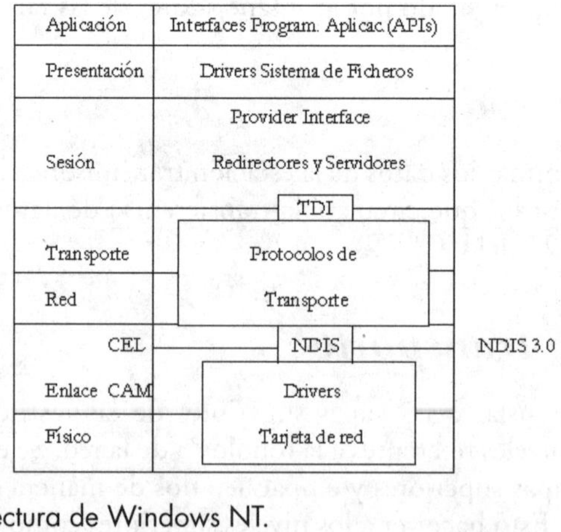

Figura 6.2. Arquitectura de Windows NT.

Podemos observar que los siete niveles del modelo de referencia OSI se pueden agrupar básicamente en tres grandes bloques dentro de Windows NT que referenciaremos como Adaptadores (niveles físico y enlace), Protocolos (niveles transporte y red) y Servicios (niveles sesión, presentación y aplicación).

Adaptadores

En el nivel más bajo del modelo se encuentran las tarjetas de red. Cada tarjeta de red incorpora su propio driver. Para que estos drivers funcionen con Windows NT deben ser compatibles con NDIS 3.0.

Los adaptadores son el hardware que permite la comunicación con otras estaciones de trabajo vía red.

Los drivers de las tarjetas de red se encuentran en el subnivel de Control de Acceso al Medio del nivel de enlace, mientras que la propia tarjeta representa parte del nivel físico. Este conjunto (tarjeta y driver) servirá para independizar el nivel de transporte de la topología de la red.

En la capa superior de lo que sería el nivel enlace de OSI, se encuentra uno de los interfaces más importantes de la arquitectura de red de Windows NT, el NDIS 3.0 (Network Driver Interface Specification), el cual permite a cualquier protocolo de transporte comunicarse con el nivel inferior, independientemente de la red física que encuentre por debajo. Gracias a este interfaz se consigue independizar el nivel de transporte del nivel físico, ya que no será necesario modificar el driver de la tarjeta de red cada vez que se modifique el protocolo de transporte. Con todo ello será posible tener múltiples protocolos de transporte implementados sobre una única tarjeta de red. Será NDIS quien solicite servicios al driver de la tarjeta de red a través de un módulo de NDIS conocido como NDIS wrapper, y ayudándose de información almacenada en el Registro de Windows NT.

Protocolos de transporte

Los protocolos de transporte operan sobre el Control de Enlace Lógico. Definen las reglas de intercambio de información entre dos estaciones de trabajo. Un protocolo define cómo deben proporcionarse los datos al nivel inferior y hace paquetes de acuerdo con esas reglas.

La capa donde se encuentran los protocolos de transporte se encargará de facilitar los datos al NDIS, así como al nivel superior. Como hemos explicado previamente, Windows NT soportará varios protocolos simultáneamente, gracias a lo cual podremos comunicarnos con equipos que estén trabajando con diferentes protocolos y no deberemos preocuparnos del protocolo que utilice la otra estación, teniendo sólo que asegurarnos de que tenemos correctamente configurado el que necesitemos para la comunicación.

Por encima de los protocolos de transporte, a nivel sesión, encontramos otra de las interfaces importantes de Windows NT, el Transport Driver Interface (TDI) que se encarga de comunicar los protocolos de transporte con los redirectores y servidores.

Servicios

Se encargan de manejar las funciones de alto nivel que requieren los usuarios y sus aplicaciones. Una función de alto nivel sería por ejemplo imprimir en una impresora remota o solicitar información de una base de datos compartida que se encuentra en una estación servidora. Windows NT tiene incorporada una serie de servicios que pueden ser iniciados en la estación de trabajo.

Uno de los servicios es el redirector, el cual se encuentra sobre el TDI. A través de él se consigue acceso a otra estación. El redirector es el que permitirá interactuar con servidores que no sean NT, como por ejemplo LAN Manager, o MS NET.

El redirector está implementado como un driver de sistema de ficheros, por lo que a veces a esta capa que estamos llamando servicios, se le denomina Drivers de sistema de ficheros, ya que cada sistema de ficheros soportado, FAT, HPFS y NTFS, también tiene su propio driver.

Asimismo, los servicios WorkStation y Server están implementados como drivers.

Cuando en un sistema hay múltiples redirectores configurados, la Provider Interface se encarga de enviar las solicitudes de las aplicaciones al redirector apropiado.

Gracias a esta arquitectura, una aplicación podrá trabajar con datos remotos o locales sin saber dónde están los datos físicamente, ya que todos estos drivers estarán manejados por el mismo manejador de Entradas y Salidas.

Ya a nivel aplicación encontramos los pipes con nombre y los mailslots, también implementados como drivers.

Los pipes se utilizan para que dos procesos independientes puedan intercambiarse datos. Como estamos viendo, es indiferente si estos procesos se encuentran en la misma máquina o es una conexión a través de la red, ya que esto queda aislado por las capas inferiores.

Los mailslots son como los pipes pero con la característica de que el destino de los datos no es único, sino que puede tener múltiples destinatarios. Por ejemplo, imaginemos que vamos a parar un servicio y queremos avisar a todos los usuarios conectados. Será lógico utilizar un mailslot y no una canalización o pipe, ya que con este mecanismo necesitaríamos un pipe para cada usuario destino, y se puede implementar con un único mailslot.

Con la separación de funciones por niveles, se pretende facilitar el trabajo de los desarrolladores para poder realizar aplicaciones distribuidas.

Gracias a las APIs podremos comunicar las aplicaciones a través de la red. Windows NT soporta NetBIOS, Windows Sockets, RPC (Remote Procedure Calls) y NetDDE (Network Data Exchange).

Protocolos de transporte

Windows NT soporta múltiples protocolos de transporte, entre ellos los más populares como NetBEUI, NWLink IPX/SPX de Novell, TCP/IP y DLC.

NetBEUI

NetBEUI (Net BIOS Extended User Interface) es un protocolo de transporte de Microsoft muy rápido, puesto que se encuentra optimizado para su utilización en redes de área local. Este protocolo proporciona compatibilidad con redes existentes basadas en Lan Manager, LAN Server y MS-Net. Este protocolo fue introducido por IBM en el año 1985 para soportar comunicaciones entre PC's. Se optimizó su diseño para pequeñas redes de PC's que tuvieran necesidad de compartir datos e impresoras. Tenía la limitación de que sólo podía tener hasta 254 sesiones establecidas, por lo que este protocolo no fue válido para mainframes ni para mini-computadoras. Otro de los inconvenientes es que este protocolo no es enrutable.

Microsoft ha soportado este protocolo desde su primer producto de red MS-Net, y ahora, con Windows NT, incorpora NetBEUI 3.0, que es una mejora del antiguo NetBEUI. Entre otras mejoras, rompe la barrera de las 254 sesiones aunque sigue siendo muy limitado para redes grandes, ha mejorado la protección contra errores, necesita menos memoria para trabajar y ha mejorado sus prestaciones cuando se trabaja con enlaces lentos.

En el Registro, los parámetros de NetBEUI se encuentran en:

```
HKEY_LOCAL_MACHINE\System\CurrentControlSet\Services\Nbf
```

NetBEUI utiliza el interfaz de programación NetBIOS, mientras que NetBEUI 3.0 utiliza el TDI. Esta nueva versión garantiza la compatibilidad con las versiones anteriores de NetBEUI.

NWLink IPX/SPX

NWLink es una versión compatible de IPX/SPX (Internetwork Packet Exchange) de Novell. La mayoría de instalaciones de NetWare de Novell utilizan este protocolo, necesitando, por tanto, su instalación cuando interactuemos con redes Netware y necesitemos acceder a sus servidores.

También, como sucedía con NetBEUI, es un protocolo sencillo, fácil de configurar y optimizado para redes locales no sobrecargando en exceso el sistema.

Es necesario utilizar un redirector para poder acceder a ficheros e impresoras de un servidor NetWare o actuar como un servidor en NetWare.

NWLink es útil cuando tenemos aplicaciones Cliente-servidor que utilizan Windows sockets o NetBIOS sobre el protocolo IPX/SPX. Permitirá que servidor y cliente estén en diferentes entornos, por ejemplo que el Servidor sea NetWare y el cliente Windows NT.

Este protocolo sí que es enrutable y está optimizado para aquello para lo que fue diseñado, compartir ficheros e impresoras.

TCP/IP

TCP/IP (Transmission Control Protocol/Internet Protocol) es un estándar usado en redes de gran alcance. Hoy día está en pleno apogeo, ya que es el protocolo utilizado en Internet. Es un protocolo enrutable y muy robusto, aunque más lento que los anteriores, permitiendo el acceso a múltiples plataformas y sistemas operativos.

Este protocolo fue desarrollado inicialmente por los militares americanos y fue rápidamente adoptado como estándar por las universidades y posteriormente por las plataformas UNIX. Con este protocolo podremos interactuar con estas redes.

A diferencia de los protocolos anteriores, TCP/IP no está optimizado para compartir ficheros e impresoras, sino que se pensó para otros propósitos, como la transferencia de ficheros, emulación de terminales, etc. A pesar de ello podríamos utilizar el protocolo para estas funciones.

La configuración del protocolo es bastante más laboriosa que en los anteriores, ya que es necesario tener un mecanismo de asignación de direcciones.

El protocolo TCP/IP de Windows NT soporta SNMP (Simple Network Management Protocol), DHCP (Dynamic Host Configuration Protocol), WINS (Windows Internet Name Service) y DNS (Domain Name Service).

DLC

DLC (Data Link Control) permite acceso directo desde las aplicaciones al nivel de enlace, con lo que no utiliza el redirector de Windows NT, no ofreciendo, por tanto, el interfaz NetBIOS. Por este motivo, el protocolo DLC no se utilizará para comunicar estaciones Windows NT.

Su utilización se reducirá a dos propósitos básicos: en primer lugar para accesos a mainframes, normalmente a través de la emulación 3270; en segundo lugar para imprimir en impresoras HP conectadas directamente a la red, como por ejemplo la HP III que necesitan tener instalado este protocolo. También los servidores SNA utilizan el protocolo DLC como método de comunicaciones con un mainframe.

Redirectores y servidores

En un sistema de red encontraremos dos tipos de estaciones conectadas: las estaciones servidoras y las estaciones de trabajo. Ambas necesitarán utilizar los ficheros e impresoras compartidas.

La red se puede organizar de diversas maneras. Así, por ejemplo, podemos tener estaciones que exclusivamente sean servidoras y otro conjunto de estaciones que accedan a estos servidores; o bien, se puede diseñar una red en que cada estación puede jugar ambos papeles, es decir, sea servidora y cliente a la vez. Este último tipo de redes está soportado por Windows NT y es lo que se conoce como *peer to peer networking*, red de igual a igual.

El servicio WorkStation es proporcionado por un redirector (RDR), mientras que el servidor lo proporciona otro (SRV). Estos servicios están implementados como un driver de sistema de ficheros.

El redirector RDR, cuando precise servicios de una estación servidora, se comunicará con el TDI para conseguir el acceso a este servidor. Gracias al redirector nos podremos comunicar con servidores de otras redes como LAN Manager, LAN Server y MS-Net para conseguir acceso a ficheros e impresoras remotas.

La decisión de implementar el redirector como driver de sistema de ficheros se tomó para aprovechar ciertas **ventajas:**

- Las aplicaciones necesitarán llamar a una única API para acceder a ficheros, ya sean locales o remotos. De esta manera se facilita que con una única herramienta se tengan accesibles todos los recursos, los locales y los remotos.

- Al ejecutarse en modo privilegiado puede llamar directamente a otros drivers y componentes.
- Como sucede con ficheros, se puede cargar y descargar dinámicamente.
- El redirector no es único, sino que pueden existir varios para soportar múltiples plataformas.

Una vez que el redirector pone en marcha el envío de datos a la red, éstos, a través del medio físico, llegarán al otro equipo, el cual los redireccionará a los niveles superiores, llegando al SRV. Este redirector proporcionará el servicio Servidor e interactúará con el resto de componentes para satisfacer las solicitudes que le llegan.

Configuración de los componentes de red

Windows NT Server necesariamente instalará una serie de componentes por defecto, mientras que en Windows NT WorkStation será opcional, puesto que es posible instalar una estación WorkStation sin estar conectado a ninguna red.

Windows NT nos habrá instalado por defecto, durante la instalación, los siguientes componentes de red:

- Interfaz de NetBIOS
- Protocolo de transporte NWLink IPX/SPX
- Servicio WorkStation (Estación de trabajo) si instalamos Windows NT WorkStation o Windows NT Server
- Servicio Server (Servidor) si instalamos Windows NT Server
- Servicio de Browser
- El driver de la tarjeta de red que tengamos instalada
- El servicio de RPC

Después de la instalación, los componentes de la red deberán ser configurados a través de la opción **Red** del **Panel de Control** como cualquier otro componente del sistema operativo. El Panel de Control lo encontraremos en el icono **Mi PC** o bien en la opción **Configuración** del menú **Inicio**.

Una vez seleccionado el icono Red se mostrará una hoja de propiedades parecida a la que se observa en la Figura 6.3.

A través de esta opción se podrán instalar, modificar, configurar o quitar los siguientes componentes, representados cada uno en una ficha distinta:

- Identificación de la estación en la red
- Servicios
- Protocolos
- Adaptadores
- Enlaces

Para realizar estas acciones es necesario pertenecer al grupo de Administradores o tener permisos suficientes para realizar estas tareas.

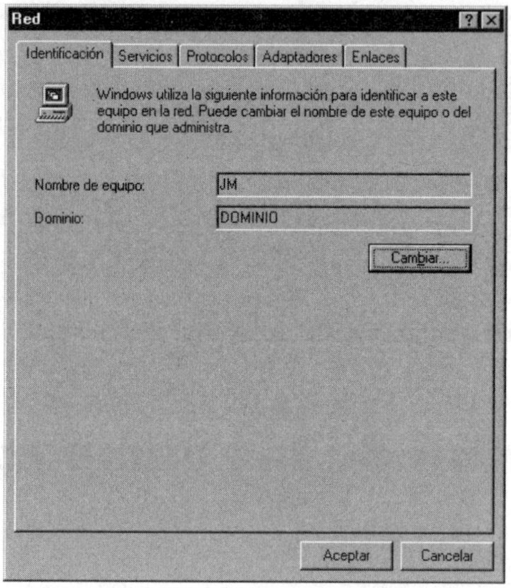

Figura 6.3. Configuración Red.

Modificación de la identificación de la estación

En la primera ficha se nos permite modificar el nombre de la estación. Es importante recordar que este nombre ha de ser único en la red. También es posible modificar el dominio al que pertenece dicha estación. Para acceder al cuadro de diálogo que nos permitirá hacer el cambio de dominio basta con pulsar el botón **Cambiar...**

El nombre de estación que proporcionemos en esta ficha será el nombre por el cual el resto de usuarios de la red identificarán nuestra estación.

Los nombres de los dominios estarán establecidos por los administradores y será importante la pertenencia al dominio, ya que a través de él accederemos a los recursos que nos proporciona, así como a otros dominios a través de las relaciones de confianza.

Mantenimiento de servicios

Con esta opción tendremos la posibilidad de agregar, eliminar, configurar y actualizar los servicios que necesitemos para interoperar con otras redes.

Estos servicios serán necesarios para permitir, por ejemplo, a otros usuarios acceder a nuestra estación.

La labor de instalar los servicios es bastante sencilla y se realiza a través del siguiente panel (véase Figura 6.4).

En este panel visualizaremos directamente los servicios que tenemos instalados en la estación. Pulsando el botón **Agregar...** accederemos a la lista de todos los servicios que podemos instalar y seleccionar los que queramos agregar.

Para eliminar un servicio, bastará con seleccionarlos y pulsar el botón **Quitar**.

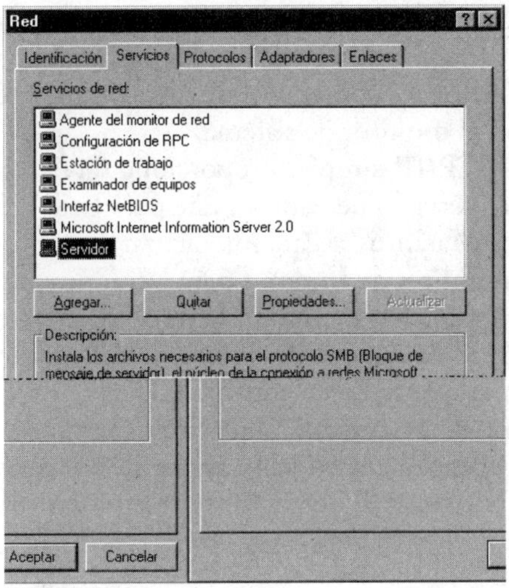

Figura 6.4. Configuración de servicios.

Los servicios que proporciona Windows NT, y que podremos configurar una vez que lo tenemos instalado, son los siguientes:

- **Agente de SAP**: Permite determinar el acceso a los equipos remotos.
- **Agente de Supervisión de red**: Pondrá a nuestra disposición una serie de contadores en el monitor de sistema que nos permitirá monitorizar la red para localizar posibles problemas.
- **Agente Relé DHCP**: Servicio que permitirá a equipos de otras subredes mantener compatibilidad con DHCP.
- **Agente y herramientas de supervisión de red**: Permite monitorizar la red a través del protocolo SNMP.
- **Configuración de RPC**: Permite ejecutar llamadas remotas. Es indispensable cuando se utilizan impresoras conectadas a otros equipos.
- **Enrutador RIP para el protocolo Internet (IP)**: Permite enrutar el tráfico TCP/IP.
- **Enrutador RIP para el transporte compatible con NwLink IPX/SPX**: Permite enrutar el tráfico en redes Novell.
- **Estación de trabajo**: Permite que la estación acceda a recursos de otras estaciones de la red.
- **Examinador de equipos**: Este servicio permite la visualización de los equipos conectados a la red.
- **Impresión TCP/IP de Microsoft**: Servicio para utilizar impresoras conectadas a equipos Unix o que utilicen TCP/IP.
- **Interfaz NetBIOS**: Es la interfaz de NetBIOS.
- **Microsoft Internet Information Server 2.0**: Servidor de Internet que incorpora servicios de publicación WWW, Gopher y FTP.
- **Servicio de acceso remoto**: Para permitir el acceso remoto a servidores a través de la línea telefónica, con módems u otros dispositivos.
- **Servicio de inicio remoto**: Necesita tener instalado el protocolo DLC. Permite servir como disco de inicio a estaciones remotas.

- **Servicio de puerta de enlace o gateway para Netware**: Este servicio es necesario para interactuar con redes Novell y compartir archivos e impresoras.
- **Servicio SNMP**: Para conseguir información del trabajo de la red con TCP/IP y procesarla con el monitor de sistema.
- **Servicios de TCP/IP simple**: Proporciona servicios básicos para acceder a redes TCP/IP. Otros servicio necesitan a éste para poder iniciarse.
- **Servicios para Macintosh**: Para interactuar con entornos Macintosh.
- **Servidor de nombres de Internet para Windows**: Permite resolver direcciones IP a los clientes, traduciendo nombres NetBIOS a direcciones IP.
- **Servidor DHCP de Microsoft**: Proporcionará automáticamente direcciones IP a equipos clientes que trabajen con DHCP.
- **Servidor DNS de Microsoft**: Para resolver nombres de dominio a direcciones IP.
- **Servidores**: Permitirá a la estación actuar de servidora en la red.
- **Soporte de RPC para Banyan**: Permite ejecutar programas sobre redes Banyan.

Mediante el botón **Utilizar disco...** se pueden incorporar servicios creados por otros fabricantes para Windows NT.

Hay servicios que necesitan ser configurados. Para ello accederemos al botón **Propiedades**, el cual nos presentará el cuadro de diálogo correspondiente para la configuración. Con otros servicios veremos que no es posible su configuración, ya que los programas que los proporcionan no admiten variables externas.

En próximos capítulos veremos la configuración de los servicios más importantes que tendremos a nuestra disposición bajo Windows NT.

Configuración de protocolos

En la ficha de protocolos decidiremos los protocolos que necesitamos utilizar en nuestra red, pudiendo agregar, eliminar, configurar y actualizar los mismos.

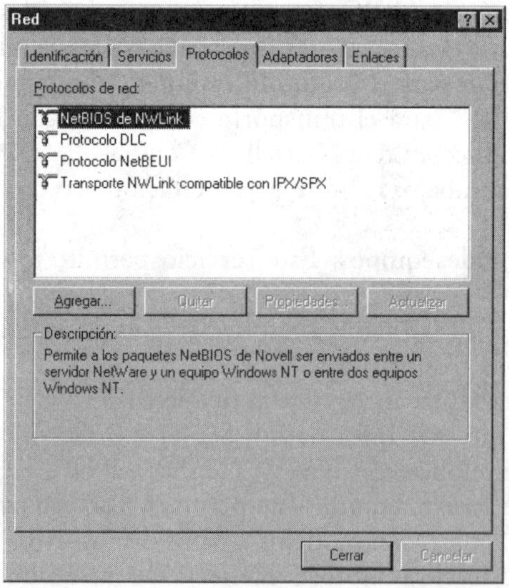

Figura 6.5. Configuración de protocolos.

Es importante conocer las necesidades que vamos a tener para decidir los protocolos que vamos a instalar. Por ejemplo, si sabemos que vamos a utilizar servicios de Internet, necesitaremos instalar el protocolo TCP/IP. Si la red va a ser pequeña seguramente será más sencillo trabajar con NetBEUI, pero si el número de estaciones aumenta y vamos a tener gran tráfico en la red provocado por las aplicaciones Cliente-servidor, es posible que necesitemos protocolos más optimizados para estas funciones como es IPX/SPX o el propio TCP/IP.

Como en el caso de la ficha de servicios, visualizaremos en primer lugar los protocolos que tenemos iniciados, disponiendo igualmente de los botones Agregar y Quitar. También como sucedía en el caso de servicios, podremos incluir protocolos creados por otros fabricantes e incluirlos en la lista.

La labor de configurar estos protocolos, lo veremos en los capítulos siguientes.

Instalación de adaptadores

Permitirá modificar la configuración de adaptadores existentes, añadiendo, eliminando, actualizando y configurando las tarjetas de red y módems instalados.

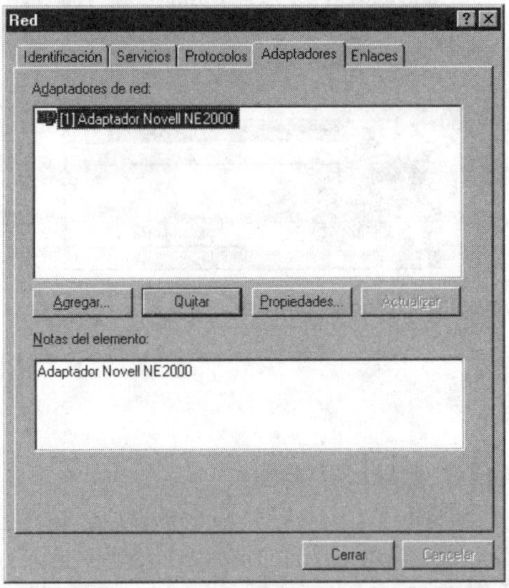

Figura 6.6. Configuración de adaptadores.

Será posible disponer de más de un adaptador de red y configurar cada uno por separado. Para agregar adaptadores, como siempre, pulsar el botón Agregar. Esto nos presentará una lista, en la que podremos elegir el adaptador que hayamos instalado en el equipo. Esta lista contiene los adaptadores de muchos fabricantes, pero, en caso de no encontrar el que nos interese, siempre podremos cargar los drivers desarrollados para ese componente por el fabricante. Es importante conocer antes de la compra y la instalación de la tarjeta si es compatible con Windows NT. Para ello consultar la lista de Hardware compatible.

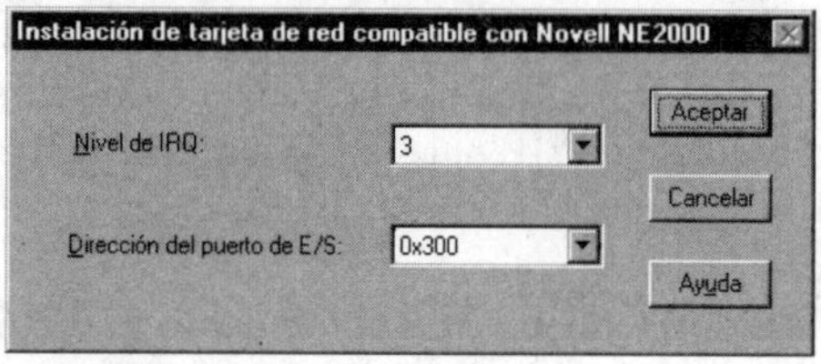

Figura 6.7. Configuración adaptador.

Una vez seleccionada la tarjeta, ésta debe ser configurada. Deberemos hacer corresponder la configuración a través de los jumpers de la tarjeta con lo que especifiquemos en la ventana de propiedades del adaptador de red. Es importante no entrar en conflicto con otros componentes hardware de nuestro equipo, no debiendo utilizar las mismas interrupciones ni puerto de Entrada/Salida. Estos son los dos valores de configuración que deberemos facilitar en el momento de la instalación.

Cuando se dispone de más de un bus de hardware podremos indicar en cuál se encuentra nuestra tarjeta de red.

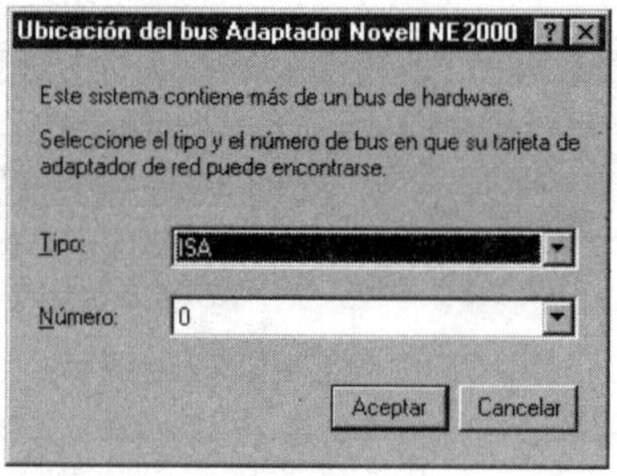

Figura 6.8. Ubicación del adaptador de red.

Configuración de enlaces

Permite configurar los enlaces o vinculaciones existentes entre los componentes de red de nuestra estación. No es recomendable modificar estos enlaces, a no ser que se sea un experto en el manejo de redes, puesto que podemos eliminar enlaces de protocolos que no son los que queremos desactivar.

Las opciones de que dispondremos, pues, serán la de activar y desactivar los enlaces a través de los botones correspondientes.

Un enlace es el mecanismo que permite unir los diferentes niveles de los componentes de la red para permitir la transferencia de información entre dichos componentes.

Cada componente de red se puede enlazar con uno o varios componentes de los otros niveles. Por tanto, los servicios proporcionados por un componente pueden ser compartidos por varios componentes del nivel superior. De esta manera, el servicio Servidor necesitará un enlace para unirse a cada protocolo de comunicaciones, como por ejemplo NetBEUI o TCP/IP.

Windows NT crea los enlaces automáticamente cuando se instala algún componente de red. Si desplegamos el árbol, por ejemplo el del servicio Servidor, veremos todos los enlaces que Windows NT ha creado para poder proporcionar ese servicio con los diferentes protocolos instalados, y de éstos hacia los adaptadores de red. Estos son los enlaces que se pueden activar o desactivar.

También disponemos de la posibilidad de ordenar los enlaces, según nos interese. Esto se puede hacer directamente con el ratón, como si estuviéramos en el administrador de archivos. La ordenación de los enlaces permitirá optimizar el sistema, ya que los enlaces situados al inicio de la lista serán los primeros en ser comprobados cuando llega una trama.

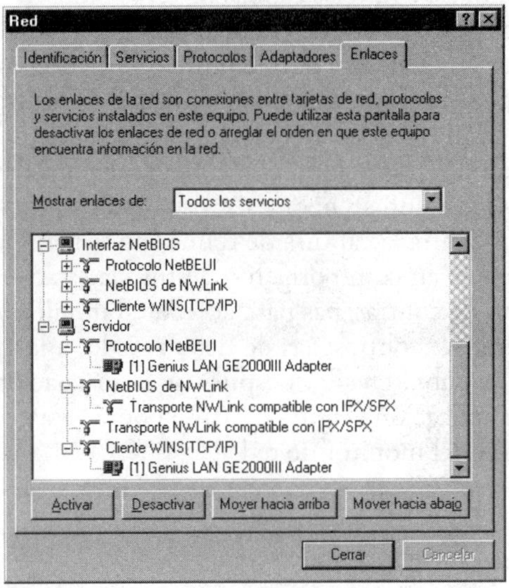

Figura 6.9. Configuración de enlaces.

Monitorización de la red

Windows NT incluye una herramienta que nos permitirá monitorizar la red: el **Monitor de red**, que encontraremos en las herramientas administrativas una vez que hayamos instalado el servicio **Herramientas y agente de supervisión de red** mediante la aplicación **Red** del **Panel de Control**. Antes de poder utilizarlo debemos asegurarnos de que el servicio de agente de red se encuentra iniciado; en caso contrario lo podremos iniciar mediante la aplicación **Servicios** que también encontraremos en el Panel de Control.

Esta herramienta nos será de utilidad para capturar y visualizar las tramas que circulan por la red, con lo que podremos detectar problemas cuando veamos que dos estaciones no son capaces de comunicarse a través de la misma.

Podremos, por tanto, supervisar todo el flujo de datos que circulan por la red local en un momento determinado. También tendremos acceso a una serie de estadísticas globales como porcentaje de utilización de la red, bytes y tramas recibidas por segundo, etc.

Cuando una estación debe enviar información a otra, hemos visto que no se realiza en un único bloque, sino que los niveles de red se encargan de descomponer la información, formando paquetes o tramas que serán enviados por la red. Estos paquetes o tramas deberán contener información sobre el equipo destino al que se debe entregar la trama, información de la estación origen de la misma, información adicional necesaria para el protocolo de transporte y los datos correspondientes a la información de control para poder garantizar que se realiza una transmisión libre de errores cuando ello sea necesario.

El objetivo del monitor es solucionar problemas y no capturar información indiscriminadamente que usuarios no autorizados podrían utilizar. Por este motivo se incorporan mecanismos de seguridad para utilizar el monitor de red. El primer mecanismo es permitir al monitor capturar únicamente tramas enviadas o recibidas por el equipo que estamos analizando, así como las tramas de difusión.

Capturar todas las tramas que circulan por la red requeriría gran cantidad de memoria para almacenar las mismas. Por este motivo se incorpora un mecanismo de filtros que permite capturar únicamente una pequeña parte de las tramas que circulan por la red. Estos filtros se podrán establecer con base en diferentes criterios: direcciones de origen, direcciones de destino, protocolos, etc. Una vez que los datos han sido capturados, pueden ser almacenados en un archivo y ser visualizados y analizados posteriormente.

La protección contra la captura de tramas no se basa únicamente en que sólo se capturen tramas que tengan como origen o destino la estación, sino que es posible establecer un mecanismo de contraseñas para acceder al monitor de red.

Para configurar las contraseñas de debe acceder a la aplicación **Agente de supervisión de red** que se habrá creado, después de la instalación del servicio, en el **Panel de Control**. En esta aplicación (Figura 6.10) se podrán especificar contraseñas para la captura y presentación del monitor de red.

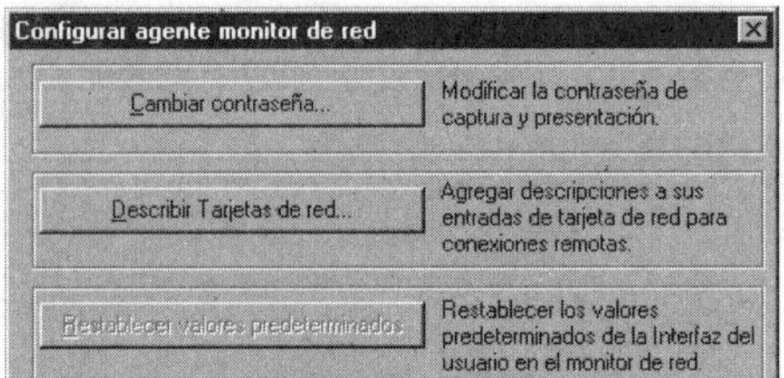

Figura 6.10. Contraseñas del monitor de red.

Si elegimos la opción **Cambiar contraseña** nos aparecerá el cuadro de la Figura 6.11:

- **Contraseña de captura**: Permite capturar las tramas de la red y mostrar información y estadísticas de las mismas
- **Contraseña de presentación**: Permitirá únicamente visualizar los archivos capturados con anterioridad.

También desde esta aplicación podremos introducir las descripciones de las tarjetas de red de la estación y configurar el monitor de red.

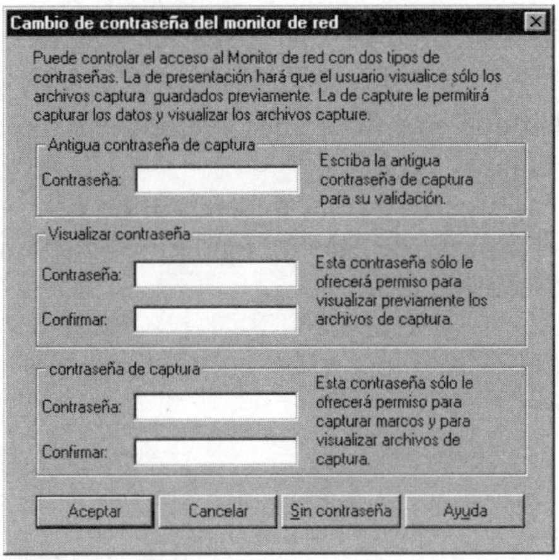

Figura 6.11. Contraseñas.

Es posible protegerse contra otros monitores de red, ya que el monitor de red es capaz de detectar otras instalaciones del agente de supervisión de red. Sobre los equipos que estén ejecutando este servicio conoceremos la identificación del equipo y nombre de usuario que inició la sesión, así como el estado de la sesión del mismo. Esta utilidad de detección no siempre funciona, sobre todo cuando encontramos routers y otros dispositivos de red entre las estaciones que estamos analizando.

Cuando accedamos al monitor de red nos encontraremos con la pantalla representada en la Figura 6.12.

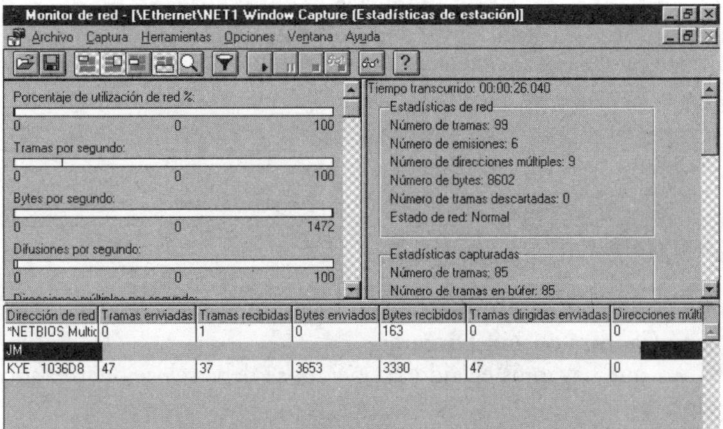

Figura 6.12. Monitor de red.

Captura de datos

La primera necesidad que encontraremos a la hora de trabajar con el monitor de red es la de capturar las tramas.

Para iniciar la captura de tramas deberemos acceder a la opción **Iniciar** del menú **Captura.** Durante el proceso de captura tendremos disponibles el resto de opciones que ahora nos aparecen inhabilitadas:

- Detener
- Detener y ver
- Pausar
- Continuar

Tenemos dos **modos de captura** que pueden seleccionarse en este mismo menú:

- **Captura normal:** Es la opción por defecto. Muestra las estadísticas a medida que se recoge la información.
- **Captura dedicada:** Se debe marcar la opción correspondiente del menú Captura. No se muestran ni actualizan estadísticas hasta que se han copiado las tramas al búfer de captura, permaneciendo minimizada la ventana del monitor. Esta opción consume menos recursos del sistema.

Este búfer tiene un tamaño predeterminado de 1 MB que podremos modificar a través de la opción **Configuración del búfer** del menú **Captura**. También podemos indicar el número de bytes de cada trama a capturar, aunque de manera predeterminada se realiza la captura de toda la trama.

Nota:

Se debe tener en cuenta que cuanto mayor sea el búfer para la captura de datos menos memoria disponible tendremos en el equipo para el resto de aplicaciones que se estén ejecutando en el sistema.

Disparador

Es posible establecer un disparador para las capturas. Esta opción también se encuentra en el menú **Captura** opción **Disparar.**

Una vez que hayamos elegido la opción, se debe seleccionar el **suceso** que hará de disparador:

- Nada.
- Coincidencia de patrón: Cuando se produzca un patrón determinado.
- Espacio en búfer: Cuando se llene el porcentaje especificado en el búfer de captura.
- Coincidencia de patrón y luego por espacio en búfer: Cuando se haya producido un patrón y luego se haya llenado un determinado porcentaje de búfer.

- Espacio en búfer y luego por coincidencia de patrón: Cuando se haya llenado un porcentaje de búfer y luego se produzca el patrón.

En la opción diseño se debe especificar el patrón y en la opción tamaño del búfer el porcentaje que ha de llenarse antes del disparo. En acción disparadora se debe especificar qué hay que hacer cuando se produzca la acción de disparo, como por ejemplo detener la captura. También es posible ejecutar un programa si seleccionamos la opción ejecutar y escribimos la ruta de acceso y nombre del programa u orden a ejecutar.

Almacenamiento y recuperación de datos capturados

Es posible el almacenamiento de los datos capturados en un archivo para su posterior procesamiento. Para ello se debe seleccionar la opción **Guardar como...** del menú **Archivo**. Esto generará un archivo **.CAP** en el que se almacenan los datos del búfer de captura. Posteriormente se puede utilizar el archivo mediante la opción **Abrir**.

Establecimiento de filtros

Es posible establecer filtros para capturar únicamente las tramas que cumplan determinadas condiciones. La manera de diseñar estos filtros es exactamente la misma utilizada al diseñar una consulta SQL sobre una base de datos.

Los filtros se diseñan con la opción **Filtro** del menú **Captura**. En el cuadro de diálogo que aparecerá (Figura 6.13) se deberán seleccionar las opciones que creamos convenientes.

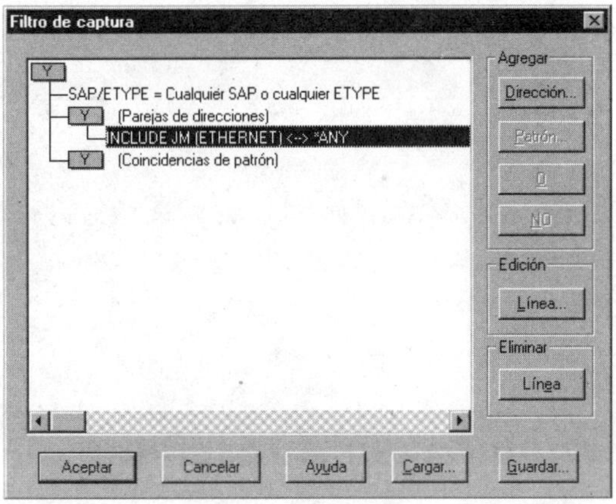

Figura 6.13. Filtro del monitor de red.

La estructura de este cuadro de diálogo es la de un árbol en el que se especificarán las condiciones del filtro. En el árbol de decisión se irán reflejando las condiciones que se vayan agregando o eliminando.

Las **opciones de filtrado** que tenemos son las siguientes:

- Filtrado por protocolo
- Filtrado por direcciones
- Filtrado por patrón de datos

Filtro de captura por protocolo

La primera rama del árbol de condiciones de filtro representa los protocolos que se van a capturar cuando se utilice el filtro. Por lo tanto, debe ser en esta línea donde se especifiquen los protocolos que se van a encontrar habilitados para este filtro.

Para acceder al cuadro de diálogo en el que podremos habilitar o deshabilitar el protocolo deberemos seleccionar la primera línea **SAP/ETYPE = filtro de captura** y pulsar el botón **Línea** del cuadro **Edición**, con lo que nos aparecerá el cuadro de diálogo representado en la Figura 6.14.

Este cuadro de diálogo se encuentra dividido en dos partes: una primera en la que aparecen los protocolos habilitados para el filtro y una segunda en la que aparecerán todos los protocolos deshabilitados. De manera predeterminada todos los protocolos compatibles con el monitor de red se encuentran seleccionados para el filtro.

Seleccionando el protocolo que nos interese tratar y mediante los botones **Habilitar** y **Deshabilitar** podremos intercambiar los protocolos entre estas dos partes del cuadro.

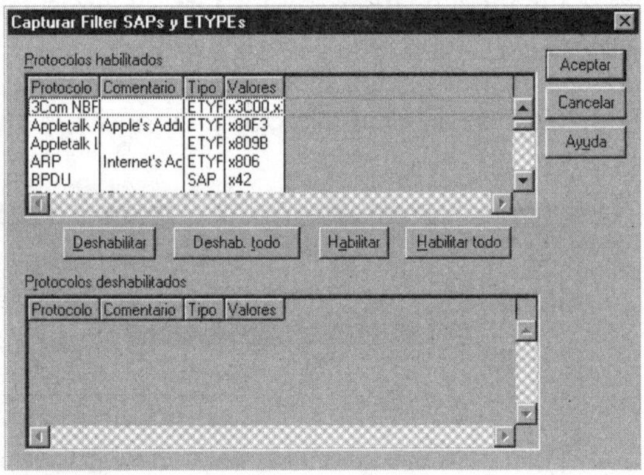

Figura 6.14. Filtro de protocolos.

Filtro de captura por direcciones

Para establecer un filtro por direcciones de estaciones de la red, éstas deben ser introducidas en la segunda rama del árbol del filtro (**Parejas de direcciones**). La forma de especificar estas direcciones es mediante parejas de direcciones. Las parejas de direcciones son las direcciones de los dos equipos entre los cuales circula el tráfico que queremos monitorizar. Estas direcciones pueden estar representadas con números en formato hexadecimal o bien con direcciones IP cuando utilicemos el protocolo TCP/IP. Las flechas que podemos observar en la Figura 6.13 representan la dirección del tráfico que se desea monitorizar. En el ejemplo aparece la opción predeterminada:

INCLUDE JM (ETHERNET) $\leftarrow\ \rightarrow$ *ANY

filtrándose todo el tráfico de la estación JM con cualquier otra estación de la red.

La palabra **INCLUDE** indica que se va a incluir todo este tráfico en el filtro, es decir, que se realizará filtrado de todo el tráfico de entrada o salida de esta estación cuando interaccione con otra estación de la red.

Si seleccionamos la línea donde aparece la leyenda de pareja de direcciones tendremos únicamente activada la posibilidad de agregar direcciones al filtro. Para poder actualizar las parejas de direcciones que ya tuviéramos almacenadas será necesario seleccionar la línea correspondiente y elegir entre las opciones:

- Agregar dirección
- Editar línea
- Eliminar línea

Cuando seleccionemos las opciones de mantenimiento de parejas de direcciones nos aparecerá el cuadro de la Figura 6.15.

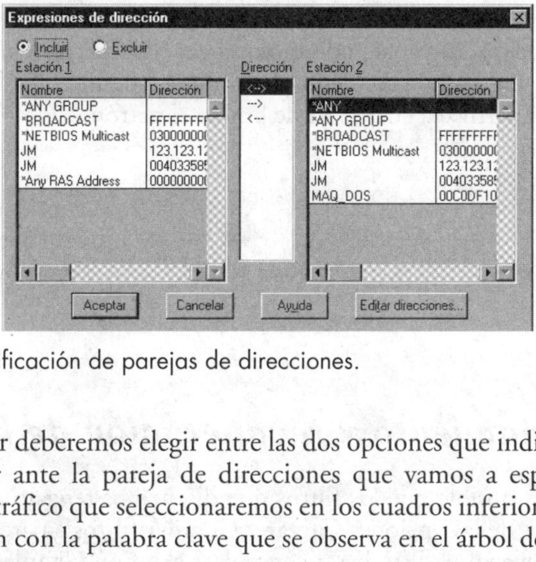

Figura 6.15. Especificación de parejas de direcciones.

En primer lugar deberemos elegir entre las dos opciones que indican cómo debe responder el monitor ante la pareja de direcciones que vamos a especificar: podremos incluir o excluir el tráfico que seleccionaremos en los cuadros inferiores. Estas dos opciones se corresponden con la palabra clave que se observa en el árbol de filtro (**INCLUDE** o **EXCLUDE**).

Nota:

A diferencia de otros cuadros de diálogos de Windows NT, el orden de especificación de las condiciones no tiene trascendencia sobre los resultados del filtro, ya que en primer lugar son analizadas las cláusulas de exclusión y a continuación las de inclusión. Si tuviéramos una dirección que cumpliera ambas condiciones no se incluiría, ya que primero se excluye y ya no llega a la fase de comprobación de inclusión.

En el cuadro **Estación 1** debe seleccionarse el primer equipo de la pareja de direcciones, mientras que en el cuadro **Estación 2** se debe seleccionar la dirección del segundo equipo. En el cuadro **dirección** se debe seleccionar la dirección del tráfico que queremos analizar. Dispondremos de las tres opciones posibles:

- De estación 1 a estación 2
- De estación 2 a estación 1
- En cualquiera de los dos sentidos

Como ayuda para agrupar direcciones dispondremos de direcciones múltiples que permiten agrupar cualquier terminal de la red, un grupo, etc.

Filtro por patrón de datos

Este filtro permite especificar un patrón que deberán cumplir las tramas para ser capturas y deberá ser especificado en la última rama del árbol del filtro (**Coincidencias de patrón**). De manera predeterminada no existe ningún filtro de este tipo.

Cuando nos situemos sobre esta línea tendremos disponible la opción **Patrón** que nos dará acceso al cuadro de la Figura 6.16.

En el filtro tendremos dos posibilidades para especificarlo: utilizar el juego de caracteres ASCII o bien indicar una secuencia de caracteres en formato hexadecimal.

Como opción adicional podremos indicar el desplazamiento. El desplazamiento es el número de bytes desde el comienzo de la trama o desde el final de la cabecera del final de la topología a partir del cual se ha de buscar el patrón.

Nota:

En el caso de topologías Ethernet o Token Ring y, puesto que tienen formato variable, se deberá especificar la opción desde el final a la cabecera de topología.

Almacenamiento y recuperación de filtros

Puesto que es posible que los filtros que diseñemos tengan utilizaciones más adelante, dispondremos de las opciones **Cargar** y **Guardar** filtros en archivos.

Para almacenar el filtro basta con pulsar el botón **Guardar** y proporcionar un nombre de archivo que tendrá extensión **.CF**. Los archivos **.CF** contienen los datos que se han obtenido con el filtro. Cuando se almacena el archivo es conveniente proporcionar un comentario al mismo que nos identifique el filtro que estamos almacenando, ya que este comentario aparecerá en las opciones de recuperar.

De manera predeterminada se utiliza el siguiente directorio de trabajo:

```
%systemroot%\system32\NetMon\CAPTURES
```

Si accedemos a este directorio encontraremos los archivos predeterminados:

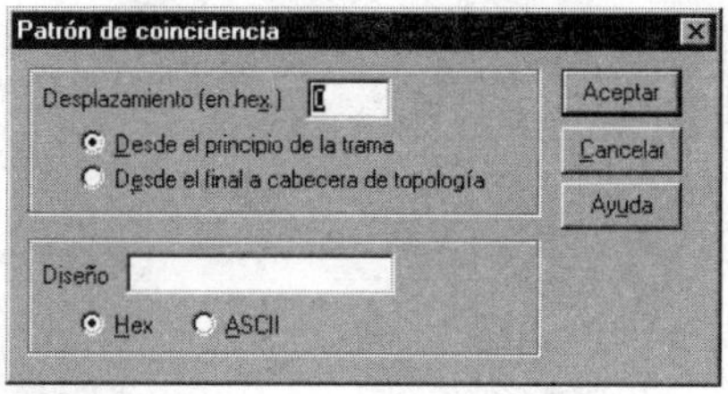

Figura 6.16. Patrón de filtrado.

- **DEFAULT.CF**: Filtro predeterminado. Captura todas las tramas.
- **NOBROAD.CF**: Filtro predeterminado. Captura todas las tramas excepto las de multidifusión.

Visualización de datos capturados

El visor de tramas tiene disponibles varios **paneles** para permitir la visualización de las tramas:

- **Detalles**: permite la visualización de las tramas con todos los datos relativos al protocolo incluidos.
- **Hex**: Permite visualizar los datos capturas en formato ASCII y hexadecimal.
- **Resumen**: Visualización de información general de las tramas.

Si en el momento de la captura no establecimos un filtro lo suficientemente restrictivo para capturar únicamente las tramas necesarias o en este momento queremos acotar el número de tramas a analizar, podremos establecer filtros de presentación de manera semejante a como se definían los filtros de captura.

Los datos capturados se encuentran ya sobre el búfer de captura, pero de todos ellos seleccionaremos los que interese estudiar. Las **condiciones posibles de los filtros** serán las siguientes :

- Por direcciones de origen y destino de las tramas
- Por protocolos
- Por propiedades

Para diseñar el filtro de visualización se debe seleccionar la opción **Filtro** del menú **Mostrar**. Tendremos acceso al cuadro de diálogo representado en la Figura 6.17 donde podremos especificar las condiciones anteriores.

Mediante el botón **Agregar expresiones** accederemos al cuadro de diálogo de la Figura 6.18 en el que podremos especificar todas las condiciones en los diferentes paneles que componen el cuadro.

En el panel dirección se deben especificar las parejas de direcciones que queremos filtrar así como el sentido del tráfico a filtrar.

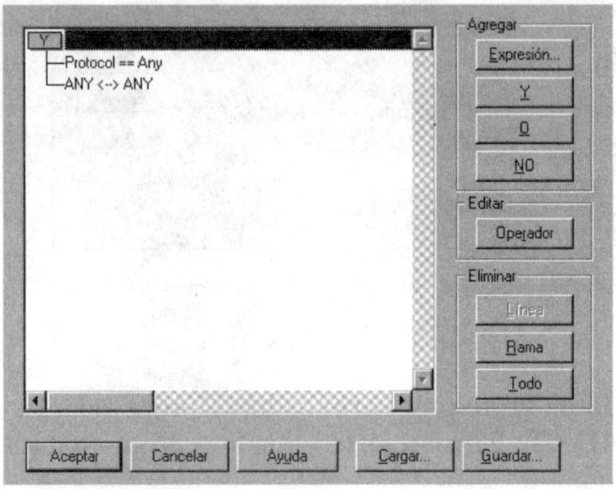

Figura 6.17. Filtro de visualización.

El segundo panel contiene la misma información que el caso de filtros de captura. Se pueden habilitar y deshabilitar los protocolos a visualizar. De manera predeterminada se habilitan todos los protocolos.

El tercer panel es el de especificación de propiedades (Figura 6.18). Las propiedades son campos de datos que forman parte de la configuración de las tramas de cada protocolo. Este panel nos ofrecerá un cuadro de diálogo con todos los protocolos disponibles y de cada uno será posible visualizar todas las propiedades analizables por el monitor de red. Para la propiedad que deseemos filtrar deberemos especificar un operador relacional y un valor con significado para esa propiedad que nos será visualizada en el cuadro valor. Aparte de los operadores relacionales se podrán utilizar los operadores existe, incluye, contiene, etc.

Los valores a especificar pueden expresarse en formato decimal o hexadecimal.

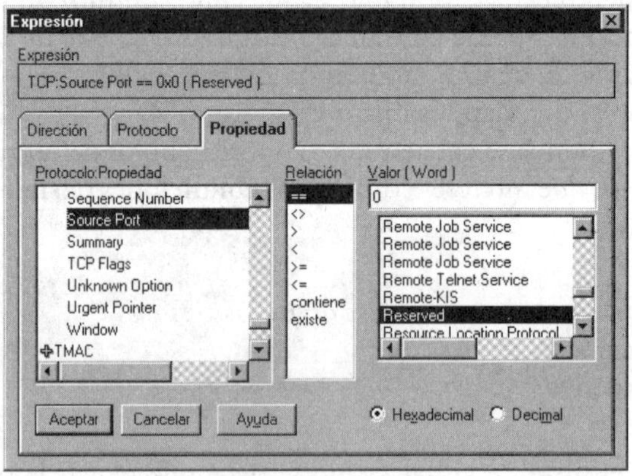

Figura 6.18. Especificación de propiedades.

Búsqueda de tramas

En base a estas condiciones de filtro, es posible especificar condiciones de búsqueda de tramas cuando hayamos realizado previamente una captura de tramas. Para hacer estas búsquedas se debe seleccionar la opción **Buscar imagen siguiente** en el menú **Mostrar**. Las condiciones de búsqueda son las mismas que las opciones de establecimiento de filtros de visualización.

Impresión de datos capturados

En el menú **Archivo** dispondremos de una opción de **Imprimir** que nos conduce al cuadro de diálogo de la Figura 6.19. En esta opción podremos imprimir directamente un archivo de capturas o bien especificar las tramas a imprimir.

De la misma manera que especificábamos filtros de visualización podremos especificar filtros de impresión.

Como en todas las pantallas de impresión, también será posible seleccionar la impresora y configurar la misma.

Con el botón de **Avanzadas** dispondremos de opciones adicionales de impresión.

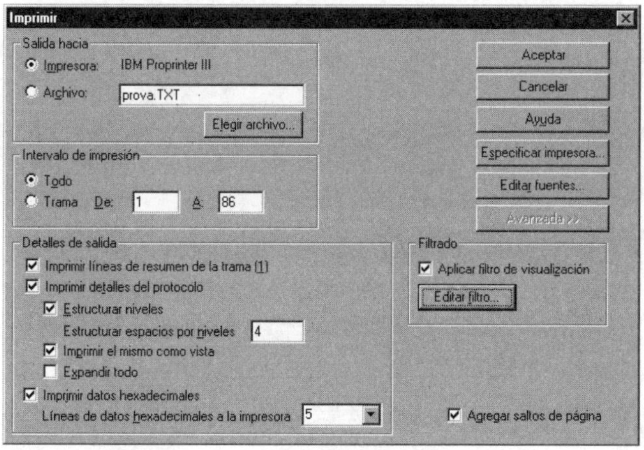

Figura 6.19. Opciones de impresión.

Opciones avanzadas:

- Imprimir líneas de resumen: Para imprimir los datos del panel resumen.
- Imprimir detalles del protocolo: Para imprimir los datos del panel detalles.

  — Estructurar niveles: Para aplicar una sangría y permitir visualizar resultados más legibles. Se debe especificar el número de espacios de la sangría.
  — Imprimir el mismo como vista: Para imprimir en el formato del panel detalles.
  — Expandir todo: Para imprimir según vista expandida del panel detalles.

- Imprimir datos hexadecimales: Para imprimir los datos del panel hexadecimal.

  — Líneas de datos hexadecimales: Número de líneas a imprimir.

- Aplicar filtro: Se define igual que los filtros de visualización.
- Agregar saltos de página: Para agregar saltos de página.

Capítulo 7

Impresión

Terminología

Para entender bien todos los conceptos referentes a la impresión bajo Windows NT, es importante aclarar, en primer lugar, el significado de los términos que iremos viendo a continuación.

En primer lugar es importante conocer el término impresora. Para Windows NT la impresora no es el elemento físico que realiza la impresión, esto lo conoce con el nombre de **dispositivo de impresión**, sino que es un componente software que se encargará de redireccionar el documento que deseamos enviar a este dispositivo de impresión. Por lo tanto será una interfaz que se encontrará entre el sistema operativo y el dispositivo de impresión. Se encargará de encaminar el documento, ya sea a un dispositivo local o a un dispositivo remoto o, incluso, un archivo.

De este modo, estará permitido crear varias impresoras sobre un único dispositivo de impresión, cada una de las cuales se podrá administrar mediante la utilidad **Impresoras** de Windows NT. Por lo tanto, es importante tener en cuenta que cuando hablamos de impresoras, hablamos de Impresoras lógicas, no físicas. Por cada impresora creada se instalará un controlador de impresora, lo cual permitirá utilizar el mismo dispositivo de impresión bajo controladores distintos, creando dos impresoras lógicas con diferentes características.

Otro concepto importante cuando estamos hablando de impresión en Windows NT es diferenciar el concepto **Cola de Impresión** en Windows NT del mismo concepto en otros sistemas como NetWare. Una cola de impresión no es más que el conjunto de documentos en espera de ser enviados al dispositivo de impresión, mientras que para otros sistemas es el equivalente al concepto de Impresora en Windows NT. En Windows NT se envían documentos a impresoras, mientras que en NetWare se envían documentos a las colas de impresión. La salida que ha de salir impresa físicamente se escribe en un archivo temporal, que será el que forme la cola de impresión en espera de ser seleccionado para procesarse en el dispositivo de impresión. Será el **Spooler** quien se encargue de manejar estas colas.

Otro concepto interesante es saber distinguir entre puerto físico y puerto lógico. El **puerto físico** es la conexión hardware que tenemos en una estación de trabajo entre esta estación y el dispositivo de impresión. Físicamente se encuentra en la propia estación. En cambio, un **puerto lógico** representa una conexión a través de la red a un servidor de impresión, que será el equipo que reciba los documentos de las estaciones clientes para que las envíe a los dispositivos de impresión. Por este motivo un puerto lógico será conocido como **\\servidor\impresora**, mientras que un puerto local será, por ejemplo, LPT1.

Según sea el tipo de conexión establecido entre la estación de trabajo y el dispositivo de impresión, distinguiremos entre los dispositivos de impresión locales que estarán unidos físicamente a la estación de trabajo a través de un puerto físico, los dispositivos de impresión remotos, que estarán conectados a la red a través de un servidor de impresión, y los dispositivos de impresión conectados directamente a la red, los cuales están conectados directamente a la red gracias a que llevan en su equipo un adaptador de red, y no necesitan estar conectados a ningún servidor de red.

Será posible crear en las estaciones de trabajo tanto impresoras locales como impresoras remotas.

El proceso de impresión

Como el resto de la arquitectura de Windows NT, el proceso de impresión de Windows NT se basa en la interacción de diferentes componentes a distintos niveles, desde el momento en que una petición se realiza desde una aplicación hasta que físicamente se realiza la impresión a través de un dispositivo de impresión.

Los componentes a través de los cuales ha de pasar un documento previamente a ser impreso dependerá del tipo del dispositivo al que queremos acceder.

Los **componentes** del modelo de impresión incluyen **drivers de impresora, spooler, router, procesador de impresión y el monitor de impresión.**

Previamente a poder realizar una impresión, es necesario crear una impresora en la estación de trabajo. Ya hemos visto que esta impresora puede estar conectada a un dispositivo local o a un dispositivo remoto.

Cuando una aplicación, en una estación de trabajo, requiere el servicio de impresión, debe cargar los drivers de la impresora en memoria. Según el sistema operativo con el que esté trabajando, esta estación de trabajo podrá utilizar los drivers instalados en el servidor de impresión, caso de los clientes Windows NT, o bien se debe proceder a la instalación manual de los drivers, caso de los clientes no Windows NT.

Una vez que los drivers están disponibles (esta carga sólo se realizará la primera vez que se utilice el servicio de la impresora), la aplicación ha de generar un archivo con el documento formateado para el dispositivo de impresión conectado a la impresora. Este es el motivo por el que se necesitan previamente los drivers, ya que este documento debe ser formateado para un dispositivo de impresión concreto.

Cuando el archivo ha sido creado y convenientemente formateado, ya puede ser enviado al spooler de impresión, que se encargará de enviarlo al procesador de impresión. Una vez procesado el archivo es retornado al spooler local para que pueda enviarlo al spooler del servidor de impresión a través del router.

En cuanto tenemos el documento en el servidor de impresión, el spooler ya puede enviar el documento al monitor de impresión, el cual escribirá los datos a través del puerto físico o lógico al que se haya conectado el dispositivo de impresión. Este componente es el que físicamente realiza la impresión.

Impresoras

La administración de las impresoras se realiza a través de la utilidad **Impresoras** que se encuentra en el icono **Mi PC**. Desde esta utilidad se podrán crear impresoras que serán conectadas a dispositivos de impresión locales o remotos, así como permitir su compartición, configuración y seguridad de las mismas. También será posible especificar propiedades comunes a todas las impresoras controladas por el servidor de impresión.

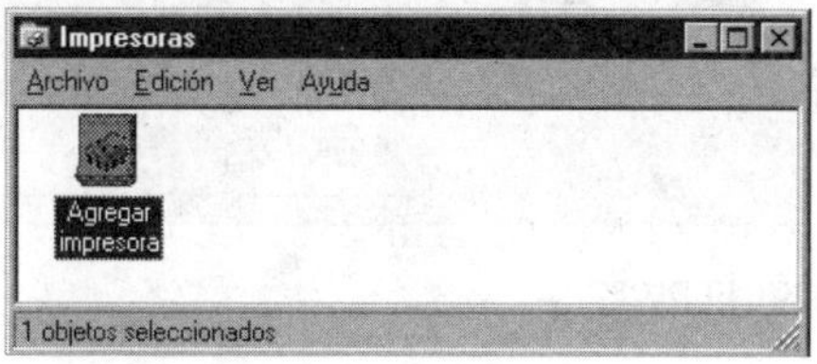

Figura 7.1. Carpeta de impresoras.

Iremos viendo detalladamente las funciones que podremos realizar desde el administrador de impresoras.

Creación de impresoras locales

Hemos visto que, previamente a poder utilizar un dispositivo de impresión desde Windows NT, hemos de crear una impresora. Para ello bastará con pulsar dos veces sobre el icono **Agregar impresora**. Esta opción será necesaria tanto cuando hayamos conectado un nuevo dispositivo de impresión a nuestra estación de trabajo a través de un puerto físico, como cuando queramos conectarnos a un dispositivo de impresión remoto. También se necesita una impresora para cada driver distinto que queramos utilizar sobre un dispositivo de impresión. Esto nos permitirá la flexibilidad de no tener que estar cambiando continuamente las características. Una impresora no ha de estar necesariamente conectada a un dispositivo de impresión, es posible que simplemente se creen archivos en disco que posteriormente serán enviados a algún dispositivo de impresión.

Para poder crear una impresora se debe pertenecer al grupo de administradores o tener derechos suficientes para ello.

A continuación nos aparecerá el asistente para indicar dónde se encuentra el dispositivo de impresión, en el propio equipo o en la red. En el caso de seleccionar en la red, nos aparecerá el explorador para poder realizar la conexión a la impresora remota que se desee. En el caso de impresoras locales seleccionaremos **Mi equipo**.

Si estamos creando una impresora conectada a un puerto local, hemos de indicar, en el siguiente cuadro de diálogo, el puerto al que está conectado el dispositivo de impresión. Podremos configurar el tiempo que ha de transcurrir antes de notificar que el dispositivo de impresión no responde.

En las siguientes ventanas se debe indicar el fabricante y modelo del dispositivo de impresión para que Windows NT pueda cargar los drivers correctos para poder realizar la impresión. Por defecto se nos mostrarán la lista de fabricantes y modelos que incorpo-

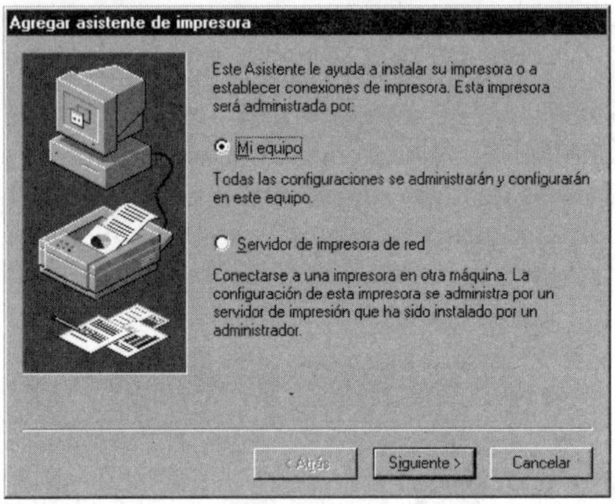

Figura 7.2. Agregar impresora.

ra Windows NT. Como en otras muchas opciones, es posible cargar drivers desde el disco suministrado por el fabricante, aunque siempre deberemos asegurarnos de la compatibilidad del dispositivo de impresión con Windows NT.

Cuando se facilita el nombre de la impresora se ha de tener en cuenta que no puede superar los 32 caracteres de longitud.

A continuación se debe especificar si la impresora local que se está creando va a ser de uso exclusivo o se va a compartir con otros usuarios de la red. En el caso de seleccionar el uso compartido de la impresora se deberá especificar un nombre de recurso compartido, que será visualizado por los usuarios de la red cuando realicen una exploración, así como los sistemas operativos de los clientes que van a tener acceso a la impresora que estamos creando. Este paso será necesario para que el servidor de impresión cargue los drivers necesarios para clientes con estos sistemas operativos.

Este método será el que utilizaremos para la creación de una impresora cuando estemos instalando un servidor de impresión.

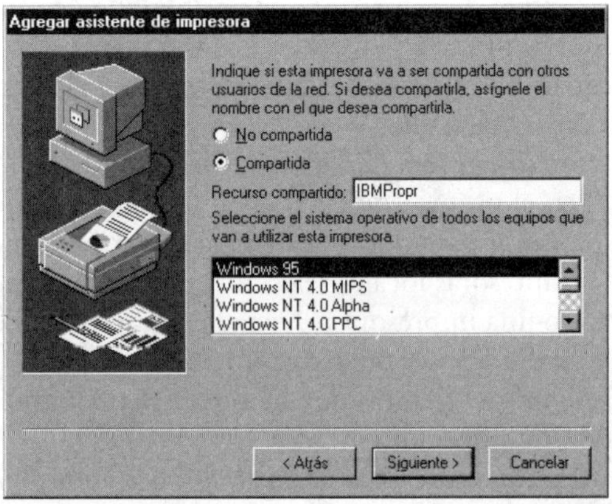

Figura 7.3. Compartir impresora.

A continuación se nos recomienda la impresión de una página de prueba para comprobar la correcta configuración de la impresora.

Crear una impresora remota

La alternativa a tener un dispositivo de impresión local es acceder a un dispositivo remoto a través de la red, para lo que deberemos realizar una conexión a una impresora sobre la que tengamos suficientes permisos de acceso.

Las conexiones a impresoras remotas nos proporcionan la ventaja de tener centralizados los drivers de la impresora, ya que no es necesario actualizar todos los clientes cada vez que se produzca una modificación, puesto que los drivers se instalan en tiempo de conexión desde el servidor al cliente.

Siguiendo los pasos de la creación de impresora local deberíamos especificar en el cuadro de diálogo correspondiente a **Agregar asistente de impresora** que la impresora que queremos crear se encuentra en la red, señalando la opción correspondiente a **Servidor de impresora de red.**

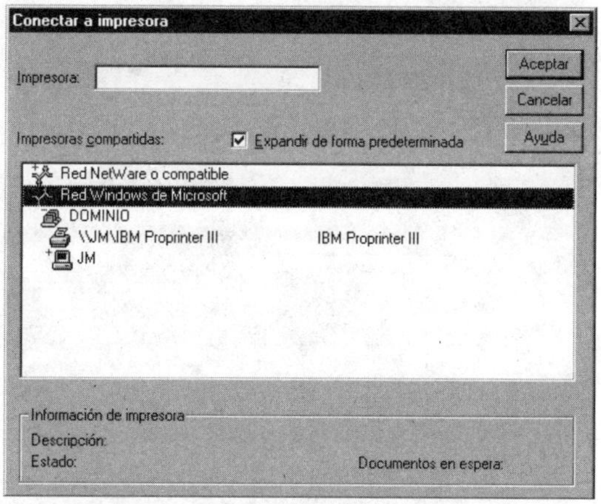

Figura 7.4. Conectar a impresora de red.

Cuando estemos trabajando en un dominio o en un grupo de trabajo, se nos mostrarán automáticamente todas las impresoras de dicho dominio o grupo en el cuadro impresoras compartidas.

Para realizar la conexión a una impresora remota se debe, en primer lugar, seleccionar la impresora a la que deseamos conectarnos en el árbol del dominio, o también es posible especificar la ruta de acceso con el formato ya conocido de **\\servidor\impresora.**

En el cuadro de impresoras compartidas observamos las redes, dominios, grupos de trabajo e impresoras compartidas. Cuando seleccionemos una impresora se nos mostrará la información sobre ella.

La conexión provocará que en la lista de impresoras nos aparezca la impresora a la que nos hemos conectado y tengamos disponibles ciertas operaciones sobre ella.

Eliminación de una impresora

Cuando se desea que una impresora deje de ser utilizada se deberá proceder a su eliminación, para lo cual bastará con seleccionar la impresora que queremos eliminar y acceder a la opción **Eliminar** del menú **Archivo**.

Configuración de una impresora

Una vez creada la impresora, es posible acceder a sus propiedades a través de la opción **Propiedades** del menú **Archivo** en la utilidad **Impresoras**. También es posible acceder a las propiedades desde el Explorador de Windows NT.

Con ella accedemos al siguiente cuadro de diálogo en el que podremos configurar diferentes parámetros de la impresora.

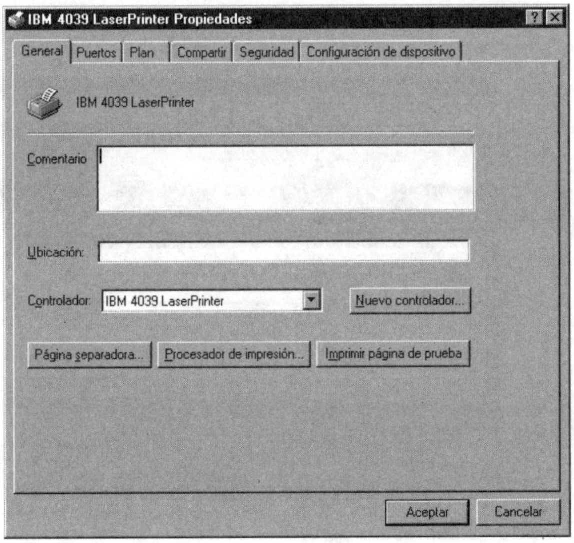

Figura 7.5. Propiedades de impresora.

Disponemos de varias fichas para configurar la impresora:

General

En esta ficha se podrá modificar el comentario asignado a la impresora, el que aparecerá cuando un usuario está buscando una impresora a través de la red, así como su ubicación.

También es la opción que utilizaremos para actualizar el controlador que se debe utilizar para la impresora.

Tendremos un botón para poder imprimir una página de prueba.

Una opción interesante cuando un dispositivo de impresión es utilizado por más de un usuario es la **Página de separación**, ésta opción permite la inclusión de una página de separación entre los documentos que imprimen los distintos usuarios.

Por defecto Windows NT incluye tres ficheros para permitir configurar esta página de separación. Estos ficheros se encuentran en el directorio **%systemroot%\system32**. Existe un cuarto archivo, utilizado por defecto por Windows NT, que no observaremos en ningún directorio, puesto que está implementado directamente sobre el Administrador de impresión.

Los tres archivos que encontraremos en el directorio son:

SYSPRINT.SEP	Imprime una página delante de cada documento PCL.
PCL.SEP	Cambia la impresora a modo PCL para dispositivos HP.
PSCRIP.SEP	Cambia la impresora a modo PostScript.

La hoja de separación especificada en DEFAULT.SEP incluye nombre de usuario, número de trabajo y fecha de impresión (@N@I@D). Sirve para todos los dispositivos de impresión.

El carácter @ representa al carácter ESPACE y será el primer carácter que debe aparecer en un fichero de página de separación. En este fichero especificaremos las opciones que deseemos a través de los caracteres de escape.

Puertos

En este panel es posible modificar el puerto a través del cual se conecta una impresora a un dispositivo de impresión.

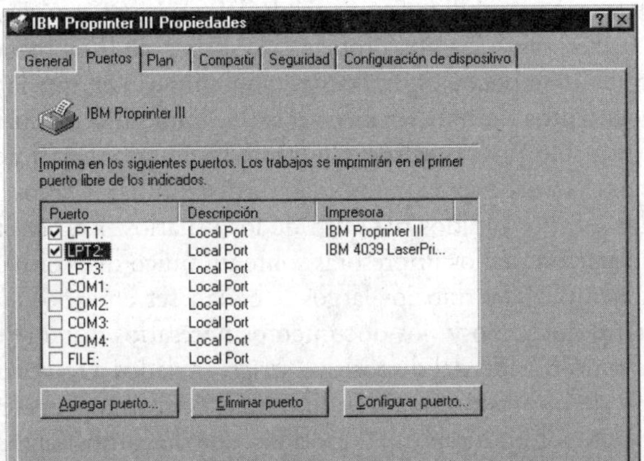

Figura 7.6. Propiedades de impresora (Puertos).

También desde aquí podremos implementar un pool de impresión cuando ello sea requerido en nuestra instalación. Un pool de impresión no es más que un grupo de varios dispositivos de impresión, los cuales se conectan a una única impresora. Esto quiere decir que un usuario podrá enviar su trabajo de impresión a una impresora y será la impresora quien decida por cuál de los dispositivos de impresión existentes se realizará la salida impresa. De esta manera el usuario no ha de preocuparse por qué impresora está disponible en un momento determinado.

Las propiedades que se asignen a una impresora que está implementando un pool, afectarán a todos los dispositivos de impresión así como los actuaciones administrativas que efectuemos sobre dicha impresora.

Para poder implementar un pool de impresión es necesario que todos los dispositivos de impresión puedan utilizar los mismos drivers, puesto que una impresora es una interfaz que está ligada al dispositivo de impresión y carga los drivers necesarios para ese dispositivo y, si tenemos varios, deberán compartir esos drivers. Los puertos no tienen por qué ser todos del mismo tipo, ya que una impresora es capaz de manejar dispositivos locales o remotos.

Como en otras muchas opciones de Windows NT, cuando una impresora debe seleccionar un puerto para realizar la impresión física a través del dispositivo de impresión, la selección no es aleatoria, sino que se seleccionará el primer dispositivo libre teniendo en cuenta que la búsqueda se realiza secuencialmente según se hayan ido agregando los diferentes puertos. Conociendo este criterio de asignación de dispositivos según el orden podremos asignar al primer puerto el dispositivo que deseemos utilizar con mayor frecuencia, por ejemplo, porque es el más rápido.

Plan

En el panel **Plan** es posible especificar ciertas opciones de impresión, como por ejemplo disponibilidad de la impresora, prioridad, etc.

Respecto a la disponibilidad será posible dejar la impresora siempre en disponibilidad de utilización, o bien, si deseamos protegerla respecto de usos inadecuados fuera de horario normal de trabajo, se puede especificar el rango horario en que la impresora estará disponible. Los documentos podrán ser enviados a la impresora en cualquier momento, pero la impresión física sólo podrá realizarse durante las horas especificadas. Otra utilidad de esta restricción horaria puede ser la posibilidad de discriminar listados largos que ocupan mucho tiempo de los listados rápidos para uso de los usuarios. Esta opción la implementaríamos mediante la creación de dos impresoras sobre un único dispositivo de impresión, de manera que, por ejemplo, los trabajos largos deberían ser enviados a la impresora que trabaja durante horario nocturno y los documentos necesarios durante el horario diurno que no requieren gran utilización del dispositivo serían enviados a través de otra impresora.

Las horas de impresión no están limitadas de forma predeterminada.

Otra opción configurable es la prioridad que deseamos asignar a la impresora, es posible seleccionar un valor entre 1 y 99. 99 es la prioridad máxima que le podremos asignar. Esta opción será interesante utilizarla cuando deseemos que un documento pase por delante de otros que ya se encontraban previamente en la cola. El documento que está imprimiéndose no se podrá mover aunque detrás suyo se encuentre otro con mayor prioridad.

Las opciones **Imprimir utilizando la cola para que el programa termine de imprimir más rápido** y **Empezar a imprimir de inmediato**, que intenta imprimir lo más rápido posible, son seleccionadas de forma predeterminada cuando se crea una impresora.

La opción **Empezar a imprimir después de que la última página haya entrado en la cola de impresión** debe ser seleccionada si nos interesa su utilización. Esta utilización permite evitar retrasos cuando el servidor de impresión es más rápido que los clientes que proporcionan los documentos de impresión.

La opción **Imprimir directamente a la impresora** permite saltarse el spool enviando directamente el documento al dispositivo de impresión. Esta opción será especialmente interesante cuando encontremos problemas en el proceso de impresión.

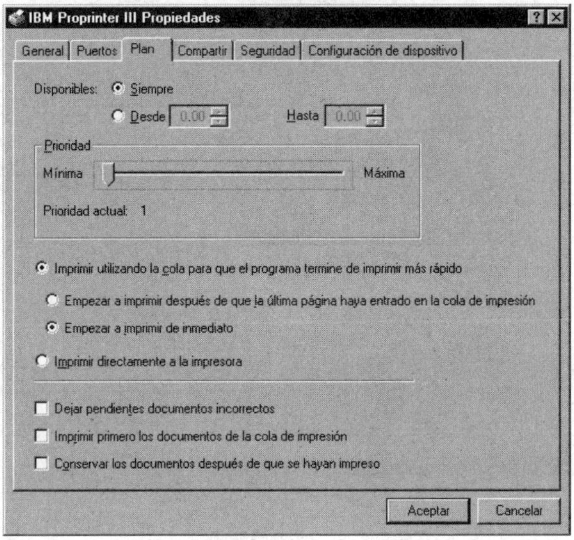

Figura 7.7. Propiedades de impresora (Plan).

Muchas veces nos encontramos con que enviamos un documento a un dispositivo de impresión y en su lugar comienzan a salir páginas y páginas en blanco o con símbolos extraños. El principal motivo se debe a que el documento no ha sido correctamente formateado para el dispositivo de impresión que se va a utilizar, la opción **Dejar pendientes documentos incorrectos,** permite que esos documentos no sean enviados al dispositivo de impresión y se dejen en espera, mostrando un mensaje de error en el Administrador de Impresión.

Imprimir primero los documentos de la cola de impresión debe utilizarse con empezar a imprimir de inmediato para que los documentos se impriman en el orden en que terminan de ponerse en la cola.

Conservar los documentos después de que se hayan impreso puede ser útil cuando no estamos convencidos de que el documento sea correctamente impreso y queramos mantenerlo en la cola por si hemos de volver a imprimirlo, en este caso debe seleccionarse la casilla correspondiente y el efecto que veremos es que en el administrador de impresión veremos un mensaje de impreso.

Compartir

Si elegimos la pestaña compartir nos aparecerá el siguiente panel en el que podremos permitir que otros usuarios accedan a la impresora o dejar de compartirla, según seleccionemos una u otra opción, así como permitir cargar controladores alternativos para que usuarios con estaciones de trabajo con otros sistemas operativos puedan acceder a la impresora que deseamos compartir.

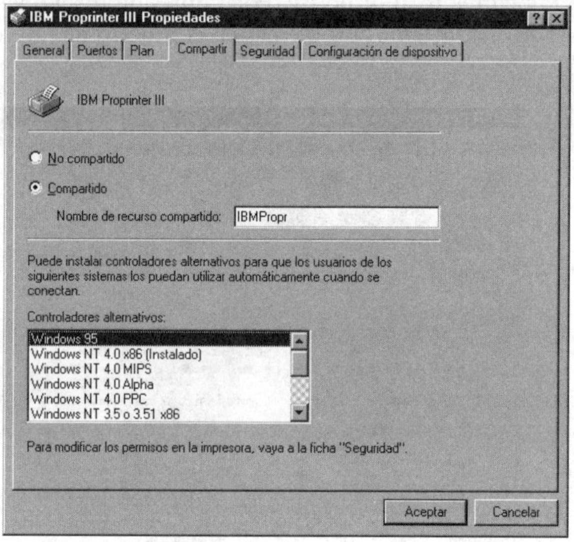

Figura 7.8. Compartir impresora.

Esta opción de especificar los controladores alternativos para otros usuario se debe a que los drivers a utilizar para poder realizar una impresión a través de un dispositivo dependen del procesador y sistema operativo que se está utilizando. Esto quiere decir que los drivers creados para ser ejecutados en una estación INTEL x86 no podrán ser utilizados en una estación RISC, ya que las instrucciones que pueden ser ejecutadas en uno y otro procesador son distintas.

Tal como hemos explicado, cuando una estación cliente requiere un servicio de impresión y se pone en contacto con el servidor, éste transfiere los drivers al cliente en el momento de establecer la primera conexión ya que físicamente no se encuentran en la estación cliente, éste es el motivo por el que el servidor de impresión necesitará tener cargados los drivers para los clientes de otras plataformas.

Si observamos la lista de controladores alternativos observamos que podemos seleccionar drivers para las estaciones Windows NT 4.0 o Windows NT 3.5, esto se debe a que los drivers en ambas versiones son distintos, por lo que si se desea que a un servidor de impresión accedan clientes de los dos sistemas aunque sean la misma plataforma, por ejemplo x86, será necesario cargar los drivers de las dos versiones.

Seguridad

En el presente libro hemos dedicado un capítulo a la seguridad bajo Windows NT. En este apartado vamos a profundizar en los permisos que se pueden conceder a los grupos y usuarios en el momento de utilizar una impresora. También, como sucedía en el caso de archivos y directorios, veremos que cualquier impresora tiene su propietario y se puede establecer un mecanismo de auditoría sobre la impresora.

La seguridad de la impresora se encuentra restringida al propietario de la impresora, normalmente uno de los administradores y a los usuarios con permiso de Control Total sobre la Impresora.

Todas estas opciones deberán ser especificadas en el panel de **Seguridad**, dentro de las propiedades de la Impresora. Se deberán especificar las opciones para cada impresora disponible en el dominio y tener en cuenta que cuando se está creando una impresora compartida por defecto se da acceso a todos los usuarios de la red, con lo cual si se desea restringir el acceso debe modificarse la seguridad de la impresora.

Los permisos ya hemos indicado que son acumulables, esto quiere decir que si un usuario pertenece a dos grupos con diferentes tipos de permisos sobre una impresora, en cualquier caso tendrá los permisos máximos de ambos grupos, excepto en el caso de Sin Acceso, pues ya vimos que este era el único permiso que anulaba al resto.

Los permisos disponibles para impresoras son los siguientes:

- **Sin Acceso**: No permite el acceso a usuarios o grupos que los posean.
- **Imprimir**: El permiso Imprimir permite a los usuarios la impresión de documentos en la impresora, así como la administración en la impresora de los documentos de los cuales es propietario.
- **Administración de documentos**: Además de los privilegios incluidos en Imprimir, permite la administración de todos los documentos que se encuentren en la impresora, independientemente de quién sea el propietarios de los mismos.
- **Control Total**: Serán los usuarios que permitan que se comparta la impresora, así como modificar sus propiedades, eliminar impresoras y modificar los permisos de acceso. Aparte, por supuesto, tienen privilegios para imprimir y administrar los documentos que se encuentran en la impresora.

Los permisos y privilegios asociados los resumiremos en la siguiente tabla.

Tabla 7.1. Funciones asociadas a los permisos de impresora

Función	**Sin Acceso**	**Impr.**	**Adm.**	**Total**
Imprimir documentos		×	×	×
Controlar las propiedades de los trabajos de sus propios documentos		×	×	×
Parar, rearrancar y borrar sus propios documentos		×	×	×
Controlar las propiedades de todos los trabajos			×	×
Parar, rearrancar y borrar todos los documentos			×	×
Compartir una impresora				×
Cambiar las propiedades de una impresora				×
Eliminar impresoras				×
Cambiar los permisos de una impresora				×

La opción de **Auditoría** nos permitirá efectuar el seguimiento de la utilización o su intento por parte de los usuarios. Se podrán auditar los procesos que han finalizado correctamente y/o erróneamente.

La información que se genera mediante el sistema de auditoría será visible mediante el Visor de Sucesos.

En el capítulo dedicado a la administración de dominios veremos cómo se define el plan de auditoría, para el caso concreto de las impresoras, las acciones que pueden ser auditables son las siguientes:

- **Imprimir**: Se registrarán todas las acciones de impresión de documentos que se realicen y/o los intentos.
- **Control Total**: Se auditan las acciones que se realizan sobre las opciones de los documentos en la impresora, así como pausas, movimientos y eliminaciones de documentos que se han realizado en la impresora. También en esta selección se registra información referente a la compartición de impresoras y modificación en sus propiedades.
- **Eliminar**: Se auditan las eliminaciones y/o intentos de eliminación de impresoras locales o remotas.
- **Cambiar permisos**: Se auditan las modificaciones en los permisos concedidos sobre las impresoras.
- **Tomar posesión**: Se auditan las tomas de posesión de las impresoras.

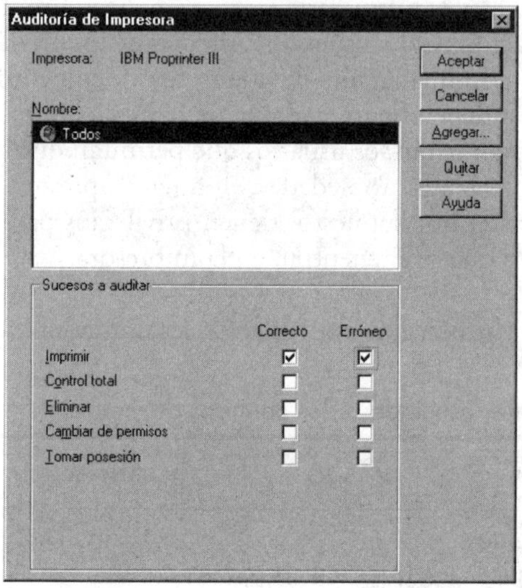

Figura 7.9. Auditoría de la impresora.

Por último en este panel es posible acceder a la opción de toma de posesión de una impresora, siempre y cuando se tengan suficientes privilegios para ello. También, como en el caso de archivos y directorios, es útil para conocer quién es el propietario de la impresora aunque no hayamos de tomar su posesión.

Configuración de dispositivo

Desde el panel de configuración se podrán modificar las opciones predeterminadas para los trabajos de impresión a través de la impresora creada para un determinado dispositivo de impresión, como por ejemplo tamaño de papel, memoria disponible en la impresora, etc.

Normalmente se especifican las opciones estándar, aquellas que se utilizarán con mayor frecuencia, así, en la mayoría de configuraciones predeterminadas observaremos que como papel predeterminado se utiliza el DIN-A-4, o que la orientación es vertical. Esto no implica que las diferentes aplicaciones que realicen trabajos de impresión puedan modificar estas opciones predeterminadas. De manera que siempre que una aplicación realice cambios en la configuración, éstos prevalecerán sobre las opciones por defecto.

Windows NT ya reconoce la mayor parte de opciones que puede llevar asociadas un determinado dispositivo de impresión, es por ello que el árbol de opciones será distinto para dos dispositivos de impresión distintos.

Las opciones más usuales son las siguientes:

- **Formato de asignación a bandeja:** Selecciona el tipo de papel. Dependiendo del tipo de impresora, podremos especificar si utilizamos papel continuo o DIN-A-4.
- **Opciones de impresión de formulario**: Se configura por ejemplo la forma de rotar el papel.
- **Memoria de la impresora:** Para especificar la memoria que disponemos en el dispositivo de impresión.
- **Proteger páginas:** Se puede activar y desactivar.
- **Cartuchos de fuentes instalados:** Para especificar las fuentes instaladas y que podrán ser utilizadas.
- **Configuración de medios tonos:** Se accede a un panel para configurar temas como por ejemplo en tamaño de pixel.

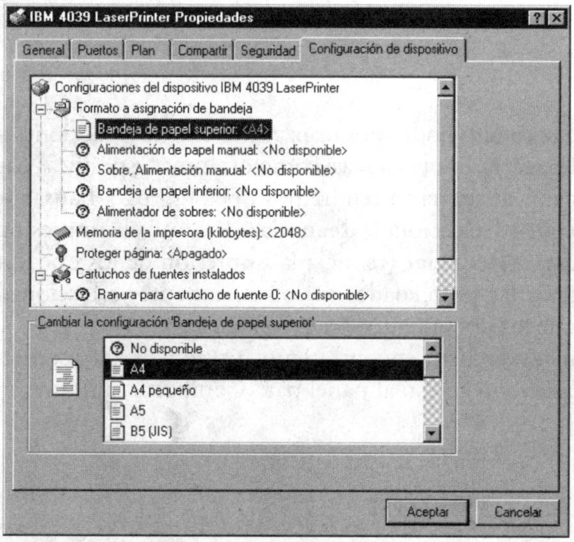

Figura 7.10. Configuración dispositivo de impresión.

Cambio de nombre de una impresora

Para poder modificar el nombre de la impresora se debe acceder a la opción **Cambiar nombre** del menú **Archivo**, lo realizaremos sobre el nombre existente en el mismo icono.

Administración de servidores de impresión

Una vez creada la impresora y establecidas las propiedades y permisos adecuados, los usuarios ya están es disposición de enviar documentos a las diferentes impresoras. Aquí comenzará el trabajo de administración de impresoras y de los documentos que se imprimirán a través de ellas. Esta labor de administración de documentos e impresoras será soportada por una herramienta de Windows NT que es el **Administrador de impresoras.**

Pulsando dos veces sobre el icono de la impresora que nos interese nos aparecerá el siguiente cuadro, con información sobre los documentos que se encuentran en la impresora en espera de ser impresos, así como una serie de datos asociados a los mismos que veremos a continuación.

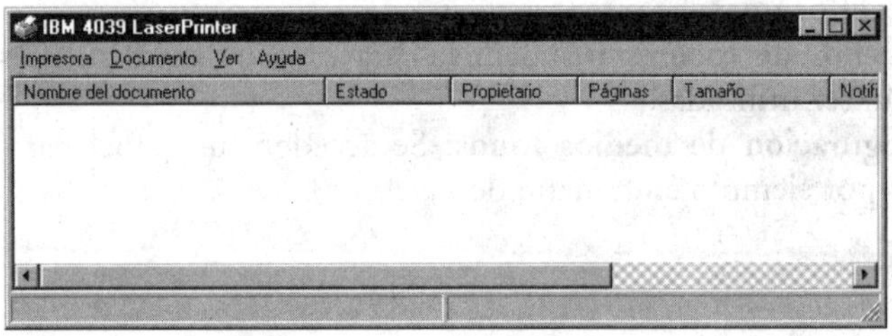

Figura 7.11. Administrador de impresión.

Desde este cuadro podremos realizar muchas de las acciones vistas anteriormente en el momento de crear la impresora, así como otras más específicas para controlar la impresión.

En el menú documento tendremos opciones para **Pausar** (detener la impresión del documento que se seleccione), **Reanudar** (Reanuda la impresión de los documentos que se seleccionen) y **Reiniciar** (reinicia la impresión de los documentos seleccionados), así como visualizar las propiedades de los documentos seleccionados. Cancelar permite la cancelación de los documentos seleccionados.

En el menú **Archivo** encontraremos opciones para acceder a las **Propiedades** de la impresora, así como acceso al panel para Compartir la impresora.

Pausa de impresión

Una vez que está un documento en el dispositivo de impresión es posible paralizar el proceso de impresión, seleccionando la opción **Pausar impresión** del menú **Archivo**, que provocará que la impresora quede detenida, y no se podrá imprimir ningún otro documento hasta que se reinicie la impresión.

Para no detener la impresora se debe utilizar la opción **Pausar** en el menú **Documento**, esto provoca que sólo los documentos seleccionados queden en estado de pausa.

Cuando vimos la parte dedicada a seguridad vimos que un usuario tiene privilegios para acceder a sus documentos, si queremos que un usuario pueda realizar acciones de este tipo sobre documentos que no sean de su propiedad, deberá tener como mínimo derechos de Administración de documentos.

Valores predeterminados del documento

En esta opción del menú **Archivo** encontramos las opciones establecidas en **Configuración de dispositivo**, así como otras opciones específicas asociadas a los documentos.

Entre las opciones asociadas a los documentos destacarán:

- **Papel/Salida**: Incluye el tamaño de papel que ya especificamos a la hora de configurar el dispositivo, así como orientación del papel, número de copias que se desean del documento y si deseamos impresión a doble cara.
- **Gráfico**: Establecerá la resolución que deseamos obtener en la impresión de gráficos en la impresora.
- **Opciones documento**: Permite configurar el ajuste de tonos como en configuración de dispositivo, acelerar la impresión cuando se imprimen líneas y se utilizan gráficos y texto superpuestos, etc.

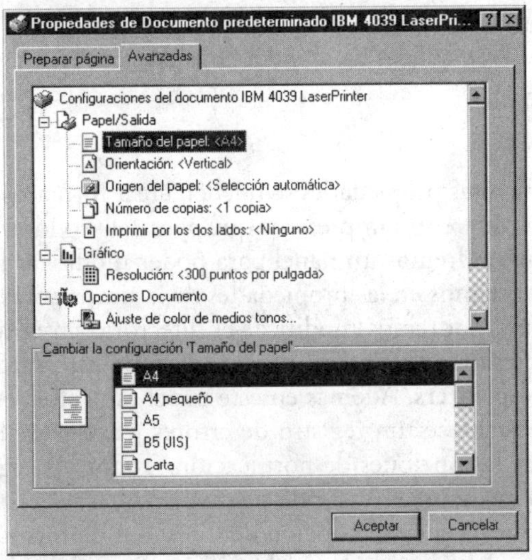

Figura 7.12. Propiedades de documento.

También desde este panel se podrá establecer la impresora como impresora predeterminada para la estación desde la que se está utilizando. Basta con seleccionar la opción **Establecer como impresora predeterminada** del menú **Impresora**.

Propiedades del servidor de impresión

Es posible establecer un conjunto de características comunes a todas las impresoras localizadas en un servidor de impresión. Estas opciones se deberán especificar en el apartado de las propiedades del servidor de impresión.

Para acceder a las propiedades del servidor de impresión, se debe seleccionar la opción **Propiedades del servidor** del menú **Archivo** en la carpeta de impresoras.

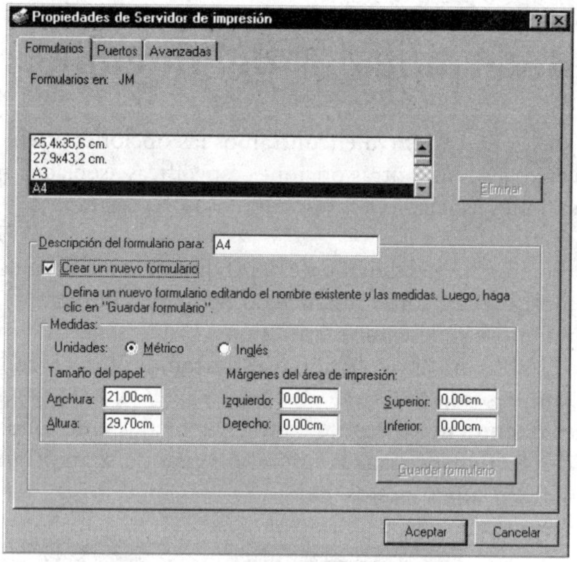

Figura 7.13. Propiedades de servidor de impresión.

Mediante estas propiedades se pueden crear formatos personalizados que serán utilizables por las diferentes impresoras que posea el servidor.

También tendremos un panel para poder modificar la configuración de los puertos tal y como hacíamos en las propiedades de las impresoras.

Por último podremos modificar el directorio en el que Windows NT mantiene la cola de impresión, de manera predeterminada este directorio es **%systemroot%\system32\spool\printers**. Además en este panel es posible especificar ciertas características referentes a establecer un registro de errores y avisos de la cola de impresión, así como poder utilizar las opciones de notificación. Todos los registros que se establezcan serán consultables mediante el Visor de sucesos.

Para poder acceder a la opción de **Creación de formularios personalizados** es necesario disponer del permiso de Control Total. Para crear el formulario será necesario especificar un tamaño de papel y establecer los márgenes del área de impresión. Se podrán crear tantos formularios como requieran los usuarios que serán clientes del servidor de impresión.

El servidor posee una base de datos en la que almacena todos los formularios predefinidos y los creados por los administradores del servidor de impresión.

Administración de servidores de impresión remota

La utilidad de impresoras también permite administrar de forma remota los servidores de impresión de la red, pudiéndose acceder a las propiedades, permisos, eliminación e instalación, etc.

Para poder administrar, la primera acción que debe hacerse es **Agregar** la impresora a la estación en que nos encontramos efectuando una conexión a la mencionada impresora. A continuación el resto de opciones de configuración son transparentes al usuario, no hay diferencia entre administrar una impresora local y una impresora remota.

Es importante recordar que los equipos clientes de servidores que no son Windows NT necesitan la instalación manual de los drivers de impresora antes de poder conectarse al servidor.

Los directorios del servicio de impresión

Windows NT almacena los archivos necesarios para permitir la impresión de documentos en el directorio **%systemroot%\system32\spool.**

Dentro de este directorio encontraremos:

Tabla 7.2. Directorios del servicio de impresión

Directorio	Contenido
\PRINTERS	Almacena las colas de impresión.
\DRIVERS	Almacena los drivers necesarios para la utilización de las impresoras locales del servidor Windows NT. Cada arquitectura que puede ejecutar Windows NT tendrá su propio directorio dentro de él, así por ejemplo, encontraremos el subdirectorio w32x86 para arquitecturas Intel.
\PRTPROCS	Almacena el procesador de impresión. Como sucede con los drivers será distinto para cada arquitectura.

También encontraremos información referente al sistema de impresión en el registro de Windows NT en las siguientes claves:

```
HKEY_LOCAL_MACHINES\SYSTEM\CurrentControlSet\Control\Print
```

Contiene información referente a la configuración de impresoras.

```
HKEY_CURRENT_USER\Printers
```

Parámetros para el usuario.

```
HKEY_CURRENT_USER\Software\Microsoft\WindowsNT\CurrentVersion\PrintersPorts
```

Puertos asociados a las impresoras.

Impresión remota con TCP/IP

Windows NT incluye un servicio para permitir la interoperabilidad con las plataformas UNIX y los estándares de Internet en el tema de impresión. Esta interoperabilidad estará dirigida en los dos sentidos, las estaciones Windows NT podrán utilizar servidores UNIX o impresoras conectadas directamente a la red, y los servidores UNIX podrán imprimir utilizando servidores NT.

Este servicio está proporcionado por el **Servicio de impresión TCP/IP.**

Instalando el servicio, los terminales tendrán acceso inmediato a las impresoras UNIX. En cambio, para definir el servidor de impresión Windows NT deberemos realizar una tarea de configuración cuando nos encontremos instalando la impresora.

La manera de instalar el servicio es acceder a la aplicación **Red** del **Panel de Control** y, desde la ficha de servicios, agregar el **Servicio de impresión TCP/IP**. Este servicio no requiere ningún tipo de configuración adicional.

Nota:

Si la red de nuestra organización está trabajando con TCP/IP es muy probable que no sea necesaria la instalación de este servicio. Este será únicamente necesario para utilizar impresoras UNIX e impresoras conectadas directamente a la red.

En el caso de querer utilizar impresoras remotas, habrá finalizado en este punto la tarea de instalación del servicio. Para el caso de instalar un servidor NT para impresión remota con TCP/IP hemos de asegurarnos que el servicio está iniciado. Esta tarea se realiza a través de la aplicación **Servicios** del **Panel de Control**, en ella podremos iniciar el servicio y configurarlo para que se inicie de manera automática con el sistema.

Cuando estemos creando un servidor de impresión TCP/IP con Windows NT los clientes podrán acceder al mismo utilizando cualquier protocolo de transporte, por este motivo únicamente el equipo que realice las funciones de servidor necesitará tener configurado el protocolo TCP/IP, ya que será éste quien envíe el documento al dispositivo de impresión TCP/IP.

Impresión Windows NT en impresoras remotas

El servidor de impresión recibirá los documentos desde las estaciones clientes mediante un servicio LPD (Demonio de impresora de líneas). Los clientes envían los documentos mediante LPR (Programas de impresora de líneas remota). Estos son estándares UNIX que se han ido incorporando a la mayoría de sistemas operativos del mercado.

LPR es la aplicación cliente que enviará documentos a una impresora remota. En Windows NT la aplicación que permite el envío de documentos es LPR.EXE que debe utilizar el Puerto LPR. Es una aplicación que debe utilizarse desde la interfaz de comandos.

Antes de poder utilizar el servicio, como en el caso de impresoras conectadas a la red será necesario crear una impresora utilizando el asistente para agregar impresoras. Cuando lleguemos al cuadro de diálogo en el que debemos especificar los puertos, deberemos agregar el puerto LPR. Para ello seleccionaremos la opción **Agregar puerto** y **LPR port** en la lista de puertos disponibles.

Pulsaremos el botón **Puerto nuevo** y accederemos a la pantalla de configuración del puerto LPR (Figura 7.14). En este cuadro de diálogo deberemos proporcionar el nombre o dirección del servidor que posee el servicio LPD, así como el nombre de la impresora. Aunque en el cuadro de diálogo aparezca nombre y dirección, se debe utilizar una de las dos opciones, podremos introducir la dirección IP del proveedor del servicio o bien el nombre de host. En plataformas UNIX el nombre de host normalmente está representado por nombres de dominio DNS.

Cuando introduzcamos el nombre de host, Windows NT intentará resolver el nombre para conseguir la dirección IP. Aunque la operación no se resuelva de manera satisfactoria nos dejará crear la impresora. Si tenemos problemas a la hora de imprimir deberíamos revisar estos datos.

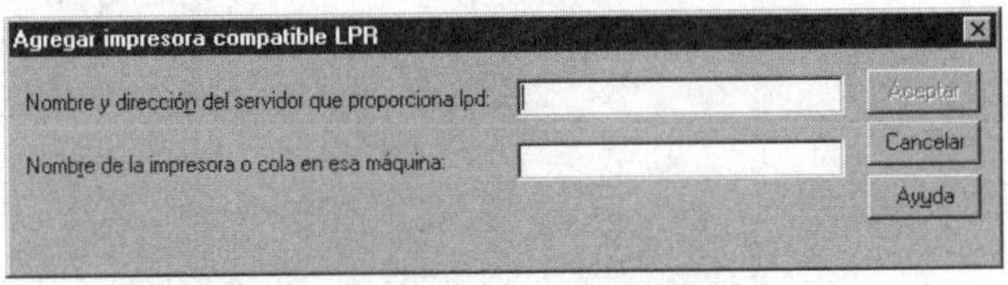

Figura 7.14. Crear puerto LPR.

El nombre de la impresora debe corresponderse con el nombre con el que el servidor de impresión identifica a la misma, en el caso de impresoras conectadas directamente a la red, el nombre viene definido por el fabricante del dispositivo de impresión.

Impresión desde estaciones remotas a Windows NT

Windows NT también tiene la capacidad de recibir documentos enviados por clientes LPR ya sean Windows NT o UNIX.

Los clientes LPR necesitan un nombre de impresora para poder enviar los documentos y que éstos puedan imprimirse en el dispositivo de impresión. El nombre que se debe proporcionar es el nombre que se ha proporcionado a la impresora en el momento de su creación y no el del recurso compartido. El nombre de recurso compartido sirve para ser conocido en la red Microsoft, mientras que el nombre de impresora es necesario para utilizar el servicio de impresión remota TCP/IP.

Podemos encontrar problemas cuando nos encontremos imprimiendo documentos desde sistemas UNIX, deberemos tener en cuenta diferentes aspectos, en primer lugar se deberá revisar la configuración de los clientes, muchos problemas pueden solucionarse utilizando la orden de control l (minúscula).

Otro problema con el que nos podemos encontrar es que no todas las plataformas UNIX siguen los mismos estándares, Windows NT sigue el RFC 1179, que nos es seguido por la mayoría de UNIX System V, con lo cual tendremos problemas para imprimir desde estas plataformas.

Capítulo 8
Administración básica

Administrador de servidores

El Administrador de servidores es una herramienta administrativa cuya función es la gestión de las estaciones y dominios en un entorno Windows NT Server. Mediante este administrador podremos realizar una serie de tareas, entre otras destacamos:

- Administrar las estaciones que pertenecen a un dominio.
- Administrar las propiedades, servicios y recursos compartidos de una estación en concreto.
- Promocionar controladores de reserva a controladores primarios de dominio y sincronización entre ellos.
- Envío de mensajes a los usuarios conectados a una estación.

No se debe confundir el Administrador de servidores con la aplicación Servidor del Panel de Control. Esta aplicación solamente permite la administración de las propiedades locales de la estación, mientras que con el Administrador de servidores se pueden administrar propiedades de todas las estaciones del dominio. De todas las maneras desde el Administrador de servidores dispondremos como opción en el menú, el acceso a los servicios locales de la estación que nos encontremos administrando.

Por defecto, el Administrador de servidores se encuentra instalado en el grupo de herramientas administrativas.

En el caso de haber instalado un controlador principal de dominio, cuando accedamos por primera vez al Administrador de servidores observaremos que únicamente aparece esta estación administradora de dominio. Para que el resto de estaciones pertenecientes al dominio puedan acceder al mismo, deberemos darlas de alta indicando el modo en que van a participar en el dominio: servidores independientes, controladores de reservas o estaciones de trabajo.

Mediante el Administrador de servidores siempre estamos administrando un dominio en concreto. Si queremos pasar a gestionar otro dominio distinto, permitido, por ejemplo, a través de las relaciones de confianza, deberemos acceder a la opción **Seleccionar dominio...** del menú **Equipo.** Se nos mostrarán los dominios sobre los que podemos realizar tareas de administración, debiendo seleccionar el que nos interese.

En la lista de estaciones unidas al dominio, se nos mostrarán todos los nombres de las estaciones y el papel que dichas estaciones están jugando en el dominio así como la descripción asociada a las mismas.

En nuestro ejemplo vemos únicamente la estación principal (controladora de dominio) con el nombre JM.

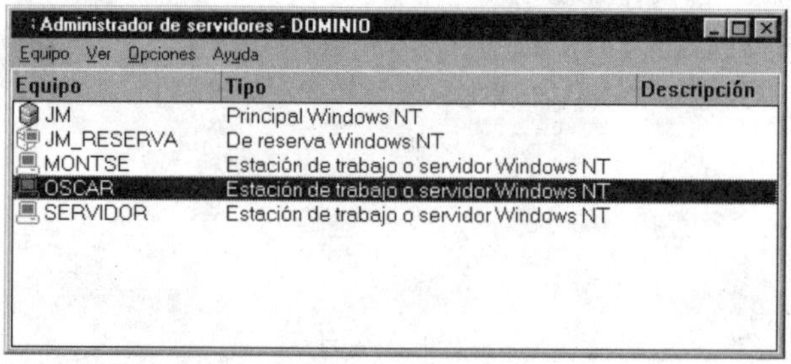

Figura 8.1. Administrador de servidores.

Observando el icono que aparece asociado al nombre, sabremos qué papel juega la estación en el dominio, un cubo representará a un controlador primario, mientras que si es un cubo con monitor representará a un controlador de reserva. El icono con una estación representa el resto de estaciones que se han unido al dominio.

Veremos ahora las acciones a llevar a cabo para unir o eliminar estaciones a nuestro dominio.

Agregar estaciones al dominio

En Windows NT la estructura del dominio es una de las tareas más importantes a realizar. El nombre de la estación que añadimos al dominio debe ser el mismo que el nombre que se dio en el momento de crear dicha estación. Las estaciones se pueden configurar como estación de trabajo o servidor Windows NT, o bien como Controlador de reserva de Windows NT. Esto se debe seleccionar inmediatamente después de haber elegido la opción **Agregar al dominio...** del menú **Equipo** del Administrador de servidores.

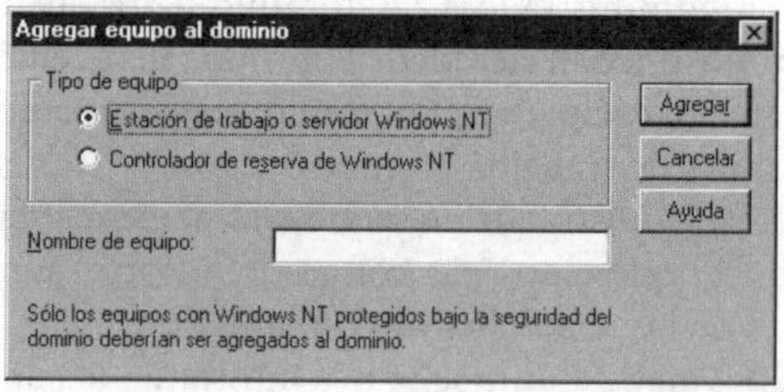

Figura 8.2. Agregar estación al domino.

Ya hemos visto, cuando hemos tratado el concepto de dominio, que no sólo es necesario poseer una cuenta de usuario en el dominio, sino que es necesario que el terminal que se va a conectar al dominio posea una cuenta de equipo en el dominio. Esta tarea es la que estamos realizando en estos momentos.

Es importante tener en cuenta que este método no es el único disponible para agregar cuentas de estaciones al dominio, puesto que durante la instalación de una estación Windows NT era posible elegir la opción de crear una cuenta en el dominio si disponíamos de una cuenta de usuario y contraseña con suficiente privilegio para ello.

Si no se unió al dominio durante la instalación, es posible hacerlo posteriormente desde la propia estación que hemos instalado. Se puede realizar a través de la aplicación Red del Panel de Control y se deben cumplir las mismas condiciones que en el momento de la instalación.

Otro camino para agregar estaciones al dominio es utilizar la interfaz de comando utilizando la siguiente sentencia :

```
NET COMPUTER \\nombre_de_la_estación /ADD
```

Cuando una estación es configurada como servidor, el grupo global Administradores del dominio es agregado al grupo local de administradores de la estación que se está configurando. También se agrega el grupo global Usuarios del dominio al grupo local de usuarios.

Quitar estaciones del dominio

Cuando sea necesario quitar una estación del dominio que estamos administrando, será suficiente situarnos sobre la estación que queremos eliminar y elegir la opción **Quitar del dominio** del menú **Equipo**.

Tal y como sucede con la opción de agregar es posible utilizar la interfaz de comandos para eliminar estaciones del dominio.

```
NET COMPUTER \\nombre_de_la_estación /DEL
```

En el caso de utilizar la interfaz de comandos, no se nos pedirá confirmación de la operación que estamos realizando.

Como sucedía con las cuentas de usuario toda la información referente a la estación que se está eliminando se perderá, con lo cual si se desea recuperar la misma estación con las mismas propiedades, será necesario volver a crearlas todas de nuevo.

Cambiar estaciones de dominio

Para cambiar una estación de dominio, no disponemos de ninguna opción directa en el Administrador de servidores. Se deberá realizar en dos pasos. En primer lugar es necesario eliminar la estación del dominio en que se encuentra y, posteriormente, agregarla al dominio destino en el que deseamos que quede integrada.

Esta operación no es posible realizarla con los controladores de dominio, en ninguna de sus dos posibilidades: Primarios o de Reserva.

Promoción a Controlador principal de dominio

Cuando tenemos la necesidad de realizar la promoción de un controlador de reserva a primario, se realiza mediante la opción **Promover a controlador principal de dominio** del menú **Equipo**, después de haber seleccionado el equipo que queremos promocionar. Si el equipo que seleccionamos no es un controlador de reserva, esta opción no estará activada. Dicha operación puede ser útil cuando por ejemplo necesitamos hacer algún tipo de mantenimiento en el controlador primario del dominio, o bien, porque hemos de intercambiar el papel que juegan ambas estaciones.

Si se suprime el controlador primario del dominio sin promocionar ningún controlador de reserva, lo que sucederá es que no se podrá realizar mantenimiento de cuentas de usuario, aunque las que ya existen tendrán acceso sin problemas a los recursos del dominio a los cuales tienen acceso gracias a la copia de la base de datos de usuarios que poseen los controladores de reserva del dominio.

Puede suceder que el controlador de dominio quede fuera de servicio y, a continuación, promocionemos uno de los controladores de reserva a primario, en este caso es posible que las últimas modificaciones realizadas en el controlador primario no estén actualizadas en el controlador de reserva y, por lo tanto, se hayan perdido. Cuando el controlador primario entre de nuevo en servicio, detectará que ya existe otro controlador primario, con lo que quedará desactivado hasta que el administrador lo considere oportuno.

Cuando se realiza la promoción, se nos avisa que la operación puede tardar un tiempo y que además se perderán las conexiones que posean los clientes en el controlador de reserva que se va a promocionar, así como al controlador principal de dominio actual, en caso de que hubiera alguno funcionando.

Sincronizar con el controlador principal de dominio

La sincronización entre un controlador de reserva del dominio y el controlador principal del dominio, significa que se van a copiar las nuevas cuentas de usuario, grupos o modificación de contraseñas de usuario desde el controlador principal al controlador de reserva.

Según la estación que se seleccione en la lista del Administrador de servidores, cuando accedemos al menú **Equipo** veremos que pueden aparecer dos opciones distintas:

- **Sincronizar todo el dominio**: Esta opción aparece cuando seleccionamos el controlador primario del dominio, y, la sincronización implica que se va a realizar desde el controlador principal a todos los controladores de reserva que se encuentren definidos en el dominio.

- **Sincronizar con el controlador principal del dominio:** Esta opción aparece cuando se ha seleccionado un controlador de reserva de la lista, la sincronización sólo se realizará del controlador principal al controlador de reserva que se encuentra seleccionado.

Estas dos opciones nos van a permitir que los controladores de reserva se encuentren permanentemente actualizados por si fuera necesario su promoción a controlador principal de dominio.

Envío de mensajes a usuarios conectados

El envío de mensajes que proporciona el Administrador de servidores, no pretende ser un servicio de correo electrónico para comunicación entre usuarios, sino que su finalidad es la de proporcionar un mecanismo ágil para enviar mensajes a usuarios que se encuentren conectados a una determinada estación o a un determinado recurso. Por ejemplo en el caso de que fuera necesario detener un determinado recurso, podríamos avisar a los usuarios que se desconecten y guarden los datos necesarios antes de proceder a la desconexión del mismo.

La utilidad de enviar mensajes a los usuarios a través de la red requiere que el servicio de mensajería se encuentre iniciado, de manera predeterminada Windows NT inicia el servicio. El servicio puede ser iniciado o podemos comprobar si se encuentra funcionando mediante la opción **Servicios** del menú **Equipo**.

Para realizar el envío de mensajes se debe seleccionar la opción **Enviar mensaje...** del menú **Equipo.** Esto permitirá el acceso al cuadro de diálogo en el que podremos escribir el mensaje que deseamos enviar a los usuarios conectados a la estación seleccionada en la lista presentada por el administrador de servidores.

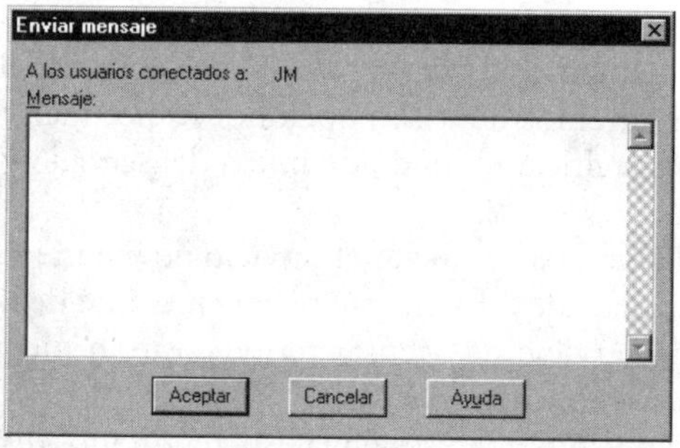

Figura 8.3. Enviar mensaje.

Mediante esta opción se envía el mensaje a todos los usuarios conectados a una estación. Si sólo necesitamos enviar un mensaje a un usuario individual necesitaríamos utilizar la orden NET desde el interfaz de comandos, con la siguiente sintaxis:

```
NET SEND usuario mensaje
```

Administración de servicios

Mediante el Administrador de servidores podemos administrar cualquier estación de los dominios de los cuales somos administradores. Dentro de esta tarea administrativa podremos incluir la administración de los servicios que está proporcionando la mencionada estación. Será posible iniciar, parar, pausar o reiniciar los servicios en la estación seleccionada, así como especificar los parámetros de configuración de estos servicios.

Durante la instalación de Windows NT se instalan los servicios necesarios para el funcionamiento de la estación de acuerdo con el papel que ha de jugar la estación en la red. Windows NT incorpora una serie de servicios que podremos instalar. También es posible instalar servicios facilitados por otros fabricantes.

Para acceder a la administración de los servicios se debe seleccionar el equipo con el que se desea trabajar y elegir la opción **Servicios...** del menú **Equipo**. Nos aparecerá la ventana representada en la Figura 8.4.

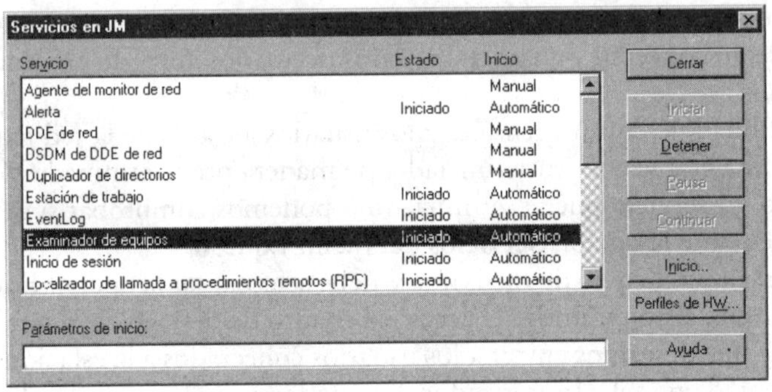

Figura 8.4. Servicios de un servidor.

En el cuadro de diálogo de servicios podemos seleccionar el servicio sobre el que queremos actuar y dispondremos de varias opciones como iniciarlo, detenerlo y continuar. También es posible especificar el modo de inicio del servicio y con qué perfiles de hardware se ha de utilizar.

Anteriormente hablamos de iniciar el servicio de mensajería para poder enviar mensajes a los usuarios conectados. Es en este panel en el que deberemos seleccionar en primer lugar el servicio (Servicio de Mensajería) y, posteriormente, pulsar el botón Iniciar para ponerlo en funcionamiento.

Por cada servicio que nos aparezca en la lista tendremos disponible la siguiente información en el cuadro de diálogo:

- **Servicio**: Nombre del servicio.
- **Estado**: Estado en que se encuentra el servicio. Hay tres posibilidades:

  — Iniciado
  — Pausa
  — Detenido. En este caso veremos la información en blanco

- **Inicio**: Existen tres posibilidades de inicio de los servicios:

  — Automático. Se inicia en el momento de poner en marcha el sistema.
  — Manual. Se debe acceder a este panel y pulsar el botón Iniciar para poner en marcha el servicio.
  — Desactivado. El servicio no se puede iniciar.

Las posibilidades de administración que encontraremos son las siguientes:

- **Iniciar**: Sirve para iniciar el sistema, previamente deberían haberse especificado los parámetros de inicio.
- **Detener**: Para detener un servicio, si puede afectar a otros se nos mostrará un mensaje de aviso. Si se detiene el servicio servidor, se desconectará a todos los usuarios.
- **Pausa**: Para hacer una pausa en un servicio.
- **Continuar**: Después de una pausa.
- **Inicio**: Sirve para configurar la inicialización de un servicio o asignarle una cuenta de inicio de sesión.
- **Perfiles de hardware**: Para ver el estado de los perfiles hardware y modificarlos.

Administración de propiedades del servidor

Mediante la opción **Propiedades** del menú **Equipo** accederemos a las funciones para administrar las propiedades de la estación que hemos seleccionado. También sería posible acceder con la tecla **ENTRAR** una vez seleccionada la estación o pulsando dos veces con el ratón.

Las propiedades incluyen los usuarios conectados a la estación que hemos seleccionado, los recursos compartidos que pone para que otros usuarios puedan acceder, así como los usuarios que se encuentran en un momento determinado usando estos recursos.

Nos aparecerá una ventana como la de la Figura 8.5 en la que podremos elegir las diferentes opciones de administración.

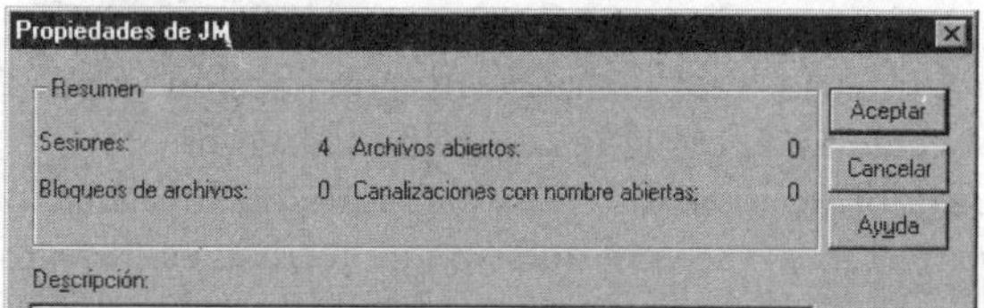

Figura 8.5. Propiedades del servidor.

Este cuadro de diálogo nos proporciona una primera información básica:

- **Sesiones**: Es el número de usuarios remotos que están conectados al equipo.

- **Archivos abiertos**: Número de archivos que han abierto los usuarios conectados, lógicamente se tratará de archivos compartidos.
- **Bloqueos de archivos**: Número de archivos bloqueados por los usuarios remotos.
- **Canalizaciones (pipes) con nombre abiertas**: Las canalizaciones son el mecanismo mediante el cual se comunican dos procesos. Se nos proporciona el número de canalizaciones abiertas.

Los botones de la parte inferior del cuadro de diálogo presentan las opciones disponibles que veremos a continuación.

Administración sesiones de usuario

Seleccionando el botón **Usuarios** se obtendrá información detallada sobre los usuarios remotos que se encuentran conectados a la estación elegida. Y si seleccionamos un usuario, se nos mostrará en el cuadro inferior los recursos que está utilizando:

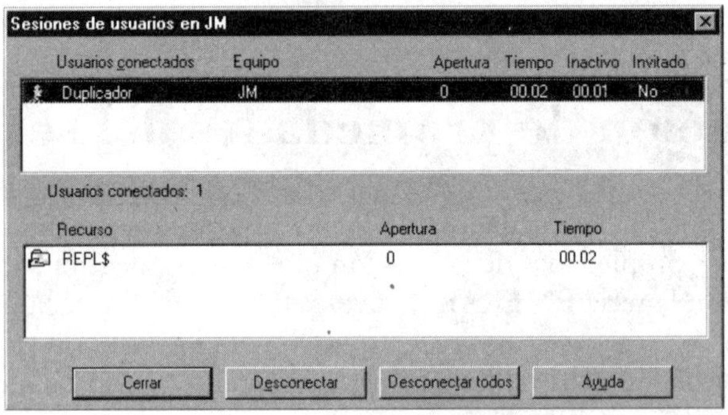

Figura 8.6. Sesiones de usuario.

Del usuario se muestra el nombre del equipo desde el cual se ha conectado a la estación, el número de ficheros abiertos, el tiempo total de conexión, el tiempo que ha transcurrido sin que el usuario haya realizado ninguna acción, y por último se muestra si el usuario se ha conectado a la estación como invitado o no.

En la lista inferior de recursos en uso, se muestra información sobre el nombre del recurso y mediante el icono se verá qué tipo de recurso es (directorio compartido, canalización, impresora), número de veces que ha abierto el recurso y tiempo transcurrido desde que el usuario se conectó por primera vez al recurso.

Como funciones administrativas tendremos la de desconectar a un usuario o a todos los usuarios de la estación que hemos seleccionado. Para desconectar a un usuario se debe seleccionar y pulsar el botón de **Desconectar.**

El botón **Desconectar todos** provoca la desconexión de todos los usuarios de todos los recursos de la estación.

Estas operaciones de desconexión son útiles, por ejemplo, cuando debemos realizar acciones de mantenimiento en el servidor y para ello debemos detenerlo.

Como decíamos en el tema de envíos de mensajes, es importante avisar a los usuarios de que se va a realizar una acción de este tipo.

Administración de recursos compartidos

Si accedemos al botón de **recursos compartidos,** obtendremos una lista de todos los recursos que la estación tiene disponibles para su utilización, seleccionando uno de los recursos se nos mostrarán los usuarios que están conectados al mismo.

También desde este cuadro de diálogo será posible proceder a la desconexión de los usuarios conectados a los recursos del servidor. Las opciones son las mismas que en el caso de estar administrando a los usuarios, podemos desconectar a un usuario concreto de un recurso o a todos los usuarios conectados al recurso. Para desconectar a un usuario basta con seleccionarlo y pulsar el botón correspondiente.

Estas opciones serán interesantes según el caso en que nos encontremos:

- Si necesitamos realizar tareas de administración sobre alguno de los recursos del servidor procederemos a desconectar a todos los usuarios que se encuentren conectados a este recurso.
- Cuando un recurso compartido alcanza el número máximo de usuarios conectados es posible que nos interese desconectar a algún usuario en concreto para permitir el acceso a otros usuarios. En este caso podremos desconectar a usuarios que por ejemplo hayan apagado su estación sin haberse desconectado de los recursos que han utilizado durante su sesión.

Antes de proceder a una desconexión de usuarios de una estación o de un recurso es conveniente enviarles un mensaje para que puedan cerrar sus aplicaciones grabando los datos necesarios y que no pierdan los mismos.

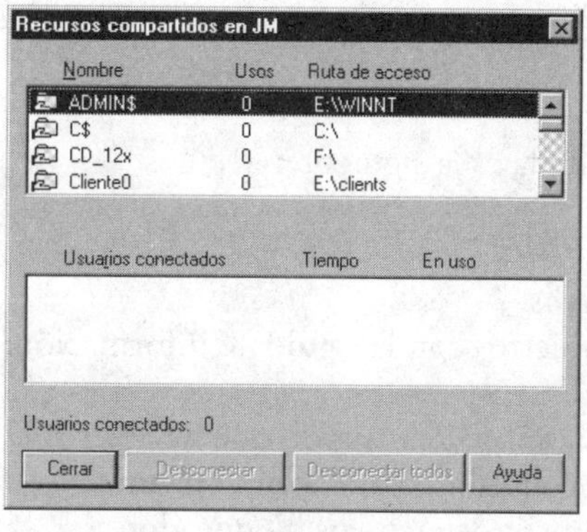

Figura 8.7. Recursos compartidos en un servidor.

La información que se nos proporciona es la siguiente:

- **Nombre**: Muestra el nombre de los recursos compartidos en la estación que estamos tratando. El icono asociado nos muestra el tipo de recurso a que corresponde.
- **Uso**: Número de conexiones que tiene el recurso compartido en un momento determinado.
- **Ruta de acceso**: Ruta de acceso al recurso compartido.

Seleccionando un recurso en el cuadro inferior se nos mostrarán los usuarios conectados al recurso, con la siguiente información:

- **Usuarios conectados**: Nombre del usuario, aunque en ocasiones puede aparecer el nombre del equipo conectado.
- **Tiempo**: Tiempo transcurrido desde que el usuario se conectó por primera vez al recurso.
- **En uso**: Aparecerá Sí o No dependiendo de si el usuario tiene actualmente el recurso en uso.

Administración de recursos abiertos

Al pulsar el botón **En uso**, podremos acceder a la administración de los recursos que actualmente se están utilizando.

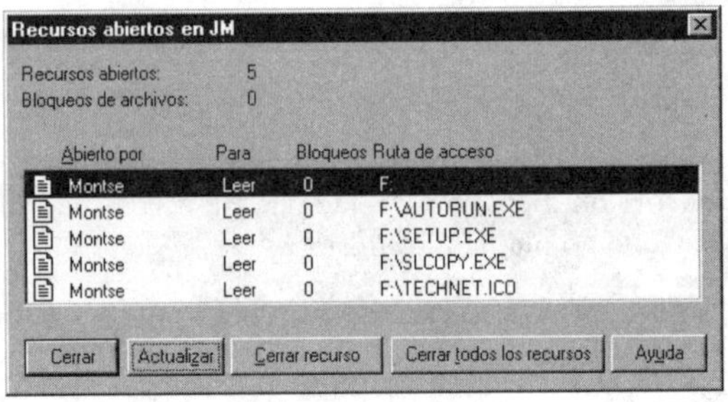

Figura 8.8. Recursos en uso.

La información facilitada es la siguiente:

- **Recursos abiertos.**
- **Bloqueos de archivos.**
- Lista de recursos abiertos con la siguiente información:

  — **Abierto por:** Nombre del usuario que ha abierto el recurso.
  — **Para:** Permiso concedido para abrir el recurso.
  — **Bloqueos:** Número de archivos bloqueados.
  — **Ruta de acceso:** Ruta de acceso al recurso.

El administrador tendrá, como en los casos anteriores, las herramientas para cerrar los recursos abiertos que estime conveniente. Como siempre, se debe avisar a los usuarios con antelación para evitar pérdidas de información de los usuarios por este motivo.

Duplicación

Debido a la importancia que tiene este tema le dedicaremos un capítulo en la siguiente parte del presente libro. En este punto, únicamente, indicaremos que desde esta opción del Administrador de servidores es desde donde configuraremos la duplicación de directorios.

Alertas

Esta opción se utiliza para administrar la lista de usuarios y equipos que deberán ser notificados cuando se producen alertas administrativas en el equipo seleccionado. Desde esta ventana se pueden agregar y quitar usuarios de la lista de usuarios a los que enviar las alertas.

El sistema genera alertas referentes a la utilización del servidor y de los recursos. Las alertas sirven para avisar a los usuarios seleccionados sobre problemas en la seguridad de acceso, problemas en sesiones de usuario, problemas de impresión, problemas en el suministro eléctrico, etc.

Un ejemplo de alerta se produce cuando, por ejemplo, se produce un fallo en el suministro eléctrico y se debe poner en marcha un servicio de suministro eléctrico adicional. Esta puesta en marcha es comunicada a los usuarios mediante una alerta.

Para que se generen las alertas es necesario que estén iniciados los servicios de alertas y mensajería.

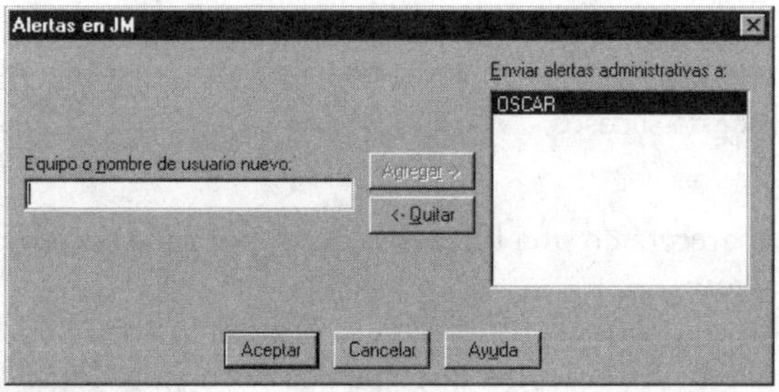

Figura 8.9. Alertas.

El Visor de sucesos

Para Windows NT un suceso es un hecho con la suficiente relevancia para ser registrado y poder ser consultado mediante una herramienta conocida como Visor de sucesos.

Los sucesos que pueden ser críticos para el funcionamiento, normalmente, son inmediatamente notificados al usuario, mientras que los que no lo son, son registrados para su posterior análisis.

El registro de sucesos no ha de ser iniciado por el usuario sino que se inicia de manera automática con Windows NT.

Existen tres tipos de registro de sucesos relacionados con el origen que ha provocado su registro:

- **Registro de sistema**: Registrará todos los sucesos que han sido generados por los diferentes componentes del sistema operativo.
- **Registro de seguridad**: Cuando tenemos activados los mecanismos de auditoría para realizar el seguimiento de ciertos usuarios o recursos, los registros de auditoría se almacenan en este registro y podrán ser estudiados mediante el Visor de sucesos. Este registro únicamente será visible por usuarios con privilegios suficientes para ello, normalmente los administradores. Ya vimos que la auditoría se encuentra desactivada de manera predeterminada, cuando nos interese, se debe establecer un plan desde el Administrador de usuarios.
- **Registro de aplicación**: En él se registran los sucesos generados por las aplicaciones, por lo tanto queda como responsabilidad de los programadores los sucesos que han de ser registrados.

La herramienta **Visor de sucesos** la encontraremos dentro de las **herramientas administrativas.** Si accedemos a ella observaremos una ventana como la de la Figura 8.10.

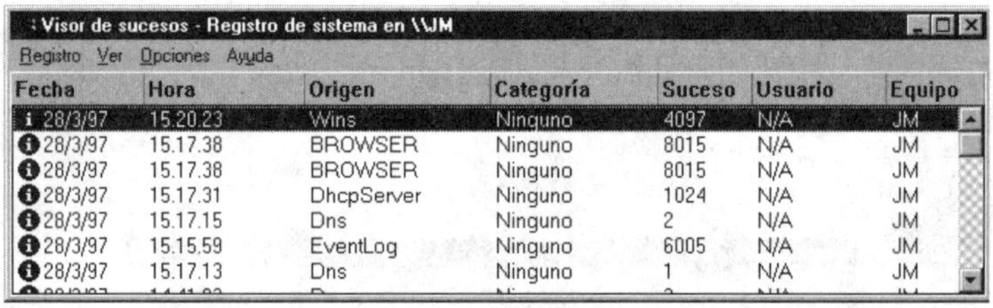

Figura 8.10. El Visor de sucesos.

Cada suceso aparecerá en una línea distinta y, por cada suceso podremos visualizar la siguiente información:

- **Tipo de suceso**: Es el icono que aparece en primer lugar, puede ser uno de los siguientes tipos:

  — **Advertencia** e **información**: Son todos los que aparecen en la Figura 8.10. Recoge el registro de sucesos que no son importantes para el funcionamiento del sistema. Normalmente recoge inicios de servicios que se han iniciado con éxito.

  — **Error**: Aparece un icono representando una señal de tráfico de STOP. Recoge problemas importantes, por ejemplo, imposibilidad de crear un recurso compartido que habíamos tenido en una sesión anterior, o si no se ha podido iniciar un determinado servicio.

— **Acceso correcto** (auditoría): Acciones auditadas y registradas que se han completado con éxito. El icono asociado representa un candado.
— **Acceso erróneo** (auditoría): Acciones auditadas y registradas que se han completado con fallo. El icono asociado representa una llave.

- **Fecha** en que se ha producido el suceso.
- **Hora** en que se ha producido el suceso.
- **Origen**: Es el componente del sistema que ha originado el registro de suceso, por ejemplo, cuando se inicia de manera satisfactoria el servicio DHCP, nos aparecerá un suceso de información indicando que se ha iniciado el servicio correctamente y el origen será DhcpServer.
- **Categoría**: Clasificación del sujeto según se ha definido en el origen. La mayor utilización se produce en los sucesos de auditoría.
- **Suceso**: Número identificador de suceso. Por ejemplo, si observamos la figura vemos el suceso número 6005 con origen EventLog. Este número de suceso es el que identifica el inicio del servicio de registro de sucesos.
- **Usuario**: Es el nombre de usuario que ha provocado el suceso.
- **Equipo**: Equipo en el que se ha producido el suceso.

Si pulsamos dos veces sobre el suceso, o seleccionamos uno y elegimos la opción **Detalle** del menú **Ver**, podremos ampliar la información asociada al suceso. Esta información es una ampliación de la visualizada en la línea e incluye, también, la descripción asociada al número de suceso. También aparecerán unos datos adicionales en formato hexadecimal que podrán ser interpretados por el programador de la aplicación que ha generado el hecho que se registra.

Para cada tipo de registro encontraremos una opción en el menú **Registro**. Cada opción nos dará acceso al registro correspondiente.

Con la opción **Seleccionar equipo** del menú **Registro** podremos seleccionar cualquier equipo de la red para examinar su registro de sucesos. De manera predeterminada aparecerá el registro de la estación local.

Configuración del registro de sucesos

Hemos comentado anteriormente que el registro de sucesos se inicia con el inicio de la estación de trabajo y comienza a registrar sucesos. Los sucesos de una sesión quedan almacenados y serán visibles en el siguiente inicio de sesión, puesto que no son eliminados hasta que un usuario autorizado lo haga.

Cada registro tiene una capacidad limitada por lo que cuando se alcanza la capacidad máxima se debe especificar qué ha de hacer el sistema.

De manera predeterminada se asigna un espacio de 512 K a cada registro y se define una directiva del registro por la que no se pueden sobreescribir registros con una antigüedad menor a 7 días. Frente a estas opciones predeterminadas podremos especificar las siguientes:

- **Tamaño máximo del registro**: El tamaño de asignación es de 64 K por lo que los incrementos y decrementos deberán ser especificados como múltiplos de esta cifra.

- **Permitir sobreescribir los sucesos cuando sea necesario.**
- **Modificar el número de días de antigüedad predeterminados.**
- **No sobreescribir**: Se deberá realizar una eliminación manual de los sucesos.

Cuando el registro está lleno y no es posible sobreescribir registros se puede detener el equipo de manera automática para que los usuarios no tengan acceso al mismo, ya que si no, perderíamos los sucesos de auditoría, por ejemplo. Para esto debemos acceder al registro para modificar la siguiente clave:

```
HKEY_LOCAL_MACHINE\CurrentControlSet\Control\Lsa\CrashOnAuditFail
```

y ponerle el valor 1. Se debe tener en cuenta que los cambios de configuración siempre tienen efecto en el siguiente inicio de sesión. Sólo los administradores podrán iniciar una sesión si se ha detenido el sistema por este motivo.

Filtro y clasificación de sucesos

La manera en que no son presentados los sucesos podrá ser personalizada utilizando algunas opciones:

- **Clasificación**: Cuando entramos en el Visor de sucesos vemos que se nos muestra la lista de sucesos según la fecha y hora en que se han generado. De manera que en primer lugar aparecerá el suceso más reciente. Podremos cambiar este orden con las dos opciones disponibles: Primero el más reciente o Primero el más antiguo.
- **Filtro**: La opción **filtrar sucesos** también se encuentra en el menú **Ver** y nos proporciona diferentes opciones de filtro (Figura 8.11).

  — **Ver desde**: Permite especificar la fecha a partir de la cual queremos ver sucesos. Por defecto el sistema asume que se desea visualizar todos y, por lo tanto, se visualizan todos los sucesos desde la fecha del suceso más antiguo.
  — **Ver hasta**: Fecha hasta la que deseamos ver sucesos, por defecto hasta la fecha del suceso más reciente.
  — **Tipos** de error que queremos visualizar.
  — **Origen**: Cuando sólo interese ver sucesos asociados a un origen determinado (aplicación, controlador, servicio, etc.).
  — **Categoría**: Selección según la categoría.
  — **Usuario**: Selección por usuario que ha provocado el suceso.
  — **Equipo**: Selección de sucesos del equipo especificado.
  — **Identificador**: Selección por número de suceso.

Estas últimas opciones son aplicables a la opción de búsqueda de sucesos a través del registro que también se encuentra en el menú **Ver**.

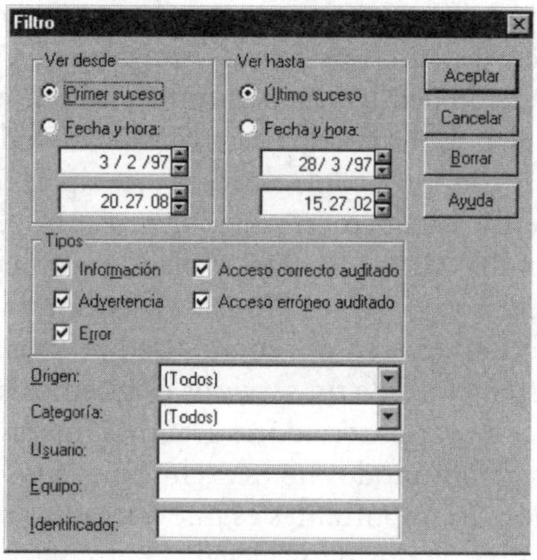

Figura 8.11. Opciones de filtro.

Almacenamiento y visualización de registros

Cuando estamos en la necesidad de eliminar los sucesos y no tenemos tiempo suficiente para analizarlos, es posible almacenar los sucesos registrados en un archivo para estudiarlos posteriormente.

Para guardar los datos en un archivo se debe seleccionar la opción **Guardar como** del menú **Registro.** Este almacenamiento provoca que se guarde el registro completo independientemente de las opciones de filtro que se han podido establecer.

El formato del archivo de salida puede tener uno de los tres siguientes:

- **Archivo de registro de sucesos**: El archivo lo podremos visualizar más adelante utilizando el propio Visor de sucesos. Para visualizar este archivo deberemos seleccionar la opción **Abrir** del menú **Registro.**
- **Archivo de texto**: El archivo lo podremos tratar con un procesador de texto o una aplicación desarrollada para esta tarea.
- **Texto delimitado por comas**: Es el formato que vamos a necesitar en hojas de cálculo o bases de datos para importar esta información.

La información que se almacena en los archivos de texto es: Fecha, Hora, Origen, Tipo, Categoría, Suceso, Usuario, Equipo y Descripción. La clasificación de los registros dependerá de la opción que tuviéramos seleccionada en el menú **Ver**.

Administración de licencias

Windows NT incorpora dos herramientas para realizar el seguimiento de licencias dentro de nuestra organización:

- La aplicación Licencia que encontraremos en el Panel de Control.
- El administrador de licencias que se encuentra en las herramientas administrativas.

El objetivo de estas herramientas es garantizar que se cumplen las normas legales y los contratos de licencias suscritos por las empresas. La ventaja de utilizar estas herramientas es la disminución del tiempo dedicado a la comprobación de la utilización de las mismas. Más aún, es posible reducir este tiempo si toda la información relativa a las licencias se duplica de todos los controladores principales de dominio a una base de datos centralizada que se encontrará en un servidor maestro.

Dentro de la familia Microsoft BackOffice y, por tanto, Windows NT es necesario disponer de una licencia de servidor por cada servidor y una licencia de cliente por cada cliente. Para cumplir esto existen dos modos de licencia: **Por Servidor** y **Por Puesto**.

Si solamente disponemos de un servidor elegiremos el tipo de licencia **Por Servidor**, en el caso de disponer de varios servidores será más interesante utilizar el modo **Por Puesto**. La utilización de ambos modos no es excluyente, sino que pueden coexistir dentro de la misma organización, lo importantes es que tengamos contratado el suficiente número de licencias para cumplir la normativa legal.

La normativa legal permite modificar el modo de licencia Por Servidor a modo Por Puesto, por este motivo se recomienda que al principio si no estamos seguros del modo a utilizar elijamos el modo Por Servidor.

El administrador de licencias se utilizará para administrar la compra y eliminación de licencias, observar las estadísticas de utilización y visualizar la estructura de la organización en lo referente a este tema.

Modo de licencia Por Servidor

La **licencia Por Servidor** permite la conexión de los servicios básicos de red:

- Uso compartido de archivos en la red
- Uso compartido de los dispositivos de impresión
- Conectividad con sistemas Macintosh
- Conectividad con NetWare
- Conectividad vía comunicaciones (RAS)

Aunque accedamos a más de un recurso compartido del mismo servidor desde la misma estación cliente, sólo se consume una licencia. La licencia es utilizada cuando una estación cliente se conecta a una estación servidora, no importa el número de recursos que utilice.

Cuando se agota el número de licencias adquiridas para el modo Por Servidor, es decir, cuando el número de conexiones al servidor alcanza el número de licencias contratadas, el sistema no permite iniciar nuevas conexiones, por este motivo aparecerá un mensaje en la estación cliente indicando la imposibilidad de crear la conexión solicitada. Sólo los administradores podrán conectarse al servidor para poder desbloquear el sistema, por ejemplo, podrán desconectar a usuarios con la finalidad de reducir el número de licencias consumidas y liberarlas para que otros usuarios puedan conectarse.

La solución por servidor resulta más barata puesto que supone que no todos los equipos de la red van a utilizar los recursos del servidor simultáneamente, por lo que no es necesario adquirir una licencia de servidor por cada cliente que tengamos en nuestra red empresarial, sólo deberíamos contratar un número medio de accesos concurrentes a cada servidor de la red.

Modo de licencia Por Puesto

En contraposición al modo Por Servidor, encontramos el modo Por Puesto, en el que cada estación cliente debe poseer su propia licencia de cliente. Esta licencia autoriza a la estación a conectarse a cualquier equipo que utilice Windows NT Server.

La **licencia Por Puesto** permite que varios usuarios se encuentren conectados a la estación.

Cuando en la organización coexisten ambos modos de licencia deberemos tener en cuenta que un cliente que trabaja con licencia Por Puesto estará sometido a las restricciones impuestas por los servidores que trabajan con el modo Por Servidor. Esto se debe a que, aunque el modo por puesto autoriza a conectarse a cualquier servidor, no es posible romper la integridad impuesta por el modo de licencia Por Servidor, no es posible sobrepasar el límite de licencias contratado para este tipo de servidor.

Este tipo de licencia resulta ventajoso cuando los clientes de nuestra red empresarial necesitan conectarse a varios servidores, ya que de esta manera no consumen una licencia distinta en cada servidor, con la misma licencia pueden estar conectados a todos los servidores disponibles en la red.

Base de datos de licencias

Las herramientas de administración de licencias nos van a permitir varias posibilidades de gestión, en primer lugar se podrá realizar un seguimiento a nivel local, a nivel dominio o a nivel organizacional. Para cada modo de trabajo deberemos realizar unas tareas diferentes de configuración mediante el administrador de licencias.

Para mantener una base de datos centralizada se deberá establecer un servidor maestro en el que todos los controladores de dominio duplicarán su información de licencias. De esta manera también tendremos una base de datos histórica y centralizada de las adquisiciones de la organización.

El servidor maestro para administrar las licencias no tiene por qué corresponderse con ningún controlador principal de dominio ni con el dominio maestro en caso de administración de usuarios centralizada. Cualquier servidor autónomo podría dar soporte a este servicio. Los controladores de dominio serán los servidores maestros dentro de su dominio.

Aplicación Licencia

En el momento de la instalación ya seleccionamos un modo de licencia, si estamos en la necesidad de modificarlo por alguno de los motivos vistos con anterioridad deberemos acceder a la aplicación **Licencia** del **Panel de Control** (Figura 8.12).

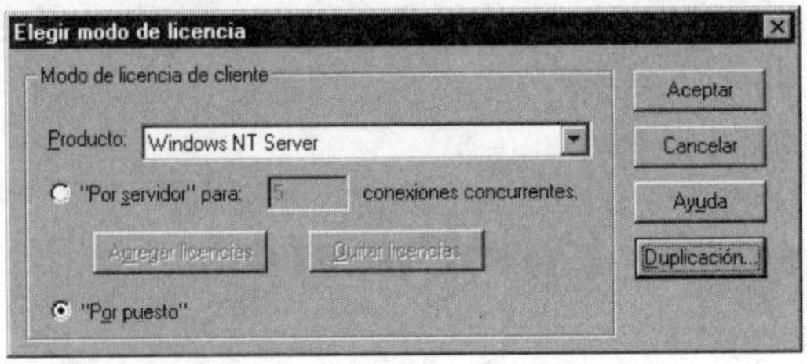

Figura 8.12. Elección del modo de licencia.

Seleccionando la opción Por Puesto podremos reconvertir la licencia Por Servidor después de la instalación. Sólo tenemos que hacerlo una única vez.

En la figura podremos observar que desde aquí será posible configurar la duplicación a la que nos referíamos en los apartados anteriores. Si pulsamos el botón nos encontraremos con el cuadro representado en la Figura 8.13.

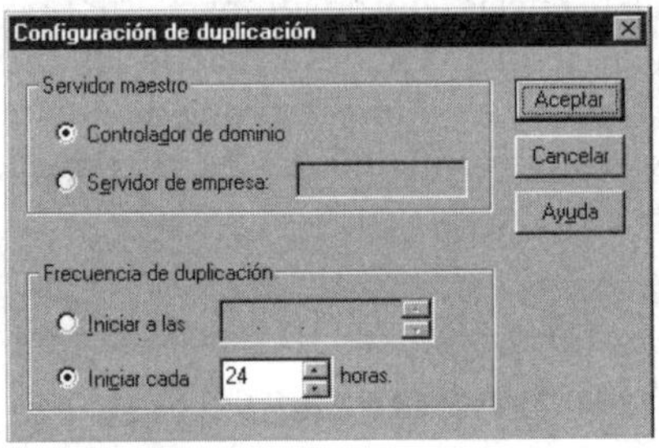

Figura 8.13. Configuración de la duplicación.

El servidor maestro será el que hemos elegido para llevar la administración centralizada de licencias. Podremos seleccionar entre el controlador de dominio o entre un servidor de empresa, cuyo nombre deberemos especificar en el cuadro correspondiente.

En el cuadro frecuencia de duplicación podemos especificar cada cuánto tiempo debe realizarse la duplicación de la base de datos al servidor maestro. En el cuadro Iniciar podemos especificar la hora a la que queremos que se haga la duplicación. Deberíamos seleccionar horas en que el tráfico en la red sea mínimo para no sobrecargar el trabajo de la misma.

El administrador de licencias

El administrador de licencias es la herramienta que nos va a permitir gestionar todas las licencias disponibles en la organización. Tendrá, por tanto, opciones para seleccionar el dominio a administrar, agregar/eliminar licencias, etc.

Cuando seleccionemos la opción del administrador de licencias en el menú de herramientas administrativas encontraremos un cuadro como el de la Figura 8.14.

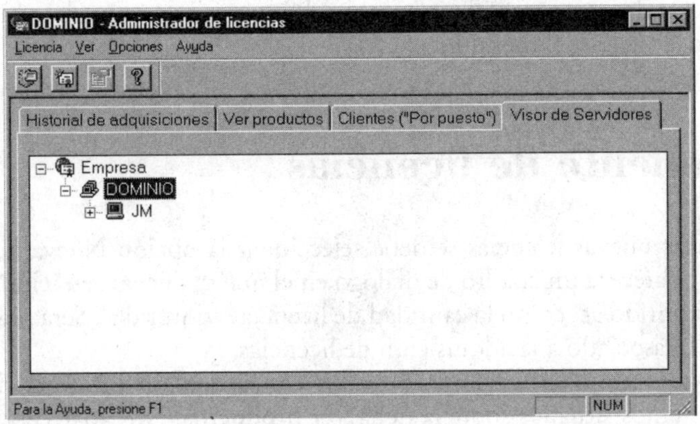

Figura 8.14. El administrador de licencias.

En el menú Licencia encontraremos la opción **Seleccionar dominio** que nos permitirá seleccionar el dominio a administrar.

La pantalla inicial nos mostrará cuatro fichas seleccionables:

- **Historial de adquisiciones:** Muestra el historial de compras y eliminaciones de licencias de productos adquiridos para el dominio seleccionado. Los datos asociados a la licencia son los siguientes:

  — **Fecha:** Fecha de instalación o eliminación
  — **Producto:** Nombre del producto instalado en el dominio
  — **Cantidad:** Número de licencias adquiridas o eliminadas
  — **Administrador:** Identificación del administrador que ha instalado la licencia
  — **Comentario:** Se introduce en el momento de la instalación/eliminación de licencias

- **Ver productos** : Contiene información por productos. Las adquisiciones hechas en diferentes fechas se acumulan por producto en esta ficha. Esta ficha es la que nos indicará la necesidad de adquirir nuevas licencias cuando se alcancen los límites existentes. La información que tendremos disponibles es la siguiente:

  — **Producto:** Nombre del producto.
  — **Adquirido Por Puesto:** Número de licencias adquiridas.
  — **Asignado Por Puesto:** Número de licencias asignadas a los equipos.
  — **Adquirido Por Servidor:** Número de licencias adquiridas.
  — **Asignado Por Servidor:** Número de conexiones simultáneas alcanzado.

- **Clientes** ("Por Puesto"): Muestra la información de los usuarios que han utilizado productos del dominio, con indicación de los productos que han utilizado y las licencias que se han consumido.
- **Visor de Servidores:** Muestra la lista de dominios y servidores. Tendremos acceso a cualquier servidor de la red, para modificar la modalidad de licencia se puede

pulsar dos veces con el ratón sobre el servidor seleccionado o bien elegir la opción Propiedades del menú Licencia.

Mantenimiento de licencias

Para agregar nuevas licencias se debe seleccionar la opción **Nueva licencia** en el menú Licencia, aparecerá un cuadro de diálogo en el que se deberá seleccionar el producto que hemos adquirido así como la cantidad de licencias adquiridas. Será posible introducir un comentario asociado a la adquisición de licencias.

La eliminación de licencias se realiza con la opción **Eliminar** del menú Licencia cuando estemos situados sobre la ficha **Ver productos**. Nos aparecerá un cuadro de diálogo en el que deberemos indicar el número de licencias a eliminar, no tiene por qué ser el número total de licencias utilizado durante la instalación.

Para agregar una licencia en modo Por Servidor la opción debe ejecutarse desde la ficha Visor de servidores teniendo seleccionado el servidor y producto al que vamos a conceder las licencias. Las eliminaciones también deberán realizarse desde esta ficha y de la misma manera de selección. El cuadro de diálogo es semejante al de la modalidad Por Puesto.

Administración de usuarios

Cuando nos encontremos en la ficha de clientes tendremos acceso a las propiedades de los usuarios. Para verlas deberemos seleccionar un usuario de la lista y acceder a la opción **Propiedades** del menú Licencia.

Nos aparecerá un cuadro de diálogo en el que podremos revocar la licencia concedida a un usuario para un determinado producto. Para esto deberemos seleccionar un producto de la lista y pulsar con el ratón sobre el botón Revocar.

En el caso de encontrarnos en la ficha Ver productos deberíamos seleccionar el producto y acceder igualmente a propiedades, entonces nos aparecerá la lista de usuarios que tienen licencia sobre el producto y tendremos igualmente accesible el botón Revocar.

Diagnosis de Windows NT

Windows NT nos proporciona una herramienta mediante la cual podemos obtener información sobre la configuración de un equipo, local o remoto, y diagnosticar posibles errores de funcionamiento del sistema. Esta herramienta recibe el nombre de **Diagnosis de Windows NT** y la podemos encontrar en el menú de **Herramientas administrativas.**

Tal y como se aprecia en la Figura 8.15., esta utilidad ofrece diversa información acerca del sistema operativo: versión, hardware base, memoria, controladores y dispositivos instalados, conectividad, etc. Toda esta información puede ser impresa o actualizada en cualquier momento, siendo también posible el acceso a las propiedades de cada ele-

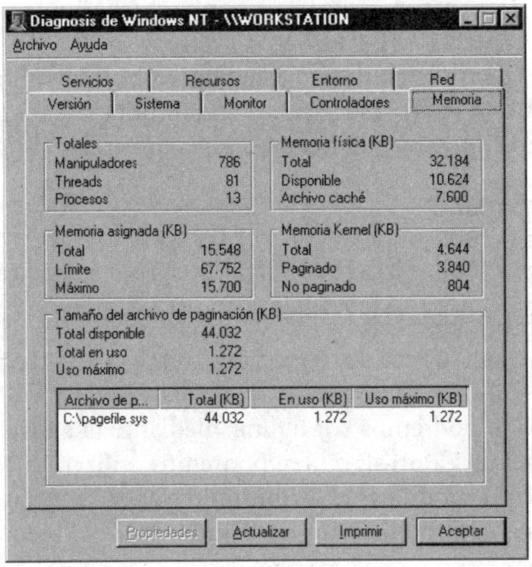

Figura 8.15. Diagnosis de Windows NT.

mento en cuestión en las cuales veremos el actual estado en que se encuentra. No es posible la modificación de ninguno de estos elementos desde esta utilidad.

Podemos efectuar un breve repaso de los datos proporcionados por cada una de las páginas de que forma parte esta herramienta:

- **Versión**: Sistema operativo instalado, versión del mismo.
- **Sistema**: Modelo de la BIOS y del procesador del equipo.
- **Monitor**: Adaptador y controlador de la tarjeta gráfica instalada.
- **Controladores**: Controladores de disco instalados, información sobre las unidades existentes.
- **Memoria**: Tamaño de la memoria física y virtual, uso de cada una de ellas.
- **Servicios**: Servicios y dispositivos instalados (no importa si están en ejecución en aquellos momentos).
- **Recursos**: Qué dispositivos hacen uso de recursos del sistema: IRQ, puertos I/O, DMA, memoria.
- **Entorno**: Variables de entorno del sistema o del usuario conectado.
- **Red**: Configuración, protocolos instalados y configuración de los mismos, estadísticas de uso.

El archivo BOOT.INI

Cuando se inicia un equipo con Windows NT, el sistema operativo va a buscar sus archivos a la partición que se encuentra indicada en el archivo **BOOT.INI**. Este archivo lo encontraremos en el directorio raíz de la partición de sistema. La partición de sistema, como ya hemos indicado previamente, no tiene por qué ser la partición de inicio de

Windows NT. Recordar el caso del arranque dual Windows 95 o MS-DOS con Windows NT.

Vamos a ver cómo se configura este fichero BOOT.INI en un sistema x86. Si editamos cualquier BOOT.INI (este fichero acostumbra a tener los atributos de sólo lectura, oculto y sistema), veremos que tiene un aspecto similar al siguiente:

```
[boot loader]
timeout = 30
default = SCSI(0)disk(0)rdisk(0)partition(1)\winnt

[operating systems]
SCSI(0)disk(0)rdisk(0)partition(1)\winnt ="Windows NT Server"
```

Este archivo lo podremos configurar mediante la aplicación **Sistema** que encontraremos en el **Panel de Control**, o bien podremos utilizar un editor de texto. Para editar el fichero es necesario modificar el atributo de sólo lectura, sistema y oculto accediendo a sus propiedades con el Explorador de Windows NT o bien desde la interfaz de comandos:

```
attrib -s -h -r boot.ini
```

El archivo BOOT.INI tiene dos secciones principales: **Boot loader** y **operating systems.** El significado de cada sección y sus líneas es el siguiente:

- [**boot loader**]: Sección para especificar el tiempo de visualización del menú de arranque y sistema operativo favorito.

  — **timeout**: Tiempo de visualización del menú de arranque de Windows NT expresado en segundos. Si especificamos 0 no se visualizará el menú de arranque. Pasado este tiempo se inicializará el sistema operativo especificado en la línea default.

  — **default**: Ruta de acceso del sistema operativo a iniciar en caso de finalización del tiempo especificado en la línea anterior.

- [**operating systems**]: Sección con la lista de sistemas operativos disponibles. La información para cada sistema operativo disponible es el mensaje que aparecerá en el menú de arranque de la estación de trabajo, así como la ruta para encontrar la partición de arranque.

La especificación de los sistemas operativos a iniciar también siguen unas normas que indican en qué discos y particiones se encuentran. Estas normas, tal y como se observa en el ejemplo anterior, tienen unas palabras clave que son las siguientes:

- **SCSI/multi**(*w*): Esta parte identifica el tipo de adaptador o controlador de discos. Pondremos SCSI si el disco donde se encuentra ese sistema operativo es de tipo SCSI y no están activadas las BIOS del mismo, mientras que utilizaremos multi en los otros casos.

  El número indicado entre paréntesis (*w*) es el número del adaptador correspondiente, siendo 0 el primero que se inicialice, 1 el siguiente, y así sucesivamente.

- **disk**(*y*): Si hemos especificado multi como tipo de adaptador, *y* será 0. En caso de discos SCSI, *y* tendrá el número de bus del SCSI.
- **rdisk**(*z*): Este parámetro se ignora en discos SCSI, mientras en los demás indica el número de disco.
- **partition**(*a*): Partición del disco especificado mediante los parámetros anteriores donde encontremos el sistema operativo a iniciar. La numeración de particiones de un disco se inicia con la partición 1, numerándose primero las particiones primarias y luego las lógicas. A continuación incluiremos el directorio donde están los archivos de sistema y el nombre que deseamos que aparezca en el menú de arranque para especificar esta entrada.

Podemos especificar tantos sistemas operativos o tantas versiones de sistemas operativos como deseemos en el archivo BOOT.INI. Así, por ejemplo, podemos tener instaladas dos versiones de Windows NT en la misma partición, pero en directorios diferentes, pudiendo arrancar una u otra desde el menú de arranque (que se especifica en el BOOT.INI).

PARTE II

Administración avanzada

Capítulo 9

Opciones de instalación

La explicación de la instalación del Capítulo 2 la basamos en una instalación sencilla de un servidor Windows NT. En el presente capítulo profundizaremos en las diferentes opciones de instalación que tendremos disponibles.

Entre estas opciones tendremos la posibilidad de realizar la instalación a través de la red, de instalar el software cliente en las diferentes estaciones de la red, etc.

Creación de los discos de instalación

Puede suceder que los disquetes de instalación que son proporcionados con el CD-ROM se hayan dañado o bien que se hayan perdido. En cualquier momento podremos generar los disquetes de instalación desde el propio CD-ROM de distribución.

Para crear los disquetes de instalación deberemos utilizar los archivos WINNT.EXE o WINNT32.EXE dependiendo del sistema operativo que está ejecutando la estación en la que vamos a instalar la nueva versión de Windows NT. En el caso de estaciones que están utilizando sistemas operativos de 16 bits como Windows 3.x, MS-DOS o Windows 95 utilizaremos WINNT.EXE. en el caso de que queramos mejorar una instalación anterior de Windows NT utilizaremos WINNT32.EXE.

Estas órdenes son ejecutables desde la interfaz de comandos y se encuentran en el propio CD-ROM de distribución de Windows NT en el directorio i386 en el caso de querer instalar estaciones basadas en procesadores Intel x86.

Deberemos disponer de tres disquetes formateados completamente en blanco, puesto que si estos programas detectan datos en los mismos no los aceptará y nos requerirá que introduzcamos discos en blanco.

Los disquetes de instalación se pueden crear desde sistemas operativos como MS-DOS, Windows 3.1x o Windows 95 aparte de Windows NT.

La sintaxis de la orden WINNT es:

```
winnt [/s:ruta_origen] [/i:inf_file] [/t:letra_unidad] [/b]
[/o[x]] [/u:fichero_de_respuestas]
```

Tabla 9.1. Parámetros de WINNT32.EXE / WINNT.EXE

Parámetro	Descripción
/s	Especifica la localización de los ficheros de Windows NT
/i	Nombre del fichero de información de inicio (DOSNET.INF por defecto)
/t :	Unidad para los ficheros temporales
/b	Los ficheros de arranque se cargan al disco duro
/o	Crear discos de inicio únicamente
/ox	Crear discos de inicio de instalación para utilizar CD-ROM
/x	Copiar los archivos de instalación pero sin generar disquetes de instalación
/u	Especifica fichero de respuestas

Instalación a través de la red

Una de las opciones que vamos a tener disponibles a la hora de instalar Windows NT será la posibilidad de realizar esta instalación desde un servidor al que nos podremos conectar utilizando la red local.

Para esta tarea será necesario crear un disquete de arranque MS-DOS, el cual contendrá el software cliente necesario para poder conectarse a un servidor a través de la red y a través de la misma copiar todos los archivos necesarios para la instalación.

Una vez creado este disquete de inicio podremos utilizar la orden WINNT para instalar Windows NT. Si incluimos en el AUTOEXEC.BAT una llamada a este programa que se encuentra en el directorio i386 del CD-ROM de distribución, la instalación comenzará de manera automática al iniciar el equipo.

Antes de crear el disquete de inicialización será necesario disponer de la siguiente información:

- Nombre que la estación va a tener para ser reconocida en la red
- Identificador de usuario
- Nombre de dominio o grupo de trabajo al que se va a unir
- Fabricante del adaptador de red de la estación destino
- Protocolo que se va a utilizar en la red

Cuando disponemos de esta información ya podemos crear el disquete de instalación a través de la red. El disquete debe estar correctamente formateado y debe contener los archivos de arranque de MS-DOS.

Para crear este disquete desde MS-DOS se pueden ejecutar las siguientes órdenes:

```
FORMAT A : /s   Formatear transfiriendo el sistema
SYS A :         Transferir sistema a un disquete en blanco
```

Nota:

Es importante que la acción de formatear el disquete se realice desde el sistema operativo MS-DOS, puesto que si lo hacemos, por ejemplo, desde la interfaz de comandos de Windows 95, nos encontraremos con que no tendremos espacio suficiente en el disquete para copiar todo el software necesario de cliente de red.

Utilizando el administrador de clientes de red seleccionaremos la opción **crear disco de instalación sobre la red**. Deberemos crear o disponer de un recurso compartido para el directorio que contiene los archivos de cliente de red, seleccionaremos el adaptador de red y el tipo de cliente y la herramienta ya estará en disposición de copiar los archivos al disquete de instalación.

El adaptador de red será configurado con los valores por defecto, éstos deberán ser verificados y si es necesario deberemos hacer las modificaciones oportunas. Los valores de configuración se encuentran en el archivo A :\NET\PROTOCOL.INI.

Una vez que tenemos el disquete de inicio para la estación que queremos instalar ya estamos en disposición de utilizarlo.

Para utilizar este disquete es necesario introducirlo en la unidad A de la estación en la que vamos a realizar la instalación con la estación apagada, y a continuación ponerla en marcha. El programa de instalación se ejecutará de manera automática e intentará la conexión al recurso compartido especificado en el momento de crear el disco de inicio.

Durante el inicio de la sesión deberemos introducir un nombre de usuario y contraseña con permisos suficientes para poder establecer la conexión al directorio de Windows NT que contiene los archivos de instalación.

La conexión la estableceremos con la siguiente orden, facilitando un nombre de unidad para acceder a los archivos:

```
net use letra_de_unidad: \\servidor\directorio_compartido
```

cambiando a esta unidad lógica

```
CD letra_de_unidad:
```

tendremos disponibles todos los archivos necesarios para la instalación.

Si nos aparece un mensaje de directorio compartido no encontrado debemos asegurarnos de que el directorio contiene los archivos de instalación. Otra fuente de problemas puede ser no tener correctamente configurado el protocolo. Si tenemos problemas de memoria deberemos modificar el fichero CONFIG.SYS para utilizar la memoria extendida.

El programa de instalación a utilizar es WINNT.EXE. Si ejecutamos directamente la orden se transfieren todos los archivos de instalación desde el CD-ROM del servidor al que nos hemos conectado hasta el disco duro de la estación donde queramos instalar Windows NT. Además necesitaremos tres disquetes en blanco para crear los disquetes de instalación. En el caso de que ya los tengamos podemos utilizar la opción WINNT /x que nos realiza la transferencia de archivos, pero sin generar los disquetes de instalación.

El programa de instalación durante este proceso detectará que tiene los archivos de instalación en el disco duro local y cuando selecciona los dispositivos SCSI y CD-ROM nos detectará un CD-ROM que no es más que una simulación del mismo para los archivos de inicio. Deberemos aceptar el dispositivo que ha detectado aunque físicamente no lo tengamos instalado en el equipo en que estamos trabajando.

Instalación de estaciones RISC

La instalación de Windows NT en estaciones RISC varía muy poco respecto la vista en el Capítulo 2 para estaciones Intel x86.

Para ejecutar el programa de instalación en lugar de utilizar los disquetes de instalación facilitados con el producto se debe ejecutar el programa de instalación que se encontrará en el directorio correspondiente al tipo de sistema que se esté utilizando.

Los directorios existentes en el CD-ROM de distribución de Windows NT Server son los siguientes:

- Alpha: Estaciones Digital Alpha Systems
- Mips: Estaciones con procesadores MIPS R4x00
- Ppc: Estaciones PowerPC

En todos estos directorios encontraremos el programa a ejecutar: **SETUPLDR**.

Cuando estamos seleccionando una partición de disco para Windows NT se debe tener en cuenta que las estaciones RISC pueden tener varias particiones de sistema, éstas deben utilizar el sistema de archivos FAT, para utilizar el sistema de archivos propio de Windows NT será imprescindible disponer de una partición FAT cuyo tamaño deberá ser como mínimo de 2 MB. La segunda partición podrá ser la que contenga el sistema operativo con el sistema de archivos NTFS.

Migración desde Windows 3.x

Windows NT puede interoperar con Windows 3.x y podremos migrar hacia Windows NT.

Si en una estación de trabajo tenemos instalado un sistema Windows 3.x o Windows para trabajo en grupo y queremos realizar una instalación de Windows NT, tendremos la posibilidad de que coexistan ambos sistemas sin compartir programas, ni drivers ni DLL's. Para esto deberemos realizar la instalación de Windows NT en un directorio distinto al que contenga los archivos de Windows 3.x. De manera predeterminada este directorio es \system32.

Si queremos ejecutar las aplicaciones que ya tenemos instaladas desde los dos sistemas operativos deberemos realizar la instalación de Windows NT en el mismo directorio en el que tenemos instalado Windows 3.x. Esta opción es la que nos permitirá la migración de ciertos componentes desde una versión anterior de Windows 3.x.

La primera vez que iniciemos una sesión Windows NT el sistema migrará el archivo REG.DAT y algunas partes de los archivos de inicialización (.INI) al registro de Windows NT. La configuración migrada será registrada en el registro de aplicaciones y podrá ser examinada mediante el Visor de sucesos.

Cuando los usuarios que existían en el anterior sistema Windows inicien una sesión, les aparecerá un cuadro de diálogo en el que podrán seleccionar los componentes de la anterior versión de Windows que desean migrar. Estos componentes son los ficheros .INI y los ficheros .GRP que se almacenarán en el registro en caso de realizar la migración. Los usuarios pueden cancelar este cuadro de diálogo y realizar la migración posteriormente. Deberán borrar las siguientes claves del registro y volver a iniciar una nueva sesión para que los cambios realizados en el registro surtan efecto:

```
HKEY_CURRENT_USER\Windows 3.1 Migration Status

HKEY_LOCAL_MACHINE\SOFTWARE\Windows 3.1 Migration Status
```

Nota:

Esta opción de migración será válida para todos los usuarios excepto para el Administrador, nunca se realizará una migración para este usuario.

Cuando los usuarios han elegido realizar una migración, se mantienen sincronizados los archivos .INI y la configuración almacenada en el registro, puesto que en cada inicio de sesión se vuelca la información de los archivos .INI al registro y al finalizar la sesión se realiza el proceso contrario, se vuelca la información del registro a los archivos .INI.

Debemos tener en cuenta que esto sólo es cierto con los archivos de configuración y no con las aplicaciones que se encuentren instaladas, si posteriormente a la migración de instala una aplicación en Windows 3.x, ésta no será visible para Windows NT. Se debería hacer una segunda instalación bajo Windows NT para utilizar la mencionada aplicación, la cual se podría hacer en el mismo directorio, o bien borrar las dos claves del registro y volver a realizar la migración para esta aplicación.

Elementos que serán migrados al registro

- El archivo REG.DAT y las partes de WIN.INI que trabajan con OLE.
- Secciones de WIN.INI con configuración de ventanas (cursor, teclado, ratón, etc.)
- Secciones de CONTROL.INI (colores, etc.)
- El archivo VIEWER.INI
- El archivo NTBACKUP.INI
- El archivo CLOCK.INI
- El archivo SCHDPL32.INI
- La sección drivers de SYSTEM.INI

Elementos que no son migrados

- Recursos compartidos persistentes y usuarios de Windows para Trabajo en Grupo
- Dominio predeterminado e identificador de usuario desde Windows para Trabajo en Grupo
- Los cambios realizados en los grupos Accesorios, Juegos, Principal e Inicio de Windows 3.x
- Letras de unidad MS-DOS
- Las opciones organización automática, ejecutar minimizado y salvar configuración al salir del fichero PROGMAN.INI

Integración con Windows 95

Windows 95 y Windows NT satisfacen diferentes necesidades y tienen diferentes objetivos de diseño, por esta razón Microsoft no puede ofrecer un único sistema operativo que dé solución a todo, sino que proporciona un conjunto de sistemas que pueden coexistir dentro de la organización, cada uno con sus propias características de seguridad, flexibilidad, etc.

Una de las primeras decisiones que deberemos tomar en la organización es decidir los sistemas operativos a instalar en las diferentes estaciones. Esta decisión dependerá de diferentes criterios: hardware disponible (requisitos de la máquina y, dispositivos y drivers disponibles).

Tabla 9.2. Comparación de requisitos mínimos entre Windows 95 y Windows NT WorkStation

Recurso	Windows 95	Windows NT WS
CPU	386DX	486/33
Memoria mínima	4 MB	12 MB
Memoria recomendada	8 MB	16 MB
Espacio en disco	40 MB	120 MB
Tarjeta de vídeo	VGA	VGA
Procesadores RISC	No	Sí

Debido a la incompatibilidad existente entre los registros de configuración de ambos sistemas no es posible realizar una migración automática de Windows 95 a Windows NT. También han sufrido cambios muchos soportes a dispositivos hardware.

Manualmente podremos realizar ciertas tareas para cambiar de sistema.

Antes de realizar esta operación debemos asegurarnos de que disponemos del hardware suficiente para realizar la conversión de sistema y de que disponemos de los drivers de todos los dispositivos instalados para Windows NT.

En primer lugar necesitaremos instalar Windows NT en un directorio distinto al que tengamos instalado Windows 95. Esta operación provocará que tengamos disponible un arranque dual en la estación que acabamos de instalar.

Puesto que no se realiza ninguna migración necesitaremos reinstalar todas las aplicaciones para que funcionen bajo Windows NT.

En el caso de decidir que no necesitamos Windows 95 podríamos eliminar el directorio que contiene todos sus archivos de sistema.

El arranque dual no está recomendado, Windows NT no puede soportar todos los drivers de Windows 95, ya que algunos requieren acceso directo al hardware y esto no está permitido bajo Windows NT. En el caso de no disponer de los drivers específicos de estos dispositivos para Windows NT no podremos utilizarlos.

Si a pesar de todo mantenemos la posibilidad de trabajar con ambos sistemas, las aplicaciones deberán ser instaladas dos veces, una en cada sistema operativo, siendo conveniente realizarlo en primer lugar en Windows NT y posteriormente en otra sesión en Windows 95. Ambos sistemas operativos pueden ejecutar aplicaciones DOS y Windows 3.x, pero ofreciendo diferentes tecnologías para ello, siendo la de Windows NT la que ofrece mejores prestaciones.

La seguridad en Windows NT es mucho mayor, puesto que no es posible iniciar una sesión de trabajo si no se ha introducido correctamente la identificación de usuario y su contraseña, en Windows 95 es posible iniciar la sesión aunque no se disponga de ella.

El sistema de archivos NTFS es solamente soportado por Windows NT y es el que permite los mayores niveles de seguridad. Las particiones NTFS no son accesibles cuando las estaciones se inician con otros sistemas operativos.

El Administrador de clientes de red

Un servidor de dominio Windows NT permitirá el acceso de estaciones de trabajo a sus recursos aunque no sea un equipo Windows NT. De esta manera las estaciones con sistemas operativos distintos podrán compartir los recursos del dominio, estas estaciones podrán ser, entre otros, MS-DOS, Windows, Windows para Trabajo en Grupo, Windows 95, LAN Manager 2.x, Apple Macintosh, Novell Netware.

El Administrador de clientes de red

Esta es la herramienta que nos permitirá instalar el software de red necesario en las estaciones que deseamos participen en el dominio Windows NT.

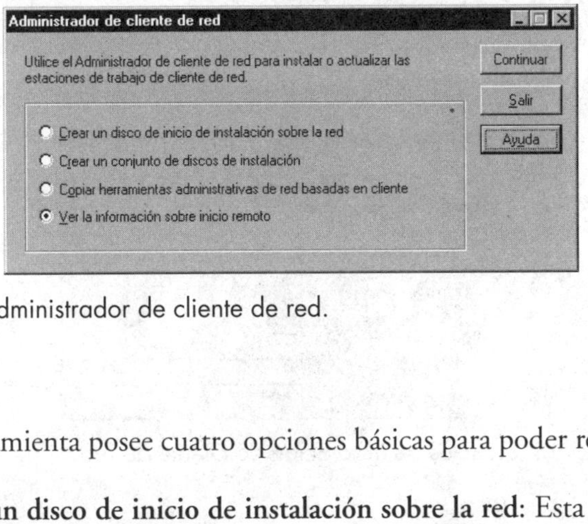

Figura 9.1. Administrador de cliente de red.

Esta herramienta posee cuatro opciones básicas para poder realizar la instalación:

- **Crear un disco de inicio de instalación sobre la red**: Esta opción permite la creación de un único disco de instalación de red que nos permitirá que una estación se inicie como cliente de un servidor Windows NT. Después de esta iniciación, se instala todo el software adicional necesario a través de la red, ya que en este disco de iniciación se incluye el directorio donde se encuentran los archivos de instalación.
- **Crear un conjunto de discos de instalación**: En lugar de un único disco se crea un conjunto de ellos, ya que portarán todos los archivos necesarios para instalar el cliente de red.
- **Copiar herramientas administrativas de red basadas en cliente**: Las herramientas administrativas se pueden instalar en una estación Windows NT Server o WorkStation que tenga permisos para ello. La instalación de las herramientas se realiza a través de la red.

- **Ver la información sobre inicio remoto**: Esta opción sirve para ver la información sobre el servicio Inicio Remoto. Permite iniciar equipos MS-DOS y Windows a través de la red.

Creación de discos de inicio de instalación de red

Esta opción es posible utilizarla cuando estemos instalando clientes sobre los siguientes sistemas operativos:

- Windows NT Server (versiones 3.5, 3.51 y 4.0)
- Windows NT WorkStation (versiones 3.5, 3.51 y 4.0)
- Windows 95
- Windows para Trabajo en Grupo (versión 3.11)
- MS-DOS

Cuando se instalan clientes sobre Windows NT esta opción sólo es válida para estaciones x86, no para estaciones Alpha, MIPS o PowerPC.

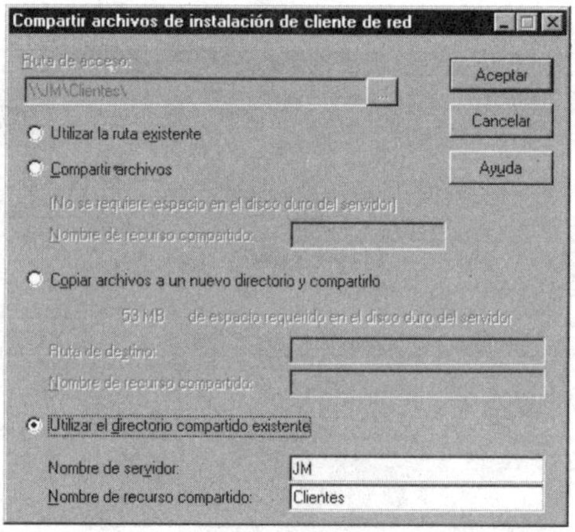

Figura 9.2. Compartir archivos de instalación de cliente de red.

Para proceder a la creación del disco de inicio se debe, en primer lugar, crear un recurso compartido que contendrá los archivos de instalación de cliente. Para especificar este recurso dispondremos de varias alternativas:

- **Utilizar la ruta existente**: La ruta existente no es más que la utilizada anteriormente en una ejecución del Administrador de Cliente de Red.
- **Compartir archivos**: Se utilizará cuando se deban compartir los archivos del CD-ROM. Deberemos dar un nombre de recurso compartido al directorio del CD-ROM que contiene los archivos necesarios para la instalación. Una vez especificado el nombre de recurso y la ruta en que se encuentran los archivos podremos continuar.

- **Copiar archivos a un nuevo directorio y compartirlo**: Con esta opción se pueden copiar los archivos de instalación a un directorio de la estación en que estamos creando el disco de inicio y ponerlo como recurso compartido para poder establecer la conexión durante la instalación.
- **Utilizar el directorio compartido existente**: Cuando tengamos un directorio creado, podremos utilizarlo en posteriores instalaciones. Para ello se debe facilitar su ruta en los cuadros correspondientes especificando el servidor en el que se encuentra el directorio compartido y el nombre con el que se creó el mencionado directorio.

Después de haber elegido la opción adecuada, nos aparecerá el siguiente cuadro de diálogo, en el se debe especificar el formato de la unidad de destino, el tipo de cliente que queremos instalar y el fabricante del adaptador de red de la estación cliente.

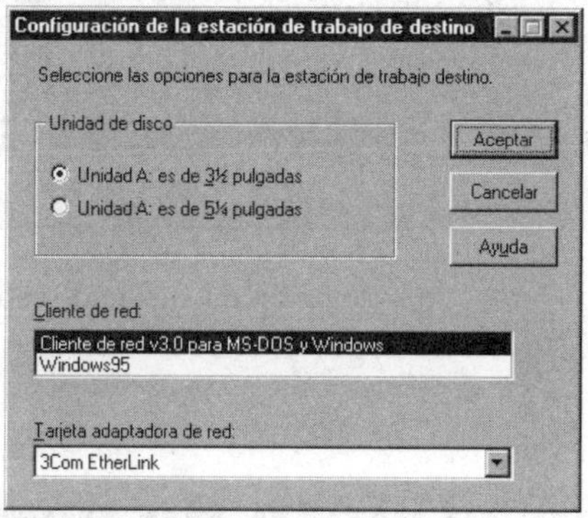

Figura 9.3. Configuración de la estación destino.

Por defecto se ofrecen dos tipos de clientes para crear el disco de inicio (Cliente de red v3.0 para MS-DOS y Windows, y Windows 95). Para poder crear disco de inicio para Windows NT y Windows para Trabajo en Grupo se debe crear una carpeta en la carpeta compartida de clientes y luego copiar los archivos necesarios para la instalación. Los archivos de Windows NT se encuentran en el propio CD-ROM de distribución, mientras que en el caso de querer instalar un cliente de Windows 3.11 para trabajo en grupo deberemos copiar los archivos desde el propio Windows para trabajo en grupo o desde el CD-ROM de distribución de versiones anteriores de Windows NT (3.5 y 3.51).

Dentro del directorio Clientes crearemos uno llamado WFW y, dentro de él, otro con el nombre NETSETUP. Todos los archivos de Windows para Trabajo en Grupo deberán ser copiados a este directorio. Tanto en los discos de distribución de Windows para Trabajo en Grupo como de Windows NT 3.5x los archivos se encuentran en el directorio con el mismo nombre.

Creación de un conjunto de discos de instalación

Esta opción la utilizaremos para los siguientes tipos de clientes:

- MS-DOS
- TCP/IP-32 para Windows para Trabajo en Grupo

- LAN Manager para clientes MS-DOS y OS/2
- Acceso remoto para MS-DOS

Estas serán las opciones que nos aparecerán por defecto en el momento de seleccionar la opción de crear el conjunto de discos.

Estos discos llevarán todo el software necesario para la instalación manual de estos clientes. Tendremos la posibilidad de formatear los disquetes durante la copia de los archivos a los mismos.

Figura 9.4. Crear discos de instalación de cliente de red.

Instalación cliente de red V3.0 para MS-DOS

Una vez que hemos creado los disquetes de instalación los podremos utilizar en la estación cliente. En el primer disco de instalación encontraremos el programa **INSTALAR.EXE**, el cual nos introducirá al asistente de instalación. Esta herramienta se encargará de examinar la configuración actual del equipo y copiará los archivos necesarios para ejecutarse al disco duro de la estación de trabajo.

De manera predeterminada nos ofrecerá el directorio C :\NET, el cual podremos modificar, este es el directorio en el que se copiarán los archivos.

En el caso de que el adaptador de red no se encuentre en la lista que nos ofrece Windows NT elegiremos la opción "El adaptador de red no está en la lista siguiente ..." y podremos introducir el disquete suministrado por el fabricante del adaptador de red.

Durante el proceso de instalación dispondremos de varias opciones a seleccionar:

- Podremos utilizar el redirector estándar o el extendido.
- Modificar nombres de usuario, estación, grupo de trabajo y dominio.
- Podremos seleccionar ejecutar ciertas opciones de instalación:

  — Iniciar cliente de red de Microsoft
  — Indicar que inicie sesión en su grupo de trabajo
  — Cargar la interfaz emergente en memoria

— Iniciar sesión o no en el dominio
— Modificar teclas de la interfaz emergente

Una vez configurada la instalación, el programa de instalación continuará copiando archivos al disco duro de la estación que estamos instalando. Los archivos AUTOEXEC.BAT y CONFIG.SYS serán modificados y deberemos reiniciar el equipo para que los cambios surtan efecto.

Una vez finalizada la instalación es posible modificar las opciones accediendo al mismo programa INSTALAR.EXE mediante el cual podremos modificar el adaptador de red, agregar y eliminar protocolos, etc.

El cliente de red se ejecuta en estaciones de trabajo con el sistema operativo MS-DOS, permitiendo el acceso de dichas estaciones a un red Windows NT. Permitirá el acceso de recursos compartidos como pueden impresoras o archivos.

Las órdenes del cliente de red se pueden ejecutar a través de la interfaz emergente o bien a través del intérprete de órdenes de MS-DOS. Para acceder a la interfaz emergente se debe presionar **Ctrl+Alt+N** o introducir la orden NET. La interfaz sirve para no tener que utilizar las órdenes que deberían ser introducidas en el intérprete de órdenes de MS-DOS. Entre otras opciones incorpora capacidad para establecer conexiones a recursos de Windows NT, visualizar estas conexiones, visualizar los recursos compartidos existentes. Como único inconveniente es que, puesto que está basado en caracteres no es posible utilizar el ratón y todo el trabajo deberá realizarse con el teclado, una vez familiarizados con las órdenes, será más ágil moverse a través de ellas.

Tabla 9.3. Opciones de la orden NET disponibles en MS-DOS

Parámetro	Descripción
Sin parámetros	Carga la interfaz emergente y la muestra en pantalla.
CONFIG	Muestra la configuración del grupo de trabajo actual.
DIAG	Ejecuta el programa Microsoft Network Diagnostics para mostrar información de diagnóstico de la red.
HELP	Visualiza información de ayuda.
INIT	Carga protocolos y controladores de adaptador de red.
LOGOFF	Desconecta la estación de trabajo de los recursos compartidos a los que se encuentre conectada.
LOGON	Inicia conexión y restablece conexiones persistentes.
PASSWORD	Cambio de contraseña.
PRINT	Visualiza estados de las colas de impresión y controla los trabajos que se encuentren en dichas colas.
START	Inicia servicios.
STOP	Detiene los servicios.
TIME	Muestra la hora y permite la sincronización con el servidor de horario.
USE	Presenta información sobre recursos compartidos y conecta o desconecta estos recursos compartidos.
VER	Muestra número de versión del redirector de grupo de trabajo que se está utilizando.
VIEW	Visualiza lista de equipos que comparten recursos o recursos existentes en una estación determinada.

Copia de herramientas administrativas de red basadas en cliente

Las herramientas que incluye Windows NT Server sirven para ser ejecutadas en clientes Windows NT WorkStation y Windows 95.

Su función es la administración de equipos que funcionen en la red y no todos los sistemas podrán efectuar las mismas operaciones, el abanico de opciones en Windows NT WorkStation es superior a las disponibles bajo Windows 95.

Es importante recordar que poder utilizar estas herramientas es necesario pertenecer al grupo local de Administradores.

Cuando seleccionamos la opción aparece el siguiente cuadro de diálogo:

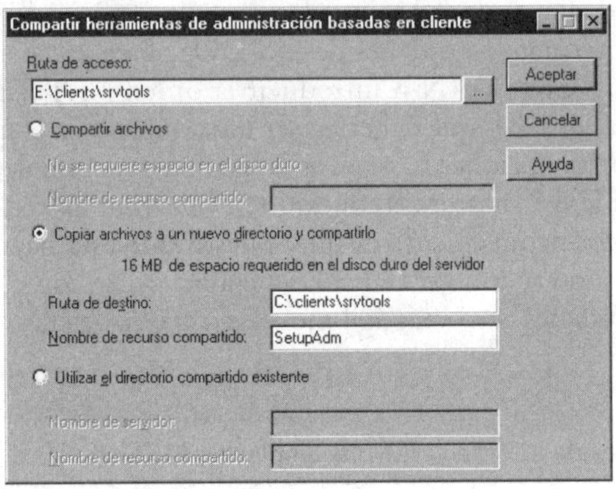

Figura 9.5. Compartir herramientas administrativas.

En él se debe especificar el directorio compartido donde vamos a copiar las herramientas y con qué nombre será conocido este recurso compartido.

Una vez creado este directorio, ya podrá ser utilizado en posteriores selecciones de compartir herramientas, como sucedía en el caso de creación de discos de inicio y por los clientes que se conecten a este recurso compartido, para utilizarlas.

Las herramientas administrativas que se pueden instalar son las siguientes:

Tabla 9.4. Herramientas administrativas instalables en equipos clientes

	Windows NT WS	Windows 95
Administrador DHCP	×	
Administrador de Acceso Remoto	×	
Administrador de Inicio Remoto	×	
Administrador de Servidores	×	×
Administrador de Servicios para Macintosh		×
Administrador de Usuarios para Dominios	×	×
Administrador de WINS	×	
Editor de Perfiles de Usuario	×	
Visor de sucesos		×

Otro efecto que se produce al instalar las herramientas administrativas es que se amplían las opciones del **Explorador de Archivos** y de **Mi PC** para poder acceder a los mecanismos de seguridad de los recursos, así como a la administración de recursos compartidos:

- Administración de seguridad de archivos bajo NTFS
- Administración de Impresoras de Windows NT
- Administración de Servidores que ejecutan servicios NetWare

Inicio remoto

El servicio de inicio remoto es un servicio que permite iniciar estaciones de trabajo con MS-DOS y Windows a través de la red. Por lo tanto, será un servicio que se configurará en el servidor y que será personalizable para cada usuario.

Los clientes iniciarán el sistema desde el disco duro del servidor, para esto deberán cumplir unos **requisitos**:

- Necesitará un adaptador de red con memoria ROM para permitir la carga remota de programa inicial (RPL). Esta memoria contiene el programa de inicio y configuración del servidor.
- Los clientes Windows 95 requieren 8MB de RAM y procesador 386 o superior.
- El servidor debe tener suficiente espacio para los archivos del cliente remoto. Windows 95 es el sistema que necesita más espacio (unos 90 MB).
- Se debe asignar espacio a cada cliente para sus carpetas, archivos y perfil.
- Muchos equipos antiguos necesitan una controladora de disco, actualmente suele ir integrada en placa base.

El inicio remoto contribuye a tener un mayor control de la red, tendremos una instalación más segura en muchos aspectos, se dificulta la entrada de virus, ya que los clientes no dispondrán de unidades de disco ni podrán extraer información de las bases de datos centralizadas. El software se encontrará todo centralizado ya que estará en los servidores facilitando la actualización del mismo.

Administrador de inicio remoto

En el servidor de inicio remoto deberemos configurar el servicio. En primer lugar será necesario iniciar el servicio de inicio remoto de la misma manera que se inicia el resto de servicio, utilizando la aplicación **Servicios** del **Panel de Control**. De manera predetermina el servicio no es iniciado y debe ser el administrador quien realice esta tarea, también se podrá configurar para que el servicio se inicie de manera automática al encender el equipo.

El servicio de inicio remoto podrá ser personalizado para cada estación cliente que vaya a utilizar este servicio.

La primera vez que entremos en el administrador de inicio remoto nos aparecerá un mensaje indicando que no pueden ser creadas estaciones de trabajo sin haber creado previamente un perfil (Figura 9.6).

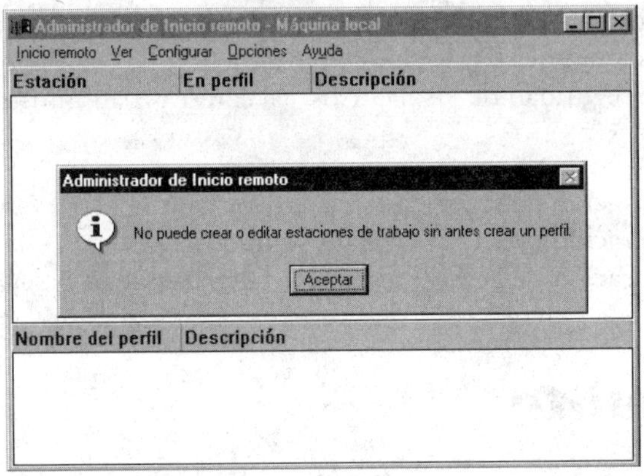

Figura 9.6. Administrador de inicio remoto.

El perfil es, precisamente, el entorno de trabajo compartido por las estaciones que van a utilizar el servicio. Un perfil consta de la siguiente información:

- Sistema Operativo
- Estación de Trabajo
- Arquitectura del equipo
- Adaptador de red
- Información de inicio de sesión

Nota:

Los perfiles de inicio remoto no deben ser confundidos con los perfiles de usuario ni con los perfiles de hardware.

Los perfiles de usuarios definen el entorno de trabajo de los usuarios en un dominio o estación de trabajo.

Los perfiles de hardware definen los componentes instalados en una máquina determinada.

Los perfiles de inicio remoto definen las características de las estaciones cliente del servicio.

La creación del perfil no es suficiente para que una estación pueda establecer la conexión utilizando este servicio. Deberemos configurar el disco duro del servidor para poder dar soporte a esta conexión.

Administración de perfiles de inicio remoto

Para crear un perfil accederemos a la opción **Nuevo perfil** del menú **Inicio remoto** del administrador de inicio remoto. En el cuadro de diálogo que nos aparecerá deberemos introducir un nombre de perfil, que podrá ser una secuencia de hasta 16 caracteres, asignar un comentario que nos identifique más ampliamente el perfil y, por último, elegir la configuración de la lista de posibilidades. Esta configuración incluye sistema operativo y adaptador.

En el caso de que no aparezca en la lista de posibilidades la configuración que nos interesa, será necesario instalar los archivos del sistema operativo correspondiente y comprobar la configuración.

Para comprobar las configuraciones se debe seleccionar la opción **Comprobar configuraciones** del menú **Configurar**. Podremos visualizar los sistemas operativos disponibles para las estaciones cliente del servicio de inicio remoto.

Accediendo a las propiedades de un perfil, únicamente podremos modificar el comentario asociado al mismo, para realizar cambios en la configuración deberá eliminarse el perfil antiguo y dar de alta el nuevo.

Para eliminar el perfil seleccionaremos un perfil de la lista de perfiles disponible y elegiremos la opción **Eliminar** del menú de **Inicio remoto**. Deberemos confirmar la operación.

Si tenemos estaciones asignadas a este perfil, dispondremos de dos posibilidades, en primer lugar se puede eliminar estas estaciones, y en segundo lugar podemos reasignar todas las estaciones a otro perfil.

Configuración de clientes

Antes de que la estación remota pueda establecer una conexión deberá ser configurada. Deberemos crear un disquete de inicialización desde el servidor, este disquete deberá estar formateado para MS-DOS y copiaremos en él los programas RPLENABL.EXE y RPLDSABL.EXE que encontraremos en el directorio:

```
%systemroot%\rpl\rplfiles\binfiles\binr
```

Deberemos ejecutar el programa RPLENABL en la estación de trabajo, luego pulsaremos **Ctrl+Alt+Supr** y comenzará a trabajar el módulo que carga el inicio remoto mientras se inicializa el adaptador de red.

El programa RPLDSABL sirve para desactivar la configuración de inicio remoto y utilizar la estación local como estación independiente utilizando su propio disco duro.

Cuando se inicializa la estación de trabajo se debe introducir nombre de cuenta y contraseña que se debe dar a la estación. Cuando esta conexión es establecida ya se puede utilizar la orden NET LOGON para introducir el nombre de usuario y contraseña.

Aunque la estación remota tenga un disco duro propio, la unidad de trabajo será la unidad C :\ que será el disco virtual creado para la misma.

Agregar estaciones

Para agregar estaciones al servicio de inicio remoto dispondremos de dos posibilidades: Manual y Automática.

Para poder realizar las altas manualmente, se debe seleccionar la opción **Nueva estación de trabajo** del menú **Inicio remoto**. Nos aparecerá un cuadro de diálogo como el representado en la Figura 9.7.

Una opción que podríamos utilizar es la creación de estaciones de inicio remoto por el procedimiento de copia, seleccionando la opción **Copiar** del mismo menú después de haber seleccionado una estación origen.

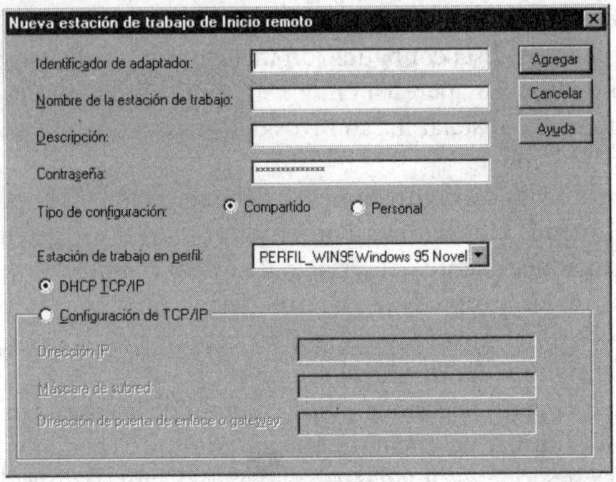

Figura 9.7. Agregar estación de inicio remoto.

El número de identificador de adaptador es la dirección física del adaptador de red, éste deberá ser conocido para poder instalar el servicio.

El nombre de la estación será una secuencia de hasta 15 caracteres de longitud, mientras que la descripción sirve para incrementar esta información y tiene formato libre.

La contraseña que se solicita no es la contraseña de la cuenta de usuario, sino que es una contraseña para la estación que quiere iniciar el servicio de inicio remoto.

El tipo de configuración puede ser de dos tipos

- **Compartida**: El perfil se comparte con otras estaciones.
- **Personal**: El perfil es copiado a la estación de trabajo para poder ser modificado.

En el cuadro Estación de trabajo en perfil se debe seleccionar uno de los perfiles que previamente hayamos creado.

Si la estación remota ha de utilizar TCP/IP será necesario configurar este protocolo. Deberemos proporcionar la dirección IP, máscara de red y gateway predeterminado o bien que disponemos de un servidor DHCP para realizar configuraciones automáticas de las estaciones clientes.

Las altas automáticas se realizan cuando las estaciones remotas inician una sesión sin haber sido dadas de alta previamente. Estas estaciones todavía no pueden iniciarse, pero sí envían una petición de inicio de sesión.

En el administrador de inicio remoto estas estaciones las veremos identificadas por su número de identificador de red en lugar del nombre de estación. Si no aparecen deberemos utilizar la opción **Actualizar** del menú **Ver** para refrescar los datos que se están visualizando.

Para dar de alta a estas estaciones bastará con seleccionarlas de las lista y acceder a la opción **convertir adaptadores** del menú **Inicio remoto**. Como en el caso anterior será necesario proporcionar un nombre a la estación, una descripción opcional (ya aparecerá una información proporcionada por el adaptador), el tipo de configuración y la manera de conseguir la dirección IP en el caso de utilizar TCP/IP.

Cuando hemos seleccionado varios adaptadores nos irá apareciendo este cuadro secuencialmente para cada uno.

Capítulo 10

Dominios

En la primera parte del presente libro introdujimos los conceptos básicos de administración de usuarios y dominios. En el presente capítulo vamos a profundizar en todos estos temas.

En primer lugar veremos cómo se puede agregar estaciones de trabajo a un dominio ya existente. En el capítulo dedicado a la instalación se determinaron las maneras en que, durante la instalación, podíamos agregar la estación al dominio. Ahora se establecerá el método a seguir para agregar una estación de trabajo ya instalada a un dominio existente.

También dedicaremos una parte del capítulo a algunos conceptos avanzados en la administración de la seguridad respecto al acceso de los usuarios como son los planes de cuentas, los derechos de usuario o las auditorías. Estas tres características de seguridad se podrán implementar a través del **Administrador de usuarios** del dominio (o de una estación local si estamos administrando este tipo de estación).

Es posible que tengamos varios dominios definidos en una red física y deseemos que algunos usuarios tengan acceso a recursos localizados en otros dominios diferentes del que es miembro. Si queremos mantener una administración centralizada de estos accesos podremos establecer unos vínculos de confianza entre distintos dominios de la red para lograr este objetivo.

En la última parte de este capítulo presentaremos una serie de herramientas que facilitarán la administración centralizada de varios dominios desde un único puesto de trabajo.

Afiliación de estaciones a un dominio

Una vez instalada una estación como autónoma, miembro de un grupo de trabajo o miembro de un dominio, puede ocurrir que interese modificar esta condición para que quede bajo el control de un dominio, en caso de que no pertenezca a ninguno, o de otro dominio si ya es miembro de uno. Para realizar esta modificación deberemos acceder a la aplicación **Red** en el **Panel de Control** y modificar la **Identificación** de la estación en la red (Figura 10.1).

Si la estación es miembro de un grupo de trabajo, podremos seleccionar la opción **Miembro de dominio** y especificar el nombre de dominio en el que queremos afiliarla.

Cuando realicemos esta opción, la estación intentará establecer una conexión con el dominio al que nos queremos conectar. En el caso de disponer de alguna conexión establecida al dominio, por ejemplo, porque estamos compartiendo un recurso, es imprescindible que se cierre la conexión para permitir finalizar el proceso. Esta acción podremos hacerla utilizando la opción de **Desconectar de unidad de red** en el **Explorador de Windows NT**.

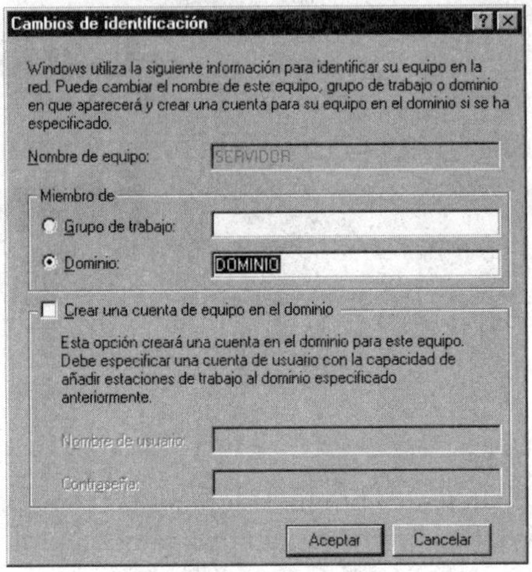

Figura 10.1. Modificar identificación.

Para que la afiliación pueda producirse, es necesario que el administrador del dominio haya creado una cuenta para el equipo mediante el **Administrador de servidores**. En caso de no haberse realizado, es posible crear una cuenta en el momento de la afiliación, siendo para ello necesario seleccionar la casilla correspondiente a **Crear nueva cuenta de equipo en el dominio** y facilitar el identificador y contraseña de un usuario con permiso suficiente para agregar estaciones al dominio.

Cuando la operación se complete nos aparecerá un mensaje de bienvenida al dominio. En este momento deberemos pulsar el botón **Aceptar** y reiniciar el equipo para que el cambio de identificación surta efecto.

El primer cambio sustancial lo vamos a tener a la hora de facilitar el nombre de usuario y contraseña, puesto que ahora nos aparecerá una línea más para introducir el dominio al que nos queremos conectar. Tendremos dos posibilidades: en primer lugar, establecer un inicio de sesión local, con lo que en el nombre de dominio aparecerá el nombre de la estación; en segundo lugar, establecer el inicio de sesión en el dominio, debiendo entonces introducir un usuario y contraseña válido en el dominio.

Si nuestra estación ya es miembro de un dominio y deseo cambiar a otro dominio, deberé realizar la misma operación anterior, es decir, introducir el nuevo dominio del cual quiero ser miembro y, si no han creado una cuenta para el equipo en el nuevo dominio, un identificador y contraseña de un usuario con permisos suficientes. Hemos de tener en cuenta que a partir de entonces, cuando se presente el cuadro de inicio de sesión, tendré la posibilidad de iniciar sesión contra el nuevo dominio, pero también contra el anterior, ya que por el hecho de afiliarme a un nuevo dominio no pierdo la posibilidad de iniciar la sesión en el anterior, a no ser que en éste eliminen mi cuenta de equipo o el usuario que utilizo para iniciar la sesión.

Si accedemos a las **Herramientas Administrativas**, observaremos que en lugar de la opción de **Administrador de Usuarios** aparece la opción de **Administrador de Usuarios para dominios**. El administrador de la máquina local únicamente tendrá acceso a esta opción si tiene derechos de administrador de dominio, ya que no son suficientes los derechos de administrador de la estación.

Planes de seguridad

En el Capítulo 3 se establecieron los mecanismos de administración de los usuarios y grupos definidos en un dominio o en una estación local, los cuales se establecían a través de la herramienta **Administrador de usuarios**. Esta herramienta también proporciona una serie de opciones que permiten establecer niveles de seguridad para los usuarios definidos en el dominio o estación, a las cuales podemos acceder a través de la opción de menú **Directivas**. Estos niveles de seguridad de usuarios quedan divididos en tres partes o **planes**:

- **De cuentas**: Incluirá, entre otras opciones, las limitaciones de las contraseñas, condiciones de bloqueo automático y modo de utilización de las mismas.
- **De derechos de usuario**: Desde esta opción será posible conceder y revocar los derechos a los diferentes usuarios y grupos del dominio.
- **De auditoría:** Se especificarán los sucesos que nos interesa registrar en los ficheros de auditoría.

El plan definido sólo afectará al dominio o estación que se está administrando.

Antes de implementar cualquiera de estos planes de seguridad se debe estudiar con detenimiento las necesidades de nuestra instalación, así como tener en cuenta las consecuencias que pueden conllevar la implantación de algunos planes en las estaciones de trabajo.

Planes de cuentas

En el menú **Directivas** del **Administrador de usuarios** se debe seleccionar la opción **Cuentas**. Encontraremos la siguiente ventana:

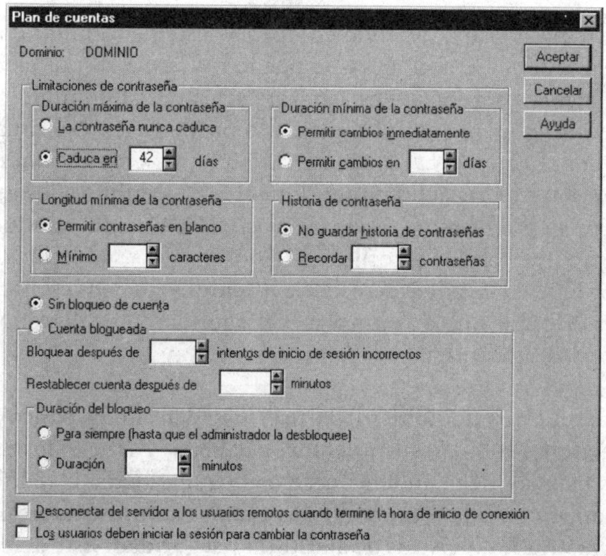

Figura 10.2. Plan de cuentas.

Este cuadro de diálogo permite establecer las siguientes opciones del plan de cuentas, las cuales **afectarán a todas las cuentas** definidas en el dominio o estación.

- **Duración de la contraseña:** Después de unos cuantos días se obliga al usuario a realizar un cambio de contraseña. Cabe la posibilidad de especificar que la contraseña nunca caduque.
- **Duración mínima de la contraseña:** Cuántos días han de transcurrir antes de que se pueda modificar una contraseña.
- **Longitud mínima** de la contraseña y si es posible introducir contraseñas en blanco.
- **Historia de las contraseñas** o no guardar la historia: esto permite decidir después de cuántos cambios se puede volver a reutilizar una contraseña.
- **Bloquear la cuenta** cuando se produce un número de intentos fallidos o no bloquear nunca. En caso de bloquear la cuenta, se puede decidir en cuánto tiempo se reactivará la cuenta y cuánto dura el bloqueo.
- **Desconectar** del servidor a los usuarios remotos **cuando termina la hora de inicio de conexión.** Cuando un usuario alcance sus horas de conexión será desconectado de todos los recursos del dominio.
- Los usuarios deben **iniciar una sesión para cambiar su contraseña.** Si esta opción está desactivada, cuando la contraseña de un usuario caduca podrá ser modificada en la siguiente sesión que inicie. Si está activada no la podrá modificar y deberá avisar a un administrador para que le active la cuenta.

La cuenta de administrador que se crea en el momento de la instalación de Windows NT no puede ser bloqueada nunca, ya que siempre ha de existir un usuario que pueda entrar a desbloquear cualquier cuenta.

Derechos de usuario

Cualquier usuario o grupo definido en nuestro sistema (dominio o estación local) tiene establecidas una serie de acciones que puede realizar. Así, por ejemplo, un usuario no puede instalar nuevos dispositivos, agregar estaciones al dominio o cambiar la hora del sistema, mientras que un administrador sí lo puede hacer. Los usuarios o grupos predeterminados por el sistema ya tienen asignada una serie de acciones o derechos de usuario, los cuales son modificables posteriormente. En cambio, a los nuevos usuarios o grupos que creemos les deberemos asignar derechos de usuario, aunque si son miembros de otros grupos ya heredan los derechos que éstos tengan establecidos.

Es importante conocer los **derechos existentes** y qué nos están permitiendo hacer los mismos para elaborar un correcto plan de seguridad. Los derechos existentes en Windows NT son los siguientes:

- **Acceder a este equipo desde la red:** Este derecho es básico cuando nos interesa, por ejemplo, compartir impresoras o ficheros. Para ello los usuarios que necesiten de los recursos deberán tener acceso al equipo desde la red. Por defecto en la instalación se concede al grupo **Todos** y a los **Administradores.**
- **Administrar los registros de auditoría y seguridad:** Este derecho es útil cuando en una organización se desea que las personas que realizan la auditoría del sistema

sean físicamente distintas de los administradores. Permite especificar los tipos de acceso a los archivos que van a ser auditados y qué objetos se auditarán. Podrán administrar el registro de seguridad mediante el **Visor de sucesos**. De manera predeterminada se concede únicamente a los **Administradores**.

- **Agregar estaciones de trabajo al dominio**: Es una función básica de administración que permite indicar qué estaciones de trabajo pueden acceder al dominio y a aquellos con los que se mantenga relación de confianza. Por esto, por defecto sólo se concede a los **Administradores**.
- **Apagar el sistema**: Permite apagar la estación servidora o de trabajo localmente. Normalmente un servidor sólo podrá ser apagado una vez iniciada una sesión en el mismo, ya que el botón **Cerrar equipo** aparecerá deshabilitado de manera predeterminada en el cuadro de inicio de sesión. No sucede lo mismo en las estaciones de trabajo, ya que este botón se encuentra habilitado.
- **Cambiar la hora del sistema**: Es importante controlar este aspecto porque un uso inadecuado puede traer consecuencia impredecibles a una organización.
- **Cargar y descargar controladores de dispositivo**: Permiso para poder configurar los dispositivos disponibles en el sistema. Por ejemplo, cuando cambiamos una impresora y hemos de modificar los drivers para poder imprimir.
- **Forzar el apagado desde un sistema remoto**: Este permiso todavía no está disponible.
- **Hacer copias de seguridad de archivos y directorios**: Permiso para hacer copias de seguridad en cintas.
- **Inicio de sesión local**: Los usuarios con este permiso podrán acceder a la máquina localmente. Normalmente este privilegio, en caso de controladores de dominio, lo tendrán únicamente los administradores, contribuyendo de esta manera al incremento en la seguridad del sistema. También es requerido por los operadores para poder hacer y recuperar copias de seguridad.
- **Restaurar archivos y directorios**: Permite restaurar las copias de seguridad realizadas en cinta. Este derecho prevalece sobre permisos que puedan estar asignados a archivos y directorios, ya que permite sobreescribir archivos desde copias de seguridad aunque no se tenga permiso para acceder a los mismos.
- **Tomar posesión de archivos u otros objetos**: Permite tomar posesión de archivos, directorios y otros objetos que son propiedad de otros usuarios. Como hemos visto, los archivos son propiedad del usuario creador. Si al administrador le interesase eliminar un archivo de éstos, primero debería apropiarse del mismo y, posteriormente, podría efectuar cualquier acción sobre él.

Toda esta **lista de derechos estándar** se completa con los **derechos avanzados** que podrán ser concedidos y revocados de la misma manera. Estos derechos suelen ser útiles únicamente para programadores de aplicaciones para Windows NT, y no son, normalmente, concedidos a los usuarios. En la siguiente relación podemos observar los derechos avanzados existentes:

- **Actuar como parte del sistema operativo**: Permite que un usuario pueda formar parte confiada del sistema operativo.
- **Bloquear páginas en memoria**: Permite bloquear páginas en memoria para que no sean grabadas en el fichero de paginación.
- **Crear un archivo de paginación**: Permite que el usuario cree archivos de paginación.

- **Crear objetos compartidos permanentes**: Para crear objetos especiales de manera permanente.
- **Crear un objeto testigo**: Permite que un usuario cree testigos de acceso tal y como lo hace la seguridad de Windows NT.
- **Depurar programas**: Permite que los usuarios puedan entrar a depurar hasta el nivel de subproceso.
- **Generar auditorías de seguridad**: Permite que el usuario o su programa pueda generar entradas en el registro de seguridad.
- **Incrementar cuotas**: Este derecho todavía no se encuentra disponible. En el futuro su utilización permitirá que los usuarios puedan incrementar las cuotas de los diferentes objetos.
- **Incrementar prioridades de planificación de procesos.**
- **Iniciar sesión como proceso por lotes**: El usuario puede iniciar una sesión mediante un archivo de proceso por lotes.
- **Iniciar sesión como servicio**: Permite registrar procesos como servicios del sistema operativo. Se usa en el servicio de duplicación de archivos y directorios.
- **Modificar valores de entorno de la memoria no volátil**: Para poder modificar variables de entorno.
- **Perfilar el rendimiento del sistema**: Se permite utilizar el muestreo del rendimiento utilizado en el registro de actividad de Windows NT para un proceso.
- **Reemplazar un testigo a nivel de proceso**: El usuario podrá modificar el testigo de seguridad de un proceso.
- **Saltarse la comprobación de recorrido**: Permite visualizar directorios aunque no tenga derechos de acceso a los mismos.

Concesión y revocación de derechos de usuario

Los derechos se pueden conceder y revocar a cuentas de usuario individuales o bien a los grupos. Los derechos asignados a los grupos predeterminados no pueden concederse a los usuarios individuales, sino que para que un usuario adquiera dichos privilegios ha de hacérsele miembro del grupo correspondiente. También es posible crear grupos adicionales con combinaciones distintas de esos derechos.

Los derechos son concedidos a nivel de dominio, de forma que si un grupo tiene derechos sobre un dominio, los tienen sobre todos los controladores de dominio (principal y de reserva). En el resto de estaciones, los derechos serán sobre la máquina que se está utilizando.

Hemos de dejar claro en este punto la **distinción** entre **derechos de usuario** y **permisos de acceso**. Con los derechos nos estamos refiriendo a la administración del sistema en general, como por ejemplo, derecho a modificar la hora del sistema, derecho a apagar el sistema, etc. Los permisos se asignan para permitir accesos a recursos, tales como ficheros, directorios e impresoras. Los derechos prevalecerán sobre los permisos.

Normalmente no es necesario modificar los derechos de los grupos incorporados por Windows NT, ya que tienen unos derechos asignados suficientes para realizar la tarea que tienen encomendada.

Una vez que hayamos seleccionado la opción **Derechos de usuario** del menú **Directivas** nos encontraremos con un cuadro de diálogo como el de la Figura 10.3.

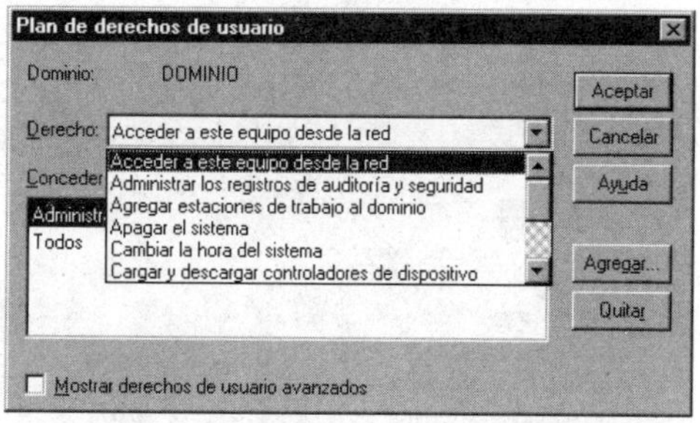

Figura 10.3. Concesión y revocación de derechos de usuario.

Siempre tendremos visible el dominio que estamos administrando, que en el ejemplo es DOMINIO.

En **Derecho** se podrá visualizar la lista de todos los derechos que se pueden conceder a los grupos o usuarios, mientras en el cuadro **Conceder a** se mostrarán todos los grupos y usuarios que poseen dicho derecho. Mediante los botones **Agregar** y **Quitar** podremos ir incorporando y eliminado grupos y usuarios al derecho seleccionado.

Por defecto en este cuadro de diálogo aparecerán todos los derechos de usuario básicos. Esta lista de opciones se puede ampliar si seleccionamos la casilla correspondiente a **Mostrar derechos avanzados.**

El botón **Agregar** dará acceso a otro cuadro de diálogo en el que podremos seleccionar los usuarios o grupos a los que se les puede conceder el derecho que hemos seleccionado, apareciéndonos tanto los grupos/usuarios incorporados por Windows NT como los creados por el administrador.

Nota:

Los derechos se encuentran definidos a nivel sistema, mientras que los permisos se encuentran definidos a nivel objeto. Los derechos de sistema prevalecen sobre los permisos. Esto quiere decir que, por ejemplo, usuarios que no tengan permiso de lectura de un directorio podrán realizar copias de seguridad del mismo si disponen permiso de Hacer copias de seguridad.

Planes de auditoría

El **plan de auditoría** de Windows NT permite decidir qué sucesos de seguridad vamos a almacenar en los registros de seguridad para, posteriormente, poder ser auditados.

El plan de auditoría se establece a partir de la opción **Auditoría** del menú **Directivas** del **Administrador de usuarios**, la cual nos muestra la siguiente ventana:

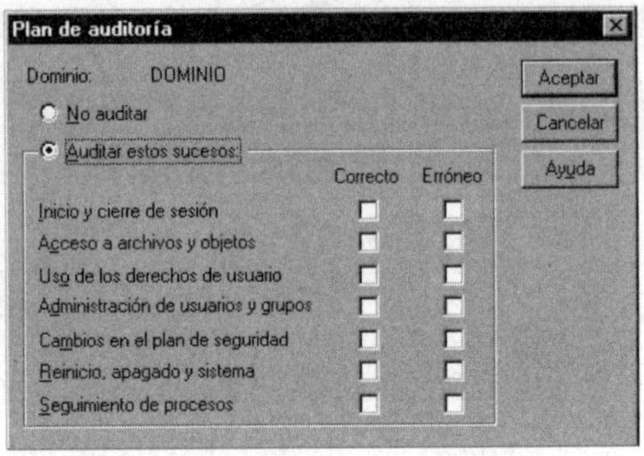

Figura 10.4. Plan de auditoría.

Por defecto aparecerá desactivado el plan de auditoría. En las líneas inferiores del cuadro de diálogo se observan las capacidades de que se dispone para establecer el plan. Vemos que nos permite recoger información sobre inicios de sesión de un usuario, sobre los accesos a ficheros, uso de derechos de usuario, etc.

Todas las actividades seleccionadas como auditables provocarán que se vayan almacenando registros en un fichero de seguridad que podrán ser accesibles mediante el **Visor de sucesos.**

Como podemos observar, en cada suceso tenemos dos hechos auditables que se pueden seleccionar por separado. En la primera columna podemos seleccionar registrar los sucesos cuando han finalizado correctamente, mientras en la segunda podemos registrar los fallos de los usuarios. El tamaño de la base de datos que se genere dependerá del número de hechos que se desee auditar. Por ejemplo, puede ser interesante auditar solamente los errores que se han producido cuando se desee encontrar a usuarios que intentan romper las barreras de seguridad. Si el objetivo fuera hacer estadísticas de accesos y utilización, entonces sólo nos interesarían los aciertos.

Los **sucesos auditables** son los siguientes:

Tabla 3.1. Descripción de sucesos y acciones auditadas

Suceso	**Acción auditada**
Inicio y cierre de sesión	El usuario ha iniciado o finalizado una sesión en la estación local o bien ha establecido una conexión de red.
Acceso a archivos y objetos	Un usuario accedió a ese directorio o archivo auditado o ha intentado la impresión a través de una impresora auditada. (Sólo con sistema de ficheros NTFS.)
Uso de los derechos de usuario	Un usuario ha utilizado un derecho de usuario (inicio/fin sesión no incluidos).
Administración de usuarios y grupos	Una cuenta de usuario o grupo fue creado, modificado o eliminado o bien una contraseña ha sido modificada o se activó una cuenta.
Cambios en el plan de seguridad	Se ha modificado el plan de derechos de usuario o el plan de seguridad.
Reinicio y apagado sistema	Un usuario realizó un inicio o cierre de la máquina local o un hecho que afecta a la seguridad del sistema ha ocurrido.
Seguimiento de procesos	Seguimiento de activación de programas, acceso indirecto a objetos, salida de procesos y algunas formas de duplicación de identificadores.

En este panel únicamente indicamos los hechos que deseamos auditar. Para entrar en detalle de cuáles son los archivos, directorios e impresoras que deseamos auditar, deberemos especificar en cada recurso las opciones de auditoría que deseemos. En el caso de que el registro de auditoría no se encuentre activado desde el Administrador de usuario, no serán válidas las especificaciones realizadas en los diferentes objetos mediante el Explorador de Windows NT.

De esta manera utilizaremos el **Explorador de Windows NT** para seleccionar el **archivo, directorio o impresora que queremos auditar.** Mediante el botón derecho del ratón podremos acceder a las **Propiedades** de cada elemento. Dentro de ellas observaremos la pestaña de **Seguridad** con un botón de **Auditoría.**

Auditoría de una impresora

Mediante este tipo de auditoría podremos controlar el uso de una impresora. Para activarla, accederemos a la página de **Auditoría** tal y como se ha establecido anteriormente, en la cual observaremos que, en la parte superior, podremos ir incorporando los usuarios o grupos de usuarios sobre los que deseamos establecer la auditoría, mientras que en la parte inferior vemos los **sucesos auditables**:

- **Imprimir**
- **Control total**
- **Eliminar**
- **Cambiar de permisos**
- **Tomar posesión**

Como en la ventana Plan de auditoría, se puede seleccionar los sucesos que finalizan correctamente o los que acaban en fallo, aunque éstos sólo están accesibles después de haber añadido algún usuario o grupo en la lista de nombres a auditar.

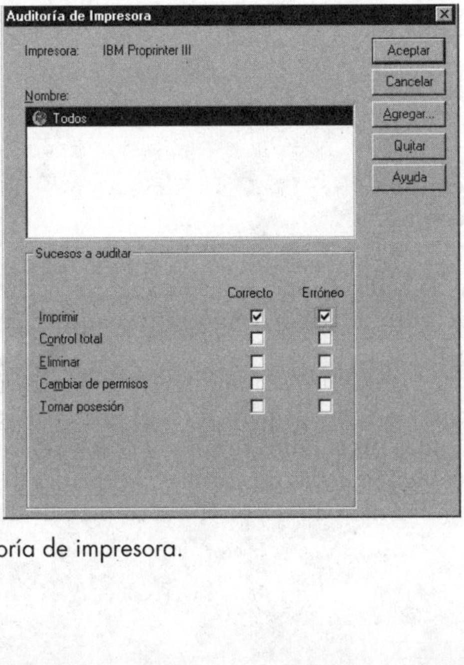

Figura 10.5. Auditoría de impresora.

Auditoría de un directorio o archivo

La configuración de la auditoría de archivos es similar a la auditoría de las impresoras, diferenciándose ambas en los sucesos a auditar. En la Figura 10.6. observamos los sucesos a auditar en archivos:

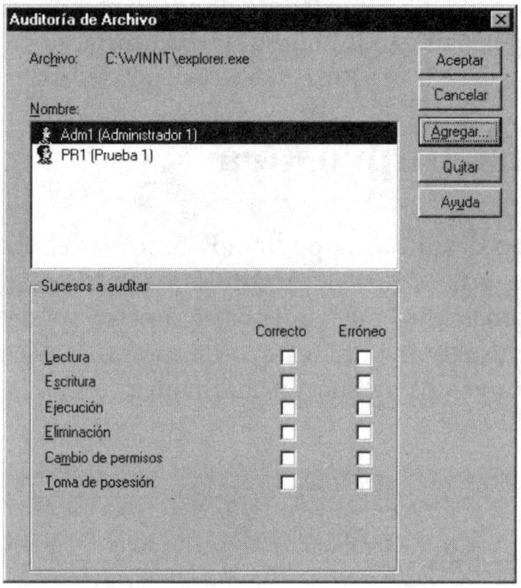

Figura 10.6. Auditoría de archivos.

Los **sucesos auditables en un archivo** son:

- **Lectura**
- **Escritura**
- **Ejecución**
- **Eliminación**
- **Cambio de permisos**
- **Toma de posesión**

Como en el caso de la impresora, se pueden agregar y eliminar grupos o usuarios a auditar mediante el cuadro de diálogo **Agregar usuarios y grupos** al que accederemos desde el botón **Agregar**.

Como se ve en la Figura 10.7, la auditoría de directorios mantiene los mismos sucesos auditables que los archivos pero incluye dos casillas que permiten aplicar la auditoría definida a todos sus subdirectorios o a todos los archivos existentes. En caso de que seleccionemos alguna de las dos casillas, los planes de auditoría existentes hasta ese momento serán reemplazados por el nuevo plan de auditoría establecido en el directorio padre.

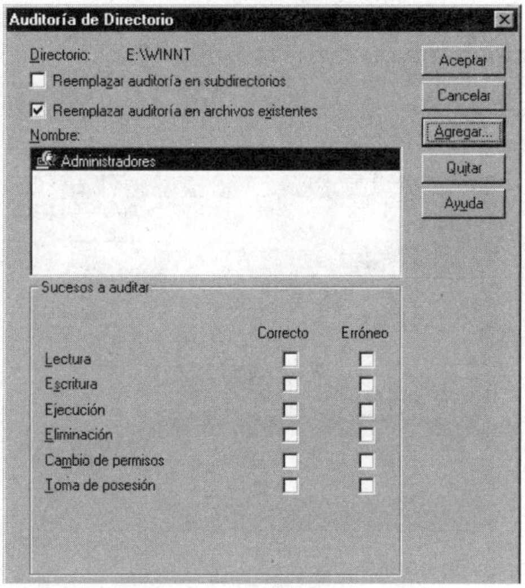

Figura 10.7. Auditoría de directorio.

Relaciones de confianza

Las organizaciones con un mínimo tamaño se verán en la necesidad de crear más de un dominio para organizar las cuentas de usuario y los recursos. En la práctica lo más útil será diferenciar los dominios de cuentas de usuario y los dominios de recursos y establecer las relaciones entre ellos a través de **relaciones de confianza.**

Una **relación de confianza** es una relación entre dos dominios que permitirá a los administradores controlar las autorizaciones en ambos dominios. De esta manera si el dominio-A confía en el dominio-B, un administrador del dominio-B tendrá acceso, como administrador, a los usuarios y recursos del dominio-A.

Se pueden establecer dos **tipos de relaciones entre dominios**:

- **Unidireccional**: Un dominio confía solamente en los usuarios de otro dominio, permitiendo el acceso a sus recursos. Los administradores del dominio en que se confía podrán administrar cuentas y usuarios del dominio que confía. En el **Administrador de usuarios** podremos utilizar la opción **Seleccionar dominio...** del menú **Usuario** para elegir el dominio que queremos administrar. Es importante tener en cuenta que los usuarios del dominio que confía no pueden tener acceso al otro dominio. Por tanto, si nos interesara que esos usuarios accedieran a recursos del dominio en que se confía debería establecerse una relación bidireccional.
- **Bidireccional**: Se produce cuando cada dominio confía en el otro. Los usuarios de cualquiera de los dos dominios tendrán accesibles los recursos de ambos dominios.

Para establecer una relación de confianza hemos de seguir varios pasos. En primer lugar el dominio que quiere tener acceso a otro debe "solicitarlo". Para ello debe elegir la opción **Relaciones de confianza** del menú **Directivas** del **Administrador de usuarios**, apareciendo una ventana con dos partes (Figura 10.8):

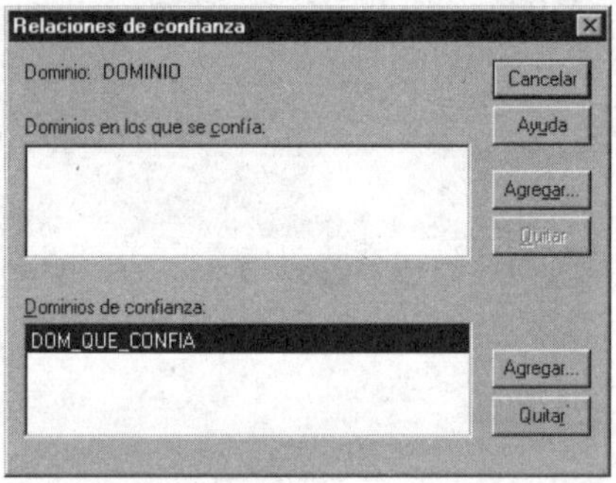

Figura 10.8. Relaciones de confianza.

- **Dominios en los que se confía:** En este apartado figurarán los dominios en los que confiamos, es decir, aquellos dominios que tendrán acceso a los usuarios y recursos del dominio que se está administrando.
- **Dominios de confianza:** Será la lista de los dominios que confían en el que estamos administrando y a los cuales podremos acceder a sus usuarios y recursos.

Para **solicitar la confianza** de otro dominio deberemos agregar el nombre de este dominio en la lista de **Dominios de confianza**. Nos aparecerá el siguiente cuadro de diálogo, en el que deberemos introducir el nombre del dominio al que queremos tener acceso y una contraseña que deberemos facilitar al administrador del otro dominio para que pueda confirmar la relación de confianza.

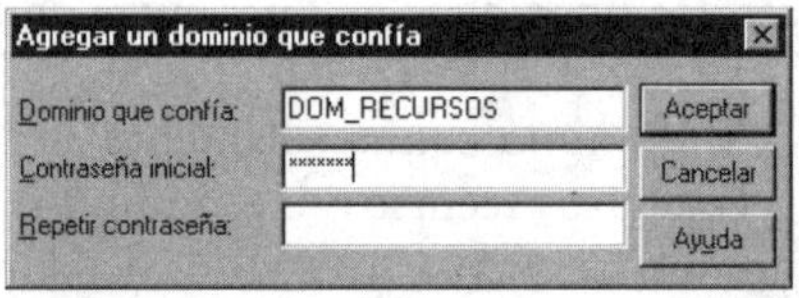

Figura 10.9. Agregación de un dominio que confía.

Una vez efectuadas estas acciones, debe ser el administrador del dominio que confía el que confirme la relación de confianza utilizando la misma opción del **Administrador de usuarios.** En ella debe agregar el dominio en que se confía en la lista correspondiente, para lo cual será necesario introducir la contraseña proporcionada por el administrador del dominio que queremos agregar.

Si quisiéramos establecer una relación bidireccional se deberían repetir los pasos en el sentido inverso.

Consideraciones en la planificación de las relaciones de confianza

Para **planificar y implantar las relaciones de confianza** entre dominios deberemos tener en cuenta los siguientes aspectos:

- **Sólo** es posible establecer relaciones de confianza **entre servidores de dominios con Windows NT Server.**
- Se debe decidir previamente si vamos a establecer relaciones unidireccionales o bidireccionales.
- Decidir dónde estarán almacenadas las cuentas de usuario. Es necesario el acceso con nombre de usuario y contraseña al dominio que las contiene.

Las relaciones de confianza **no tienen la propiedad transitiva.** Esto quiere decir que si un dominio-A confía en un dominio-B, y este dominio-B confía en un dominio-C, esto no implica que el dominio-A confíe en el dominio-C, sino que habría que especificar explícitamente esta relación de confianza si interesase.

Modelos de dominio

Según el nivel de complejidad y el nivel de seguridad deseado de nuestra organización deberemos crear un sistema de dominios de manera que sea fácil la administración de recursos y usuarios.

El **diseño de la configuración** de la red de nuestra organización la podríamos clasificar en cuatro **modelos básicos:**

Modelo de dominio simple

Este es el modelo que hemos estando viendo hasta ahora en el que con un único dominio era suficiente para controlar todos los usuarios y recursos del sistema. Podíamos crear los controladores de reserva necesarios para garantizar la integridad del sistema.

Este modelo es válido cuando disponemos de un número limitado de usuarios y recursos a administrar y queremos hacer esta administración de manera centralizada.

Los problemas comenzarán a surgir cuando el número de usuarios y estaciones de trabajo se incremente de manera considerable, puesto que el rendimiento del servidor decaerá al tener que controlar un alto número de usuarios.

En este entorno de dominio único no tiene sentido el establecimiento de relaciones de confianza entre dominios.

Modelo de dominio maestro

Cuando disponemos de más de un dominio podremos establecer relaciones entre sus controladores principales.

El **dominio maestro** será el que tenga almacenada toda la información referente a las cuentas de usuario. Todos los controladores de dominio confían en el dominio maestro. Estos controladores de dominio se encargan de mantener los recursos existentes en sus dominios, dejando toda la información de usuarios al dominio maestro, desde donde también se administra de manera centralizada el acceso a todos los recursos.

La base del dominio maestro es establecer una relación de confianza unidireccional con cada uno de los controladores propietarios de los recursos.

La gran **ventaja** de este modelo de dominio es permitir llevar una administración descentralizada de recursos pero con administración centralizada de usuarios. Sólo será necesaria una cuenta de usuario para poder acceder a todos los recursos de la red corporativa.

Esta opción es interesante cuando el número de usuarios no es muy grande pero tenemos una organización basada en departamentos, cada uno de los cuales tiene unos recursos propios que se van a administrar por el administrador del dominio. Con esto conseguimos salvar el problema de la opción anterior de no poder agrupar recursos y usuarios, pero seguiremos teniendo el problema de que cuando el número de usuarios crezca de manera considerable el rendimiento del sistema decaerá ya que el controlador de dominio deberá controlar un gran número de usuarios.

Modelo de dominio múltiple

Cuando tenemos un gran número de usuarios éste es el modelo más aconsejable, puesto que es el que ofrece las mayores posibilidades de escalabilidad.

El modelo se basa en que el dominio maestro no es único, sino que existen varios dominios maestros. El número de dominios maestros no ha ser muy grande, ya que si no se complica la gestión de este modelo de dominios.

Cuando se cree una nueva cuenta de usuario deberá ser incorporada a los dominios maestros que son los que se encargarán de mantener las cuentas de usuario, mientras que el resto de dominios de la red se encargará de mantener los recursos de su dominio.

Estos dominios tendrán establecidas relaciones de confianza unidireccionales hacia los dominios de confianza maestros.

En este modelo se pierde la centralización total de las cuentas de usuario en beneficio de permitir ampliar fácilmente la red sin estar cargando todo el trabajo sobre un único servidor. Otro inconveniente es que deberemos administrar mayor número de relaciones de confianza.

Una mejora adicional a este modelo es la de establecer relaciones de confianza bidireccionales entre los dominios maestros, puesto que de esta manera tendremos acceso desde un único puesto a todos los servidores que se encargan del control de las cuentas de usuario.

Modelo de confianza completa

Este modelo también permite tener los recursos y usuarios distribuidos en dominios. Pero todos los dominios tendrán relaciones de confianza bidireccionales con el resto de dominios de la red. Cada administrador de dominio podrá administrar sus propios recursos y usuarios, teniendo éstos acceso a cualquier dominio de la red.

La responsabilidad del control se pasa a los administradores de cada dominio. Estos estarán capacitados para administrar cualquier dominio de la red, por lo que podemos decir que disminuye el grado de seguridad de nuestra instalación.

Trabajo con dominios y relaciones de confianza

Hasta ahora hemos estudiado los conceptos de dominio y relación de confianza. En el presente apartado vamos a profundizar la forma de trabajar con ellos.

Los dominios representan un grupo de usuarios, estaciones de trabajo y recursos que trabajan con un fin común. Serán organizados mediante alguno de los modelos anteriores o por una mezcla de ellos según las necesidades de la organización. Por ejemplo, podemos crear un dominio según los departamentos que tengamos dentro de la organización.

Las relaciones de confianza son el mecanismo por el que las cuentas de usuario de un dominio serán aceptadas en otros dominios para tener acceso a sus recursos. Si quisiéramos que todos los dominios de la organización compartieran sus recursos con todos los usuarios de la misma, únicamente sería necesario crear una cuenta de usuario en toda la organización para poder acceder a todos los recursos de la misma. Esto lleva consigo algunas ventajas, puesto que la labor administrativa de la cuenta se reduce a un único nombre en un único dominio. Otro ejemplo, sería el caso de organizaciones que tienen dominios definidos por áreas geográficas distintas. Cuando un usuario marcha de una zona a otra puede seguir utilizando su cuenta de acceso y contraseña si se han definido las relaciones de confianza necesarias para ello.

El **funcionamiento de las relaciones de confianza** cuando un usuario quiere acceder a un recursos de un dominio diferente al que ha iniciado la sesión radica en que el dominio al que pertenece el usuario es el que se encargará de validar el acceso a toda la red de la organización y, una vez se encuentre en ella, tendrá acceso a los diferentes recursos disponibles. Cuando un usuario solicita acceder a un recurso de otro dominio, el controlador de este dominio se pone en contacto con el controlador de dominio al que pertenece el usuario para conocer si tiene acceso a la red y ver si es miembro de un grupo con privilegios suficientes para acceder al recurso solicitado, ya que es el controlador de dominio al cual pertenece el usuario el que tiene definidos los diferentes permisos de acceso de ese usuario sobre los recursos de la red, bien en el dominio local o en otros dominios de la red con los que tenga relación de confianza.

Si no utilizamos las relaciones de confianza y definimos una cuenta de usuario en cada dominio se nos dificultará la labor de administración. Si el usuario tiene dos cuentas en dos dominios distintos entre los que no existen relaciones de confianza, cuando se conecta en un dominio e intenta acceder a recursos de otro dominio, lo que realmente hace es conectarse al nuevo dominio, en el que sólo dispondrá de los derechos y permisos que se le hayan asignado para este dominio. Además deberemos administrar los permisos y derechos del usuario en cada dominio por separado, mientras que si establecemos relaciones de confianza esta administración se podrá realizar desde un único puesto de control.

En el caso más estricto de dominio maestro, podríamos tener todas las cuentas de usuario localizadas en este dominio, mientras que los recursos se administrarían desde los propios dominios. La administración de los usuarios se encontraría centralizada en el dominio maestro, de forma que el administrador podría manejar todas las cuentas de usuario y todos los equipos de la red, pertenezcan al dominio o no.

> Nota:
>
> El administrador del dominio en que se confía no puede administrar el dominio de confianza hasta que se incluye la cuenta del administrador en el grupo de administradores del dominio que confía.

El **Administrador de usuarios para dominios** será capaz de manejar cualquier base de datos de usuarios de los dominios que confían en él. También el **Administrador de servidor** permitirá manejar las estaciones del dominio local o de los dominios confiados.

Desde el **Explorador de Windows NT** podremos establecer, si hemos sido añadidos al grupo de administradores del dominio que confía, conexiones a todos los recursos definidos en el dominio remoto y, a partir de estas conexiones, establecer permisos de acceso a los usuarios del dominio local.

Administración de múltiples servidores

Cuando instalamos una estación con Windows NT Server, es necesario, además de instalar el sistema operativo, realizar toda la configuración de seguridad del equipo como pueden ser usuarios autorizados, directorios compartidos, permisos de ficheros y directorios, copia de seguridad, etc. Una vez el servidor se encuentra en funcionamiento, necesitará cierto mantenimiento de estos componentes, como pueden ser nuevos usuarios o directorios compartidos o modificación de permisos de ficheros o directorios. Si bien es cierto que Windows NT ofrece unas poderosas herramientas gráficas para realizar todas estas tareas, es también cierto que si tenemos múltiples servidores en nuestro sistema nos encontraremos con problemas para configurar varios servidores con una configuración estándar o para realizar este mantenimiento de una forma remota.

Afortunadamente, existen otras herramientas que facilitan la tarea de administración de varios servidores. Dentro del **Windows NT 4.0 Resource Kit** podemos encontrar varias utilidades de ayuda a la administración de estaciones Windows NT, algunas de las cuales vamos a ver a continuación. La única desventaja de estas utilidades es que no existe, hasta la fecha, versión española de la misma, debiéndonos conformar con la versión americana original.

Administración de usuarios

La administración de usuarios es una tarea imprescindible en cualquier estación Windows NT, ya sea servidora o cliente, aunque la mayor importancia recae en aquellas estaciones que sean controladores principales de dominio.

En un controlador principal de dominio podemos utilizar la herramienta gráfica **Administrador de usuarios de dominio** que encontramos dentro del menú **Herramientas Administrativas.** Pero si tenemos necesidad de agregar multitud de usuarios o bien hemos de agregar usuarios en otro servidor de la red, esta herramienta ya no ofrece tantas ventajas.

El Resource Kit de Windows NT 4.0 incluye una herramienta no gráfica que facilita estas tareas de agregar multitud de usuarios o de agregar usuarios en otro servidor de la red, la cual recibe el nombre de **ADDUSERS.EXE**. Esta utilidad permite utilizar un fichero tipo texto delimitado por comas para agregar o modificar informaciones de usuarios a cualquier estación de la red en la cual tengamos el permiso de acceso correspondiente, ya que se ejecuta directamente en el equipo indicado como parámetro (Figura 10.10).

```
E:\I386\NETADMIN>addusers /?
Adds, Writes, or Erases accounts as specified by a delimited file.

ADDUSERS [/?] [\\computername [[/c | /d | /e] filename]] [/s:?]

  /?    Display this help screen.
  /c    Create accounts specified in the file.
  /d    Write current accounts to the specified file.
  /e    Erase user accounts specified in the file.
  /s:?  Sets the seperator character for the input/output file.  Replace the
        ? with the character to be used for seperating fields. (eg /s:~)
        Note: The seperator character is a comma ',' by default.

For detailed information please refer to the Resource Kit Help file.
```

Figura 10.10. Orden ADDUSERS.EXE.

En la ayuda del Resource Kit podemos encontrar la estructura que debe seguir el fichero con la información de los usuarios, así como ejemplos de utilización de esta utilidad.

El programa ADDUSERS.EXE tiene cierta limitación en cuanto a propiedades modificables a través suyo, como por ejemplo, la modificación de propiedades de las contraseñas. Para sobrepasar estas limitaciones es posible utilizar otro método de mantenimiento de cuentas de usuario que son las órdenes **Net User** o **Net Accounts** que permiten añadir o modificar la información de las cuentas de usuario, aunque éstas tan sólo permiten su uso en el dominio donde nos encontremos identificados. Estas órdenes también pueden ser utilizadas en ficheros batch para acelerar el proceso de definición o modificación de usuarios pero siempre en el servidor actual.

Directorios compartidos

En un entorno con la información distribuida es fundamental para el funcionamiento de las aplicaciones una correcta definición y localización de los datos a través de los diferentes servidores accesibles. Un primer método de creación de recursos compartidos es la herramienta **Explorador de Windows NT**, aunque, como ocurría con la administración de usuarios, en caso de creación masiva de recursos resulta poco manejable. Para obtener una mayor rapidez en la creación masiva de recursos compartidos podemos utilizar la orden **Net Share** en un proceso batch, la cual también es transportable a cualquier nuevo servidor con la misma definición de recursos. Pero, como ocurría con las órdenes Net User o Net Accounts, la orden Net Share está limitada al servidor local, con lo que, si bien ofrece algunas ventajas, tiene la desventaja del ámbito de aplicación.

Dentro del Resource Kit de Windows NT 4.0 podemos encontrar la utilidad **RMTSHARE.EXE** que permite, mediante una sintaxis parecida a la de la orden Net Share, compartir recursos de cualquier servidor de cualquier dominio. Incluso podemos asignar permisos de acceso al mismo a usuarios o grupos mediante el parámetro **/grant**. En la figura siguiente podemos ver la sintaxis de esta utilidad.

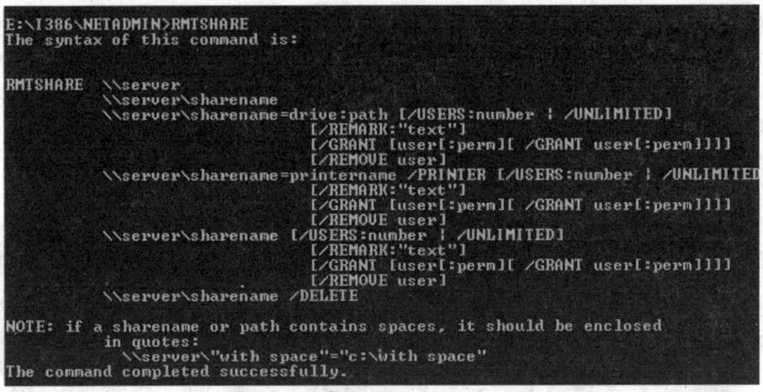

Figura 10.11. Utilidad RMTSHARE.EXE.

Administración de dominios

En una red con diferentes dominios definidos, el administrador de la misma necesita estar informado continuamente del estado de cada uno de los controladores principales de dominio. También, si existen definidas relaciones de confianza entre los diferentes dominios, sería de gran ayuda contar con una utilidad donde centralizar las diferentes relaciones y el estado de cada una de ellas. La versión estándar de Windows NT Server no proporciona ninguna herramienta de estas características, aunque podríamos obtener cierta información de este tipo a través del Administrador de Servidores.

Si volvemos a buscar en el Resource Kit de Windows NT 4.0., podemos encontrar una utilidad llamada **DOMMON.EXE** que nos ofrece esta información. Como se observa en la Figura 10.12, el programa DOMMON.EXE permite visualizar en una sola ventana el

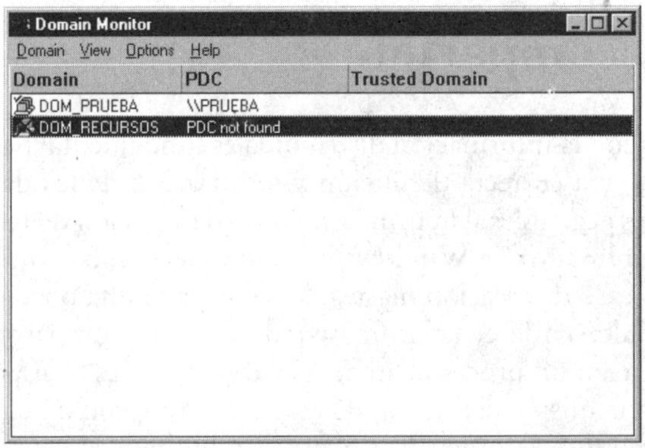

Figura 10.12. Aspecto del programa DOMMON.EXE para administración de dominios.

estado de los diferentes controladores principales de dominio de toda la red, proporcionándome también información de los dominios de cuentas en los que se confía.

Si seleccionamos uno de estos dominios y, a continuación, escogemos la opción **Properties** del menú **Domain**, obtendremos una segunda pantalla de información, aunque ahora tan sólo del dominio seleccionado. En esta pantalla (Figura 10.13) podremos seguir el estado del controlador de dominio, de sus duplicaciones de directorios e, incluso, de sus relaciones con los dominios de cuentas en los que se confía.

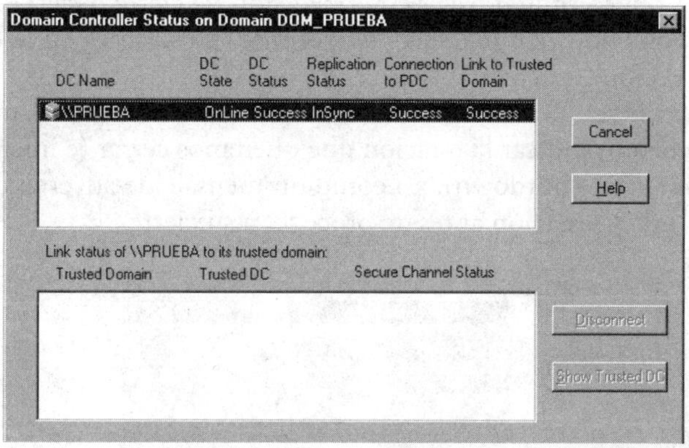

Figura 10.13. Propiedades de un dominio en el programa DOMMON.EXE.

Otra utilidad de administración de dominios que podemos encontrar en el Resource Kit es **NLMON.EXE**. Esta utilidad, que debe ser llamada desde el interface de comandos, utiliza el servicio de **Examinador de red** para listar los controladores de dominio existentes en la red y sus relaciones de confianza. A continuación se muestra la sintaxis de la misma.

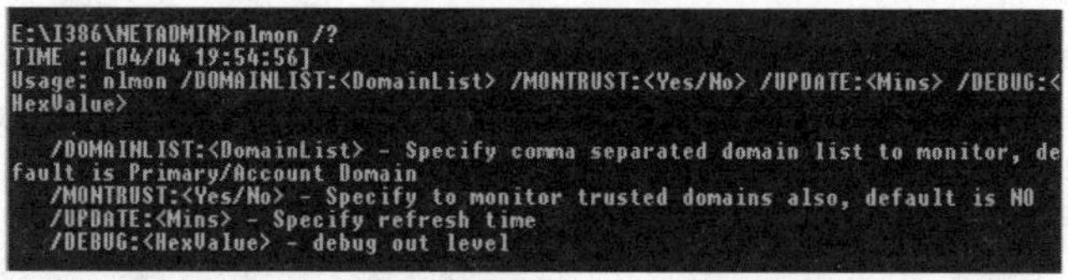

Figura 10.14. Sintaxis utilidad NLMON.EXE.

Cierre remoto

Dentro de nuestras atribuciones como administradores de una red o de varias redes es posible que tengamos el mantenimiento de los servidores (bien controladores de dominio o servidores de recursos) o, incluso, de las estaciones cliente. También es posible que, después de efectuar operaciones de mantenimiento, sea necesario reiniciar el equipo para que entren en vigor modificaciones efectuadas en la configuración del mismo. Si el equipo a reiniciar está próximo al lugar donde nos encontremos o bien se trata de un solo equipo, podemos hacer nosotros mismos esta acción de cierre y reinicio o bien encargársela a una tercera persona que se encuentre en el lugar del equipo a reiniciar. Si, en cambio, el número de equipos a reiniciar es grande y no se encuentran cercanos o bien no existe ninguna persona que pueda realizar esta acción (por ejemplo, pensemos en operaciones realizadas por la noche sobre servidores de ficheros remotos), esta operación de cierre e inicio comienza a plantear complicaciones.

Como en los casos anteriores, el Resource Kit de Windows NT 4.0 proporciona dos herramientas que permiten hacer esta operación de cierre o cierre e inicio remotamente (siempre suponiendo que tenemos los permisos suficientes en la estación remota para realizar esta acción).

La primera herramienta (Figura 10.15) es una utilidad gráfica llamada **SHUTGUI.EXE** en la cual debemos indicar la estación que queremos cerrar (e iniciar si seleccionamos la casilla **Reboot after shutdown**), así como un mensaje de advertencia que será mostrado en la pantalla de la estación antes de proceder a su cierre.

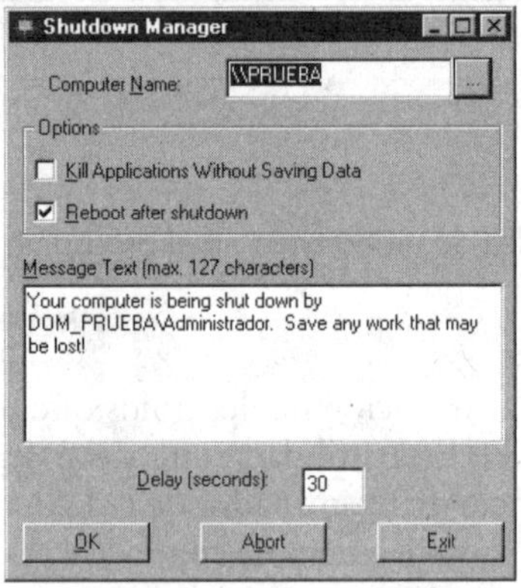

Figura 10.15. Programa de cierre remoto SHUTGUI.EXE.

La segunda herramienta es una versión no gráfica de la utilidad SHUTGUI.EXE, la cual recibe el nombre de **SHUTDOWN.EXE**. En la Figura 10.16 podemos ver la sintaxis utilizada en la misma que se asemeja mucho a los parámetros que admite la versión gráfica.

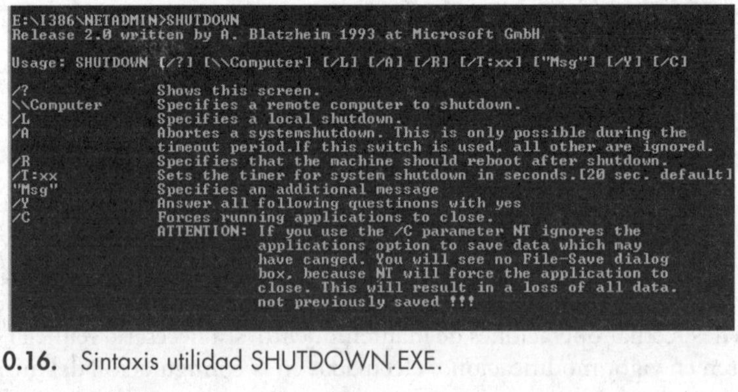

Figura 10.16. Sintaxis utilidad SHUTDOWN.EXE.

Ejecución de órdenes remotas

Algunas de las utilidades anteriores resuelven parte de los problemas derivados de la falta de herramientas para una administración remota de las estaciones Windows NT de la red y del uso restringido de las órdenes NET al servidor local. Si tuviéramos la posibilidad de ejecutar órdenes en servidores remotos podríamos mejorar la efectividad de la administración remota de estaciones.

El Resource Kit de Windows NT 4.0 tiene también un servicio de ejecución remota de órdenes llamado **RCMD.EXE**, el cual extiende el ámbito de ejecución de cualquier orden a servidores remotos (sólo es posible su ejecución en estaciones con Windows NT Server). Por tanto, mediante este servicio se puede ejecutar en servidores remotos cualquier programa que permita su lanzamiento desde el interface de comandos, no siendo admitidos programas con interface gráfica o con necesidad de entrada de usuario.

La utilidad de ejecución remota de órdenes está compuesta por dos partes:

- Una primera parte cliente (**RCMD.EXE**) que es el programa a utilizar en el servidor desde el cual estamos realizando las tareas administrativas.
- Una segunda parte de servidor (**RCMDSVC.EXE**), la cual es un servicio que debe ser instalado en aquellos servidores en los cuales queremos ejecutar órdenes remotamente. Este servicio debe ser configurado para que se inicie en el momento de inicio del sistema.

Cuando iniciamos la parte cliente (RCMD.EXE) contra un servidor con el servicio RCMDSVC.EXE iniciado, se crea una sesión virtual entre ambos servidores que no es visible en el escritorio del servidor receptor. A partir de entonces podremos ejecutar cualquier orden en esta sesión virtual de la misma forma que lo haríamos directamente en el servidor receptor. Un servidor admite, simultáneamente, 10 sesiones virtuales abiertas contra él.

Capítulo 11

Configuración de hardware y entornos de usuario

En la primera parte de este capítulo abordaremos el tema de configuración de los entornos de trabajo de usuario desde diferentes puntos de vista (usuario final, administrador local o administrador de dominio), así como el uso de las herramientas que nos proporciona Windows NT para esta configuración, como es el Editor de directivas, perfiles de usuario o variables de entorno. Veremos que es posible restringir, en gran medida, las acciones que un usuario puede realizar cuando éste es miembro de un dominio e inicia la sesión en cualquier estación del mismo. También veremos que estas restricciones son menores en caso de que el usuario inicie la sesión localmente aunque sigue siendo posible su control. El usuario final también podrá, según en qué casos, modificar a su gusto la configuración del escritorio y que esta modificación sea almacenada para futuras sesiones.

La segunda parte la dedicaremos a la configuración del hardware de un equipo, es decir, cómo podemos configurar los dispositivos del equipo independientemente del usuario que haya iniciado la sesión en el mismo e independientemente de si la sesión es local o en un dominio. En este apartado dedicaremos especial atención a aquellos dispositivos que sean de aplicación general (pantalla, adaptadores SCSI, etc.), dejando para los capítulos correspondientes aquellos más específicos. Un último tema que trataremos será el uso de distintos perfiles de hardware en una estación.

Configuración de entornos de trabajo de usuario

Podemos definir los entornos de trabajo de usuario como aquel conjunto de elementos que forman el escritorio del usuario como pueden ser colores de la pantalla, ventanas o texto, posiciones de los iconos o ventanas, conexiones a recursos de red o impresoras, iconos que se presentan, acciones permitidas, etc. Algunos de estos elementos, los cuales forman parte del llamado **perfil del usuario**, pueden ser configurables bien por el propio usuario en el momento de trabajo o por el administrador del sistema de forma predeterminada, mientras que otros, las llamadas **directivas** del sistema, sólo son configurables por el administrador de un dominio.

Cada usuario de una estación local tiene su propio entorno de trabajo independiente del resto de usuarios de la misma, de forma que si un usuario modifica su entorno de trabajo no afectará al entorno del resto de usuarios de la estación. Lo mismo ocurre con los usuarios de un dominio, pero además aquí también podemos hacer que sea independiente de la estación desde donde se conecte al dominio.

Estos entornos de trabajo se pueden utilizar, como veremos posteriormente, en equipos Windows 95, aunque no tienen efecto en equipos que ejecutan MS-DOS, Windows 3.2, UNIX u OS/2.

Perfiles de usuario

Un perfil de usuario incluye la configuración de todos aquellos **elementos definibles** por el usuario en su entorno de trabajo, como son:

- La configuración de su escritorio (colores, iconos presentados, posiciones de los mismos) y del Explorador de Windows NT.
- Barra de tareas (valores de configuración, grupos de programas y sus propiedades, elementos de programa y sus propiedades).
- Conexiones de red (recursos e impresoras).
- Configuraciones de aplicación del grupo Accesorios, como la calculadora, reloj, bloc de notas, etc.

Estos perfiles de usuario permiten que el usuario reciba, al iniciar una sesión, el mismo entorno de trabajo que tenía al finalizar la sesión por última vez (veremos más adelante que es posible restringir esta característica), y que, como se ha dicho anteriormente, sea independiente del entorno de trabajo configurado para otros usuarios.

En la definición de los perfiles de usuario debemos diferenciar si hemos iniciado una sesión local en una estación o bien hemos iniciado una sesión contra un dominio. En el primer caso hablaremos de perfiles de usuario local, mientras en el segundo hablaremos de perfiles de usuario de dominio. Vamos a ver cada uno de ellos por separado, aunque antes haremos un pequeño repaso de las utilidades que tiene un usuario para modificar el entorno de trabajo a su conveniencia.

Personalización del entorno de trabajo por parte del usuario

La carpeta del **Panel de Control** es la que permite a cada usuario configurar algunas características del entorno de trabajo acorde a sus preferencias particulares, de manera que cada vez que inicie una sesión en la máquina, el entorno de usuario se configurará de acuerdo a los valores guardados la última vez. Estos valores se almacenarán en el fichero de perfil de usuario local del usuario que ha iniciado la sesión, tal y como veremos posteriormente.

Si observamos este menú en la Figura 11.1 veremos que existen unos iconos que permiten configurar opciones de hardware o del sistema que, a pesar de que algunos podamos ejecutar, no nos permitirán realizar ninguna modificación a no ser que pertenezcamos al grupo de Administradores. En cambio existen otros que nos permitirán configurar algunas características de nuestro entorno de trabajo según nuestra preferencia, los cuales tenemos relacionados a continuación.

Figura 11.1. Carpeta Panel de control.

- **Configuración regional**: Permite modificar el aspecto en que se nos presentará la hora, fecha, unidades de medida, etc., pero sin poder cambiar ni hora ni fecha.
- **Consola:** Configuración del modo de presentación de las ventanas de órdenes.
- **Impresoras**: Definición de conexiones a impresoras remotas, pero no definición de impresoras locales (es tarea de usuarios privilegiados).
- Características del **ratón** (velocidad, sensibilidad, dibujo del cursor, etc.).
- **Multimedia:** Presentaciones de las imágenes en vídeo o de sonidos.
- **Pantalla:** Colores del fondo del escritorio, de las ventanas, protector de pantalla, papelera. No admite modificación de los controladores de monitor o tarjeta.
- **Teclado:** Configuración del idioma, velocidad, etc.
- **Sonidos** de los eventos del sistema en caso de tener instalada una tarjeta de sonido.

Cada usuario también podrá definir los programas o carpetas que aparecerán en el escritorio, configuración de algunos elementos de la barra de tareas y las conexiones de red, las cuales se almacenarán también en el perfil de usuario para ser cargadas en las próximas sesiones del usuario.

Perfil de usuario local (User Profile Local)

Cuando un nuevo usuario inicia una sesión local en una estación, una copia del perfil de usuario por defecto (que se encuentra en el directorio **%system_root% \Profiles\Default User**) se copia y guarda en un directorio con el nombre del usuario bajo el directorio **%system_root%\Profiles**. En este directorio del usuario encontraremos unos subdirectorios de vínculos a elementos del escritorio, así como un fichero con el nombre **Ntuser.dat** que corresponde al fichero del perfil de usuario y otro con el nombre Ntuser.dat.LOG. Así, si observamos el ejemplo de la Figura 11.2, si el usuario PR1 inicia una sesión local por primera vez, el perfil de usuario por defecto se copia en el directorio **%system_root%\Profiles\PR1**, donde, inicialmente, contendrá la configuración del escritorio del usuario por defecto. Si un segundo usuario PR2 inicia su primera sesión local más tarde en la misma máquina, se creará un directorio **%system_root%\Profiles\PR2** que contendrá un perfil de usuario para el usuario PR2. La próxima vez que cualquiera de estos dos usuarios inicie una sesión, Windows NT buscará su perfil de usuario en el directorio del usuario y lo cargará en el árbol del Registro HKEY_CURRENT_USER.

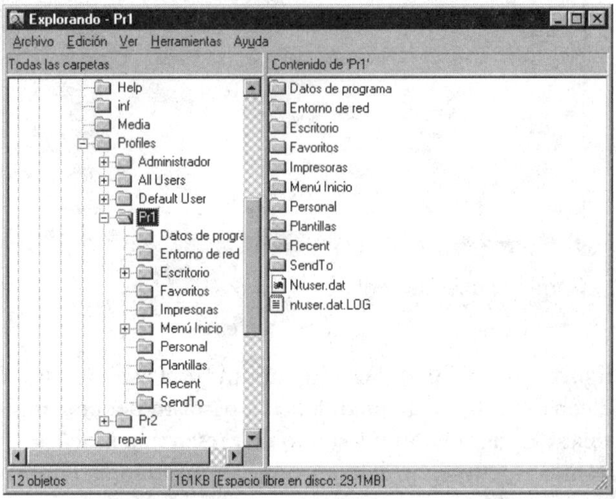

Figura 11.2. Directorio con el perfil de usuario local del usuario PR1.

Hemos dicho que una de las partes que formaban el perfil de un usuario eran los diferentes subdirectorios que podemos encontrar bajo su directorio y que correspondían a vínculos a elementos del escritorio. En la siguiente lista podemos ver el contenido de cada uno de estos subdirectorios.

- **Datos de programa**: Contiene datos específicos de programas, decidiendo cada aplicación qué datos guardar en este directorio.
- **Entorno de red**: Contiene accesos directos a elementos contenidos en la carpeta Entorno de red.
- **Escritorio**: Contiene los elementos que podemos encontrar en el escritorio del usuario, incluyendo accesos directos o archivos.
- **Favoritos**: Contiene accesos directos a programas y ubicaciones favoritas.
- **Impresoras**: Contiene accesos directos a elementos de la carpeta Impresoras.
- **Menú Inicio**: En este directorio obtenemos el árbol de directorios que forma el menú Inicio del escritorio. Aquí hemos de tener en cuenta que el submenú Pro-

gramas del menú Inicio está formado por un grupo de programas personales de cada usuario (que es el que encontraremos bajo este subdirectorio) y otro grupo común a todos los usuarios, el cual encontraremos en el usuario *All Users* tal y como se explicará más adelante.

- **Personal**: Aquí se almacenan accesos directos a elementos de programa.
- **Plantillas**: Contiene accesos directos a elementos de tipo plantilla.
- **Recent**: Contiene accesos directos a los elementos de tipo documento utilizados más recientemente (es el contenido del submenú **Documentos** del menú Inicio).
- **Send to**: Contiene accesos directos a los elementos utilizados en la acción de **Enviar a** cuando deseamos hacer una copia de un documento.

La segunda parte que conforma el perfil de usuario es el fichero Ntuser.dat que podemos encontrar en el directorio del perfil de cada usuario. Este fichero contiene la información del perfil que se cargará en el árbol HKEY_CURRENT_USER del Registro de configuración cuando ese usuario inicie una sesión en la estación, determinando el entorno de trabajo para el usuario en cuestión. Junto a él podemos encontrar otro fichero Ntuser.dat.LOG que es un registro de transacciones que proporciona tolerancia a fallos a Windows NT, permitiendo recuperar el fichero Ntuser.dat si se producen problemas en el momento de actualizarlo.

Cuando hemos hablado del menú Inicio del escritorio, se ha dicho que los elementos del submenú Programas se podían dividir en dos grupos:

- Programas comunes a todos los usuarios que estarán siempre disponibles independientemente del usuario conectado. Sólo los administradores pueden crear o eliminar programas comunes.
- Programas personales del usuario que los crea.

En la Figura 11.3 podemos ver el aspecto de un submenú Programas en el cual observamos los dos grupos de programas descritos.

Figura 11.3. Submenú Programas.

En este ejemplo vemos que en la parte superior tenemos el grupo de programas personales (Accesorios, Inicio, Explorador de Windows NT, etc.), mientras en la parte inferior tenemos el grupo común (Herramientas Administrativas, Inicio).

Tal y como también hemos comentado anteriormente, el grupo de programas personales se almacena bajo el subdirectorio Menú Inicio de cada usuario (Figura 11.4), almacenándose el grupo de programas comunes bajo el subdirectorio Menú Inicio del usuario *All Users* (Figura 11.5).

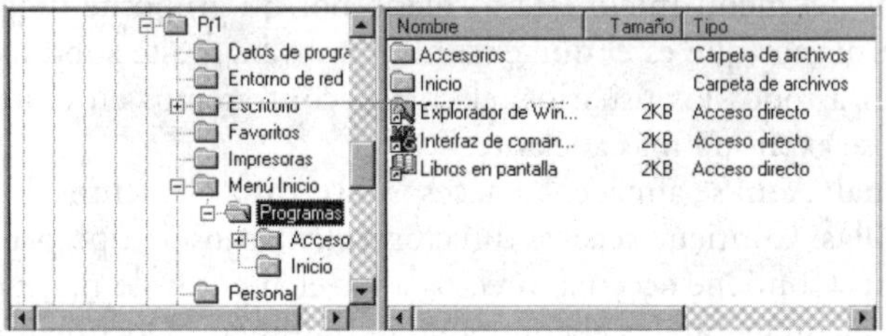

Figura 11.4. Grupo de programas personales de un usuario.

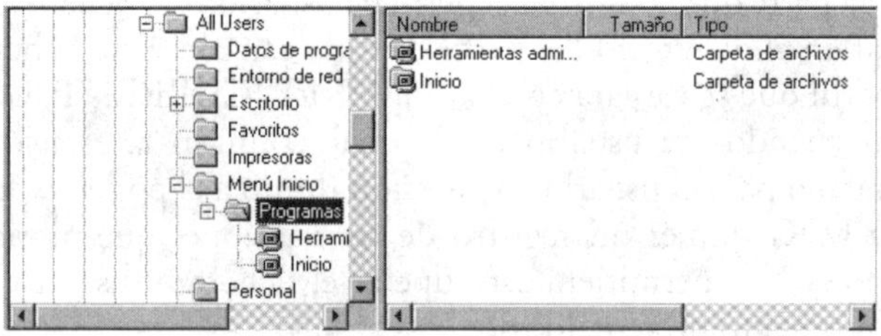

Figura 11.5. Grupo de programas comunes de All Users.

Cuando Windows NT debe crear el entorno de un usuario, consulta, además del perfil propio del usuario, el perfil correspondiente a All Users, ya que éste también contiene valores de configuración para el escritorio y para el menú Inicio, añadiendo éstos a los privados del usuario.

El perfil de usuario local se actualizará cada vez que un usuario haga una modificación en la configuración del escritorio como reordenación del grupo de programas, colores, conexiones de red o de impresora, etc. Cuando éste finalice la sesión, todos los cambios realizados durante la sesión se guardarán en su directorio de perfil de usuario correspondiente para poder ser cargados la próxima vez que el usuario inicie la sesión.

Es posible que, como administradores del sistema, nos interese que la primera vez que un usuario inicie una sesión en el equipo tenga ya un perfil de usuario personalizado en lugar de que se le asigne el perfil de usuario por defecto, es decir, que tenga una configuración del escritorio o conexiones coherentes para las tareas que debe llevar a cabo. Es responsabilidad de los administradores de cada equipo asignar, si les interesa, a cada usuario del mismo un perfil de usuario. Esta forma de utilización de los perfiles de usuario implica dos **consideraciones para los administradores**:

- El administrador puede crear un perfil de usuario para estructurar el acceso del usuario a la estación, así como evitar cambios en el entorno de la misma.
- Un mismo perfil de usuario puede asignarse a varios usuarios. Esto significa que cambiando el contenido de un solo fichero de perfil, el administrador puede cambiar la forma de acceso de varios usuarios.

Para que sea posible implementar estas dos consideraciones necesitamos describir los tipos de perfiles que un administrador puede utilizar para manejar el tipo de acceso al entorno permitido a un usuario. Podemos decir que existen dos **tipos de perfiles de**

usuario: modificables y **obligatorios**. Un usuario puede tener un perfil de usuario modificable u obligatorio, pero no ambos, es decir, sólo puede tener asignado un perfil de usuario.

Perfiles de usuario modificables

La característica de este tipo de perfiles es que los usuarios pueden modificarlo mediante las utilidades vistas anteriormente en el apartado de personalización del entorno de trabajo, es decir, cada vez que el usuario finaliza una sesión, su perfil de usuario se actualiza con las propiedades activas. Cuando el mismo usuario inicia una sesión, el perfil de usuario se carga tal como se salvó la última vez. Es el tipo de perfil que hemos estado utilizando hasta ahora en todas las explicaciones realizadas.

Debido a esta capacidad de modificar el perfil de usuario, se recomienda asignar este tipo de fichero a un solo usuario, ya que de otra forma si un usuario modifica el perfil de usuario, todos los demás usuarios que también lo tengan asignado sufrirán las modificaciones efectuadas..

La extensión de estos ficheros normalmente es .DAT.

Perfiles de usuario obligatorios

En este tipo de perfiles los usuarios **no** pueden modificar su perfil de usuario, es decir, cualquier cambio en el entorno hecho durante una sesión no se actualiza en el perfil de usuario cuando el usuario finaliza la sesión, de manera que cuando vuelva a iniciar la sesión tendrá de nuevo el entorno original.

Este tipo de perfil es útil para los administradores cuando quieren restringir la capacidad de los usuarios de cambiar los entornos. También es muy útil si deseamos asignar un mismo perfil de usuario a varios usuarios, ya que siempre tendrá la configuración establecida inicialmente.

La extensión de los perfiles de usuario obligatorios debe ser .MAN.

Perfil de usuario de dominio (Domain User Profile)

Un perfil de usuario, por defecto, es local a un equipo específico. Si un usuario inicia una sesión en otra estación del grupo de trabajo, el usuario no tendrá su perfil de usuario, a no ser que el administrador copie los perfiles de usuario locales de una estación a otra. Si, en cambio, la estación es miembro de un dominio, el usuario puede tener un **perfil de usuario de dominio**, el cual se guarda en el controlador del dominio en lugar de localmente en la máquina. Así todos los usuarios que inicien sesión en el dominio pueden tener el mismo perfil de usuario, independientemente de la estación del dominio desde la que se conecten.

A los perfiles de usuario de dominio también se les conoce como **perfiles de usuario móviles**.

Si un usuario tiene definido un perfil de usuario de dominio, éste será cargado cuando inicie una sesión contra el mismo desde cualquier estación del dominio, y cuando éste finalice la sesión se guardará una copia del perfil de usuario (si es modificable) tanto localmente como en el dominio. Si el servidor no está disponible en el momento de inicio de la sesión, no podrá conectarse al mismo iniciándose una sesión local. En este caso se cargará el perfil de usuario local, que se crearía nuevo si no existiera por no haber iniciado nunca sesión en ese equipo. De todos modos, si no se ha iniciado sesión contra el servidor del dominio, cuando el usuario cierre la sesión sólo se actualizará la copia de perfil de usuario local. En esta última situación, cuando el usuario vuelva a iniciar la sesión en este equipo tendrá que especificar si quiere cargar la copia más reciente del perfil de usuario que se encuentra en la estación local o la almacenada en el servidor.

En un perfil de usuario de dominio podremos configurar los mismos elementos que en el perfil de usuario local. También podemos utilizar la asignación de perfiles de usuario modificables u obligatorios a los usuarios del dominio, ya que esto nos proporcionará un mayor nivel de seguridad. Así mismo hay que tener en cuenta que estos perfiles de usuario de dominio son aplicables a usuarios que se conecten desde un equipo Windows NT o bien desde un equipo Windows 95 (el método de configuración se explicará en un apartado posterior).

Así mismo la ubicación de los directorios correspondientes a los perfiles de usuarios del dominio también se encuentra bajo el directorio del servidor **%system_root%\Profiles**, teniendo la misma estructura definida en los perfiles de usuario locales.

Creación y asignación de perfiles de usuario locales o de dominio

Para la **creación de un perfil de usuario local o de dominio** se deberán realizar los siguientes pasos, bien en la estación local si es un perfil local o en el servidor de dominio si estamos creando un perfil de dominio:

1. El administrador (local o de dominio) debe, si no existe ya, **dar de alta al nuevo usuario** en el sistema pero sin asignarle ninguna ruta de perfil de usuario (para más información dirigirse al capítulo dedicado a Usuarios).
2. **Iniciar una sesión con el usuario** al que queremos asignarle un perfil de usuario, y, una vez establecida la sesión, configurar el escritorio con los iconos que se desee, fondos de pantalla, conexiones, etc. Una vez que esté el escritorio como se desea, finalizar la sesión. Automáticamente, NT habrá creado un perfil local para ese usuario según se ha explicado anteriormente.
3. Es posible que deseemos copiar el perfil creado en otro u otros directorios (pensar en la posibilidad de crear un solo perfil de usuario y luego duplicarlo para que una serie de usuarios tengan, inicialmente, el mismo) para, posteriormente, realizar la asignación del perfil correspondiente. En los perfiles locales se acostumbra a utilizar el directorio que ha creado Windows NT automáticamente, pero en el caso de perfiles de usuario de dominio, necesitaremos situar este perfil de usuario en un lugar accesible desde la red. Para ello iniciaremos de nuevo una sesión con la cuenta de usuario de administrador y nos dirigiremos a **Panel de Control**, **Sistema, Perfiles de Usuario**, donde podremos ver el perfil creado en el punto anterior junto al resto de perfiles almacenados en la estación (Figura 11.6):

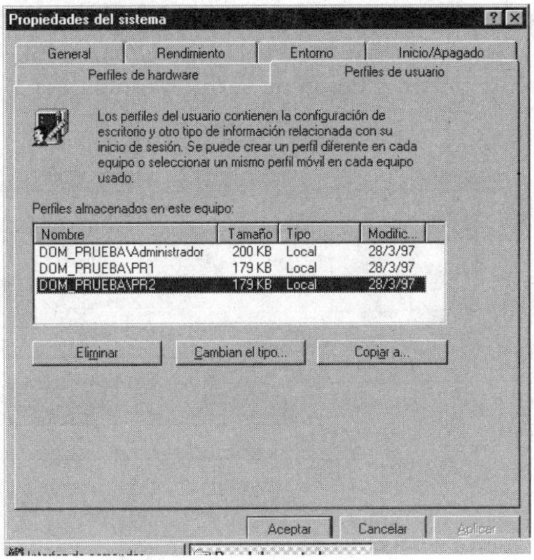

Figura 11.6. Perfiles almacenados en una estación.

De la lista de perfiles existentes, elegiremos el perfil de usuario creado en el punto anterior y pulsaremos el botón de **Copiar a....** En este cuadro (Figura 11.7) deberemos elegir un directorio donde almacenar ese perfil de usuario, que en el caso de perfiles de dominio debe ser accesible a través de la red, es decir, habrá que copiar el perfil en un directorio bajo un recurso de red accesible por ese usuario. Además, en este mismo cuadro y antes de pulsar **Aceptar**, desde la opción **Está permitido usar**, deberemos asignar (pulsando el botón **Cambiar**) el usuario o grupo de usuarios a los que se asignará el perfil creado.

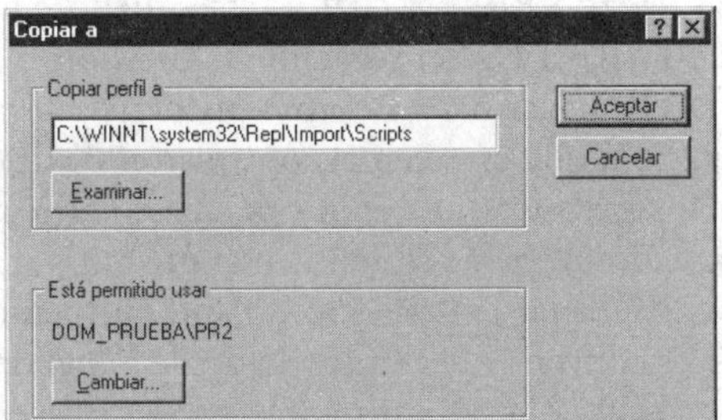

Figura 11.7. Copia de perfil de usuario.

Es necesario utilizar esta opción para realizar la copia de los perfiles de usuario y no otra herramienta de administración de archivos como el Explorador de Windows NT.

4. Una vez completada la creación del perfil de usuario podemos asignarlo al usuario. Desde la herramienta **Administrador de Usuarios** o **Administrador de usuarios para dominios** según estemos en una estación local o un controlador de

dominio, debemos seleccionar el usuario al que vamos a asociar el perfil creado y escoger la opción **Propiedades** del menú **Usuario.** En el cuadro de diálogo que se nos presente pulsar el botón de **Perfil**, mostrándose el cuadro de la Figura 11.8.

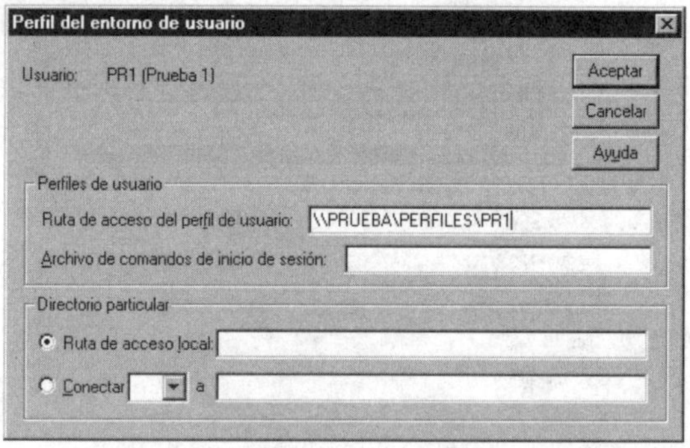

Figura 11.8. Asignación del perfil de usuario.

En este cuadro se observa el campo **Ruta de acceso del perfil de usuario** donde deberemos escribir la ruta del directorio donde estará el perfil de usuario. Aquí hay que distinguir si estamos asignando un perfil local, en cuyo caso la ruta de acceso será un directorio local de la máquina, o bien un perfil de dominio, donde deberemos escribir la ruta del directorio compartido donde hemos copiado el perfil en formato UNC:

```
\\nombre_de_servidor\recurso\directorio
```

Así, por ejemplo, en la Figura 11.8 estamos asignando un perfil de usuario de dominio al usuario PR1, el cual estará situado en el directorio PR1 del recurso compartido PERFILES del servidor en cuestión.

Estos perfiles de usuario de dominio pueden estar en cualquier servidor de la red, no es obligatorio que estén en el controlador de dominio. De todos modos deberemos dar los permisos necesarios de acceso al recurso a todos los usuarios que tengan asignado un perfil situado en el mismo.

5. Si no vamos a utilizar el perfil creado anteriormente ya que se ha copiado a otros directorios, es conveniente eliminarlo desde **Panel de Control, Sistema, Perfiles de usuario** para evitar que sea utilizado en caso de no encontrar el perfil asignado.
6. Por último podemos verificar que el perfil de usuario está correctamente configurado y asignado iniciando una sesión con la cuenta de usuario a la cual le hemos asignado el perfil de usuario.

Mediante esta serie de pasos hemos creado y asignado perfiles de usuario modificables, los cuales tienen extensión .DAT en sus ficheros Ntuser (es el defecto de creación de Windows NT). Si quisiéramos **crear un perfil obligatorio**, primero hemos de crear un perfil modificable siguiendo los pasos anteriormente explicados, y una vez se dispone de dicho perfil no hay más que ir al directorio donde reside y renombrar el archivo de .DAT a .MAN. A partir de ese momento, el perfil pasa a ser obligatorio y el usuario no podrá modificarlo, es decir, aunque modifique características en su escritorio, la siguiente vez que inicie la sesión volverá a tener la configuración asignada por el administrador.

Existen algunas técnicas para la creación y asignación de perfiles que pueden permitir agilizar la administración de los mismos:

- Si hay dos tipos de usuario estándar en el sistema, es posible que sea útil crear dos cuentas estándar con un perfil de usuario propio y utilizarlas para duplicar el perfil de usuario a los nuevos usuarios de cada tipo mediante la opción de copiar perfiles de la página **Perfiles de usuario**.
- Si no se quiere asignar perfiles de usuario a cada usuario pero se quiere que, inicialmente, cualquier nuevo usuario del sistema tenga un perfil de usuario determinado, se puede crear el perfil de usuario que se desee y copiarlo, mediante la opción de copiar perfiles, al directorio **%systemroot%\Profiles\Default User**. A partir de ese momento, cualquier nuevo usuario que inicie sesión tomará el perfil de usuario que hemos creado. Si este perfil de usuario lo queremos distribuir a todos los equipos del dominio, debemos copiar el perfil de usuario en el directorio **\\servidor\Netlogon\Default User**, el cual es copiado al directorio local **%systemroot\Profiles\Default User** de cada estación durante el inicio de sesión.

Para los usuarios que se conecten a servidores vía RAS en los que es importante evitar la transmisión de información redundante, existe una manera de utilizar siempre su perfil de usuario local en lugar del perfil de usuario de dominio. Para ello, una vez iniciada la sesión puede usar la opción **Cambiar el tipo** de la página **Perfiles de usuario** del icono **Sistema**. En la misma puede cambiar su tipo de perfil de móvil (dominio) a local, cargándose siempre a partir de entonces la copia local del perfil de usuario. También cuando cierre la sesión sólo se actualizará la copia local y no la del dominio.

Uso de perfiles de usuario desde Windows 95

Es normal que en una red Windows NT tengamos estaciones cliente con sistema operativo Windows 95. Si hemos establecido unas normas en los equipos Windows NT respecto a los perfiles de usuario, también es deseable realizar lo mismo con los clientes Windows 95. Este control es posible, ya que los perfiles de usuario están soportados en Windows 95 y actúan de una forma similar a Windows NT, aunque existen algunas diferencias que veremos a continuación.

Para utilizar perfiles de usuario desde una estación Windows 95 debemos, ante todo, activar su uso, ya que éste no está activado por defecto. Para activar los perfiles de usuario nos dirigiremos al **Panel de Control** de la estación y seleccionaremos el icono **Contraseñas**, dentro del cual encontraremos la página de **Perfiles de usuario** (Figura 11.9). En esta página seleccionaremos la opción **Los usuarios pueden personalizar sus......** la cual activa los perfiles de usuario. Si también activamos la casilla **Incluir iconos del escritorio....**, se incluirán en el perfil de usuario los iconos que el usuario agregue al escritorio y el contenido del menú Entorno de red. Si además activamos la opción **Incluir** del menú **Inicio**, también se almacenará toda la información del menú Inicio y de sus grupos de programas.

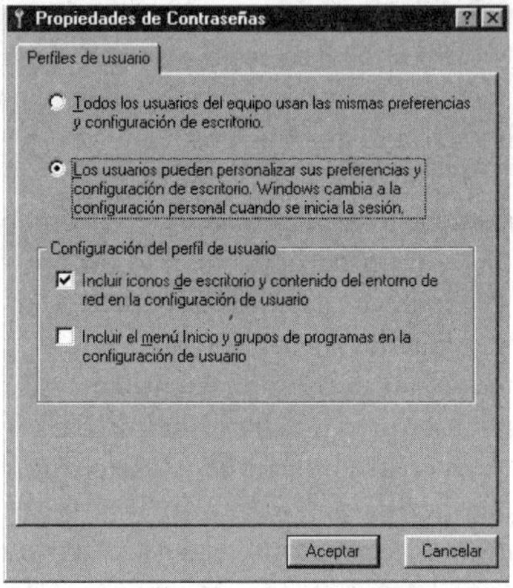

Figura 11.9. Perfiles de usuario en Windows 95.

Si queremos utilizar los perfiles de usuario de dominio de una red Windows NT, deberemos seleccionar en la estación Windows 95 la opción **Cliente para redes Microsoft** en el icono **Red** del menú **Panel de Control** y establecer el dominio de Windows NT que autentificará las sesiones establecidas en esa estación, así como los perfiles de usuario correspondientes.

En la Figura 11.10 podemos ver que la estación Windows 95 establecerá sesión contra el dominio PRUEBA, el cual se encargará de validar los usuarios y contendrá el perfil de usuario a aplicar.

Otra diferencia entre Windows NT y Windows 95 respecto a los perfiles de usuario radica en los archivos de registro y en la estructura de subdirectorios del directorio del

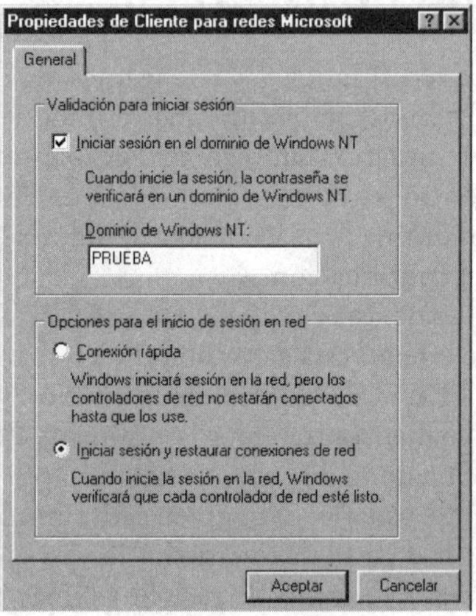

Figura 11.10. Configuración de una estación Windows 95 como parte de un dominio Windows NT.

perfil. Si Windows NT utiliza los ficheros Ntuser.dat (o Ntuser.man) y Ntuser.dat.LOG para guardar la parte correspondiente al Registro de un perfil de usuario, Windows 95 nombra esos archivos con User.dat (o User.man) y User.da0 respectivamente. Además, mientras Windows NT utiliza el fichero Ntuser.dat.LOG como un registro de transacciones para ofrecer tolerancia a fallos, Windows 95 copia el fichero User.dat a User.da0 en el momento de finalizar una sesión pero antes de actualizar los cambios realizados durante la misma. Debido a estas diferencias, no es posible crear perfiles de usuario para clientes Windows 95 desde un equipo Windows NT.

Windows 95 tampoco utiliza la ruta de acceso al perfil de usuario establecida en la definición del usuario, sino que va a buscar el perfil al directorio particular del usuario, el cual se define junto a la ruta de acceso al perfil de usuario. Así, cuando un usuario inicia una sesión desde una estación Windows 95, Windows busca su perfil de usuario (fichero User.dat o User.man) en el directorio *Windows\Profiles\nombre_usuario* del disco local y en el directorio particular del usuario del servidor Windows NT. Como ocurría con Windows NT, el más actualizado se carga en el Registro de configuración. Cuando finaliza la sesión, se almacenan los cambios (si es modificable) en el servidor y en el disco duro local.

Directivas del sistema

Hemos visto que los perfiles de usuario eran un método para convertir nuestro sistema más seguro y consistente frente a posibles modificaciones de los usuarios, y que era posible utilizarlo en estaciones locales con Windows NT Server o Windows NT WorkStation o en dominios. **Windows NT Server** nos ofrece, además, una herramienta complementaria al uso de perfiles de usuarios que nos permitirá restringir aún más el acceso que los usuarios del dominio puedan tener a las diferentes estaciones de nuestra red. Esta herramienta son las **directivas del sistema.** Estas directivas son una serie de configuraciones y restricciones definidas sobre máquinas (genéricas o concretas) de nuestra red y sobre usuarios y grupos (genéricos o individuales) del dominio. Con las directivas de sistema podremos obligar a que cada usuario utilice la configuración que necesite, aplicar restricciones, así como establecer características de la red y del sistema local. Para la definición de estas directivas, Windows NT nos proporciona el **Editor de directivas del sistema** que encontraremos en el grupo **Herramientas Administrativas.**

Editor de directivas del sistema

A modo global podemos decir que las directivas del sistema se pueden dividir en dos grupos : las que afectarán a las configuraciones de los usuarios y las que afectarán a las configuraciones de las estaciones (como los valores de inicio de sesión o de acceso a la red). De esta manera podemos controlar las acciones que podrá efectuar un usuario determinado (en complemento con el perfil de usuario si tiene), así como las acciones que se podrán efectuar en una estación independientemente del usuario.

Si ya tenemos ficheros de directivas definidos podemos modificarlos mediante este editor cargándolo desde la opción **Abrir directiva** del menú **Archivo**, pero si no hemos

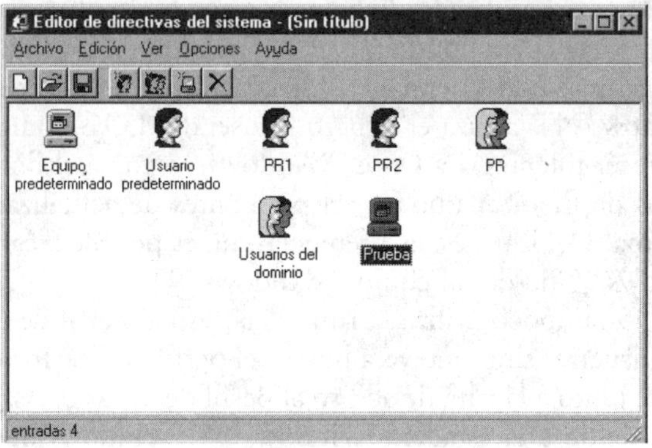

Figura 11.11. Aspecto del Editor de directivas del sistema.

definido ninguno (por defecto Windows NT Server no tiene ningún fichero de directivas de sistema definido), una vez iniciado el editor debemos escoger la opción de **Nueva directiva** en el mismo menú de **Archivo**, con lo que obtendremos una pantalla similar a la anterior pero sólo con dos iconos en ella: **Equipo predeterminado** y **Usuario predeterminado**. Estos dos objetos representan cualquier máquina o usuario del dominio, y cualquier configuración que se haga sobre ellos se aplicará a todas las máquinas o usuarios del dominio, respectivamente.

Si además de las características generales establecidas a usuarios y equipos, necesito configurar características específicas a determinados usuarios, grupos o equipos, puedo utilizar la opción de **Agregar usuario, Agregar grupo** y **Agregar equipo** del menú **Edición.** Estas nuevas directivas sólo se aplicarán al usuario/grupo/estación para la que están definidas, independientemente de la estación donde se conecte (caso de directivas para usuarios o grupos) o del usuario que se conecte (directiva para estación). Hemos de tener en cuenta que cuando agregamos un nuevo usuario, grupo o estación, toma, inicialmente, las características definidas en aquel momento sobre el usuario o equipo determinado según corresponda.

En la Figura 11.11, se han definido directivas adicionales para los usuarios PR1 y PR2, para los grupos PR y Usuarios del dominio y para la estación PRUEBA. Si, por ejemplo, el usuario PR1 inicia sesión en la estación PRUEBA, se aplicarán las directivas del objeto PRUEBA en cuanto a restricciones de la estación, y de los grupos a los que pertenezca y del objeto PR1 en cuanto a restricciones de usuario (este último tiene siempre prioridad respecto a directivas de los grupos a los que pertenece). Si el usuario en cuestión pertenece a varios grupos que tienen definida una directiva especial (por ejemplo, el usuario PR1 pertenece a los grupos Usuarios del dominio y PR), es necesario establecer cuál de los grupos tiene prioridad en caso de contradicciones. Esta prioridad podemos determinarla en la opción **Prioridad de grupo** del menú **Opciones** (esta opción sólo estará activa si existe algún grupo con configuraciones específicas), la cual observamos en la Figura 11.12.

Al establecer la prioridad de grupos, los situados al inicio de la lista tienen mayor prioridad que aquellos que les siguen.

Si deseamos eliminar algún elemento del Editor de directivas, tan sólo debo seleccionarlo y escoger la opción **Quitar** del menú **Edición**.

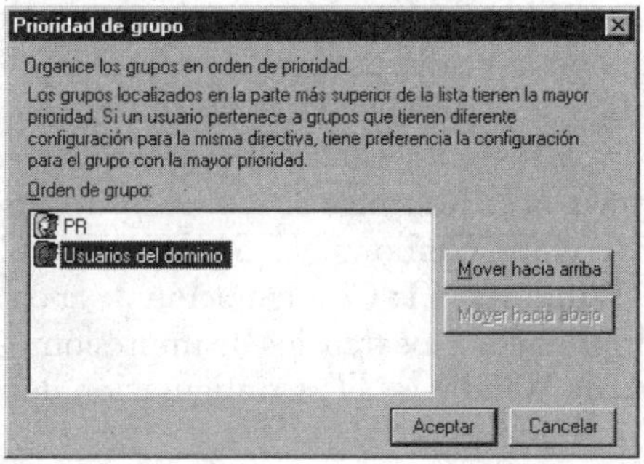

Figura 11.12. Determinación de las prioridades de grupo en la aplicación de directivas.

Una vez determinados los elementos del sistema que necesitan de ciertas directivas, hemos de establecerlas. Si seleccionamos un elemento del editor y, a continuación, escogemos la opción de **Propiedades** en el menú de **Edición** o bien pulsamos dos veces sobre el elemento, se nos mostrará una pantalla donde podremos configurar las directivas a aplicar a ese usuario, grupo o estación. Esta pantalla contendrá diferentes categorías de directivas dependiendo si el elemento es una estación o si es un usuario/grupo. En la Figura 11.13 podemos observar las categorías que se presentan para un elemento de tipo estación, mientras en la Figura 11.14 vemos las categorías para un usuario/grupo.

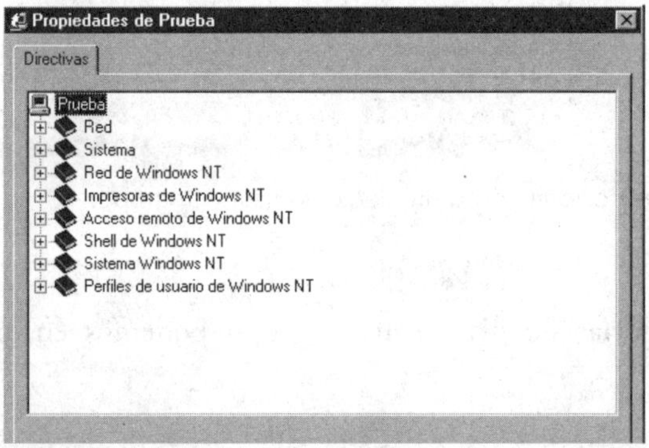

Figura 11.13. Restricciones para un elemento estación.

En la siguiente relación se hace una breve descripción del contenido de las **categorías a nivel estación**:

- **Red**: Permite establecer el servidor desde donde cargaremos las directivas en lugar de hacerlo desde los controladores de dominio. El modo **Actualización manual** asegura que la directiva del sistema se copia siempre desde un servidor específico, independientemente de quién y en qué dominio se inicie la sesión. Cuando se cambia el modo de actualización del archivo remoto de directiva de sistema de automático a manual, se puede establecer una ruta diferente al recurso Netlogon del controlador principal de dominio al que nos conectemos. Para utilizar esta característica, es útil la opción de conexión a una estación remota del Editor de directivas (esta opción se discutirá posteriormente).

- **Sistema**: Configurar el protocolo de administración de red simple (SNMP) y el contenido de las entradas Ejecutar y Ejecutar una vez.
- **Red de Windows NT**: Restringe el uso de los recursos compartidos creados por defecto en un servidor Windows NT Server (como C$).
- **Impresora de Windows NT**: Configuración de la cola de impresión y de las asignaciones de prioridades a los trabajos de impresión.
- **Acceso remoto de Windows NT**: Configuración del servicio RAS en caso de que sea un servidor de este servicio.
- **Shell de Windows NT**: Restricciones del escritorio y del menú Inicio.
- **Sistema Windows NT**: Opciones de configuración del inicio de sesión y del sistema de archivos.
- **Perfiles de usuario de Windows NT**: Directivas de uso de los perfiles de usuario.

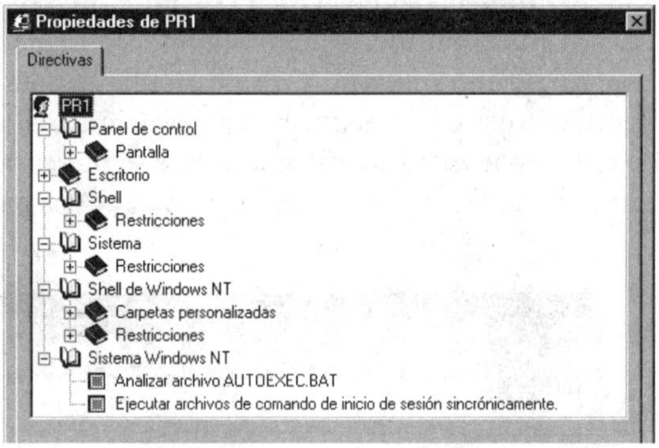

Figura 11.14. Restricciones para un elemento usuario/grupo.

En las **categorías de nivel usuario/grupo** podemos encontrar directivas de los siguientes temas:

- **Panel de Control**: A través de esta categoría se puede restringir el acceso al icono Pantalla del menú Panel de Control.
- **Escritorio**: Determinación del fondo del escritorio.
- **Shell** y **Shell de Windows NT**: Permiten restringir los objetos que aparecen en el escritorio, la utilización de las opciones Ejecutar, Buscar y Cerrar el sistema y el contenido de las carpetas del menú Inicio.
- **Sistema**: Permite restringir el acceso al Editor del Registro o establecer las aplicaciones a las que tendrá acceso el usuario.
- **Sistema Windows NT**: Opciones de tratamiento del fichero AUTOEXEC.BAT y de los archivos de comandos de inicio de sesión.

Como se ve en esta última figura, cada una de las categorías de directivas se puede subdividir en subcategorías, teniendo siempre en su parte final de árbol los valores de configuración. En algunos de estos valores, al seleccionar su casilla, aparece en la parte inferior de la página opciones adicionales o cuadros de texto que complementan la información de la directiva.

Estos valores de configuración pueden tener diferentes niveles de selección que implicarán su comportamiento en el momento de ser cargado en el Registro local de una estación de trabajo. Existen tres **niveles de selección**:

- **Activado**: Al marcar la casilla indicamos que se aplique esa directiva al cargarse en la estación, sustituyendo la parte del Registro local que se ve afectada por esa directiva. Se representa por una cruz en la casilla.
- **Desactivado**: Esa directiva no será aplicada en la estación, borrándose del Registro local la parte afectada con esa directiva.
- **Atenuado**: No se tendrá en cuenta esta directiva en la estación, aplicándose la configuración existente en el Registro local y no modificando el mismo.

Una vez hemos configurado todas las directivas a aplicar a todos nuestros usuarios, grupos y estaciones, deberemos guardarlas en un fichero normalmente con extensión **.POL**. Este fichero de directivas puede ser más tarde modificado mediante el mismo Editor de directivas del sistema. Podemos crear diferentes directivas (cada una de las cuales se graba en un fichero) y aplicar una u otra con tan sólo activar el fichero de directivas que deseemos.

Para activar unas directivas de sistema determinadas se debe copiar el fichero que las contiene en el directorio compartido **\\nombre_de_servidor\NETLOGON** (corresponde al directorio local del servidor **%system_root%\system32\repl\imports\scripts**) con el nombre de fichero **NTCONFIG.POL**. Automáticamente, cuando un usuario inicia una sesión contra el dominio, NT buscará este fichero en el recurso NETLOGON. Si lo encuentra, aplicará las directivas de este fichero al Registro local de la estación en su parte relativa al usuario (árbol HKEY_CURRENT_USER que contiene el perfil del usuario activo) y en la parte relativa a la estación local (árbol HKEY_LOCAL_MACHINE). Si el usuario en cuestión tiene también un perfil de usuario, las configuraciones que no concuerden con las directivas del sistema serán sobreescritas con el contenido de las directivas, es decir, el contenido de las directivas tiene prioridad sobre el contenido del perfil de usuario.

Nota:

Si iniciamos la sesión en una estación contra un dominio que tiene establecidas unas directivas del sistema, éstas se aplicarán, como hemos visto, en el Registro local de la máquina. Si, posteriormente, se inicia otra sesión en esta estación contra otro dominio que no tiene directiva implementada o iniciamos una sesión local, los valores almacenados en el Registro correspondientes a la directiva anterior no habrán sido sobreescritos y seguirán teniendo vigor aunque no estemos en sesión contra el dominio que la estableció.

Uno de los inconvenientes del uso de ficheros de directivas de sistema es que no entran en vigor hasta que el usuario cierra la sesión y la vuelve a iniciar. El Editor de directivas del sistema también me permite cambiar directamente los valores del Registro local en lugar de crear un fichero de directivas. Si selecciono el ítem **Abrir registro** del menú **Archivo**, se me presentará el contenido del Registro local que se puede configurar mediante directivas, el cual puedo modificar del mismo modo que hago con un fichero de directivas, a excepción de que no está permitido agregar estaciones, usuarios o grupos. En este caso, cuando almaceno la configuración, estoy actuando directamente sobre el Registro local y no guardo las directivas en ningún archivo.

Si tengo los permisos necesarios, puedo modificar directamente el Registro de una estación remota, configurando la misma en aquel momento sin necesidad de volver a iniciar la sesión. Si escojo la opción **Conectar** del menú **Archivo**, podré introducir el nombre de la estación a modificar, obteniendo, si tenemos acceso, el contenido del Registro. Esta característica es útil para modificar la configuración mientras la estación está trabajando (si modifico características del usuario local, modificaré la configuración del HKEY_CURRENT_USER del Registro remoto, mientras que si modifico características del equipo local modificaré la configuración del HKEY_LOCAL_MACHINE del Registro remoto), aunque es conveniente no utilizarla frecuentemente y utilizar los ficheros de directivas, ya que de esta manera tenemos completamente controladas las configuraciones en vigor.

Así, por ejemplo, si actúo directamente sobre las características del usuario 1 que hay conectado en una máquina A, estoy actuando sobre el árbol HKEY_CURRENT_USER del Registro de la máquina A; pero si ese usuario 1 inicia una sesión en otra máquina B, las modificaciones efectuadas no estarán activas, ya que son locales a la máquina A. De la misma forma, si hemos efectuado una modificación directa sobre el usuario 1 en la máquina A y queremos deshacerla, debemos esperar que ese usuario 1 se vuelva a conectar en la misma máquina A para actuar sobre su árbol HKEY_CURRENT_USER, ya que si lo hacemos mientras está conectado un usuario 2, las modificaciones se efectuarán sobre ese usuario. Debido a estas problemáticas, hay que intentar hacer el mínimo uso de esta opción e implementar todas las configuraciones vía un fichero de directivas del sistema.

Una vez hayamos finalizado las modificaciones en el Registro remoto, debemos desconectarnos de la estación para cerrar la conexión.

Vamos a ver un ejemplo de funcionamiento de los ficheros de directivas y del uso de la opción **Conectar** del Editor de directivas. Supongamos que se quiere configurar un usuario US1 para que no pueda utilizar la opción **Ejecutar** del menú **Inicio** desde ninguna de las estaciones desde la que inicie sesión contra el servidor. También se desea que siempre tenga disponible la opción de **Buscar** del menú **Inicio**, mientras que la opción de configurar la Barra de tareas se deja que sea la configuración actual de cada estación la que decida si estará activa. A partir del Editor de directivas del servidor, agregará un nuevo usuario US1 y configurará la categoría Red del mismo tal y como se puede observar en la Figura 11.15, almacenado el fichero con el nombre NTCONFIG.POL en el recurso NETLOGON.

Cuando el usuario US1 inicie una sesión contra el domino en cualquier estación, no tendrá la opción **Ejecutar** en el menú **Inicio**, mientras la opción de configurar la barra de tareas dependerá del valor que tenga el Registro local de la estación. Si, estando el usuario conectado en esa máquina, utilizo la opción **Conectar** del Editor de directivas para conectarme a esa estación y marco la opción **Eliminar comando Buscar** *de menú* **Inicio**, el usuario tampoco tendrá disponible esa opción en el menú Inicio la próxima vez que pulse el menú. Si también marco la opción de **Eliminar la barra de tareas de la opción Configuraciones del menú Inicio**, el usuario US1 tampoco tendrá visible esta opción. Si el usuario cierra e inicia la sesión en la misma estación, seguirá con la opción **Ejecutar** y

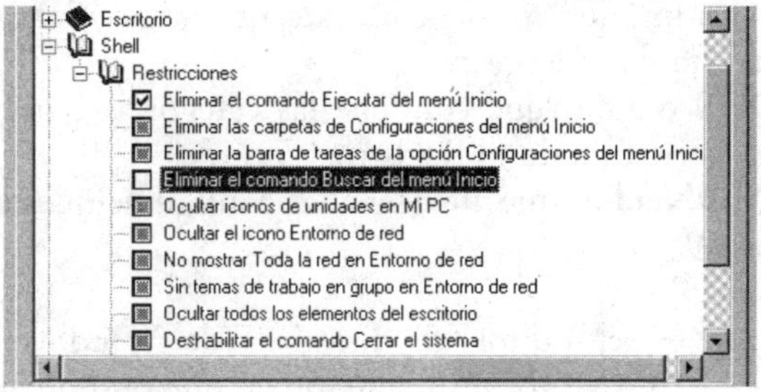

Figura 11.15. Configuración del usuario US1.

Configurar Barra de tareas eliminadas, ya que la primera está así determinada en el fichero de directivas, mientras en la segunda se tomará, según la configuración del fichero de directivas, el valor existente en el Registro local, y esté se marcó anteriormente para que fuera eliminada del menú Inicio. En cambio, la opción **Buscar** estará visible a pesar de que también se marcó para que se eliminara, ya que el fichero de directivas establece explícitamente que esté visible, y este valor tiene prioridad sobre el valor actual del Registro local.

Si nuestro usuario US1 decide cerrar la sesión en esta estación e iniciar una en otra estación, tan sólo encontrará la opción de **Ejecutar** eliminada, ya que esa nueva estación se rige por el fichero de directivas, sin influir las modificaciones que hicimos directamente sobre el Registro local de la primera estación. Si, posteriormente, un usuario US2 inicia una sesión en esa estación, no sufrirá ninguna restricción en las opciones **Buscar**, **Ejecutar** ni **Configurar la Barra de tareas**, ya que todas ellas eran exclusivas para el usuario US1, bien por el fichero de directivas, bien por la configuración del Registro local.

Directivas de sistema en controladores de reserva

Si en nuestra red tenemos configurados controladores de reserva, es conveniente duplicar el fichero de directivas activo desde el controlador principal del dominio utilizando el servicio de Duplicación de directorios, ya que en caso de caída del controlador principal, los controladores de reserva podrían seguir aplicando las directivas a los usuarios que inicien sesión. Recordemos que el fichero de directivas activo (NTCONFIG.POL) se encuentra situado en el recurso NETLOGON del controlador principal, el cual corresponde a la ruta de acceso raíz_winnt\system32\repl\import\scripts.

Plantillas de directivas del sistema

Las plantillas de directivas contienen todas aquellas categorías que se pueden establecer mediante el Editor de directivas, es decir, proporcionan las claves del Registro que se pueden configurar en las diferentes estaciones a través de las directivas de sistema. Cuando instalamos Windows NT, se instalan automáticamente una serie de plantillas que proporcionan las categorías predeterminadas que se pueden establecer. Estas **plantillas predeterminadas** son:

- **WINNT.adm**, que contiene las categorías específicas de Windows NT, así como la estructura de su Registro.
- **WINDOWS.adm**, que contiene las categorías específicas de Windows 95, así como la estructura de su Registro.
- **COMMON.adm**, que almacena las configuraciones comunes a Windows NT y Windows 95.

Inicialmente en el Editor de directivas de Windows NT sólo están incluidas WINNT.adm y COMMON.adm, que son las que proporcionan las categorías del sistema operativo Windows NT. Como veremos más adelante, los ficheros generados por el Editor de directivas de Windows NT no son aplicables a estaciones Windows 95, por lo que no es necesario la inclusión de la plantilla de categorías de Windows 95.

Hay fabricantes de software que desarrollan plantillas de directivas para que sea posible implementar directivas que afecten a sus aplicaciones. En este caso nos proporcionarán una plantilla que deberemos incluir en nuestro sistema para poder configurar estas nuevas directivas propias de la aplicación. Para realizar esta acción primero copiaremos esta nueva plantilla en el directorio **%system_root%\inf** y nos dirigiremos al menú **Opciones** del Editor de directivas y seleccionaremos **Plantilla de directiva**, mostrándose el cuadro que vemos a continuación:

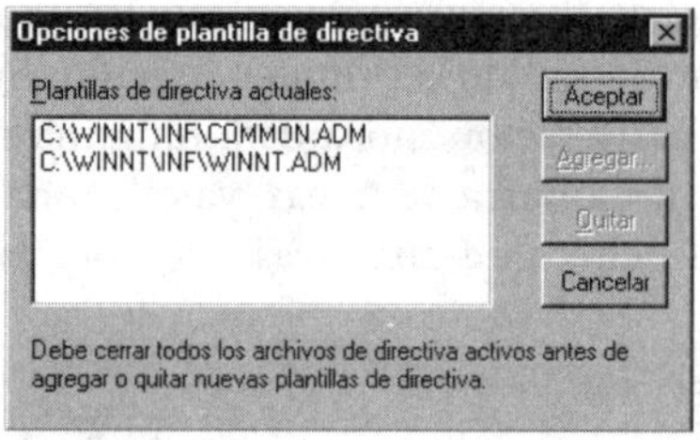

Figura 11.16. Administración de plantillas de directivas.

En este cuadro pulsaremos **Agregar** (es necesario haber cerrado todos los archivos de directivas en el Editor de directivas antes de pulsar este botón, ya que en caso contrario no podremos continuar) e incluiremos la nueva plantilla de directivas. A partir de entonces, cuando entremos a configurar las directivas de un elemento, nos aparecerán también las directivas de la aplicación.

Si, posteriormente, se desinstala la aplicación y se desea también eliminar su plantilla, se podrá eliminarla desde el mismo cuadro de diálogo.

Utilización de las directivas de sistema desde Windows 95

Tal y como ocurría con los perfiles de usuario, si hemos establecido unas directivas de sistema en los equipos Windows NT, también es deseable realizar lo mismo con los clientes Windows 95. Este control es posible, ya que las directivas de sistema están soportados en Windows 95 y actúan de una forma similar a Windows NT.

Hemos comentado en el apartado dedicado a las plantillas de directivas, que los ficheros generados por el Editor de directivas de Windows NT no eran aplicables a estaciones Windows 95. A continuación describiremos cómo debemos crear los ficheros de directivas para estaciones Windows 95 y cómo podemos utilizarlos en estaciones Windows 95 integradas en una red Windows NT.

Para utilizar directivas de sistema desde una estación Windows 95 debemos, ante todo, activar su uso, ya que éste no está activado por defecto. El método de activación es idéntico al utilizado en los perfiles de usuario, es decir, una vez activado puedo utilizar ficheros de directivas y perfiles de usuario en esa estación. Recordemos que para activar los perfiles de usuario nos dirigíamos al **Panel de Control** de la estación y seleccionábamos el icono **Contraseñas**, dentro del cual existía una página de **Perfiles de usuario** (Figura 11.9). En esta página debíamos seleccionar la opción **Los usuarios pueden personalizar sus......** la cual activa los perfiles de usuario y las directivas del sistema.

Si queremos utilizar los perfiles de usuario de dominio y las directivas de sistema desde una red Windows NT, deberemos seleccionar en la estación Windows 95 la opción **Cliente para redes Microsoft** en el icono **Red** del menú **Panel de Control** y establecer el dominio de Windows NT que autentificará las sesiones establecidas en esa estación (Figura 11.10).

Una vez que la estación está configurada para utilizar directivas de sistema, hemos de crear el fichero de directivas que se aplicará a la misma. Como los ficheros generados por Windows NT no son aplicables a Windows 95, debemos crear estos ficheros desde una estación Windows 95 utilizando el Editor de directivas de sistema de Windows 95 (POLEDIT.EXE). Si no estuviera instalado en nuestra estación Windows 95, podemos encontrarlo en el directorio **\admin\apptools\poledit** del CD-ROM de Windows 95.

El funcionamiento del Editor de directivas en Windows 95 es el mismo que el detallado en el Editor de directivas de Windows NT, con la diferencia de las categorías de cada uno de los elementos, las cuales corresponderán a las plantillas WINDOWS.adm y COMMON.adm. Una vez configurado las directivas, las guardaremos en un fichero .POL como en Windows NT.

Si queremos activar un fichero de directivas de Windows 95 en una red Windows NT, tan sólo deberemos copiarlo con el nombre de **CONFIG.POL** en el recurso compartido **NETLOGON** del controlador de dominio (es el mismo recurso compartido donde dejábamos el fichero de directivas de Windows NT). Si no queremos que las estaciones Windows 95 vayan a este recurso a buscar el fichero de directivas, deberemos modificar el Registro local de cada una mediante el Editor de directivas de Windows 95, configurando la categoría Red de la estación local tal y como se detalló anteriormente. No podremos acceder mediante la opción **Conectar** desde el Editor de directivas de Windows NT a una estación con sistema operativo Windows 95.

Cuando la estación Windows 95 inicia una sesión contra el servidor va a buscar el archivo CONFIG.POL al recurso NETLOGON o al directorio especificado en la categoría Red, generando un mensaje de error si no es capaz de encontrarlo en la ubicación correspondiente.

Variables de entorno

Estas variables proveen la información que Windows NT necesita para controlar el comportamiento de las aplicaciones, buscar ficheros o asignar espacio de memoria. Por ejemplo, la variable de entorno TEMP indica dónde deben dejar las aplicaciones sus ficheros temporales; o también podemos usar variables de entorno para sustituir variables específicas por su valor dependiendo del usuario. Tienen un comportamiento similar a las variables de entorno que se pueden definir en el fichero AUTOEXEC.BAT de MS-DOS.

Las variables de entorno pueden ser establecidas o modificadas a través del icono **Sistema** del **Panel de control**. En la Figura 11.17 vemos un ejemplo de página con las variables de entorno establecidas en una estación, donde podemos observar que existen dos **tipos de variables de entorno:**

- **Variables de entorno de sistema:** Son aquellas variables definidas en la estación independientemente de quién ha iniciado la sesión. Los administradores pueden añadir o modificar (Windows NT establece un valor por defecto durante la instalación) las variables que se aplican al sistema y, por lo tanto, a todos los usuarios del mismo.
- **Variables de entorno de usuario:** Estas variables son diferentes para cada usuario. Cada usuario se puede definir sus propias variables, aunque a veces son las aplicaciones quienes las modifican o añaden de nuevas.

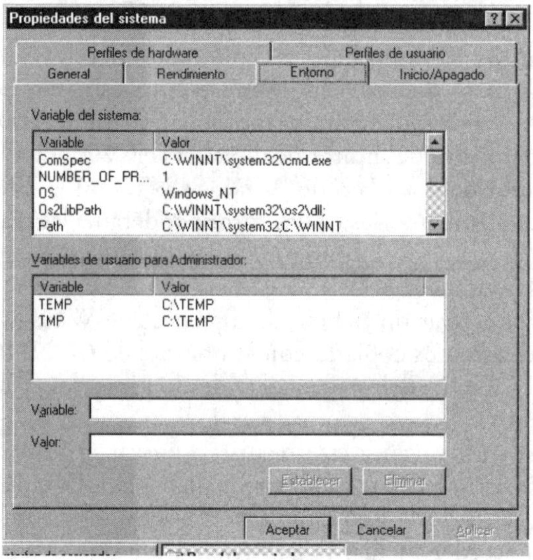

Figura 11.17. Modificación variables de entorno.

Para agregar o modificar alguna variable de entorno de sistema o usuario, debemos llenar los campos **Variable** y **Valor** de la parte inferior de la página y pulsar **Establecer**. Estos nuevos valores entrarán en vigor la próxima vez que se inicie la sesión.

Es posible que existan duplicidades entre las variables de entorno de sistema y las variables de entorno de usuario. En este caso, Windows NT da prioridad a las variables de usuario frente a las de sistema, a excepción de aquellas variables acumulativas como las variables de ruta tipo PATH, en las que se agrega una tras otra.

Un uso habitual de las variables de entorno ocurre en la asignación de rutas de acceso a perfiles de usuario, archivo de comandos de inicio de sesión o directorio particular.

En este caso debemos colocar la variable de entorno correspondiente entre signos de porcentaje %. Por ejemplo si tengo definida una variable de entorno de usuario USUARIO = nombre_de_usuario, puedo utilizarla al definir la ruta de acceso de la manera siguiente:

```
\\servidor\recurso\%USUARIO%
```

Cuando el sistema operativo deba acceder a la ruta en cuestión, sustituirá la variable USUARIO por su valor correspondiente, proporcionando una ruta diferente según el usuario que haya iniciado la sesión.

Configuración del hardware

Después de instalar un equipo con Windows NT, es posible que necesitemos **instalar nuevos dispositivos hardware** en el sistema. Durante la instalación, Windows NT reconoce automáticamente el hardware disponible, pero es posible que no lo haga con todos los dispositivos. Mediante diferentes iconos del grupo **Panel de Control**, Windows NT nos permite instalar o eliminar hardware del equipo.

Cualquier dispositivo hardware instalado en una estación se comportará siempre homogéneamente y de forma independiente del usuario que este identificado en la misma.

Es posible que queramos instalar un dispositivo que no sea soportado por la versión instalada de Windows NT. En este caso necesitaremos las instrucciones o drivers proporcionados por el fabricante para proceder a su instalación.

Respecto a la **eliminación del driver** de cualquier dispositivo a través de estas utilidades, hemos de tener en cuenta que no elimina el fichero/os del disco duro, sino que tan sólo elimina las referencias que pueda tener el sistema para su carga. Así, si posteriormente se desea volver a utilizar el dispositivo, no será necesario reinstalar el driver en el disco duro. Otra manera de eliminar un driver es a través del Explorador de Windows NT, ya que se elimina físicamente del disco duro. Pero de esta segunda forma no se eliminan las referencias a este driver que tiene el sistema, por lo que las búsquedas que pueda realizar éste de un driver inexistente pueden provocar problemas en el arranque.

Ya se comentó, cuando hablamos de la personalización del entorno de trabajo por parte del usuario, que para realizar modificaciones en estas opciones se debe pertenecer al grupo de los Administradores. En la Figura 11.18 podemos ver el contenido del menú Panel de Control, parte del cual fue detallado al inicio de este capítulo.

A continuación nos centraremos en las opciones de este menú que permiten configurar el hardware de la estación, realizando un estudio de aquellas de propósito general y dejando para los capítulos correspondientes aquellas más específicas.

- **Adaptador para PC (PMCIA)**: Al ejecutar esta utilidad el sistema realiza una detección automática de este tipo de adaptador, no permitiendo su configuración en caso de no existir.
- **Adaptadores SCSI**: Esta utilidad nos muestra información de los adaptadores SCSI instalados en la estación (controlador, recursos en uso) así como los dispositivos conectados al mismo. También permite, de forma manual, agregar o eliminar controladores SCSI.

Figura 11.18. Aspecto del menú Panel de control.

- **Dispositivos**: Muestra una lista de los dispositivos disponibles en el sistema, permitiendo su detención, inicio o configuración del tipo de inicio. En esta lista (Figura 11.19) podremos observar qué dispositivos tienen su controlador cargado (aquellos con el estado iniciado) y cuáles no lo tiene (aquellos con estado vacío). El uso del botón de **Perfiles de hardware** lo veremos en el siguiente apartado.

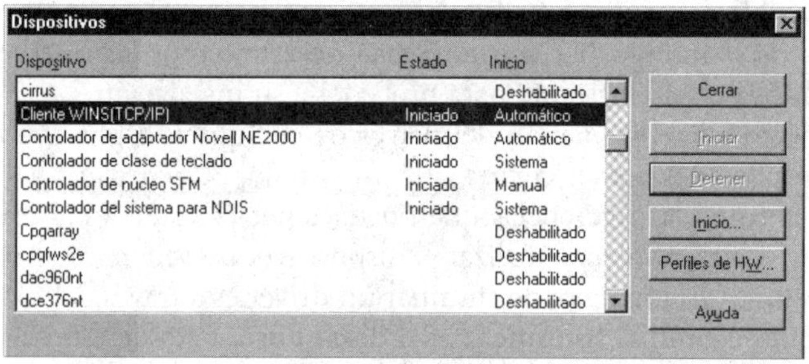

Figura 11.19. Aspecto de la utilidad Dispositivos.

A través de este cuadro podemos configurar el tipo de inicio que deseamos para cada uno de los dispositivos disponibles. Si seleccionamos un dispositivo y pulsamos el botón **Inicio**, obtendremos un cuadro como el que se presenta en la Figura 11.20, en el que podremos seleccionar el **tipo de inicio** de ese dispositivo:

- Inicio
- Sistema
- Automático
- Manual
- Deshabilitado

Los tres primeros tipos hacen que el dispositivo se inicie al iniciar el sistema (los de tipo inicio se arrancan en primer lugar, a continuación los de tipo sistema y por último los de tipo automático), lo que los hace muy útiles para iniciar dispositivos críticos del

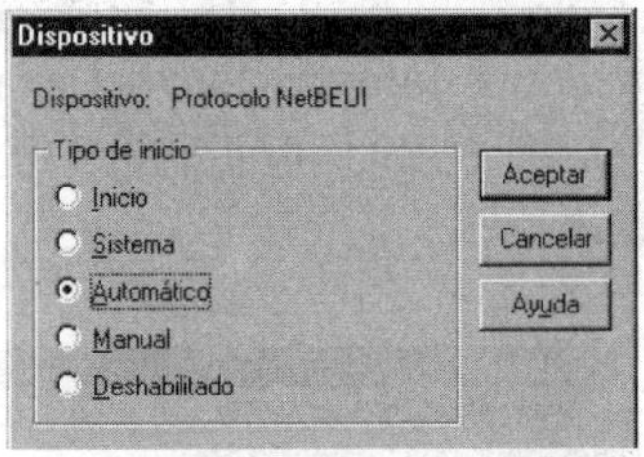

Figura 11.20. Configuración del tipo de inicio de los dispositivos disponibles.

sistema; los manuales deben ser iniciados por medio de un usuario o servicio; por último, los dispositivos deshabilitados no se inician ni podrán ser iniciados por un usuario.

- **Dispositivos de cinta:** Esta utilidad se detallará en el capítulo dedicado a Tolerancia a fallos y seguridad física.
- **Módems:** Su configuración se verá en el tema dedicado al Servicio de Acceso Remoto (RAS).
- **Pantalla:** Esta utilidad permite, dentro de la página **Configuración:**

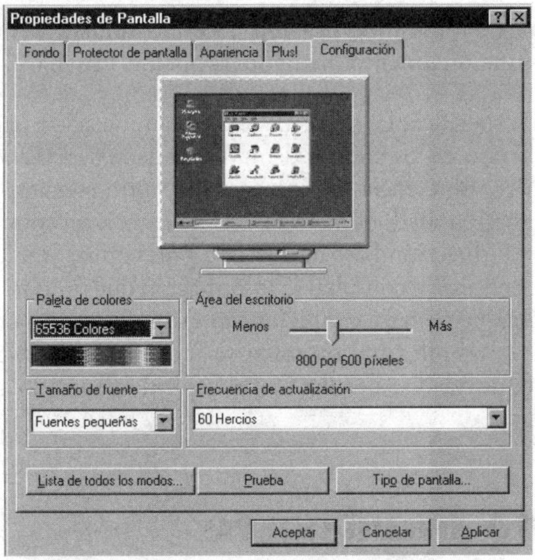

Figura 11.21. Página Configuración de la utilidad Pantalla.

— Seleccionar la paleta de colores a utilizar (resolución gráfica) que dependerá de la tarjeta gráfica de la estación.
— El tamaño del área del escritorio (cuanto mayor sea el área, menor será todo lo que parezca en la pantalla).
— Tamaño de fuente.
— Frecuencia de actualización (cuanta mayor frecuencia, menos parpadeos veremos en pantalla, aunque hay que tener en cuenta que no podemos escoger una alternativa resolución/frecuencia no soportada por nuestro monitor).

— Cambiar el controlador del adaptador gráfico. A través del botón **Tipo de pantalla** obtenemos información del adaptador de vídeo y su controlador (Figura 11.22), así como la posibilidad de cambiarlo, bien manual o automáticamente.

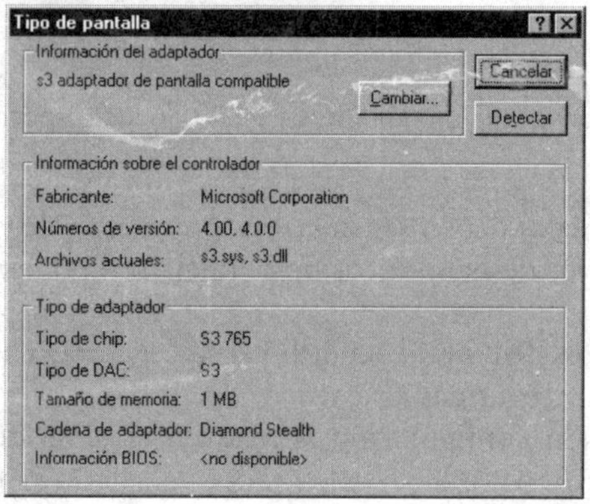

Figura 11.22. Información del adaptador de vídeo.

Si realizamos alguna modificación en esta utilidad, Windows NT me exigirá que compruebe el funcionamiento mediante la opción **Prueba**.

- **Puertos**: Especificar las propiedades de comunicación para los puertos serie (**COM**). Para cada uno de los puertos definidos podemos especificar los parámetros que regirán en las transferencias de información entre estación y dispositivo (velocidad de transmisión, paridad, número de bits de datos), así como la configuración hardware del puerto (dirección base de E/S, IRQ que utiliza, etc.). En muchos de estos parámetros es necesario consultar la información que proporciona el fabricante del dispositivo para que no haya conflictos con otros dispositivos del sistema.
- **Red**: Para más información referirse al capítulo de Trabajo en red.
- **SAI**: Esta utilidad se detallará en el capítulo dedicado a Tolerancia a fallos y seguridad física.

Perfiles de hardware

Una nueva prestación que nos ofrece Windows NT en su versión 4.0 es la posibilidad de crear diferentes **perfiles de hardware** en la misma estación, es decir, que podamos arrancar la máquina con diferentes configuraciones hardware dependiendo de los dispositivos conectados a ella. Esta opción es muy útil si por ejemplo estamos trabajando con un portátil, en el cual tenemos su pantalla incorporada, y, ocasionalmente, nos interesara conectarlo a un monitor independiente. En este caso podríamos crearnos dos perfiles de hardware (uno habitual y otro para el trabajo con un monitor independiente), cada uno de los cuales tendría definidos sus drivers específicos para la pantalla con la que se trabaje. Esta creación de diferentes perfiles de hardware se realizaría desde el icono **Sistema** del **Panel de Control**, donde escogeríamos la pestaña de **Perfiles de hardware**.

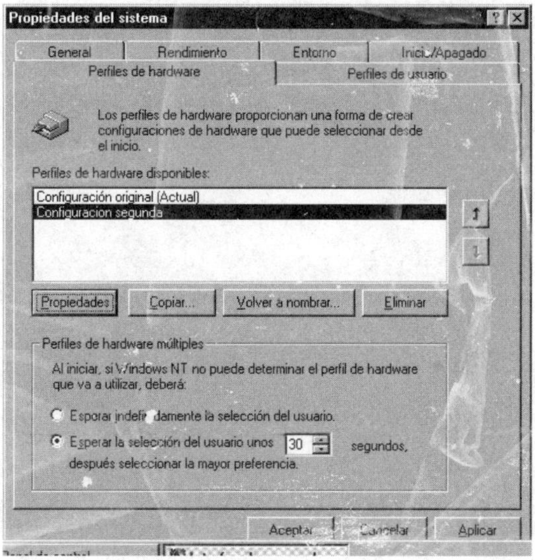

Figura 11.23. Creación de perfiles de hardware.

Por principio siempre tendremos definida una configuración original que podremos duplicar a través de la opción **Copiar.** Una vez creado un nuevo perfil de hardware, podemos configurar alguna característica especial mediante el botón **Propiedades**, como por ejemplo si el perfil será para un equipo portátil o si queremos desactivar todos los controladores de red (porque este perfil no se quiere utilizar como miembro de una red).

Una vez creado el perfil de hardware, deberé seleccionar los controladores que debe cargar cuando se inicie con este perfil. Esta selección la realizaré mediante las utilidades **Dispositivos** y **Servicios**, donde podré decidir, para cada dispositivo o servicio, qué perfiles de hardware lo cargarán.

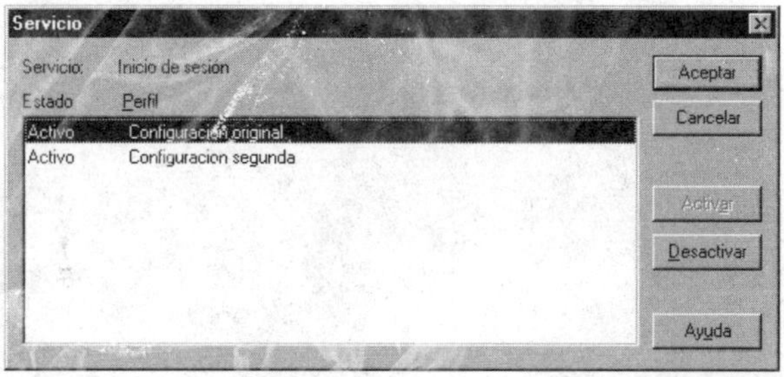

Figura 11.24. Determinación de servicios a activar con cada perfil de hardware.

Para **cambiar el perfil de hardware** que estamos utilizando en ese momento basta con reiniciar el equipo y pulsar la barra espaciadora cuando se nos pregunta si queremos escoger otro perfil de hardware del actualmente activo, presentándose todos los perfiles de hardware definidos en el sistema.

Capítulo 12

Tolerancia a fallos y seguridad física

Una de las características principales de Windows NT es la **seguridad**. Hemos visto con anterioridad cómo establecer la seguridad lógica de los datos de un equipo con Windows NT a través de los permisos de acceso. Pero otro posible aspecto de la seguridad es la seguridad física de los datos, es decir, prevenir problemas derivados del hardware.

Desde Windows NT podemos emplear muchas estrategias para asegurar la protección física de los datos en disco. Entre estas estrategias podemos encontrar el uso de **tolerancia a fallos** del Administrador de discos (sólo en sistemas Windows NT Server), la utilidad de **copias de seguridad** o el **sistema de alimentación ininterrumpida** (SAI) para protección de caídas de corriente. Incluso el mismo sistema operativo implementa una opción de seguridad en caso de que los archivos de inicialización o del sistema se encuentren dañados o se hayan eliminado, que es la denominada **Ultima configuración buena conocida**.

En la parte final del capítulo se discutirán los diferentes métodos existentes para recuperar una instalación dañada que discurren desde la utilización del **disco de reparación** hasta la reinstalación del equipo.

Tolerancia a fallos

Podemos definir la **tolerancia a fallos** como la capacidad de un sistema de continuar funcionando a pesar de que parte del mismo falle. Esta tolerancia a fallos puede estar implementada mediante estrategias que puedan resolver problemas relacionados con fallos de disco o corrupción de sistemas operativos o de las particiones de arranque.

Windows NT, mediante el **Administrador de discos** nos ofrece diferentes opciones de tolerancia a fallos que permiten utilizar las ventajas de los **mecanismos RAID** (matriz redundante de discos de bajo costo).

Por **RAID** se entiende **Redundant Arrays of Inexpensive Disk** o, como se ha dicho antes, **matriz redundante de discos de bajo costo**. Estas estrategias RAID fueron iniciadas en 1987 por Patterson, Gibson y Kratz de la Universidad de Berkeley, los cuales diseñaron varias opciones para construir discos virtualmente grandes partiendo de discos pequeños y baratos. Esta noción va en contra del concepto de SLED (Single Large Expensive Disk) comúnmente utilizado en mainframes y mini-computadoras.

Podemos encontrar dos **tipos de implementación** de las estrategias RAID:

- Las basadas en **hardware**. Hay algunos constructores que implementan algunas estrategias RAID directamente en hardware a través de tarjetas que incluyen controladoras de matrices de discos, las cuales se encargan de la creación y regeneración de la información redundante. Esta implementación hardware a veces también permite reemplazar un disco de la matriz sin parar el sistema.
- Las basadas en **software**, como por ejemplo la que ofrece Windows NT Server.

Si bien es verdad que las implementaciones hardware ofrecen un mayor rendimiento, también ocurre que son más caras y que nos obligan a estar atados a la solución que implemente el constructor en cuestión.

El ensayo de Berkeley establecía seis esquemas diferentes para organizar un disco con una implementación basada en estrategias RAID, a los cuales se denominaron de RAID 0 a RAID 5 según el nivel de rendimiento, coste y fiabilidad que ofrecían. Todas las estrategias RAID se basan en múltiples unidades de disco coordinadas por un controlador.

Windows NT Server soporta tres de estos **esquemas**:

- **RAID 0** representa lo que antes hemos denominado conjuntos de bandas o conjuntos de bandas sin paridad (véase el capítulo *Discos y sistemas de ficheros*).
- **RAID 1** representa la implementación de discos espejo.
- **RAID 5** representa conjuntos de bandas con paridad.

Cualquiera de estos esquemas no entra en funcionamiento hasta que se ha producido un error, pero una vez en funcionamiento no soportan un segundo error.

Vamos a ver más detalladamente cada uno de estos tres esquemas y cómo lograr su implementación mediante Windows NT Server.

RAID 0 - Conjunto de bandas sin paridad

Como se vio en el apartado dedicado a los conjuntos de bandas del capítulo Discos y sistemas de ficheros, estos conjuntos necesitan un mínimo de dos discos físicos para su implementación, admitiendo hasta un máximo de 32 discos. Recordemos también que los datos almacenados se distribuían a través de todas las bandas pertenecientes al conjunto, de forma que los datos de un fichero no estaban contiguos en un área, sino distribuidos proporcionalmente en las diferentes áreas del conjunto. Esta distribución permitía un mejor rendimiento en el momento de la lectura (si el equipo admitía acceso simultáneo a los diferentes discos).

Pero, a pesar de que este tipo de implementación está considerada una estrategia RAID, **los conjuntos de bandas no tienen ningún tipo de soporte a los fallos**, ya que no hay ninguna redundancia de los datos que contienen. Una vez que se produce un error en algún área del conjunto, éste no se puede recuperar y todos los datos en él contenidos se pierden aunque no estuvieran en el área defectuosa. Si el problema es detectado durante la secuencia de inicio del sistema, el conjunto de bandas no podrá ser usado por el sistema ni podrá ser accedido por los usuarios.

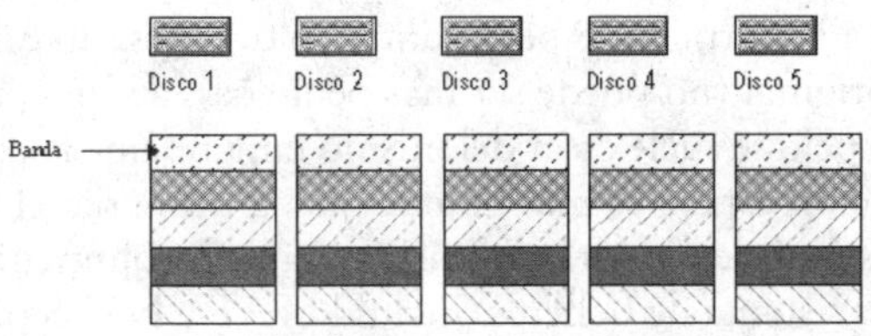

Figura 12.1. Implementación de conjuntos de bandas (RAID 0).

Implementación en Windows NT

La implementación de los conjuntos de bandas la podemos encontrar en el apartado dedicado a este tipo de volúmenes del capítulo *Discos y sistemas de ficheros.*

Los conjuntos de bandas, a diferencia del resto de estrategias RAID, es soportado por Windows NT Server y Windows NT WorkStation. De todos modos, las particiones de arranque o de sistema no pueden ser un conjunto de bandas.

RAID 1 - Discos espejo

Los discos espejo es la estrategia RAID más fácil de implementar que protege contra fallos de disco. Como ilustra la siguiente figura, este sistema utiliza **dos particiones en diferentes unidades** físicas conectadas al mismo controlador de disco (más adelante veremos el caso de que ambos discos estén conectados a controladores diferentes). Todos los datos de la partición primaria son automáticamente reflejados en la partición secundaria, de forma que si el disco primario falla, los datos no se pierden, pudiéndose utilizar los datos de la segunda unidad.

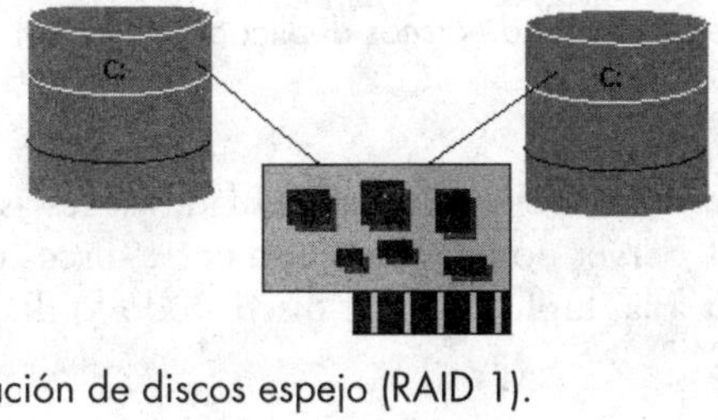

Figura 12.2. Implementación de discos espejo (RAID 1).

Como se observa en la figura anterior, si establecemos dos discos espejo ambas particiones tienen la misma letra de unidad.

El disco que contiene la partición que actúa como espejo no ha de ser de idéntico tamaño que el original ni incluso del mismo modelo, eliminándose la necesidad de mantener un stock de discos del mismo modelo al inicial para reemplazar una unidad averiada.

Respecto a la partición espejo, tampoco es necesario que sea del mismo tamaño que la partición original (no puede ser más pequeña), aunque, a veces por razones prácticas, la partición espejo se suele crear del mismo tamaño que la partición primaria. Sin embargo, si la partición espejo es más grande que la primaria, el espacio extra será convertido en espacio disponible y podrá utilizarse para otro volumen.

Cualquier sistema de ficheros, incluido FAT y NTFS pueden hacer uso de los discos espejo. También pueden utilizar esta técnica las particiones de arranque o de sistema, por lo que la estrategia de discos espejo es un buen sistema de tolerancia a fallos para utilizar en servidores críticos. No está permitido establecer espejos de conjuntos de bandas o de conjuntos de volúmenes.

La desventaja de este tipo de implementación puede ser su alto coste, ya que sólo se aprovecha el 50% del espacio disponible, utilizándose el 50% restante como espejo del primero. Por este motivo, los discos espejo se acostumbran a utilizar en redes pequeñas donde el espacio desaprovechado no es muy grande.

Duplicación de discos

Se entiende por **duplicación de discos** la implementación de discos espejo donde cada una de las dos unidades físicas que lo componen tiene su propia controladora de discos. Esta agregación de una controladora independiente por disco proporciona tolerancia a fallos para el disco y para la controladora. Además de proporcionar tolerancia a fallos, la duplicación de discos proporciona un mayor rendimiento al reducir el tráfico de datos de cada canal.

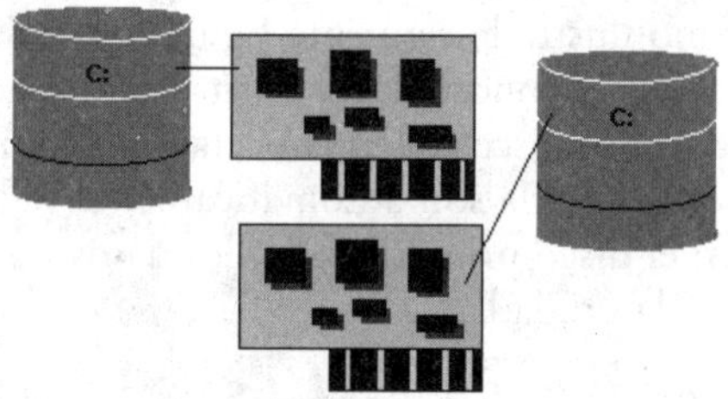

Figura 12.3. Implementación de discos duplicados (RAID 1).

Como en los discos espejo, a ambas unidades se les asigna la misma letra de unidad. Para Windows NT Server no hay diferencia entre discos espejo y duplicación de discos, pudiéndose aplicar a la duplicación de discos todo lo dicho anteriormente para los discos espejo.

Creación de espejos y duplicados

Sólo Windows NT Server dispone de la posibilidad de creación de discos espejo o duplicados, siendo el mismo proceso para ambos (Windows NT Server deja la distinción en manos de hardware).

Para **crear discos espejo o duplicados** nos dirigiremos al **Administrador de discos**, y, mientras tenemos pulsada la tecla **Ctrl**, primero seleccionaremos la partición original a reflejar y luego seleccionaremos el espacio libre de otro disco donde queremos establecer el espejo (recordar que ha de ser un espacio libre igual o mayor al de la partición original). A continuación, desde el menú de **Tolerancia a fallos**, seleccionaremos **Establecer espejo**. El Administrador de disco creará una partición de igual tamaño para el espejo y le asignará la misma letra de unidad que tiene la partición original. Recordar que para que esta nueva configuración entre en vigor, hemos de salir del Administrador de discos y guardar los cambios o bien grabar los cambios con la opción **Registrar los cambios ahora** del menú **Partición**.

Uso de espejos en sistemas MS-DOS

Los sistemas operativos basados en MS-DOS no tienen soporte de discos espejo. Por tanto, si creamos un disco espejo desde Windows NT, la partición espejo no podrá ser accedida ni utilizada desde MS-DOS.

Eliminación de espejos

Si tenemos implementada en nuestro sistema alguna estrategia de discos espejo, es posible romperla y obtener dos particiones independientes sin eliminar los datos de ninguna de las dos particiones. Una vez obtenidas las particiones independientes, podré actuar sobre ellas como si fueran particiones normales.

Para **romper un disco espejo en dos particiones independientes** tan sólo hemos de seleccionar el disco espejo y elegir la opción **Romper espejo** del menú **Tolerancia a fallos**. Windows NT, como se ha dicho antes, no eliminará los datos de ninguna de las dos particiones, manteniendo la partición original con la letra de unidad que tenían las particiones del espejo y asignando la primera letra de unidad disponible a la partición secundaria, siendo, a partir de entonces, independientes una de otra (hay que guardar la nueva configuración para que entre en vigor). Así, por ejemplo, si ya no se desea utilizar la partición espejo, se puede eliminar mediante la opción **Eliminar** que permite eliminar volúmenes; si, en cambio, se quiere seguir utilizando la partición espejo como una partición independiente, podremos hacerlo, ya que tiene su propia letra de unidad, pero hemos de tener presente que los datos ya no serán los mismos que los de la partición original al haberse roto la relación de espejo que los unía.

Si utilizo directamente la opción **Eliminar** del menú **Partición** sobre un espejo, Windows NT eliminará ambas particiones del espejo perdiendo, por tanto, los datos contenidas en una y otra.

Recuperación de un disco espejo

La característica de ser **tolerante a fallos** en los discos espejo asegura que si se producen errores irrecuperables en una de las dos particiones que forman parte del mismo, el volumen siga accesible. Pero esta característica de tolerancia a fallos deja de estar activa en cuanto una de las particiones deje de estar funcionando, por lo que es importante recuperar la funcionalidad completa de los discos espejo tan pronto como sea posible. Esta recuperación significa que hay que encontrar una nueva partición que haga de espejo en el conjunto, ya sea de otro disco actualmente existente en el equipo o bien de un nuevo disco que reemplace al defectuoso.

La operación de cambio de un componente de un disco defectuoso del conjunto se debe iniciar rompiendo el espejo tal y como se ha explicado en el apartado anterior. Esta rotura causará que la partición correcta obtenga la letra de unidad actualmente asignada al espejo, mientras que la partición defectuosa obtendrá la primera letra de unidad disponible. A continuación se establecerá un nuevo espejo seleccionando una nueva partición y se reiniciará el equipo, ya que es durante la etapa de arranque que los datos de la partición original se duplicarán a la partición espejo.

Recuperación de una partición de arranque o sistema con disco espejo

Se ha dicho anteriormente que la estrategia de discos espejo puede ser utilizada en particiones de arranque o de sistema e, incluso, que es un buen método de tolerancia a fallos para este tipo de particiones. Pero, ¿qué ocurre si se produce un fallo en el disco primario del espejo?

En el apartado anterior dedicado a la recuperación de un disco espejo hemos explicado que debemos utilizar el Administrador de discos para romper el espejo y, de esta manera, asignar la letra de unidad utilizada hasta entonces a la partición que todavía está en funcionamiento. Pero esta operación no la podemos realizar si falla el disco con el sistema operativo, ya que la partición queda inaccesible y, por lo tanto, el sistema deja de funcionar. Podemos pensar que la solución es fácil : iniciamos de nuevo el equipo y funcionará, aunque si lo intentamos veremos que no funciona. Esto es debido a que cuando iniciamos el equipo, Windows NT va a buscar sus archivos a la partición indicada en la configuración del fichero **BOOT.INI**, el cual se encuentra en el directorio raíz de la partición de sistema (que puede ser diferente a la partición de inicio de Windows NT), y éste apunta a la partición del disco que ha dejado de funcionar. Por tanto, parece que la solución es modificar el fichero BOOT.INI para que no apunte al disco defectuoso sino que apunte al disco espejo que todavía está en perfecto estado (véase apartado dedicado al fichero BOOT.INI en el capítulo de *Opciones de instalación*).

Arrancamos con un disquete MS-DOS y modificamos el fichero BOOT.INI de la partición de sistema mediante cualquier editor. Pero esta solución puede funcionar sólo si hemos instalado la partición de sistema con el sistema de ficheros FAT, ya que en caso de instalarla con sistema de ficheros NTFS no será accesible mediante disquete MS-DOS. Por lo tanto, en este segundo caso no tenemos posibilidad de modificar el fichero BOOT.INI y arrancar con la partición espejo.

Windows NT nos ofrece una solución única que permite sobrepasar los problemas causados por un error físico en el disco de sistema o de arranque si tenemos establecida una estrategia de discos espejo en los mismos. Esta solución pasa por la creación de un **disco de arranque de tolerancia a fallos** que se utilizará en estos casos.

La **creación de este disco de arranque** debe hacerse en cualquier momento antes de producirse el error irrecuperable (ya que cada disquete es específico para cada equipo) siguiendo la siguiente mecánica:

- En primer lugar hemos de formatear un disquete desde un equipo Windows NT, operación que escribe cierta información sobre el fichero de carga en la pista de arranque del disquete.
- A continuación copiar en el disquete los siguientes ficheros que encontremos en el directorio raíz de la partición de sistema (posiblemente tengan el atributo de ocultos): NTLDR, NTDETECT.COM, BOOT.INI y, en caso de discos SCSI, NTBOOTDD.SYS. En los equipos RISC los ficheros a copiar son el OSLOADER.EXE y el HAL.DLL.
- Modificar el fichero BOOT.INI para que tenga una entrada hacia la partición espejo y, de esta manera, podamos arrancar la computadora.

Si arrancamos con este disquete, el fichero BOOT.INI del mismo apuntará a la partición espejo, la cual contiene los ficheros de sistema en buen estado y podremos ejecutar el programa Administrador de discos para romper el espejo y reasignar las letras de unidad de manera que la partición espejo sea la partición de sistema o inicio original y podamos reiniciar el equipo sin necesidad del disco de arranque de tolerancia a fallos.

Hemos de tener presente que si después de haber creado el disquete de arranque de tolerancia a fallos modificamos la configuración de particiones de nuestro equipo, hemos de actualizar también el fichero BOOT.INI del disco para que también tenga en cuenta la nueva distribución de particiones.

RAID 5 - Conjuntos de bandas con paridad

Los niveles de estrategia RAID comprendidos hasta la estrategia RAID 5 son una evolución una de otra que lleva a RAID 5, que es el sistema de tolerancia a fallos más popular del mercado. La característica del RAID 5 es la escritura de una información de paridad que permite que el volumen siga accesible en caso de fallo de un disco, así como, posteriormente, reconstruir de nuevo los datos del disco defectuoso. Esta escritura de paridad no se escribe toda en un solo disco del conjunto, sino que está repartida por todos ellos.

La implementación del RAID 5 exige un **mínimo de 3 discos físicos** (pueden ser de una misma controladora o bien pertenecer a diferentes), admitiendo hasta un máximo de 32. Como ocurría en los conjuntos de bandas sin paridad, cada área que forma parte del conjunto se divide en bandas, existiendo, en este caso, un bloque de información de paridad por cada banda del conjunto (Figura 12.4), cada uno de los cuales se guarda en un disco diferente.

Así por ejemplo, en la Figura 12.4 tenemos implementado un RAID 5 con cinco áreas, correspondientes cada una a un disco físico diferente. Cada bloque de información de paridad incluye a una banda del RAID 5, y es escrita en un disco diferente al resto de bloques de información de paridad: la banda primera tiene almacenada su bloque de paridad en el disco 1; la banda segunda tiene su bloque de paridad en el disco 2; y así sucesivamente el resto de bandas del conjunto. Así todos los datos del volumen y la información de paridad asociada se distribuyen de manera que ambos están siempre en varios discos.

La escritura de los datos se produce, tal y como sucedía también en los conjuntos de bandas sin paridad, en bloques de 64 K, escribiéndose cada uno en un disco diferente.

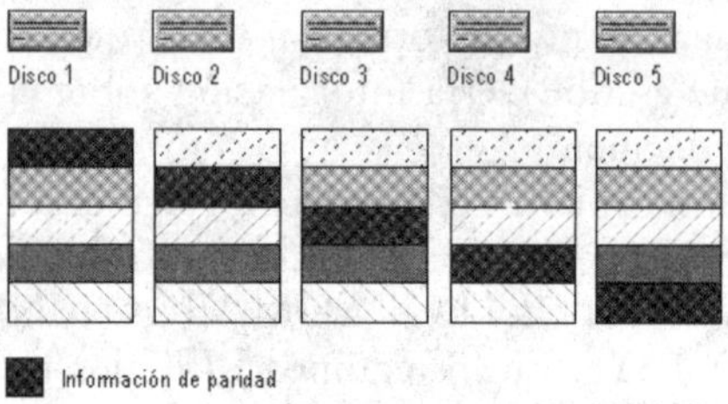

Figura 12.4. Implementación de bandas con paridad (RAID 5).

Esto hace que la información se encuentre distribuida por todos los discos del conjunto, ofreciendo un mayor rendimiento en operaciones de lectura.

El bloque de información de paridad se calcula a partir de los datos de las bandas de su nivel, escribiéndose en el disco simultáneamente a la escritura de los datos. Su utilización será necesaria en caso de tener que acceder o reconstruir los datos debido a fallo físico de uno de los discos. En el **acceso a datos de un disco defectuoso** podemos distinguir dos situaciones:

- Se quiere acceder a datos que estaban situados en una banda del disco que ha fallado. Si deseamos leer datos, el sistema los obtendrá a partir de los datos del resto de bandas del mismo nivel y de su información de paridad asociada (que estará situada en el mismo nivel de banda de otro disco del conjunto).

  Si deseamos escribir datos en esa banda defectuosa, el sistema no los podrá escribir, escribiendo tan sólo la información de paridad asociada.
- Se quiere acceder a la información de paridad que estaba situada en una banda del disco defectuoso.

  Esto no puede ocurrir en caso de una operación de lectura, ya que la información de paridad no es necesaria (sólo en caso de que exista un disco defectuoso). Si se está efectuando una escritura en el conjunto y la información de paridad de una banda se ha de grabar en el disco defectuoso, el sistema grabará los datos en su disco correspondiente y dejará de escribir la información del bloque de paridad.

Los conjuntos de bandas con paridad ofrecen **muy buen rendimiento en operaciones de lectura** ya que los datos se encuentran distribuidos entre los diferentes discos y se pueden leer simultáneamente. Pero si se produce un fallo en algún disco que lo deje inservible, la velocidad de lectura se degrada rápidamente al deberse recuperar los datos por medio de la información de paridad. En cambio, las **operaciones de escritura necesitan tres veces más memoria** y un **mayor tiempo** para realizar la operación que una escritura normal al tener que realizar los cálculos de la información de paridad y luego su escritura en disco. Por eso estos conjuntos son una buena solución para sistemas en los que la mayor parte de las operaciones consistirán en leer datos, como podría ser un servidor de programas.

Respecto a la pérdida de espacio de disco debido a la redundancia de los datos en los bloques de información de paridad, hemos de tener en cuenta que siempre se utilizará el espacio de una de las áreas que forman parte del conjunto para la información de paridad (aunque ésta no está toda en una sola área sino repartida en todos los discos). Pero cuantos más discos formen parte del conjunto de bandas, menos porcentaje del espacio total del conjunto se perderá en información de paridad. Así por ejemplo, en la figura 5 tenemos cinco discos en el conjunto, perdiendo 1/5 de espacio de cada uno en información de paridad, lo que supone un 20 por ciento del espacio total disponible en el conjunto. Si en lugar de cinco discos tuviéramos tan sólo tres, el espacio perdido sería de un 33 por ciento del total (1/3 de cada disco).

Si comparamos los conjuntos de bandas con paridad con los espejos, observaremos que estos últimos poseen mejor rendimiento en la escritura (RAID 5 necesita más tiempo y memoria) e incluso en caso de pérdida de un miembro (RAID 5 necesita tiempo de cálculo de la información perdida). En cambio los conjuntos de bandas con paridad tienen una mayor velocidad de lectura y su espacio de disco desaprovechado es menor respecto a los espejos.

Creación y eliminación de conjuntos de bandas con paridad

El RAID 5 sólo está soportado en los equipos con Windows NT Server. La herramienta que nos permite la creación o eliminación de este tipo de volúmenes es el **Administrador de discos.**

No se puede utilizar la implementación RAID 5 para crear las particiones de arranque o de sistema.

Para **crear un conjunto de bandas con paridad** hay que elegir dos o más áreas de espacio disponible que correspondan cada una a un disco duro diferente, seleccionando la primera área y después presionando **Ctrl** y pulsando en un área adicional de cada uno de los discos duros restantes. Una vez seleccionadas las áreas, elegir la opción **Crear conjunto de bandas con paridad** en el menú **Tolerancia a fallos**, presentándose el cuadro de diálogo que nos muestra los tamaños máximo (que será el resultado de multiplicar el espacio del área con menor disponible por el número de discos físicos que formarán parte del conjunto de bandas con paridad) y mínimo posibles para el conjunto de bandas con paridad a crear, permitiéndonos escribir el tamaño del conjunto que se desee crear. Al aceptar la configuración, el Administrador de discos dividirá el tamaño total del conjunto por el número de discos físicos que forman parte del mismo, creando particiones sin formato del mismo tamaño en cada uno de los discos seleccionados y asignando una sola letra de unidad al conjunto de bandas. Si se elige un tamaño que no se pueda dividir en partes exactas, el Administrador de discos redondeará cada una al valor superior o inferior más próximo.

Para que el conjunto de bandas con paridad entre en funcionamiento, debemos guardar los cambios efectuados, reiniciar el equipo y después formatear el nuevo volumen con el sistema de ficheros que se desee, FAT o NTFS. A partir de ese momento, podremos utilizar el conjunto creado como si fuera una única partición.

Uso de conjuntos de bandas con paridad en sistemas MS-DOS

Los sistemas operativos basados en MS-DOS no tienen soporte de conjuntos de bandas con paridad. Por tanto, si creamos un volumen de este tipo desde Windows NT, no podrá ser accedido ni utilizado desde MS-DOS.

Cuando ya no necesitemos utilizar el conjunto de bandas con paridad podemos eliminarlo a través de la opción **Eliminar** del menú **Partición**. Esta opción borrará toda la información que contengan todas las áreas del conjunto (no se puede eliminar el contenido de una sola área), por lo que es conveniente tener una copia de seguridad del mismo si queremos acceder posteriormente a la información en él contenida.

Regeneración de datos en un conjunto de bandas con paridad

Hemos comentado con anterioridad que si en nuestro equipo se produce un error irrecuperable en un disco que sea miembro de un conjunto de bandas con paridad, el volumen sigue accesible gracias a la información de paridad que hace que se pueda calcular la información perdida en el disco defectuoso. Esta situación no se puede mantener durante un largo periodo de tiempo, ya que el rendimiento decae al tener que malgastar tiempo en calcular la información perdida (este tiempo es mayor que el necesario en una operación entrada/salida habitual) y la tolerancia a fallos se pierde (en caso de producirse otro error, el conjunto ya no sería recuperable). Por tanto, hemos de volver a la situación normal en un corto espacio de tiempo.

Para volver a la situación habitual en un conjunto de bandas con paridad, debemos incluir en el conjunto un nuevo espacio disponible igual o mayor al de cada miembro del mismo. Este espacio puede provenir de otro disco del sistema no utilizado ya en el conjunto o bien de un nuevo disco que reemplace al defectuoso. Para efectuar esta operación ejecutaremos la utilidad **Administrador de discos**, seleccionando, a continuación, el conjunto de bandas de paridad y el área de espacio a incluir en el mismo. Mediante la opción **Regenerar** del menú **Tolerancia a fallos** indicaremos al sistema que debe regenerar la información perdida en el nuevo disco del conjunto, lo cual se realizará utilizando los bloques de información de paridad distribuidos por todos los discos del mismo. Para que esta operación surta efecto, debemos salir del Administrador de discos y reiniciar el sistema, momento en el cual se producirá la regeneración automática de la información perdida, datos e información de paridad. Se ha de tener en cuenta que al regenerar un volumen de tipo conjunto de bandas, el sistema operativo necesita bloquear el mismo para que nadie tenga acceso, perdiéndose todas las conexiones de red establecidas en ese momento.

Comportamiento del sistema operativo frente a errores

Hasta ahora hemos visto cómo crear espejos o conjuntos de bandas con paridad y, en caso de error, cómo recuperar la situación original, pero no sabemos cómo se comporta el sistema operativo en caso de que se produzca una de estas situaciones de error. Lo primero que hay que decir es que el comportamiento es muy similar en ambas estrategias de tolerancia a fallos, y que la respuesta depende más de cuándo se produce el problema que de qué estrategia se ha implementado.

Cuando se produce un **error de entrada/salida** (normalmente en las escrituras) sobre un volumen que soporta tolerancia a fallos, el sistema intenta, ante todo, no romper el espejo o el conjunto de bandas. Como **primera solución** al problema intenta reasignar a **otra ubicación** el sector que ha fallado, dejando marca de defectuoso al que ha causado el problema. Si esto es posible, la tolerancia a fallos no ha sufrido ninguna variación y es el sistema de ficheros correspondiente el que se encarga de administrar el sector defectuoso en cuestión para que no vuelva a ser utilizado. Si, en cambio, la reasignación del sector también produce un error, el sistema graba un **registro de error en el Visor de sucesos** para informar del hecho al administrador del sistema, y deja en estado de inaccesible a la partición que ha causado el error, produciéndose, por tanto, la rotura del espejo o del conjunto de bandas. La partición que ha causado el error y que ha sido marcada como defectuosa recibe el nombre de **huérfana.**

Si el error irrecuperable se produce durante el proceso de inicialización del sistema, el sistema actúa del mismo modo que se ha descrito anteriormente.

Si se produce un nuevo error en una partición diferente de un disco espejo o de un conjunto de bandas, el volumen quedaría inaccesible y los datos se perderían.

Reparación de fallos en sectores

Windows NT también soporta la recuperación de sectores defectuosos en los esquemas RAID-1 y RAID-5 debido a su característica de mantener información redundante. Esta recuperación de sectores consiste en que, transparentemente para el usuario, una vez detectado un sector defectuoso, éste queda marcado y no se vuelve a utilizar, copiando la información que contenía (que se extrae de la copia redundante) en un nuevo sector. Si también fallara el sector que contiene la información redundante, se anotaría el hecho en el **Visor de sucesos**, perdiéndose los datos de ese sector.

Si deseamos examinar una partición para intentar recuperar sus errores o sectores defectuosos podemos utilizar la orden **chkdsk/f** desde la interfaz de órdenes o bien la opción **Comprobar errores** del menú **Herramientas** del **Administrador de discos** (véase el capítulo *Discos y sistemas de ficheros*).

Sustitución de un disco

Actualmente y, debido al continuo aumento de las necesidades de espacio de disco duro, es habitual que nos encontremos con la necesidad de **sustituir un disco** de nuestra estación. En esta situación, previo a cualquier acción, hemos de analizar qué configuración tiene la estación implicada respecto a contenido del disco a sustituir, sistema operativo instalado (Windows NT WorkStation o Windows NT Server) y sistema de ficheros implementado. Según la combinación resultante de estos parámetros se deberán seguir una acciones u otras, las cuales podemos encontrar en la siguiente relación:

- Si el disco a sustituir **contiene datos** y no ficheros de sistema operativo, independientemente del sistema de ficheros utilizado, la sustitución consiste en conectar el nuevo disco físico y realizar una copia de todos los ficheros de un disco a otro a través de una orden **XCOPY**. Si nos encontramos en una estación Windows NT

Server, también se puede utilizar el mecanismo de discos espejo para duplicar el contenido de uno en otro.

- Si el **contenido** del disco a sustituir es el **sistema operativo**, no podemos utilizar la técnica del punto anterior, ya que existen ficheros bloqueados que no permitirán su copia. En este caso debemos hacer una distinción inicial según el sistema de ficheros utilizado:

— Si es una partición FAT podemos conectar físicamente el nuevo disco, formatearlo, reiniciar con un disquete de MS-DOS y efectuar una copia de todos los ficheros de un disco a otro a través de la orden XCOPY. Aquí no encontraremos ningún fichero bloqueado, ya que no hemos iniciado desde Windows NT, sino desde disquetes.

— Si la partición es NTFS, no podemos utilizar disquetes MS-DOS, ya que el sistema de ficheros NTFS no es soportado por este sistema operativo y, por tanto, si reiniciamos con MS-DOS la partición NTFS no será visible. Debemos buscar una técnica que soporte el sistema de ficheros NTFS, pero éste sólo es soportado desde Windows NT. En este caso, la única técnica recomendada por Microsoft consiste en realizar una copia de seguridad completa del disco, incluyendo el Registro local, desconectarlo, conectar el nuevo e instalarlo con Windows NT. Una vez que tenemos la estación funcionando, restauraremos la copia de seguridad original (que incluye el Registro), recuperando la configuración anterior a la instalación.

Si esta sustitución la estamos realizando en un equipo con Windows NT Server también es posible utilizar el mecanismo de discos espejo de la siguiente manera: conectamos el nuevo disco a la estación y establecemos un disco espejo entre el disco a sustituir y el nuevo disco. Una vez que se han duplicado todos los ficheros, rompemos el espejo asignando la unidad original al nuevo disco, dejando al viejo sin función. Por último, ya podemos retirar el disco viejo.

Servicio de alimentación ininterrumpida (SAI)

Una de las causas más comunes de pérdida de información son los cortes de energía eléctrica, ya que los datos almacenados en memoria y que no han sido salvados en disco se pierden irremediablemente. Incluso estos cortes de energía eléctrica pueden causar errores no recuperables en los discos si éstos se encuentran realizando una operación de escritura. Los dispositivos SAI ayudan a que no sucedan estos imprevistos y, por lo tanto, a que nuestro equipo sea más fiable y seguro.

Un **dispositivo SAI** se puede definir como una fuente de alimentación que tiene incorporada una pila, la cual mantiene en funcionamiento un equipo al que está conectado durante un periodo de tiempo determinado (que depende de la duración de la pila) en caso de pérdida de energía eléctrica. Este dispositivo SAI se conecta a uno de los puertos serie del equipo en cuestión, de manera que mediante esta conexión el dispositivo SAI podrá informar al sistema de caídas de corriente eléctrica o incluso de que su pila se encuentra con carga baja y dejará de dar servicio en un breve espacio de tiempo. Otros dispositivos SAI también ofrecen la posibilidad de que el sistema se encargue de detenerlos en caso de vuelta de la corriente eléctrica principal.

La instalación de un dispositivo SAI consiste, como se ha dicho anteriormente, en una conexión serie entre el dispositivo y el equipo a soportar. También deberemos enchufar todos los dispositivos que queramos mantener al SAI para que éstos, en caso de caída de corriente eléctrica, sigan en funcionamiento durante más tiempo. Hemos de tener en cuenta que cuantos más dispositivos conectemos al SAI, menos duración de pila tendremos. La pila de estos dispositivos se carga durante el tiempo en que se dispone de corriente eléctrica principal.

Windows NT ofrece una utilidad que podemos encontrar en el menú **Panel de Control** y que se denomina **SAI**. Esta utilidad, que sólo está disponible para los administradores del sistema, permite configurar el servicio SAI de Windows NT según las prestaciones del dispositivo SAI instalado. La primera acción que debemos realizar en el cuadro de diálogo que se nos presente es indicar el puerto serie al que hemos conectado el dispositivo SAI, ya que sin esta indicación no podremos configurar el resto de opciones del cuadro. En la Figura 12.5 vemos un cuadro de diálogo de configuración del SAI en el que el dispositivo se ha instalado en el puerto COM1.

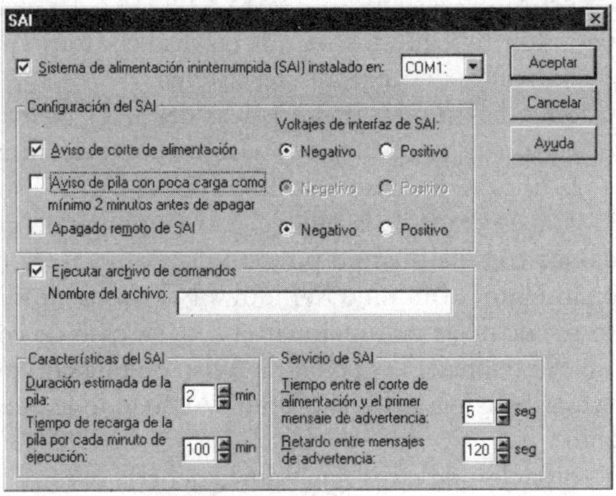

Figura 12.5. Configuración de un dispositivo SAI.

Antes de continuar con el repaso al cuadro de diálogo de configuración del SAI debemos hacer un pequeño inciso de nomenclatura de comunicaciones, ya que la comunicación entre dispositivo SAI y ordenador se realiza mediante líneas del puerto serie. Así cuando el dispositivo SAI deja de recibir corriente eléctrica, envía una señal **CTS** (permiso para transmitir) al ordenador para indicarle esta situación. Si la corriente eléctrica no se restablece y el dispositivo SAI agota su pila, enviará una señal **DCD** (detección de portadora de datos) para indicar que dejará de funcionar en dos minutos. También el ordenador podrá indicar al dispositivo SAI que se apague utilizando la señal **DTR** (terminal de datos preparado).

No todos los dispositivos SAI soportan todas las señales descritas en el párrafo anterior. Antes de empezar la configuración del servicio debemos consultar la documentación adjunta al dispositivo para asegurarnos de qué señales soporta y de si éstas tienen voltaje positivo o negativo. También es conveniente asegurarse de que el dispositivo adquirido está soportado en Windows NT.

Así, una vez que hayamos establecido las posibilidades de conexión entre dispositivo y Windows NT estamos en condiciones de seguir configurando el servicio SAI. En el cuadro de la Figura 12.5 podemos observar cuatro grupos de características:

- El grupo de **Configuración de SAI** nos permite indicar qué señales de las descritas anteriormente soporta el dispositivo SAI conectado:

  — **Aviso de corte de alimentación** para que el SAI envíe un mensaje en caso de corte de energía eléctrica (línea CTS).
  — **Aviso de pila con poca carga como mínimo dos minutos antes de apagar** para que el SAI envíe mensaje de pila baja (línea DCD).
  — **Apagado remoto del SAI** conforme el ordenador puede desactivar el SAI (línea DTR).

  En cada una de estas señales deberemos indicar si el voltaje utilizado es negativo o positivo (consultar la documentación del dispositivo SAI).

- Si seleccionamos **Ejecutar archivo de comandos** se podrá indicar el nombre de un archivo que se ejecutará antes del apagado del sistema. Este archivo debe situarse en el directorio **%system_root%\SYSTEM32**. La ejecución del mismo no debe sobrepasar los 30 segundos, ya que en caso contrario puede suceder que no acabe su ejecución antes del apagado del sistema.
- Las opciones del grupo **Características del SAI** sólo estarán disponibles en caso de tener seleccionada la opción de **Aviso de corte de alimentación** y no tener seleccionada la opción de **Aviso de pila con poca carga**. Esto es así porque aquí se describe la vida esperada de la pila del SAI (suponiendo que se encuentra totalmente cargada) así como el tiempo previsto de recarga de la misma por cada minuto de funcionamiento, utilizando Windows NT ambas informaciones para determinar cuándo puede dejar de funcionar el SAI en caso de corte de energía eléctrica. Si tenemos seleccionada la opción de **Aviso de pila con poca carga** estos cálculos no son necesarios al avisarnos el propio SAI cuando le quede poco tiempo de funcionamiento.

  La obtención de estos dos valores debería hacerse a través de una prueba real de caída eléctrica y no según la documentación del dispositivo, ya que podemos encontrarnos con sorpresas desagradables en cuanto al tiempo de duración.
- El cuarto y último grupo del cuadro de configuración es el denominado **Servicio de SAI**. En este grupo podemos configurar el tiempo de recepción de los mensajes de aviso de problemas eléctricos. Así podemos indicar cuánto tiempo deseamos que transcurra entre que se produce un corte eléctrico y que el dispositivo SAI envía un mensaje al sistema indicando esta incidencia; o también el intervalo de tiempo entre dos mensajes de advertencia en una situación de falta de energía eléctrica principal. Estos mensajes serán enviados a los equipos o usuarios seleccionados en el servicio de **Alerta** de Windows NT.

Una vez configurado el servicio SAI ya podemos iniciarlo, bien al acabar de configurarlo o desde el icono **Servicios** del **Panel de Control**, quedando en espera hasta que se produzca un corte de energía eléctrica, momento en el cual recibirá una señal CTS del dispositivo SAI (una vez transcurrido el tiempo especificado en la opción **Tiempo entre el corte de alimentación y el primer mensaje de advertencia**). Si el dispositivo SAI no tiene posibilidad de avisar en caso de que la pila se encuentre baja, el servicio SAI calculará el tiempo previsto de duración de la pila según los parámetros del grupo **Características del SAI**. Si el tiempo previsto de duración de la pila es inferior a dos minutos debido a que anteriormente ya se había producido un corte de alimentación y no ha habido tiempo de recargar la pila del SAI, se realizará un cierre inmediato del sistema, ya que el servicio SAI requiere como mínimo dos minutos para realizar un cierre ordenado del sistema. Si la energía eléctrica no se restablece y la carga de la pila sólo se mantendrá durante dos minutos aproximadamente, bien porque el dispositivo SAI envíe un aviso de pila baja o bien porque la duración prevista de la pila está llegando a esos dos minutos, el servicio SAI iniciará un cierre del sistema y desconectará el dispositivo SAI (sólo si tiene la opción de **Apagado remoto** activada).

Cualquier incidencia que ocurra con el servicio SAI como comunicaciones de corte de energía eléctrica, restauración de la misma o cierres de sistema, serán registrados en el registro de sucesos de Windows NT, pudiéndose visualizar mediante el **Visor de sucesos**.

Algunos fabricantes de dispositivos SAI ofrecen su propio software de administración de sus dispositivos SAI. Si decidimos utilizar éste para aprovechar prestaciones específicas de este dispositivo, no deberemos utilizar el servicio SAI nativo de Windows NT.

Copias de seguridad

A pesar de que en nuestro sistema tengamos configurada una estrategia de tolerancia a fallos, sigue siendo necesario realizar copias de seguridad para proteger la información de otros problemas externos al propio equipo como pueden ser incendios, inundaciones, terremotos o, incluso, el mal uso de los usuarios. Las copias de seguridad no se han de ver como una alternativa a la tolerancia a fallos, sino como un sistema complementario de seguridad, ya que también permiten almacenar la información en lugares lejanos a la ubicación de la máquina que la contiene.

Una primera decisión respecto a las copias de seguridad es qué modelo voy a seguir, es decir, qué equipos necesitan de copia de seguridad, desde dónde voy a hacerlas o a qué horas las efectuaré. Según el modelo a seguir necesitaré la adquisición de más o menos dispositivos de almacenamiento y la colaboración de más o menos personas encargadas de esta tarea. También puede verse afectado el tráfico de la red si las copias se realizan desde un equipo centralizadamente utilizando unidades de red, o el rendimiento de un equipo si la operación se realiza en horas de trabajo. Independientemente del modelo a seguir, conviene realizar las copias de seguridad a horas en que el número de usuarios que utilicen el sistema sea mínimo, ya que corremos el riesgo de que existan archivos en uso y éstos puedan no verse copiados.

Windows NT nos provee de una herramienta de **Copias de seguridad** que podemos encontrar en el menú de **Herramientas Administrativas**. Mediante esta utilidad podemos efectuar copias de seguridad de discos locales o de red formateados con los sistemas de ficheros FAT y NTFS, así como recuperarlos posteriormente incluso en otros equipos o unidades formateadas en otro sistema de ficheros. La única restricción de la herramienta de Copias de seguridad es que **sólo es posible utilizarla con unidades de cinta**.

Antes de iniciar el estudio de la utilidad de Windows NT conviene especificar qué nomenclatura utilizaremos en él.

Conceptos generales sobre copias de seguridad en cinta

En primer lugar podemos diferenciar varios tipos de copias de seguridad en cinta: **normal, incremental o progresiva, diferencial, copia** y **diaria**. Vamos a dar una breve explicación de cada uno de ellos.

Una copia de seguridad **normal** es aquella en que los ficheros seleccionados son siempre copiados en cinta y cada fichero es marcado como que ha sido copiado. Este tipo de copia es fácil de gestionar en caso de necesidad de restauración, ya que tenemos la última versión de cada fichero en una sola copia de seguridad. Sin embargo, este esquema incrementa el tiempo de creación de las copias y el tamaño de las mismas, ya que incluso los ficheros que no han sido modificados desde la última copia de seguridad son copiados de nuevo. Las copias normales son útiles cuando se producen muchos cambios de una copia de seguridad a otra o para establecer una versión de referencia para copias posteriores.

Las copias de seguridad **incrementales** o **progresivas** sólo copian a la cinta aquellos ficheros que han sido modificados o creados desde la última copia de seguridad normal o incremental. Cada fichero es marcado como actualizado una vez copiado. Este esquema ahorra tiempo durante el proceso de copia y, además, necesita de menos cintas, ya que no se copian todos los ficheros en cada proceso. Si el usuario combina las técnicas de copia de seguridad normal e incremental, el proceso de restauración total requiere restaurar, en primer lugar, la última copia de seguridad normal, para, a continuación, recuperar las sucesivas copias de seguridad incrementales hasta la última que se posea. Si lo que se desea es restaurar un solo fichero, también necesitaremos iniciar la búsqueda con la última copia de seguridad normal y continuar con el resto de copias incrementales. Es útil para guardar versiones sucesivas de los datos modificados.

En la copia de seguridad **diferencial** los ficheros copiados son los mismos que en una copia de seguridad incremental con la diferencia de que en la diferencial no son marcados como copiados. Por lo tanto, si utilizo copias de seguridad normales y copias de seguridad diferenciales, sólo necesitaré la última copia normal y la última diferencial, ya que al no marcar los ficheros copiados cada nueva copia de seguridad diferencial copiará los ya copiados la vez anterior más los modificados o creados desde entonces. Debido a que cada vez se copian más ficheros en la copia de seguridad diferencial, ésta acostumbra a ser más lenta que una copia incremental, aunque permite una gestión más fácil en el momento de la recuperación.

Las copias de seguridad de tipo **copia** funciona de la misma forma que las copias normales (copian todos los ficheros seleccionados) pero sin marcarlos como copiados.

Por último, las copias de seguridad **diarias** copian aquellos ficheros que han sido creados o modificados el día en que se realiza la copia de seguridad, aunque éstos no se marcan como copiados.

Con el sistema de copias de seguridad a través de cinta hay algunos términos específicos que vamos a ver a continuación. El primero se denomina **backup set** o **conjunto de copia de seguridad** y se refiere al conjunto de ficheros, directorios o unidades seleccionadas para una operación simple de copia de seguridad. Se entiende como **family set** al **conjunto de cintas de copia de seguridad** sobre las que residen un backup set. Este término es utilizado en el caso de copias de seguridad que requieren una o más cintas, a pesar de que no es usual utilizarlo a menos que haya más de una cinta implicada. La información que describe una copia de seguridad está en el **catalog** o **catálogo**. El catálogo está siempre almacenado en la última cinta o si sólo hay una, en la misma, ayudando al programa de copias de seguridad a obtener información de la copia sin tener que leer todas las cintas del conjunto.

Instalación de unidades de cinta

Una de las características de la herramienta Copias de seguridad de Windows NT es que sólo es posible utilizarla a través de cintas. Por tanto, la primera operación para utilizar esta herramienta es la adquisición, instalación y configuración de un dispositivo de cinta.

En cuanto a la adquisición del dispositivo, Windows NT soporta multitud de ellos, aunque es conveniente consultar la lista de unidades compatibles en Windows NT antes de adquirir una (si hemos instalado posteriormente algún Service Pack, conviene consultar si éste ha añadido soporte para nuevos dispositivos).

Una vez adquirido e instalado el dispositivo de cinta, hemos de efectuar la configuración del mismo mediante la opción **Dispositivos de cinta** del menú **Panel de control**. Esta utilidad está formada por dos páginas, tal y como se observa en la Figura 12.6.

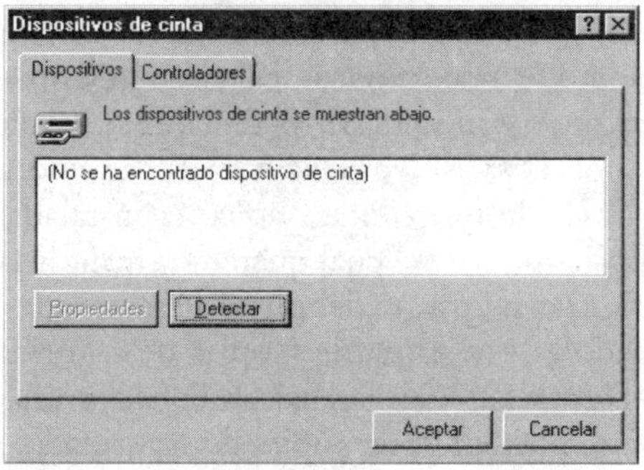

Figura 12.6. Utilidad de dispositivos de cinta.

La primera página me indica los dispositivos actualmente instalados en el equipo y me proporciona la posibilidad de una detección automática de nuevos dispositivos por parte de Windows NT. Si efectúo esta detección y el sistema operativo encuentra un nuevo dispositivo, procederá a la instalación del mismo.

La página de controladores me informa de los controladores de dispositivos de cinta instalados (un mismo controlador de cinta puede servir para varios dispositivos instalados), permitiendo la instalación manual de nuevos controladores a partir de una lista o de discos del fabricante, o bien la eliminación de existentes (útil en caso de desinstalar un dispositivo).

Terminada la configuración del dispositivo de cinta, ya estamos en condiciones de realizar o restaurar copias de seguridad desde esta estación.

Utilidad de Copias de seguridad de Windows NT

No cualquier usuario está autorizado a realizar copias de seguridad o restaurar datos de cintas. Estas dos operaciones son eventos especiales con permisos especiales. Sólo los usuarios con ciertos permisos de administración están autorizados a hacer copias o restauraciones de los ficheros mediante la utilidad de **Copias de Seguridad**. Bastante a menudo, sin embargo, habrá un usuario que pertenecerá al grupo predefinido de Windows NT **Operadores de copia**, que será el encargado de crear las copias de seguridad y restaurar los ficheros desde el dispositivo de cinta. Este operador de copia tiene el privilegio de poder hacer copias de seguridad y restaurar ficheros para los cuales no tiene permiso explícito para escribir o leer.

Como se ha dicho anteriormente, todas las actividades de copias de seguridad y restauración se realizan a través de la utilidad **Copias de seguridad.** A continuación vamos a ver qué operatoria debemos seguir en el momento de realizar cada una de estas dos acciones.

Operación de copia

Para iniciar una copia de seguridad es necesario que hayamos instalado una unidad de cinta en nuestro equipo y que está esté activada, ya que el programa de Copias de seguridad inicializa el hardware cada vez que se ejecuta. Además, si durante el inicio de Windows NT no tenemos encendida la unidad, los controladores de la misma no se cargarán y no será posible su utilización. De todos modos, si al ejecutar Copias de seguridad se detectan nuevos dispositivos de cinta, Windows NT pedirá que se instale el controlador correspondiente (mediante la opción **Dispositivos de cinta** vista anteriormente) antes de continuar.

Si tuviéramos más de una unidad de cinta instalada en nuestro equipo, podemos seleccionar el dispositivo sobre el cual queremos realizar la copia o restauración mediante la opción **Configurar hardware** del menú **Operaciones**.

Una vez iniciado el programa de Copias de seguridad, obtendremos una ventana similar a la de la Figura 12.7, en la cual observamos una lista de las unidades locales y remotas de las que se pueden hacer copias de seguridad.

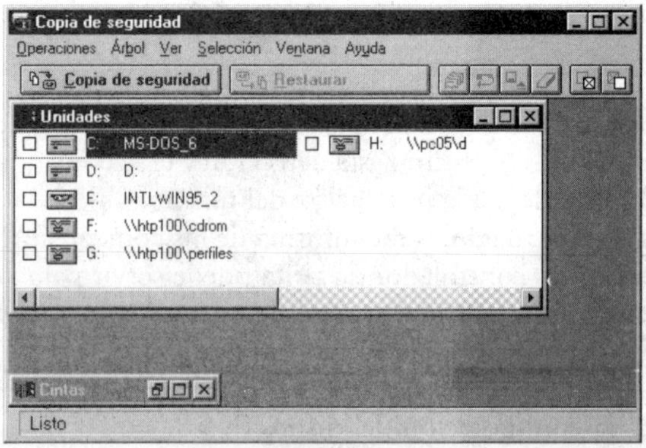

Figura 12.7. Aspecto general del programa de Copias de seguridad.

Si deseamos realizar una copia de seguridad de una unidad completa, basta con marcar la casilla que encontraremos a la izquierda de cada una. Si lo que deseamos es realizar la copia de algunos directorios o ficheros de una unidad, seleccionaremos la unidad pulsando dos veces y obtendremos una nueva ventana con los ficheros y directorios de la misma parecida a la mostrada en el Explorador de Windows NT (Figura 12.8), pudiendo navegar a través de los directorios para seleccionar los ítems a copiar. Si seleccionamos una unidad completa o un directorio, todo su contenido pasará a estar también seleccionado, aunque podremos realizar un borrado selectivo del mismo. Si existen ficheros ocultos en los directorios, éstos aparecerán con un signo de admiración en el icono del archivo en cuestión.

Figura 12.8. Aspecto de la ventana de selección de directorios y ficheros.

Recordemos que el programa no realizará copia de aquellos archivos o directorios para los cuales el usuario no tenga el permiso de acceso necesario para leerlos, a no ser que el usuario tenga el derecho de **Copia archivos y directorios** (usuarios del grupo **Operadores de copia**). Tampoco se copiará el archivo de paginación (ya que es un fichero temporal que Windows NT recrea al iniciarse si no existe) ni los archivos bloqueados por aplicaciones (aunque sí se copian los archivos bloqueados por el sistema operativo Windows NT, como son los registros de sucesos y los archivos del Registro).

El programa de Copias de seguridad permite realizar copias de seguridad de particiones FAT o NTFS. Si estamos haciendo copias de una partición formateada con NTFS, los archivos y directorios en ella contenida no perderán ninguno de sus atributos, incluidos los permisos de seguridad.

Una vez seleccionados las unidades, directorios y ficheros a copiar (hemos de tener presente que para el programa Copias de seguridad cada unidad de disco que contenga alguna selección forma un conjunto en la copia de seguridad a efectuar), podemos elegir la opción **Copia de seguridad** para acabar de introducir los datos relativos a la copia de seguridad a realizar. En este cuadro de diálogo (Figura 12.9) podemos encontrar información sobre la cinta introducida en el dispositivo (si hay alguna) como nombre (estará en blanco si no hay ninguna cinta o bien no tiene contenido), fecha de creación y persona que realizó el primer conjunto de la cinta, así como las siguientes opciones de entrada:

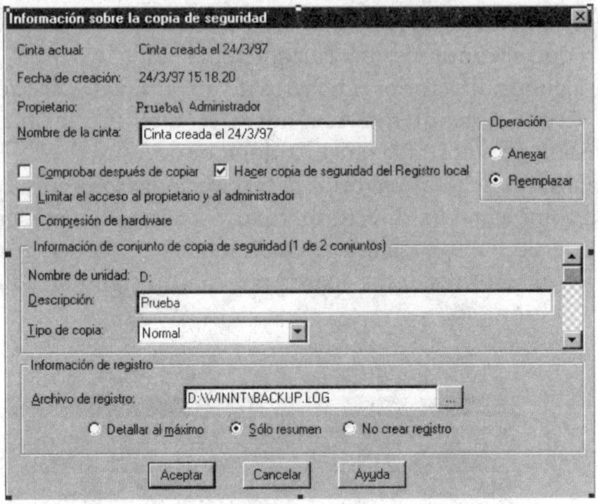

Figura 12.9. Datos adicionales sobre la copia de seguridad.

- **Nombre de cinta:** Se nos muestra el nombre actual que es posible modificar si creemos conveniente.
- **Añadir los nuevos conjuntos de copia de seguridad** después del último grabado en la cinta: si una copia de seguridad no ha llenado por completo una cinta, es posible combinar múltiples copias de seguridad en una sola cinta utilizando la opción **Anexar**. Esta opción deshabilita las opciones de modificar el nombre de la cinta y Limitar el acceso al propietario y al administrador, ya que se toman las ya definidas en el resto de conjuntos de la cinta.

  La opción de Anexar es útil si se ha creado una copia de seguridad normal y, posteriormente, se realizan copias incrementales, ya que de esta manera se tienen todas las versiones en una sola cinta.
- **Reemplazar los conjuntos de copia de seguridad** actuales de la cinta con los nuevos, eliminándose la información existente: deberemos seleccionar entonces la opción de **Reemplazar**.
- **Comprobar después de copiar:** Comprueba, una vez finalizada la copia, que los archivos grabados en cinta y los originales sean iguales. Esta opción necesita de un mayor tiempo (prácticamente el doble) que si no la seleccionamos, aunque nos asegura que la copia de seguridad se ha efectuado correctamente.
- **Limitar el acceso al propietario y al administrador:** Si seleccionamos esta casilla sólo el propietario de la cinta o los miembros de los grupos Administradores u Operadores de copia podrán acceder a la cinta desde Windows NT.
- **Hacer copia de seguridad del Registro local:** Añade una copia del Registro de Windows NT a la copia de seguridad (sólo si entre las unidades o directorios seleccionados se encuentra el que contiene el Registro). Esta copia no es posible con Registros remotos (tampoco con los archivos de registro de eventos de equipos remotos).
- **Compresión de hardware:** El programa de Copias de seguridad comprimirá los datos en la cinta si el dispositivo lo permite. Esta cinta no se podrá acceder desde dispositivos que no admitan compresión.

- Dentro del grupo de **Información de conjunto de copia** podremos establecer, para cada uno de los conjuntos seleccionados, el **tipo de copia de seguridad** que se desee, permitiendo copias normales, progresivas, diferenciales, copias o diarias. Además podemos añadir una descripción en cada uno de ellos. Así, en la Figura 12.9, podemos observar que existen dos conjuntos de copias, la primera de las cuales será una copia de tipo normal de la unidad D:.
- En la parte inferior del cuadro podemos designar qué **tipo de registro** se generará durante el proceso de copia y donde se guardará. Así podemos elegir registrar todos los detalles, sólo registrar las acciones principales como ficheros que no se han podido copiar o bien no realizar registro alguno. Este fichero con los registros se puede visualizar a través del programa **Visor de sucesos**.

Una vez llenado el cuadro de diálogo con las opciones de copia de seguridad deseadas, estamos en condiciones de iniciar la copia pulsando **Aceptar**. Esto hará que se nos muestre un nuevo cuadro donde iremos obteniendo información del estado de la copia de seguridad tal y como observamos en la Figura 12.10.

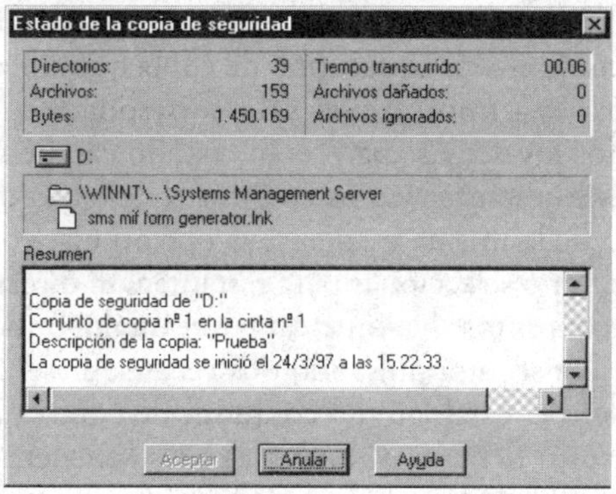

Figura 12.10. Cuadro de estado de una copia de seguridad.

Además de información sobre el estado actual, este cuadro también va visualizando las unidades, directorios y ficheros que se van copiando sobre la cinta, así como un resumen de las operaciones realizadas hasta el momento. Si durante el proceso de copia y, debido al tamaño de la información, fuera necesaria otra cinta, esta utilidad nos informaría de la situación requiriéndonos la introducción de una nueva cinta.

Operación de restauración

Hasta ahora hemos visto las diferentes opciones que tenemos en el momento de realizar las copias de seguridad de nuestros discos locales o remotos, pero, aunque quizás deseamos que no ocurra nunca, también necesitaremos aprender a restaurar aquellos datos almacenados en las diferentes cintas.

Antes de iniciar el estudio del **proceso de restauración**, debemos reflexionar sobre la importancia del mismo. Normalmente llegaremos a la restauración después de pérdidas de ficheros específicos o de unidades completas, deseando una rápida recuperación y que no haya problemas en la misma. Pero también es posible que nunca hayamos probado realizar una recuperación de los datos almacenados en las cintas. Por este motivo, es importante tener cierta práctica en la recuperación de datos a través de la herramienta (por ejemplo, con equipos de pruebas) para que esta restauración sea rápida y segura. También permite comprobar que las copias se han realizado correctamente y que están almacenados todos los ficheros que esperamos.

Otro punto a tener en cuenta si se desea realizar una recuperación, es qué pasos dar para la misma, los cuales dependerán de los diferentes tipos de copias que se hayan hecho y el orden de las mismas. Así, si siempre se realizan copias normales, sólo necesitaremos recuperar una sola copia de seguridad, mientras que se sigue un método de copia normal y copias progresivas o diferenciales, primero hay que recuperar la copia normal y, posteriormente, las demás.

Para restaurar una unidad, directorio o fichero de un conjunto de copia de seguridad, insertar la cinta en el dispositivo (si el conjunto de copia abarca varias cintas, deberemos insertar la última de ellas que es la que contiene el catálogo del conjunto) y seleccionar la ventana de **Cintas** en la herramienta **Copias de Seguridad**. En esta ventana (Figura 12.11), obtendremos información sobre la cinta insertada como puede ser nombre de la cinta, número de conjunto de copia de seguridad, número y posición de la cinta dentro de un conjunto de cintas, tipo de copia que alberga o fecha, hora y descripción de la misma. Pero esta información sólo corresponde al primer conjunto de la cinta, mientras que todos los demás aparecerán cuando carguemos el catálogo de la cinta. Por lo tanto, si se desea restaurar varios conjuntos de copia de una cinta, primero se ha de cargar el catálogo de la misma mediante la opción **Catálogo** del menú **Operaciones**. Si, además, se quiere ver o seleccionar para restauración directorios y ficheros contenidos en cada uno de los conjuntos, hay que cargar el catálogo individual de cada uno de ellos, operación que se conseguirá pulsando dos veces sobre el conjunto de copia a visualizar. Una vez visualizado el catálogo del conjunto de copia a restaurar, se podrá seleccionar aquellos directorios o ficheros a restaurar que se encuentren en condiciones de ser restaurados, ya que puede haber algunos dañados (y que, por tanto, no podrán ser recuperados) los cuales encontraremos marcados con una X.

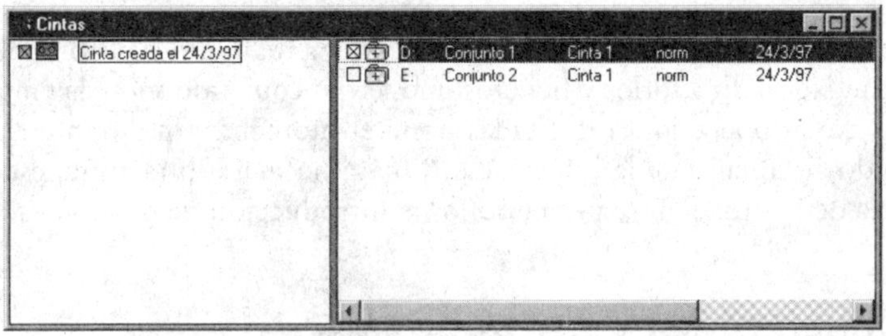

Figura 12.11. Información de la ventana **Cintas**.

Es posible extraer información de una cinta individual aunque pertenezca a un conjunto compuesto por varias cintas. Para ello hay que iniciar el programa de copia de seguridad a través de una ventana de comandos con el parámetro **/missingtape** (véase el apartado Ejecución de copia desde interfaz de comando parar más información), aunque esta operación llevará más tiempo del habitual.

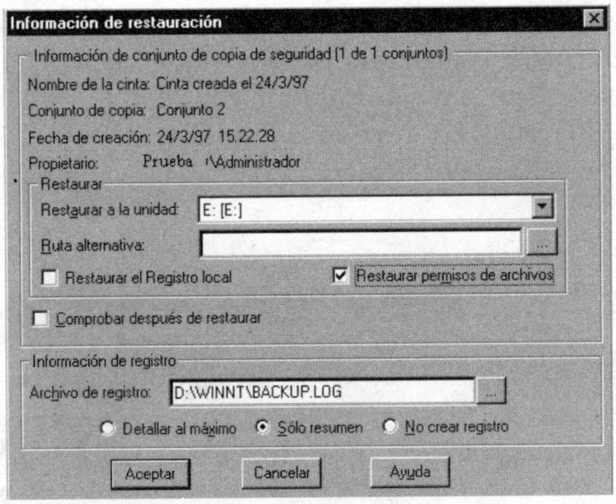

Figura 12.12. Cuadro de diálogo de Información de restauración.

Una vez seleccionados los conjuntos, directorios o ficheros que se han de restaurar, escogeremos la opción **Restaurar** para visualizar la ventana de diálogo **Información de restauración** (Figura 12.12), en la cual observaremos dos secciones de información. En una primera de ellas podremos apreciar información sobre los diferentes conjuntos de copia que hemos seleccionado restaurar, debiendo especificar, para cada uno de ellos, la unidad en la cual se quiere restaurar la información, así como la ruta del directorio a partir del cual queremos escribir los datos. Si no especificamos directorio alguno, los datos se restaurarán a partir del directorio raíz de la unidad especificada. En esta sección existen también las siguientes opciones:

- **Comprobar después de restaurar**: Verificar que los ficheros recuperados coinciden con los existentes en la cinta después de restaurar. En caso contrario, lo registrará en el archivo de registro.
- **Restaurar permisos de archivos**: Si esta opción no se selecciona y estamos restaurando sobre una unidad con sistema de ficheros NTFS, los ficheros y directorios restaurados heredarán los permisos del directorio en el que se restauran. Si, en cambio, activamos esta casilla, los ficheros y directorios se restaurarán con sus permisos originales siempre y cuando el sistema de ficheros original también fuera NTFS. Recordar que si se recupera información sobre un disco FAT o HPFS (si se tiene el soporte correspondiente), todos los posibles permisos se perderán.
- **Restaurar el Registro local**: Si se activó la casilla de realizar copia de seguridad del Registro en el momento de la copia, se puede seleccionar restaurar este Registro, aunque una vez efectuada haya que reiniciar el equipo para que esta nueva configuración entre en funcionamiento. Esta opción es muy útil en caso de avería en un equipo, ya que podemos volver a tener la configuración existente antes de que se produjera (para restaurar el Registro en un equipo averiado primero se debe volver a instalar el sistema operativo y después, mediante la herramienta de Copias de seguridad, restaurar el Registro anterior).

En la segunda sección del cuadro de Información de restauración podemos indicar, igual que sucedía en el momento de la copia de seguridad, qué tipo de registro de operaciones deseamos y cuál será el fichero donde se almacene esta información.

Una vez llenado el cuadro de diálogo con las opciones de restauración, estamos en condiciones de iniciar la misma pulsando **Aceptar**. Esto hará que se nos muestre un nuevo cuadro donde iremos obteniendo información del estado de la restauración (Figura 12.13) y de los posibles errores que se produzcan. Si el conjunto de copia abarcará más de una cinta, la utilidad nos requerirá insertar la siguiente cinta del conjunto para proseguir la restauración.

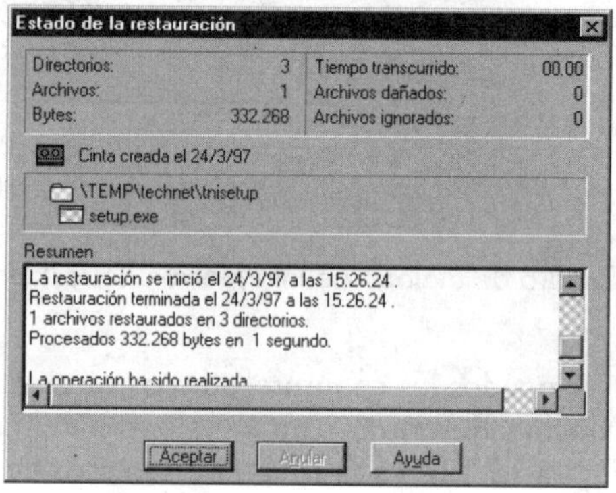

Figura 12.13. Información de estado de la restauración en curso.

Existen unas **restricciones en el proceso de restauración** de la herramienta de Copias de seguridad, ya que ésta restaura automáticamente todos aquellos ficheros seleccionados excepto los que cumplan una de estas dos condiciones:

- Si el fichero que vamos a restaurar ya existe en la unidad destino y, además, su fecha de modificación es posterior a la del fichero a restaurar, la utilidad de Copia de seguridad nos requerirá que confirmemos la restauración.
- Si el usuario que está realizando la restauración (esta restricción no se cumple para los usuarios del grupo Operadores de copia) no tiene permiso para acceder a uno de los directorios donde se está restaurando o no puede sobreescribir uno de los ficheros en restauración, esta herramienta no efectuará la restauración de los ficheros correspondientes.

Otras opciones

El programa Copias de seguridad proporciona una serie de opciones en su menú con las que realizar un mantenimiento de las cintas que vayamos utilizando. Todas estas opciones las podemos encontrar bajo el menú de **Operaciones** y son las siguientes:

- **Borrar cinta**: Permite el borrado de la información contenida en una cinta, admitiendo dos tipos de borrado: el borrado rápido en el cual sólo se reescribe el encabezado de la cinta; y el borrado seguro que sobreescribe toda la cinta y puede durar varias horas.

- **Tensar cinta**: Efectúa un tensado de la cinta introducida en el dispositivo. Esta operación avanza la cinta hasta el final y, a continuación, la rebobina por completo. Sólo está disponible en las cintas de 25 pulgadas, aconsejándose realizarlo cada 20 usos.
- **Formatear cinta**: Igual que ocurre con algunos disquetes, si utilizamos minicartuchos han de ser formateados antes de utilizarlos. En el resto de dispositivos esta opción no estará disponible.
- **Expulsar cinta**: Realiza el rebobinado y la expulsión de la cinta (esto último si es un dispositivo de expulsión electrónica). Si se selecciona esta opción durante la utilización de la cinta, es posible que se nos muestre un mensaje informándonos de la no existencia de una cinta en el dispositivo, no realizando la expulsión de la misma.

Consideraciones

Hay que tener en cuentas algunas **consideraciones en el uso** de esta utilidad de Copias de seguridad:

- Permite realizar copias de seguridad de información almacenada en un sistema de ficheros y restaurarla en otro disco con diferente sistema de ficheros. Así, por ejemplo, un copia de ficheros en NTFS se puede recuperar en un disco FAT.
- Se ha diseñado sólo para la función de copias de seguridad, no implementando ningún tipo de copia tipo espejo.
- Sólo permite realizar copias de seguridad sobre cinta. Para realizar copias de un disco a otro, utilizar la orden **XCOPY** o las órdenes de backup/restore del sistema operativo.
- Permite la recuperación de cintas en estaciones diferentes a la que ha realizado la copia de seguridad.

Ejecución de copias desde interfaz de órdenes

Si queremos establecer nuestras copias de seguridad a través de un archivo de lotes en lugar de realizarlas interactivamente, Windows NT proporciona la orden **ntbackup** para tal operación. Esta orden tiene una serie de parámetros de entrada, alguno de los cuales exige entrada por parte del usuario.

La **sintaxis** de esta orden es la siguiente:

```
ntbackup operación origen [opciones]
```

donde **operación** puede tomar los valores de **backup** si se desea hacer una copia de seguridad o **eject** si se quiere expulsar la cinta, y **origen** especificará las unidades o directorios (no se puede utilizar esta orden para hacer copias de ficheros individuales ni usar caracteres comodín) de los cuales queremos hacer la copia de seguridad.

La orden ntbackup también permite una serie de **parámetros optativos** que tienen correspondencia con las opciones a indicar en caso de realizar las copias interactivamente. Podemos indicar varios parámetros en una sola orden, aunque hay algunos con restricciones específicas según podemos observar en la siguiente relación.

- **/a**. Anexa los conjuntos de copia detrás del último conjunto de la cinta. Si no se indica, sobreescribirá la cinta.
- **/v**. Comprueba la copia una vez finalizada.
- **/r**. Restringe el acceso a propietarios y administradores. No tiene sentido si también se especifica /a.
- **/b**. Añadir una copia de seguridad del registro local.
- **/hc:{on|off}**. Activamos o desactivamos la compresión de hardware.
- **/d "descripción"**. Añade como descripción del conjunto el texto que indiquemos.
- **/t {tipo}**. Indica el tipo de copia de seguridad que deseamos: Normal, Incremental, Differential, Copy, Daily.
- **/l "archivo"**. Especificamos el archivo que servirá de registro de las operaciones de la copia de seguridad. Debe incluir la ruta de acceso completa.
- **/e**. El registro de operaciones sólo incluirá las excepciones que se produzcan.
- **/tape:{n}**. Si tenemos varios dispositivos instalados en el equipo, indica cuál de ellos utilizaremos.
- **/nopoll**. Este parámetro no necesita ni operación ni origen ni ningún otro parámetro adicional, ya que tan sólo indica que se ha de borrar la cinta. Requiere entrada del usuario.
- **/missingtape**. Mediante este parámetro indicamos a la orden que se ha extraviado una de las cintas de un conjunto de copia de seguridad cuando éste ocupa más de una y que debe tratarse cada cinta individualmente. Requiere entrada del usuario.

Los dos últimos parámetros no necesitan de ningún parámetro adicional ni tampoco del tipo de operación a efectuar. El resto de ellos son utilizables con la operación **backup**, mientras con la operación **eject** sólo es utilizable **/tape**.

A continuación se muestran algunos **ejemplos de utilización** de la orden ntbackup:

Ejemplo 1.

```
ntbackup backup d:\datos x: /a /v /t Incremental
```

En este ejemplo realizamos una copia de seguridad incremental del directorio d:\datos y de la unidad x: (local o remota), añadiendo la misma tras los conjuntos de copia que ya existan en la cinta y efectuando una verificación una vez finalizada la copia.

Ejemplo 2.

```
ntbackup backup d: /t Normal /v /r /d "Copia disco d"
```

La copia de tipo normal del disco d: se realizará reemplazando la información actual de la cinta, colocando como descripción del conjunto "Copia disco d". Una vez finalizada la copia se verificará.

La utilización de esta orden puede sernos muy útil si se desea realizar las copias de seguridad en horario nocturno y no se necesita estar presente para efectuarlas, ya que creando un archivo de órdenes y activándolo a través de la orden **at** podemos conseguir automatizar el proceso.

Frecuencia y rotación de cintas

Las copias de seguridad deben hacerse dependiendo de la frecuencia con que cambien los datos y de lo valioso que sea su contenido. Hemos de decidir qué cantidad de días de trabajo estamos dispuestos a perder en caso de pérdida de la información del equipo. Podemos establecer también diferentes tipos de copia y con diferente frecuencia, como por ejemplo, una copia incremental cada día, el último día de la semana una copia normal y el último día del mes una copia para archivo.

Rotar un cierto número de cintas durante el proceso de copia de seguridad es una práctica común. Esto ayuda a reducir el coste de las cintas gracias a la reutilización de las mismas, aunque es conveniente conservar las cintas históricas o las que contengan copias de tipo normal durante un periodo relativamente largo para asegurarse que se puede restaurar un sistema en caso de contaminación por virus (existen virus que no se activan en el momento de la infección sino pasado un tiempo).

Los **esquemas de rotación** son tan particulares como las necesidades de cada empresa. Uno de los más famosos sistemas de rotación de cintas es el que utiliza **19 cintas** a lo largo de todo un año, la cuales se distribuyen de la siguiente manera:

- Cuatro cintas se utilizan de lunes a jueves. Estas cintas se utilizan para copias de seguridad incrementales o diferenciales, siendo recicladas para utilizarlas otra vez la siguiente semana.
- Tres cintas se utilizan para crear una copia de seguridad normal cada viernes. Como las cintas diarias, se van rotando de forma que el cuarto viernes del año volverá a utilizar la primera cinta.
- Las doce cintas restantes se utilizan para guardar copias de seguridad históricas de cada mes. El último viernes de cada mes se crean dos copias de seguridad normales: una de ellas se utilizará para la rotación de cintas de los viernes, mientras la otra irá al almacén. Las cintas almacenadas permanecerán durante un año, y volverán a rotarse en el ciclo de copias de seguridad el mismo mes que fueron utilizadas en el año anterior.

Utilizar la cinta para transferencia de información

La cinta no es sólo un buen medio para hacer copias de seguridad y restauración, sino que también puede ser un excelente medio para transferir información.

Por ejemplo considerar la siguiente configuración u organización:

Una empresa tiene dos locales situados en dos extremos de la ciudad. Y el local A tiene que enviar al local B 500 MB de información. La solución de bajo coste sería utilizar un módem entre ambos locales. Suponiendo que la línea puede trabajar hasta 19.200 bps, se tardaría 7,6 horas por día para transferir estos datos.

Una mejor solución, al menos en cuanto tiempo, sería enviar un mensajero con una cinta que contendría la información. En el peor de los casos, un gran atasco de tráfico, el mensajero tardaría como mucho una hora.

Lugar de almacén y recuperación de desastres

Es normal tener algún juego de cintas en el mismo edificio del equipo del cual se han realizado las copias de seguridad para posibles recuperaciones de ficheros o, incluso, del equipo completo. Deben estar almacenadas en lugares fríos y sin humedad, sin campos magnéticos cercanos.

Dependiendo de los requerimientos de la empresa, también es posible necesitar mantener un juego de cintas de copias de seguridad fuera del edificio principal o incluso en otra ciudad. Esto permitirá recuperar los datos en caso de una catástrofe tal como un incendio, terremoto o inundación.

Incluso algunas empresas tienen una instalación paralela **llamada local de recuperación de desastres**. Este local debe encontrarse alejado del lugar de operaciones normal y estar preparado con el equipo necesario para hacer funcionar la empresa. En el caso de un desastre que inhabilitara al local de operaciones normal, la última copia de seguridad sería cargada en la sala de recuperación y la empresa continuaría trabajando. En las empresas en las que está implementado este tipo de actuación, se acostumbra a realizar pruebas periódicas para verificar el correcto funcionamiento del mecanismo de recuperación de desastres.

Mecanismos de recuperación del sistema

En los apartados anteriores hemos visto diferentes métodos para prevenir pérdidas de información en caso de caída o avería en el sistema, así como los pasos a seguir para restaurar la situación, pero también es necesario saber qué mecanismos existen para recuperar el correcto funcionamiento del sistema en caso de un malfuncionamiento del mismo que impida su uso habitual.

Proceso de recuperación del sistema en caso de error grave

Todo usuario de Windows NT ha visto alguna vez la típica pantalla azul que indica que se ha producido un error grave en el sistema. Frente a este tipo de error el usuario no puede realizar ninguna acción, sino que es el sistema quien, de forma predeterminada, actúa frente al mismo. La actuación del sistema operativo frente a estos errores puede consistir en registrar este hecho en el registro del sistema, avisar a los administradores (si está configurado el sistema de alerta del equipo), vaciar el contenido de la memoria del sistema sobre un archivo y reiniciar el equipo automáticamente. Esta actuación puede ser modificada desde el icono **Sistema** del **Panel de control** (Figura 12.14) mediante la página de **Inicio/Apagado**, en la cual podemos escoger qué acciones (una o varias) queremos que realice el sistema frente a un error grave:

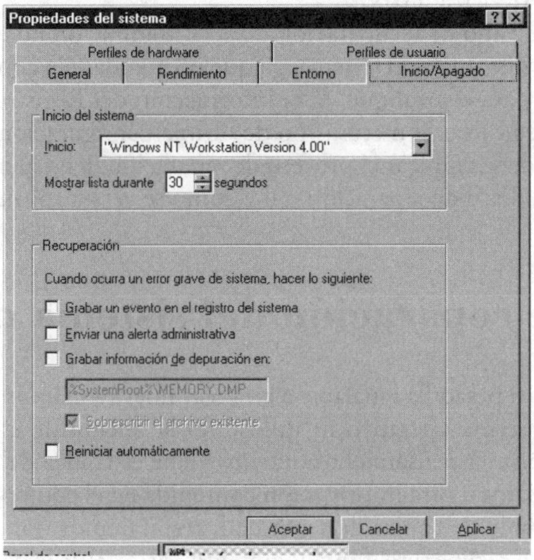

Figura 12.14. Actuación del sistema frente a errores graves.

- Dejar constancia en el registro del sistema. Este registro podrá ser luego visualizado mediante el Visor de sucesos.
- Enviar una alerta administrativa a aquellos usuarios que hayamos indicado en la configuración de alertas (véase el apartado Administrador de servidores).
- Grabar información de depuración en un archivo que luego podrá ser utilizado por el servicio técnico de Microsoft si fuera necesario.
- Reiniciar el sistema automáticamente sin intervención del usuario.

Ultima configuración buena conocida

Cada vez que se inicia correctamente el sistema operativo Windows NT, éste guarda la configuración con la que se ha iniciado. Si debido a modificaciones en la configuración de dispositivos, servicios o cualquier otro elemento del sistema, no se puede iniciar el sistema operativo, Windows NT proporciona una puerta para acceder a esta configuración almacenada que se conoce como **última configuración buena conocida** e iniciar la estación con esta configuración, perdiendo cualquier modificación efectuada durante la última sesión. Para iniciar con la última configuración buena conocida debemos estar atentos durante el proceso de inicio de la estación, ya que se nos indica que presionemos la

Barra espaciadora si queremos recuperar esta configuración, acción que provocará que se nos muestre un menú en el que podremos seleccionar el perfil de hardware deseado o cambiar la configuración a la última buena conocida. Si seleccionamos esta última opción, iniciaremos el sistema correctamente pero perdiendo todas las modificaciones que se hicieron después de guardar la misma.

Windows NT almacena la información necesaria para iniciar la estación con la última configuración en el Registro de Windows NT bajo la clave SYSTEM del árbol HKEY_LOCAL_MACHINE.

Este mecanismo de recuperación de la configuración no es útil en todos los casos en que no sea posible iniciar el sistema, ya que no guarda una copia de ninguno de los ficheros necesarios para el arranque. Si la información del Registro no está accesible, tampoco será posible utilizar el mecanismo de última configuración buena conocida. En estos otros casos se debe emplear el proceso de reparación del sistema operativo que incluye la utilización del disco de reparación, tal y como se verá a continuación.

Proceso de reparación del sistema operativo

No hay ninguna pesadilla igualable a arrancar nuestra máquina un día y que está no pueda iniciar el sistema operativo ni utilizando la opción de última configuración buena conocida. El primer pensamiento que nos viene es la idea de perder todas nuestras configuraciones, datos u otra información contenida en el equipo. Pero si hemos seguido un método razonable de copias de seguridad, respiraremos tranquilos. Ahora bien, hemos de pensar cómo recuperar el funcionamiento correcto de la computadora para poder restaurar la información.

La primera opción que tenemos es utilizar el mecanismo de reparación que nos ofrece Windows NT. Este proceso necesita, imprescindiblemente, el disco de reparación del equipo en cuestión, sin el cual no será posible realizar este proceso. Windows NT nos permite crear el disco de reparación durante el proceso de instalación, aunque posteriormente se puede actualizar o crear uno de nuevo mediante el programa **RDISK.EXE** que podemos encontrar en **\%system_root%\system32**. Es importante que en cada modificación del sistema que hagamos mantengamos actualizado este disco, ya que nos puede permitir recuperar la situación en caso de desastre.

Vamos a estudiar qué podemos encontrar en este disco de reparación y cómo mantenerlo actualizado. Este disco contiene una copia de seguridad de los archivos que podemos encontrar en el directorio **\%system_root%\Repair**, algunos de los cuales son versiones comprimidas de archivos situados en los directorios **%system_root%\system32\config** o **%system_root%\system32\profile**. Uno de los archivos que se encuentra en este disco es **SETUP.LOG**, el cual se crea al instalar Windows NT y contiene información acerca de los archivos instalados en el sistema. Si utilizamos el disco de reparación para restaurar archivos corrompidos, se utiliza la información de este archivo para comparar los archivos actuales del sistema con los originales del disco, sustituyendo aquellos que estén dañados. Cuando se realiza una modificación en el sistema, Windows NT modifica el fichero SETUP.LOG, por lo que es conveniente también actualizar el disco de reparación. El resto de archivos del disco corresponden a los archivos iniciales de cuentas de usuario, seguridad, configuración del hardware y software, y al perfil de usuario por defecto.

Para una mayor posibilidad de éxito en caso de utilización del disco de reparación, debe crearse un disco exclusivo para cada estación, ya que pueden haber diferencias de hardware o software de una a otra, aunque a veces tan sólo se mantienen para las estaciones críticas o los controladores principales de dominio.

Una vez creado el disco de reparación es conveniente mantenerlo actualizado. Este proceso de actualización se debe realizar a través del programa **RDISK.EXE**, el cual no se encuentra en ningún grupo de programas del menú Inicio. Cuando lo ejecutamos obtenemos el cuadro mostrado en la Figura 12.15.

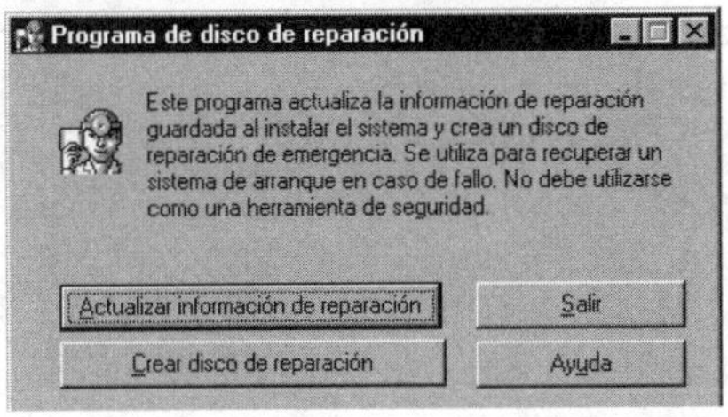

Figura 12.15. Programa de actualización del disco de reparación.

En este cuadro podemos efectuar dos acciones:

- **Actualizar información de reparación**: Esta opción sustituye los archivos del directorio **%system_root%\Repair** por nuevos archivos con información actualizada sobre la configuración del sistema. Una vez finalizada esta sustitución, nos pregunta si deseamos crear un nuevo disco de reparación con la información actualizada.
- **Crear disco de reparación**: Directamente crea el disco de reparación a partir de la información del directorio **%system_root%\Repair** pero sin actualizar ésta, es decir, si en el directorio del disco duro existe información no actualizada, el disco de reparación tampoco estará actualizado. Antes de iniciar la copia formatea el disco.

La utilización del disco de reparación puede ser útil en casos como corrupción o borrado de los archivos del sistema o de la partición de inicio, permisos asignados incorrectamente que no permiten el acceso a los ficheros del sistema operativo u olvido de la clave de administrador, ya que el programa RDISK.EXE no hace copia de seguridad de las cuentas de usuario o permisos de los archivos, restaurando la configuración inicial de un sistema recién instalado. Si se desea copiar las cuentas de usuario y permisos de archivos necesitaremos especificar el parámetro **/s** cuando actualicemos el disco desde una ventana de órdenes, aunque hemos de tener en cuenta que si los ficheros de cuentas de usuario o permisos son muy grandes, no cabrán en el disco de reparación y éste no será creado.

Si hemos mantenido actualizado nuestro disco de reparación y hemos sufrido algunos de los problemas detallados en el punto anterior, ha llegado el momento de su uso. El proceso de reparación se inicia con una instalación inicial del sistema operativo tal y como se realizó originalmente, es decir, mediante el mismo sistema de instalación: CD-ROM, red o disquete. A continuación, una vez llegados al punto en que se pregunta si se desea instalar Windows NT o bien reparar una instalación, seleccionaremos esta segunda opción (pulsaremos **r**), mostrándose una serie de opciones de reparación, de las cuales deberemos seleccionar las deseadas.

- **Inspeccionar los archivos del registro**: Obtendremos una pantalla donde deberemos seleccionar qué partes del Registro (configuración del sistema, información del software, perfil de usuario por defecto, perfil de nuevo usuario, política de seguridad o base de datos de cuentas de usuario) deseamos restaurar desde el disco de reparación.
- **Restaurar cuentas de usuarios**: Automáticamente se sustituyen los archivos que contienen la política de seguridad y la base de datos de cuenta por los archivos contenidos en el disco de reparación, que serán los iniciales si no se especificó el parámetro **/s** en el programa RDISK.EXE.
- **Inspeccionar el entorno de inicialización:** Verifica el estado de los archivos de inicialización del sistema como NTLDR o NTDETECT.COM, sustituyéndolos si los encuentra dañados.
- **Verificar los archivos del sistema NT**: Verifica cada archivo de la instalación y, si se encuentra dañado, lo sustituye por el original de los discos de inicio o del CD-ROM del sistema operativo.
- **Inspeccionar el sector de arranque**: Reinstala el programa de inicio y los archivos de inicio como BOOT.INI o NTLDR.

Durante esta fase deberemos insertar aquellos discos de instalación o bien el disco de reparación cuando sea requerido. Si no dispusiéramos del disco de reparación, Windows NT utilizaría, si está accesible, la información almacenada en el directorio **%system_root%\Repair**. Una vez finalizado el proceso de reparación, se nos requerirá que reiniciemos la estación, después de lo cual deberemos haber recuperado el funcionamiento normal.

Si a pesar de realizar el proceso de reparación, no hemos recuperado el funcionamiento correcto, la última alternativa es la reinstalación completa del sistema operativo. Posteriormente a esta reinstalación deberemos, si teníamos guardada la configuración, recuperar la configuración de las particiones de la estación desde el Administrador de discos, con lo que se podrá acceder al resto de particiones que habían antes del desastre. En caso de no tener guardada esta configuración de particiones, se establecerá manualmente la configuración de las mismas desde dicha herramienta, teniendo un gran cuidado en no borrar o formatear cualquier nueva partición que creemos, ya que ésta podría contener datos anteriores a la reinstalación.

De todos modos, en cualquiera de las opciones que utilicemos también podemos, si se siguió una estrategia de copias de seguridad, restaurar una copia del Registro local para así recuperar toda la configuración de cuentas de usuario o permisos de ficheros.

Capítulo 13

Registro de configuración (Registry)

El **Registro de configuración** de Windows NT (*Configuration Registry*) introduce un concepto enteramente nuevo en el área de manejo de la configuración de un sistema operativo y de las aplicaciones que corren sobre él, proporcionando un método de almacenamiento de la configuración del sistema que no puede ser proporcionado por los ficheros .INI de Windows 3.1 o Windows para trabajo en grupo, seguro y accesible remotamente.

El Registro es una **base de datos unificada y centralizada** que permite almacenar datos del sistema operativo, de configuración de aplicaciones y de hardware de una **forma jerárquica**, soportando, además, la posibilidad de mantener valores de configuración independientes para cada usuario (recordemos que los ficheros .INI no soportaban esta posibilidad, sino que los valores de configuración eran únicos). Este método de almacenamiento también ofrece una gran capacidad y una buena integridad.

Específicamente, el **diseño del Registro** pretende cumplir los siguientes puntos :

- **Simplificar la localización** de la información de configuración, bien del sistema operativo, de las aplicaciones que se ejecutan en el equipo o del hardware instalado.
- **Centralizar toda la información de configuración** del sistema operativo Windows NT en un solo lugar a diferencia de los múltiples ficheros de configuración que tenían los sistema operativos basados en MS-DOS.
- Proveer una **seguridad de acceso** que permita un acceso local o remoto a esta información, pudiendo, además, discriminar quién podrá acceder a cada porción de la misma.
- Como Windows NT es un sistema multiusuario, proveer soporte para registrar y conservar la **información de cada usuario individual.**
- Proveer un gran almacenamiento para cuerpos complejos de información de configuración.
- Proveer un solo juego de APIs (Application Programming Interface) para manipular toda la información del Registro. Estas APIs se utilizarán para introducir o consultar cualquier información del Registro.
- Proveer integridad y resistencia a caídas del sistema.

En los siguientes apartados se detallará la información que podemos encontrar en el Registro de configuración así como la estructuración de la misma.

Información que contiene el Registro

El Registro, como se ha comentado anteriormente, almacena datos de diferentes elementos como son el sistema operativo, hardware o aplicaciones instaladas. En el siguiente gráfico se muestran los diversos elementos que añaden o consultan información en el Registro.

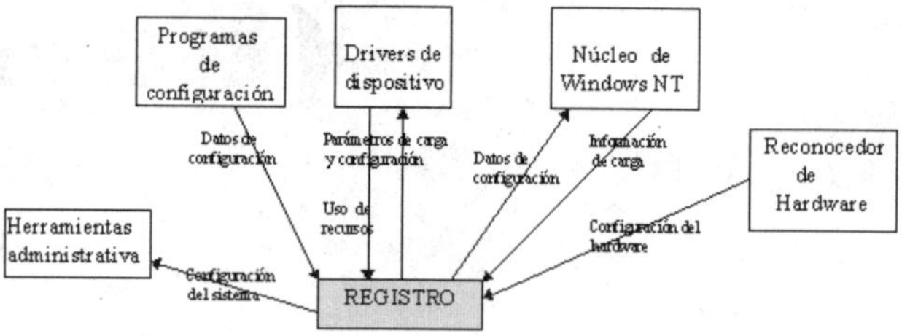

Figura 13.1. Flujo de información desde/hacia el Registro.

Comenzando por la parte derecha del dibujo y moviéndose en el sentido contrario a las agujas del reloj, lo primero que nos muestra la figura es el **Reconocedor de hardware.** Cuando arrancamos un equipo Windows NT, el Registro arranca con él, obteniendo inmediatamente una serie de datos de configuración del hardware del equipo. Esta información incluye una lista del hardware detectado en el sistema. En equipos INTEL, esta detección la realiza un programa llamado NTDETECT.COM (lo podemos encontrar oculto en la raíz del directorio C). En equipos ARC esta información se extrae de la información que contiene el propio hardware.

También el **Kernel** o núcleo de Windows NT extrae información del Registro, como por ejemplo los drivers de dispositivo a instalar y en qué orden. El Kernel también guarda cierta información propia en el Registro, como puede ser su número de versión.

A continuación nos encontramos con los **drivers de dispositivo**, los cuales también envían y reciben información de parámetros de carga y configuración del Registro. Esta información es similar a lo que podríamos encontrar en las líneas DEVICE= del fichero CONFIG.SYS. Además un buen driver de dispositivo comunicaría al Registro los recursos de sistema que está haciendo servir como interrupciones de hardware, canales de DMA, etc.

Otros elementos que interaccionan con el Registro son los **programas de configuración** de aplicaciones, hardware o incluso el programa de configuración de Windows NT, los cuales añaden nuevos datos de configuración particulares al Registro. Estos programas también utilizan el Registro para consultar si todos los elementos necesarios para su instalación se encuentran en el sistema.

Por último, nos encontramos con las **herramientas administrativas** de que dispone Windows NT, como es el caso del Administrador de Disco, Administrador de Usuarios u otras utilidades de visualización de los dispositivos instalados, que también hacen uso del Registro. Estas utilidades van a buscar toda la información sobre la configuración del sistema al Registro y la muestran en un formato agradable al usuario, permitiendo su modificación o eliminación de una forma ordenada y controlada.

Uso del Registro en las aplicaciones

Si nos centramos en el uso del Registro desde las aplicaciones, éstas sacan provecho de la característica del Registro en cuanto a que es indiferente a la aplicación que se está configurando, ya que la actualización de los datos de configuración sólo se produce en un único lugar : el Registro de Windows NT. Debido a esta facilidad nos encontraremos que los desarrolladores de aplicaciones son probablemente los primeros usuarios del Registro, pero los beneficios del mismo recaen sobre los administradores y los usuarios.

Como ilustra la siguiente figura, el Registro de Windows NT elimina la necesidad de tener múltiples archivos de configuración (AUTOEXEC.BAT, CONFIG.SYS y una multitud de ficheros .INI) como ocurría Windows 3.1 o Windows para trabajo en grupo. Toda la información referente a las aplicaciones anteriormente albergada en estos archivos es ahora localizada centralmente en el Registro de Windows NT.

Para un desarrollador, trabajar con el Registro ofrece una ventaja en cuanto a no tener que repartir sus datos de configuración en diferentes ficheros, sino que ahora tiene un lugar estructurado y claro que permite un almacenamiento fácil de los datos de configuración específicos de su aplicación.

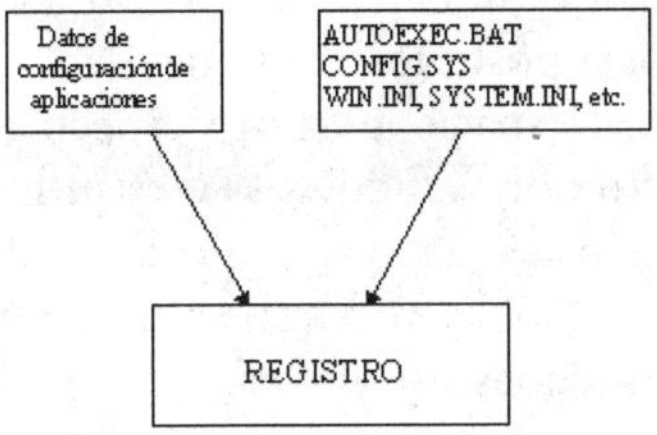

Figura 13.2. Traslación de información hacia el Registro.

Para el administrador, el Registro provee una céntrica localización segura para los datos de configuración de todas las estaciones que administra, pudiendo acceder al mismo remotamente y de una sola vez.

Y aunque los usuarios no pueden acceder al Registro directamente, apreciarán el hecho de que su administrador pueda acceder fácilmente a él por la red, pudiendo, por tanto, administrar su máquina sin necesidad de estar presente físicamente.

De todos modos, en Windows NT siguen existiendo los archivos .INI, aunque esto sólo a efectos de compatibilidad con las aplicaciones 16 bits, ya que éstas almacenan en estos ficheros información de su configuración particular.

Administración del Registro

El primer dato en cuanto a la administración del Registro de una máquina es que, como cualquier soporte de almacenamiento de datos, tiene un **tamaño** limitado. Este tamaño se puede modificar accediendo al icono **Sistema** que se encuentra en el menú **Panel de Control**. En esta utilidad escogeremos el cuadro de **Rendimiento** y, dentro de éste, pulsaremos el botón de **Cambiar** el tamaño de la memoria virtual. Obtendremos un cuadro de diálogo igual al de la Figura 13.3.

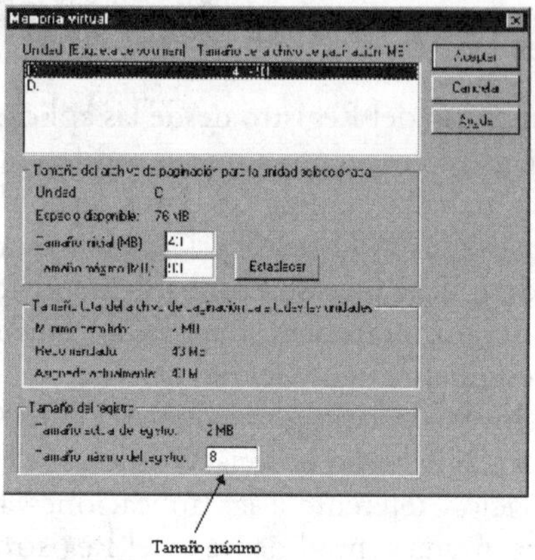

Figura 13.3. Modificación del tamaño del Registro.

En este cuadro observamos que existen dos valores relacionados con el tamaño del Registro: el **tamaño actual** que está ocupando el Registro y su **máximo tamaño de crecimiento**, el cual podemos cambiar. El sistema, inicialmente, reserva un espacio para los datos del Registro pero, si posteriormente necesita más espacio, irá tomando éste paulatinamente hasta llegar al espacio máximo especificado. Normalmente con los valores especificados por defecto por Windows NT es suficiente, pero en caso de controladores de dominio principales o de reserva, es posible que necesitemos aumentar el tamaño máximo de crecimiento, sobre todo si existen muchos usuarios en el dominio o/y muchas aplicaciones instaladas.

El Editor del Registro

El sistema operativo incluye también una herramienta dedicada la administración del Registro llamada **Editor del Registro.** Esta no es una herramienta que podríamos o deberíamos usar en el quehacer de cada día, pero es una buena ayuda para hacer cambios delicados en la configuración del sistema. Otras herramientas de Windows NT, como las diferentes utilidades incluidas en el **Panel de Control** o en el menú de **Herramientas Administrativas**, permiten a los usuarios modificar los datos de configuración fácilmente sin tener que modificar directamente los valores del Registro. A pesar de eso, a veces es necesario editar el Registro manualmente.

Nota:

Importante. El Registro es una herramienta diseñada para los administradores de sistema. Los usuarios deben actualizar los cambios a través de las utilidades del Panel de Control en lugar de hacer uso del Editor del Registro. Solamente usuarios que conozcan el funcionamiento del Editor del Registro deben utilizarlo para modificar datos, ya que su uso incorrecto puede causar serios problemas que pueden desembocar en una reinstalación de Windows NT para solucionarlos. Una buena práctica es activar la opción de *sólo lectura* del Editor del Registro para prevenir modificaciones o borrados accidentales.

Para utilizar el Editor del Registro se ha de ejecutar el programa **REGEDT32.EXE**, el cual se encuentra en el directorio **%system_root%\SYSTEM32**. No aparece, por defecto, ningún icono en el escritorio.

Programa REGEDT.EXE

Podemos encontrar otro archivo denominado REGEDT.EXE, que sólo existe para dar compatibilidad con las aplicaciones Windows 16 bits.

En la Figura 13.4 podemos observar un aspecto general que obtenemos al ejecutar el Editor del Registro. Como se especificó en la definición del Registro, la información del mismo está estructurada de manera jerárquica, mostrándose en el Editor de una manera similar a como el Explorador de Windows NT muestra la estructura jerárquica de directorios y teniendo un funcionamiento parecido respecto a la forma de abrir o cerrar un elemento de la misma.

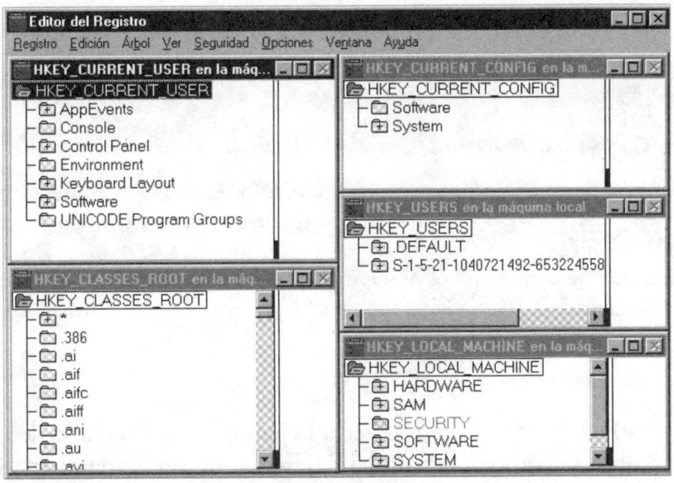

Figura 13.4. Aspecto general del Editor del Registro.

Si nos fijamos en la estructura de la información del Registro, podemos observar que **está estructurado como un conjunto de cinco árboles** predefinidos, los cuales están organizados de manera lógica para que pueda accederse fácilmente a informaciones relacionadas y puedan realizarse referencias cruzadas. Estos cinco árboles principales son:

- HKEY_LOCAL_MACHINE. Arbol que contiene **información de sistema** del equipo local. Esto incluye las características de hardware y sistema operativo tales como el tipo de bus, memoria, drivers de dispositivos instalados y datos de control de arranque.
- HKEY_CLASSES_ROOT. Arbol que contiene la **asociación entre ficheros y objetos OLE** (*object linking and embedding*).

- HKEY_CURRENT_USER. Arbol que contiene **datos de entorno del usuario** que actualmente está identificado en la máquina.
- HKEY_USERS. Arbol que contiene **datos de entorno del usuario** actualmente identificado en la máquina y del usuario por defecto, pero no de cualquier usuario que se haya conectado remotamente (por red o vía RAS) al equipo.
- HKEY_CURRENT_CONFIG. Contiene la **información de la configuración actual del hardware.**

Cada uno de estos árboles está compuesto por una serie de **claves**, las cuales a su vez pueden estar compuestos por otras subclaves y/o por unos **ítems de datos** llamados entradas de valor (*value entries*) las cuales están asociadas a la clave. Si realizamos una analogía entre la estructura de árbol del Registro y la estructura del Explorador de Windows NT, las claves son análogas a los directorios, las subclaves a los subdirectorios y los *value entries* a los ficheros.

Cada clave o subclave tiene una parte fija y dos partes variables. La parte fija consiste en el *nombre de la clave* y su *descriptor de seguridad*. Una de las partes variables de las claves es la lista de las subclaves. La otra parte variable de una clave o subclave es el conjunto de *value entries* o datos. Cada *value entry* tiene, a su vez, un *nombre*, un *tipo* y un *campo de datos* (en este orden).

Tamaño máximo del campo de datos en el Registro

El campo de datos de las *value entries* puede almacenar datos que pueden tener un tamaño de hasta 1MB. Este es un límite artificial que está implementado para disuadir el abuso del Registro. Sin embargo, el Registro está diseñado para contener objetos que son de tamaño relativamente pequeño. Los objetos grandes como bitmaps e imágenes ejecutables deberían normalmente ser guardadas en ficheros de sistema y dar el puntero dentro del Registro.

En la Figura 13.5 podemos ver un ejemplo más detallado de un árbol del Registro. En él se observa cómo el Editor del Registro muestra los datos en dos cuadros: en el cuadro de la izquierda obtenemos una visión de la estructura completa del árbol con sus claves y subclaves, mientras en la parte derecha del mismo se nos van presentando las entradas de datos de la clave seleccionada en la parte izquierda

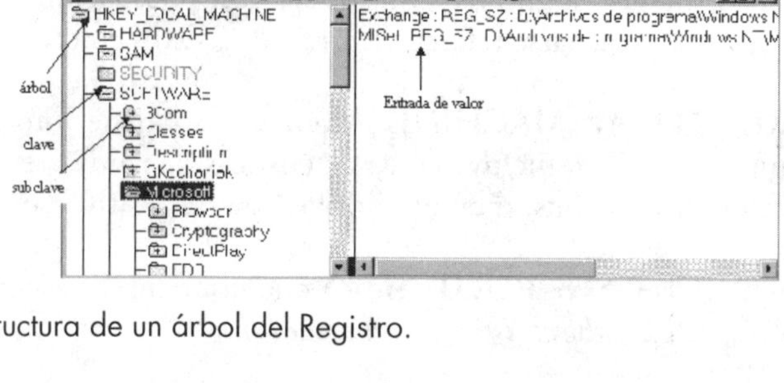

Figura 13.5. Estructura de un árbol del Registro.

Si comparamos dos Registros de máquinas diferentes, podemos encontrar grandes variaciones incluso en las estructuras de algunas claves comunes. Así por ejemplo, si ambos sistemas tienen diferentes componentes hardware, entonces nos podemos encontrar fácilmente con diferente estructura en la subclave *HARDWARE*. Si, por el contrario, un sistema contiene muchas aplicaciones y el otro sólo unas pocas, el sistema con muchas tendrá muchas más subclaves bajo la subclave *SOFTWARE*. También un controlador primario de dominio o de reserva contendrá muchas más entradas que un equipo NT WorkStation.

Antes de pasar a describir las acciones que podemos realizar a través del Editor del Registro, veamos brevemente el contenido de cada uno de los cinco árboles que forman la estructura jerárquica del Registro.

HKEY_LOCAL_MACHINE

HKEY_LOCAL_MACHINE es el árbol del Registro más importante, ya que contiene toda la **información local del equipo**, tanto a nivel software como a nivel hardware. Esta información es utilizada por aplicaciones, drivers de dispositivos y por el propio sistema operativo para determinar la configuración de la máquina, independientemente del usuario que esté identificado y el software en uso. Una parte de esta información es utilizada también para arrancar Windows NT, determinando qué drivers y servicios cargar, así como en qué punto del arranque cargarlos.

En la siguiente figura obtenemos la descomposición del árbol HKEY_LOCAL_MACHINE, el cual tiene cinco claves:

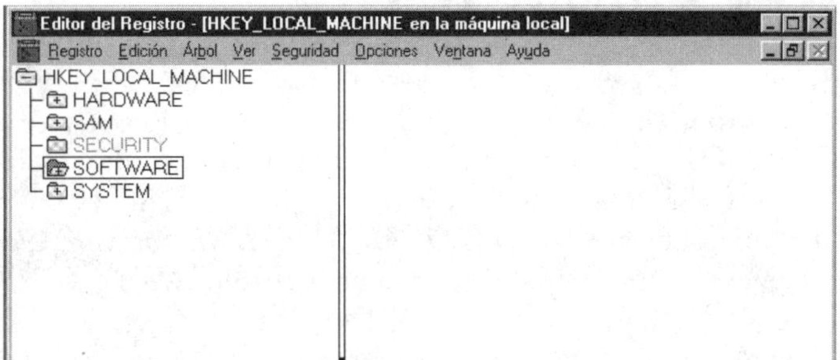

Figura 13.6. Estructura del árbol HKEY_LOCAL_MACHINE.

- SYSTEM contiene **información sobre los dispositivos y servicios del sistema** necesarios para una configuración de arranque determinada, incluyendo las configuraciones no satisfactorias (si las hay) y la última configuración buena conocida. Cuando los drivers de un dispositivo o los servicios se instalan o configuran, se añadirá o modificará la información de esta clave.
- HARDWARE es la base de datos detallada del **hardware instalado**. Esta clave representa la configuración física del equipo incluyendo datos como el tipo de procesador, tipo de bus, tipo de tarjeta de vídeo, adaptadores SCSI, tarjetas de

sonido, interrupciones y direcciones de I/O que se utilizan, etc. Esta información es volátil y se genera cada vez que el sistema arranca. Cuando la configuración del hardware cambia, los cambios se reflejan en esta clave la siguiente vez que se arranca el sistema.

- SOFTWARE contiene los datos del **software instalado en la máquina**, independientemente de cada usuario. Además contiene una lista de extensiones de archivo y las aplicaciones asociadas, así como información de configuración específica de todos los componentes de Windows NT instalados, incluyendo su versión.
- SECURITY contiene la **base de datos usada por el subsistema de seguridad**, el cual contiene la política local de seguridad y de autenticidad de usuario. Esta clave no se puede ni visualizar ni modificar directamente, sino que debe hacerse por medio del Administrador de Usuarios o del Administrador de Usuarios del Dominio.
- SAM contiene la información de las **cuentas de grupo y usuarios locales** (NT WorkStation) **o de dominio** (NT Server). Ninguna aplicación puede modificar directamente esta información, sino que deben utilizar las APIs que se proporcionan en este sentido. Esta clave realmente es un apuntador a la subclave *HKEY_LOCAL_MACHINE\SECURITY\SAM.*

Todas las claves del árbol *HKEY_LOCAL_MACHINE*, excepto la clave *HARDWARE* ya que es muy volátil, tienen duplicada la información en unos ficheros que se encuentran en el subdirectorio **%system_root%\SYSTEM32\CONFIG** y que se denominan con el nombre de la clave.

Cualquier aplicación puede leer información de cualquiera de las cinco claves, pero sólo puede añadir información en las claves *SYSTEM* y *SOFTWARE.*

HKEY_CLASSES_ROOT

Un segundo árbol en el Windows NT Configuration Registry se denomina **HKEY_ CLASSES_ROOT**. Este árbol incluye la **información de la asociación de ficheros y OLE** (Object Linking and Embedding), aunque realmente es un puntero a los datos contenidos en la subclave *HKEY_LOCAL_MACHINE\Software\Classes.* En la siguiente figura podemos ver un ejemplo de estructura del árbol *HKEY_CLASSES_ROOT*:

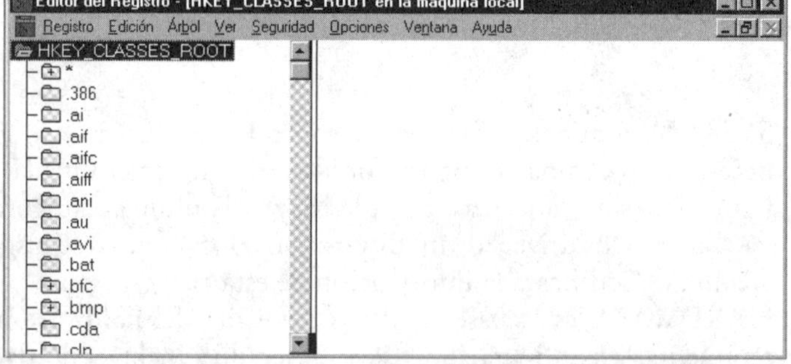

Figura 13.7. Estructura del árbol HKEY_CLASSES_ROOT.

Como ocurría en Windows 3.1 o Windows para trabajo en grupo, también es posible en Windows NT asociar extensiones de ficheros con aplicaciones específicas. Si un usuario pulsa dos veces sobre un fichero con una extensión asociada, Windows NT abre el fichero utilizando la aplicación asociada correspondiente a esa extensión.

Pero mientras Windows 3.1 y Windows para trabajo en grupo guardaban esta información en sus archivos .INI, Windows NT almacena esta información en el Registro.

HKEY_USERS

Como se observa en la Figura 13.8, este árbol está compuesto por dos claves, las cuales tiene una estructura de información muy parecida. Estas dos claves son:

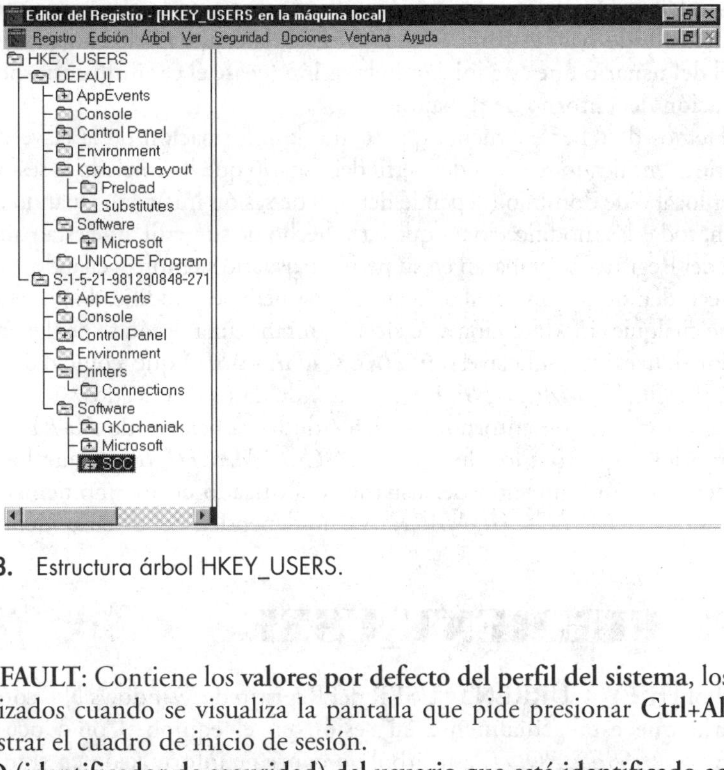

Figura 13.8. Estructura árbol HKEY_USERS.

- DEFAULT: Contiene los **valores por defecto del perfil del sistema**, los cuales son utilizados cuando se visualiza la pantalla que pide presionar **Ctrl+Alt+Del** para mostrar el cuadro de inicio de sesión.
- **SID (identificador de seguridad) del usuario que está identificado actualmente**. Contiene los **valores del perfil del usuario actualmente identificado** en el equipo.

Cada una de estas claves contiene toda la información necesaria para componer el entorno de un usuario particular en la estación. De todas sus **subclaves** podemos distinguir las siguientes :

- APPEVENTS: Contiene los textos utilizados (en el idioma de la versión de sistema operativo instalada) en las etiquetas de los menús de sistema de las ventanas, mensajes de sistema o incluso el fichero de sonido a utilizar en algunas ocasiones.

- CONSOLE: Información de configuración de la ventana para la interface entre el usuario y las aplicaciones en modo carácter.
- CONTROL PANEL: Contiene los valores configurables por aplicaciones del Panel de Control como configuración del escritorio, preferencias de aplicaciones, colores de pantalla, etc.
- ENVIRONMENT: Almacena los valores establecidos por el usuario en sus variables de entorno.
- SOFTWARE: Contiene subclaves que describen propiedades configurables por el usuario del software se puede utilizar por medio de entradas en el menú Inicio o bien de software en ejecución que no esté en este menú.

Otras claves de este árbol puede definir conexiones de red, impresoras definidas locales o remotas y otros datos del perfil de usuario.

El proceso de inicio de sesión en Windows NT crea un entorno de perfil personal de usuario basándose en la información que encuentra en la clave correspondiente al usuario identificado bajo el árbol *HKEY_USERS*, la cual ha sido cargada desde el fichero de **perfil del usuario** que está iniciando la sesión (véase el capítulo correspondiente a la configuración del entorno de trabajo).

Hemos de tener en cuenta que, como la información de la clave correspondiente al usuario identificado se carga del perfil del usuario que ha iniciado la sesión, este perfil puede ser local o de dominio (depende del tipo de sesión iniciada). Cuando el usuario cierra la sesión, todas las modificaciones que haya hecho de su perfil, que están almacenadas en esta clave del Registro, se grabarán en su perfil de usuario siempre y cuando éste no sea obligatorio (recordemos que un perfil obligatorio no puede ser modificado por el usuario, de manera que cualquier modificación que efectúe durante una sesión se perderá al finalizar ésta).

Pueden existir subclaves en *HKEY_USERS\SID* que coincidan con subclaves de *HKEY_LOCAL_MACHINE*. En este caso de datos duplicados, sobre todo en lo que se refiere a variables de entorno, los datos de las subclaves de *HKEY_USERS\SID* serán prioritarios respecto a los de *HKEY_LOCAL_MACHINE*, ya que los primeros corresponden a la configuración del usuario identificado en ese momento mientras que los valores de *HKEY_LOCAL_MACHINE* no dependen del usuario identificado.

HKEY_CURRENT_USER

El árbol **HKEY_CURRENT_USER** del Registro de Windows NT contiene el **perfil del usuario que está actualmente en sesión** en el equipo. Como ocurría con la clave *HKEY_CLASSES_ROOT*, este árbol no contiene información en sí mismo, sino que es un puntero a la clave del usuario identificado que cuelga del árbol *HKEY_USERS*.

Las claves por defecto de *HKEY_CURRENT_USER* según se observa en la Figura 13.9 son las mismas que las contenidas por la clave *HKEY_USERS\SID*:

HKEY_CURRENT_CONFIG

Este último árbol del Registro contiene información sobre la **configuración actual del hardware**, la cual viene especificada por el **perfil de hardware** activo en aquel momento.

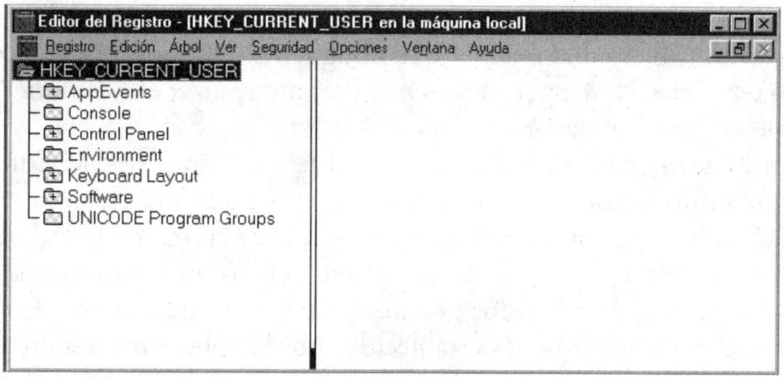

Figura 13.9. Estructura del árbol HKEY_CURRENT_USER.

Esta información se utiliza para configurar propiedades tales como drivers de dispositivos a cargar y la resolución de pantalla a utilizar.

Este árbol no tiene almacenada la información en sus claves, sino que es un puntero a la subclave de *HKEY_LOCAL_MACHINE\SYSTEM\CurrentControlSet\Hardware\Profiles\Current.*

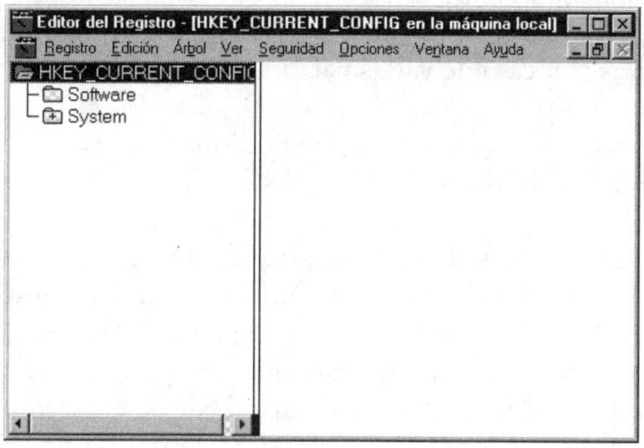

Figura 13.10. Estructura árbol HKEY_CURRENT_CONFIG.

¿Qué se puede hacer con el editor del Registro?

Como ya se ha dicho, el **Editor del Registro** no debe ser la herramienta que utilicemos para realizar las modificaciones habituales en nuestro sistema o en uno remoto, sino que esto debe hacerse por medio de las diferentes herramientas que nos proporciona Windows NT bien en el **Panel de Control** o en el menú de **Herramientas Administrativas.** De todos modos podemos necesitar, en algún momento, modificar o consultar la información del Registro mediante el Editor. Así, por ejemplo, un uso habitual es comprobar la configuración de un componente de hardware de un equipo remoto sin tener que desplazarnos físicamente allí. O bien realizar ajustes en componentes existentes.

Debido a que la información del Registro es sumamente delicada y podemos causar daños irreversibles en el sistema que obliguen a una reinstalación del mismo, es conveniente tener claro qué operaciones nos permite realizar el Editor del Registro y qué consecuencias tiene cada una.

Antes de iniciar la descripción de las diferentes opciones del Editor del Registro, veamos qué información podemos encontrar en su interior. Cuando se describió la estructura de la información del Registro vimos que cada uno de los árboles del Registro contenía unas claves, las cuales a su vez contenían unas subclaves o unos datos. Estos últimos dijimos que estaban formados por tres partes: nombre, tipo de dato y valor. El nombre no tendrá más reglas que las establecidas por la aplicación responsable de su adición al Registro. Pero respecto al **tipo de datos**, existe una serie de tipos fijos predefinidos por el sistema que establecen el posible contenido del campo valor:

- REG_BINARY: El campo valor contendrá **datos en formato binario**. Este formato se utilizará normalmente en los elementos referentes al hardware.
- REG_DWORD: El campo valor tendrá formato de **número entero** de 4 bytes (tipo long) en hexadecimal. Se utiliza para información de drivers de dispositivos o servicios.
- REG_EXPAND_SZ: El campo valor contendrá una serie de **caracteres con variables embebidas** entre caracteres % que serán sustituida por texto cuando se utilice.
- REG_MULTI_SZ: El campo valor estará compuesto por un **texto de una o más palabras**. En caso de varias palabras, éstas pueden estar separadas por retornos de carro.
- REG_SZ: El campo valor contendrá un texto compuesto por una serie de **caracteres de longitud variable**.

Cuando ejecutemos el programa **REGEDT32.EXE** debemos ser conscientes de si realmente queremos modificar alguna información del Registro o sólo queremos consultar. Si sólo se desea consultar es aconsejable activar la opción de **Modo de sólo lectura** que encontraremos bajo el menú **Opciones** que evitará que realicemos cualquier modificación en el contenido del Registro. Además, en caso de que deseemos realizar modificaciones en el mismo, es aconsejable tener activada la opción de **Confirmar eliminación** que encontraremos bajo el mismo menú de **Opciones**, la cual nos avisará en caso de querer eliminar alguna clave o subclave del Registro evitando eliminaciones indeseadas.

Selección del Registro a visualizar

Mediante el Editor del Registro podemos visualizar el Registro local del equipo en que nos encontremos (es el Registro que se carga al abrir el Editor del Registro, aunque también lo puedo cargar desde la opción **Abrir registro local** en el menú **Registro**) o bien uno de remoto (mediante la opción **Seleccionar equipo** en el mismo menú) permitiendo examinar y modificar los datos de configuración de cualquier sistema de la red. En este segundo caso en necesario que tengamos un nombre de usuario válido y los derechos y permisos necesarios sobre el sistema destino. Hay que tener en cuenta que podemos tener abiertas varias copias a la vez del mismo Registro o de Registros correspondientes a diferentes máquinas, con lo que todas las operaciones sobre claves o valores que realicemos se producirán sobre el Registro que esté activo en ese momento en el Editor del Registro. Aunque una ventaja de tener abiertos varios Registros simultáneos es poder realizar consultas o traspasos de información de uno a otro fácilmente.

Trabajo con las claves del Registro

Algunas de las operaciones posibles de realizar una vez cargado un Registro son la adición, modificación o eliminación de claves o subclaves de los diferentes árboles del Registro. Existen diferentes opciones que nos permiten efectuar estas operaciones, pero no todas son válidas con todos los árboles y claves del Registro.

En el menú **Registro** se nos presentan las opciones de **Cargar sección** y **Descargar sección**, aunque el concepto sección se puede asociar a clave de un árbol. La opción de **Cargar sección** nos permite añadir una clave al Registro pero sólo bajo los árboles *HKEY_LOCAL_MACHINE* y *HKEY_USERS*. Si seleccionamos uno de estos árboles (si seleccionamos una clave de los mismos, cualquier otro árbol o clave de otro árbol, esta opción se encontrará deshabilitada) obtendremos un cuadro donde elegir el fichero en formato Registro que contiene la información de la clave a añadir (incluyendo subclaves y valores asociados) para, a continuación, darle nombre a la clave (Figura 13.11).

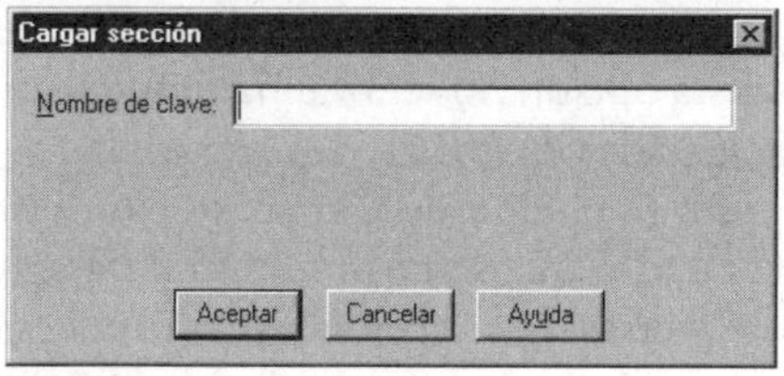

Figura 13.11. Carga de una sección.

La opción contraria de **Descargar sección** sólo permite descargar (realmente elimina) una clave de los árboles *HKEY_LOCAL_MACHINE*, *HKEY_USERS* o *HKEY_CURRENT_USER* (igual que en la opción de Cargar sección, si seleccionamos otro árbol, clave o subclave que no sean éstas la opción aparece deshabilitada), avisando de esta situación antes de realizar la operación (Figura 13.12).

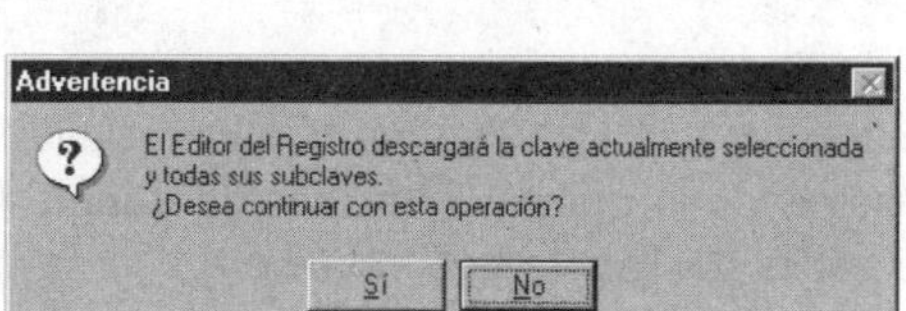

Figura 13.12. Mensaje de aviso en una descarga de sección.

El fichero en formato Registro que necesitaremos en la opción de Cargar sección deberá antes haber sido guardado mediante la opción **Guardar clave** del menú **Registro**, la cual permite guardar cualquier clave y sus descendientes en un fichero en formato Registro. Los ficheros en este formato también se utilizan en la opción **Restaurar** que encontramos en el mismo menú. Esta opción sobreescribe cualquier clave seleccionada en el Registro en edición con la información obtenida del fichero a restaurar pero sin cambiar el nombre de la clave seleccionada, es decir, sobreescribe la información a partir de la clave seleccionada eliminando cualquier información que contenga (Figura 13.13).

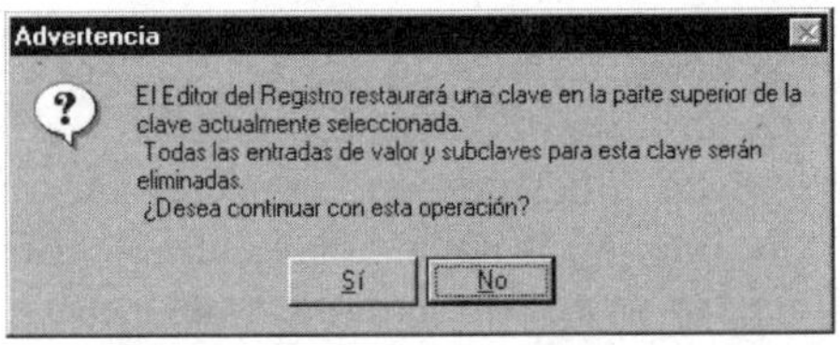

Figura 13.13. Mensaje de advertencia al restaurar una clave.

Existe otra opción que permite almacenar información del Registro en ficheros de tipo texto. Esta opción es **Guardar subárbol como** que se encuentra en el menú **Registro**, la cual guarda la clave y sus descendientes en formato texto.

Si lo que queremos es agregar una nueva clave directamente sin tener que cargarla de ningún fichero externo, utilizaremos la opción **Agregar clave** que se encuentra en el menú **Edición** que agregará una nueva clave como hija de la clave o subclave seleccionada en ese momento. Esta opción no será válida si quiero añadir una nueva clave que cuelgue directamente de los árboles *HKEY_USERS* y *HKEY_LOCAL_MACHINE*, debiendo utilizar, en este caso, la opción de Cargar sección vista anteriormente. En la Figura 13.14 observamos el cuadro que se nos muestra para agregar una nueva clave en el que se nos pide el nombre y clase de la misma (esta última es opcional).

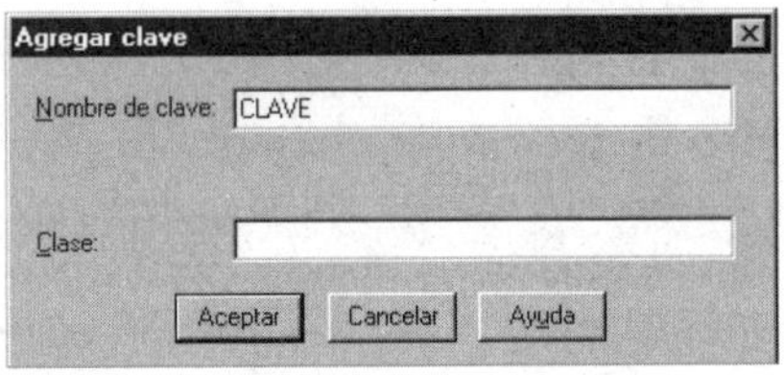

Figura 13.14. Agregar una nueva clave.

Como operación inversa a la adición de nuevas claves tenemos la eliminación de claves existentes a través de la opción **Eliminar** del menú **Edición** que eliminará la clave seleccionada más todas sus subclaves y valores.

Modificación de los valores del Registro

Una vez que hemos aprendido a trabajar con las claves del Registro, el siguiente paso es saber cómo se trabaja con los valores almacenados en el mismo. El Editor del Registro nos permite agregar nuevos valores a una clave, visualizar/modificar los existentes o eliminarlos.

La primera operación se realiza a partir de la opción **Agregar valor** del menú **Edición**, la cual admite agregación de un valor a cualquier clave o subclave del Registro. Esta opción (Figura 13.15) nos exigirá un nombre para el nuevo valor, el tipo de dato (según la lista de tipos de datos predefinidos expuesta anteriormente) y, una vez pulsado **Aceptar**, el valor del dato según el tipo especificado.

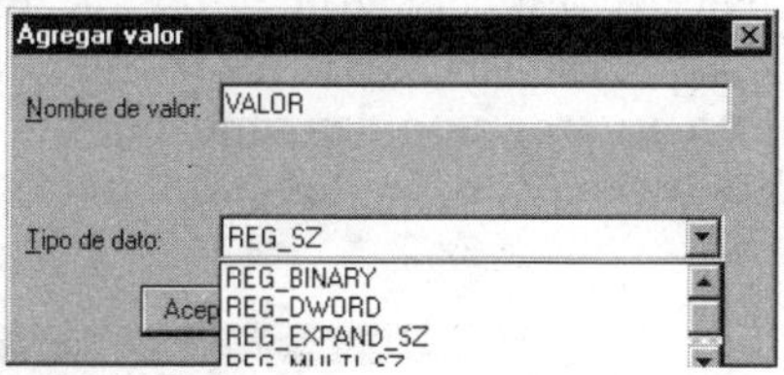

Figura 13.15. Agregar un nuevo valor.

Para modificar o visualizar un valor ya existente, seleccionaremos el valor a modificar en la parte derecha de la ventana del árbol al que pertenezca y, a continuación, escogeremos el formato de visualización del mismo en el menú **Edición**: Binario, Cadena, DWORD o Cadena múltiple. Según el formato elegido obtendremos un cuadro donde, además de visualizar el dato según ese formato, podremos modificar su valor. Hay que notar que un mismo dato lo podemos visualizar en los diferentes formatos independientemente de como se haya definido, es decir, un dato definido como binario se puede visualizar o modificar desde el cuadro de formato cadena, DWORD o cadena múltiple.

Existe otra forma de visualizar un valor determinado que es a través de la opción **Mostrar datos binarios** del menú **Ver**, aunque esta opción sólo nos permite visualizar los datos en formato binario independientemente del formato de definición de los mismos.

Si lo que deseo es eliminar un valor de una clave, actuaré de la misma forma que en la eliminación de claves: seleccionaré el valor a eliminar y escogeré la opción **Eliminar** del menú **Edición.**

Seguridad del Registro

Una de las opciones más potentes del Editor del Registro es la que se refiere a la **seguridad** en el acceso a las claves. Inicialmente y por defecto, no todos los usuarios de un equipo tienen la posibilidad de modificar el contenido del Registro mediante su Editor o bien mediante las utilidades que ofrece Windows NT en sus menús. Por ejemplo, si iniciamos la sesión con un usuario sin autorización de administrador y ejecutamos el programa *REGEDT32.EXE* para cargar el Editor del Registro, observaremos que tenemos las mismas opciones que si lo hacemos con un usuario administrador y que dichas opciones no se encuentran deshabilitadas, sino que se puede acceder a ellas. Pero si se trata de añadir nueva información o eliminar de existente veremos que, si bien se visualizan los cuadros correspondientes para introducir la información necesaria, es posible que una vez pulsado el botón **Aceptar** obtengamos un mensaje indicándonos que no tenemos autorización para modificar el Registro. Esto es debido a que, por defecto, sólo los administradores pueden efectuar cualquier operación sobre el Registro mientras los usuarios sin autorización tan sólo pueden modificar algunas claves del mismo, mayoritariamente aquellas accedidas mediante algunas de las utilidades que ofrece Windows NT en sus menús del **Panel de Control** o **Herramientas Administrativas**, como por ejemplo las correspondientes a la configuración del escritorio.

Pero el Editor del Registro ofrece la posibilidad de que usuarios determinados puedan modificar otras claves específicas sin que deban tener autorización de administrador. Si deseamos que una clave o subclave (no es posible asignar permisos a valores determinados, sino que, en este caso, se debería hacer con la clave que los contiene) pueda ser modificada por un usuario o grupo determinado, me dirigiré a la opción **Permisos** del menú **Seguridad** donde podré asignar los permisos necesarios a este usuario o grupo.

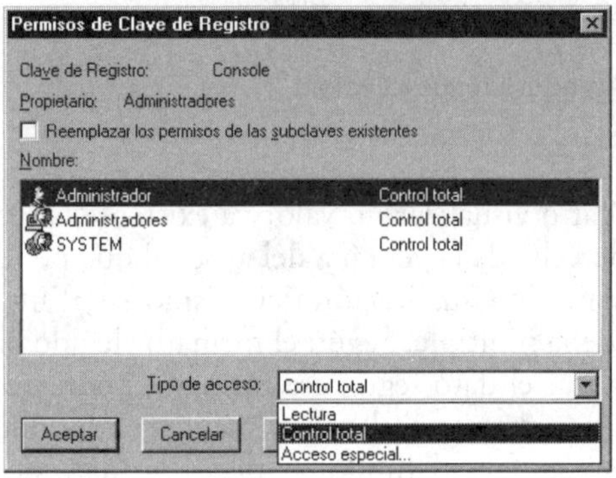

Figura 13.16. Asignación de permisos a una clave del Registro.

Tal como se observa en la Figura 13.16, esta opción funciona con la misma operatoria que la asignación de permisos locales o de directorios compartidos, aunque aquí los tipos de **permisos** a asignar son diferentes:

- **Lectura**: El usuario/grupo con este permiso podrá leer el contenido de la clave pero no modificarla, borrarla o añadirle valores/subclaves.
- **Control total**: Este permiso permite al usuario/grupo realizar cualquier acción sobre la clave del Registro en cuestión, incluyendo la modificación de los permisos de la misma.
- **Acceso especial**: Este tipo de permisos, como ocurría en los permisos locales, permite personalizar las acciones que permitimos realizar a un usuario/grupo sobre una clave o subclave. Al elegir este tipo de permiso, se nos mostrará un cuadro como el de la Figura 13.17 en el que podremos seleccionar qué acciones permitiremos realizar al usuario en cuestión sobre esa clave:

  — **Consultar valor.** Leer los valores de la clave.
  — **Establecer valor.** Modificar valores de la clave o añadir nuevos.
  — **Crear subclave.** Permite crear nuevas subclaves de esa clave.
  — **Enumerar subclaves.** Visualizar sus subclaves.
  — **Notificar.** Establecer la auditoría de una clave.

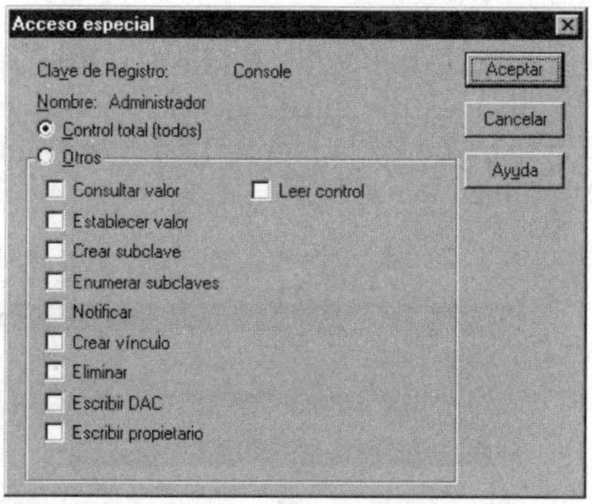

Figura 13.17. Acceso especial sobre una clave del Registro.

— **Crear vínculo**. Crear un vínculo simbólico.
— **Eliminar**. Eliminar la clave y sus subclaves.
— **Escribir DAC**. Asignar permisos a la clave.
— **Escribir propietario**. Tomar posesión de la clave.
— **Leer control**. Leer los permisos asignados a la clave.

Si se desea añadir nuevos usuarios o grupos a la lista de esta clave, actuaré pulsando el botón **Agregar** en el cuadro de la Figura 13.16, obteniendo el cuadro típico de agregación de usuarios/grupos en el cual podré seleccionar el usuario o grupo a agregar y el tipo de permiso a asignar (Figura 13.18):

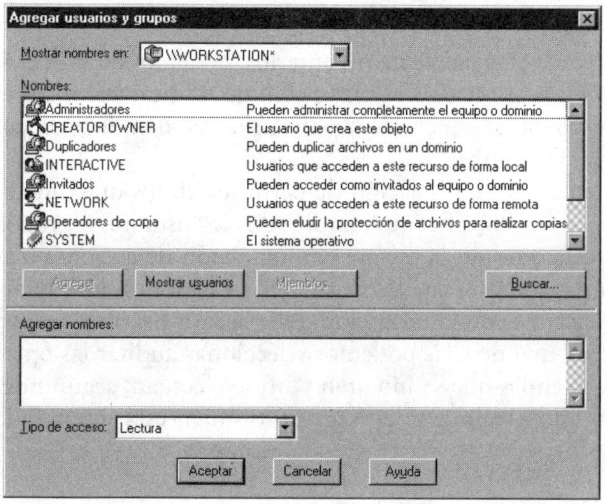

Figura 13.18. Agregar usuarios/grupos a la lista de permisos de una clave del Registro.

Como vemos también en la Figura 13.16, incluso es posible expandir los permisos asignados a una clave a todas sus subclaves (si éstas ya tenían permisos asignados los perderán a favor de los permisos expandidos), lo cual se efectuará si seleccionamos la opción **Reemplazar los permisos de las subclaves existentes**.

Si seguimos estudiando el menú **Seguridad**, observaremos que nos aparece un segundo elemento en el mismo denominado **Auditoría**. Esta opción nos permitirá establecer el seguimiento de las operaciones que se efectúen sobre una clave del Registro e incluso sobre sus subclaves. El cuadro de la Figura 13.19 nos muestra las diferentes alternativas de seguimiento disponibles.

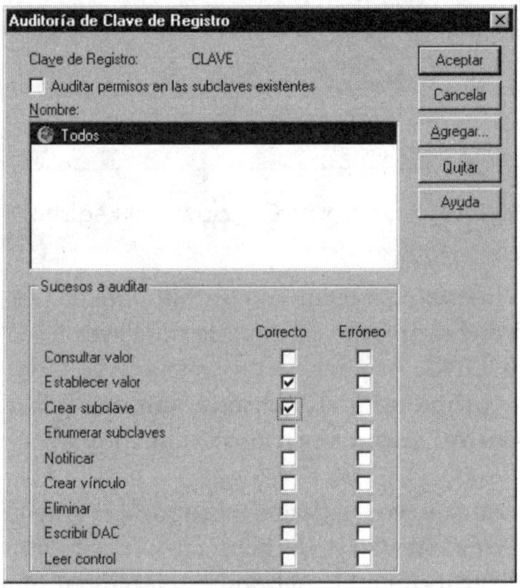

Figura 13.19. Auditoría de claves del Registro.

Como se observa en el cuadro anterior, podemos establecer la auditoría para la clave seleccionada y, si seleccionamos la opción de **Auditar permisos en las subclaves existentes**, también para las subclaves de la misma (perdiendo, por tanto, cualquier auditoría anterior que tuvieran).

A diferencia de la asignación de permisos en los que cada usuario/grupo de la lista podía tener permisos diferentes, aquí todos los usuarios y grupos que añadamos a la lista de auditoría tendrán la misma configuración de acciones a auditar. Estas acciones a auditar son las mismas que las existentes en la asignación de permisos especiales a una clave del Registro, con la excepción de la acción **Escribir propietario** que no es auditable. Para cada una de ellas podemos seleccionar auditar las operaciones que se efectúen con éxito o bien las que se intenten y no se efectúan, según nos interese registrar quién está modificando realmente el Registro o quién está intentando acceder al mismo sin permiso.

Activación de la auditoría del Registro

Para que funcione la auditoría del Registro es necesario tener activada la auditoría del sistema desde el Administrador de usuarios (Windows NT WorkStation) o Administrador de usuarios del dominio (Windows NT Server) aunque no auditemos nada mediante ella.

Una última opción del menú **Seguridad**, **Propietario**, permitirá al usuario con sesión, si tiene el permiso necesario, tomar posesión de la clave seleccionada. Aquí hay que resaltar que, como ocurría con los ficheros y directorios, cada clave tiene un propietario que, juntamente con los administradores, puede asignar permisos a los diferentes usuarios y grupos del equipo o, en caso de ser miembro de un dominio, a los diferentes usuarios y grupos del dominio.

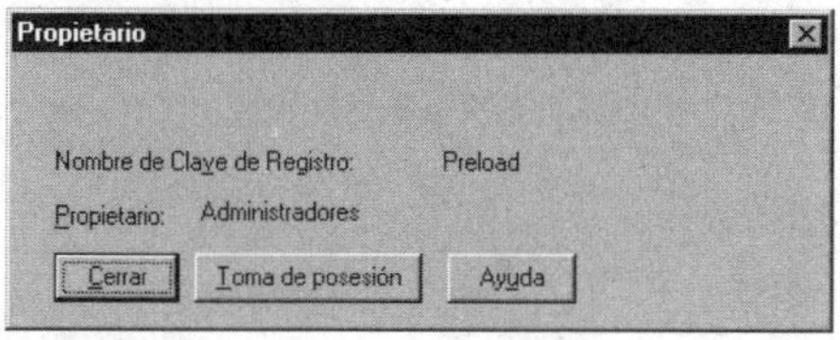

Figura 13.20. Toma de posesión de una clave del Registro.

Otras opciones

Además de las diferentes acciones que hemos visto que se pueden realizar a través del Editor del Registro, podemos resaltar otras opciones que pueden ser interesantes para el usuario:

- A través del menú **Opciones** podemos activar la opción de **Actualización automática**, la cual hará que se vaya actualizando automáticamente el contenido del Registro en edición si se producen cambios en el mismo. Esta opción, aunque permite su activación, no es operativa en caso de estar editando un Registro remoto.
- Existe una opción de **Buscar clave** en el Registro que se encuentra en el menú **Ver**. Esta opción permite la búsqueda de una subclave (no permite buscar valores) en el interior de la clave seleccionada (Figura 13.21).

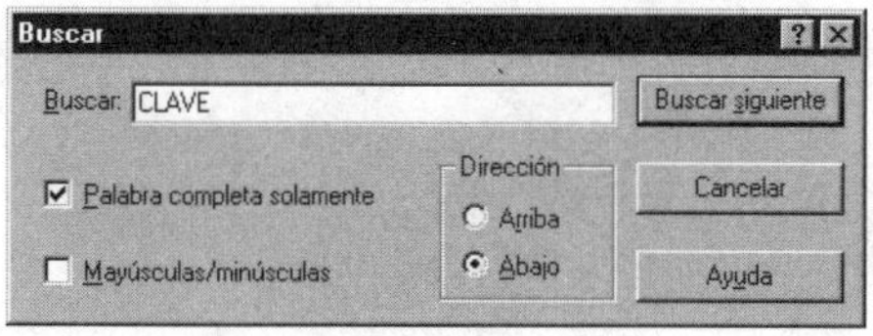

Figura 13.21. Búsqueda de una clave en el Registro.

Capítulo 14
Duplicación de directorios

La duplicación de directorios es una utilidad que ofrece Windows NT Server para permitir mantener automáticamente árboles de directorios idénticos en varios servidores o estaciones de trabajo. Los ficheros o directorios que se modifican en el servidor origen se van copiando o duplicando periódicamente hacia los otros servidores o estaciones de trabajo que hayamos especificado. La duplicación permite que el mismo fichero esté disponible en varios servidores, de manera que cada usuario acceda al fichero en el servidor adecuado.

La duplicación puede ser útil en los siguientes casos:

- Si en el controlador principal tenemos **datos diferentes a la base de datos de cuentas** que también deseamos que estén en los controladores de reserva, tendríamos que realizar un proceso de copia de los datos. Mediante el servicio que nos proporciona Windows NT Server es posible mantener esta duplicación automáticamente y actualizada. Este podría ser el caso de los perfiles de usuario, ficheros de directivas o de las secuencias de arranque de cada usuario, ya que si el controlador principal de dominio deja de funcionar y las validaciones de entrada al dominio las realiza un controlador de reserva, éste debe tener estos datos disponibles para que la validación sea totalmente correcta, incluyendo restricciones. De esta manera, sólo es necesario mantener una copia de los mismos en el controlador principal del dominio.
- **Ficheros distribuidos de sólo lectura**: Si muchos usuarios necesitan acceder a un fichero (como una lista de códigos postales), conviene replicar este fichero a varios equipos y que diferentes grupos de usuarios accedan al fichero de los diferentes equipos para equilibrar la carga.

Es mejor usar la duplicación para información de sólo lectura. Esto es debido a que los directorios que reciben la copia se reescriben cada vez que se produce la duplicación y, por lo tanto, cualquier cambio realizado sobre los mismos se perderá con la siguiente duplicación.

Elementos que intervienen

Servidor de exportación

Recibe este nombre el equipo que provee los ficheros y directorios que serán duplicados. Estos ficheros y directorios serán duplicados del **servidor de exportación** a las estaciones o dominios especificados. **Sólo las estaciones con Windows NT Server** pueden ser servidores de exportación, pero no es necesario que sean controladores de dominio para serlo.

El servidor de exportación debe guardar los directorios que serán replicados en un **directorio de exportación**. Por defecto este directorio es **%system_root%**\SYSTEM32\REPL\EXPORT, el cual es compartido con el nombre de recurso REPL$ cuando el **servicio de Duplicación de directorios** se arranca. Se pueden crear subdirectorios bajo este directorio para cada grupo de ficheros que se quieren duplicar, los cuales serán duplicados siguiendo la misma estructura.

Estación de importación

Las estaciones que reciben los ficheros y directorios duplicados del servidor de exportación reciben el nombre de **estaciones de importación**. Para recibir una actualización de una estación determinada se ha de especificar en el momento de la configuración del servicio. Pueden ser estaciones de importación los siguientes tipos de estaciones:

- Controladores de dominio y servidores con Windows NT Server
- Estaciones de trabajo con Windows NT WorkStation
- Servidores con OS/2 LAN MANAGER

Cada estación de importación tiene un **directorio de importación** a partir del cual se copiará toda la estructura del directorio de exportación del servidor de exportación. Por defecto este directorio de importación es **%system_root%**\SYSTEM32\REPL\IMPORT. El servicio de Duplicador de directorios de la estación importadora creará automáticamente los subdirectorios que tenga la estación exportadora bajo este directorio.

Servicio de duplicación

El **servicio de Duplicación de Directorios** del servidor de exportación controla el proceso de duplicación, el cual, periódicamente, consulta si ha habido alguna modificación en los directorios de duplicación. Este servicio está controlado por los parámetros incluidos en la clave *HKEY_LOCAL_MACHINE\SYSTEM\CurrentControlSet\Services\Replicator\Parameters* del Registro, la cual contiene el parámetro **Interval** que indica el intervalo de tiempo entre dos chequeos del directorio de duplicación. El rango posible es de 1 a 60 minutos, estando el defecto en cinco minutos.

En el momento de producirse alguna modificación en el directorio de exportación o alguno de sus subdirectorios, se inicia el **proceso de duplicación** que consta de las siguientes fases:

- El servidor de exportación envía un mensaje de actualización a las diferentes estaciones importadoras configuradas.
- Cuando una estación importadora recibe el mensaje de actualización, llama al servidor de exportación y lee su directorio de exportación.
- Entonces copia cualquier modificación o nuevo fichero hacia su directorio de importación y borra cualquier fichero de importación que no esté en el directorio del servidor de exportación.

Después de producirse una actualización, el servidor de exportación debe repetir el mensaje anterior de actualización para permitir a las estaciones de importación que perdieron el mensaje original recibirlo. Esta repetición se producirá si antes del tiempo de espera calculado mediante la multiplicación los parámetros **Pulse** e **Interval** del Registro no se ha producido otra actualización que anule la primera.

Otro parámetro contenido en esta clave del Registro es **GuardTime** que indica el tiempo que un directorio de exportación debe estar sin ser modificado para ser exportado. Su rango es de 0 a la mitad del parámetro **Interval**, teniendo por defecto el valor de dos minutos.

Configuración de la exportación

Los **pasos a realizar en un servidor de exportación** para activar la duplicación de directorios son los siguientes:

1. En primer lugar hemos de **crear un usuario con autorización** para poder usar el servicio de Duplicación de Directorios. Este usuario debe tener las siguientes características:

    - Autorización de inicio de sesión a cualquier hora.
    - Ser miembro de los grupos Operadores de copias del dominio y Duplicadores.
    - La contraseña no debe expirar nunca y no debe tener especificada la opción de obligación de modificar la contraseña en la primera sesión.
    - Si el directorio de exportación está en una partición NTFS, el grupo de duplicadores debe tener acceso total sobre el árbol de directorios del directorio de exportación.

2. **Configurar el servidor de exportación.** Usando el **Administrador de servidores**, escoger el servidor que estamos configurando y la opción **Propiedades** en el menú **Equipo** (o bien desde el icono **Servidor** del **Panel de Control**). Mediante el botón de **Duplicación** obtendremos un cuadro de diálogo (Figura 14.1) en el cual podemos configurar el servidor como servidor de exportación y estación de importación, ya que un equipo con Windows NT Server puede actuar de ambas manera simultáneamente. En estos momentos nos centraremos en la parte izquierda del mismo que nos permitirá configurar las siguientes opciones del servidor de exportación:

- Si deseamos exportar los directorios a otras estaciones, seleccionaremos **Exportar directorios.**
- Indicar el directorio de exportación. Si no deseamos el directorio que Windows NT nos ofrece por defecto, cambiaremos la ruta de acceso.

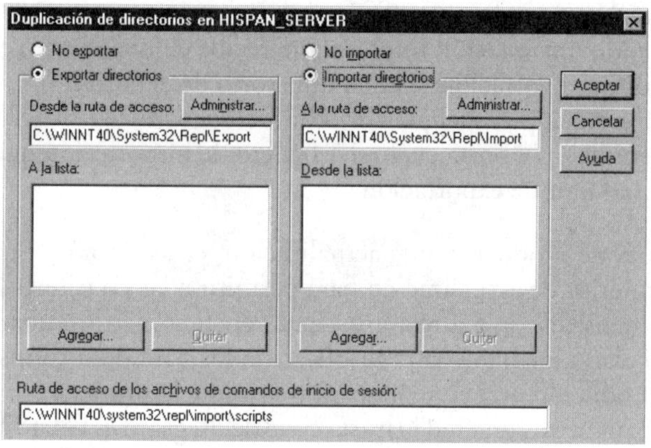

Figura 14.1. Configuración del servidor de exportación.

- Administrar el directorio de exportación. Mediante el botón de **Administrar** podremos obtener información y administrar los subdirectorios del directorio de exportación según se observa en la Figura 14.2:

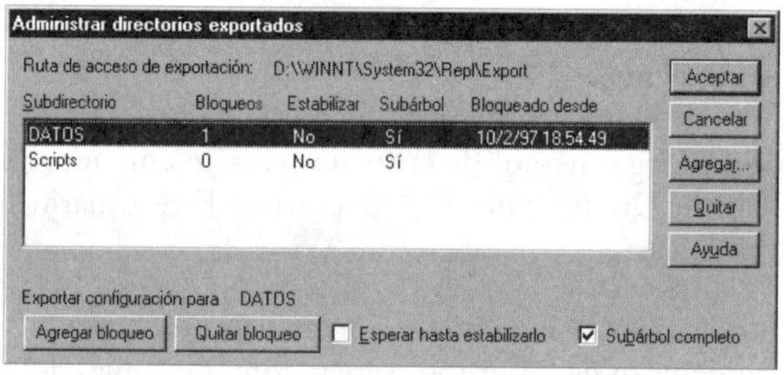

Figura 14.2. Administración de directorios exportados.

A través de este cuadro de diálogo podemos realizar las siguientes acciones **sobre cada uno de los subdirectorios** del directorio de exportación que hayamos especificado:

— Bloquear/desbloquear el subdirectorio para que no sea exportado. Se nos informará, en caso de bloqueo, de la fecha en que se bloqueo el directorio para no ser exportado.

— Obligar a una estabilización del subdirectorio antes de ser exportado, es decir, que los ficheros del subdirectorio deben estar cierto tiempo sin ser modificados antes de ser exportados. Este tiempo, como vimos anteriormente, puede ser configurado en el parámetro **GuardTime** del Registro.

— Si el subárbol completo del subdirectorio en cuestión o bien sólo los ficheros de su interior van a ser exportados.

También podemos añadir nuevos subdirectorios a administrar al cuadro de administración mediante el botón de **Agregar** o bien eliminarlos del mismo mediante el botón de **Quitar**. Indicar que todos los subdirectorios del directorio de exportación que no se especifiquen en este cuadro serán exportados con las opciones por defecto : sin bloqueo, sin estabilización y con subárboles completos.

- Estaciones a las cuales exportaremos los directorios. Mediante los botones **Agregar** y **Quitar** podemos añadir y eliminar estaciones receptoras de los datos.

Significado del campo Ruta de acceso de los archivos de comando de inicio de sesión

Existe un campo en este cuadro de diálogo llamado **Ruta de acceso de los archivos de comando de inicio de sesión** (véase el capítulo de Usuarios para una explicación de la utilización de los archivos de comando de inicio de sesión). Si un usuario tiene un archivo de este tipo especificaremos, en su definición, el nombre del mismo. Si en esa definición no indicamos la ruta de acceso, Windows NT irá a buscarlo a la ruta especificada en el campo *Ruta de acceso de los archivos de comando de inicio de sesión*, con lo que es conveniente llenarlo con la ruta de acceso por defecto. Esto es especialmente importante en el caso de los servidores de reserva, ya que se deberá indicar la ruta de acceso donde se recibe la importación de estos ficheros del servidor principal.

La cumplimentación de este campo no significa que se vaya a duplicar los ficheros de la ruta de acceso especificada, sino que hay que activar la duplicación (tanto en sentido de exportación como en sentido de importación) y colocar estos ficheros dentro del directorio de exportación.

3. **Colocar los directorios a replicar** en el directorio de exportación que hayamos especificado.
4. **Configurar el servicio de Duplicación de Directorios** desde el icono de **Servicios** del **Panel de Control** o bien desde el **Administrador de Servidores** escogiendo el servidor y luego la opción **Equipo/Servicios** (Figura 14.3). En la configuración del servicio podemos indicar si queremos que éste arranque automáticamente al iniciarse el sistema operativo o bien si el servicio se iniciará manualmente por deseo de un operador. Asimismo, indicaremos qué **usuario** será el **responsable de iniciar la sesión de duplicación**, lo cual nos ofrece dos posibilidades:

- Utilizar la **cuenta del usuario conectado en aquel momento.** Aquí podremos indicar si el servicio debe ofrecer una interfaz de usuario en el escritorio que pueda utilizar cualquier usuario conectado en el momento de iniciar el servicio.
- Utilizar otra **cuenta de usuario con autorización**, que será aquella que hemos creado en el paso anterior. Aquí hemos de proporcionar la contraseña del usuario para que se valide al iniciar la sesión de duplicación. Esta opción es útil en el caso de que queramos tener este servicio independiente del usuario que esté conectado en aquel momento en el equipo exportador.

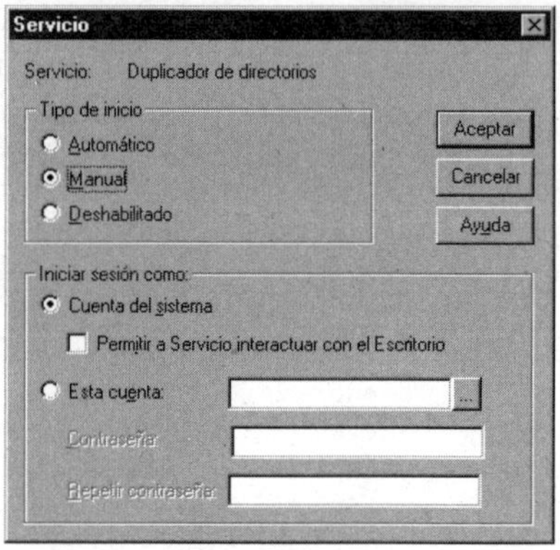

Figura 14.3. Configuración del servicio de duplicación.

Si hemos escogido la opción de arranque automático, el servicio de duplicación será iniciado inmediatamente, mientras que si hemos escogido el arranque manual deberemos ir al icono de **Servicios** del **Panel de Control** para iniciar este servicio.

Configuración de la importación

También en cada estación de importación debemos configurar todos los elementos que intervendrán en el servicio de Duplicación. Igual que en el servidor de exportación, indicaremos a continuación los pasos que se han de seguir para **preparar la duplicación en una estación de importación**:

1. Tal y como ocurría en el servidor de exportación, es necesario tener un **usuario especial** para gestionar el servicio de duplicación, ya que este servicio es independiente del usuario conectado a la estación en cada momento. En el caso de una estación importadora hemos de distinguir dos situaciones:

   - Si la estación de importación es parte del dominio del servidor de exportación o de un dominio de confianza asociado al mismo (es decir, un dominio en el que confía el servidor de exportación), no hará falta crear un nuevo usuario, sino que utilizaremos el usuario especial creado en el servidor de exportación. Deberemos incluir este usuario de duplicación del dominio en el grupo de Duplicadores locales de la estación importadora.
   - Si, en cambio, la estación importadora no forma parte del dominio del servidor de exportación ni de un dominio con el que tenga relación de confianza, deberemos **crear un nuevo usuario local de duplicación** en la estación importadora con las siguientes características:

     — Autorización de inicio de sesión a cualquier hora.
     — Ser miembro del grupo local de Duplicadores.
     — La contraseña no debe expirar nunca y no debe tener especificada la opción de obligación de modificar la contraseña en la primera sesión.

— Debe tener permiso de acceso al recurso compartido REPL$ del servidor de exportación. Esto se conseguirá creando un usuario con el mismo nombre en el servidor de exportación y con acceso único a este recurso compartido.

2. Usando el icono **Servidor** del **Panel de Control** y mediante el botón de **Duplicación**, **configurar la estación de importación**. En el cuadro de diálogo obtenido, el cual será como el de la Figura 14.1 si nos encontramos en un equipo con Windows NT Server o como el de la Figura 14.4 si nos encontramos en un equipo con Windows NT WorkStation, nos permitirá configurar las siguientes opciones del servidor de exportación:

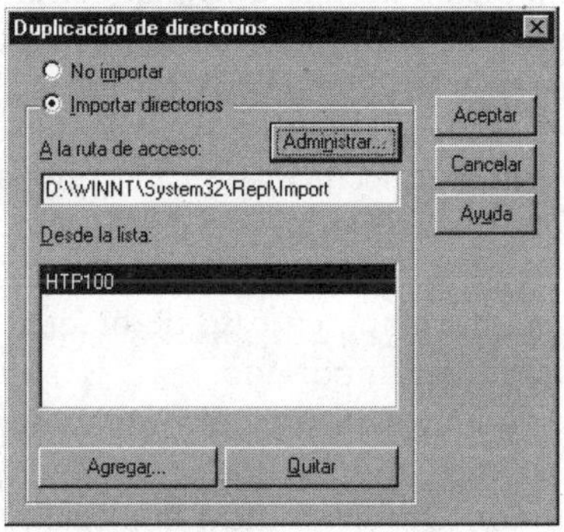

Figura 14.4. Configuración de la estación importadora.

- Si deseamos importar directorios de otras estaciones. Seleccionaremos **Importar directorios.**
- Indicar el directorio de importación. Si no deseamos el directorio que Windows NT nos ofrece por defecto, cambiaremos la ruta de acceso.
- Administrar el directorio de importación. Mediante el botón de **Administrar** podremos modificar alguna propiedad de los subdirectorios del directorio de importación, así como obtener cierta información de la duplicación de cada uno tal y como se observa en la Figura 14.5:

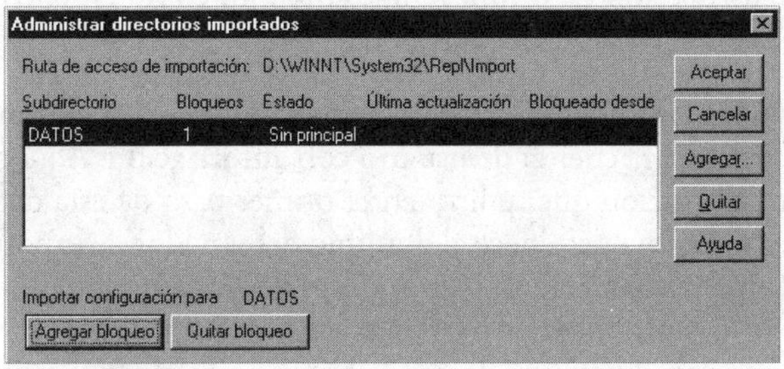

Figura 14.5. Administración de directorios importados.

En cada subdirectorio especificado obtendremos información del estado actual de su duplicación, como es la fecha y hora de la última actualización y el estado de recepción de actualizaciones desde cada servidor de exportación. Este **estado** nos puede indicar los siguientes valores:

— **Correcto**: El subdirectorio recibe actualizaciones regulares del servidor de exportación y los datos son idénticos a los exportados.
— **Sin Principal**: El subdirectorio no está recibiendo actualizaciones del servidor de exportación debido a que el servidor no está funcionando o a que se ha detenido el servicio de exportación.
— **Sin Sinc**: Indica que el directorio recibe actualizaciones pero los datos no están actualizados. Esta situación se puede deber a problemas de comunicación con el servidor de exportación, a la existencia de ficheros abiertos en el servidor de exportación o en la estación importadora, a la falta de permisos de acceso al servidor de exportación por parte de la estación importadora o bien a un malfuncionamiento del servidor de exportación.
— **En blanco**: La duplicación no se ha producido nunca, ya que no ha sido configurada en el servidor de exportación, en la estación importadora o en ambos.

También podemos especificar en cada uno de los subdirectorios a importar si queremos bloquear/desbloquear el subdirectorio para que no sea importado (si lo bloqueamos no se volverá a importar y los datos de su interior no serán actualizados). Se nos informará, en caso de bloqueo, de la fecha en que se bloqueó el directorio para no ser importado.

También podemos añadir nuevos subdirectorios a administrar al cuadro de administración mediante el botón de **Agregar** o bien eliminarlos del mismo mediante el botón **Quitar**. Indicar que cualquier subdirectorio que se importe se agregará a esta lista automáticamente.

- Servidores de los cuales importaremos los directorios (podemos importar de más de un servidor de exportación). Mediante los botones **Agregar** y **Quitar** podemos añadir y eliminar servidores exportadores de datos.

3. **Configurar el servicio de Duplicación de Directorios** desde el icono de **Servicios** del **Panel de Control**. Como en la configuración del servidor de exportación (Figura 14.3) debemos indicar si queremos que éste arranque automáticamente al iniciarse el sistema operativo o bien si el servicio se iniciará manualmente por deseo de un operador. Asimismo, indicaremos qué **usuario** será el **responsable** de iniciar la sesión de duplicación teniendo, como en la configuración de la exportación, dos posibilidades:

- Utilizar la cuenta del **usuario conectado en aquel momento**.
- Utilizar otra **cuenta de usuario con autorización**. Aquí deberemos realizar la misma distinción que se hizo en el primer paso de esta configuración: si la estación importadora pertenece al dominio del servidor de exportación o a un dominio de confianza asociado, o bien si no pertenece a ninguno de ellos. En el primer caso, por lo tanto, utilizaremos el usuario definido en el servidor de exportación para gestionar el servicio de duplicación, mientras que utilizaremos el usuario local definido si la estación no pertenece al dominio ni a un dominio de confianza.

Igual que ocurría en el servidor de exportación, si hemos escogido la opción de arranque automático, el servicio de duplicación será iniciado inmediatamente, mientras que si hemos escogido el arranque manual, deberemos ir al icono de **Servicios** del **Panel de Control** para iniciar este servicio.

Capítulo 15
Rendimiento

El objetivo del presente capítulo es el conocimiento de las herramientas que nos proporciona Windows NT para conseguir optimizar la utilización de los recursos que posee una determinada estación de trabajo. Para ello intentaremos dar una visión de los parámetros clave que conviene controlar, así como proporcionar diferentes alternativas para aumentar las prestaciones proporcionadas por el equipo en cuestión.

Puesto que los recursos disponibles son limitados, convendrá optimizar su utilización, ya que no siempre será rentable aumentar los recursos de que dispone el sistema e incluso, en algunas situaciones, la caída del rendimiento de un equipo puede deberse a malas configuraciones de los componentes o situaciones de "cuello de botella" que, detectadas a tiempo, podrán ser reconfiguradas.

Windows NT proporciona dos herramientas principales mediante las cuales se podrá monitorizar la utilización de los recursos más críticos como, por ejemplo, la memoria, los discos o los procesadores. Estas herramientas serán el **Monitor de Sistema** y el **Administrador de Tareas.**

Proporcionaremos, en primer lugar, una visión de funcionamiento de los principales componentes y luego comprobaremos los parámetros que serán controlables mediante estas herramientas.

Componentes de Windows NT

Windows NT intenta, de manera automática, optimizar la utilización de ciertos componentes. A lo largo de los diferentes capítulos hemos ido viendo ciertas características de optimización; ahora recordaremos algunas de ellas y veremos otros aspectos nuevos. Entre los componentes que intenta optimizar podemos destacar que evita la reducción de la fragmentación de la memoria física, la posibilidad de utilizar sistemas multiprocesadores, el trabajo con la caché de disco y la asignación de tiempo de CPU a los procesos y subprocesos en base a un sistema de prioridades.

Memoria física y memoria virtual

Windows NT intenta evitar la fragmentación de la memoria física asignando a los diferentes procesos más memoria de la que realmente necesitan para, de esta manera, intentar conseguir que todo el espacio de memoria asignado a un proceso se encuentre en zona consecutiva de memoria. Cuando se van lanzando aplicaciones con sus propios requerimientos de memoria y ésta se va agotando, será necesario ir quitando memoria a los procesos que están en ejecución para que puedan entrar las nuevas aplicaciones. Cuando no se dispone de suficiente **memoria RAM** para todas las aplicaciones, se utilizará un espacio en disco para crear una **memoria virtual** que será una extensión de la memoria para aumentar la cantidad disponible.

La **fragmentación** aparece cuando en páginas contiguas de memoria va quedando espacio libre sin utilizar. Estas zonas pueden convertirse en zonas de memoria desperdiciadas, puesto que es posible que no puedan utilizarse ya que están reservadas para un proceso y no es posible asignarlas a otro.

Cuando un proceso es lanzado a ejecución, el sistema operativo le asigna un cierto número de páginas. Una **página** es el tamaño mínimo de asignación de memoria a un proceso. El tamaño de página en Windows NT es de **4 K**, lo cual, si lo comparamos con otros sistemas operativos, proporciona una pequeña optimización, puesto que encontramos en el mercado sistemas operativos cuyo tamaño de página es de 64 K. Esto supone que un proceso que requiera 10 K de memoria RAM, en Windows NT ocuparía tres páginas, desperdiciando 2 K de la última página de memoria, mientras en un sistema con tamaño de página de 64 K sólo sería necesario la asignación de una página pero se desperdiciarían 54 K.

En disco, las páginas de memoria se almacenan en los llamados **archivos de paginación**, los cuales tienen la misma estructura que las páginas de memoria de 4 K. Por lo tanto, la unidad de transferencia entre memoria RAM y memoria virtual será la página de 4 K. El intercambio de páginas entre memoria y disco estará optimizado, puesto que todas las páginas son del mismo tamaño y cuando necesitamos hacer el intercambio de página, el tamaño en ambos lados es idéntico, con lo que no es necesario realizar movimientos extraños de páginas para encontrar un lugar suficiente para colocar la página.

Por lo tanto, podemos decir que la memoria virtual es una zona de disco que se utilizará para almacenar páginas de memoria que no son requeridas en un momento determinado de la ejecución de los procesos en el procesador. Esta memoria no será directamente accesible, sino que será necesario ubicarla en la memoria RAM para que los procesos puedan acceder a ella.

Windows NT incorpora un componente para administrar la memoria virtual. Este componente es el que se encargará de traducir las direcciones de memoria virtual a direcciones físicas, evitando, de esta manera, que las páginas tengan que estar consecutivamente en memoria. Internamente cada proceso trabajará con su propio espacio de direcciones que, en tiempo de ejecución, podrá ser asignado a cualquier dirección física, siendo todas estas operaciones trasparentes al usuario. De esta manera se garantiza que una página pueda ser localizada en cualquier espacio de memoria libre aunque no esté organizada de manera contigua al resto de páginas del mismo proceso.

En Windows NT dispondremos de la posibilidad de utilizar **múltiples ficheros de paginación** que podremos localizar en los diferentes discos que dispongamos en el equipo. Ello nos permitirá incrementar el rendimiento de la paginación ya que será posible intercambiar más de una página simultáneamente.

Archivo de paginación

El **archivo de paginación** es creado automáticamente durante la instalación de Windows NT. Se encuentra en el directorio raíz de la partición en que hemos instalado el sistema operativo y se almacena con el nombre **PAGEFILE.SYS**. El archivo será visible para el usuario pero no será posible su eliminación mientras estemos ejecutando una sesión de Windows NT. Si iniciamos una sesión con otro sistema operativo como MS-DOS y eliminamos el archivo (recordar que MS-DOS sólo puede acceder a particiones FAT, es decir, esto no sería posible si hemos formateado la unidad con el sistema de archivos NTFS), éste será creado en la siguiente sesión que se inicie bajo Windows NT.

Se calcula un tamaño inicial y recomendado para el archivo que se obtiene de calcular el valor mínimo entre el espacio disponible en la unidad en que se encuentra el archivo de paginación y el valor obtenido de sumar 12 a la cantidad de memoria RAM disponible en el equipo. Si estamos instalando Windows NT en una estación con 32 M de memoria RAM, el tamaño del archivo inicial sería de 48M siempre y cuando la capacidad de la unidad en que se encuentre el archivo lo permita. El tamaño mínimo posible para un archivo de paginación es de 2 M.

La asignación del **espacio** que ocupará en disco el archivo de paginación se podrá modificar a través del icono **Sistema** que encontraremos en el **Panel de Control**. Accederemos al panel **Rendimiento** (Figura 15.1) y en él encontraremos un botón para **Cambiar** el tamaño del archivo de paginación.

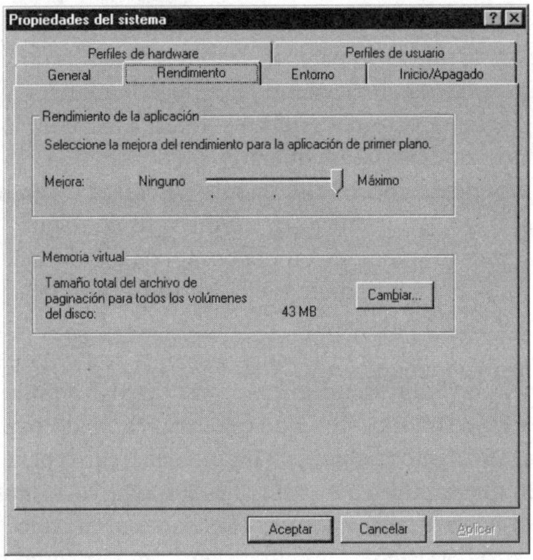

Figura 15.1. Rendimiento.

Si pulsamos sobre el botón **Cambiar** nos aparecerá el cuadro de diálogo **Memoria Virtual** en el que podremos establecer el valor inicial del archivo de paginación, así como el valor máximo que podrá alcanzar cuando sea necesario ir expansionándolo para permitir almacenar mayor número de páginas.

Para poder utilizar varios archivos de paginación y aprovechar el intercambio simultáneo de páginas (siempre que el hardware y los controladores lo permitan), se deberá seleccionar la unidad en la que queremos que se cree un archivo de paginación en el cuadro **Unidad** y proporcionar el tamaño en el cuadro **Tamaño de archivo de paginación para la unidad seleccionada**. En el cuadro inferior se nos mostrará el tamaño total de las

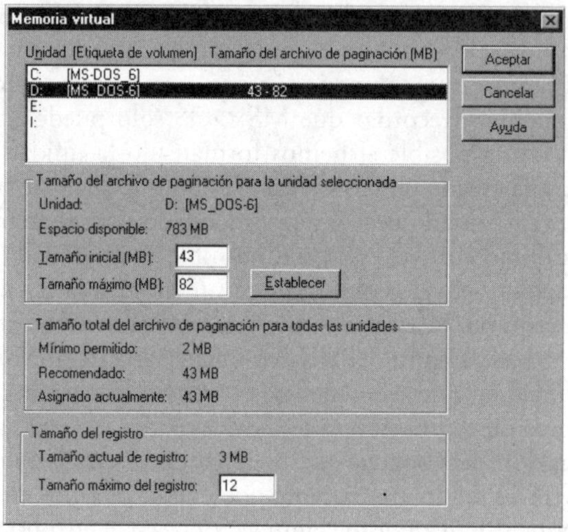

Figura 15.2. Configuración de la memoria virtual.

capacidades de los archivos de paginación que queremos que se creen. El administrador de la memoria virtual irá almacenando páginas de manera alternativa en los diferentes archivos de paginación, pero dará más prioridad a los archivos que no se encuentren en la misma partición que el sistema operativo.

Si disponemos de más de un disco y sólo deseamos un archivo de paginación, es interesante que el archivo se encuentre en un disco físico distinto al que da acomodo al sistema operativo, puesto que se evitará la competencia de acceso a disco entre el sistema operativo para acceder a su programas y el administrador de la memoria virtual que necesitará ir intercambiando páginas.

En el momento de iniciar el sistema se crea el archivo de paginación con el tamaño especificado en la ficha de **Rendimiento**. Este tamaño no se podrá reducir durante la sesión que se esté ejecutando, sino que quedará reservado para toda la sesión aunque no se utilice nunca. Podríamos reducir el tamaño del archivo para futuras sesiones en la ficha *Rendimiento.* Lo que si podrá hacer el sistema operativo es ir ampliando el archivo cuando sea requerido hasta alcanzar el valor máximo especificado.

El rendimiento del sistema aumentará si creamos un archivo de paginación con espacio suficiente para almacenar el requerimiento de páginas del sistema operativo en lugar de esperar que el archivo se vaya extendiendo automáticamente, ya que esta extensión automática puede provocar que no se encuentre en espacio consecutivo en disco y, por tanto, decaer el rendimiento al tener que acceder a diferentes zonas del disco continuamente.

Multiproceso

Un **sistema multiprocesador** tiene dos configuraciones posibles : **asimétrico** y **simétrico**. Vamos a ver su significado con un ejemplo en un sistema con dos procesadores.

En una primera configuración podríamos dedicar un procesador exclusivamente para el sistema operativo y otro para ejecutar el resto de aplicaciones de usuario. Es el llamado **multiprocesador asimétrico.** Este sistema tiene el inconveniente de que la carga puede ser muy desigual, puesto que si únicamente estamos ejecutando aplicaciones de usuario, tendremos un procesador muy cargado y otro totalmente desaprovechado.

En contraposición a este sistema encontramos el utilizado por Windows NT. Windows TN puede asignar procesos a cualquier procesador, indistintamente de si se trata de procesos de sistema operativo o de procesos de aplicaciones de usuario, con lo cual es posible que, en un momento dado, los dos procesadores estén dedicados a aplicaciones del sistema o a aplicaciones de usuario. Esta configuración recibe el nombre de **multiprocesador simétrico.** De esta manera se reducen las colas de procesos que se forman en espera de que se les asigne tiempo de procesador y, además, ambos procesadores tendrán cargas de trabajo similares.

En el capítulo de introducción se dijo que el número de procesadores soportado dependía del sistema que se hubiera instalado en el equipo. Así las estaciones Windows **NT Server** soportan hasta **32** procesadores y las **NT WorkStation** soportan hasta 2.

Asignación de procesador a procesos según prioridades

El **sistema operativo se encargará de asignar tiempo de CPU** a los diferentes procesos en ejecución según un sistema de prioridades que garantizará que todos los procesos dispongan de un tiempo para ejecutarse y que ningún proceso bloqueará recursos de manera indefinida.

El sistema se basa en que cada proceso, al iniciarse, comienza con una prioridad. Esta prioridad podrá ser especificada por el usuario en el momento de iniciar una aplicación, aunque, por defecto, todas las aplicaciones de usuario serán lanzadas con prioridad normal (Prioridad 7).

El **rango de las prioridades** que puede tener asignadas un proceso va de **0 a 31**. Las aplicaciones más prioritarias, que serán las aplicaciones críticas para el rendimiento del sistema, serán las que deban tener la prioridad más alta y, por tanto, dispondrán de mayor tiempo de procesador para su ejecución. Debido a esta característica, sólo estará disponible para los administradores la posibilidad de iniciar aplicaciones con prioridad en tiempo real. El resto de aplicaciones de usuario y procesos no críticos para el funcionamiento del sistema operativo como máximo podrán ser lanzadas con prioridad alta, teniendo por defecto prioridad normal.

La prioridad de un proceso o aplicación podrá ser especifica cuando iniciamos una aplicación desde el interfaz de comandos con la instrucción:

```
START aplicación \parámetro_de_prioridad
```

El **parámetro de prioridad** puede ser:

- REALTIME (16-31)
- HIGH (13)
- NORMAL (7)
- LOW (3-4)

Esta prioridad asignada al proceso no es estática, sino que el sistema operativo la podrá ir modificando hacia arriba o hacia abajo según las características de los procesos, aunque, como máximo, podrá ir haciendo saltos de prioridad de dos niveles según la actividad del proceso. A título de ejemplo veremos algunos de los **motivos que causan modificación de la prioridad:**

- **Después de cada espera** se incrementa en uno la prioridad de todos los subprocesos que se encuentran en espera de que se les asigne tiempo de procesador. Con este sistema se garantiza que los subprocesos que tienen menos prioridad también dispongan de un tiempo de CPU para poder ir ejecutándose. También evita que si tenemos procesos de baja prioridad que se encuentran bloqueando recursos que son necesarios para procesos de prioridad más alta, estos bloqueos no queden realizados de forma indefinida.
- Si un subproceso está en **espera de una entrada de usuario** recibe un nivel de prioridad extra para que la comunicación con el usuario sea más rápida.
- Se penaliza la prioridad de los **subprocesos enlazados.**

En el panel **Rendimiento** (Figura 15.1) encontraremos una opción para poder mejorar la prioridad de las aplicaciones que se encuentran en primer plano. Mediante la barra de desplazamiento que aparece se puede asignar diferente nivel de prioridad a esta aplicación.

Optimización del acceso a disco

Todas las peticiones de lectura/escritura en disco se realizan en un componente intermedio entre el disco físico y la memoria física denominada **caché de disco.** En la caché de disco se almacenan las últimas lecturas realizadas de disco así como las escrituras. Esto ayuda a mejorar el rendimiento del sistema puesto que, el mantener en memoria RAM los archivos que son utilizados con mayor frecuencia, evita el acceso continuo a disco, el cual es mucho más lento ya que los tiempos de acceso a disco son del orden de milisegundos mientras que el acceso a memoria es del orden de nanosegundos.

El sistema asigna una parte de la memoria a la caché de disco que podrá ir modificándose durante la ejecución del sistema. Al principio se intenta asignar la máxima cantidad de memoria disponible a la caché de disco aunque, posteriormente, sea necesario quitársela debido a las necesidades de las aplicaciones que se vayan ejecutando. Esta será una de las razones por las que siempre que comprobemos la memoria física disponible veremos que siempre es escasa ya que ha sido asignada a la caché de disco.

El **tamaño de la caché de disco** es controlada exclusivamente por el sistema operativo que podrá utilizar cualquier tipo de memoria para su manejo. Esto quiere decir que no habrá herramientas disponibles para los administradores para manejar el tamaño de esta caché.

Otra alternativa de que dispondremos en cuanto a optimización de disco cuando trabajemos con particiones NTFS, es la posibilidad de **comprimir directorios y archivos.**

Windows NT dispone de un sistema de **compresión** propio que es accesible a través de las **Propiedades** del archivo o directorio. Basta marcar o desmarcar la propiedad **Comprimido.** Utilizando esta opción se podrá conseguir que ciertos archivos liberen gran cantidad del espacio ocupado, lo cual dependerá de si son archivos de texto, gráficos, ejecutable, etc.

Es importante tener en cuenta la discusión eterna del compromiso entre velocidad y espacio. Si necesitamos **velocidad** convendrá trabajar con **ficheros sin comprimir**, ya que el acceso a los datos será más rápido al no tener que ejecutar ningún algoritmo de compresión. En cambio, si el aspecto crítico es el **espacio en disco** y no nos importa tanto el tiempo de acceso, la **compresión** puede ser una buena herramienta para conseguir espacio libre en disco.

En caso de tener archivos comprimidos, podremos visualizar en las propiedades tanto el espacio real necesario para almacenar el archivo como el tamaño que ocupa el archivo comprimido.

Es posible **comprimir tanto archivos como directorios**, aunque deberemos tener en cuenta ciertos aspectos. Cuando se comprime un **directorio**, realmente no se están comprimiendo los archivos que posee ese directorio, sino que se indica que todos los **nuevos archivos** que se incorporen al directorio se almacenarán en formato comprimido. Si quisiéramos que los **archivos actuales** pasen a formato comprimido deberíamos hacerlo **individualmente** para cada archivo.

Al tratar el tema de seguridad de archivos y directorios vimos lo que sucedía con ellos cuando un archivo o directorio era copiado a otro directorio, vimos también que se mantenían los permisos cuando se movía y, en cambio, se asignaban los del directorio destino cuando se hacía una copia. Veremos que algo semejante sucede con el atributo de compresión.

Si muevo o copio un archivo comprimido a una **partición FAT** se perderá el atributo de compresión, puesto que las particiones FAT no soportan la compresión de archivos.

Cuando los archivos son movidos en una **partición NTFS** o entre particiones NTFS distintas, el atributo de compresión es movido con el archivo con independencia de los atributos que tengan especificados los directorios origen y destino. En cambio en un procedimiento de copia, prevalecerá el atributo del directorio destino a la hora de asignar el atributo de compresión al archivo o directorio que se está copiando. Esto quiere decir que es posible que el archivo original no se encuentre comprimido y que el archivo destino quede comprimido al crearse en un directorio con el atributo de compresión seleccionado.

Monitor de sistema

La primera herramienta que estudiaremos para controlar el rendimiento de una estación Windows NT (local o remota) es el **Monitor de sistema**. Mediante esta herramienta podremos realizar gráficos de los componentes que deseemos analizar, así como elaborar informes, establecer alertas cuando ciertos recursos alcancen valores que deseemos notificar o guardar registros de actividad.

El monitor de sistema nos permitirá hacer varias cosas. Entre ellas destacaremos la de permitir identificar los problemas de rendimiento que está sufriendo una estación, así como realizar un seguimiento de cómo se están utilizando los recursos disponibles en las diferentes estaciones de la red. También podremos observar rápidamente cómo reacciona el sistema ante cambios realizados en la configuración del mismo.

Para un administrador los recursos más importantes de controlar serán la memoria, el procesador o procesadores, las unidades de almacenamiento, los procesos que se están ejecutando, la caché, etc. Analizando estos diferentes componentes del sistema podremos identificar cuál es la causa de un determinado problema.

Para el monitor de sistema, todos los componentes del sistema son **Objetos**. Un objeto será un tipo genérico de recurso. De esta manera encontraremos el objeto Procesador, el objeto Memoria, etc.

Un objeto podrá tener múltiples **instancias**, de manera que si, por ejemplo, disponemos de un sistema con dos procesadores, tendremos dos instancias del objeto procesador.

Para cada instancia será posible controlar una serie de parámetros de rendimiento que reciben el nombre de **contadores**. Los contadores serán distintos para cada objeto. Por ejemplo, para el objeto procesador podremos tener el contador número de procesos en cola y para el proceso disco lógico tener el contador porcentaje de espacio disponible.

Objetos clave

Cuando nos introduzcamos en el monitor de sistema observaremos la existencia de multitud de objetos y, para cada uno, gran cantidad de contadores. Se debe indicar que no es necesario el conocimiento de toda la gama de contadores puesto que muchos serán solamente de utilidad para que ciertos fabricantes puedan analizar características de sus desarrollos. En este apartado analizaremos algunos aspectos clave en la monitorización diaria de un sistema.

La utilización del monitor diferirá cuando estemos analizando cómo se están utilizando los recursos de cuando se está buscando un problema. Cuando se están buscando problemas veremos que hay una serie de contadores claves que nos ayudarán a identificar el causante del mencionado problema.

Tabla 15.1. Objetos estándar disponibles

Objeto	Función
Archivo de paginación	Contadores sobre porcentaje de utilización y utilización máxima de los archivos de paginación.
Caché	Estadísticas de la utilización de la caché.
Disco físico	Estadísticas de utilización de discos físicos.
Disco lógico	Estadísticas de utilización de las unidades lógicas e información sobre capacidades.
Memoria	Estadísticas de utilización de memoria real y virtual del sistema.
Objetos	Contadores con información sobre exclusiones mutuas, procesos, secciones, sucesos, semáforos y subprocesos.
Procesador	Estadísticas de utilización de los procesadores del sistema.
Proceso	Estadísticas de los recursos consumidos por los procesos que se encuentran en ejecución y datos resumen de su actividad.
Redirector	Estadísticas de información transmitida y de las conexiones a recursos de red existentes.
Servidor	Estadísticas de utilización de los servicios del servidor.
Sistema	Estadísticas de trabajo del sistema, porcentajes de procesador, tamaño de las colas, etc.
Thread o subproceso	Estadísticas de recursos asociados a subprocesos y datos identificativos de los mismos. Las instancias de los subprocesos están representadas como nombre de proceso → número. Habrá un número distinto para cada subproceso.

A partir de estos momentos nos referiremos a los diferentes contadores como *Objeto.Contador*, para identificar fácilmente dónde encontrar los contadores de interés para los siguiente apartados del presente capítulo.

Memoria

La **memoria** es uno de los factores más importantes que se deben controlar. Una paginación excesiva, un exceso de fragmentación, una carencia de memoria RAM o una mala distribución de los archivos de paginación son factores que pueden provocar la caída del rendimiento de todo el sistema.

Siempre que analicemos problemas de memoria y deseemos comprobar su rendimiento deberemos tener en cuenta la existencia de la memoria virtual aparte de la memoria RAM disponible.

Es importante saber que la paginación es inevitable. Windows NT siempre realizará algo de paginación aunque disponga de memoria suficiente para todas las aplicaciones que se están ejecutando. Entre las causas que lo provocan está la existencia de la caché de disco que intenta apropiarse de toda la memoria posible para optimizar el acceso a disco.

Cuando explicamos cómo funciona la paginación, vimos que el archivo de paginación se crea con el tamaño especificado en el panel **Rendimiento** del icono **Sistema** del **Panel de control** y que se puede ir expandiendo hasta el tamaño especificado en dicho panel. El tamaño inicial deberá estar de acuerdo con las necesidades que requiera el sistema cuando ejecute todas las aplicaciones. El monitor de sistema será una herramienta útil para poder decidir el tamaño del archivo de paginación, ya que dispondremos de contadores para analizar el funcionamiento de la paginación.

Para analizar la memoria dispondremos de dos objetos clave: **Archivo de paginación** y **Memoria**, aunque también será de interés observar el objeto **Disco físico**.

Podremos comprobar la existencia o no de paginación excesiva observando los contadores *Disco Físico.Transferencias de disco/seg.* y *Memoria.Páginas/seg.*

El contador *Transferencias de disco/seg.* representa la frecuencia de transferencias de disco, mientras que el contador *Páginas/seg.* es el número de páginas que se leen o escriben para resolver las referencias a memoria de las diferentes aplicaciones.

La paginación excesiva se observa cuando el producto de ambos contadores resulta un número elevado, ya que ello quiere decir que la mayor parte de las transferencias de disco se realizan para realizar la paginación. Se considera un valor de elevada paginación cuando el producto de estos contadores excede del 0,1, valor que representa un 10 por ciento de paginación respecto del tiempo de acceso a disco. Esto no quiere decir que si vemos este valor puntualmente debamos preocuparnos, sino que el problema puede existir cuando este valor es sostenido en el tiempo.

Antes de decidir que necesitamos más memoria para solucionar el problema de la paginación excesiva, puede ser conveniente analizar las aplicaciones que se están ejecutando en el sistema, puesto que es posible que tengamos alguna aplicación puntual que requiere gran cantidad de memoria. Podríamos detener esta aplicación y observar de nuevo los contadores para comprobar si seguimos teniendo problemas de paginación. Si se soluciona el problema, es posible que la aplicación causante deba ser ejecutada en el momento en que el sistema se encuentre más libre, fuera de las horas normales de trabajo. Si ello no es posible, seguramente necesitaremos ampliar la memoria del equipo.

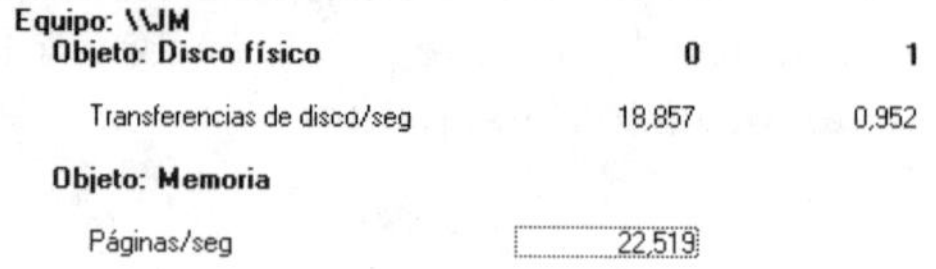

Figura 15.3. Contadores para observar la paginación.

Para saber si hemos proporcionado un tamaño adecuado al archivo de paginación, deberemos observar sus estadísticas de utilización. Mediante el **Explorador de Windows NT** o el interfaz de órdenes podemos observar el tamaño del archivo de paginación, el cual debe ser comparado con el especificado en la ficha *Rendimiento.* Si el valor real alcanza el valor máximo, es posible que debamos incrementar el tamaño del archivo de paginación en el momento de la inicialización del sistema para optimizar su funcionamiento.

En el monitor de sistema dispondremos de dos contadores para observar el rendimiento del archivo de paginación: *Archivo de paginación.% Uso* y *Archivo de paginación.% Uso máximo.* Estos contadores indican el porcentaje que se está utilizando del archivo de paginación así como el porcentaje máximo. Valores próximo al 100 por ciento expresarán la necesidad de incrementar el tamaño del archivo de paginación.

En el caso de disponer de varios archivos de paginación, tendremos una instancia para cada archivo de paginación, así como una instancia para tener contadores totales de la paginación del sistema.

Procesador

El **procesador** es otro de los componentes básicos que deben ser controlados con periodicidad para poder anticipar problemas.

La actividad del procesador será medida con el contador *Procesador.% de tiempo de procesador.* Este contador indica la cantidad de tiempo útil invertido por el procesador en la ejecución de los diferentes procesos. Este tiempo de utilización del procesador empezará a ser preocupante cuando sostenidamente alcance valores del 100 por ciento. Esto quiere decir que se está utilizando la capacidad máxima del procesador y es necesario mejorar la CPU. Se debe tener en cuenta a la hora de analizar los tiempos de CPU que los inicios de aplicaciones y las aplicaciones de cálculo requieren gran cantidad de tiempo de procesador, por lo que será necesario analizar las aplicaciones que se están ejecutando en la estación que se está estudiando. Así como las aplicaciones de cálculo requieren mucho tiempo de CPU, se debe saber que no es normal que las aplicaciones que requieren mucha entrada/salida utilicen gran cantidad de CPU, ya que la mayor parte del tiempo de ejecución deben esperar a que otros dispositivos les proporcionen datos al ser estos dispositivos muchísimo más lentos que la ejecución de la propia aplicación. Por esto si en un servidor sólo disponemos, por ejemplo, de aplicaciones de base de datos y observamos que un proceso tiene tiempos de CPU muy altos, es muy posible que esté buclado y no esté funcionando correctamente.

Durante el funcionamiento de Windows NT las diferentes aplicaciones generan procesos y subprocesos que requerirán tiempo de procesador para ser ejecutados. Sólo un proceso puede estar ejecutándose simultáneamente en un procesador, con lo cual el resto de procesos que requieren tiempo de CPU deberán esperar en una cola a que se les asigne este tiempo. Uno de los contadores que nos miden el rendimiento del sistema será la longitud de estas colas mediante el contador *Sistema.Longitud de la cola del procesador* que contará el número de subproceso en espera del procesador. El rendimiento será peor cuanto mayor sea la longitud de la cola, ya que los procesos deberán sufrir mayores tiempo de espera.

Por lo tanto, este contador nos puede servir de apoyo para tomar la decisión de mejorar la CPU, ya que dice los tamaños de las colas de procesos que están en espera de que se les asigne tiempo de procesador. Si tenemos utilización del 100 por ciento y grandes colas, seguramente deberemos mejorar el procesador. Si no se forman colas largas es posible que no sea necesaria la mejora.

Otra solución en la que podemos pensar no es sólo mejorar la CPU, sino que gracias a la posibilidad que nos ofrece Windows NT de manejar múltiples procesadores podemos agregar un nuevo procesador.

Dos contadores adicionales nos permiten conocer en qué consume el tiempo el sistema operativo. Estos contadores son *Procesador.Tiempo de Usuario* y *Procesador.Tiempo privilegiado,* los cuales no incluyen el tiempo de los subprocesos inactivos.

Otro contador importante a la hora de comprobar el correcto funcionamiento del sistema es *Procesador.Interrupciones/seg.* Este contador representa la cantidad de interrupciones que recibe el procesador solicitando servicios de entradas o salidas. Si este contador se incrementa de manera notable sin razones para ello, puede estar indicándonos problemas de hardware.

Disco

El **disco** es otro factor clave que debe ser controlado. En el monitor de sistema dispondremos de dos objetos: **disco físico** y **disco lógico**. **Disco físico** será el objeto que represente un disco sin tener en cuenta las particiones o unidades que en él hayamos creado. En cambio el objeto **disco lógico** representará estas unidades, ya que cada una dispondrá de características distintas de utilización.

Los **contadores de disco** son los únicos que no se inician de manera automática con el monitor de sistema, puesto que sobrecargan la utilización de los discos para recopilar los datos necesarios para asignar los valores a los contadores. Debe ser el administrador quien de manera manual se encargue de activar la recopilación de datos de disco en el siguiente inicio de sesión. Para ello será necesario ejecutar la orden **diskperf -y**, mientras que cuando se quiera detener esta recopilación de información se deberá ejecutar la orden inversa **diskperf -n**, teniendo en cuenta que también tendrá efecto en el siguiente inicio de sesión.

Una utilización interesante del monitor de sistema en cuanto a la utilización de los discos es conocer las diferentes cargas de los servidores de la red. Si tenemos varios servidores de datos en nuestra red, sería lógico intentar equilibrar la carga de todos los servidores de manera que no tengamos uno continuamente trabajando y otro que simplemente tiene accesos esporádicos. Si esto sucediera, el tiempo de respuesta no sería bueno, ya que se formarían colas para poder proporcionar los datos solicitados.

Un contador que nos mide la actividad del disco es *Disco físico.% Tiempo de disco* que representa el porcentaje de tiempo en que una unidad de disco ha estado atendiendo operaciones de lectura y escritura. Si este porcentaje es continuamente alto (superior al

90 por ciento), puede ser que el sistema no esté dando un rendimiento satisfactorio. Para saberlo será necesario analizar el tamaño de la cola de espera de peticiones de disco mediante el contador *Disco físico.Longitud actual de la cola de disco.* Si tiene un valor elevado, el rendimiento del sistema no es correcto (se considera un número elevado una cola de longitud superior a dos).

Las acciones que se pueden llevar a cabo cuando el causante del cuello de botella sea el disco, son actualizar el disco a uno más rápido o mover archivos a otro disco o servidor.

Otros contadores para medir el rendimiento de los discos son *Disco físico.Media de bytes/transferencia.* Valores superiores a 20K indican buen comportamiento; si el valor es menor no quiere decir que no sea correcto, ya que depende de las aplicaciones que se están ejecutando en el equipo y sus necesidades de datos. El tiempo de transferencia es afectado por el tipo de aplicaciones que se está ejecutando, siendo el tiempo de acceso secuencial a datos mucho menor que si la aplicación necesita el acceso a datos aleatoriamente, ya que debe realizar movimientos del brazo para acceder a datos.

Para conocer el tiempo empleado en las transferencias de disco se debe utilizar el contador *Disco físico.Transferencia de disco/seg.* Si el valor aumenta, es posible que el disco tenga errores físicos que provocan el reintento de lectura o escritura, los cuales incrementan el tiempo de transferencia.

Red

Otro componente que se puede monitorizar es la red. La **monitorización de la red** se basará en dos componentes de la misma: el **rendimiento que ofrecen los servidores de la red** y el **tráfico** existente en la misma. Para poder monitorizar la red es necesario tener activo el servicio **Agente de supervisión de red**.

En el servidor será interesante controlar los bytes de transferencia por segundo. Para ello utilizaremos el contador *Servidor.Total de bytes/seg.* que es el número de bytes recibidos y enviados por segundo a través de la red. El contador representa la capacidad de utilización del servidor.

Otro contador importante, como sucedía en el procesador y en los discos, es las colas de trabajo del servidor. Por este motivo existe un objeto específico con este nombre. El contador más representativo será el *Colas de trabajo del servidor.Longitud de la cola,* que es el tamaño de la cola para el procesador seleccionado. Cuando el tamaño de la cola supera el valor de cuatro sostenidamente, deberemos analizar la situación, pues está indicando que el procesador se puede estar congestionando.

Los problemas que se detectan en la utilización, a menudo son provocados por los componentes de la estación servidora, por lo que se aconseja analizar los contadores del servidor junto con los contadores individuales descritos anteriormente para los objetos procesador, memoria y/o disco.

De esta manera, observar incrementos en los contadores de transferencias de páginas en una estación servidora sin su correspondencia en la transferencia de datos a través de la red, puede indicar que el servidor no tiene memoria suficiente para poder atender todas las peticiones que le son realizadas a través de la red. Se debe tener en cuenta que muchas de las actividades relacionadas con los recursos de la red utilizan memoria que no puede ser paginada, por lo que se produce un incremento de la memoria no paginable y una disminución de la memoria RAM disponible para las aplicaciones, lo cual provoca un exceso de paginación ya que todas las aplicaciones deberán ejecutarse en el espacio de memoria RAM paginable.

Puesto que el acceso a la red se realiza a través de un determinado protocolo, el monitor de sistema nos proporciona objetos relacionados con el protocolo que estamos utilizando. Si estamos utilizando el protocolo NetBEUI nos aparecerá el objeto **NetBEUI** que incorporará una serie de contadores entre los que podemos destacar *NetBEUI.Bytes de trama recibidos/seg., NetBEUI.Tramas recibidas/seg.*, etc. Obtenemos estadísticas de bytes transferidos y recibidos, así como de los reenvíos que se deben realizar, etc. También se crea el objeto **Recurso NetBEUI** que proporcionará información sobre recursos agotados y uso máximo y medio.

Si trabajamos con **TCP/IP**, podremos instalar el **servicio de SNMP** (Servicio Administración de Red Simple) que nos permitirá tener una serie de objetos y contadores asociados al protocolo. Los objetos que se instalan son los siguientes:

Tabla 15.2. Objetos asociados al servicio SNMP

Objeto	Descripción
ICMP	Contadores con datos de desconexiones de origen, destinos inaccesible, ecos, respuestas y redirecciones.
Interfaz de red	Proporciona contadores con información sobre paquetes enviados y recibidos a través de una conexión TCP/IP.
IP	Estadísticas de datagramas y fragmentos y descripción de errores.
Servidor FTP	Estadísticas de transferencia de archivos e información de las conexiones del servidor del protocolo FTP.
Servidor WINS	Estadísticas sobre control de actividad del servidor (Conflictos, Renovaciones, Liberaciones, Registros, Consultas).
TCP	Información sobre conexiones activas y fallos de conexión, así como estadísticas de segmentos enviados y recibidos.
UDP	Estadísticas de envío y recepción de datagramas recibidos y enviados.

Por último, será posible monitorizar el tráfico de la red mediante los contadores disponibles en el objeto **Segmento de Red**. Será necesario tener instalado el servicio Agente de supervisión de red.

Entre los contadores disponibles destacaremos el *Segmento de red.% de uso de red* que proporciona el porcentaje de ancho de banda de la red utilizado. A medida que el porcentaje aumenta representa que la red va alcanzando su capacidad máxima. Cuando la utilización se encuentra en un 50 por ciento de utilización ya podemos empezar a tener problemas en la red.

Otros contadores de interés son *Segmento de red.Total tramas recibidas/seg.* en el segmento de red en que nos encontramos. Puede indicar problemas en los routers o bridges.

Trabajando con el Monitor de sistema

El **Monitor de sistema** se encuentra dentro de las **Herramientas Administrativas** y cuando lo seleccionemos nos aparecerá la siguiente ventana:

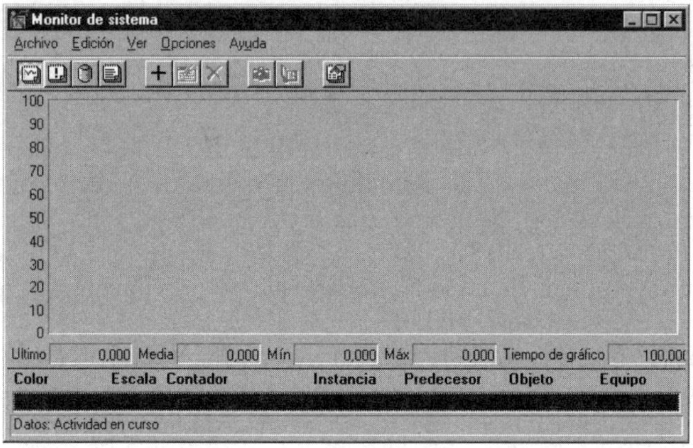

Figura 15.4. Monitor de sistema.

Esta es la primera de las cuatro pantallas principales que componen el monitor de sistema, siendo ésta la pantalla de configuración y visualización de **gráficos**. Las otras tres pantallas son las de **alerta**, **registro** e **informe**. Estas cuatro pantallas están recogidas como opciones seleccionables mediante los cuatro primeros botones que aparecen en la barra de herramientas. Podremos configurar por separado las cuatro pantallas ya que, a pesar de disponer de las mismas opciones de menú, la misma barra de herramientas y la misma barra de estado permite tratar diferentes contadores en cada una de ellas.

Según los componentes que deseemos monitorizar nos interesará más visualizar un gráfico de progreso de los contadores, elaborar un informe con los valores exactos de los contadores, establecer el mecanismo de alertas para que el monitor notifique cuando un contador ha alcanzado un determinado valor umbral definido por el administrador o incluso permitir el almacenamiento de los valores en un registro para poder ser procesado en otro instante de tiempo.

Cuando comencemos a trabajar con el monitor del sistema deberemos indicarle de dónde deseamos obtener los valores de los contadores. Dos son las opciones que encontraremos disponibles. En primer lugar podemos trabajar con los valores de la **actividad en curso**: en esta opción irá registrando periódicamente los valores de los contadores que seleccionemos y se irán actualizando en las diferentes pantallas. La segunda opción es trabajar con los **datos** que hemos podido registrar en una **sesión anterior** del monitor de sistema. Para seleccionar el modo de trabajo se debe seleccionar la opción correspondiente en la opción **Datos de** del menú de **Opciones**.

Hemos mencionado que los valores de los contadores se registran cada cierto espacio de tiempo. Este **espacio de tiempo** que se deja pasar entre dos registros consecutivos se debe seleccionar en la opción correspondiente del menú **Opciones**. En la ventana de *Informe* aparecerá una opción **Informe**, mientras en la pantalla de *Alerta* aparecerá una opción **Alerta**, etc. Si elegimos esta opción bajo el menú de opciones podremos especificar el intervalo de tiempo que ha de transcurrir entre dos actualizaciones. Este tiempo podrá ser distinto para cada una de las cuatro pantallas principales del monitor del sistema. Como opción a la actualización automática cada cierto intervalo de tiempo, se nos ofrece la posibilidad de actualización manual que podremos seleccionar en el mismo cuadro de diálogo. En la barra de herramientas se nos ofrecerá un botón, representado por una cámara fotográfica, mediante el cual también podremos efectuar actualizaciones manuales.

Los **valores** que almacenan los contadores pueden ser de **dos tipos.** En primer lugar los contadores pueden representar un **porcentaje.** Este porcentaje se calcula como la media de los dos últimos valores conocidos, los extremos del intervalo de actualización. En el caso de los contadores expresados en **valor absoluto** se presentará el último valor conocido para el contador.

Es importante tener en cuenta a la hora de configurar el intervalo de actualización que estas actualizaciones pueden afectar al rendimiento del sistema puesto que según el número de actualizaciones que se deban realizar serán los requisitos de memoria y disco necesarios para el funcionamiento del monitor.

Otras opciones estándar disponibles independientemente de la pantalla con la que trabajemos será la posibilidad de exportar datos a una hoja de cálculo o a una base de datos mediante las opciones que encontraremos en el menú **Archivo.** Limpiar las áreas de trabajo mediante la opción **Nuevo ...** del menú **Archivo.**

Creación de gráficos

La primera posibilidad de que dispondremos para observar los contadores será la posibilidad de **crear gráficos.** Estos gráficos son útiles cuando se desea controlar los problemas que se producen intermitentemente en el equipo y necesitamos una visualización continua de la actividad del sistema. También para analizar causas que nos puedan llevar a mejorar la estación en la que estamos trabajando.

Para **añadir contadores al gráfico**, así como a cualquier otra de las tres pantallas disponibles, utilizaremos la opción **Agregar** del menú **Edición** en la pantalla correspondiente. Nos aparecerá el siguiente cuadro de diálogo (Figura 15.5) en el que en el cuadro objeto podremos seleccionar el objeto que deseamos estudiar. Podremos desplegar la lista para visualizar todos los objetos disponibles. Si vemos que nos faltan algunos de los objetos que queremos estudiar, es posible que sea necesario iniciar alguno de los servicios que proporcionan información sobre este objeto.

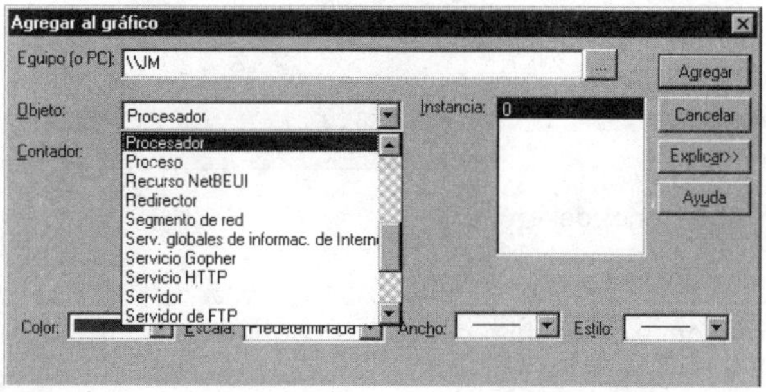

Figura 15.5. Creación de gráficos.

En el cuadro inferior podremos seleccionar el contador que queremos añadir al gráfico. Como en el caso de los objetos, disponemos de una lista de contadores en la que podremos elegir el contador que nos interese (Figura 15.6).

Pulsando en el botón **Explicar** podremos visualizar, en la parte inferior del panel, información que proporciona el contador.

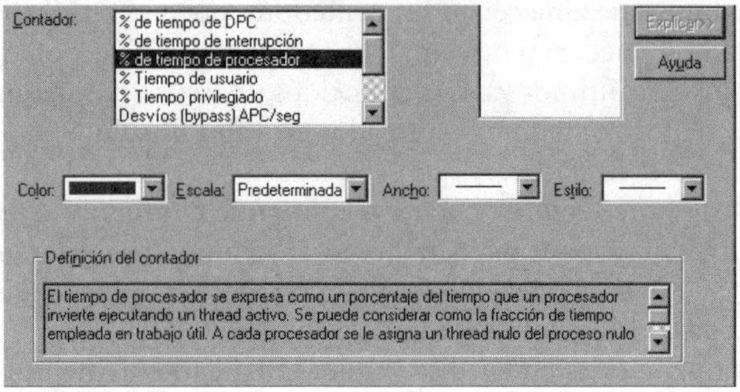

Figura 15.6. Ver explicación contador.

En el cuadro *Instancia* se deberá seleccionar la instancia que nos interesa analizar cuando el objeto disponga de más de una instancia, teniendo en muchos casos la posibilidad de seleccionar la instancia *Total* que recogerá la actividad de todas las instancias conjuntamente.

Por último será posible seleccionar las características del gráfico para el contador que estamos seleccionando, tales como el color de la línea de representación de los valores, grosor de la línea, etc.

Cuando se está visualizando un gráfico se dispone de la posibilidad de resaltar la línea de un contador. Para ello seleccionaremos un contador en la parte inferior del panel y presionaremos **Ctrl+H**.

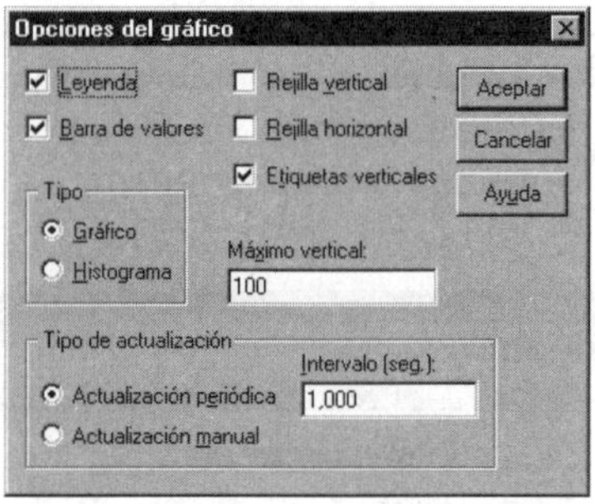

Figura 15.7. Opciones del gráfico.

En las opciones del gráfico podremos configurar la visualización del gráfico estableciendo rejillas horizontales y/o verticales, seleccionando el tipo de gráfico (gráfico o histograma), etc.

Creación de alertas

El segundo botón nos dará acceso a la posibilidad de **crear alertas**. Esto nos liberará de la necesidad de estar continuamente observando el monitor de sistema para detectar problemas de rendimiento y será el propio sistema quien tendrá la responsabilidad de hacer un seguimiento para comprobar si ha de generar una alerta debido a que un contador ha alcanzado un determinado valor.

A la hora de crear las alertas podremos seleccionar los objetos y contadores que deseamos controlar, así como la forma en que deseamos se nos notifique el suceso de una alerta.

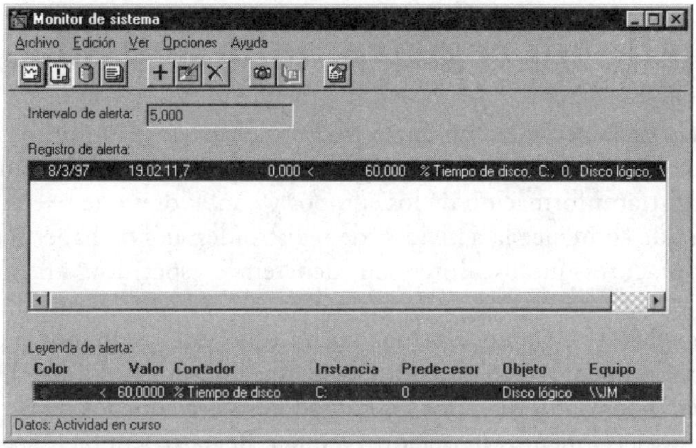

Figura 15.8. Configuración de alertas.

En la pantalla de alertas se podrán ir visualizando las alertas generadas por el monitor de sistema. Le será posible almacenar hasta 1.000 alertas, y a partir de este número se van sobreescribiendo los registros de alertas más antiguos.

Para **agregar una alerta** se procede como en el caso de los gráficos seleccionando el botón representado por el signo + o bien la opción **Agregar alerta** del menú **Edición**. Nos aparecerá un cuadro de diálogo semejante al de agregar contadores al gráfico, pero con otras posibilidades de configuración como por ejemplo ejecutar un determinado programa cuando se produzca una alerta. Este programa se podrá ejecutar la primera vez que se produzca una determinada alerta o en cada ocasión. También se deberá especificar el valor que se ha de alcanzar para que se dispare el mecanismo de alerta, así como alertar cuando sea superior o cuando sea menor al valor.

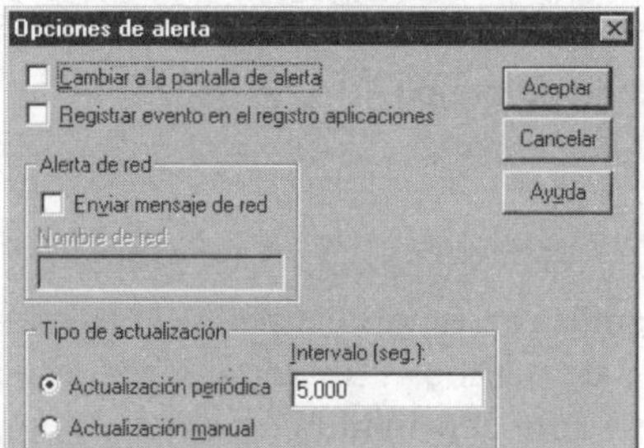

Figura 15.9. Opciones de alerta.

Con la opción **Opciones de alerta** del menú **Opciones** podremos configurar la alerta, especificando el tiempo de testeo de los contadores seleccionados. Asimismo, será posible especificar un nombre de red al que enviar un mensaje cuando se produzca una alerta. También es posible registrar las alertas en el registro de las aplicaciones con lo cual las alertas serían accesibles a través del visor de sucesos. La opción *Cambiar a pantalla de alerta* mostrará la ventana de alerta cuando se produzca una alerta.

Creación de un registro de la actividad en curso

El **registro de la actividad en curso** permitirá capturar la información durante el periodo en que activemos la opción de registro para poder ser manipulada posteriormente. Se podrá registrar información de los equipos y contadores que seleccionemos.

Para que comience la actividad de registro después de haber seleccionados los equipos y contadores que nos interesan, deberemos especificar un nombre de archivo de registro y una ruta de acceso para almacenarlo, siendo, normalmente, un archivo con extensión **.LOG.** Cuando tenemos hecho todo esto podremos pulsar el botón **Iniciar Registro.** Entonces cada cierto tiempo, el especificado en el intervalo de actualización, se almacenarán los datos de todos los contadores seleccionados. Esta operación funcionará hasta que seleccionemos la opción **Detener Registro** también accesible a través de las opciones del registro del menú **Opciones.**

Una vez creado un archivo de registro lo podremos utilizar cuando lo creamos conveniente. Para ello deberemos seleccionar el archivo mediante la opción **Datos de** del menú **Opciones.**

Una vez que hayamos seleccionado el archivo de registro, podremos utilizar la opción **Ventana de tiempo** del menú **Edición** para trabajar con los datos registrados.

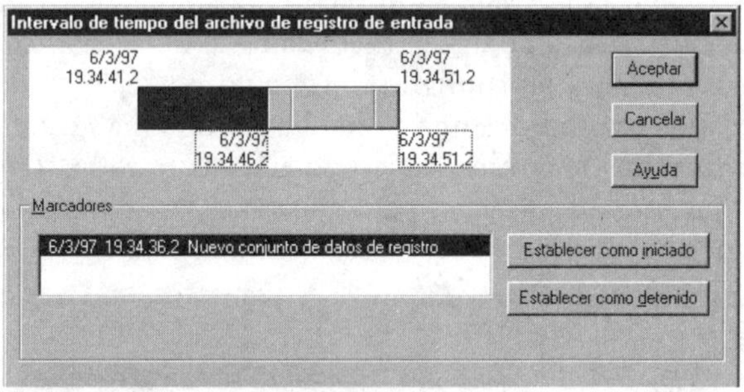

Figura 15.10. Ventana de tiempo.

Esta ventana de tiempo permite especificar los puntos de inicio y finalización moviendo los extremos correspondientes en la barra de desplazamiento que está disponible en el intervalo de tiempo. También podremos utilizar marcadores de inicio y final.

Los marcadores se pueden añadir en diferentes puntos del registro y sirven para resaltar los puntos que consideremos de mayor interés para nuestro análisis. Servirán para moverse fácilmente a través de los datos del registro.

Cuando utilicemos el archivo de registro, todos los datos estarán disponibles para las otras tres ventanas: Gráfico, Alerta e Informe.

Creación de informes

La última ventana disponible en el Monitor de sistema es la que nos permite **crear informes** que no será más que una recopilación de los objetos y sus contadores que habremos agregado al informe como en los métodos anteriores. Los valores del informe cambian en cada actualización automática o manual.

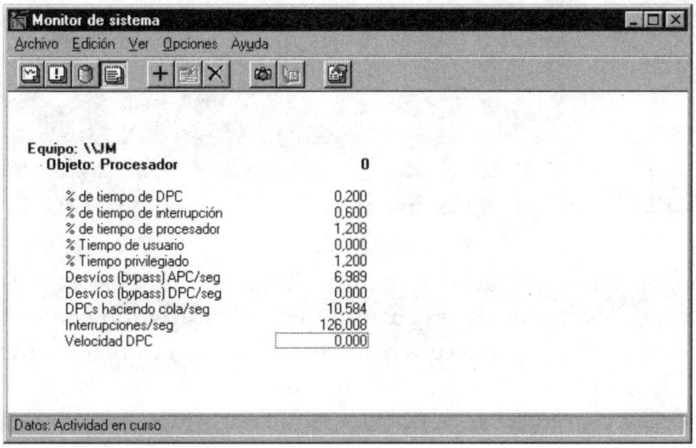

Figura 15.11. Visualización de informes.

Administrador de tareas

El **Administrador de tareas** es una herramienta nueva en los entornos Windows NT. Su función principal será visualizar las aplicaciones que se encuentran activas en un momento determinado, así como el estado en que se encuentran.

Por otra parte proporciona un rápido acceso a todos los procesos y subprocesos que se están ejecutando, conociendo de ellos la utilización que realizan de los recursos del sistema (memoria y tiempo de procesador).

Para acceder al Administrador de tareas podemos pulsar el botón secundario en el área libre de la barra de tareas. El Administrador de tareas también es accesible si presionamos **Ctrl+Alt+Supr**; cuando nos aparece el cuadro de diálogo de seguridad podremos seleccionar el botón titulado Administrador de tareas.

En el primer panel del Administrador de tareas encontramos la lista de aplicaciones que se están ejecutando. Cada aplicación lleva asociado un estado. Desde el panel de **Aplicaciones** tendremos dos botones para poder intercambiar las tareas que se encuentran en primer plano, así como para poder finalizar una tarea determinada. También será posible iniciar nuevas aplicaciones.

El segundo panel nos muestra los **procesos activos** en el sistema (Figura 15.12):

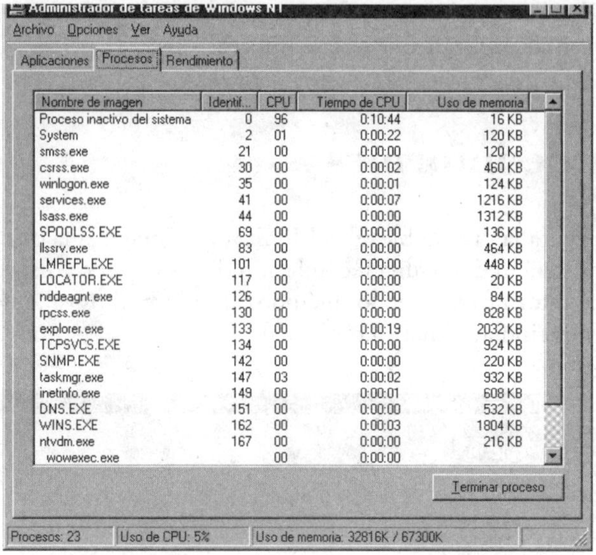

Figura 15.12. Administrador de tareas.

La información asociada a cada proceso es su identificador, el tiempo consumido de procesador, el porcentaje de procesador que está utilizando en ese momento y la memoria que tiene reservada para la ejecución del proceso. También, como sucedía con las aplicaciones, es posible finalizar un proceso en cualquier momento mediante el botón **Terminar proceso**, aunque esta operación no es muy recomendable utilizarla y debe restringirse su uso a operaciones estrictamente necesarias.

En la parte inferior de la ventana se nos mostrará la utilización total del procesador y la utilización de memoria sobre memoria total disponible.

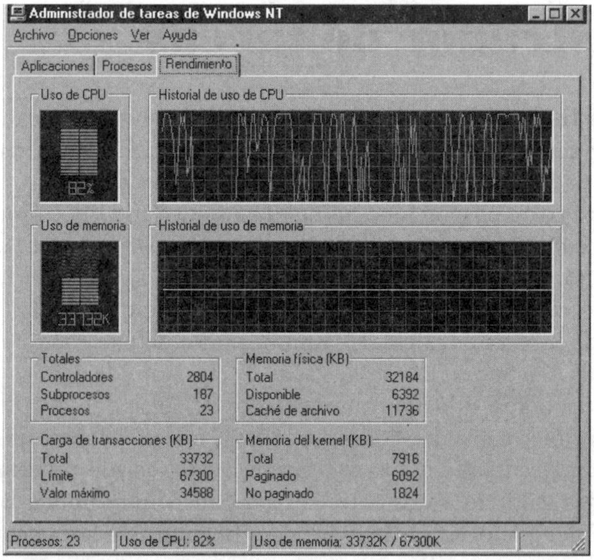

Figura 15.13. Monitor de rendimiento.

El tercer panel proporciona una **visión gráfica** de la utilización de los componentes del sistema. Los dos gráficos de la ventana muestran un pequeño historial de la utilización del procesador y de la memoria, expresados en porcentaje sobre la capacidad total del sistema.

En la información que nos proporciona numéricamente encontramos el número total de controladores, procesos y subprocesos en ejecución

Respecto a la **memoria física** nos mostrará la cantidad total que tenemos así como la disponible para las aplicaciones. En un apartado especial nos muestra el tamaño ocupado por la caché de disco. Recordar que Windows NT intenta proporcionar a la caché tanta memoria como es posible, aunque dinámicamente puede ir liberando esta memoria cuando lo requieran las aplicaciones.

También encontramos un resumen de la memoria requerida por las transacciones y por el sistema operativo. La memoria de las transacciones incluye la memoria virtual que es utilizable por las aplicaciones para realizar la paginación.

La **memoria del kernel** o sistema operativo se desglosa en memoria **paginable** y **no paginable**. Ya hemos visto en líneas anteriores que muchos de los procesos necesarios para ejecución de subprocesos de red debe estar en memoria no paginable y que el incremento de la utilización de esta memoria no paginable disminuye la memoria RAM física disponible para las aplicaciones, por lo que es importante su control ya que observando estos valores podremos identificar necesidades de ampliación de memoria RAM física. Si sólo deseamos información de este tipo podemos evitar poner en marcha el monitor de sistema.

El Administrador de tareas, como todo el resto de herramientas ofrece algunos parámetros de configuración. Entre ellos destacaremos la posibilidad de visualizar en el gráfico de utilización del procesador el porcentaje de tiempo empleado por el kernel para lo cual basta seleccionar la opción **Muestra los tiempos del kernel** del menú **Ver**. Se nos solaparán dos líneas en el gráfico : la que ya teníamos de tiempo de CPU y la de la utilización del kernel.

Otro parámetro configurable es la velocidad de actualización de los datos que se presentan en los gráficos. En la opción **Velocidad de actualización** del menú **Ver** encontraremos cuatro posibilidades, tres de velocidad (alta, normal y baja) y una para permitir pausar la visualización de los datos.

Capítulo 16
Conectividad NetWare

Windows NT tiene la necesidad de comunicarse con el resto de redes existentes en las organizaciones. Para ello nos proporcionará una serie de servicios que nos facilitarán esta labor.

Esta es una de las razones que impulsan a Windows NT a soportar diferentes tipos de protocolos de transporte, uno de los cuales es NWLink.

Conectividad con Novell Netware

Una de las redes más extendidas actualmente es **Novell Netware**. Windows NT incorpora capacidades para permitir la conectividad con estas redes. También ofrece la posibilidad de migrar una red Netware a una red Windows NT.

Dos son los componentes de red que necesitaremos tener instalados para permitir esta comunicación:

- En primer lugar necesitaremos el **protocolo de transporte NWLink**, que, como hemos visto en algún capítulo anterior, es la implementación de Windows NT para los protocolos de transporte **IPX** (Intercambio de paquetes entre redes) y de red **SPX** (Intercambio de paquetes secuenciados) utilizados por Netware.
- En segundo lugar necesitaremos el servicio que nos permita crear una puerta de acceso a los archivos e impresoras de Netware. El servicio lo proporciona Windows NT mediante el **Servicio de puerta de enlace o gateway para Netware** (GSNW).

Protocolo NWLink

NWLink (NetWare Link Protocol) es el protocolo de transporte, creado por Microsoft para Windows NT y compatible con IPX/SPX de 32 bits. El interfaz se encuentra a nivel NDIS. Este protocolo es el que permitirá la comunicación con los servidores Netware, soportando los interfaces Windows Sockets, NetBIOS y RPC.

Windows Sockets es el interfaz que permite soportar las aplicaciones servidoras de NetWare escritas con el interfaz Sockets de Netware, mientras que **NetBIOS** es el interfaz que soporta el envío y recepción de paquetes entre las estaciones Windows NT y Netware. También es posible establecer mecanismos de comunicación a través de **RPC** (Remote Procedure Calls)

NWLink también permitirá a los clientes de NetWare acceder a las aplicaciones servidores instaladas en servidores Windows NT, funcionando, por ejemplo, con SQL Server.

Las estaciones NetWare que estén ejecutando Netware Requester de Novell podrán ejecutar la parte cliente de las aplicaciones Cliente-servidor proporcionadas por las estaciones servidoras Windows NT que estén ejecutando NWLink.

Servicio GSNW

Este servicio necesita tener instalado previamente el protocolo NWLink. En caso de que no esté instalado, el sistema lo hará en este momento.

Aparte de permitir la utilización de archivos e impresoras de servidores NetWare, este servicio permite a Windows NT Server actuar como un gateway no dedicado de ficheros para clientes Microsoft. Esta puerta de acceso permite ejecutar la parte cliente de las aplicaciones NetWare sin necesidad de instalar software Netware.

Los clientes de un servidor Windows NT Server se comunicaran con éste a través de los protocolos propios de la red, y será precisamente el servidor quien se comunique con el servidor Netware con el protocolo propio de la red Novell Netware. Por lo tanto, el servidor deberá disponer de una cuenta para poder permitir la conexión al servidor Netware que será quien se encargue de validar el acceso de dicha cuenta. Una vez establecida la conexión, el directorio compartido del servidor Netware pasará a ser un recurso compartido más de la estación Windows NT Server, y, como tal, podrá emplear todas las herramientas de manipulación de recursos compartidos. Las estaciones clientes que quieran conectarse al servidor NetWare, lo harán conectándose a este recurso compartido.

Es importante tener en cuenta que esta puerta de enlace no está pensada para permitir que cualquier estación de la red Windows NT esté operando continuamente con un servidor Netware, ya que la puerta de comunicación es única y podría afectar gravemente al rendimiento de la red. Por lo tanto, este servicio debería utilizarse para acceder esporádicamente a servidores NetWare y con la finalidad de liberar memoria en la estación local, ya que no será necesario tener instalados redirectores para otras redes. Este servicio será más lento para los clientes, que un acceso directo a NetWare, ya que se realizan a través del servidor. En caso de utilizaciones frecuentes, una estación Windows NT WorkStation debería utilizar el **Servicio de cliente para Netware** y una estación Windows debería instalar el software de cliente.

Es necesario que el servidor NetWare tenga un grupo llamado **NTGATEWAY** para permitirle actuar como un gateway a los recursos del servidor NetWare. La cuenta de usuario que se va a utilizar para establecer la conexión entre el servidor NT y el servidor NetWare deberá pertenecer a este grupo del servidor Netware. Los recursos que se deban compartir deberán estar disponibles para este grupo de usuarios.

Configuración de la conectividad con Netware

Configuración de NWLink

En el momento de realizar la instalación del protocolo NWLink, es preciso tener en cuenta diferentes aspectos. Los más importantes son el **tipo de trama** utilizado por la red a la que nos queremos conectar, el **número de red** y el **enlace con los adaptadores de red**.

Para configurar el protocolo NWLink debemos acceder a la opción **Red** del **Panel de Control**. Seleccionaremos la ficha **Protocolos**. Si el protocolo ya está instalado, deberemos acceder a sus **Propiedades** y, en caso contrario, se debería **Agregar**.

Adaptador de red

En el caso de que dispongamos de más de un adaptador de red, podremos indicar sobre cuál queremos realizar el enlace, seleccionándolo en la ficha de configuración de NWLink.

Tipo de trama NWLink

Una **trama** representa el formato que tienen los datos en la red. Por tanto, será importante asegurarse de que la estación Windows NT esté configurada para utilizar el mismo tipo de trama que el servidor NetWare. En caso de que esta configuración no sea coincidente, nos podríamos encontrar con que no accederíamos al servidor Netware.

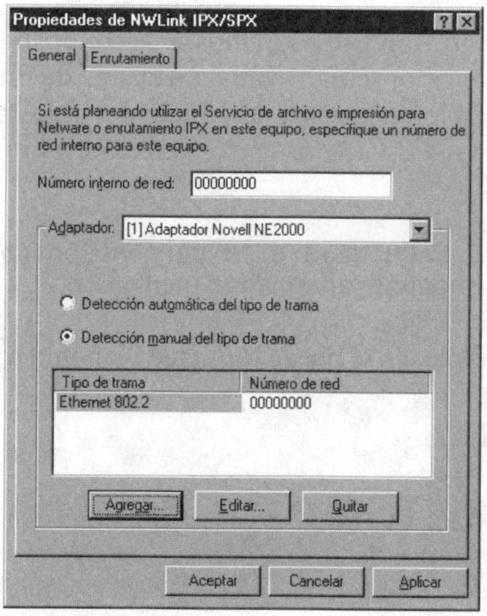

Figura 16.1. Propiedades de NWLink.

NWLink puede funcionar con diferentes **topologías de red**. De está manera podríamos estar utilizando Ethernet, Token Ring, redes con fibra óptica (FDDI) o ArcNet. Cada topología utilizará su propio **formato de trama:**

- Ethernet admite los formatos de trama Ethernet II, 802.3, 802.2 y SNAP.
- Token Ring y FDDI admiten 802.2 y SNAP.
- ArcNet sólo admite el formato ArcNet.

Por defecto, cuando se instala el protocolo NWLink, se activa la opción de **Detección automática del tipo de trama**. Esto quiere decir que Windows NT es capaz de detectar el tipo de trama que se está utilizando en la red y, por lo tanto, utilizar el tipo de trama adecuado para establecer la comunicación con otras estaciones de la red. El tipo de trama más utilizado es el 802.2 y, por ello, cuando no encuentra ninguna trama en la red utilizara este tipo. También seleccionará este tipo cuando en la red encuentra diferentes tipos de trama.

Windows NT nos permitirá la configuración manual si seleccionamos la opción **Detección manual del tipo de trama**. Esto nos permitirá tener con un único adaptador de red acceso a varios tipos de trama.

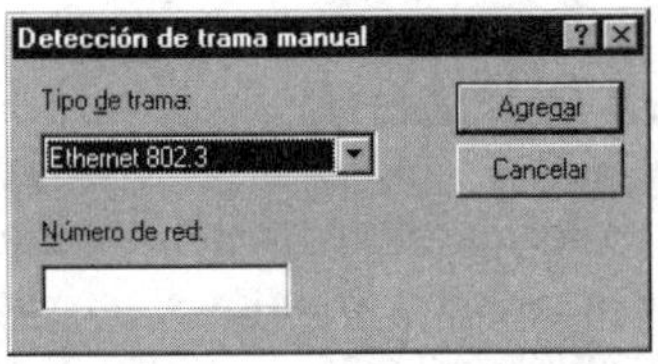

Figura 16.2. Detección manual del tipo de trama.

Pulsando el botón **Agregar** podremos ir seleccionando los tipos de trama que nos interesen para el adaptador seleccionado en el panel de **Propiedades** de NWLink.

También es posible seleccionar los diferentes tipos de trama manualmente en el Registro de Windows NT. La información referente a los tipos de trama se almacena en la siguiente clave:

```
\HKEY_LOCAL_MACHINE\SYSTEM\CurrentControlSet\Services\NwlnkIpx\
NetConfig\<nombre_adaptador_red>
```

El valor de **PktType** que se puede configurar con uno o varios de los siguientes **valores:**

0 = Ethernet II
1 = Ethernet 802.3
2 = Ethernet 802.2
3 = Ethernet SNAP
4 = Arcnet
0xff = Autodetección

Número de red

Cada red Netware tiene su propio número de red para identificar un grupo de servidores. NWLink detecta este número cuando es instalado, pero en el caso de que tengamos diferentes números de red, es posible que nos interese introducir manualmente este número de red. Cuando vemos el número de red 00000000 significa que NWLink detecta automáticamente el número de red.

Configuración del servicio de puerta de enlace o gateway para NetWare

Para instalar el este servicio se debe realizar a través de la ficha **Servicios** del icono **Red** del **Panel de Control**, pulsando el botón **Agregar** y seleccionando el servicio de la lista de posibilidades. Observaremos que una vez seleccionado el servicio, no es posible acceder a sus propiedades, ya que este servicio no es configurable.

En la siguiente sesión de Windows NT dispondremos de un nuevo icono **GSNW** en el **Panel de Control.** Será mediante este nuevo icono donde podremos modificar la especificación del árbol y contexto predeterminados o el servidor Netware que se utilice con mayor frecuencia. El servidor principal, cuando se seleccione, será el encargado de validar los accesos a la red Netware. Esta especificación será requerida en la siguiente sesión que se inicie posteriormente a la instalación del servicio puerta de enlace para Netware, teniendo en cuenta que no será posible especificar un servidor y un árbol simultáneamente, ya que estas dos opciones son excluyentes entre sí.

Es importante recordar que, para poder disponer de este servicio es necesario tener una cuenta de usuario en el servidor NetWare con derechos sobre los recursos que

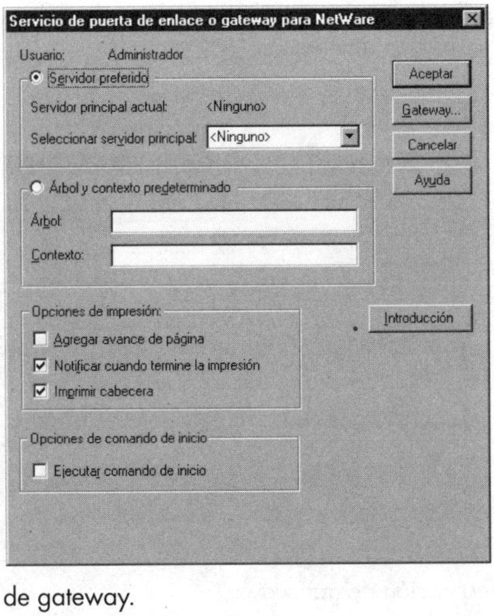

Figura 16.3. Servicio de gateway.

deseamos utilizar desde Windows NT, la cual deberá pertenecer al grupo de usuarios **NTGATEWAY**, al que se le debe dar derechos sobre los recursos a utilizar. Cuando se active la puerta de enlace se deberá proporcionar el nombre de esta cuenta de usuario y su contraseña Esta operación solamente es necesaria que la realice el servidor, puesto que el resto de estaciones accederán a los recursos como si fueran un recurso compartido del servidor Windows NT.

Si deseamos seleccionar el **Servidor Preferido**, podremos seleccionar el que nos interese de la lista o especificar el árbol y contexto deseado. El árbol se puede establecer solamente en entornos NDS. Es posible seleccionar **<Ninguno>** en la selección del Servidor principal. En este caso, nos validará el primer servidor Netware que se encuentre. Cuando se especifica el servidor principal, el servicio intentará establecer la conexión con el servidor especificado. Podremos almacenar la selección, aunque no sea posible encontrar ese servidor en ese momento.

También se podrán especificar algunas **opciones de impresión**:

- **Agregar avance de página**: Al final de cada tarea de impresión se provocará un avance de página.
- **Notificar cuando termine la impresión**: Marcaremos la casilla cuando se desee recibir notificación al finalizar la tarea de impresión.
- **Imprimir cabecera**: Se imprimirá una página inicial de cabecera con los datos del usuario.

Estas opciones son las que permite NetWare especificar para sus colas de impresión. Son equivalentes a las opciones que se disponen con la orden **Capture**. Las opciones afectarán a todas las colas de impresión NetWare cuando se utilicen desde el servidor NT.

Se deberá activar un gateway para cada volumen o cola de impresión. Por lo tanto, se deberá especificar el recurso NetWare al que queremos acceder y el nombre de este recurso compartido con el que las estaciones de la red Windows NT conocerán el recurso NetWare. Pulsando en el botón **Gateway** accederemos al cuadro de diálogo para la configuración de la puerta de enlace.

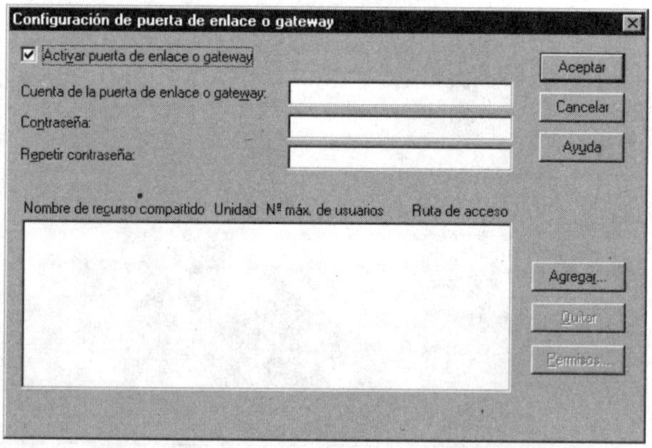

Figura 16.4. Configuración de gateway.

Para activar la puerta de enlace se debe seleccionar la opción **Activar puerta de enlace o gateway** y proporcionar la cuenta de usuario y contraseña que se ha creado previamente.

En esta ventana, caso de tener ya alguno, observaríamos los recursos a los cuales tenemos acceso del servidor NetWare. Son los recursos compartidos de Netware que son tratados como recursos compartidos de Windows NT, aunque físicamente se encuentren en un servidor NetWare.

Para crear recursos compartidos se deberá pulsar el botón **Agregar**. Con ello pasaremos al cuadro de diálogo para crear este recurso.

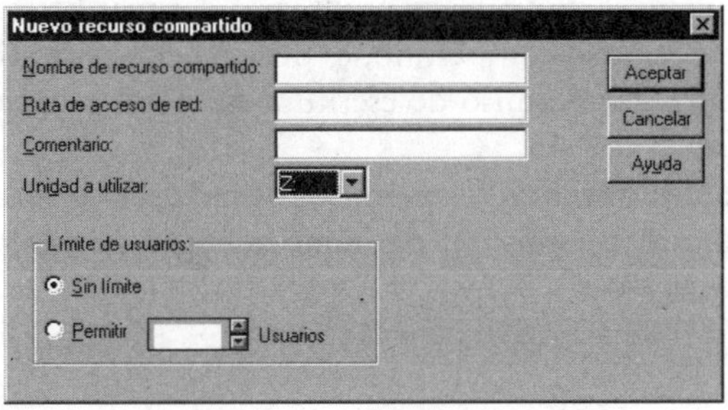

Figura 16.5. Nuevo recurso compartido.

En este nuevo cuadro de diálogo se deberá especificar la **identificación del recurso compartido**, tanto su localización en el servidor NetWare como el nombre con el que será conocido en la red Windows NT:

- **Nombre de recurso compartido**: Deberá ser un nombre de recurso compartido de Windows NT, por lo cual no podrá exceder de 15 caracteres.
- **Ruta de acceso de red**: Deberá proporcionarse la ruta de acceso al recurso que se desea compartir. El formato será, como siempre:

```
\\servidor\identificador_de_volumen
```

- **Comentario**: Este comentario será el que aparece en la lista de recursos compartidos del servidor, el cual se visualiza cuando un usuario está buscando un recurso compartido en el servidor.
- **Unidad a utilizar**: Para crear este recurso compartido se debe utilizar un identificador de unidad que no esté ocupado.

Será posible también limitar el número de usuarios que podrán conectarse al recurso compartido a través de la puerta de enlace. Para ello se debería seleccionar la opción **Permitir** del cuadro límite de usuarios y especificar el número de usuarios que podrán estar conectados simultáneamente al recurso. Por defecto está seleccionada la opción **Sin límite**.

Una vez que pulsemos el botón **Aceptar** se intentará la conexión al recurso y, caso de que el nombre de recurso compartido sobrepase los ocho caracteres de longitud, se nos mostrará un mensaje diciendo que el recurso compartido no podrá ser accedido desde algunas estaciones MS-DOS. Si queremos evitar este problema deberemos especificar un nombre de recurso que no supere estos ocho caracteres de longitud.

Una vez agregado, ya lo tendremos disponible en la lista de recursos compartidos. Una vez que tenemos el recurso en esta lista, se nos activarán los botones **Quitar**, si deseamos dejar de utilizar este recurso, y **Permisos**. Con esta opción estaremos en disposición de asignar los permisos al recurso compartido que deseemos, incluso restringiendo los permisos que pueda tener el usuario que establece la conexión. Esto quiere decir que el usuario que establece la conexión puede tener permiso de **Control Total** sobre un recurso NetWare, pero podrá asignar permisos desde este panel para que los usuarios que se conecten a través de la puerta de enlace, únicamente tengan permiso de lectura, por ejemplo. Lo que no se podrá hacer es intentar dar más permisos de los que tiene el usuario conectado al recurso compartido, es decir, si el usuario tiene únicamente permiso de lectura, no podrá dar permiso de escritura sobre un recurso compartido a través de la puerta de enlace.

Véase el capítulo dedicado a permisos de recursos compartidos para conocer con más detalle los grupos y usuarios que podremos agregar, así como la significación de los diferentes tipos de acceso.

Conexión a volúmenes NetWare

Para poder visualizar todos los servidores que se encuentran en una red NetWare, deberemos acceder a la lista que encontraremos a través del icono **Entorno de red**. Pulsando sobre **Toda la red** veremos una entrada para **Red NetWare o compatible**. También es posible la conexión a través del **Explorador de Windows NT**, ya que nos proporcionará en forma de árbol todos los recursos disponibles y, entre ellos, la red NetWare bajo **Toda la Red**.

Los **usuarios locales a la estación servidora** de la puerta de enlace con un servidor NetWare tienen permitido el **acceso directo** a los recursos NetWare en lugar de hacerlo a través de la puerta de enlace. Los **clientes de la red NT**, deberán hacerlo siempre **a través de la puerta de enlace** y con los permisos que se hayan establecido para ello. Los usuarios que se conectan directamente tienen la posibilidad de ejecutar un archivo de comandos al inicio de cada sesión, cosa que no está permitida para los usuarios que se conectan a través de la puerta de enlace, ya que simplemente están compartiendo un recurso.

Si esta lista no está disponible y toda la configuración física y configuración de la puerta de acceso es correcta, deberíamos verificar que estamos utilizando el tipo correcto de trama de NWLink.

Podremos observar los árboles NDS y los servidores NetWare individuales. Cada uno llevará un icono distinto asociado. Podremos acceder a los subárboles y a los contenidos de los volúmenes. Cuando encontremos el que nos interesa se deberá proceder a asignarle una unidad de red mediante la opción **Conectar a unidad de red** del menú **Archivo**. Windows NT, por defecto, siempre intentará establecer la conexión a través del identificador de usuario y contraseña que se ha utilizado para iniciar la sesión en la estación de trabajo. Por este motivo se recomienda que los identificadores de usuario y contraseñas sean únicos en ambos entornos. En caso de que nos interese conectarnos con otro identificador de usuario y contraseña, se deberían especificar en el cuadro **Conectar como** que aparecerá cuando estas contraseñas no sean coincidentes.

En el **Explorador de Windows NT**, la opción de **Conectar a unidad de red** se encuentra en el menú **Herramientas**.

Todas estas conexiones quedarán almacenadas en el perfil de usuario, es decir, en la siguiente sesión que se inicie, el sistema intentará automáticamente la conexión con los recursos de red con los que hayamos establecido una conexión.

Conexión a colas de impresión NetWare

Para poder utilizar una impresora NetWare, en primer lugar debe establecerse la conexión mediante el icono **Impresoras** del menú **Mi PC** o del menú **Panel de Control**.

Podremos utilizar el icono **Agregar impresora** para utilizar el servidor de impresión NetWare. Lógicamente se deberá seleccionar la opción **Servidor de Impresora de Red** y pulsar el botón **Siguiente**. Nos aparecerán las redes que tenemos disponibles y podremos ir expandiendo los árboles para localizar la impresora que nos interesa. Cuando encontremos la impresora a la que nos queremos conectar, se deberá pulsar el botón **Aceptar**.

Al crear la conexión a una impresora NetWare es necesario tener creado un controlador de impresora local en nuestra estación. Esto nos permitirá tratar la impresora NetWare como impresora local de la estación de trabajo y, como tal, podrá ser la impresora predeterminada de Windows. Esta impresora ya será utilizable como si fuera una impresora propia de la red Windows NT.

Como sucedía en el caso de archivos y directorios, los usuarios locales de la estación servidora de la puerta de enlace tendrán la posibilidad de conexión directa a los servicios de impresión NetWare, pero los clientes de red de este servidor deberán acceder a través de la puerta de enlace con los permisos que se hayan establecido para ello.

También es posible establecer la conexión a la impresora a través del Interfaz de comandos. La orden de Windows NT que permite realizar las funciones que nos proporciona la utilidad **CAPTURE** es la orden **NET USE**.

La **sintaxis** de ésta es:

```
NET USE puerto_de_impresión \\servidor\cola_de_impresión
```

equivalente a

```
CAPTURE Q=cola_de_impresión S=Servidor L=puerto_de_impresión
```

Después de redirigir la salida ya se pueden utilizar las órdenes normales de impresión.

La orden NET

Mediante esta orden de Windows NT podremos realizar desde el interfaz de comandos muchas de las opciones que hemos visto a través del Explorador de Windows NT o del manejador de impresoras o ficheros. También permite la compatibilidad con órdenes NetWare.

NET USE realiza las funciones de las órdenes *ATTACH, LOGIN* y *LOGOUT* de NetWare y además, ya hemos visto, realiza funciones similares a las de la orden *CAPTURE*.

NET VIEW realiza las funciones de *SLIST* de NetWare.

Conexión a un volumen NetWare

```
NET USE unidad  Nombre_NetWare
```

Se puede asignar la unidad por defecto a la siguiente libre poniendo un * en el lugar correspondiente a la unidad.

Conexión especificando usuario y contraseña

```
NET USE unidad  Nombre_NetWare /USER : usuario contraseña
```

Visualización de los servidores NetWare

```
NET VIEW /NETWORK :NW
```

Visualización de los volúmenes de un servidor

```
NET VIEW \\Servidor_NetWare /NETWORK :NW
```

Visualización de las conexiones de red establecidas

```
NET USE
```

Otra serie de órdenes NetWare son directamente ejecutables desde el interfaz de órdenes de Windows NT. Lógicamente ha de estar establecida la conexión con los servidores NetWare. Por ejemplo *SETPASS* para modificación de la contraseña, *USERLIST*, *SYSCON*, *SEND*, ...

Solución de problemas

Cuando estemos realizando la instalación del servicio de puerta de enlace podremos encontrarnos con que, a pesar de haber realizado todos los pasos correctamente, no podemos establecer la conexión con los servidores NetWare.

Siempre hemos de comprobar que el adaptador de red está correctamente instalado y asegurarnos de que no hay software incompatible con este servicio. Por ejemplo, no podremos tener instalado en la misma estación el servicio puerta de enlace de Windows NT y los servicios NetWare para Windows NT de Novell.

Una vez realizadas las comprobaciones básicas se debe asegurar de que están iniciados los protocolos y servicios necesarios para el funcionamiento del servicio. Si el servicio no se inicia, es posible que no se haya configurado correctamente la puerta de enlace o el protocolo NWLink. Si el servicio se ha iniciado pero es incapaz de detectar los servidores NetWare, es posible que no esté configurado correctamente el tipo de trama, la cual se deberá comprobar en el servidor NetWare y en las propiedades del protocolo.

Recordar que el usuario que establezca la conexión debe pertenecer al grupo NTGATEWAY del servidor NetWare y que ha de tener suficientes derechos para acceder a los recursos que se desea compartir.

Por último, es importante conocer que no todas las aplicaciones que funcionan sobre NetWare pueden hacerlo directamente. Algunas no pueden hacerlo y otras necesitarán archivos especiales de configuración para poder hacerlo.

Herramienta de migración para NetWare

Ya hemos visto que desde una estación Windows NT se puede acceder a los recursos de una red Netware. Pero puede interesarnos no establecer estas conexiones, sino convertir el servidor NetWare en un servidor Windows NT.

Para este trabajo, dentro de las herramientas administrativas, encontramos la herramienta de migración para NetWare. Esta herramienta permitirá migrar un servidor NetWare a un servidor Windows NT, encargándose de transferir todos los usuarios, grupos, carpetas del servidor NetWare al Servidor Windows NT. Toda la seguridad establecida en NetWare será posible conservarla, siempre y cuando la migración se realice a una partición NTFS. Hay muchas aplicaciones de utilidad para NetWare que no podrán ser migradas, ya que no funcionarían bajo Windows NT.

La herramienta debe ser ejecutada desde el servidor destino Windows NT y necesitará tener iniciado el protocolo NWLink o bien realizarlo a través de la puerta de enlace o gateway para NetWare. Es posible ejecutarla desde una estación remota, pero para ello deberíamos copiar los siguientes archivos desde **%systemroot%\System32**:

- NWCONV.EXE
- NWCONV.HLP
- LOGVIEW.EXE
- LOGVIEW.HLP

Será posible migrar varios servidores NetWare a un dominio Windows NT, pero deberá hacerse con precaución, ya que es posible que tengamos duplicados usuarios, grupos y archivos.

Para poder efectuar la migración, el usuario debe pertenecer al grupo de **Administradores** y tener suficientes **derechos en el servidor NetWare**.

La herramienta de migración necesita que el servidor NetWare utilice la base de datos NetWare bindery en versiones 3.x y la emulación de esta base de datos para las versiones 4.x que utilizan NDS.

Cuando ejecutemos la herramienta, lo primero que nos aparecerá es un cuadro de diálogo donde deberemos introducir el nombre del servidor NetWare que deseamos migrar:

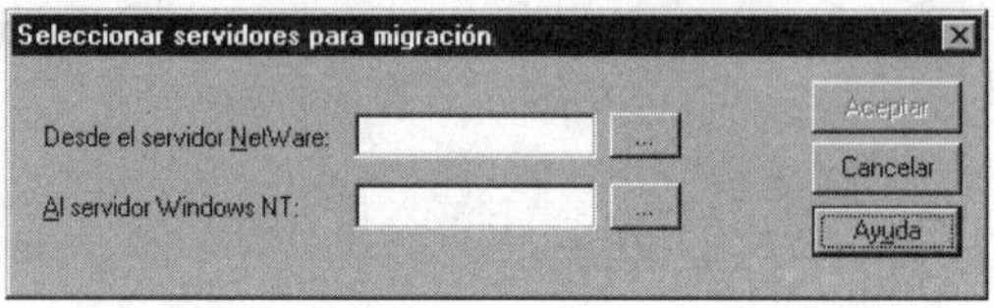

Figura 16.6. Seleccionar servidor para la migración.

Pulsando el botón puntos suspensivos (...), será posible ir seleccionando los servidores NetWare que queremos migrar y los servidores Windows NT a donde queremos realizar la migración.

Una vez introducidos los datos de los servidores se intentará el acceso a los servidores para verificar los datos. Si todo es correcto nos aparecerán los servidores en la lista de servidores seleccionados para la migración.

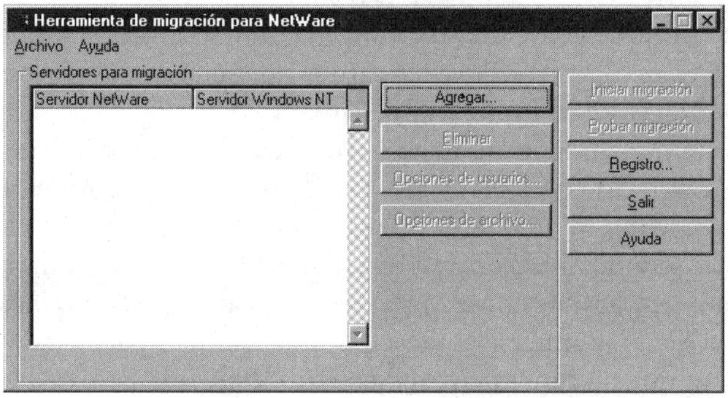

Figura 16.7. Herramienta de migración.

Desde este panel configuraremos todo el proceso de migración. Podremos ir agregando y eliminando servidores origen y destino a migrar, así como configurar ciertos aspectos que veremos a continuación:

- **Opciones de usuario**: Establecer las opciones de transferencia de usuarios y grupos al dominio de Windows NT.
- **Opciones de archivo**: Establecer opciones de transferencia de las carpetas y archivos.
- **Registro**: Establecer y ver las opciones de registro.
- **Iniciar migración**: Realiza la migración.
- **Probar migración**: Ejecuta una migración de prueba para crear los datos de registro y poder analizarlos antes de realizar la migración.

Transferencia de usuarios y grupos

Si pulsamos el botón **Opciones de usuarios** pasaremos a un cuadro de diálogo en el que podremos especificar la manera como debe realizarse la **transferencia de grupos y cuentas de usuario** al dominio destino Windows NT.

La primera opción seleccionable será la casilla correspondiente a **Transferir Usuarios y Grupos**. Si deseamos realizar esta transferencia, la casilla deberá estar seleccionada, en caso contrario deberemos desmarcarla.

Una vez que hemos indicado que deseamos realizar la transferencia de usuarios y grupos deberemos configurar cómo ha de realizarse esta transferencia.

La primera posibilidad será establecer un archivo mapa que nos permitirá controlar la forma de realizar la migración. Este archivo podrá ser creado y editado desde este mismo cuadro, siendo el formato del fichero el siguiente:

```
[users]
nombre_usuario_viejo, nombre_usuario_nuevo, [contraseña]
[groups]
nombre_grupo_viejo, nombre_grupo_nuevo
```

En primer lugar se debe proporcionar el nombre que tiene el usuario en la red NetWare y, a continuación, el nombre que tendrá en Windows NT. De manera opcional podrá especificarse una contraseña distinta para cada usuario.

Contraseñas

Las **contraseñas** no pueden ser traspasadas, puesto que Windows NT no puede acceder a las mismas ya que se encuentran encriptadas. Las contraseñas podrían ser especificadas utilizando alguna de las posibilidades que veremos a continuación. Se crearán en mayúsculas. Esto es importante recordarlo, puesto que el sistema de autentificación de contraseñas distingue entre mayúsculas y minúsculas.

La primera ficha del panel **Contraseñas** es en la que deberemos especificar qué contraseñas poseerán los usuarios en el dominio Windows NT después de haber realizado la migración.

De manera predeterminada se asigna una contraseña nula a las cuentas de usuario que se creen en el dominio, pero podemos especificar alguna de las siguientes **opciones** para que tengan todas una contraseña:

- Establecer contraseña igual a nombre de usuario
- Establecer la misma contraseña para todas las cuentas de usuario
- Utilizar el archivo mapa

Por último se puede marcar una opción para que el usuario deba modificar la contraseña facilitada en el próximo inicio de sesión. Esta opción es equivalente a la que utilizábamos con el **Administrador de Usuarios**.

Usuarios

En el panel de **usuarios** se debe especificar cómo se resolverán los conflictos con las cuentas de usuario cuando la herramienta de migración encuentre nombres duplicados (nombres que ya existen en el dominio destino que hemos elegido para realizar la migración).

Existen varias opciones para resolver estas incidencias. La primera de ellas es la que se utiliza de manera predeterminada:

- No reemplazar las cuentas existentes y registrar el conflicto.
- No reemplazar las cuentas existentes ni registrar el conflicto.
- Reemplazar las cuentas existentes y registrar el conflicto.
- Crear nueva cuenta en caso de conflicto empleando un prefijo en el nombre de la misma. Este prefijo será distinto para cada servidor y deberá ser corto, puesto que el prefijo más el identificador de usuario no puede sobrepasar la longitud de 20 caracteres permitidos por Windows NT para los identificadores de usuario.
- Utilizar el archivo mapa de asignaciones.

Las incidencias son registradas en el archivo **ERROR.LOG** y podrá ser examinado posteriormente a la migración.

Grupos

Las opciones que podremos especificar en el panel de **grupos** es semejante a las opciones utilizadas en la transferencia de usuarios. Los usuarios del grupo duplicado se irán incorporando al grupo que ya existe en el dominio de Windows NT. Las **opciones** son las siguientes y la primera de ellas es la que se utiliza de manera predeterminada:

- No se transfieren ni se registran los grupos que ya existen en el dominio Windows NT.
- No transferir los grupos ya existentes pero registrar la incidencia en el archivo **ERROR.LOG**.
- Crear nuevo grupo agregando un prefijo al nombre del grupo que queremos transferir. Entonces las cuentas del grupo Novell se agregarán a este grupo y no al que ya existía en el dominio de Windows NT.
- Utilizar un archivo mapa con las asignaciones de nombre de grupo nuevo a los nombres antiguos.

Limitaciones

De manera predeterminada se transfiere al servidor NT seleccionado las limitaciones de las cuentas originales de NetWare. Estas **limitaciones se convertirán en directivas** en Windows NT. Las opciones que se ven implicadas son las siguientes:

- Imposibilidad de introducir contraseñas nulas
- Longitud mínima que ha de tener la contraseña
- Obligar a cambiar de contraseña
- Posibilidad de reutilización de contraseñas
- Bloqueo de cuentas cuando se alcanza cierto número de reintentos

También por defecto no se transfieren los supervisores de las redes NetWare como administradores del dominio de Windows NT.

Lógicamente podremos modificar estas opciones predeterminadas y utilizar las siguientes posibilidades:

- Utilizar las limitaciones establecidas en el dominio de Windows NT Server en lugar de transferir las limitaciones como directivas.
- Transferir los supervisores de la red Netware como administradores del dominio Windows NT.
- No transferir al servidor seleccionado, sino a un servidor maestro en el que se confía y que se utiliza para llevar una administración centralizada de los usuarios.

Transferencia de archivos y carpetas

Tal y como sucede con la configuración de la transferencia de usuarios y grupos, la primera opción de selección es si queremos realizar o no la transferencia de archivos y carpetas desde el servidor NetWare al servidor NT.

Si queremos realizar la transferencia marcaremos la casilla correspondiente para **Transferir archivos y carpetas.**

De manera predeterminada se transfieren todos los archivos y carpetas de los volúmenes del servidor NetWare, exceptuando los archivos ocultos, los archivos de sistema y los volúmenes administrativos de NetWare: *SYSTEM, MAIL, LOGIN* y *ETC.*

Como contraposición a esta acción predeterminada podremos seleccionar los volúmenes y archivos que queremos transferir.

Los volúmenes del servidor NetWare serán creados como directorios en el servidor NT. Por eso el cuadro de diálogo nos mostrará la información seleccionada en dos columnas:

```
ORIGEN               DESTINO
server1\sys :        \\serverNT\sys
server1\vol1 :       \\serverNT\vol1
```

Los nombres de la columna destino serán los nombres de los recursos compartidos que se crean en el servidor NT, los cuales podrán ser modificados a criterio del administrador. Las carpetas destino no tienen por qué existir previamente a la migración, sino que durante este proceso se irán creando a medida que se va realizando la transferencia.

Para conservar todos los permisos que pudieran existir en el servidor origen será necesario que la partición destino se encuentre formateada con el sistema de archivos NTFS.

Con los botones **Agregar** y **Eliminar** podremos ir seleccionando los volúmenes NetWare que queremos transferir al servidor NT. Con el botón **Archivos** se nos desplegará el árbol de contenido para seleccionar los archivos que se tengan que transferir.

Migración de prueba

Antes de realizar la migración es posible realizar una **migración de prueba**. Esta prueba genera todos los archivos de registro como si se hubiera realizado la migración. El programa **LOGVIEW.EXE** permitirá la visualización de todos estos archivos, así como su impresión. Los archivos estarán localizados en el directorio **%systemroot%\system32**.

En cada prueba que se realice se creará un nuevo conjunto de archivos,. Los últimos archivos que se hayan creado conservarán los nombres que veremos a continuación, mientras que los antiguos serán renombrados con un número de versión.

Los **archivos que se generan** son los siguientes:

- **LOGFILE.LOG**: Este archivo contendrá toda la información sobre los usuarios, grupos y archivos.
- **SUMMARY.LOG**: Contiene un resumen en el que presenta los nombres de los servidores que se han migrado con la cuantificación de los usuarios, grupos y archivos que han sido transferidos.
- **ERROR.LOG**: Este archivo contiene la información registrada sobre las incidencias que se han producido en la transferencia. Aparte de las incidencias que puedan haberse producido con duplicidades de nombres de usuario o grupos, también se pueden recoger incidencias de sistema que puedan impedir la transferencia.

Capítulo 17

TCP/IP

TCP/IP (Protocolo de Control de Transmisión/Protocolo Internet) es un estándar de la industria. Es un conjunto de protocolos especialmente diseñados para redes de gran abasto. Se diseñó en 1969 por el Departamento de Defensa de Estados Unidos dentro del proyecto ARPANET. Controla la transferencia de datos entre equipos conectados a una red TCP/IP. Su objetivo de diseño era proporcionar enlaces de comunicaciones de alta velocidad para la transmisión de datos entre ordenadores de una red o entre redes interconectadas a través de la conmutación de paquetes. Este protocolo fue adoptado por el mundo UNIX y, actualmente, está sufriendo una gran expansión debido al auge de INTERNET. Es uno de los protocolos más difundidos y soportados por la práctica totalidad de sistemas.

Protocolo de Control de Transmisión (*TCP*) es el protocolo utilizado para el intercambio de mensajes entre aplicaciones, mientras que **Protocolo Internet** (*IP*) es el que posibilita la comunicación entre ordenadores de una red o de redes distintas.

Comparando la arquitectura de TCP/IP con el modelo de referencia ISO de siete niveles, podemos ver que se diferencian cuatro **niveles**:

- **Interfaz de red**: Se correspondería con el nivel físico y nivel de enlace, aunque la parte correspondiente a cableado y los otros mecanismos que determinan el nivel físico se consideran fuera del modelo. Este nivel se encargará del control de paquetes.
- **Internet**: Se sitúa a nivel de red. Se encarga de proporcionar los paquetes al nivel de transporte. Por tanto, su misión es la de enrutar los paquetes hacia su destino. No es necesario tener una conexión establecida para ello, con lo que no es posible controlar si los datos llegan a su destino o no ni si llegan ordenados. Esta no es misión del IP.
- **Transporte**: Se corresponde exactamente con el nivel transporte y su misión es la de comunicar las aplicaciones. Destacan dos protocolos en este nivel: el **TCP** que es un protocolo orientado a la conexión estableciéndola a nivel lógico entre dos aplicaciones y el **UDP** que es un servicio sin conexión.
- **Aplicación**: Incluye los niveles de sesión, presentación y aplicación. Proporciona servicios de conexión a red a las aplicaciones. Se incluyen todos los servicios que proporcionarán el acceso de las aplicaciones a la red. Es en este nivel donde encontramos los servicios para la transferencia de ficheros mediante FTP o la emulación de terminales TELNET.

TCP/IP ya es un estándar en muchas plataformas y se está utilizando para correo electrónico, acceso a hosts, emulación de terminales, transferencia de ficheros, acceso remoto o acceso a Internet. También se está preparando para el futuro próximo gracias a los avances en los campos referentes a la telefonía y vídeo.

TCP/IP es un estándar abierto, es decir, es independiente del hardware. Esto ha proporcionado la ventaja de que se haya creado un estándar independiente de los fabricantes en el momento de asignar direcciones y permitir el crecimiento de las redes basadas en TCP/IP. Esta apertura ha permitido conectar simultáneamente estaciones de trabajo de distintas plataformas, con diferente hardware y diferentes sistemas operativos. Así es posible la interconexión de equipos UNIX, Windows NT, Apple o Mainframes IBM o DEC.

También TCP/IP es una herramienta fundamental en el mundo Internet, ya que es su protocolo de transporte.

Windows NT incorpora todas las funcionalidades de TCP/IP y, además, incorporará servicios que harán más sencilla la administración del protocolo TCP/IP en las estaciones Windows NT.

Algunas de las **funcionalidades** incorporadas en Windows NT que podemos destacar:

- Incorpora la mayoría de utilidades de conectividad que permiten el acceso y transferencia de datos entre sistemas distintos. Por ejemplo, Protocolo de Transferencia de Ficheros (**FTP**) y Protocolo de Emulación de Terminales (**TelNet**).
- Permite la **utilización de impresoras** conectadas directamente a la red mediante adaptadores de red.
- Admite soporte de **SNMP** (Protocolo Simple de Gestión de Red) para tener la posibilidad de administrar remotamente una estación Windows NT.
- Soporte de **RPC** (Remote Procedure Calls) para comunicación de ordenadores.
- Soporte **NetBIOS**.
- Soporte **DDE** entre redes.
- Soporte para desarrollo de aplicaciones Cliente-servidor gracias al interfaz para **Windows Sockets**.
- Herramientas de diagnóstico como **ARP** (Protocolo de Resolución de Direcciones), **PING**, **ROUTE**.
- El servicio **DHCP** (Dynamic Host Configuration Protocol) que permite configurar automáticamente TCP/IP en clientes.
- El servicio **WINS** (Windows Internet Name Service) que registra automáticamente los nombres de las estaciones y las enlaza con su dirección IP.
- El servicio **DNS** (Domain Name Service) que realiza la traslación entre direcciones IP y nombres de host (por ejemplo microsoft.com) para describir estaciones remotas.
- El servicio de **enrutamiento** que permite encaminar paquetes hacia estaciones con las que tiene comunicación.
- La **conexión a Internet** y utilización de sus servicios, junto a Protocolo Punto a Punto (**PPP**), Protocolo Túnel Punto a Punto (**PPTP**) y Windows Sockets.

Funcionamiento de TCP/IP en una red

El funcionamiento de TCP/IP no difiere del que vimos cuando explicamos el estándar ISO: cada nivel se comunica con el nivel inferior pasándole los datos a enviar e incorporando unas cabeceras para poder controlar la transmisión.

Las aplicaciones de usuario deben pasar los datos a enviar a través de la red al nivel de aplicación. Este se los pasa al nivel de transporte quien incorpora su propia cabecera y los pasa al nivel Internet quien también incorpora sus datos de control y los pasa al nivel de red que será quien realice el envío físico de los datos a través de la red. En el nivel de red de la estación receptora se recibirán los paquetes a través de la red, siendo la comunicación entre los niveles ahora de forma inversa: cada nivel quitará sus cabeceras y proporcionará los datos al nivel superior siempre, claro está, después de haber hecho la pertinente comprobación de destino y fiabilidad correspondiente al nivel en que se encuentra.

Parámetros de configuración de TCP/IP

Para la **configuración de TCP/IP** bajo Windows NT son necesarios **tres parámetros básicos** en una red enrutada:

Dirección IP

Es una dirección lógica de 32 bits que sirve para identificar a cada nodo TCP/IP en la red. Cada adaptador de red de una estación ha de tener su propia **dirección IP**. Usualmente las direcciones IP las veremos representadas mediante cuatros números decimales separados por puntos: cada número decimal estará representado por 8 bits, con lo que su rango oscilará de 0 a 255. Las direcciones TCP/IP están compuestas de dos partes: la primera identifica la red, con lo que todas las estaciones de una red deberán tener el mismo identificador de red, mientras que la segunda identifica la estación o dispositivo o host dentro de la red, siendo, este número, único en la red.

No se debe confundir la dirección IP con las direcciones físicas que están determinadas en los estándares de red; por ejemplo, las direcciones físicas en Ethernet y Token Ring son de 6 bytes.

Existen tres **clases de direcciones** dependiendo del valor que tome el primer byte:

- **Clase A**: Del 1 al 126 para grandes redes, permite unos 16 millones de nodos. Sólo admite la existencia de 126 redes.
- **Clase B**: Del 128 al 191 permite redes de unos 65.000 nodos y la existencia de 16.000 redes.
- **Clase C**: Del 192 al 223 permite 2 millones de redes de 254 nodos.

Máscara de subred

También es un número de 32 bits y sirve para enmascarar parte de la dirección IP con el objetivo de que TCP/IP sea capaz de diferenciar el identificador de red del identificador de host. La **máscara de subred** tendrá 1 cuando los bits pertenezcan al identificador de red y 0 cuando pertenezcan al identificador de host.

Gateway predeterminado

Para acceder a otras redes se necesitan **encaminadores**. El encaminador o puerta de enlace, como habíamos visto en el tema dedicado a la conectividad con NetWare, sirve para crear el acceso a otras redes. Se debe asignar una dirección IP para permitir esta conexión y utilizar las funciones de encaminador. Si no se encuentra la ruta se utilizará el gateway predeterminado y, si no lo hay, significará que nos limitamos a una red de área local.

Configuración de las direcciones IP

Si accedemos a las opciones de configuración del protocolo TCP/IP, encontraremos el siguiente cuadro de diálogo:

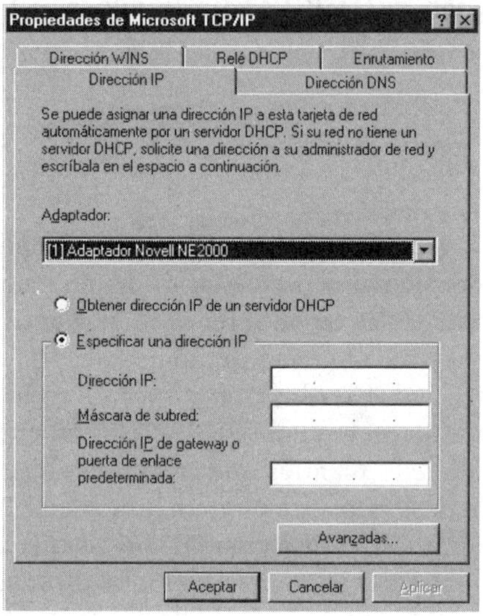

Figura 17.1. Propiedades de TCP/IP.

En primer lugar se debe seleccionar el adaptador al que deseamos asignar la dirección IP. De la lista deberemos seleccionar el que nos interese.

La alternativa para tener un mecanismo sencillo de configuración de clientes TCP/IP es tener un **servidor DHCP** (Protocolo de Configuración Dinámica de Host). Este servidor permitirá que las estaciones cliente le soliciten la información de configuración vista en el apartado anterior.

Para utilizar este servicio basta con seleccionar la casilla correspondiente a **Obtener dirección IP de un servidor DHCP.** Esta selección activará el proceso de configuración; el cliente se pondrá en contacto con el servidor DHCP para obtener toda la información necesaria para la configuración.

El servidor DHCP, además de la asignación automática de direcciones, permitirá la administración centralizada de las subredes TCP/IP y la recuperación de direcciones que se dejen de utilizar.

Los clientes pueden no ser Windows NT. Por ejemplo pueden usar sistemas Windows para Trabajo en Grupo o MS-DOS. Además, el servicio intentará configurar todos los adaptadores de red disponibles.

Si seleccionamos **Especificar una dirección IP**, deberemos facilitar manualmente los tres parámetros de configuración, con todo el riesgo que conlleva, ya que una configuración errónea de un parámetro puede traer consigo problemas de la red de difícil detección. Debemos estar atentos a no duplicar direcciones IP al especificar correctamente la dirección del gateway.

También observamos la existencia de cinco fichas distintas y un botón **Avanzadas** para tener la posibilidad de asignar múltiples direcciones a un único adaptador de red o múltiples direcciones de Gateway a un único adaptador. Si pulsamos este botón pasaremos al siguiente cuadro de diálogo, en el que podremos introducir las direcciones y ciertos parámetros adicionales de configuración.

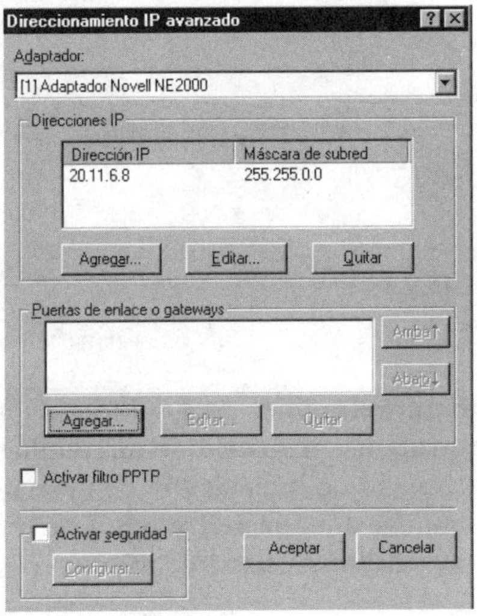

Figura 17.2. Direccionamiento IP avanzado.

Mediante el botón **Agregar** podremos ir incorporando las diferentes direcciones que deseamos ir asignando al adaptador de red.

El asignar varias direcciones IP a un único adaptador de red proporciona ventajas cuando utilizamos **Internet Information Server** (IIS) en nuestra estación y poseemos varias entradas Web configuradas, ya que podremos asignar diferentes direcciones a cada una y los usuarios se podrán conectar a cualquiera de ellas. También tiene, esta opción, algún inconveniente, ya que NetBIOS sobre TCP/IP sólo es capaz de realizar el enlace a la primera dirección IP. En caso de necesitar esta opción, deberemos optar por el recurso de instalar diferentes adaptadores de red, cada uno con una dirección IP distinta.

En el cuadro inferior disponemos de la posibilidad de asignar diferentes direcciones para la puerta de enlace cuando deseemos conectarnos con múltiples redes. Para cada red con la que deseemos establecer una conexión necesitaremos una dirección.

Otra de las opciones avanzadas de las que disponemos es **Activar filtro PPTP** (Protocolo de Transferencia Punto a Punto). Permite establecer redes virtuales multiprotocolo, permitiendo que usuarios remotos tengan acceso a nuestra red a través de Internet.

La otra opción avanzada de que disponemos es la de **Activar Seguridad**, que permitirá filtrar el tráfico de la red por número de puerto TCP y UDP o por protocolo IP. Las direcciones de puerto vienen representadas por un número entre 65.535. Los protocolos IP, entre 1 y 255.

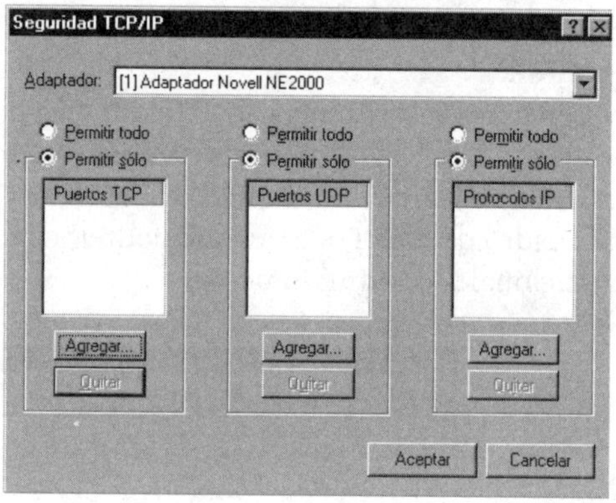

Figura 17.3. Seguridad TCP/IP.

Servicio WINS

El **Servicio de Nombres de Internet para Windows** (WINS) proporciona una base de datos dinámica para mantener el **mapeo de direcciones IP con el nombre de las estaciones**. Elimina la necesidad de intercambio de mensajes para realizar esta transformación, con lo cual disminuye el tráfico en la red. Este mapeo o intercambio de mensajes es necesario porque TCP/IP no es capaz de reconocer nombres de estaciones, sino solamente direcciones IP.

El servidor de WINS es quien se encarga de mantener la base de datos que mapea las direcciones IP con los nombre NetBIOS. Cada vez que una estación de la red le solicita servicio y le proporciona el nombre de una estación, le retorna la dirección IP asociada.

Cuando configuramos el servicio se debe proporcionar la dirección del servidor de nombres. Disponemos también de la posibilidad de facilitar la dirección de un servidor secundario.

Estas estaciones, cuando se conecten a la red, facilitarán su identificación al servidor de nombres, el cual se encargará de registrarlo en su base de datos. Cuando tenga necesidad de un recurso se requerirá al servidor la dirección IP de este recurso. Si una estación cambia de red, la base de datos se va actualizando dinámicamente.

Otra opción que tenemos disponible es seleccionar **Activar DNS para resolución de Windows**, si desearamos que el servicio DNS proporcionara la resolución de nombres NetBIOS.

También es posible seleccionar un fichero **LMHOSTS**, los cuales encontraremos en el directorio **%systemroot%\system32\drivers\etc**. Los ficheros que encontramos en este directorio no son más que un ejemplo de cómo se debe crear si queremos utilizar esta opción.

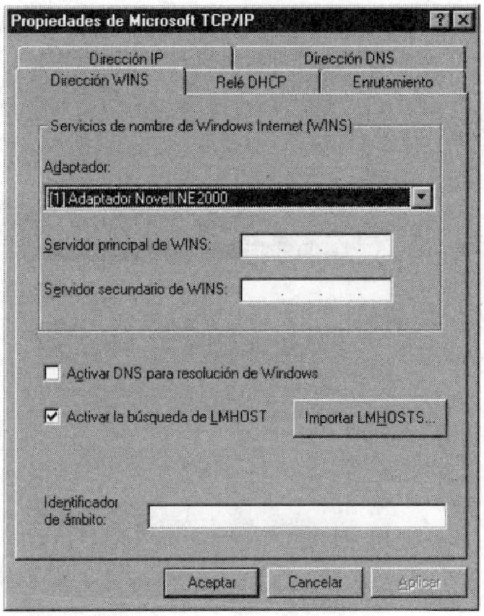

Figura 17.4. Dirección del servidor WINS.

El **identificador de ámbito** permitirá comunicar las estaciones que tengan este mismo identificador de ámbito NetBIOS. Este identificador se concatena al identificador de la estación, con lo que tenemos la posibilidad de tener dos estaciones en la red con un único identificador de estación.

Servicio DNS (Domain Name Service)

Este servicio permitirá al usuario no tener que recordar todos los identificadores de estaciones con las que se interactúa. No es más que una base de datos que **mapea direcciones hosts y direcciones IP**. Este servicio es de gran utilidad si estamos conectados a Internet.

Por defecto en el **nombre del Host** nos aparecerá el nombre de la estación en que nos encontramos. Utilizando el mismo nombre en todos los servicios simplificaremos los trabajos de administración.

El dominio que se nos requiere no es el dominio en el que estamos trabajando, aunque puede tener el mismo nombre.

Se pueden especificar diferentes servidores DNS y modificar el orden de búsqueda con los botones **Arriba** y **Abajo**.

Enrutamiento

Windows NT soporta **enrutamiento estático** y, mediante el **agente RIP** (Routing Information Protocol) la recogida de información de otros routers de la red.

Figura 17.5. Dirección de servidor DNS.

Si instalamos el servicio **Enrutamiento RIP para el protocolo Internet** tendremos disponible el enrutamiento dinámico. También es posible configurar un router multiprotocolo (MPR).

Verificación de TCP/IP

Una vez configurado TCP/IP y después de haber reiniciado el equipo, es conveniente verificar las conexiones con otras estaciones y redes y verificar la configuración. Dispondremos de una serie de utilidades de diagnóstico, algunas de las cuales tienen las mismas funcionalidades que las desarrolladas para otras plataformas.

La herramienta que sirve para verificar las configuraciones TCP/IP es la utilidad **Ping** (Packet InterNet Groper), la cual también diagnostica fallos en la conexión.

Con Ping podemos averiguar si un host está disponible; si está operativo nos responderá con el siguiente mensaje: **Respuesta desde dirección IP.**

Para verificar las conexiones se debe hacer Ping a la dirección del bucle de retorno, a la dirección propia de la estación de trabajo, al gateway predeterminado y a una estación remota.

El Administrador DHCP

El **Servidor DHCP** es una herramienta que permitirá **asignar direcciones IP de manera automática a las estaciones clientes.** De esta manera no será necesaria configuración alguna por parte de los usuarios y no necesitarán solicitar direcciones a los administradores. Que toda la configuración sea automática también permitirá la disminución de errores de configuración, ya que DHCP garantiza que no habrá dos estaciones con la misma dirección y todas las estaciones estarán correctamente configuradas. Todo esto también disminuye el trabajo de los administradores, ya que, desde una única estación, podrán configurar todas las estaciones de trabajo de la red.

Otra tarea que ya no será necesario efectuar es la reconfiguración de direcciones cuando una estación de trabajo cambia de subred, ya que será el propio servicio quien le proporcione la nueva dirección.

En el momento de la instalación de Windows NT Server ya podíamos haber indicado que una estación iba a ser el servidor DHCP (Protocolo de Configuración Dinámica de Host). Pero si no se hizo en cualquier momento se puede activar este servidor. Para ello basta con acceder al icono **Red** del **Panel de Control** y en la ficha de **Servicios** agregar **Servidor DHCP de Microsoft**. Después de esto es necesario reiniciar la estación para que el servicio pueda ser utilizado.

Una vez instalado el Servidor DHCP nos aparecerá una nueva opción en el menú de las **Herramientas Administrativas** el cual nos permitirá acceder al **Administrador DHCP**.

Desde el panel que nos aparecerá al seleccionar esta opción se realizarán todas las tareas de administración del servicio. La primera columna del administrador DHCP nos muestra la lista de servidores que pueden ser administrados. La primera opción necesaria será, pues, la de añadir servidores para ser administrados. Hasta que no se agrega ningún servidor no será posible la utilización de las opciones de administración. Por defecto nos incluirá como servidor la "**Máquina local**".

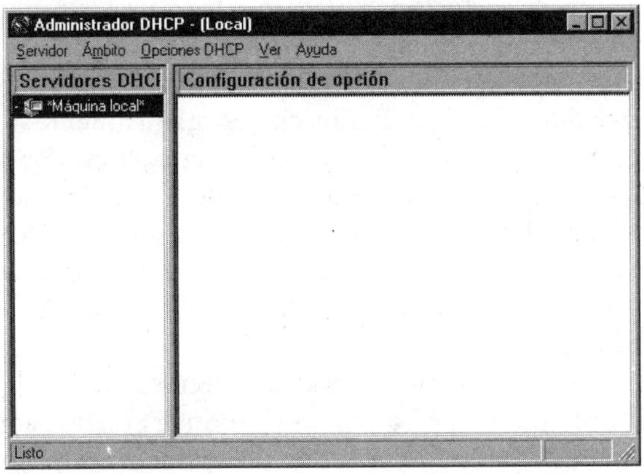

Figura 17.6. Servidores DHCP.

Para agregar servidores a la lista bastará con pulsar en la opción **Agregar** del menú **Servidor**. Nos aparecerá un cuadro de diálogo donde podremos especificar la dirección IP del servidor que queremos agregar o bien el nombre de estación.

Para eliminar servidores se debe seleccionar el servidor a eliminar y pulsar en la opción **Eliminar** del menú **Servidor**.

Una vez que hemos agregado un servidor es necesario **crear el Ambito**. El **Ambito** es el conjunto de direcciones disponibles para que el servidor DHCP las proporcione a sus clientes dentro de una subred.

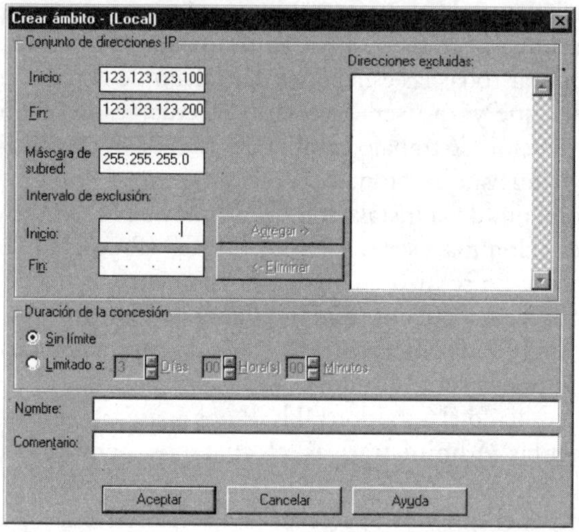

Figura 17.7. Ambito del servidor DHCP.

Las direcciones **Inicio** y **Fin** definen el rango de direcciones que se podrán asignar a través del servidor (en nuestro ejemplo serán direcciones de clase C). Será necesario también especificar la máscara de subred.

En el **intervalo de exclusión** y, mediante los botones **Agregar** y **Eliminar**, se podrán excluir las direcciones que no deben ser proporcionadas automáticamente por diversos motivos, como por ejemplo, por tener estaciones de trabajo que no pueden utilizar el servicio y hemos tenido que asignar direcciones manualmente o bien porque hemos asignado las direcciones a otro servidor DHCP. Esta opción siempre se debe especificar por intervalo, incluso si únicamente queremos excluir una dirección. Para ello será necesario especificar la misma dirección de inicio y final de intervalo de exclusión.

Windows NT establece un mecanismo de **caducidad de las direcciones**. Si no se desea utilizar debe seleccionarse la opción **Sin límite**. En el caso de establecer el mecanismo de caducidad debe introducirse el número de días-horas-minutos de duración de la concesión de la dirección. El máximo límite posible de especificar es 999 días, 23 horas y 59 minutos.

Los dos últimos datos que podremos introducir en este panel es el nombre con el que conoceremos este ámbito y una descripción. El formato es libre para el administrador.

Una vez creado el ámbito es necesario que sea activado. Al salir del panel **Crear ámbito**, es posible activarlo en ese mismo momento. Si no se hace en este momento, es posible hacerlo posteriormente a través del menú **Ambito** mediante las opciones **Activar** y **Desactivar** que se deben elegir después de haber seleccionado el ámbito correspondiente.

El panel utilizado para crear el ámbito será accesible después de su creación a través de la opción **Propiedades** del menú **Ambito**.

Reserva de direcciones

Dentro de la lista que crea el servidor DHCP es posible **reservar direcciones para estaciones o dispositivos concretos**. En el panel de **Crear ámbito** lo que hacíamos era excluir direcciones del mecanismo automático de asignación de direcciones. Mediante la opción de reserva podemos asignar direcciones a estaciones concretas; por ejemplo si vamos a instalar un servidor WINS y queremos que tenga una dirección concreta.

Se debe tener en cuenta que las direcciones reservadas, cuando se dispone más de un servidor DHCP, deben ser las mismas en todos los servidores, ya que si no, podríamos encontrarnos en el caso de que una dirección reservada en un servidor pudiera ser facilita por otro servidor en el que no se ha efectuado dicha reserva.

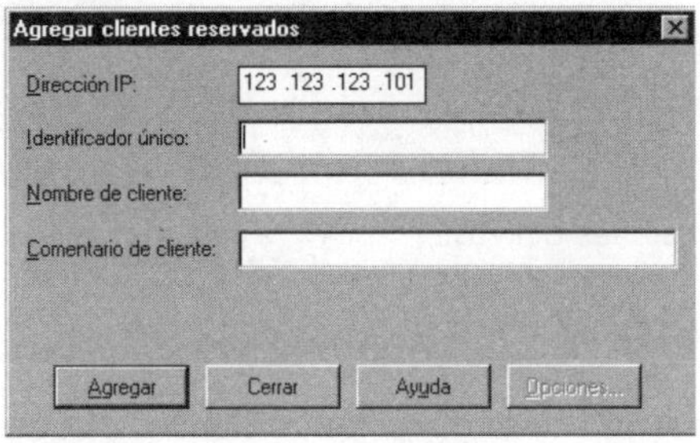

Figura 17.8. Reserva de direcciones IP.

La **dirección IP** ha de ser una dirección única en el conjunto de direcciones reservadas. Por este motivo es importante asegurarse de que la dirección que se está reservando no está concedida a ningún cliente mediante el servidor DHCP. Si, a pesar de que la dirección se esté utilizando queremos esa dirección, es necesario liberar la concesión mediante la orden **IPCONFIG** (ipconfig /release).

El **identificador único** especifica la dirección de control de acceso al medio (MAC) del adaptador de red. Es la dirección física y podemos conocerla a través de la orden **IPCONFIG /ALL** o bien la orden **NET CONFIG WORKSTATION** desde el interfaz de comandos de la estación cliente.

Nombre de cliente es el nombre dado a la estación cliente a la cual le hemos reservado la dirección IP. Se utiliza meramente para identificar al equipo en el administrador DHCP y no es obligada su correspondencia con el nombre real de la estación cliente.

El comentario como siempre es un texto descriptivo con formato libre que nos ampliará la información cuando estamos visualizando un nombre.

Es importante conocer que la modificación de las reservas sólo serán efectivas después de haber reiniciado el equipo.

Mediante la opción **Concesiones activas** del menú **Ambito** podemos visualizar las concesiones activas y acceder a sus propiedades, así como permitir la modificación de las mismas. Desde aquí también podemos proceder a la eliminación de concesiones dadas a las estaciones clientes.

La opción **Reconciliar** es útil cuando se ha debido restaurar una copia de seguridad de la base de datos del servidor DHCP. Esta opción actualizará la base de datos con todas las direcciones que se hayan concedido manualmente o que han sido modificadas automáticamente por el sistema.

Puesto que sólo disponemos de las opciones de **Agregar** y **Eliminar**, cuando se desee modificar una dirección reservada deberá realizarse en dos pasos: en primer lugar se debe

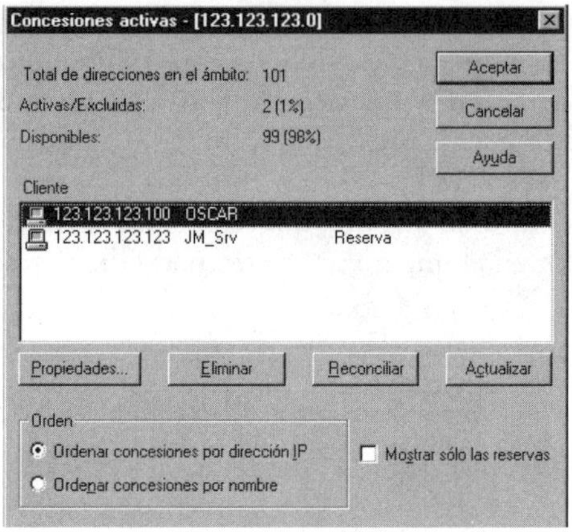

Figura 17.9. Concesiones activas.

proceder a la eliminación de la dirección antigua y, a continuación, proceder a agregar la nueva.

Mediante las **Opciones** es posible configurar las opciones de los clientes reservas.

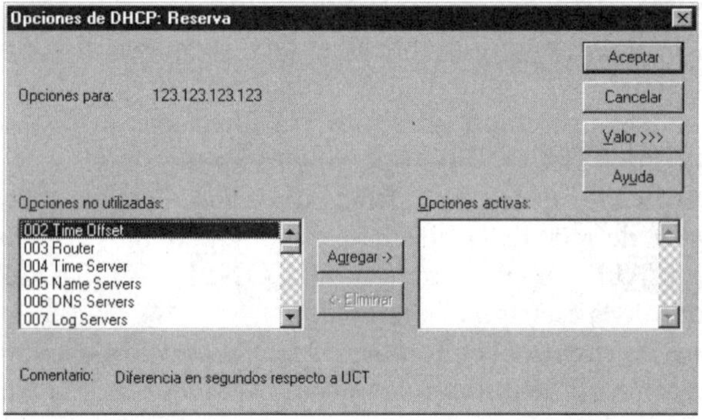

Figura 17.10. Opciones de reserva.

Desde este cuadro de diálogo se realiza el mantenimiento de las opciones, el cual también será accesible desde el menú **Opciones DHCP**.

El cuadro de diálogo se divide en dos partes: una primera con las opciones no utilizadas y otro con las opciones activas. Es posible agregar y eliminar opciones con los botones correspondientes.

Con el botón **Valor** podremos activar la visualización de las direcciones IP asociadas a la opción seleccionada.

Para modificar las direcciones IP predeterminadas para una determinada opción será necesario editar la tabla de direcciones pulsando el botón **Editar tabla**, con lo que nos aparecerá el siguiente cuadro de diálogo:

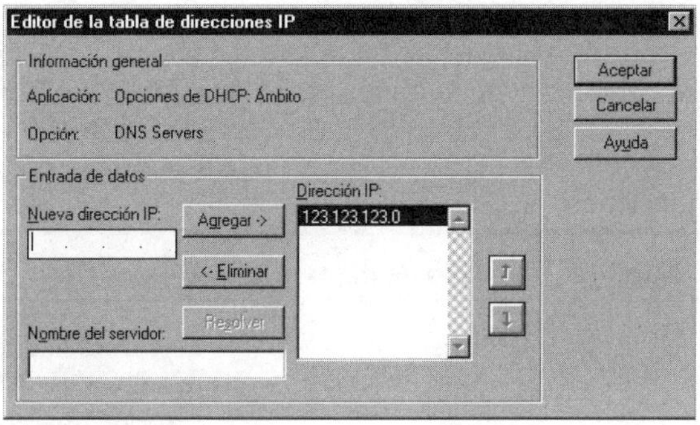

Figura 17.11. Editor de direcciones IP.

En él podemos agregar y eliminar direcciones IP. Con los botones *Arriba* y *Abajo* se pueden ordenar para indicar el orden de preferencia a utilizar, de manera que cuando se requiera un servicio se utilizarán los servidores por el orden especificado.

Opciones DHCP

Las **opciones DHCP** son el conjunto de parámetros que podremos configurar. Tenemos dos opciones disponibles en el menú **Opciones DHCP**: configurarlos para un ámbito (**Ambito**) o para todos los ámbitos de la red (**Global**).

Ya habíamos visto que en el momento de reservar una dirección era posible modificar las opciones para el cliente al cual le estábamos reservando la dirección. Mediante la opción **Predeterminados** del menú **Opciones DHCP** es posible modificar los valores por defecto de las diferentes opciones, así como agregar y eliminar nuevas propiedades.

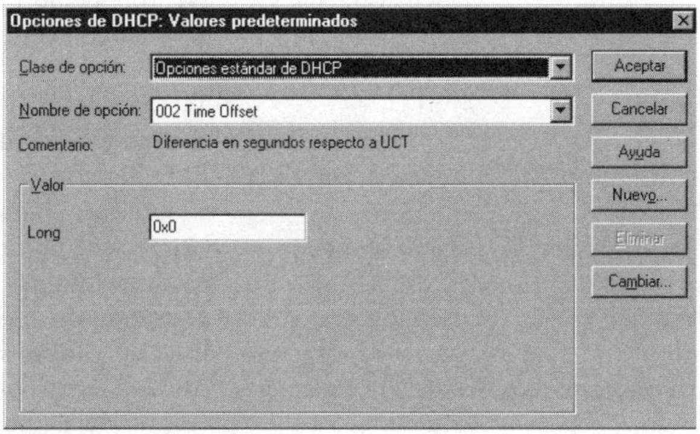

Figura 17.12. Opciones de DHCP.

Es importante tener en cuenta que existe una precedencia a la hora de aplicar las opciones. De esta manera las opciones especificadas a nivel cliente prevalecen sobre las existentes a nivel ámbito o global. Y las especificadas a nivel ámbito prevalecen sobre las especificadas a nivel global.

Veremos algunas de las opciones predeterminadas que será posible configurar. La opción 1 corresponde a la máscara de subred del cliente y no se define mediante este cuadro de diálogo, sino a través de las propiedades vistas anteriormente.

Tabla 17.1. Opciones

Número	Nombre	Tipo de datos	Descripción
002	Time Offset	Entero largo	Especifica la diferencia en segundos respecto a UCT (Uso horario Coordinado Universal)
003	Router	Tabla de direcciones IP	Direcciones de los routers. Equivale al Gateway por defecto cuando configurábamos TCP/IP
004	Time Server	Tabla de direcciones IP	Direcciones para los servidores de horario disponibles
005	Name Servers	Tabla de direcciones IP	Direcciones de los servidores de nombres disponibles
006	DNS Servers	Tabla de direcciones IP	Direcciones de los servidores DNS
007	Log Servers	Tabla de direcciones IP	Direcciones de los servidores de registro del Protocolo de datagrama de usuario (UDP) de MIT_LCS
008	Cookie Servers	Tabla de direcciones IP	Direcciones de los servidores de gran potencia de RFC 865
009	LPR Servers	Tabla de direcciones IP	Direcciones de servidores de impresoras de líneas de RFC 1179
010	Impress servers	Tabla de direcciones IP	Direcciones de los servidores Imagen Impress
011	Resource Location servers	Tabla de direcciones IP	Direcciones de servidores de Ubicación de recursos de RFC 887
012	Host Name	Cadena caracteres	Nombre de host para el cliente. Se puede calificar con el nombre DNS del dominio local
013	Boot File Size	Word	Tamaño del archivo imagen de inicialización en bloques de 512 bytes
014	Merit Dump File	Cadena de caracteres	Ruta de acceso al fichero donde se vuelca en núcleo cuando falla el sistema
015	Domain Name	Cadena de caracteres	Nombre de dominio DNS a utilizar para resolver nombres de host
016	Swap Server	Dirección IP	Dirección del servidor de intercambio
017	Root path	Cadena de caracteres	Ruta del directorio raíz
018	Extensions path	Cadena de caracteres	Archivo recuperable mediante TFTP que se interpreta como el campo de extensión del fabricante de la respuesta BOOTP
019	IP-Layer F orwarding	Byte	Activa o desactiva el reenvío del paquete IP 1 activa, 0 desactiva
020	Non-local source rounting	Byte	Activa o desactiva el reenvío de datagramas con rutas de origen no locales : 1 activa, 0 desactiva

Tabla 17.1. Continuación

Número	Nombre	Tipo de datos	Descripción
021	Policy-Filter Masks	Tabla de direcciones IP	Parejas de direcciones de destino y máscaras para filtrar rutas de origen
022	Max-DG Reassembly size	Word	Tamaño máximo del datagrama que se puede volver a ensamblar. Mínimo 576
023	Default time-to-live	Byte	Tiempo de vida (TTL) predeterminado para datagramas de salida
024	Path MTU Aging To	Entero Largo	Segundos de espera del envejecimiento de los valores de ruta de la Unidad de Transmisión Máxima (MTU)
025	Path-MTU Plateau Table	Tabla de Word	Tamaños MTU a utilizar cuando se descubre la ruta MTU. Mínimo 68
026	MTU Option	Word	Tamaño de descubrimiento MTU
027	All subnets are local	Byte	Especifica si el cliente supone que todas las subredes utilizan la misma MTU que la subred local. 1 comparten la misma MTU, 0 no
028	Broadcast address	Dirección IP	Dirección de difusión utilizada
029	Perform Mask Discovery	Byte	Especifica si se ha de usar el Protocolo de Mensajes de Control de Internet (ICMP) para averiguar la máscara de subred. 1 sí, 0 no
030	Mask Supplier Option	Byte	Especifica si se debe responder a las peticiones de máscara de subred mediante ICMP. 1 sí, 0 no
031	Perform Router Discovery	Byte	Especifica si el cliente debe solicitar encaminadores mediante el método de descubrimiento definido en la RFC 1256. 1 sí, 0 no
032	Router Solicitation Address	Dirección IP	Dirección a la que se deben dirigir las peticiones de solicitud de encaminadores
033	Static-Route Option	Tabla de IP direcciones	Parejas de direcciones (destino/enrutador) que indican las rutas estáticas que el cliente debe instalar en su memoria caché de enrutamiento
034	Trailer Encapsulation	Byte	Especifica si se debe negociar el uso de tramas de cola al utilizar el protocolo ARP. 1 sí, 0 no
035	ARP-Cache Timeout	Entero largo	Segundos de espera para las entradas de caché del ARP
036	Ethernet Encapsultion	Byte	Especifica si se debe utilizar el encapsulamiento Ethernet v. 2 (RFC 894) o IEEE 802.3 (RFC 1042) si la interfaz es Ethernet. 0 y 1, respectivamente
037	Default TTL Option	Byte	Tiempo de vida predeterminado al enviar segmentos TCP. Mínimo 1

Tabla 17.1. Continuación

Número	Nombre	Tipo de datos	Descripción
038	Keepalive Interval	Entero largo	Segundos que el cliente TCP ha de esperar antes de enviar un mensaje de actividad en una conexión. 0=No enviar a menos que lo solicite la aplicación
039	Keepalive Garbage	Byte	Especifica si se debe enviar mensajes de actividad con un byte residual. 1 sí
040	NIS-Domain Name	Cadena de caracteres	Nombre del dominio del Servicio de información de red (NIS)
041	NIS Servers	Tabla de direcciones IP	Direcciones de los servidores NIS
042	NTP Servers	Tabla de direcciones IP	Direcciones de los servidores de Protocolo Horario de Red
043	Vendor Specific Info	Tabla de bytes	Información usada para intercambiar información específica del fabricante
044	WINS/NBNS Servers	Tabla de direcciones IP	Direcciones de los servidores WINS (Servidores de Nombres NetBIOS)
045	NetBIOS over TCP/IP NBDD	Tabla de direcciones IP	Direcciones de los servidores de distribución de datagramas NetBIOS (NBDD)
046	WINS/NBT	Byte	Método para resolver nombres
047	NetBIOS Scope ID	Cadena de caracteres	Identificador de ámbito de NetBIOS sobre TCP/IP
048	X-Window System Font	Tabla de direcciones IP	Direcciones de los servidores de fuentes de X-Window
049	X-Window Sytem Display	Tabla de direcciones IP	Direcciones de los servidores de administración de pantalla del sistema X-Window
064	NIS+Domain Name	Cadena de caracteres	Nombre del dominio NIS+
065	NIS+Servers	Tabla de direcciones IP	Direcciones de los servidores NIS+
066	Boot Server Host Name	Cadena de caracteres	Nombre del servidor de inicio TFTP
067	Bootfile Name	Cadena de caracteres	Nombre del archivo de inicio
068	Mobile IP Home Agents	Tabla de direcciones IP	Direcciones agentes de inicio IP móviles

El agente relé DHCP

El **agente relé** permite que clientes de una subred puedan acceder a servidores DHCP que se encuentran en otra subred. Es el componente que emite mensajes de difusión DHCP y BOOTP entre un servidor DHCP y un cliente.

Para instalar el agente relé se debe acceder al icono **Red** del **Panel de Control** e instalar el servicio. Se deben especificar los servidores DHCP existentes en la subred en el panel correspondiente a las propiedades de TCP/IP.

La orden Ipconfig

Mediante la orden **Ipconfig** es posible acceder a la configuración de una estación de trabajo, así como liberar y renovar concesión de direcciones IP.

La **sintaxis** de la orden es la siguiente:

```
ipconfig [ /all ¦ /release [adaptador] ¦ /renew [adaptador] ]
```

`/all`	muestra toda la información de configuración
`/release`	libera la dirección IP del adaptador especificado
`/renew`	renueva la dirección IP del adaptador

Rendimiento del servidor DHCP

El servidor DHCP almacena toda la información referente a su servicio en el directorio **%systemroot%\System32\DHCP**. La información que contiene es la siguiente:

DHCP.MDB	Base de Datos DHCP
DHCP.TMP	Fichero temporal que crea DHCP
*.LOG	Ficheros de registro de transacciones

Cuando la base de datos degenera con su utilización, debe ser compactada para que no decaiga el rendimiento del servicio. Para ello es necesario parar el servicio DHCP y ejecutar la orden JETPACK desde la interfaz de órdenes. Una vez realizado, ya se puede restablecer el servicio DHCP.

En caso de tener problemas en el arranque del servicio es posible restaurar la configuración antigua desde el subdirectorio Backup\Jet correspondiente.

El Servidor WINS

Anteriormente hemos introducido el servicio **WINS** desde el punto de vista de los clientes. Ahora veremos cómo se instala y configura el servicio.

El **Servicio de Nombres de Internet para Windows** (WINS) mantiene una base de datos dinámica y duplicada con el **mapeo de direcciones IP con el nombre de su estación** y será quien proporcione las direcciones IP a partir de los nombres de estaciones NetBIOS. Ya hemos visto que las estaciones de un dominio se comunican a través de estos nombres, pero para poder trabajar con TCP/IP es necesario conocer las direcciones IP, ya que no es capaz de reconocer directamente los nombres NetBIOS.

Ya hemos explicado como WINS permitía disminuir el tráfico de la red. Ahora que ya conocemos el servicio DHCP podemos decir que este tráfico se reducirá todavía más si utilizamos este servicio, puesto que cuando DHCP genera direcciones IP nuevas estas direcciones son trasladadas automáticamente a WINS, eliminando también la necesidad de realizar actualizaciones manuales.

El protocolo WINS está basado en los protocolos definidos para NBNS en las RFC 1001 y 1002, con lo que es compatible con dichos protocolos.

Los clientes de red de Windows (Windows NT, Windows 95 y Windows 3.11 para Trabajo en Grupo) tienen acceso directo al servicio WINS, mientras que otros equipos que no poseen WINS y son compatibles con el nodo b podrán utilizar el servicio a través de los agentes Proxy.

Administración del Servidor WINS

El **servidor de WINS** ha de ser una estación Windows NT Server y ha de estar utilizando, lógicamente, el protocolo TCP/IP.

Para instalar el servidor WINS es necesario agregarlo en el panel de **Servicios** que aparece después de pulsar sobre el icono **Red** del **Panel de Control**. Como sucedía con DHCP, es necesario reiniciar el equipo para que pueda recoger las modificaciones.

Cuando reiniciemos el equipo veremos una nueva opción en la carpeta **Herramientas Administrativas: Administrador de WINS.** Si la seleccionamos, nos encontraremos con el siguiente cuadro de diálogo desde el que podremos acceder a todas las opciones de configuración.

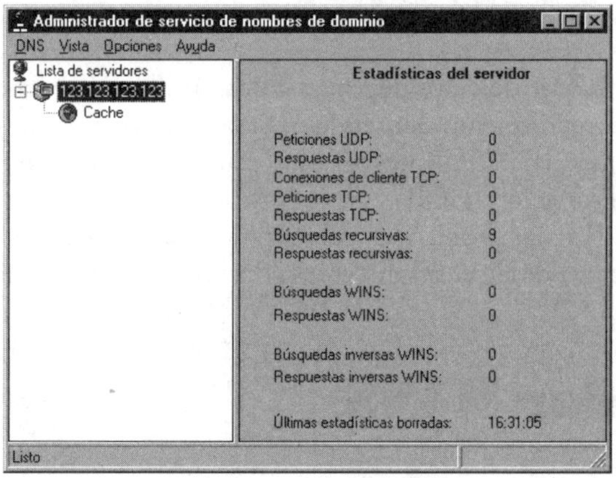

Figura 17.13. Servidor de WINS.

La primera opción que deberemos utilizar será la agregación de servidores de WINS para poder proporcionar servicio a los clientes. Esto se realizará con las opciones del menú **Servidor**.

Si elegimos la opción **Agregar Servidor de WINS** deberemos proporcionar la dirección IP de la estación que vamos a configurar como servidor.

Para que una estación deje de prestar servicio WINS, bastará con seleccionarla de la lista que aparece en el administrador WINS y seleccionar la opción **Eliminar** del menú **Servidor**.

Para configurar un servidor será necesario, en primer lugar, seleccionarlo de la lista de servidores y acceder a la opción **Configuración** del menú **Servidor**:

Las **opciones configurables** son las siguientes:

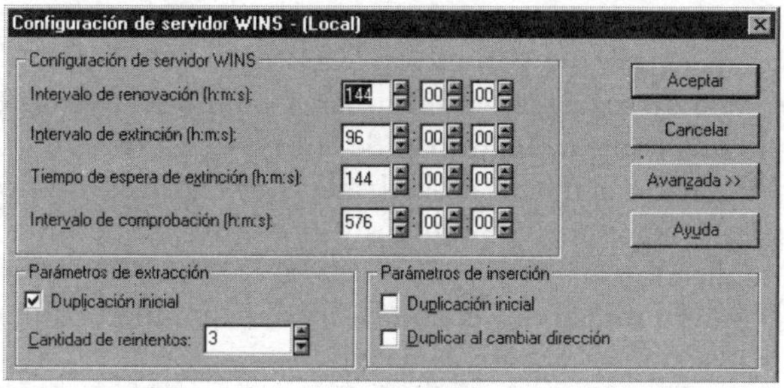

Figura 17.14. Configuración de WINS.

- **Intervalo de renovación:** Cada cuanto tiempo un cliente debe registrarse en el servidor.
- **Intervalo de extinción:** Intervalo que debe pasar entre que una entrada se marca como liberada y cuando se marca como extinta.
- **Tiempo de espera de extinción:** Intervalo que ha de pasar para que una entrada marcada como extinta pase a ser eliminada de la base de datos WINS.
- **Intervalo de comprobación:** Intervalo después del cual el servidor WINS ha de comprobar que los nombres viejos que no son de su propiedad, sino de otros servidores WINS, están todavía activos.
- **Duplicación inicial (Parámetros de extracción):** Para extraer duplicaciones de las nuevas entradas de la base de datos WINS de sus duplicadores. Se hará al iniciar el sistema o cuando cambie un parámetro relacionado con la duplicación.
- **Cantidad de reintentos:** Número de veces que WINS intentará conectar con un duplicador. Los reintentos se producen con el intervalo de tiempo especificado en el intervalo de duplicación.
- **Duplicación inicial (Parámetros de inserción):** Para informar a los duplicadores del estado de la base de datos al iniciar el sistema.
- **Duplicar al cambiar dirección:** Para informar a los duplicadores cuando se cambie una dirección en la base de datos.
- **Avanzada:** Mediante esta opción se nos amplía el panel con una nueva serie de opciones:

  — **Inicio de sesión habilitado:** Especifica si se registran los cambios de la base de datos en los archivos de log (Jet.log). El archivo de log se utiliza para poder recuperar datos cuando es necesario. Es conveniente hacer una copia del archivo cuando se hacen copias de seguridad de otros archivos de WINS.

  — **Registrar eventos detallados:** Para obtener información detallada del sistema. Requiere gran cantidad de recursos por parte del sistema.

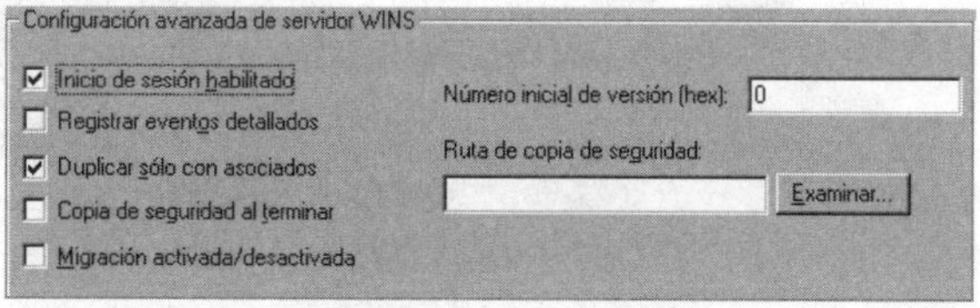

Figura 17.15. Configuración avanzada.

— **Duplicar sólo con asociados:** La duplicación sólo se realizará con duplicadores de extracción e inserción WINS.
— **Copia de seguridad al terminar:** Cuando se detenga el servicio WINS se creará una copia de seguridad de la base de datos.
— **Migración activada/desactivada:** Los registros estáticos se tratan como dinámicos cuando hay conflictos y, por tanto, se permite su modificación por los duplicadores.
— **Número inicial de versión:** Ir incrementando el número para conocer la última versión de la base de datos.
— **Ruta de copia de seguridad:** Ruta de acceso para las copias de seguridad de la base de datos WINS.

Configuración de duplicadores

Los servidores de WINS de la red pueden ser configurados para comunicarse con otros servidores WINS. Cada **servidor WINS** es un **duplicador de inserción o de extracción** con otro servidor WINS.

La comunicación entre servidores es necesaria para permitir la duplicación de las bases de datos y, de esta manera, asegurar que todos los servidores WINS comparten la misma base de datos para proporcionar servicio a sus clientes. Las modificaciones en los registros de la base de datos son traspasados de unos servidores a otros según las opciones que se han configurado. Esta propagación de información se realiza de duplicador a duplicador, no siendo necesario que el servidor deba informar a todos los duplicadores individualmente.

La duplicación se puede activar por diferentes caminos. Por ejemplo, por qué un servidor contacta con otro para obtener una duplicación al iniciarse el sistema, bien porque se ha alcanzado el periodo de tiempo configurado para que se realice una duplicación, bien porque el servidor WINS alcanza el número de modificaciones configurado para que se realice una duplicación.

Para acceder al panel de configuración de duplicadores debe seleccionarse la opción **Duplicadores** del menú **Servidor**, con lo que nos aparecerá:

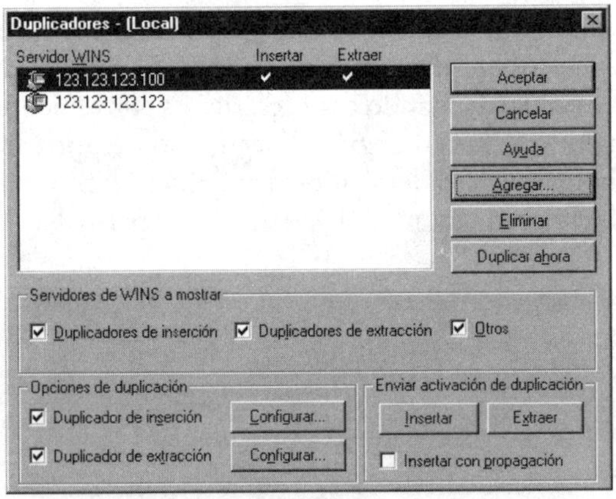

Figura 17.16. Duplicadores.

Podremos agregar y eliminar duplicadores mediante los botones correspondientes. Se deberá especificar la dirección IP de los duplicadores que deseamos agregar y seleccionar y pulsar el botón **Eliminar** cuando queramos eliminarlo.

El botón **Duplicar ahora** permite que se realice una duplicación de la base de datos en el momento que se pulse sobre él.

En el cuadro de servidores WINS a mostrar podemos seleccionar cuáles deseamos ver en la lista: los de inserción, los de extracción y/o otros servidores WINS que no son ni de extracción ni de inserción.

En **Opciones de duplicación** se debe especificar las opciones de duplicación para el servidor seleccionado de la lista. También se podrá configurar las propiedades para cada tipo de opción:

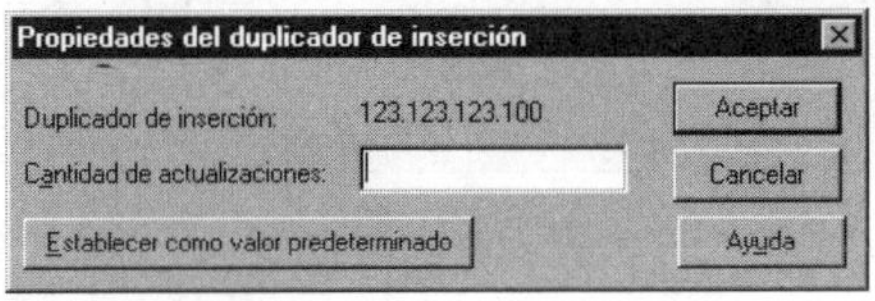

Figura 17.17. Propiedades del duplicador.

En **duplicador de inserción** nos aparecerá la dirección IP del duplicador que estamos configurando.

En **cantidad de actualizaciones** debe especificarse el número de actualizaciones que pueden realizarse antes de emitir una duplicación.

En un **duplicador de extracción** se puede especificar una **hora de inicio** para comenzar la duplicación y el intervalo que indica la **frecuencia** con la que se deben realizar las duplicaciones.

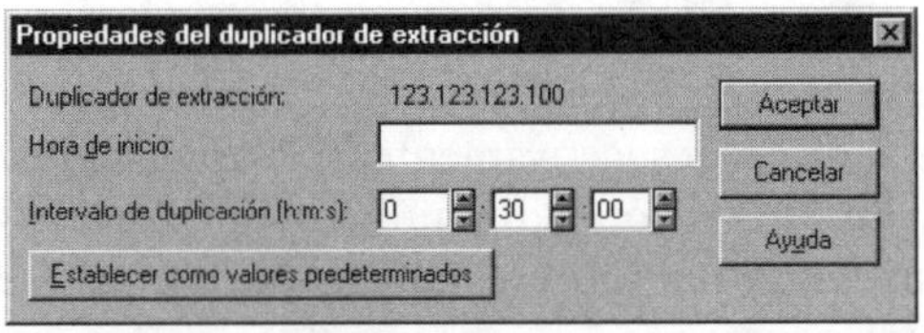

Figura 17.18. Propiedades del duplicador de extracción.

Visualización de la Base de Datos

Para poder **visualizar la base de datos de WINS** hemos de acceder a través de la opción **Mostrar base de datos...** del menú **Asignaciones.**

Con esta opción accederemos a un panel en el que podremos visualizar todas las asignaciones activas existentes incluidas las asignaciones estáticas que veremos en el siguiente apartado.

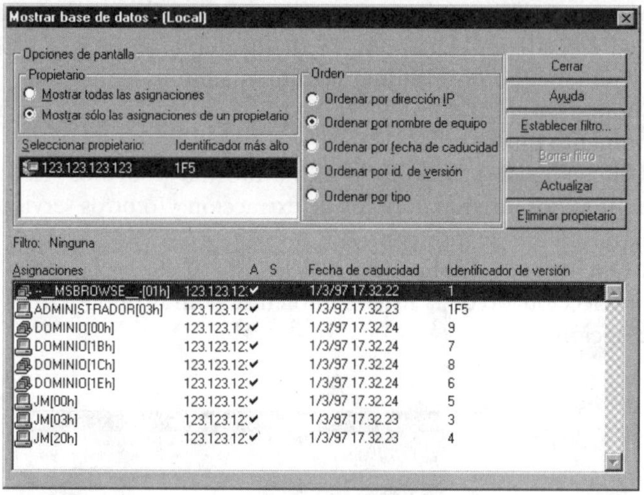

Figura 17.19. Visualizar Base de Datos.

En primer lugar tendremos que seleccionar si queremos visualizar todas las asignaciones o solamente las que posee un servidor en concreto. Para ello deberemos seleccionar la opción correspondiente del cuadro **Propietario**. En caso de querer solamente un servidor, además de seleccionar la opción, se deberá elegir uno de los servidores que aparece en la lista.

El icono asociado al nombre o a las direcciones IP, según sea el orden de visualización, representa, en caso de un icono con varios terminales, a un grupo, nombre de dominio, grupo de Internet o multitarjeta, mientras que cuando sólo aparece uno, es exclusivo.

La **lista de asignaciones** podrá ser visualizada según diferentes criterios de clasificación. Estos criterios los encontraremos en el cuadro **Orden** e incluye las posibilidades de ordenar por direcciones IP, por nombre de equipo, por fecha de caducidad, por número de versión y por tipo.

Todos estos criterios de clasificación son los datos que visualizaremos en la lista de asignaciones existentes en la base de datos. Además observamos dos columnas con el título **A** y **S** que indican, respectivamente, si la asignación es Activa o Estática.

El **identificador de versión** es un número único que asigna el propio servidor WINS cuando está registrando un nombre. Este número es el que se utiliza para la comunicación con los duplicadores.

También es posible filtrar las entradas de la base de datos para visualizar una lista más reducida, Para ello disponemos del botón **Establecer filtro.** Mediante esta opción podremos establecer un filtro por direcciones o por nombre de equipo para ver sólo las asignaciones de este equipo.

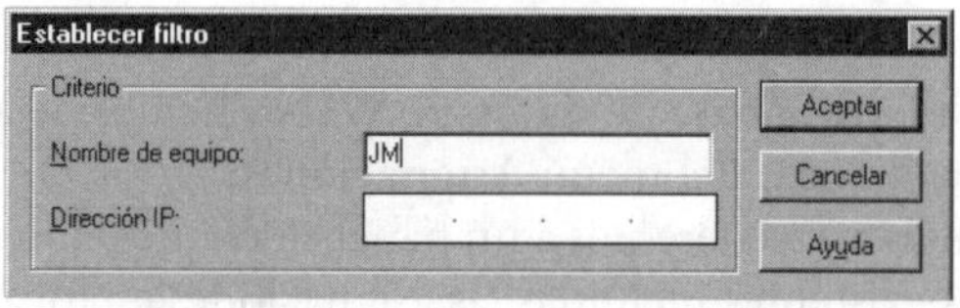

Figura 17.20. Establecer filtro.

También es posible la utilización de comodines (*) en los nombres de equipos y en las direcciones IP. En el caso de direcciones se debe especificar un comodín para cada byte que deseemos no especificar.

Una vez establecido un filtro, es posible visualizar el criterio utilizando el mismo botón, o bien eliminarlo con el botón **Eliminar filtro**.

Por último, el botón **Eliminar propietario** sirve para borrar todas las referencias a un servidor WINS en la base de datos.

Compactación

La opción **Iniciar compactación** del menú **Asignaciones** provoca que se inicie el **proceso de compactación**. Ya hemos comentado anteriormente que toda base de datos necesita un mantenimiento, ya que debido a las actualizaciones y eliminaciones una base de datos degenera. La opción de compactación permitirá la regeneración de la base de datos para mantener un funcionamiento óptimo del servicio. También es necesario recoger registros de asignaciones que se realizan en otros servidores WINS y tenerlos incluidos en la base de datos. Ya vimos que el proceso de compactación se podía realizar de manera periódica y automáticamente estableciendo los intervalos de renovación y extinción que se especificaban en la configuración.

Tal y como sucedía en el servidor DHCP, también es posible realizar la compactación a través de la interfaz de comandos. Para ello hemos de conocer que el directorio en el cual se almacena la base de datos es **%SystemRoot%\System32\WINS**.

Los archivos que encontraremos en este directorio son los siguientes:

JET.LOG	Registros de las transacciones realizadas en la base de datos
WINS.MDB	Base de datos de WINS
WINSTMP.MDB	Archivo temporal de WINS

Tal y como sucedía con DHCP, es necesario detener el servicio antes de realizar la compactación y ejecutar el programa JETPACK. Después de esto ya podremos reiniciar el servidor de WINS.

Asignaciones estáticas

Hemos hablado anteriormente de que, en la visualización de las **asignaciones**, diferenciábamos entre las **activas** y las **estáticas**. Las **asignaciones estáticas** son **entradas permanentes** en la base de datos WINS que introducen los administradores de WINS.

Para introducir las asignaciones estáticas se debe seleccionar la opción **Asignaciones estáticas** del menú **Asignaciones.** Trabajaremos con la ventana de la Figura 17.21.

Si observamos el panel observamos que disponemos de dos vías para introducir las asignaciones estáticas. En primer lugar trabajando con el panel mediante el botón **Agregar asignaciones**, en donde después de pulsar sobre el botón, nos aparecerá un cuadro de diálogo donde deberemos introducir la dirección IP, el nombre de la estación y el tipo

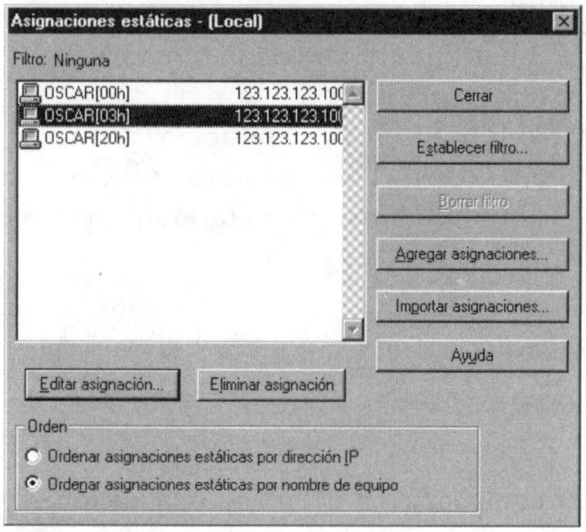

Figura 17.21. Asignaciones estáticas.

(exclusivo o alguno de los grupos) que se almacenará en el registro que deseamos introducir en la base de datos.

El segundo camino para introducir las asignaciones estáticas en la base de datos es mediante la importación de los registros desde un archivo con formato **LMHOSTS**. El archivo ejemplo incorporado en Windows NT se encuentra en el directorio **%systemroot%\system32\drivers\etc**. Se registrará una asignación estática en la base de datos para cada registro que encontremos en el mencionado archivo.

Tal y como podíamos hacer en el panel de visualización de la base de datos, podremos filtrar las asignaciones estáticas con direcciones IP o nombres de estaciones.

Copias de seguridad

En el menú **Asignaciones** encontramos las opciones **Realizar copia de seguridad** y **Restaurar base de datos local**, mediante las cuales podremos hacer las copias de seguridad y restauración de la base de datos.

Será necesario especificar el directorio en el cual deseamos que se almacene la copia de seguridad de la base de datos. WINS hará copias de seguridad periódicas sobre ese directorio. Es conveniente que el directorio que especifiquemos corresponda a una unidad de disco local donde también se encuentre el servidor WINS, ya que si especificáramos una unidad de red es posible que cuando se necesitara restaurar la base de datos esta unidad no estuviera disponible.

La opción de restauración desde una copia de seguridad se puede utilizar cuando la base de datos WINS está dañada. Antes de restaurar una copia es conveniente realizar algunas acciones. Se deberá averiguar el mayor número de versión de los servidores WINS para especificar uno mayor en las opciones de configuración del servidor WINS del cual queremos restaurar su base de datos. Para poder conocer este número será necesario que todos los servidores WINS estén funcionando.

Especificación de preferencias del administrador de WINS

La opción **Preferencias** se encuentra en el menú **Opciones.** Con esta opción nos aparece el siguiente cuadro de diálogo:

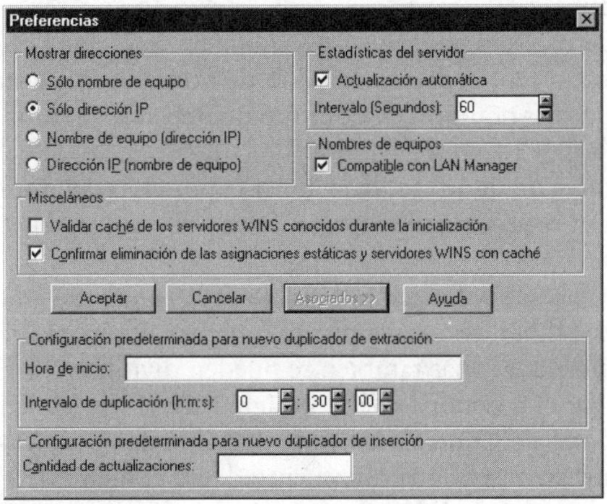

Figura 17.22. Preferencias.

Desde este cuadro podremos configurar diferentes opciones. En el cuadro **Mostrar direcciones** se debe especificar las preferencias a la hora de visualizar la lista clasificada de las entradas de la base de datos como combinación de nombre de estación y dirección IP.

En estadísticas del servidor se debe especificar el intervalo de tiempo que ha de pasar para que el administrador de WINS actualice las estadísticas que aparecen en la primera ventana del administrador. Este intervalo de tiempo ha de ser especificado en segundos.

Si queremos que los nombres de las estaciones de trabajo sigan el convenio de nomenclatura de LAN Manager, se debe seleccionar esta casilla en el cuadro nombre de los equipos. Por defecto esta casilla aparecerá seleccionada, puesto que Windows NT sigue la nomenclatura LAN Manager.

Validar caché de los servidores WINS conocidos durante la inicialización quiere decir que, si se selecciona, se consultará la lista de servidores disponibles cada vez que se inicie el sistema.

Confirmar eliminación de las asignaciones estáticas y servidores WINS con caché provocará que nos aparezca un mensaje de aviso al intentar eliminar una asignación estática o un servidor WINS.

La **hora de inicio** expresa cuando se debe iniciar la duplicación para un nuevo duplicador de extracción y el **intervalo de duplicación** cada cuánto debe hacerse.

Cuando el duplicador es de inserción se debe especificar el número de actualizaciones que se permitirán hacer antes de que se active una duplicación.

Servidor DNS

El **servidor DNS** es una base de datos estática y jerárquica. El trabajo del administrador incluirá la creación de la **lista de nombres host y direcciones IP**. Cada vez que se agregue una estación a la red, la base de datos debería ser actualizada para permitir a los clientes que quieren utilizar el servicio utilizar nombres de host en lugar de direcciones IP.

En las utilidades de TCP/IP podremos especificar nombres de host en lugar de direcciones IP.

La base de datos es jerárquica. Esto quiere decir que tiene una estructura de árbol, donde cada nodo representa un nombre de dominio que a su vez podrá contener otros subdominios. Estos nombres de dominio no deben ser confundidos con los dominios de red de Windows NT.

Los **nombres de dominio** identifican la posición del dominio dentro del árbol. Los nombres se irán concatenando separándolos por puntos, especificándose los nodos principales al final.

La unidad de administración de DNS es la **zona**, que no es más que un subárbol de la base de datos DNS. Esta zona puede contener un único dominio o contener también los subdominios. Las zonas también se pueden dividir en otras subzonas.

Para instalar el servidor DNS debe agregarse el servicio en la ficha **Servicios** del icono **Red** del **Panel de Control**. Después de haber agregado el servicio y haber reiniciado la estación, nos aparecerá una nueva entrada en el menú de **Herramientas Administrativas : Administrador de DNS.**

La primera opción que deberemos utilizar cuando accedamos al administrador de DNS es la de agregar un servidor a la lista de servidores. Para ello seleccionaremos la opción **Nuevo servidor** del menú **DNS**.

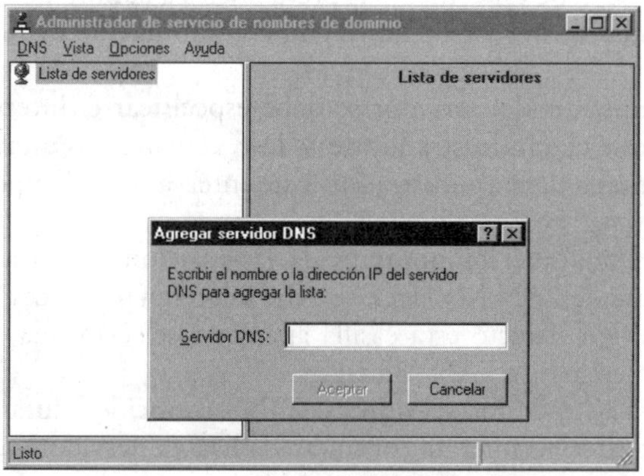

Figura 17.23. Agregar servidor DNS.

Para agregar un servidor basta con introducir la dirección IP de la estación que debe estar ejecutando el servicio DNS. Si nos hemos equivocado a la hora de especificar la dirección IP o el administrador no ha podido conectar con la estación servidora especificada, nos aparecerá un icono tachado con una X en rojo. Si hemos introducido erróneamente la dirección del servidor la podremos eliminar mediante la opción **Eliminar** del mismo menú **DNS** después de haber seleccionado el servidor erróneo.

Si se ha establecido correctamente la conexión con el servidor especificado nos aparecerá un icono sin tachar representando el servidor. En la parte derecha del cuadro del administrador nos aparecerán las estadísticas del servicio.

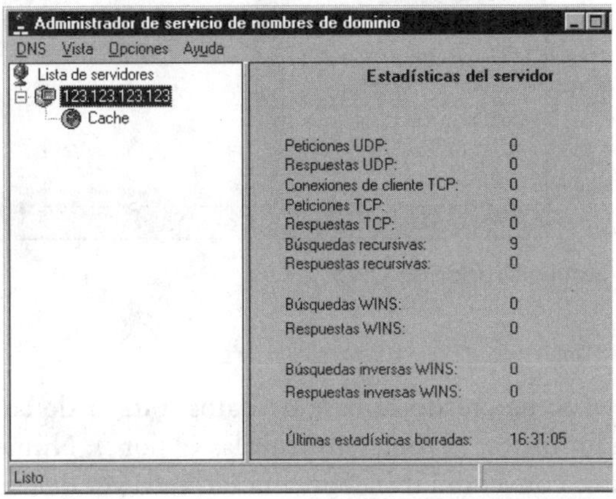

Figura 17.24. Administrador de DNS.

En el menú **Opciones** podremos configurar las preferencias del administrador seleccionando la opción **Preferencias.** Con esta opción es posible especificar un intervalo, en segundos, de actualización automática de las estadísticas. Si seleccionamos **Mostrar zonas creadas automáticamente** se nos mostrarán las zonas creadas por el servidor DNS. La última preferencia seleccionable es exponer el tiempo de vida.

Por defecto el administrador DNS crea tres zonas de búsqueda inversa asociadas al servidor. Las zonas corresponden al dominio in-addr.arpa (dominio especial para las asignaciones dirección-nombre). Estas zonas son:

0.in-addr.arpa
127.in-addr.arpa
255.in-addr.arpa

Cuando queramos crear una zona, teniendo seleccionado el servidor que nos interese, seleccionaremos la opción **Nueva zona** del menú **DNS**. En el cuadro de diálogo se nos presentarán dos alternativas : crear una **zona primaria** o una **zona secundaria.**

Una **zona primaria** es la que creamos localmente al servidor, y para crearla será necesario proporcionar un nombre de zona, así como ún nombre archivo de almacenamiento.

Una **zona secundaria** no es más que una copia de una zona que ya existe. Esta copia sólo estará disponible en modo de lectura.

Cuando se crea una zona se generan unos registros de recursos automáticamente. El primer registro de la base de datos ha de ser un **registro SOA** (Start of Authority). Este registro contiene la siguiente información: **Nombre DNS del servidor de nombres pri-**

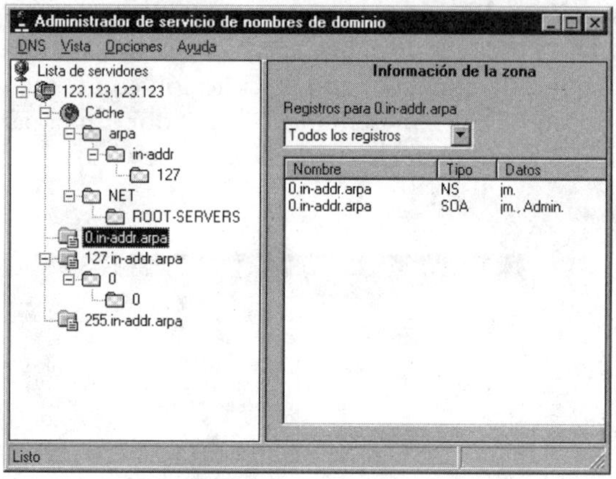

Figura 17.25. Administrador de DNS.

mario en el que se ha creado la base de datos, **buzón de correo de la persona** que se encargará de administrar la zona (sustituir las @ por .), **Número de serie** (versión) de la base de datos que convendrá ir incrementando cada vez que se actualice la base de datos. Como sucedía en los otros servicios este número será el que active la transferencia de datos entre servidores DNS.

El **intervalo de actualización** es el tiempo que tendrá que esperar un servidor secundario para comprobar si son correctos los datos que posee.

El **intervalo de reintento** es el tiempo que ha de esperar un servidor secundario antes de volver a intentar una conexión después de que el primer intento haya resultado fallido.

La **caducidad** es el tiempo que se deja transcurrir antes de que un servidor secundario descarte los datos después de que no haya podido establecer una conexión para sincronizar los datos.

El **TTL (Tiempo de vida) mínimo predeterminado** es el tiempo que el servidor DNS puede tener en caché los datos que se han consultado.

Aparte del registro SOA se crea un **registro DNS** donde se especifica el **nombre de zona** proporcionado en el cuadro de diálogo que nos pedía nombre de zona en el momento de su creación y el **nombre del servidor DNS**.

Un **registro A** se creará si el nombre de la zona coincide el dominio del servidor DNS de destino. El registro A podrá crearse manualmente con posterioridad y sus campos contienen el nombre de dominio (nombre de zona cuando se creó), nombre de host y dirección IP del servidor destino.

Una vez que hayamos creado la zona primaria estaremos en condiciones de agregar host a esta zona. Para ello deberemos elegir la opción **Nuevo host** (todas estas opciones también son accesibles con el botón secundario del ratón) e introducir la dirección IP y nombre del host que deseamos agregar a la zona. También se puede marcar la casilla **Crear registro PTR asociado** para realizar la verificación en este momento. Los host agregados aparecen en la lista como registros A.

También tenemos opciones de agregar registros y dominios a la zona. Los tipos de registro y la información que se debe especificar son los siguientes:

Tabla 17.2. Tipos de registro e información a especificar

Tipos de registro	Información a especificar
A	Registro de dirección Nombre de host más dirección IP
AAAA	Registro AAAA Nombre de host más dirección Ipv6
AFSDB	Registro de Base de Datos AFS Nombre del servidor DNS
CNAME	Registro de alias Nombre del alias para el nombre DNS del host
HINFO	Registro de información de host Nombre del host más tipo de CPU y sistema operativo
ISDN	Registro de información RDSI Número de teléfono
MB	Registro de nombre de buzón Nombre de buzón y nombre DNS de host de buzón
MG	Registro de grupo de correo Nombre DNS de buzón
MINFO	Registro de información del buzón Nombre DNS del buzón responsable y nombre del buzón de errores
MR	Registro de cambios de nombre de buzón Nombre DNS de buzón de reserva
MX	Registro de intercambiador de correo para un dominio Nombre DNS del servidor de intercambio y preferencia
NS	Registro de servidor de nombres Nombre del servidor de nombres DNS
RP	Registro de información de la persona responsable Nombre DNS del buzón del responsable y de la referencia TXT
RT	Registro de información de enrutamiento Nombre de host, de host intermedio y número de preferencia
TXT	Registro de texto Texto
WKS	Registro de servicios más conocidos Nombre y dirección de host, servicios disponibles y protocolo
X25	Registro de información X.25 Dirección PSDN X.121

Para crear un dominio en una zona primaria se debe seleccionar la zona y elegir la opción **Nuevo dominio** del menú **DNS**. Nos aparecerá un cuadro de diálogo en el que podremos introducir el nombre del dominio.

Los registros que contenga este dominio estarán bajo la autoridad de la zona, con lo cual las especificaciones de tiempo de vida, transferencia a servidores secundarios, etc., se regirán por las preferencias especificadas para la zona.

Dentro de un dominio será posible crear nuevas subzonas con la finalidad de delegar la administración de esta subzona a otro servidor. Para ello será necesario que el nuevo servidor se encuentre en la lista de servidores de DNS. Este servidor deberá tener la subzona que queremos crear como zona primaria propia.

El servidor primario deberá tener definido un dominio para la subzona al que deberemos añadir un registro NS especificando como Nombre DNS del servidor de dominio el nombre del dominio del servidor que tiene la autoridad sobre la subzona.

Si el servidor que tiene autoridad en la nueva subzona se encuentra dentro del dominio de la zona que tiene autoridad en el servidor primario, o sea, tienen un mismo nodo padre común, se debe crear un registro tipo A para este servidor.

Cuando se desee actualizar el archivo de datos del servidor DNS se podrá elegir la opción **Actualizar archivos de datos del servidor** en el menú **DNS**. Esto actualiza los datos independientemente de los intervalos definidos de actualización.

Mediante el botón secundario del ratón podremos acceder a las propiedades de los diferentes componentes del árbol de la base de datos DNS.

En el caso de los servidores, dispondremos de la posibilidad de especificar varias direcciones IP en el caso de que tengamos diferentes adaptadores de red. Esto se hace en el panel **Interfaces.** En **servidor de reenvío** podemos hacer que un servidor DNS utilice servidores de reenvío. Para ello se debe seleccionar la casilla correspondiente. Si funciona como servidor esclavo provoca que este servidor sólo utilice el servidor de reenvío. Con los botones podremos ir agregando y eliminando las direcciones de reenvío y especificar en qué orden queremos que se utilicen.

En el panel **Método de inicio** se especifica el tipo de arranque utilizado. Este puede ser desde los datos almacenados en el registro o desde un fichero de arranque.

Las opciones de **Actualizar** sirven para notificar cambios a los servidores secundarios.

En la ficha **Notificar** de las propiedades podremos especificar los servidores secundarios que tienen acceso al primario.

Capítulo 18

Servicio de Acceso Remoto (RAS)

El **servicio de acceso remoto** es el servicio que nos va a permitir la posibilidad de conectarnos vía telefónica a una red a través de un servidor de RAS.

Lógicamente, para poder utilizar las funcionalidades de este servicio, es necesario disponer de un módem correctamente configurado en la estación desde la que deseamos conectarnos y en el servidor RAS, el cual nos abrirá la puerta a todos los recursos disponibles en la red.

Los recursos disponibles para el usuario remoto a la red serán exactamente los mismos que si el usuario se hubiera conectado localmente a la red.

En primer lugar, describiremos todos los componentes que intervienen en el servicio RAS y, a continuación, pasaremos a describir los pasos a seguir para la correcta instalación del servicio tanto en la estación cliente como en la estación servidora.

Componentes del servicio RAS

Servidor RAS

En primer lugar hemos de tener clara una de las características que diferencian a Windows NT Server de Windows NT WorkStation. La versión Server admite hasta 256 conexiones de entrada mientras que la versión WorkStation únicamente admite una.

El **servidor RAS** puede proporcionar dos **niveles de acceso a sus clientes**: en primer lugar es posible configurarlo para que los clientes únicamente puedan acceder a recursos instalados en el propio servidor RAS; en contraposición, es posible utilizarlo de puerta de acceso a todos los recursos disponibles en la red local.

La configuración del servicio se realizará a través del **Administrador de Acceso Remoto** que veremos en las siguientes páginas.

Como en el caso del cliente, también el servidor deberá disponer del módem y de la línea telefónica u otro tipo de conexión para instalar el servidor RAS. Además, si el servidor RAS proporciona acceso a la red, lógicamente deberá tener instalado un adaptador de red para poder tener acceso a la misma.

El servidor RAS proporcionará servicio a través de los puertos de comunicaciones que deberán ser configurados en el momento de la instalación del servicio. Las posibilidades de configuración serán las de sólo hacer llamadas, sólo recibir llamadas o hacer y recibir llamadas. Cada puerto deberá ser configurado de manera separada y con diferentes características cada uno.

A la hora de implementar el servicio de acceso telefónico se deberán tomar una serie de decisiones. Si nuestra organización posee más de un dominio será posible permitir conexiones a la red a través de uno de los dominios o de cualquier dominio de la red. Si todos los servidores RAS se encuentran en el mismo dominio, se simplificará la labor de administración puesto que la base de datos de usuarios a administrar será única y también dispondremos de todos los servidores a administrar en el mismo dominio. Los permisos a los recursos disponibles en cualesquiera de los otros dominios de la red se podrá implementar a través de las relaciones de confianza. Cuando la administración de usuarios se encuentra descentralizada y el mismo usuario puede tener cuentas diferentes en distintos dominios, es posible que se produzcan errores de autentificación si posee contraseñas distintas en cada dominio, puesto que el servidor RAS utilizará para su validación los datos del primer controlador de dominio que le responda.

En contraposición a este modelo se podría establecer un servidor de RAS por dominio o grupo de trabajo. Los usuarios de este modelo tendrían acceso a su propio servidor y también podrían acceder al resto de recursos a través de las relaciones de confianza.

Clientes

Los clientes del servicio podrán estar utilizando distintos sistemas operativos como, por ejemplo, Windows NT, Windows 3.11 para Trabajo en Grupo, MS-DOS, OS/2, así como cualquier otra estación que utilice **PPP** (Protocolo Punto a Punto), que es un conjunto de protocolos estándar de la industria.

Para que un cliente pueda efectuar una conexión a un servidor RAS será necesario que disponga de un módem y una línea telefónica o cualquier otro tipo de conexión para redes de gran abasto. Si disponemos de ellos podremos instalar los programas necesarios para realizar una conexión de manera remota.

Protocolos de red de área local

Cuando estemos trabajando con acceso remoto será importante distinguir los protocolos de red utilizados para comunicación entre estaciones de la red local de los protocolos de acceso remoto que son los que se encargan de la comunicación de estaciones a través de redes de gran abasto. Los **protocolos de área local** que se podrán utilizar son todos los tratados en los temas dedicados al trabajo en red de Windows NT: **TCP/IP**, **NetBEUI** y **NWLink**. Tal y como sucedía con las redes, será posible integrar nuestro servidor RAS en redes NetWare y UNIX aparte de redes Microsoft, claro.

En el momento de instalar el servidor de RAS quedarán activados, de manera automática, todos los protocolos de red instalados para que RAS los pueda utilizar. Puesto que es posible permitir acceso únicamente al servidor o a toda la red, será necesario especificar cómo han de obtener los clientes direcciones IP en caso de redes que trabajan con TCP/IP o números de red de redes que trabajan con IPX/SPX.

Protocolos de acceso remoto

Ya hemos mencionado que los protocolos de acceso remoto son los que permiten la transmisión de datos a través de redes de gran abasto. Para poder establecer esta conexión es necesario usar protocolos compatibles. Cuatro son los **protocolos** que podremos utilizar **con el servidor de RAS** : **Protocolo Punto a Punto** (PPP), **Protocolo Internet de Línea Serie** (SLIP), **Protocolo RAS** de Microsoft y **Gateway NetBIOS**.

Protocolo Punto a Punto (PPP)

PPP es uno de los protocolos más recomendables a la hora de configurar el acceso remoto, puesto que uno de los estándares de la industria mayoritariamente aceptado por los distintos fabricantes. Este protocolo, por tanto, permitirá la conexión de múltiples plataformas que se encuentren utilizando este protocolo. También utilizando este protocolo será posible acceder a otras plataformas como cliente de las mismas.

Protocolo Internet de Línea Serie (SLIP)

Este protocolo es usado principalmente por el mundo UNIX para el acceso remoto. Gracias a él será posible la comunicación con plataformas de estos entornos como cliente.

Protocolo RAS

Este es un protocolo propiedad de Microsoft que ha sido utilizado en versiones anteriores de productos de Microsoft cuando trabajaban sobre NetBEUI. Este protocolo nos permitirá el acceso de clientes que trabajen con sistemas anteriores a Windows NT 3.5.

Gateway NetBIOS

La puerta de enlace se utiliza para permitir conexiones de usuarios que utilizan NetBeui a redes que pueden trabajar con protocolos distintos en la red local. Por lo tanto, nos servirá para convertir los paquetes de entrada NetBEUI a paquetes TCP/IP o IPX/SPX.

Opciones de conexión WAN

Windows NT permite diferentes **opciones para establecer conexiones RAS:**

Módem

Sin duda uno de los métodos más populares es la conexión de estaciones de trabajo a través de un **módem y una línea telefónica**. Esta opción es especialmente útil cuando estamos continuamente viajando y disponemos de un portátil para conectarnos a la red corporativa.

Como sucedía con los adaptadores de red, es recomendable asegurarse previamente a la compra e instalación del módem de su compatibilidad con Windows NT. Recordar que no es imprescindible que el módem se encuentre en la lista de compatibles de Windows NT, puesto que los fabricantes pueden proporcionar discos de controladores para permitir esta compatibilidad.

Una opción interesante cuando instalemos el módem es la posibilidad de detección automática del mismo cuando no estemos seguros de qué módem tenemos instalado, aunque es posible que, en ocasiones, no sea capaz de detectarlo.

RDSI (Red Digital de Servicios integrados)

Las **líneas RDSI** permiten velocidades mucho mayores de comunicación que las líneas telefónicas tradicionales. Las líneas RDSI las instala la propia compañía telefónica, y debe efectuarse tanto en la estación servidora como en la estación cliente para que todo el mecanismo de funcionamiento sea correcto. También debemos hacer notar que el tipo de tarjeta a utilizar debe ser especial para este tipo de líneas.

Cuando estemos estudiando la opción de comunicación WAN, deberemos poner en una balanza la posibilidad de utilizar módem y línea telefónica tradicional o instalar una tarjeta y línea RDSI. En la balanza, por una parte, tendremos el bajo coste de implantación de la primera solución con un tiempo relativamente bajo de transferencia, mientras que, con la solución RDSI, tenemos un incremento sustancial del coste de instalación, pero que puede ser compensado con la mayor velocidad de transferencia.

X.25

X.25 es uno de los protocolos ampliamente reconocido por la industria como un estándar y como tal es soportado por Windows NT. Necesitaremos para su utilización de tarjetas X.25.

Módem nulo

La utilidad del **módem nulo** es la de conectar redes distintas que no están físicamente conectadas. Esta conexión es posible realizarla conectando los puertos serie de una estación cliente a un puerto serie del servidor RAS mediante un cable cruzado RS-232C.

Conviene saber que esta solución de conexión es un mecanismo muy lento y sólo es útil cuando las estaciones están muy cerca una de otra.

Opciones de seguridad

Uno de los apartados más importantes cuando estamos configurando un servidor de RAS es el aspecto de la **seguridad.** RAS provee varios mecanismos para permitir implementar una estrategia de seguridad que valide los accesos que se realizan a través del servidor.

Entre los mecanismos que nos permiten establecer esta **política de seguridad** encontraremos:

- Posibilidad de **asignar permisos de inicio de sesión remota**
- Mecanismo de **devoluciones de llamada**
- **Codificación** de datos
- Mecanismo de **auditoría de los accesos**

El acceso a un servidor de RAS se realizará siempre mediante **identificación de usuario y contraseña**, el cual será utilizado para la validación de todos los accesos a los recursos de la red. Será desde el propio administrador de acceso remoto donde se conceda el permiso de acceso remoto, mientras el resto de permisos será controlado desde las opciones ya conocidas.

Instalación y Configuración del RAS

Instalación del módem

Una vez conocidos todos los componentes que intervienen en el servicio RAS procedemos a la instalación del servicio y todos sus componentes.

En primer lugar se debe **instalar el módem.** Esta operación se puede realizar desde el icono **Módem** que encontraremos en el **Panel de Control** o bien nos será requerida en el momento de instalar el **Servicio de Acceso Remoto.**

Si seleccionamos **Agregar** nos aparece el cuadro de diálogo representado en la Figura 18.1:

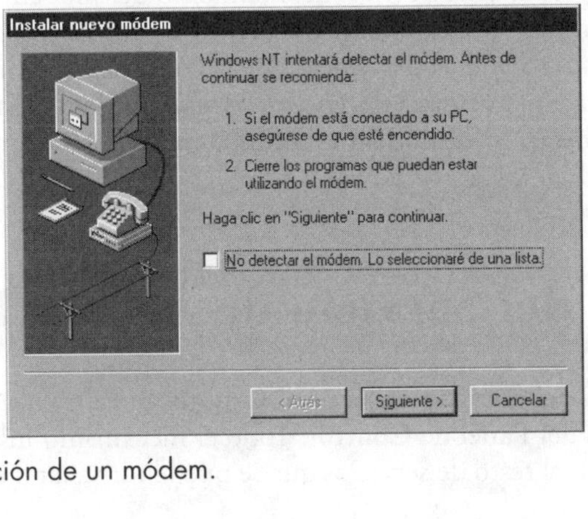

Figura 18.1. Instalación de un módem.

En este panel dispondremos de la posibilidad de indicar si debe ser el propio Windows NT quien se encargue de detectar el módem o seremos nosotros mismos quienes lo seleccionaremos bien de la lista que nos proporciona Windows NT o a través de los discos facilitados por el fabricante. Si no queremos la detección automática marcaremos la casilla correspondiente.

Una vez localizados los controladores del módem será necesario su **asignación a los puertos de comunicaciones** (Figura 18.2). Dispondremos de dos alternativas: asignar el módem a todos los puertos o bien seleccionar los puertos de la lista de puertos disponibles.

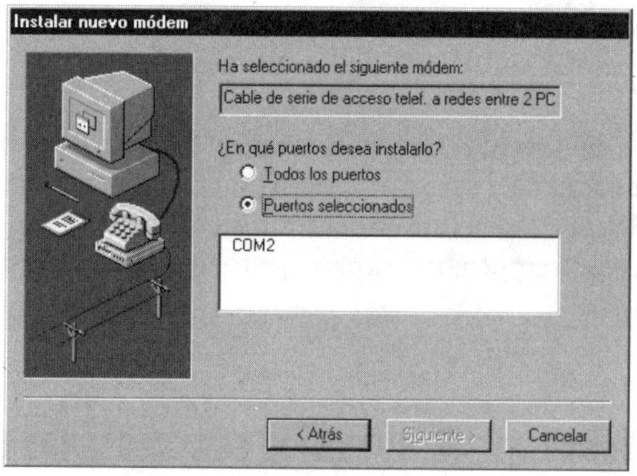

Figura 18.2. Asignación de puertos al módem.

Cuando se instala el módem es conveniente asegurarse de su compatibilidad con el módem de la estación con la que se establece la conexión. También es aconsejable asegurarse de la correcta instalación del mismo. Entre los factores que nos pueden causar problemas destacaremos los errores de cableado, la configuración del mismo y de sus puertos.

En Windows NT es posible registrar los eventos relacionados con el módem. Para ello basta con activar poniendo un 1 en la siguiente clave del Registro: *HKEY_LOCAL_MACHINE\SYSTEM\CurrentControlDataSet\Services\RASMan\Parameters\Logging*.

Para comprobar el correcto funcionamiento del módem podemos utilizar el programa **Hyperterminal** que se encuentra dentro de los **Accesorios** de Windows NT. Para ello, cuando nos solicita la descripción de la conexión, pulsaremos el botón **Cancelar**. El cursor quedará en la ventana de *Hyperterminal*, pudiendo entonces escribir la orden **AT** y presionar **Entrar**. Si el módem está funcionando correctamente nos contestará con el mensaje **OK**.

Instalación del Servicio de Acceso Remoto

La **instalación del Servicio de Acceso Remoto** se realiza a través de la opción **Servicios** del icono **Red** del **Panel de Control**. Todo el mecanismo inicial de instalación no difiere en absoluto del resto de servicios que se pueden instalar a través de este panel. Se debe hacer clic sobre el botón **Agregar** del panel **Servicios** y cuando nos aparezca la lista de servicios seleccionar el **Servicio de Acceso Remoto.** Acto seguido deberemos facilitar la ruta para que pueda localizar todo el software que ha cargar en el servidor.

En este momento, y si no tuviéramos previamente el módem instalado, nos aparecerá el cuadro de diálogo para proceder a la instalación del mismo.

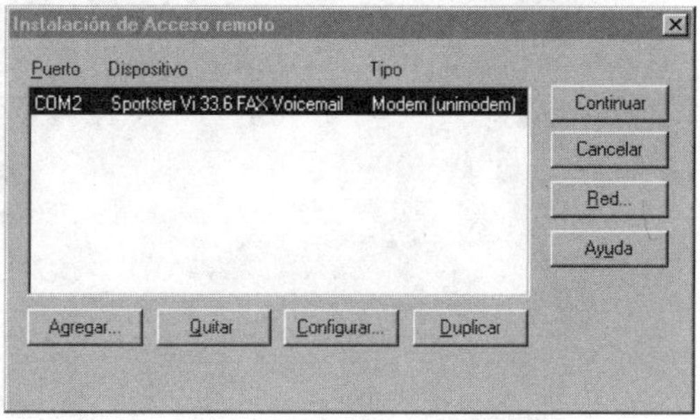

Figura 18.3. Instalación de Acceso Remoto.

Durante el proceso de instalación aparecerá el panel representado en la Figura 18.3. Deberemos seleccionar el puerto al que tendremos conectado el módem. Desde este panel podremos acceder a diferentes opciones de **configuración de puerto**:

- **Agregar puerto**: Podremos en este momento seleccionar el dispositivo que se encuentra conectado al puerto ya sea una módem o un PAD X.25.
- **Eliminar puerto**: Se debe haber seleccionado previamente un puerto de la lista y, por motivos de seguridad, se nos pedirá una confirmación de la operación.
- **Configurar puerto** (Figura 18.4): Mediante esta opción podremos especificar si el puerto estará configurado para sólo hacer llamadas, sólo recibir llamadas o hacer y recibir llamadas.

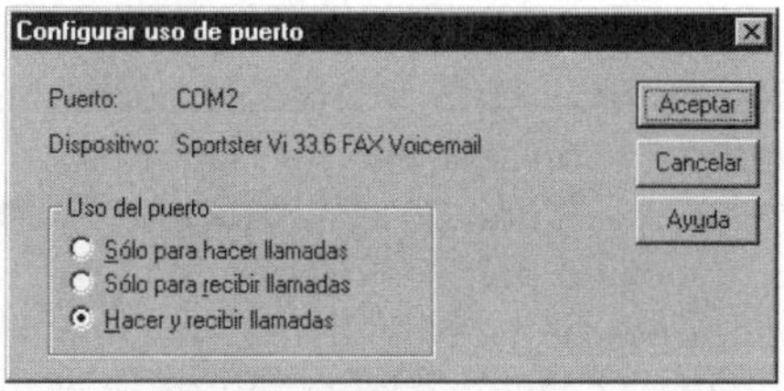

Figura 18.4. Configuración del uso del puerto.

- **Duplicar puerto**: Esta opción es interesante cuando estamos instalando otro módem en otro puerto y queremos que se instale con la misma configuración del que ya tenemos instalado.

Pulsando el botón **Red** accederemos a las **opciones de configuración de RAS** para utilización de la red local (Figura 18.5).

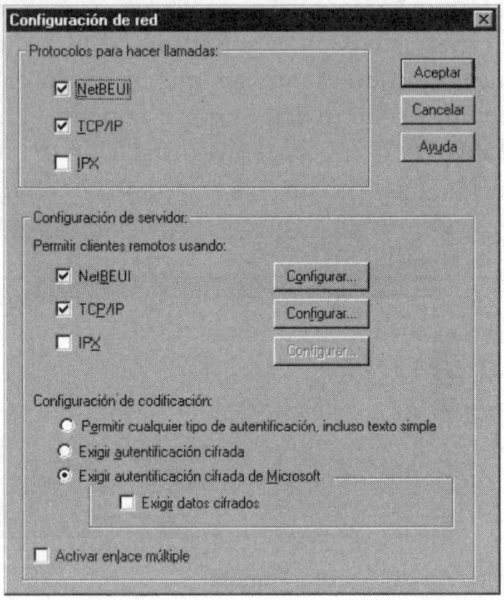

Figura 18.5. Configuración de red.

En primer lugar se deben **configurar los protocolos** que se van a utilizar en la **red local**. Esta configuración será la que se utilice en las operaciones del servicio de acceso remoto independiente del puerto que se esté utilizando.

Puesto que el servicio de acceso remoto puede ser instalado en clientes y servidores es necesario configurar los protocolos para cada caso. En el primer cuadro se configuran los protocolos que se utilizarán para realizar llamadas, para lo que es suficiente señalar los protocolos que nos interesan.

En el caso de estar instalando un servidor de RAS, además de especificar los protocolos con los que se podrá conectar un usuario remoto, será necesario configurar la utilización de dichos protocolos.

En todos los protocolos se deberá especificar, en la casilla correspondiente si se va a permitir acceso a todos los recursos de la red o únicamente al servidor de RAS. Para NetBEUI este será el único parámetro que podremos configurar. En el caso de utilizar TCP/IP o IPX la configuración será algo más laboriosa.

En el caso de estar configurando el **protocolo TCP/IP** (Figura 18.6), además de indicar el ámbito de conexión para los clientes, será necesario indicar el **mecanismo de asignaciones de direcciones IP** para los clientes que se están conectando al servidor RAS. El primer mecanismo de asignación de direcciones IP es mediante el **servidor DHCP** (si lo tenemos disponible), el cual asignará automáticamente direcciones IP a los clientes TCP/IP teniendo en cuenta toda la parametrización que se puede especificar en el administrador de DHCP.

En caso de no disponer de este servicio deberemos proporcionar al servidor de RAS un **intervalo de direcciones IP** para que se las pueda asignar a sus clientes. Este intervalo ha de ser válido para la red en que nos encontremos, ya que si no, no sería posible el acceso de los recursos instalados en la red. El intervalo se debe especificar en los cuadros **Inicio** y **A.** Tal y como sucedía en el administrador DHCP, podremos excluir direcciones para que no sea posible que se asignen de manera automática a los clientes. Las direcciones que deseemos excluir deberán especificarse en forma de intervalo aunque solamente sea una dirección, y se debe introducir en los cuadros **Desde** y **Hasta** y, posteriormente, pulsar el botón **Agregar**. Estos intervalos se pueden eliminar seleccionando el intervalo correspondiente y pulsando el botón **Quitar**.

Como mínimo deben existir dos direcciones IP para que el servicio pueda funcionar : en primer lugar, el cliente siempre necesitará una dirección para conectarse utilizando este protocolo y, en segundo lugar, el servidor RAS también la necesitará para acceder a la red.

Por último, en la parte inferior del panel tenemos la posibilidad de marcar la casilla correspondiente a **Permitir a clientes remotos pedir una dirección IP predeterminada**. Esta opción sirve para que, cuando se conecte un cliente a un servidor, solicite una dirección específica. Esta dirección será proporcionada por tanto por los clientes.

Cuando vimos la compatibilidad con TCP/IP, vimos que teníamos dos servicios para resolución de nombres: WINS y DNS. Estos servicios, si están disponibles para la red, también lo estarán para los clientes de RAS. El servidor RAS ha de estar configurado para utilizar estos servicios. En caso de no disponer de servidores de este tipo es aconsejable utilizar el mecanismo de archivos LMHOSTS para resolución de nombres.

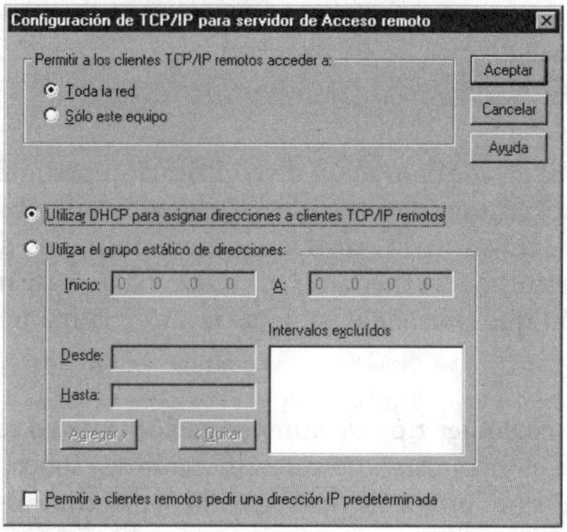

Figura 18.6. Configuración de TCP/IP para RAS.

Las opciones de configuración cuando utilicemos **IPX** se limitan a la manera de asignar números de red a los clientes que utilicen IPX. Como sucede con las direcciones IP cuando utilizamos TCP/IP, el servidor RAS debe **proporcionar números de red** a los clientes que se conectan a una red IPX. Como opciones de configuración tendremos la manera como el servidor debe proporcionar estos números de red.

La primera opción de asignación es la **asignación automática de números de red**. Para ello el servidor RAS debe localizar un número de red que no se esté utilizando para proporcionárselo al cliente que está solicitando el servicio.

La segunda opción es reservar un intervalo de números de red para el servidor de RAS. El servidor cada vez que deba asignar un número de red lo elegirá del intervalo comprendido entre el número que especifiquemos en el cuadro **De** y el número de puertos que tengamos disponibles para las conexiones.

Si seleccionamos la opción **Asignar el mismo número de red a todos los clientes IPX**, cualquier cliente que se conecte utilizando este protocolo tendrá el mismo número de red.

La última opción, **Permitir a clientes remotos requerir el número de nodo IPX**, sirve para que sea el cliente remoto quien solicite utilizar su propio número de nodo IPX, con lo cual no se utilizará el especificado en el intervalo de asignaciones estáticas.

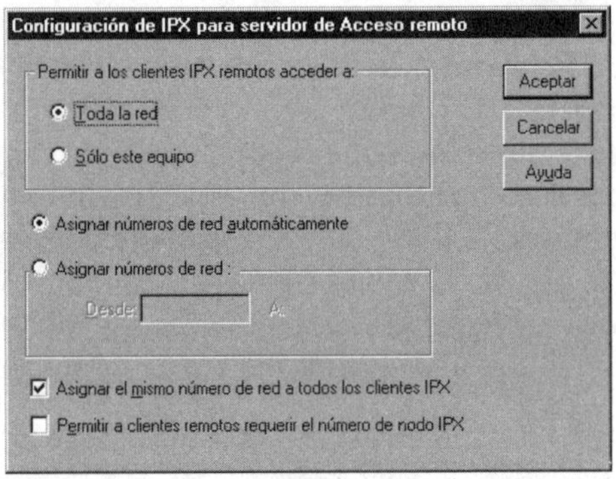

Figura 18.7. Configuración de IPX para RAS.

Las opciones de **configuración de codificación** permiten seleccionar la manera en que se realizará la autentificación de los usuarios y la obligación o no de enviar los datos cifrados a través de la red. La codificación de los datos sirve para protegerlos durante las transmisiones telefónicas, ya que evita que usuarios no autorizados accedan a la información que se está enviando a través de la red telefónica. Las opciones existentes son:

- **Permitir cualquier tipo de autentificación incluso texto simple**: Sirve para permitir que el mecanismo de autentificación sea solicitado por el cliente. El protocolo PAP es el protocolo más sencillo, y las contraseñas se especifican en texto normal. Esta opción será negociada cuando no se pueda utilizar otro protocolo más sofisticado.
- **Exigir autentificación cifrada**: Esta opción obliga a que el cliente envíe la contraseña cifrada. Por lo tanto no se podrá utilizar el protocolo PAP. Es posible utilizar distintos algoritmos de cifrado, por lo que el cliente podrá negociar en el momento de la conexión el protocolo de codificación a utilizar.
- **Exigir autentificación cifrada de Microsoft**: Para permitir la conexión utilizando únicamente la autentificación MS-CHAP. En este caso se puede exigir el envío de todos los datos cifrados. Es el nivel de seguridad más alta que puede proporcionar Windows NT.

La última casilla seleccionable es la posibilidad de **Activar enlace múltiple** y solamente estará disponible en estaciones con Windows NT Server. Esta opción es útil para permitir incrementar el ancho de banda de las comunicaciones, ya que nos permitirá establecer varias conexiones físicas en un grupo.

Administración del Servicio de Acceso Remoto

Una vez hemos instalado y configurado el servicio y hemos reiniciado el equipo, los usuarios podrán conectarse remotamente al servidor. Como administradores dispondremos de una herramienta que nos permitirá administrar el servicio, así como conceder o revocar permisos y otra serie de opciones que estudiaremos a continuación.

También nos puede servir para detectar errores en los puertos, ya que si observamos que se utilizan menos puertos de los esperados es posible que alguno esté fallando. También podremos monitorizar el acceso de los usuarios a través de un puerto.

El **Administrador de acceso remoto** lo encontraremos dentro de las **Herramientas Administrativas** y, cuando seleccionemos esta opción, nos aparecerá la ventana representada en la Figura 18.8.

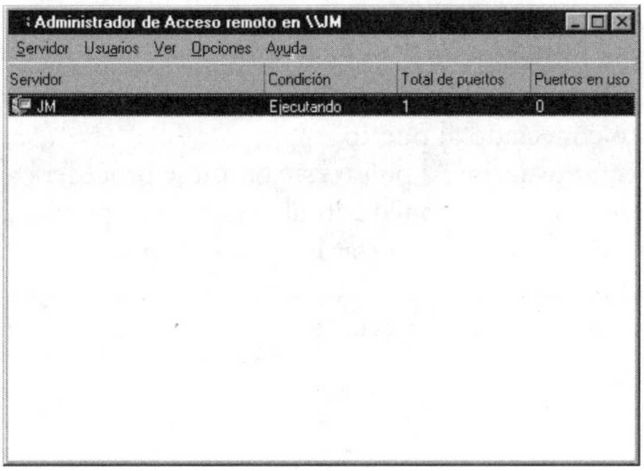

Figura 18.8. Administrador de Acceso Remoto.

Administración de servidores RAS

En primer lugar será necesario seleccionar el servidor que queremos administrar. Para ello elegiremos la opción **Seleccionar dominio o servidor**, apareciéndonos un panel en el que encontraremos todos los dominios a los que tenemos acceso mediante las relaciones de confianza y, bajo ellos, los servidores que tendremos disponibles para administrar.

Una vez elegido el servidor será posible a través de las opciones del menú **Servidor**, **Iniciar**, **Detener**, **Pausar** y **Continuar** administrar el servicio:

- **Iniciar**: Iniciar el servicio en el servidor seleccionado.
- **Detener:** Permite detener el servicio confirmando previamente la operación. En el caso de tener usuarios conectados en primer lugar se debería bloquear el servidor para que no puedan conectarse nuevos usuarios, a través de la opción **Pausar**. A continuación, es conveniente enviar un mensaje a los usuarios conectados, puesto

que de esta manera podremos evitar la pérdida de información si éstos no la habían almacenado en el momento de la desconexión. Cuando se selecciona la opción de **Detener**, se visualiza la lista de usuarios conectados. Se debe esperar a que todos hayan atendido el mensaje y se hayan desconectado para confirmar la operación.
- **Pausar**: Esta opción permite bloquear la conexión de nuevos usuarios, aunque los que ya tienen la conexión establecida podrán seguir trabajando sin problemas.
- **Continuar**: Es la opción contraria a la **Pausa**, ya que permite que vuelvan a establecerse conexiones a través del servidor RAS.

La última opción que encontramos en el menú **Servidor** es **Puerto de comunicaciones...** Esta opción, en primer lugar, nos muestra cada puerto con el nombre de usuario conectado al mismo y la fecha y hora de conexión al mismo. También nos proporciona soporte para poder realizar determinadas tareas:

- **Estado del puerto**: Permite visualizar las estadísticas de conexión del dispositivo conectado al puerto (bytes y tramas de entrada/salida), estadísticas del puerto (bytes de entrada/salida), errores y datos de la estación remota conectada (direcciones o nombre).
- **Enviar mensaje**: Podremos enviar un mensaje al usuario que se encuentra en ese momento conectado al puerto.
- **Desconectar usuario**: Al pulsar este botón se procederá a la desconexión del usuario que se encuentre conectado al puerto que previamente habremos de haber seleccionado. Conviene utilizar la opción de enviar mensaje previamente a la desconexión de un usuario.
- **Enviar a todos**: Permite enviar el mensaje a todos los usuarios del servidor o del dominio.

Administración de Usuarios de RAS

Para establecer los usuarios que podrán utilizar el servicio de acceso remoto será necesario conceder permisos de acceso en el **Administrador de Acceso Remoto**. El cuadro de diálogo que nos permitirá realizar esta tarea está representado en la Figura 18.9, y para acceder a él deberemos elegir la opción **Permisos** del menú **Usuarios**.

Además de poseer el permiso de **Conexión remota**, será necesario que el usuario posea una cuenta en el dominio o estación de trabajo al que queremos permitir su acceso. Esto es necesario, puesto que una vez que el usuario establece la conexión es necesario conocer los recursos a los cuales el usuario tendrá acceso. Estos permisos estarán contenidos en la base de datos general de usuarios del dominio o servidor RAS y son concedidos y revocados según las herramientas estudiadas en el Capítulo 3 del presente libro.

En el cuadro **Usuarios**, si estamos trabajando con modelo Dominio, podremos visualizar todos los usuarios existentes en la base de datos de seguridad. Para que un usuario pueda conectarse remotamente será necesario que posea una cuenta de usuario en el dominio. En el caso de estar en una estación de trabajo en modelo Grupo de Trabajo, será necesario poseer una cuenta en la estación que estamos administrando.

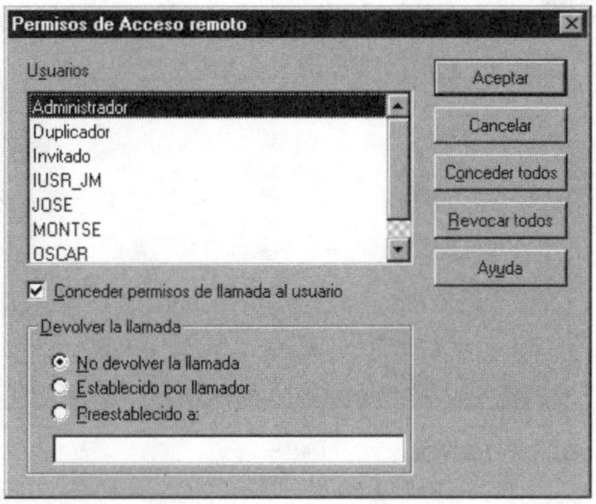

Figura 18.9. Establecimiento de los permisos de acceso remoto.

Observando el cuadro de diálogo, observamos la existencia de dos botones que nos permitirán la asignación rápida de permisos de conexión a todos los usuarios o bien revocar el permiso de conexión de todos los usuarios.

Cuando no nos interese que todos los usuarios puedan establecer una conexión y sólo algunos estén autorizados para ello, será necesario proporcionar permisos individualmente a todos los usuarios que queramos autorizar. Para ello seleccionaremos el usuario al que vamos a autorizar a utilizar el servicio y seleccionaremos la casilla **Conceder permisos de llamada al usuario**. Esta operación deberá repetirse para cada usuario que deba ser autorizado.

El cuadro **Devolver la llamada** especifica si un usuario está autorizado a utilizar la devolución de llamada. Por defecto no se produce devolución de llamada. Cuando se establece el permiso de devolver la llamada se inicializa el proceso siguiente: el usuario remoto llama al servidor de RAS y debe proporcionar nombre de usuario y contraseña; una vez validado el acceso al servidor, esté cortará la conexión e inmediatamente procederá a devolver la llamada al usuario que ha solicitado la conexión. Esta **devolución de llamada** se puede configurar de dos maneras, la primera posibilidad es que el usuario que ha solicitado la conexión RAS deberá proporcionar el número al que el servidor RAS deberá retornar la llamada; la segunda posibilidad es establecer un número de manera predeterminada para que el servidor, cada vez que el usuario solicite el servicio RAS y posea permiso de devolución de llamada, llame al número indicado en el cuadro correspondiente. Lógicamente, cada usuario podrá disponer de su propio número. Este sistema de devolución de llamada contribuye a aumentar la seguridad del sistema, puesto que cualquier usuario que establezca una conexión estará previamente localizado, ya que es el servidor quien realiza la llamada a una localización conocida.

La segunda opción del menú **Usuarios** es la de **Usuarios activos** que nos permitirá ver los usuarios que se han conectado a los servidores RAS de un dominio (Figura 18.10). En el caso de no trabajar con dominio, se visualizarán los usuarios que se han conectado al servidor que se está administrando.

En el cuadro principal se pueden visualizar los usuarios conectados en un momento determinado con indicación del servidor a través del cual han realizado la conexión, así como fecha y hora de la misma.

Las opciones de trabajo las encontramos a la derecha de la ventana y nos permiten las siguientes opciones:

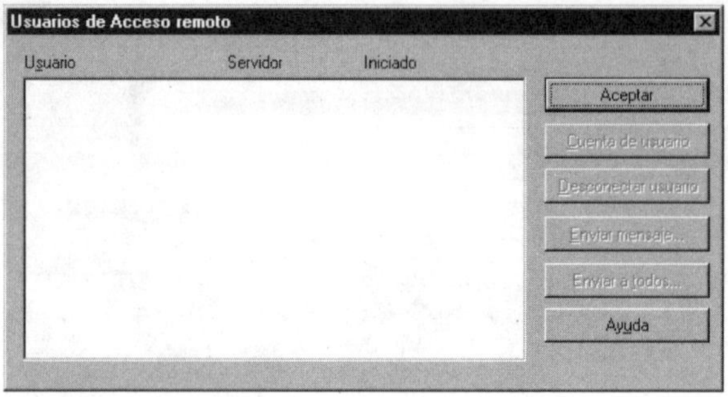

Figura 18.10. Usuarios activos.

- **Cuenta de usuario**: Permitirá visualizar datos referentes a la cuenta del usuario. Estos datos son el identificador de usuario y nombre completo, fecha y hora del último cambio de contraseña, nivel de privilegio y privilegio de devolución de llamada y número predeterminado.
- **Desconectar usuario**: Previamente a pulsar el botón se debe seleccionar uno de los usuarios para proceder a su desconexión del servidor RAS.
- **Enviar mensaje**: Como en el caso anterior, se enviará el mensaje únicamente al usuario que se ha seleccionado. Es conveniente utilizar esta opción previamente a proceder a la desconexión de un usuario.
- **Enviar a todos**: No es necesario seleccionar ningún usuario ya que el mensaje es enviado a todos los usuarios que se encuentran conectados en un momento determinado.

Configuración de clientes

Para conectarse a un servidor RAS las estaciones deberán, en primer lugar, realizar una llamada al servidor. Esta llamada se efectuará a través de la utilidad **Acceso Telefónico a Redes**, la cual nos permitirá realizar la llamada con las propiedades que hayamos especificado así como administrar una guía telefónica en la que podremos almacenar los números de teléfono que deberá utilizar.

Acceso telefónico a redes lo podremos encontrar en un nuevo icono en **Mi PC**, o bien en el menú inicio dentro de **Accesorios**. Seleccionando esta opción tendremos acceso al cuadro de diálogo representado en la Figura 18.11.

De manera predeterminada se encuentra activada la opción de **Activar marcado por ubicación**. Esto sirve para que RAS se encargue de mantener las entradas de la guía telefónica de tal manera que cuando sea necesario establecer una conexión con algún servidor para acceder a un determinado recurso, el propio servidor y, de manera automática, podrá realizar la llamada para establecer esta conexión. Esta conexión podrá ser iniciada por cualquier usuario o por cualquier aplicación que necesite servicios de un servidor remoto.

Esta característica puede ser desactivada. Para ello debemos pulsar el botón **Más** y elegir la opción **Preferencias del usuario.** En el panel **Marcando** nos aparecerá un cuadro

Figura 18.11. Acceso telefónico a redes.

titulado **Activar marcado por ubicación** el cual contiene una lista de las posibilidades de ubicación para realizar las llamadas.

Guía telefónica

Desde este panel tendremos la opción de editar las entradas de la guía telefónica. Para ello, cuando pulsamos el botón **Más**, seleccionaremos la opción **Editar entradas y propiedades del módem.**

Dispondremos de varias opciones de configuración. En primer lugar aparece el panel **Básico** (Figura 18.12) con el nombre de la entrada seleccionada en el cuadro **Acceso Telefónico a Redes** y su información asociada : comentario, número de teléfono y módem utilizado. Podremos modificar toda la información, incluso el nombre proporcionado a la entrada.

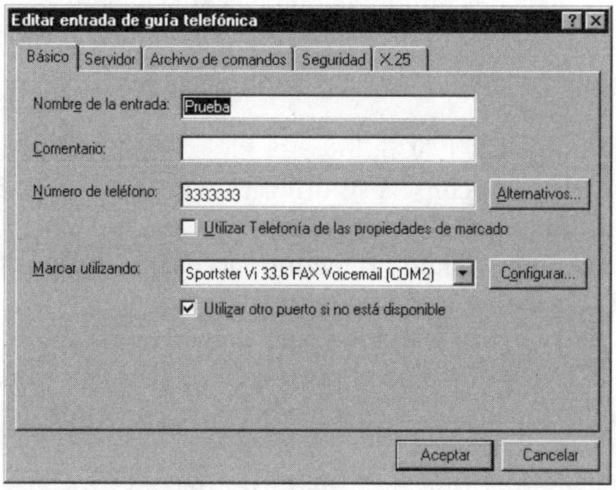

Figura 18.12. Editar guía telefónica.

Con el botón **Alternativos** podremos introducir varios números de teléfono asociados a una entrada de la guía telefónica. Esta opción es útil cuando queremos acceder a una red con varios servidores. En el momento de efectuar la llamada, esta se realizará al número telefónico especificado en primer lugar, pero si este número no se encuentra disponible para efectuar la conexión, se intentará con los números alternativos que habremos especificado a través de esta opción.

También es posible acceder a las opciones de configuración del dispositivo que se va a utilizar para establecer la conexión. Para este cometido se debe seleccionar el dispositivo de la lista que aparece en el cuadro **Marcar utilizando** y, posteriormente, pulsar el botón **Configurar**.

Cuando estamos utilizando un módem podremos configurar:

- **Velocidad inicial** (bps): Esta es la velocidad inicial que utilizará el módem para negociar la velocidad de conexión con el dispositivo remoto. No tiene que ser la velocidad definitiva de conexión, puesto que ésta dependerá del resultado de la mencionada negociación y, por tanto, podrá ser mayor, menor o igual a la velocidad especificada en bits por segundo.
- **Habilitar control de flujo por hardware** ayuda a mejorar la conexión y disminuir el número de errores, puesto que se pone un marcha un mecanismo por el que programa de acceso remoto puede conocer si la línea está ocupada o libre y, como consecuencia de ello, decidir si envía información o queda en estado de espera.
- **Habilitar control de errores en el módem** contribuye también a mejorar la transmisión de datos, puesto que únicamente podrán pasar a través del módem los datos correctos. La corrección de los datos se decide posteriormente al análisis del CRC (Bloque de control para la detección de errores).
- **Activar la compresión del módem** permite que el número de bits enviados a través de la línea disminuya.
- **Desactivar el altavoz del módem** permite no escuchar los sonidos emitidos por el módem cuando está estableciendo la conexión y transmitiendo datos.

Cuando estemos utilizando enlace múltiple también podremos acceder a la configuración añadiendo y eliminando números de teléfono o modificando el orden de acceso, de forma que cada dispositivo tendrá su propia configuración.

La segunda ficha de configuración de la guía telefónica es la de **Servidor**, la cual permite establecer las opciones del servidor al que vamos a conectarnos.

Tres **tipos de servidor** vamos a encontrar:

- **PPP**, Windows NT, Windows 95 Plus, Internet. PPP es un protocolo estándar de la industria y se aconseja su utilización cuando no se conoce con exactitud el sistema utilizado por el equipo remoto.
- **SLIP**, Internet. Cuando queramos acceder a equipos UNIX que utilizan SLIP se deberá seleccionar este tipo de servidor.
- Windows NT 3.1, Windows para trabajo en Grupo 3.11. Puesto que estas versiones de Windows utilizan el **protocolo de RAS antiguo**, será necesario seleccionarlo cuando queramos acceder a servidores con estos sistemas operativos.

Una vez elegido el tipo de servidor se deberá proceder a la **configuración de los protocolos de red local** que se van a utilizar. Cuando instalamos la parte servidora del

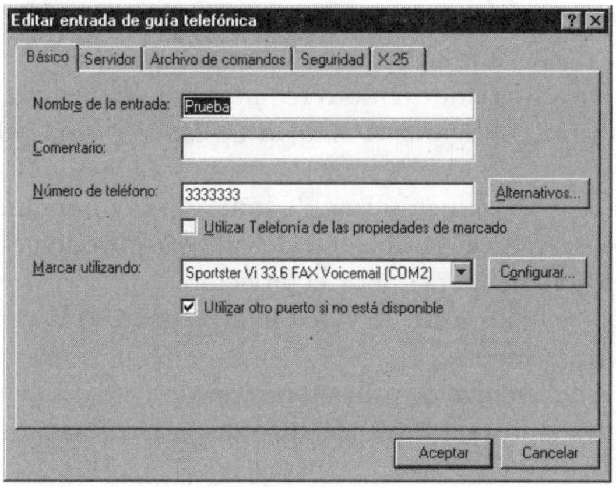

Figura 18.13. Editar entrada de la guía telefónica.

servicio ya vimos cómo se podían proporcionar direcciones a los clientes. Ahora es el momento de indicar de qué manera los clientes van a solicitar direcciones o números de red para establecer la conexión a una red remota. Para ello, y para cada protocolo que tengamos configurado en la estación, se nos activará el botón de configuración correspondiente.

En el caso de TCP/IP existen dos maneras para poseer una dirección IP. Se puede especificar si será el servidor quien proporcione la dirección o si la estación que estamos configurando requerirá la dirección que especificaremos en el cuadro correspondiente de configuración. También dispondremos de la posibilidad de introducir las direcciones que proporcionan el servicio de resolución de nombres (tanto WINS como DNS) o bien que sea el servidor quien realice esta tarea.

En el siguiente panel (**Archivo de comandos**) es posible especificar un archivo de órdenes que será ejecutado al iniciar una sesión remota o bien indicar que se va a utilizar el servicio de inicio remoto.

Switch.inf es el archivo de órdenes que nos servirá de plantilla para crear nuestros propios archivos. Es accesible con el botón **Editar archivos de órdenes**, y se podrá modificar y almacenar con el nombre que deseemos para su posterior utilización. Este archivo podría, incluso, funcionar sin realizar en él ninguna modificación para muchos servidores PPP. Por este motivo, en primer lugar y antes de pasar a modificar o crear nuestro archivo de órdenes, podríamos probar el funcionamiento con el archivo de órdenes genérico.

En el panel de **Seguridad** se deben especificar las reglas que se van a utilizar para la negociación de los mecanismos de seguridad. La directiva de autentificación especifica la forma en que los clientes deberán identificarse ante el servidor y cómo se van a transmitir los datos a través de la línea telefónica (cifrado o no). Referirse al apartado del servidor para conocer las opciones con más detalle.

El último panel titulado **X.25** sirve para especificar el nombre de red X.25 a la cual vamos a realizar la llamada. La dirección X.25 es el equivalente al número de teléfono cuando estabamos utilizando el módem. La información adicional dependerá de las características especificadas por nuestro proveedor.

Inicio de sesión remoto con pantalla de terminal

En el caso de que el servidor remoto requiera que se inicie la sesión como **pantalla terminal**, es necesario configurar el archivo de órdenes para poder utilizar este inicio de sesión.

Si utilizamos RAS, el mecanismo de conexión es automático, pero en el caso de otros proveedores del servicio es posible que debamos ir introduciendo una larga secuencia de órdenes en una ventana para iniciar el servicio.

Una vez conectados a un servidor remoto aparece la ventana **Terminal** en la que podremos iniciar la sesión.

La creación del archivo de órdenes nos puede ayudar a evitar tener que introducir de manera repetitiva la misma secuencia de órdenes para iniciar una sesión remota.

Monitor de acceso telefónico a redes

La última herramienta que forma parte del servicio de acceso remoto es el **Monitor de acceso telefónico a redes**. Se encuentra en el icono **Monitor de marcado** del **Panel de Control** (Figura 18.14).

El Monitor de acceso telefónico permitirá, entre otras cosas, acceder al estado de las llamadas, incluyendo velocidad de conexión, tiempo de conexión, estadísticas de utilización del dispositivo, usuarios conectados, etc.

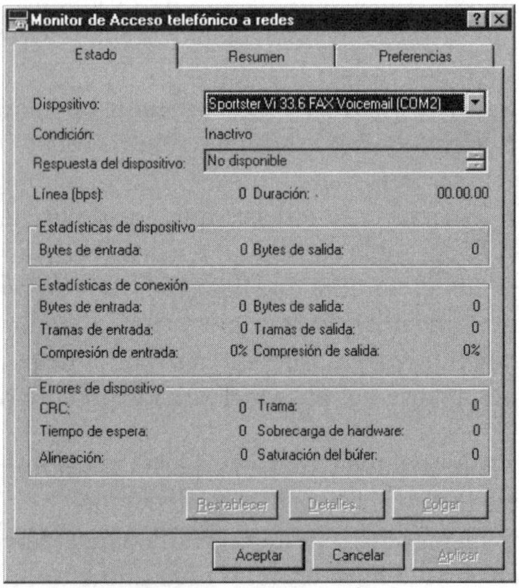

Figura 18.14. Monitor de acceso telefónico a redes.

El monitor de acceso telefónico incluye tres **paneles**.

Estado

En primer lugar será necesario elegir el dispositivo que queremos procesar de la lista que podremos desplegar en el cuadro dispositivo. Una vez seleccionado se nos mostrarán los datos referidos a dicho dispositivo.

En **Condición** se nos muestra el estado actual del dispositivo. Si nos encontramos en una estación cliente nos aparecerá la entrada telefónica utilizada para establecer la conexión. En el caso del servidor aparecerá el usuario conectado y, si en estos momentos no se está utilizando, aparecerá como inactivo.

En la información **Línea** se especifica la velocidad a la que se está efectuando la transferencia de información entre cliente y servidor, mientras que en el apartado de **Duración** conoceremos el tiempo transcurrido desde el inicio de la sesión.

Las **Estadísticas del dispositivo** muestran el total de bytes transferidos y recibidos a través del dispositivo seleccionado.

Estadísticas de conexión, además de información sobre bytes recibidos y transmitidos (después de descomprimirlos), nos muestra información a nivel trama y porcentajes de compresión.

Otra información muy interesante que nos servirá para detectar problemas en los dispositivos son las estadísticas sobre los **errores del dispositivo** y otras incidencias.

Resumen

Desde el panel de **Resumen** se puede ver qué dispositivos y redes están conectados, así como los usuarios. Desde aquí se podrá colgar el dispositivo seleccionado si deseamos utilizarlo para otro cometido, así como acceder a los detalles de los mismos.

Preferencias

El Monitor de acceso telefónico, de manera predeterminada, aparece en la barra de tareas. Las luces representan el tráfico a través de la línea telefónica. De esta manera, un botón de color rojo intermitente estará indicando que se ha producido un error, mientras que una luz azul indica que se está realizando una transferencia de datos.

En contraposición a esta opción podemos seleccionar que el Monitor de acceso telefónico aparezca como una ventana. En este caso observaremos que se nos activarán las opciones de **Mostrar la barra de títulos de la ventana** y **Siempre arriba** que permitirá que el monitor se encuentre siempre en primer plano de ejecución. También será posible seleccionar los dispositivos que deseamos seguir con el mecanismo de luces. En la ventana nos aparecerán varias filas para realizar el seguimiento de los dispositivos.

Detección y solución de problemas

Hasta ahora hemos visto una serie de herramientas que nos permiten monitorizar ciertas acciones en la conexión. Pero esto puede no ser suficiente cuando nos encontremos ante problemas de conexión. Por este motivo Windows NT registra mensajes de auditoría y de error que podrán ser consultadas a través del **Visor de sucesos**.

Los sucesos que se registran se pueden agrupar en diferentes categorías. En primer lugar se registran los sucesos de auditoría, incluyendo información de los usuarios conectados, estado de la conexión, etc. También se registrarán avisos sobre irregularidades que puedan producirse durante la utilización del sistema, así como de los errores que se produzcan.

El resultado de estos registros puede concluir de dos maneras. Se registran todos los hechos que finalizan de manera correcta y los intentos que no consiguen llevar a cabo su propósito de conexión. También existe registro para cuando una conexión lleva cierto tiempo inactivo y fuerza una desconexión del usuario.

El mecanismo de auditoría debe ser activado por el administrador, siendo para ello necesario acceder a la clave del registro:

```
HKEY_LOCAL_MACHINE\SYSTEM\CurrentControlSet\Services\RemoteAc-
cess\Parameters
```

y poner **EnableAudit** con el valor 1.

Capítulo 19
Servicios para Macintosh

Windows NT Server proporciona un componente integrado que permite que clientes Macintosh puedan acceder a impresoras y archivos almacenados en equipos con Windows NT Server tal y como lo harían clientes PC. Este componente, que recibe el nombre de **Servicios para Macintosh**, hace que los equipos Macintosh no necesiten ningún software adicional para acceder a equipos Windows NT Server, pudiendo, incluso, usar este equipo con Windows NT Server como encaminador de AppleTalk (es compatible con AppleTalk Phase 2 pero no con AppleTalk Phase 1).

La versión 4.0 de estos servicios que proporciona Windows NT Server 4.0 ha mejorado el rendimiento de anteriores versiones (recordemos que la primera versión de estos servicios fue diseñada para LAN Manager), permitiendo un mayor número de clientes simultáneos y añadiendo una serie de herramientas administrativas gráficas que están incluidas en las herramientas habituales de un servidor Windows NT Server, como es el Administrador de servidores. Aquí hay que tener en cuenta que la herramienta de gestión de recursos compartidos para clientes Macintosh no se ha integrado con el Explorador de Windows NT, sino que sigue estando en la herramienta **Administrador de archivos** (winfile.exe), la cual podemos ejecutar desde la opción **Ejecutar** del menú **Inicio** o encontrar en el menú **Herramientas Administrativas.**

Características de los Servicios para Macintosh

Utilización de recursos compartidos

Una de las diferencias existentes entre un servidor PC y un servidor Macintosh es la forma de estructurar la información en ellos contenida. Así, mientras un servidor PC (como por ejemplo un servidor Windows NT Server) tiene estructurada la información en un árbol de directorios, un servidor Macintosh la estructura en carpetas. A pesar de esta diferencia, un cliente Macintosh puede acceder a ficheros almacenados en un servidor Windows NT Server que tenga activados los Servicios para Macintosh, ya que estos últimos hacen de interfaz entre el servidor Windows NT Server y el cliente Macintosh, teniendo, este último, la visión típica de carpetas de Macintosh aunque estén situados en un equipo no Macintosh. También cualquier cliente PC (Windows 3.x, MS-DOS, OS/2, Windows 95 o Windows NT) puede acceder a estos ficheros almacenados en el servidor Windows NT Server aunque hayan sido creados o modificados desde el cliente Macintosh, accediendo a ellos de la forma habitual, es decir, a través de una estructura de árbol de directorios. Mediante este mecanismo, usuarios que estén trabajando con diferentes equipos (PC o Macintosh) pueden llegar a compartir ficheros de datos sin ninguna necesidad de conversión previa. Así, por ejemplo, si un usuario de PC utiliza el tratamiento de textos Word para Windows y otro usuario utiliza la versión de Word para Macintosh, podrán abrir el mismo fichero, ya que cada uno lo verá según su sistema operativo. Esta visualización la gestiona los Servicios para Macintosh, los cuales tienen definidas unas asociaciones de archivos Macintosh según el tipo de extensión del archivo PC. Como veremos más adelante, nosotros también podemos añadir nuevas asociaciones según el tipo de extensión.

En las Figuras 19.1 y 19.2, vemos un recurso compartido para clientes Macintosh desde la herramienta **Administrador de archivos** de Windows NT y cómo se ve este mismo recurso desde un cliente Macintosh como una carpeta Macintosh.

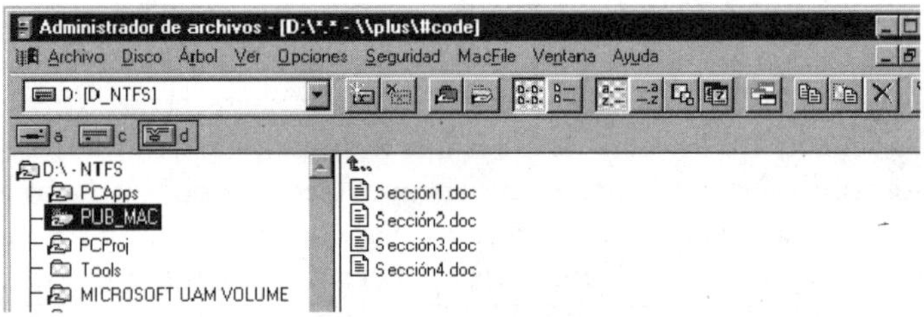

Figura 19.1. Recurso compartido para clientes Macintosh desde el Administrador de archivos.

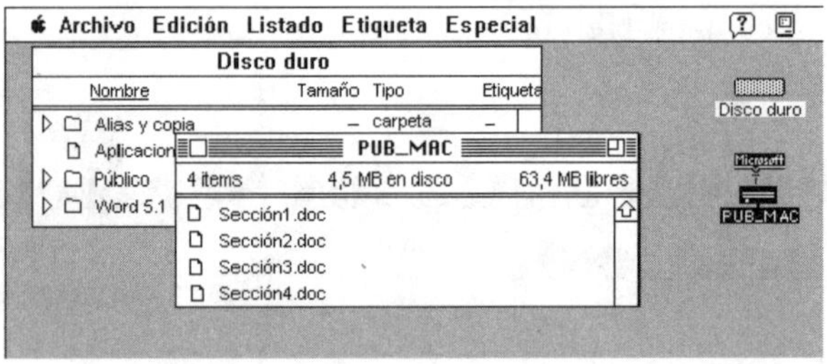

Figura 19.2. Recurso compartido desde un cliente Macintosh.

Lo mismo ocurre con los recursos compartidos de tipo impresora: los clientes Macintosh pueden acceder a impresoras compartidas en un servidor Windows NT Server, mientras los clientes PC también pueden acceder a impresoras PostScript registradas como LaserWriter en una red AppleTalk, pudiendo controlar todas las colas de impresión, tanto de entorno PC como Macintosh, desde una única estación. Además, los clientes Macintosh obtienen una ventaja adicional: pueden utilizar el concepto de **cola de espera** que es comparable con el concepto de cola de impresión, donde un trabajo pendiente de imprimir se espera liberando a la estación que lo envió de esta tarea, pudiendo ésta realizar otros trabajos.

Administración centralizada

A través de los Servicios para Macintosh puedo hacer que un servidor Windows NT Server se convierta también en un servidor Macintosh. De esta forma centralizaré toda la administración de recursos compartidos e, incluso, de autentificación de usuarios (esta prestación se debe instalar en un módulo opcional). Los usuarios Macintosh podrán seguir asignando privilegios de acceso de tipo Macintosh a ficheros almacenados en un servidor Windows NT Server, siendo los Servicios para Macintosh los encargados de traducirlos a permisos de acceso de Windows NT; también los usuarios de PC podrán asignar permisos de acceso a sus ficheros que, cuando sean accedidos por clientes Macintosh, serán traducidos a privilegios de acceso tipo Macintosh.

Encaminamiento de AppleTalk

Los Servicios para Macintosh aportan la posibilidad de que el servidor Windows NT Server actúe como encaminador (dirige y controla los paquetes de datos) entre diferentes redes físicas AppleTalk, creando, por tanto, una única red AppleTalk. También ofrece compatibilidad para encaminamiento de inicialización, que es aquella función que se realiza para inicializar la información de dirección de red de cada una de las redes.

Instalación de los Servicios para Macintosh

Antes de iniciar la instalación de estos servicios es importante saber de qué forma se va a conectar la red Windows NT con la red Macintosh. Normalmente la red Windows NT estará configurada con una topología Ethernet o Token Ring, mientras la red Macintosh utilizará topologías Ethernet, Token Ring o LocalTalk. La topología **LocalTalk** es bastante más lenta que las otras dos, por lo que si debo elegir qué topología usar es conveniente escoger Ethernet o Token Ring, ya que además de ser más rápida, si ambas redes utilizan la misma topología (Ethernet o Token Ring) tan sólo será necesaria una tarjeta de red en el servidor Windows NT Server que acceda a la red física donde estén situados los equipos de la red Windows NT y los equipo de la red Macintosh. Si, en cambio, ambas redes utilizan diferente medio de comunicación, se deberán instalar dos tarjetas de red: una para la red Windows y otra para la red Macintosh, debiendo configurar cada una de ellas para acceder a la red correspondiente.

La **instalación de los Servicios para Macintosh** se puede realizar en el momento de la instalación inicial o bien, posteriormente desde el icono **Red** del **Panel de Control** (en este caso es necesario tener permisos de administrador). En ambos casos se requiere un mínimo de 2 MB de espacio en el disco duro para su instalación.

Si deseamos instalar estos servicios en la instalación inicial debemos seleccionarla manualmente en el momento de establecer los servicios que la estación tendrá inicialmente, ya que Windows NT Server no los instala por defecto. Si, en cambio, los instalamos posteriormente, seleccionaremos la página **Servicios** del icono **Red** y, dentro de ésta, los **Servicios para Macintosh**. En ambos tipos de instalación se nos presenta el siguiente cuadro de diálogo donde podremos modificar la configuración del protocolo AppleTalk según nuestras necesidades.

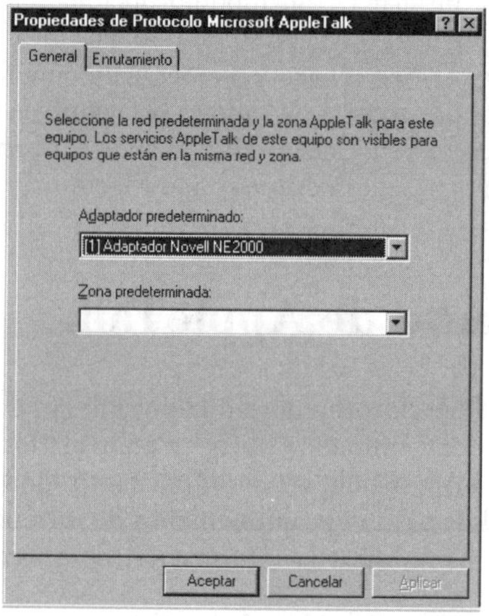

Figura 19.3. Propiedades del protocolo AppleTalk en Windows NT.

Si tenemos varias tarjetas de red instaladas en nuestro servidor Windows NT Server deberemos seleccionar aquella con la que interaccionará con los clientes Macintosh y asignarle la zona donde trabajará (véase el apartado de *encaminamiento* para una definición de los conceptos AppleTalk). Si configuramos cada una de las tarjetas de red instaladas con una zona diferente, el servidor Windows NT Server se verá desde todas ellas.

En esta misma hoja de **Propiedades** existe una página denominada **Enrutamiento**, cuya significación se explicará en el apartado de encaminamiento.

Cuando instalamos estos servicios se inician automáticamente los siguientes **elementos:**

- El **protocolo AppleTalk** que es compatible con el protocolo AppleTalk Phase 2 y que se encarga de la distribución de los datos a través de la red. Funciona en un segundo plano, empleándose para encaminar información y configurar zonas.
- El **Servidor de archivos para Macintosh** que gestiona el acceso a los ficheros por parte de clientes Macintosh. Este servicio permite crear volúmenes accesibles por

clientes Macintosh, administrando los permisos de los mismos y controlando los nombres de los nuevos archivos que se creen.
- El **Servidor de impresión para Macintosh** que permite administrar las impresoras de la red (del entorno PC o del entorno Macintosh), añadiendo el servicio de cola de espera para los usuarios Macintosh.

Esta instalación también añade algunas órdenes del Servidor de archivos para Macintosh en la utilidad **Administrador de archivos** (recordar que no están integradas en el Explorador de Windows NT) y en la herramienta **Administrador de servidores**, en ambos casos bajo un ítem del menú principal denominado **MacFile**. Así mismo se crea un icono **MacFile** en el **Panel de Control** que permite realizar alguna de las acciones que están incluidas bajo el menú **MacFile** del **Administrador de servidores**.

Si, posteriormente, deseamos eliminar los Servicios para Macintosh, primero deberemos detener el protocolo AppleTalk y los servicios del mismo en funcionamiento a través del icono **Dispositivos** del menú **Panel de Control**, para, posteriormente, pasar a su eliminación mediante la opción **Red** del mismo menú. Una vez efectuada esta acción, los volúmenes compartidos para clientes Macintosh dejarán de serlo, pasando a ser simplemente directorios y estando inaccesibles para las estaciones Macintosh.

Utilización de recursos compartidos

Las dos principales características que ofrecen los Servicios para Macintosh son el acceso, por parte de clientes Macintosh, a archivos almacenados en servidores Windows NT Server por medio del Servidor de archivos para Macintosh, así como la utilización de impresoras compartidas por medio del Servidor de impresión para Macintosh.

Uso compartido de archivos

Si nos centramos en el acceso a recursos de disco, hemos de tener presente que para poder compartir un directorio como **volumen accesible desde Macintosh**, éste debe cumplir algunas **características**:

- Encontrarse en una partición formateada con el sistema de ficheros **NTFS** o bien en un volumen CDFS (sistema de ficheros de CD-ROM que sólo son de lectura).
- El volumen debe tener un **tamaño máximo de 4 GB**.
- El tamaño máximo de cualquier fichero es 2 GB.
- El **número máximo de archivos y carpetas** que puede contener es de **65.536**.

Ya se ha comentado anteriormente que los usuarios de PC y Macintosh pueden compartir los mismos ficheros, visualizándolos cada uno con su aspecto habitual. Pero la manera en que los ficheros de un equipo Windows NT Server pueden darse a compartir a cada uno de estos dos tipos de clientes difieren. Así, para los usuarios de PC se debe incluir estos ficheros dentro de un directorio que se comparte con el resto de miembros de la red, según se ha visto en el apartado de Recursos compartidos. En cambio, para los clientes Macintosh no es posible utilizar el mismo mecanismo de creación de recursos compartidos, sino que se debe crear un volumen accesible a Macintosh, utilizando las **reglas específicas de los Servicios para Macintosh:**

- No es posible crear dos volúmenes accesibles a Macintosh en el mismo directorio. En entorno PC se podía compartir un único directorio dos veces con dos nombres de recurso compartido diferentes.
- No es posible crear un volumen accesible a Macintosh de un directorio si uno de sus subdirectorios ya está configurado como volumen Macintosh o bien si uno de sus directorios padre ya lo está. Para usuarios PC es posible compartir un directorio con un nombre de recurso y uno de sus subdirectorios con otro nombre de recurso compartido.
- Los nombres de los volúmenes no pueden sobrepasar los 27 caracteres.

Para **administrar un volumen accesible desde Macintosh** hay que dirigirse a las herramientas **Administrador de archivos** o **Administrador de servidores** del menú **Herramientas Administrativas.** En ambas herramientas los Servicios para Macintosh habrán creado un nuevo menú denominado **MacFile** donde se encuentran las diferentes acciones que hay que realizar sobre este tipo de volúmenes: crear, modificar o eliminar. Si elegimos la opción de **crear volúmenes** se nos presentará un cuadro como el de la Figura 19.4, donde determinar la información siguiente:

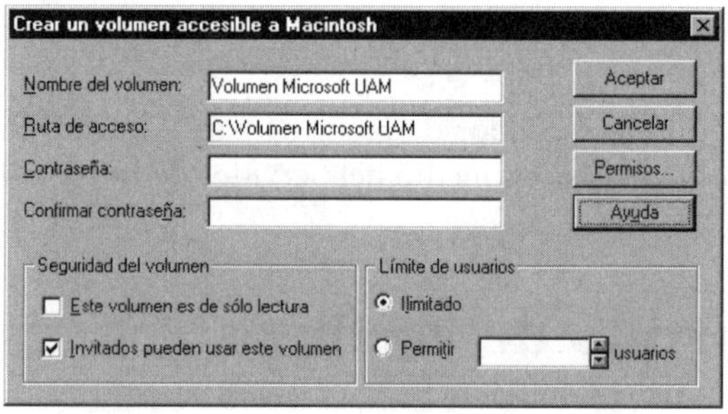

Figura 19.4. Creación de un volumen accesible desde Macintosh.

- Nombre del volumen para los usuarios Macintosh
- Directorio a compartir
- Contraseña del volumen (ver, más adelante, apartado Contraseñas de volúmenes)
- Si el volumen será de sólo lectura. Si se activa esta opción, los permisos menos restrictivos que se asignen a usuarios o grupos quedarán anulados, pasando a tener permiso de sólo lectura.
- Si los usuarios de tipo invitado tendrán acceso a la información de volumen. Si activamos esta casilla, estos usuarios no verán este volumen.
- Número de usuarios simultáneos accediendo al volumen.

También es posible, desde este mismo cuadro, acceder a otro cuadro de diálogo donde se puede especificar los permisos que tendrá este volumen. Este cuadro será explicado en el apartado dedicado a permisos de directorios y ficheros más adelante en este capítulo.

Si seleccionamos la opción de **Modificar volumen**, es posible modificar cualquier información introducida en el momento de la creación (a excepción del nombre del volumen o su ruta de acceso) o bien los permisos asignados.

Una vez ya no se desee que los usuarios Macintosh puedan acceder al volumen, hay que eliminarlo. Esta acción no elimina los archivos o directorios en él contenidos, sino que sólo se elimina como volumen accesible desde Macintosh. Esta operación se puede hacer, como las anteriores, desde el **Administrador de archivos** o desde el **Administrador de servidores**. En caso de que en el momento de la eliminación haya usuarios conectados al volumen, obtendremos un mensaje de aviso, aunque podremos continuar con la acción.

Los Servicios para Macintosh también realizan una tarea de **traducción de los nombres de los archivos y directorios** según éstos hayan sido creados en el entorno PC o en el entorno Macintosh. Si un usuario de Macintosh crea un directorio o archivo en un volumen compartido de un servidor NT Server, los Servicios para Macintosh se aseguran de que cumple todos los requisitos del sistema de ficheros NTFS en cuanto a nombres de archivos o directorios. Si no se cumplieran, estos servicios sustituirán los caracteres no válidos por otros, mostrándose entonces el nombre en el entorno PC con los caracteres sustituidos (en cualquier caso desde el entorno Macintosh se visualizará con el nombre original sin ninguna traducción). Si, en cambio, se crea un archivo o directorio desde el entorno PC con una longitud mayor de 31 caracteres, los usuarios de Macintosh verán el mismo con el nombre corto (8 caracteres) que se utiliza en los clientes que sólo soportan el sistema de ficheros FAT.

Para gestionar la tarea de traducción de archivos de un entorno a otro, los Servicios para Macintosh utilizan un sistema de **asociación según el tipo de extensión** de forma que asocia a cada extensión MS-DOS un tipo de archivo y creador en el mundo Macintosh, de forma que cuando un usuario Macintosh visualiza un archivo del servidor, ve el icono adecuado para ese archivo. Por defecto existe una serie de asociaciones predeterminadas, pero se puede añadir nuevas desde la opción **Asociar** del menú **MacFile** del **Administrador de archivos**. En la Figura 19.5 podemos ver el aspecto de este cuadro:

Figura 19.5. Asociación de tipos de extensión.

Al añadir una nueva asociación, ésta sólo afectará a los archivos creados a partir de entonces pero no a los existentes.

Uso compartido de impresoras

El **Servidor de impresión para Macintosh** ofrece varias ventajas no sólo a los clientes Macintosh, sino también a los clientes de entorno PC, ya que todos ellos podrán imprimir por cualquier impresora definida en el servidor Windows NT Server, bien sea de entorno PC o entorno Macintosh. Así podemos decir que este servidor proporciona tres **servicios:**

- Los usuarios Macintosh podrán imprimir por las impresoras conectadas al servidor Windows NT Server como si fueran impresoras LaserWriter estándar.
- Los usuarios de entorno PC podrán enviar trabajos de impresión a impresoras PostScript del entorno Macintosh, pudiendo administrar el estado de las mismas como si fueran impresoras de la red PC.
- Los clientes Macintosh pueden usar la facilidad de cola de impresión para enviar sus trabajos a la cola y seguir trabajando sin estar esperando a su finalización.

En las redes Windows NT, los dispositivos de impresión se conectan directamente al puerto paralelo o serie del equipo y, posteriormente, se puede configurar para compartirla en la red. En las redes Macintosh, los dispositivos de impresión se conectan directamente a la red usando una conexión LocalTalk. Al utilizar los Servicios para Macintosh no debemos preocuparnos de esta diferente conexión del dispositivo de impresión, ya que es transparente para los usuarios PC y para los usuarios Macintosh, pudiendo ambos imprimir por cualquier dispositivo.

La creación de una impresora conectada a un servidor Windows NT Server que deba ser accedida desde clientes Macintosh se hará con el método habitual de creación, es decir, desde el menú **Impresoras** seleccionando el icono **Agregar impresora**. Aquí seleccionaremos el puerto al cual esté conectada, su nombre y su controlador, además de la opción **Compartida** si queremos que sea accesible por los miembros de la red.

Si se crea una impresora que está en la red AppleTalk se utilizará el mismo mecanismo anterior excepto que en el momento de escoger el puerto al que estará conectada se elegirá el botón **Agregar puerto** y, a continuación, el ítem **Dispositivos de impresión AppleTalk** (Figura 19.6) y **Puerto nuevo**, donde se podrá seleccionar la zona e impresora que se quiere configurar.

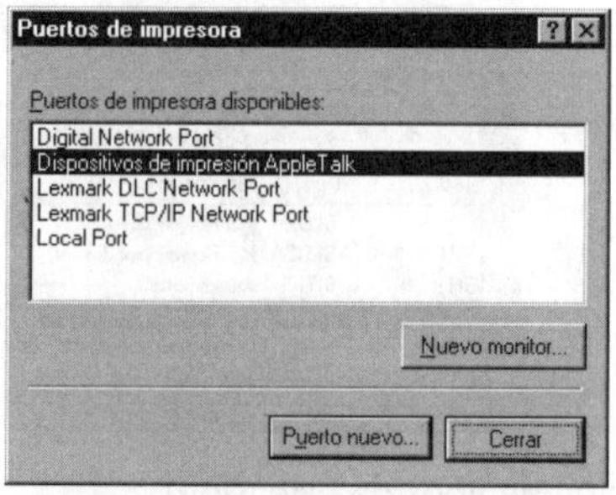

Figura 19.6. Instalación de una impresora de la red AppleTalk desde Windows NT Server.

Si deseamos que el servidor Windows NT Server con los Servicios para Macintosh instalados administre las impresoras de la red Macintosh, debemos configurarla al instalarla en el servidor Windows NT para que no acepte trabajos de impresión de nadie excepto del servidor de impresión, que es el servidor Windows NT. Esta configuración se denomina **reservar o capturar la impresora**. Mediante esta operación nos aseguramos de que sólo el servidor de impresión gestione la impresora, ya que de otra manera podríamos tener conflictos en el momento de la impresión. Si, posteriormente, se desea liberarla, hay que acceder a las propiedades de la misma y, en la página **Puertos**, volver a configurar el puerto.

Cualquier usuario Macintosh que desee imprimir por un dispositivo de impresión que controle Windows NT, debe utilizar una **cuenta exclusiva para el servicio de impresión de Macintosh**. Esta cuenta debe ser creada en el servidor Windows NT Server y asignada al Servidor de impresión para Macintosh de forma que cualquier trabajo de impresión recibido desde una red AppleTalk se procese por medio de esta cuenta de usuario. Además esta cuenta debe ser utilizada para asignar los permisos correspondientes de utilización de los clientes Macintosh a cualquier impresora compartida en el servidor Windows NT, por lo que todos estos clientes tendrán los mismos derechos de acceso a las impresoras. Para realizar la configuración del Servidor de impresión para Macintosh una vez creada la cuenta, nos dirigiremos al icono **Servicios** del **Panel de Control** y seleccionaremos el servicio en cuestión, pulsando a continuación el botón de **Inicio**. El cuadro que se nos presenta (Figura 19.7) nos permite asignar la cuenta con que trabajará este Servidor e, incluso, una contraseña que deberán introducir los usuarios Macintosh cada vez que quieran imprimir a través del mismo.

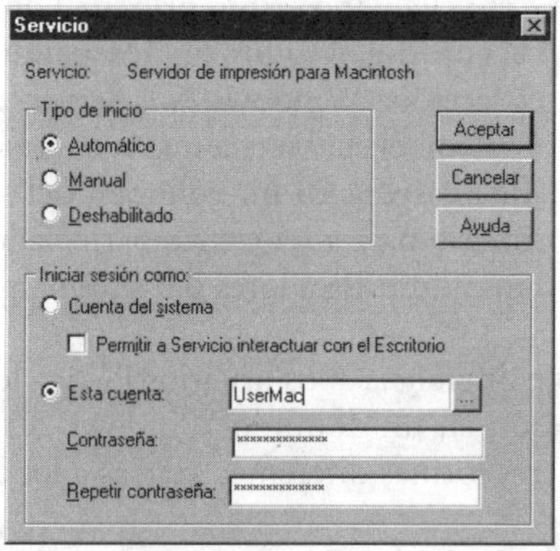

Figura 19.7. Configuración del Servidor de impresión para Macintosh.

Con los dispositivos de impresión de la red AppleTalk gestionados desde un servidor Windows NT Server se pueden utilizar todas las prestaciones que tenía con las impresoras propias de Windows NT (para más información dirigirse al capítulo dedicado al sistema de impresión de Windows NT) como puede ser:

- Instalar múltiples impresoras dirigidas a un solo dispositivo de impresión.
- Instalar una única impresora que tenga configurado un pool de dispositivos de impresión.

Administración centralizada

Por medio de los Servicios para Macintosh se puede configurar la red mixta PC/Macintosh para que el servidor Windows NT Server actúe del mismo modo para ambos tipos de clientes, realizando la autentificación de los usuarios que quieran identificarse en la red y gestionando los diferentes permisos que se asignen a los ficheros y directorios compartidos desde ambos entornos. Esto permite mantener la integridad de la información en él contenida independientemente del tipo de usuario que esté accediendo a la misma.

Autentificación de usuarios

La **autentificación de usuarios Macintosh** por parte del servidor Windows NT Server se compone de dos partes: aquella que se configura en el mismo servidor y la propia de cada cliente Macintosh.

No necesitamos añadir ningún módulo especial en una estación Windows NT Server con los Servicios para Macintosh instalados para poder autentificar usuarios Macintosh, sino que Windows NT utiliza la misma base de datos de cuentas de usuario para autentificar los usuarios del entorno PC y los usuarios de entorno Macintosh (estos últimos a través de los Servicios para Macintosh). Por tanto, sólo necesitamos agregar una vez cada usuario independientemente del entorno desde el cual quiera conectarse.

En el entorno Macintosh aparece un nuevo concepto en el campo de la gestión de usuarios y grupos que es el llamado **grupo principal de usuarios**, el cual podemos asociar al grupo primario en el entorno Windows NT. Cuando agreguemos un usuario al dominio gestionado por el servidor Windows NT Server, debemos, también, asignar como grupo primario el grupo con el cual tenga más recursos a utilizar en común, ya que cuando este usuario cree una carpeta en un volumen del servidor, pasa a ser su propietario mientras su grupo primario pasa a ser el grupo asociado a la carpeta. De todas formas, el mismo propietario o los administradores del sistema pueden modificar el grupo asociado a una carpeta.

Otro aspecto que diferencia a los usuarios PC y a los usuarios Macintosh es la manera de iniciar una sesión en un dominio Windows NT. Los clientes Macintosh pueden **iniciar la sesión** de tres formas diferentes gracias a los Servicios para Macintosh:

- **Como usuario invitado**: Este método permite que los usuarios que no tengan cuenta en el servidor Windows NT puedan iniciar sesión desde un equipo Macintosh sin necesidad de contraseña de entrada. Estos usuarios invitados, normalmente, tendrán menos permisos de acceso que el resto de usuarios identificados.
- **Como usuario con una contraseña de texto simple**: Estas contraseñas no pueden exceder de 8 caracteres y se transmiten sin codificar.
- **Como usuario con una contraseña codificada**, la cual puede tener una longitud máxima de 14 caracteres: Windows NT Server codifica las contraseñas y las almacena de manera que no se puedan extraer directamente del propio cliente.

La configuración de estos métodos de inicio de sesión se realizan a través del **Administrador de servidores** y será explicado más adelante en este capítulo.

En cuanto a los clientes Macintosh que deseemos inicien la sesión contra el servidor Windows NT Server, deben tener instalado el **módulo de autentificación de Microsoft** en el cual pueden especificar el dominio en el que quieren iniciar la sesión. Este módulo se puede instalar directamente desde el propio servidor Windows NT Server, ya que al instalar los Servicios para Macintosh se crea, automáticamente, un volumen accesible desde Macintosh denominado **Volumen UAM de Microsoft** el cual contiene una carpeta **AppleShare** con dicho módulo. Cualquier usuario Macintosh puede acceder a este volumen y arrastrar esta carpeta a su carpeta **Sistema** para poder iniciar la sesión contra el servidor Windows NT Server, mostrándose un cuadro de diálogo similar al siguiente (depende de las opciones de inicio de sesión configuradas en el servidor Windows NT Server):

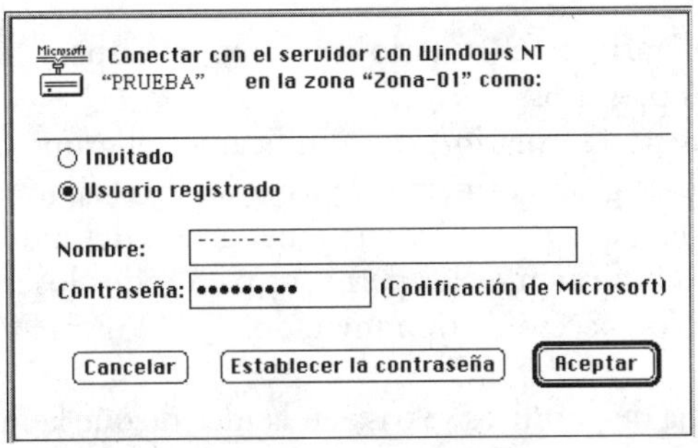

Figura 19.8. Cuadro de inicio de sesión de un cliente Macintosh en un servidor Windows NT Server.

Permisos de directorios y ficheros

El sistema de permisos que ofrece el sistema de ficheros NTFS permite especificar qué usuarios o grupos podrán acceder a cada directorio o fichero del volumen y qué pueden hacer con cada uno de ellos. También podemos asignar permisos a los diferentes recursos compartidos que creemos, indicándole también qué podrá hacer cada usuario o grupo.

El **entorno Macintosh** se diferencia respecto al anterior en que sólo es posible asignar **permisos** de acceso a las carpetas pero no a los ficheros que contiene, siendo éstos diferentes a los definidos en Windows NT:

- **Ver archivos:** Permite que un usuario vea los archivos que hay en una carpeta y los lea.
- **Ver carpetas:** Permite que un usuario vea las carpetas que contiene una carpeta.
- **Hacer cambios:** Permite que un usuario modifique el nombre de los archivos contenidos en la carpeta, los mueva, cree de nuevos o los elimine.
- **No se puede mover, cambiar el nombre o eliminar:** No permite al usuario estas acciones sobre los ficheros existentes, aunque puede crear de nuevo o visualizarlos.

En el entorno Macintosh tampoco es posible asignar permisos sobre una carpeta a diferentes usuarios o grupos, sino que tan sólo podemos asignar permisos a tres **categorías de usuario** según se observa en la Figura 19.9:

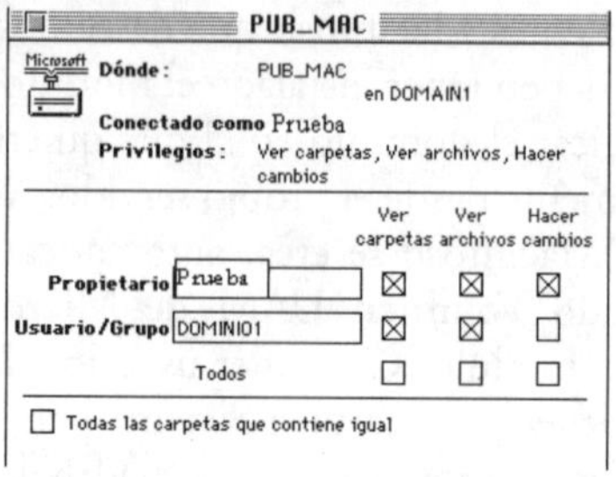

Figura 19.9. Asignación de permisos de usuarios/grupo en Macintosh.

- El **propietario** es el usuario que creó la carpeta, el cual, normalmente, tendrá todos los permisos.
- En la categoría **usuario/grupo** indicamos el grupo asociado a la carpeta (véase el concepto de grupo principal de usuarios en el apartado anterior de autentificación de usuarios) que puede ser cualquier grupo definido en el servidor.
- En **todos** indicaremos los permisos para todos los usuarios del servidor, inclusive aquellos con acceso de tipo invitado.

Esta filosofía de permisos se basa en la idea de que la información contenida en cada carpeta puede ser de tipo privada (sólo accesible por el propietario), de un grupo (accesible a los miembros del mismo) o pública.

Jerarquía de permisos

En Windows NT los permisos asignados al grupo **Todos** no tienen mayor jerarquía que los permisos más restrictivos asignados particularmente a un usuario o grupo, mientras en Macintosh los permisos asignados a la categoría **Todos** invalida los permisos más estrictos asignados a un grupo o usuario.

En el momento de asignar permisos a una carpeta también podemos hacer que asigne los mismos a todas las subcarpetas que contenga, perdiéndose los que tenían hasta entonces.

También desde el **Administrador de archivos** del servidor Windows NT Server (si se han iniciado los Servicios para Macintosh) podemos asignar permisos de tipo Macintosh a directorios de un volumen accesible desde Macintosh siempre que pertenezcamos al grupo de Administradores del dominio. Esta asignación se puede hacer al crear un volumen o modificarlo, o bien al elegir un directorio que tenga asociado un volumen accesible desde Macintosh y escoger la opción **Permisos** del menú **MacFile**. A continuación podemos ver el cuadro de diálogo *Presentación en Macintosh* de los permisos del directorio que permitirán asignar estos permisos de tipo Macintosh.

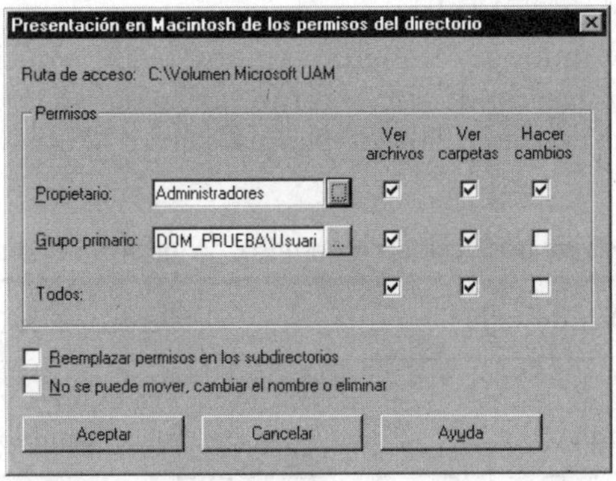

Figura 19.10. Asignación de permisos tipo Macintosh desde el Administrador de archivos de Windows NT.

Como podemos ver, el método de asignación de permisos es muy similar al utilizado nativamente en los clientes Macintosh, sólo que aquí puedo cambiar el propietario o el grupo primario pulsando el recuadro que encontramos a la derecha de los mismos, el cual me mostrará una ventana parecida a la de la Figura 19.11 donde podré elegir el propietario o grupo primario deseado.

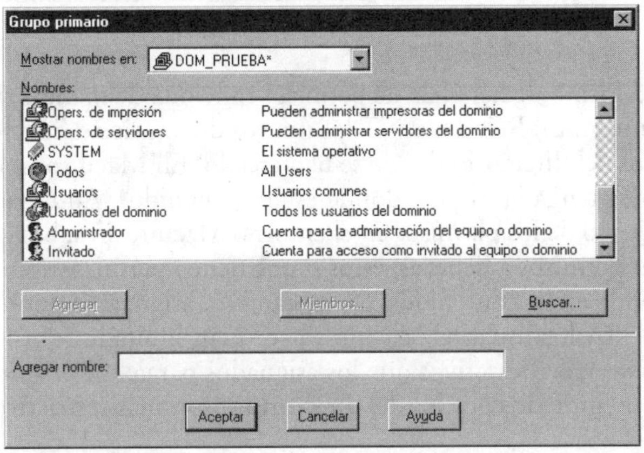

Figura 19.11. Modificación del grupo primario de un volumen accesible desde Macintosh.

Recordar que los archivos Macintosh heredan los permisos de las carpetas que los contienen y que no se pueden establecer permisos directamente.

Los permisos asignados a un volumen accesible desde Macintosh, el propietario del mismo o el grupo principal pueden ser modificados en cualquier momento desde la misma opción de **Permisos** o bien desde el cuadro de diálogo de *Modificación de los volúmenes Macintosh.*

Los **Servicios para Macintosh** se encargan de **traducir automáticamente los permisos de cada uno de los entornos**, de forma que un permiso asignado por un cliente Macintosh es traducido a permiso de Windows NT para almacenarlo, con lo que si un usuario PC desea acceder deberá pasar el filtro correspondiente. De la misma forma, si un usuario de Windows NT asigna permisos, serán traducidos a permisos Macintosh en caso de que un usuario de este entorno quiera acceder. La siguiente tabla muestra las diferentes reglas de traducción de permisos entre Windows NT y entorno Macintosh:

Tabla 19.1. Reglas de traducción de permisos Windows NT a permisos Macintosh

Permisos de Windows NT	Permisos de Macintosh
Leer	Ver archivos y Ver carpetas
Escribir y Eliminar	Hacer cambios

La traducción inversa se muestra en la tabla 19.2.:

Tabla 19.2. Reglas de traducción de permisos Macintosh a permisos Windows NT

Permisos de Macintosh	Permisos de Windows NT
Ver archivos o Ver carpetas	Leer
Hacer cambios	Escribir y Eliminar

El mecanismo de herencia de permisos funciona de manera similar en Windows NT y en Macintosh. En Windows NT los nuevos directorios o ficheros que se crean heredan los permisos del directorio donde se han creado. En Macintosh, los archivos heredan los permisos que tenga la carpeta donde están contenidos. Aquí hace falta hacer una reflexión al respecto de los permisos en el entorno Macintosh: si bien es cierto que no se pueden asignar permisos a ficheros, éstos si que tienen permisos asignados que heredan de la carpeta donde están contenidos. Si, en cambio, asignamos permisos a un archivo desde el entorno PC, los usuarios Macintosh se verán limitados por los mismos sólo si estos permisos son más restrictivos que los asignados para el directorio que contiene el archivo, viéndose limitados por los del directorio si son más restrictivos.

Contraseñas de volúmenes

Los Servicios para Macintosh ofrecen la posibilidad de asignar una **contraseña a los volúmenes** accesibles desde Macintosh definidos en un equipo Windows NT Server. Esta contraseña, que se puede asignar cuando se crea el volumen, proporciona un **mayor nivel de seguridad**, ya que cualquier usuario Macintosh que quiera acceder al volumen debe escribir su contraseña.

Esta contraseña de volumen es transparente para los usuarios de entorno PC en caso de que éstos accedan a los directorios o ficheros contenidos en el volumen accesible desde Macintosh.

Encaminamiento

Antes de entrar en la posibilidad de configurar una estación Windows NT Server como encaminador de redes AppleTalk, es conveniente hacer un pequeño repaso de los conceptos de redes aplicables a este modelo AppleTalk.

Los equipos Macintosh se pueden agrupar en redes físicas AppleTalk, cada una de las cuales une a todos sus miembros mediante un mismo sistema de cableado de red. Estas redes físicas independientes se pueden unir a su vez a través de **encaminadores** para formar una gran red AppleTalk que recibe el nombre de **red interna**. Estos encaminadores tienen un registro de las diferentes redes físicas que forman la red interna, para, de esta forma, poder enviar los datos recibidos de una red física a la red física destino.

Existen algunos de estos encaminadores que también reciben el nombre de **encaminadores de inicialización**, ya que, además de la función de encaminamiento de datos, realizan la función de inicializar y distribuir la información de encaminamiento de una red necesaria para que el resto de redes físicas puedan enviarle información. Cada red física debe tener como mínimo un encaminador de inicialización en la red interna, aunque a veces se instalan varios en la misma red física para una mayor seguridad en el caso de que uno de ellos quede fuera de servicio. Si nos encontramos en esta última situación con varios encaminadores de inicialización, el primero que se ejecute en la red pasará a ser el encaminador de inicialización real, siendo su información de encaminación la correcta.

Los encaminadores de inicialización deben ser los primeros en iniciarse para que el resto de encaminadores de la red interna conozcan la información necesaria para las funciones de encaminamiento.

Otro aspecto que debemos considerar es el **tipo de red AppleTalk** que se está utilizando con las estaciones Macintosh, ya que los Servicios para Macintosh sólo se pueden utilizar en las redes de tipo **Phase 2**. Este tipo de red AppleTalk soporta cualquier tipo de medio de comunicación, Ethernet, Token Ring o LocalTalk. Pero antes de continuar conviene aclarar algunos conceptos respecto a las redes AppleTalk Phase 2:

- Un **nodo** es cualquier dispositivo de una red AppleTalk, es decir, una estación, una impresora o un encaminador.
- Un **número de red** o **intervalo de red** es la dirección o intervalo de direcciones asignadas a la red. Un número de red identifica a una red física determinada y es utilizado por los encaminadores para enviar los datos a la misma. Las redes AppleTalk que utilizan topología LocalTalk tienen cada una un único número de red. En las topologías Ethernet o Token Ring se puede asignar un intervalo de red a cada una de las redes. Este diferente tratamiento hace que las redes con LocalTalk no puedan pasar del límite de 254 nodos en la red mientras los otros dos tipos de redes pueden tener hasta 253 nodos en cada intervalo de red, lo cual permite la existencia de más nodos en la red.
  Un intervalo o número de red debe estar entre 1 y 65.279.
- Una **zona** es una agrupación lógica parecida a un dominio de una red Windows NT. Cada red de tipo LocalTalk debe estar configurada en una única zona, mientras las redes con topología Ethernet o Token Ring pueden tener varias zonas asociadas, pudiendo configurar cada nodo de la misma a una de estas zonas independientemente de la red física a la que corresponda.

Cada estación Macintosh está asignada a una única zona aunque tiene acceso a cualquier servidor o impresora de las otras zonas. Normalmente cada cliente se asigna a una zona predeterminada que es con la que trabajará habitualmente, pero el usuario puede configurar la estación para que esté asignada en otra zona distinta de la actual.

Como ya se ha dicho, un equipo con Windows NT Server y los Servicios para Macintosh instalados puede configurarse para que actúe como encaminador o, incluso, como encaminador de inicialización. Esta configuración la podemos hacer a partir de la hoja de propiedades de los Servicios para Macintosh que podemos acceder desde el icono **Red** del **Panel de Control**. En la Figura 19.12 se muestra una de estas páginas de configuración, en la que podemos observar las diferentes opciones que tenemos:

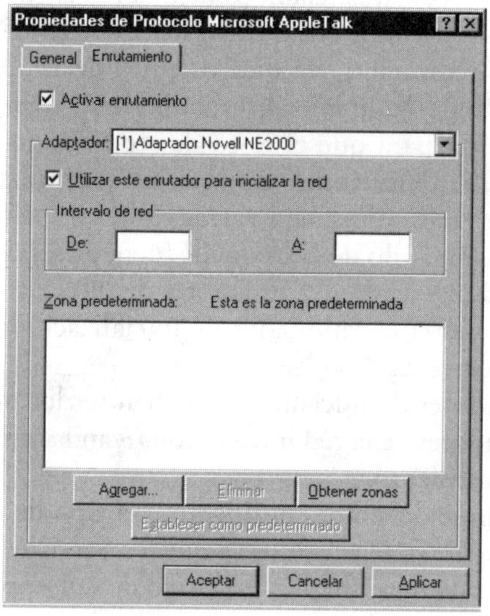

Figura 19.12. Configuración de las opciones de encaminamiento de los Servicios para Macintosh.

- Si activamos la opción de **Activar enrutamiento**, el servidor Windows NT Server se convierte en un encaminador de redes AppleTalk para esa tarjeta de red seleccionada. Podemos activar esta opción para cada una de las tarjetas instaladas, de manera que si cada una de ellas está conectada a una red física diferente, actuará como enrutador entre todas ellas.
- También podemos activar la casilla de **Utilizar este enrutador para inicializar la red** para cada una de las tarjetas de red que se haya instalado, es decir, para cada una de las redes físicas a las que está conectado. Una vez seleccionado es importante rellenar completamente el resto de información asociada (sólo está disponible si activamos la casilla de inicializar la red), como es el intervalo de red asignada a la misma (si se utiliza la topología LocalTalk no se podrá asignar valor al intervalo final, ya que este tipo de red sólo tiene un número de red), la zona predeterminada o la lista de zonas, ya que, de lo contrario, es posible que ninguno de los encaminadores de la red interna funcione.
- En la información de zonas podemos ver la lista actual (opción **Obtener zonas**), agregar zonas o eliminar zonas de la lista. También podemos configurar la zona

predeterminada que aparecerá en los nodos de la red Macintosh que no tengan especificado una zona. Para que cualquier cambio efectuado entre en vigor, debemos detener el protocolo AppleTalk y volverlo a iniciar.

Administrador de servidores

La instalación de los Servicios para Macintosh provoca que se añada en el **Administrador de Servidores** una nueva opción de menú **MacFile.** Algunos de los ítems del mismo los hemos visto cuando hablábamos de la administración de volúmenes accesibles desde Macintosh (creación, modificación y eliminación de volúmenes). En este apartado vamos a ver las otras dos entradas de este menú: **Propiedades** y **Enviar mensaje.**

La opción de **Enviar mensaje** permite enviar un mensaje a todos los clientes Macintosh conectados en ese momento al servidor Windows NT.

La opción de **Propiedades** permite establecer las **opciones de seguridad** para el servidor y realizar otras tareas de administración de los clientes y volúmenes Macintosh. Como vemos en la Figura 19.13, al pulsar esta opción se nos presenta un cuadro similar al que obtenemos cuando visualizamos las propiedades de cualquier estación de una red Windows NT, aunque aquí las posibles acciones son diferentes. Este cuadro también se puede obtener desde el icono **MacFile** del menú **Panel de Control.**

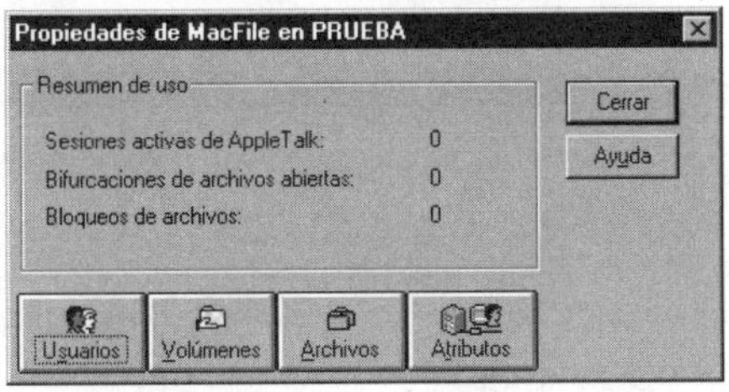

Figura 19.13. Administración de las propiedades Macintosh de un servidor Windows NT Server.

Este cuadro, inicialmente, nos ofrece información sobre las sesiones activas desde las redes AppleTalk, los recursos abiertos (bifurcaciones de archivos) y los bloqueos de archivos, todo ello desde los clientes Macintosh. En la parte inferior del mismo podemos observar cuatro botones que vamos a ver a continuación.

Usuarios

Obtenemos una lista de todos los usuarios conectados al servidor, así como los volúmenes a los que está accediendo e información sobre las bifurcaciones de archivos que tiene abiertos en cada uno de los volúmenes.

También permite enviar mensajes individuales a cada usuario Macintosh que se halle conectado.

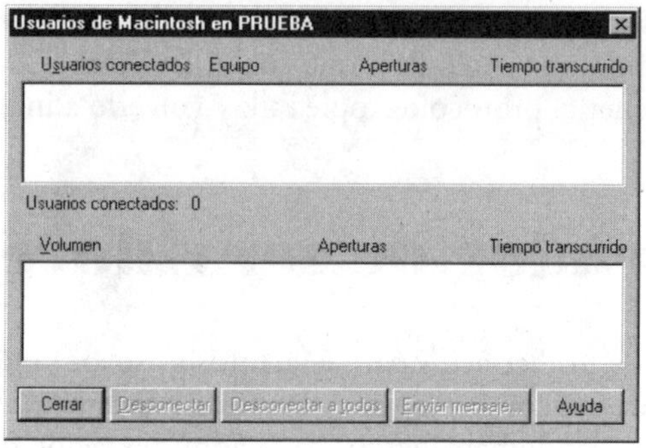

Figura 19.14. Usuarios conectados al servidor y volúmenes en uso.

Volúmenes

Este cuadro muestra una lista de todos los volúmenes accesibles y qué usuarios Macintosh están utilizando cada uno de ellos.

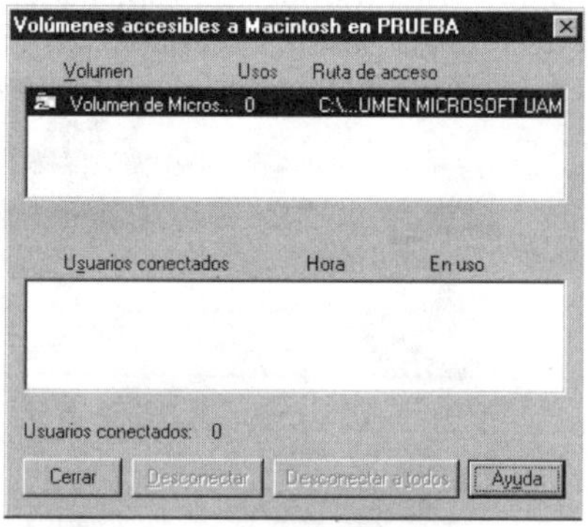

Figura 19.15. Cuadro de volúmenes accesibles a Macintosh.

Archivos

Mediante esta opción puedo analizar qué archivos están abiertos desde clientes Macintosh, quien los ha abierto y para qué (lectura, escritura, etc.).

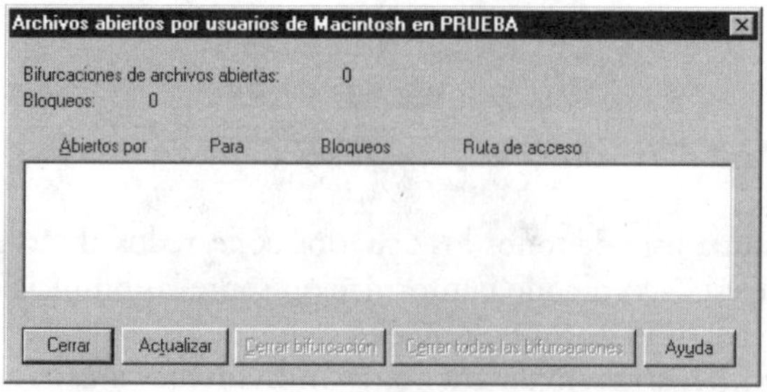

Figura 19.16. Cuadro de visualización de archivos en uso.

Atributos

Desde esta opción podremos establecer algunos parámetros predeterminados del Servidor de archivos para Macintosh así como las **opciones de seguridad** de los usuarios a todos los volúmenes accesibles desde Macintosh. La Figura 19.17 observaremos las diferentes opciones que podemos configurar:

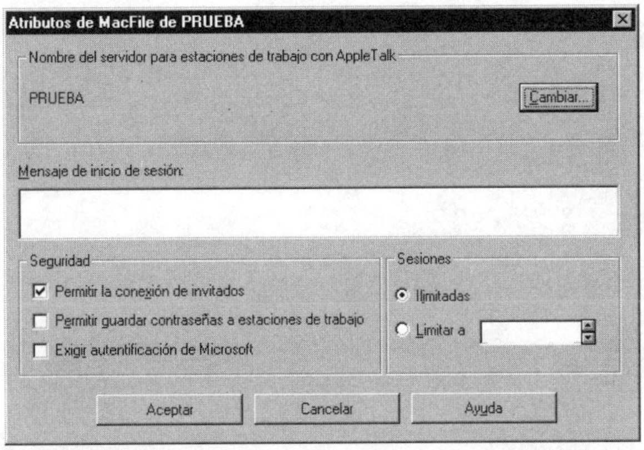

Figura 19.17. Opciones de seguridad a los volúmenes accesibles desde Macintosh.

- Desde el botón **Cambiar** podemos cambiar el nombre del servidor que verán los usuarios Macintosh cuando se quieran conectar al mismo. Este cambio no afecta a los usuarios de entorno PC. Para que entre en vigor es necesario detener y reiniciar el Servidor de archivos para Macintosh.
- Podemos establecer un mensaje de inicio de sesión que se visualizará cuando los clientes Macintosh inicien la sesión contra el servidor Windows NT.
- En el grupo **Sesiones** especificaremos cuántos clientes Macintosh se podrán conectar simultáneamente al Servidor de archivos de Macintosh.
- Si activamos la casilla de **Permitir conexión de invitados** daremos permiso para que usuarios Macintosh sin cuenta en el servidor inicien una sesión en el servidor Windows NT. Hemos de tener en cuenta que si hemos desactivado la cuenta Invitado del servidor Windows NT, ningún usuario, ni los de Macintosh, podrán entrar en la red sin cuenta registrada.
- La casilla **Permitir guardar contraseñas en estaciones de trabajo** permite que los clientes Macintosh guarden sus contraseñas en su propia estación de manera que no se les pedirá cada vez que inicien sesión contra el servidor Windows NT. Esta opción es muy útil operativamente pero disminuye la seguridad del sistema.
- Activando la casilla **Exigir autentificación de Microsoft** indicamos que los usuarios Macintosh que inicien sesión contra el servidor deberán utilizar el módulo de autentificación de Microsoft en lugar de otros como Apple. Este módulo exige un nombre y contraseña, codificando las contraseñas cuando viajan a través de la red.

Recordar que estas opciones se aplican a todos los usuarios Macintosh que deseen iniciar sesión contra el servidor Windows NT.

Capítulo 20
Internet Information Server

Aunque no es el objetivo del presente libro hemos creído interesante dedicar un breve capítulo a esta herramienta que incorpora Windows NT en el que adquirir conocimientos básicos en la instalación y configuración del servicio.

Windows NT 4.0 incorpora en el CD de distribución la versión 2.0 de **Microsoft Internet Information Server** (IIS). Este servidor nos va a permitir la publicación de páginas Web, ya sea para implementar una intranet o para permitir el acceso de usuarios de todo el mundo a través de Internet.

Internet Information Server está integrado en el sistema operativo y, por lo tanto, permitirá utilizar todas las capacidades de éste como por ejemplo los mecanismos de seguridad basados en el sistema de archivos NTFS.

El **servidor de Web**, por ejemplo, permitirá publicar páginas Web o que usuarios de cualquier parte del mundo puedan enviarnos información y utilizar los programas que pongamos en la red. También proporciona **servicios de FTP** mucho más potentes que los que incorpora el propio Windows NT Server.

Los **componentes** que se pueden instalar cuando estamos configurando IIS son los siguientes:

- Servicios de Internet WWW, FTP y Gopher
- Administrador de servicios de Internet
- Administrador de claves que permite la instalación de las claves de SSL (Secure Sockets Layer).

Instalación de Internet Information Server (IIS)

La **instalación de Internet Information Server** se podía haber realizado en el momento de la instalación de Windows NT. Para ello se debía haber respondido afirmativamente a la pregunta que aparece en el momento de la instalación y haber seleccionado los componentes deseados, en caso de no haberse realizado en ese momento se podrá instalar en cualquier momento.

Requerimientos para la instalación

Se da por hecho que disponemos de un equipo con Windows NT Server 4.0 instalado, por lo que cumple todos los requisitos de CPU y memoria necesarios para ejecutar el sistema operativo.

Puesto que el protocolo utilizado en Internet es TCP/IP, necesitaremos tenerlo configurado en el equipo. En el caso de que el servidor deba permitir el acceso de usuarios a través de Internet, deberemos disponer de una dirección IP oficial que nos será proporcionada por nuestro proveedor de servicios. Para la configuración del protocolo TCP/IP referirse al Capítulo 17 en el que se estudia a fondo este protocolo y la forma de configurarlo.

Se deberá utilizar el CD-ROM de distribución de Windows NT 4.0 para poder instalar el programa y chequear que disponemos de suficiente espacio libre en el disco en que queremos realizar la instalación. Para poder utilizar todos los mecanismos de permisos implementados en Windows NT es necesario que la partición de destino esté formateada con el sistema de archivos NTFS.

Para poder utilizar el **servicio de publicación**, los requerimientos dependerán del destino que se va a dar al servidor. En el caso de necesitar el servicio de publicación para una Intranet (para publicar únicamente en la red de nuestra organización), será suficiente disponer de un adaptador de red para estar conectados a la red de la empresa y que esté correctamente configurado. No es necesario pero sí aconsejable disponer de algún servidor en la red que nos permita realizar la resolución de nombres NetBIOS o nombres de dominio a direcciones IP. De esta manera se permitirá a los usuarios los nombres por ellos conocidos en lugar de las direcciones IP. Los servicios que incorpora Windows NT para este cometido son **WINS** y **DNS**.

Si tenemos que incluir el servidor en la red global de **Internet**, ya hemos comentado que requeriremos una dirección oficial para ello. También, como en el caso de una Intranet, es aconsejable registrar la dirección en un servidor DNS. Normalmente este servicio será ofrecido por el propio proveedor de servicios. También el proveedor debe proporcionarnos la dirección del gateway predeterminado, que será la dirección del proveedor que nos permitirá todo el acceso a Internet. Por último se necesitará tener correctamente configurado un adaptador que permita la conexión remota a través de Internet.

El **servidor de FTP** que incorpora IIS es mucho más potente que el incorporado por Windows NT. Por este motivo se aconseja utilizar el de IIS, para lo que será necesario quitar el servicio FTP instalado.

Instalación de Internet Information Server

Antes de proceder a la instalación de IIS es necesario detener cualquier otro servicio de Internet que se pueda estar utilizando.

IIS se instala por defecto en el directorio **%systemroot\System32\InetSrv**, aunque podemos modificar esta ruta.

Si en el momento de la instalación de Windows NT se optó por no instalar Internet Information Server nos aparecerá un icono para poder realizarlo en una sesión posterior.

Si no disponemos de este icono, **para acceder al programa de instalación** uno de los caminos posibles es a través de la aplicación **Red** del **Panel de Control** y agregar IIS como si fuera un servicio cualquiera. Seleccionar **Agregar** en **Servicios** y seleccionar **Microsoft Internet Information Server 2.0**. También sería posible acceder al directorio del CD-ROM para ejecutar el programa **InetStp** en el subdirectorio **i386\InetSrv**.

A continuación nos demandará la ruta de acceso a los archivos de instalación. Si estamos utilizando el CD-ROM de Windows NT 4.0 deberemos especificar la unidad que le corresponde al directorio i386:

```
letra_unidad :\i386
```

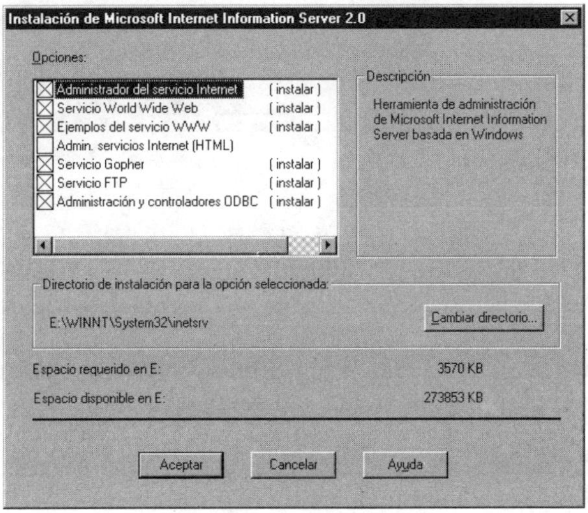

Figura 20.1. Cuadro inicial de instalación de IIS.

Una vez localizados los archivos de instalación deberemos seleccionar los componentes que deseamos instalar en el servidor (Figura 20.1). El cuadro nos mostrará información sobre los requerimientos de espacio en disco y el espacio disponible. Es importante comprobar estos valores por si fuese necesario aplazar la instalación hasta disponer de suficiente espacio.

Los **componentes que se pueden instalar** son los siguientes:

- **Administrador de servicios de Internet**: Es la herramienta que nos va a permitir realizar la administración de los servicios.
- **Servicio World Wide Web**: Es la herramienta que va a permitir que podamos realizar la publicación de páginas.
- **Ejemplos del servicio WWW**: Es un conjunto de archivos HTML (HyperText Markup Language) de ejemplo.
- **Administrador de servicios de Internet (HTML)**: Es la versión HTML del Administrador de servicios de Internet.
- **Servicio Gopher**: Es un servicio para recuperar información de servidores Gopher.
- **Servicio FTP**: Servicio para dar soporte al Protocolo de Transferencia de Ficheros, es mucho más potente que el que incorpora Windows NT.

- **Administración y controladores ODBC**: Se deben instalar los controladores ODBC cuando es necesario acceder a archivos ODBC. La configuración de ODBC se hace a través de la aplicación que encontraremos en el **Panel de Control**.

También en este cuadro es posible modificar la ruta en la que se instalarán los archivos de Internet Information Server. Al pulsar el botón **Aceptar** nos aparecerá un cuadro en el que podremos modificar los directorios de instalación predeterminados para las páginas de publicación, etc.

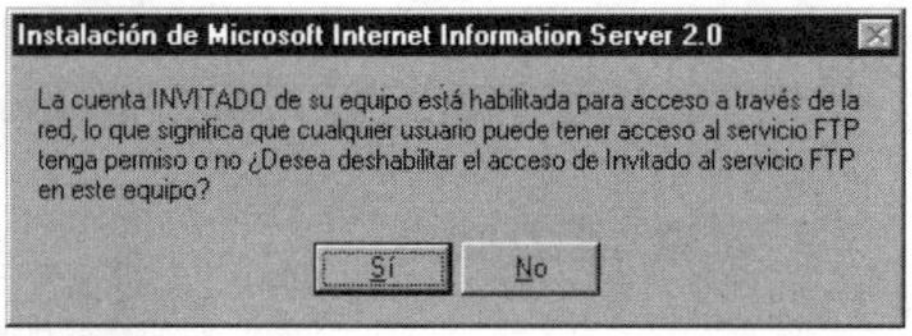

Figura 20.2. Cuenta de invitado.

Si tenemos la cuenta de **Invitado** del servidor habilitada para acceder desde la red, se nos requerirá si deseamos deshabilitar el acceso de esta cuenta al servicio FTP de IIS. También durante la instalación se creará una **cuenta de Invitado para acceso a través de Internet**.

Si hemos seleccionado la opción **Administración y Controladores ODBC** podremos configurar los mismos en este momento de la instalación. Nos aparecerá entonces un cuadro de diálogo que nos permitirá instalar los controladores, debiendo elegirlo de la lista de disponibles. Con la opción **Avanzadas** podremos indicar si se han de cargar los controladores y los administradores de controladores.

Cuando se han copiado todos los archivos al disco local y cerremos la aplicación **Red** es posible que debamos reiniciar el equipo.

Si la instalación ha finalizado correctamente dispondremos de un **nuevo grupo de programas** en el menú correspondiente bajo el epígrafe **Microsoft Internet Server (Común)** con las siguientes **opciones**:

- Administrador de servicios de Internet (HTML)
- Administrador de claves
- Administrador de servicio de Internet
- Documentación del producto
- Instalación de Internet Information Server

La cuenta de invitado que se crea durante la instalación tendrá el siguiente identificador de usuario:

```
IUSR_Nombre_Estación
```

La cuenta será automáticamente añadida a la base de datos del dominio cuando nos encontramos en un controlador de dominio o a la base local de usuarios en caso contrario. Si no nos interesa se puede renombrar o eliminar con el **Administrador de Usuarios**. También podremos modificarla con la opción **Propiedades del servidor** del menú **Servidor** del **Administrador de Servicios de Internet**. Para que toda la integridad del sistema se mantenga es necesario que la cuenta que se especifique mediante esta opción exista en la base de datos de usuarios que se maneja con el **Administrador de usuarios.** Esta cuenta de invitado se puede manejar como cualquier otra cuenta, es decir, se le pueden asignar derechos mediante el **Administrador de usuarios** y permisos sobre los recursos mediante el Explorador de Windows NT.

Esta cuenta de invitado o acceso anónimo es requerida por los componentes de Internet Information Server (Servicio WWW, FTP y Gopher).

Configuración de Internet Information Server

La herramienta que nos va a permitir acceder a la **configuración de Internet Information Server** es el **Administrador de Servicios de Internet** (Figura 20.3). Como muchas otras de las herramientas de Windows NT, es una herramienta gráfica que nos permitirá acceder a cualquier servidor que tengamos en nuestra red.

Todo el **mecanismo de seguridad** se basa en lo que ya hemos estudiado para Windows NT, consiguiéndose la máxima potencia. Es prácticamente indispensable cuando hablamos de Internet tener los datos en particiones formadas con NTFS.

Para permitir acceso a la cuenta de invitado de Internet, ésta debe tener permisos de lectura sobre los archivos que deseamos sean publicados para acceder con un explorador sin necesidad de especificar ningún nombre de usuario ni contraseña.

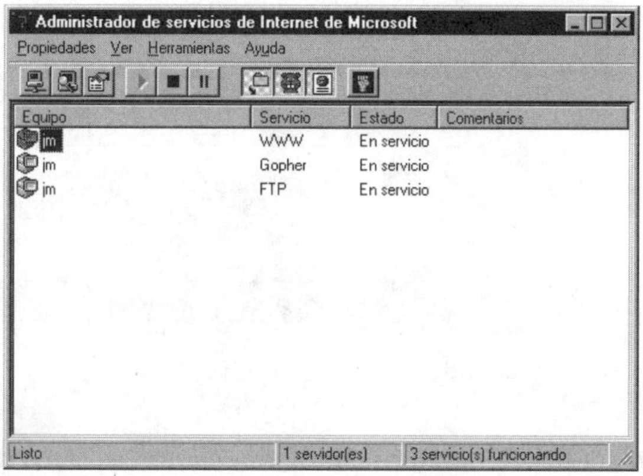

Figura 20.3. Administrador de servicios de Internet.

Con las opciones del menú **Ver** podremos configurar la forma en que nos será mostrada la información de los diferentes servidores de que disponemos en la red, así como los servicios que están ejecutando.

Con la opción **Conectar a servidor** del menú **Propiedades** podremos conectarnos a cualquier servidor para poder proceder a su configuración. Cuando seleccionemos un servidor, nos aparecerán los servicios que están ejecutando. Para configurar estos servicios bastará con seleccionar uno y acceder al menú **Propiedades.** Tendremos habilitadas las opciones referentes al servicio. Podremos detener, iniciar o pausar el servicio. La configuración se realizará a través de la opción **Propiedades del servicio.**

Configuración de FTP

FTP es un protocolo ampliamente extendido utilizado para realizar transferencia de ficheros entre equipos de una red. Por lo tanto, será necesario tenerlo iniciado y correctamente configurado cuando se deba realizar esta transferencia de ficheros con equipos remotos.

FTP es un protocolo muy fácil de instalar que permite transferir cualquier formato de archivos, por lo que es ideal en el ámbito de Internet. Los directorios que contengan archivos que puedan ser transferidos con este servicio deberán ser puestos a disposición de éste.

Cuando accedamos a las propiedades del servicio FTP a través del **Administrador de servicios de Internet** nos encontraremos con un cuadro como el de la Figura 20.4:

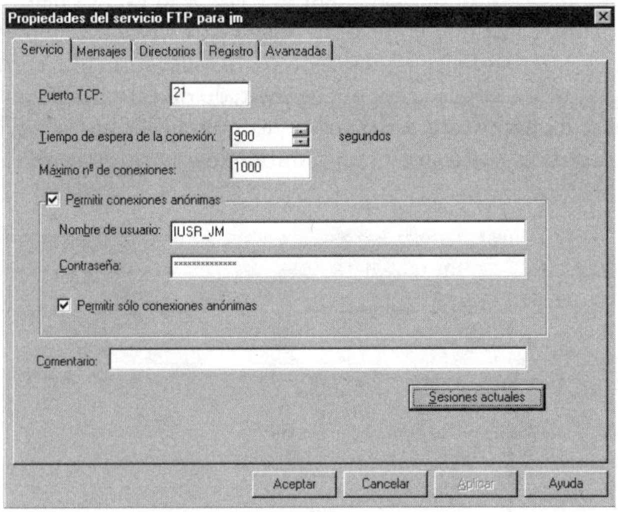

Figura 20.4. Configuración de FTP.

En la primera ficha podremos configurar ciertos aspectos del **servicio:**

- **Tiempo de espera** de la conexión.
- Número de **conexiones** permitidas simultáneamente.
- Forma de **inicio de sesión de los usuarios**. Si se puede realizar de forma anónima los usuarios se identificarán con usuario *anonymous*. Si se desea desactivar este mecanismo serán necesarios inicios de sesión con identificadores de usuario y contraseñas para permitir acceder al servidor. Se nos avisará antes de utilizar esta opción del peligro de utilizar contraseñas sin cifrar a través de la red.
- **Permitir sólo conexiones anónimas** evita que los usuarios puedan utilizar sus nombres de usuario para acceder a la red. Deberemos especificar el nombre de

usuario y contraseña del acceso anónimo. Por defecto se utiliza el creado en el momento de la instalación.

- **Sesiones actuales** nos mostrará los usuarios conectados con datos sobre la conexión y permitirá que desconectemos a uno o todos los usuarios.

El panel de **Mensajes** permite introducir los mensajes que visualizarán los usuarios cuando sucedan ciertos eventos:

- Mensaje de **bienvenida**, cuando se conecta.
- Mensaje de **salida**, cuando se finaliza la conexión.
- Mensaje de **conexiones máximas** cuando se alcanza el máximo número de conexiones permitidas y no se puede iniciar una nueva conexión.

En la tercera ficha de **Directorios** (Figura 20.5) se deben especificar los directorios que estarán disponibles para el servicio de FTP. Por defecto el directorio especificado en el momento de la instalación estará disponible para el servicio, siendo responsabilidad del administrador incorporar todos aquellos que sean necesarios. Si no queremos utilizar ningún otro directorio bastará con copiar los ficheros que son susceptibles de ser transferidos en este directorio predeterminado.

Si se desea agregar directorios es posible agregar directorios virtuales pero éstos no serán visibles por el usuario, a no ser que se conozca su alias.

Cuando se incorporan los directorios se deben especificar los permisos que se proporcionan a los mismos. Por defecto los directorios de FTP son exclusivamente de lectura. Si interesa que los clientes puedan dejar archivos en nuestro servidor deberíamos proveer de permiso de escritura al directorio correspondiente.

El **estilo de la lista** será necesario si el explorador que utiliza el cliente requiere un estilo de formato específico. El formato UNIX es el que proporciona mayor compatibilidad.

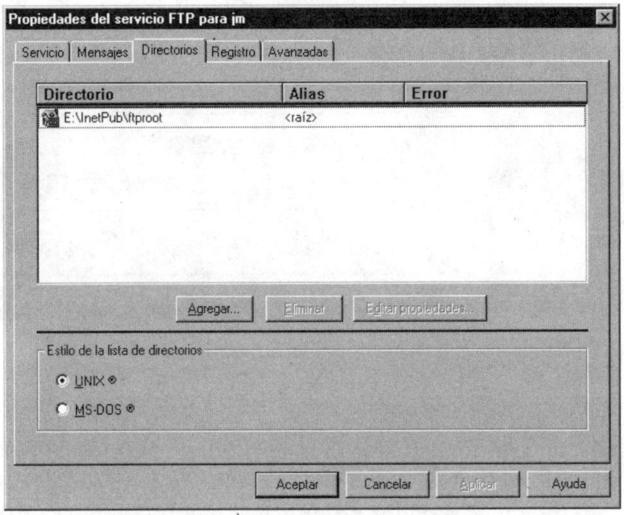

Figura 20.5. Directorios para DFTP.

En la ficha de **Registro** se puede configurar un registro de la actividad de FTP. La información que tendremos disponible nos servirá para conocer la utilización del servidor de FTP. Se puede llevar el registro en archivos o en base de datos, según especifiquemos.

Configuración de GOPHER

Gopher es un servicio semejante a FTP que permite crear enlaces a otras estaciones o servicios con la finalidad de anotar archivos y directorios y crear menús personalizados.

Gopher, más que como herramienta de Internet es usado para **organizar redes locales** ayudando a los usuarios a **encontrar información rápida y eficientemente**.

Los usuarios podrán realizar sus acciones a través de una serie de menús que generan los servidores Gopher. Estos menús se configuran mediante una serie de archivos.

De manera estándar el servidor Gopher espera que los clientes se conecten utilizando el puerto 70, aunque podremos configurar otro cualquiera.

Como sucedía con FTP, el directorio que se utiliza por defecto es el especificado en el momento de la instalación y basta con copiar allí los archivos que queramos hacer disponibles para el servicio.

Los paneles de configuración de Gopher son los mismos que los de FTP, excepto el primero (Figura 20.6) que, aunque es muy semejante, introduce una variación que es la dirección de correo electrónico del administrador.

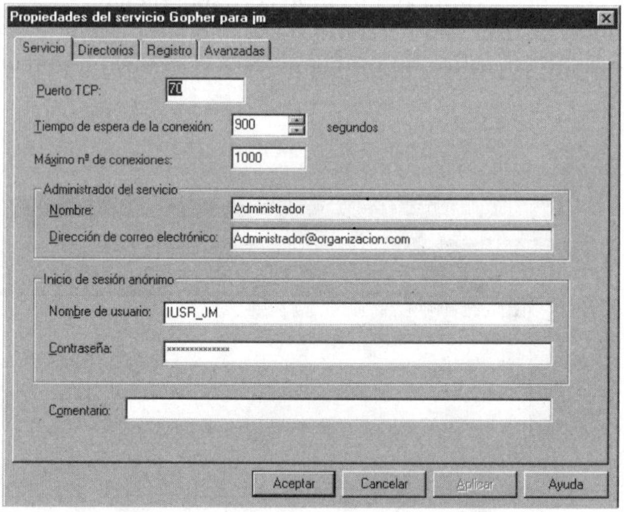

Figura 20.6. Configuración del servicio Gopher.

Para conectar con un servidor Gopher podremos iniciar Internet Explorer e introducir una dirección Gopher, como por ejemplo: *gopher ://gopher.hispan.es/*

En el caso de que el servidor no utilice el puerto estándar (70) podemos especificar en la dirección el puerto necesario: **gopher//gopher.hispan.es :7070**

Configuración de WWW

Configurando el servicio WWW podremos especificar **quién podrá utilizar el servidor** y especificar cómo serán los inicios de sesión que será, como en los casos anteriores, anónimamente o mediante identificación de usuario y contraseña. En el caso de accesos anónimos, especificaremos el identificador de usuario anónimo y contraseña.

Como en FTP se puede especificar el número de conexiones máximas simultáneas.

El proceso de autentificación de la contraseña tendrá efecto cuando no se permitan los accesos anónimos y el usuario haya de especificar identificación y contraseña.

El servicio WWW utiliza **HTTP**. Windows NT soporta la versión 1.0 de HTTP. Este protocolo es el que ha permitido la interconexión de equipos de todo el mundo y se ha convertido en un protocolo universal que puede ser utilizado para diferentes tareas.

El protocolo HTTP es un protocolo cliente/servidor que funciona de la siguiente manera: un cliente se comunica con el servidor estableciendo una conexión, normalmente a través del puerto 80. Se envían las solicitudes al servidor que soporta texto, imágenes, sonido, vídeo, etc. El servidor responderá enviando los datos solicitados y podrá finalizar la conexión.

El Administrador de claves

Con IIS podremos **proteger las transmisiones de datos encriptando los datos**. Utiliza un protocolo llamado **Secure Sockets Layer** (SSL) que facilita codificación de datos, autentificación de servidor e integridad de mensajes.

El mecanismo de codificación y descodificación llevará consigo incrementos en los tiempos de respuesta y puede afectar al rendimiento. Debe utilizarse cuando sea estrictamente necesario, como por ejemplo para proteger información confidencial que viaje a través de la red.

El **Administrador de claves** de encuentra en el grupo de programas de Internet Information Server y también es accesible desde el **Administrador de servicios de Internet** a través del menú **Herramientas.**

Para poder utilizar el mecanismo de seguridad es necesario, en primer lugar, generar un **archivo de pares de claves** y un **archivo de petición.** A continuación, se debe pedir un certificado de autoridad de certificación. Este certificado se debe instalar en el servidor y la seguridad debe ser activada en el servicio WWW. Sólo los usuarios que cumplan los requisitos de seguridad tendrán acceso a las carpetas protegidas.

Puertos estándar de trabajo

En este apartado vamos a proporcionar una lista con los números de puerto asignados de manera estándar por la industria para una serie de servicios :

Tabla 20.1. Puertos estándar

Número de puerto	Servicio	Descripción
7	Echo	Eco
20	FTP-DATA	Protocolo de Transferencia de Ficheros (Datos)
21	FTP	Protocolo de Transferencia de Ficheros (Control)
23	TELNET	Emulación de Terminales
25	SMTP	Protocolo de Transferencia de Correo Simple
42	NAMESERV	Servidor de nombres de hosts
49	LOGIN	Protocolo de Login
53	DOMAIN	Sistema de nombres de dominio
67	BOOTPC	Servidor Protocolo DHCP/BOOTP
69	TFTP	Protocolo de Transferencia de Ficheros Trivial
70	GOPHER	Servicio de publicación Gopher
79	FINGER	Finger
80	WWW	Servicio de publicación HTTP (Internet)
90	WINS	Servidor de nombres WINS
103	X400	X.400
107	RTELNET	Servicio emulación de terminales remotos
118-156	SQLSERV	Servicios SQL
137	NETBIOS-NS	Servicio de nombres NetBIOS
138	NETBIOS-DG	Servicio de datagramas NetBIOS
139	NETBIOS-SS	Servicio de sesión NetBIOS
161	SNMP	SNMP
179	BGP	Protocolo Gateway

PARTE III

Apéndices

Apéndice A
Servicio de Examinador de red (Browser)

Una de las ventajas de un sistema interconectado mediante red como Windows NT es la posibilidad de compartir recursos entre las diferentes estaciones que la componen. Cada estación con recursos compartidos actúa como un pequeño servidor de ficheros, lo cual debe ser notificado al resto de estaciones de la red para que sepan de esta nueva fuente de acceso. Para conseguir la máxima eficacia en estas notificaciones, se necesita establecer un mecanismo para determinar qué estaciones existen en la red y qué recursos están disponibles en cada una de ellas. Windows NT nos proporciona un **servicio de examinador de red o Browser** que permite averiguar qué dominios y estaciones están disponibles desde una estación local y a qué recursos podemos acceder en cada uno de ellos. El funcionamiento de este servicio está basado exclusivamente en la mensajería tipo **broadcast**, la cual utiliza los nombres Netbios para sus comunicaciones.

Para eliminar la necesidad de que todas las estaciones hayan de mantener una lista de los recursos compartidos en estaciones del dominio local o en otros dominios de la red, Windows NT permite asignar a determinadas estaciones la tarea de mantener estas listas, proporcionándolas al resto de estaciones cuando estas las piden. Esta configuración permite que el tráfico provocado por este motivo a través de la red disminuya de forma considerable. Tanto Windows NT Server como Windows NT WorkStation permiten realizar esta tarea de mantenimiento de la lista de estaciones y recursos disponibles, en la cual debe estar cualquier estación, sea controlador de dominio, miembro de un grupo de trabajo o miembro de un dominio, que comparta algún recurso con el resto de la red.

En este apéndice veremos qué estaciones intervienen en el funcionamiento del servicio de Examinador de red y qué tareas tiene cada una de ellas.

Estaciones que intervienen

Dentro del funcionamiento normal del servicio Examinador de red, podemos distinguir diferentes **tipos de estaciones**, cada una de las cuales realiza una tarea específica:

- **Examinador principal de dominio (Master Browser de dominio)**: Cualquier estación que realice esta tarea será responsable de mantener la lista de estaciones del dominio, así como una relación de los recursos que comparten cada una de ellas, debiendo proveer esta lista a todos las estaciones Browser de reserva que se hayan definido en el dominio. El Master Browser de dominio ha de ser siempre el controlador principal del mismo, siendo obligatoria la existencia de uno y sólo uno en cada dominio definido.
- **Examinador principal (Master Browser)**: Este tipo de estación actúa de la misma forma que un Master Browser de dominio, encargándose de mantener la lista de estaciones y recursos y de proporcionarla a los Browser de reserva correspondientes. La diferencia entre ambos consiste en que un Master Browser es el responsable en un grupo de trabajo o en un dominio, coincidiendo, en este último caso, con el Master Browser de dominio. Igual que en el caso del Master Browser de dominio, tan sólo puede haber un Master Browser en cada dominio o grupo de trabajo.
- **Examinador principal preferido (Master Browser preferido)**: Dentro de las tareas de un administrador podemos encontrar la de determinar qué estación del dominio o del grupo de trabajo será la encargada de mantener las listas del servicio Examinador de red siendo, por tanto, el Master Browser del dominio o del grupo de trabajo. Esta tarea recibe el nombre de establecer el Master Browser preferido. Cuando una estación con esa configuración se inicia, se denomina, asimismo, como Master Browser del dominio o grupo de trabajo. Si ya existía un Master Browser activo en ese dominio o grupo, se romperá una de las condiciones de existencia de un Master Browser, ya que existirán dos activos en un mismo dominio o grupo. Frente a este hecho el equipo configurado Master Browser preferido fuerza un **proceso de elección**, el cual asegura que sólo haya un Master Browser por dominio o grupo de trabajo. El resultado habitual del proceso de elección es que el Master Browser preferido asume el papel del Master Browser, a excepción del caso en que el contrario sea un controlador principal del dominio, ya que éste siempre es el Master Browser del dominio.
- **Examinador de reserva (Browser de reserva)**: Una estación Master Browser es la encargada de mantener la lista de estaciones y recursos disponibles en un dominio o grupo, pero no tiene la tarea de distribuir esta lista a los clientes que la soliciten. Esta tarea está asignada a los Browser de reserva, ya que éstos reciben periódicamente una copia de la lista de recursos disponibles desde el Master Browser. Si nos encontramos en un dominio, cualquier controlador de dominio de reserva se configura automáticamente como Browser de reserva.
- **Examinador potencial (Browser potencial)**: Es una estación con la capacidad de poder ser un Master Browser o un Browser de reserva pero que en estos momentos no lo es. Para que llegue a ser un Master Browser debe ser configurado como Master Browser preferido o bien que se produzca un proceso de elección y quede elegido como Master Browser. En cambio, para que llegue a ser un Browser de reserva debe recibir instrucciones al respecto del Master Browser de dominio o del grupo de trabajo. Cualquier estación Windows NT Server, Windows NT WorkStation, Windows 95 o Windows para trabajo en grupo tiene esta capacidad.
- **Examinador cliente (Browser cliente)**: Cualquier estación configurada para que no mantenga una lista propia de recursos disponibles en la red, sino que deberá solicitarla a uno de los Browser de reserva. Normalmente esta configuración pue-

de corresponder a estaciones clientes con sistema operativo Windows NT Server, Windows NT WorkStation, Windows 95, Windows para trabajo en grupo o LAN Manager.

Determinación del tipo de estación

En el proceso de inicio, Windows NT determina en qué tipo de estación Browser se encuentra para, de esta forma, configurar el servicio de Examinador de red. Este valor lo podemos encontrar en la clave del Registro (Figura A.1) *\HKEY_LOCAL_MACHINE\SYSTEM\CurrentControlSet\Services\Browser\Parameters\MaintainServerList*, el cual permite configurar el papel que jugará una estación dentro del servicio de Examinador de red del dominio o grupo. Los valores posibles de este parámetro son:

- **No**: La estación está configurada como un cliente del servicio de Examinador de red y no podrá mantener nunca una lista de estaciones y recursos disponibles.
- **Sí**: Este valor es el valor por defecto en todos los controladores de dominio (principal o de reserva). La estación en cuestión está configurada para ser un Master Browser. Al iniciarse la misma intentará contactar con el Master Browser del dominio o del grupo de trabajo para conseguir una lista de recursos, pasando, en este caso, a ser un Browser de reserva. Si no encuentra el Master Browser, la estación fuerza un proceso de elección en la cual él mismo pasa a ser el Master Browser o bien un Browser de reserva.
- **Auto**: La estación es un Browser potencial, pasando a jugar un papel más importante dependiendo del número de Browsers de reserva activos en ese momento. El Master Browser le notificará, al iniciarse, si debe pasar a ser un Browser de reserva o bien actuará como un cliente del servicio. Este valor es el definido por defecto en las estaciones con Windows NT WorkStation.

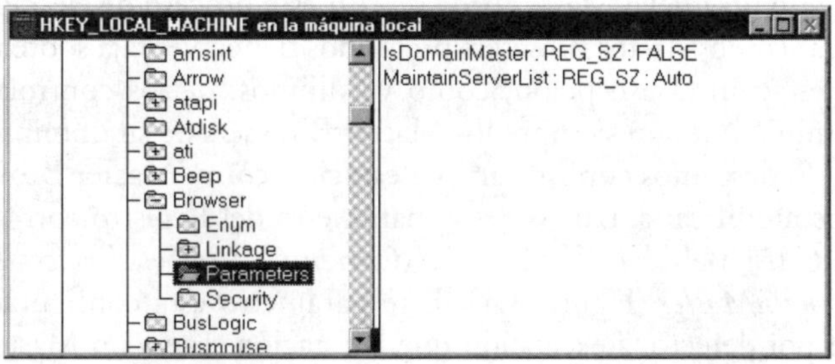

Figura A.1. Parámetros del servicio Examinador de red en el Registro.

Como se ha especificado anteriormente, si nos encontramos en un dominio el controlador de domino principal será el Master Browser del dominio, pasando los controladores de reserva a ser Browser de reserva. Cualquier estación con el parámetro **MaintainServerList a Sí**, pasará también a ser un Browser de reserva del dominio. Si se produce una caída del controlador principal, se producirá un proceso de elección y uno de los controladores de reserva pasará a ser el Master Browser del dominio hasta que se recupere el controlador principal. Si, debido a que no existen controladores de reserva ni estaciones configuradas para ser Browser de reserva, no existen Browsers de reserva en un dominio, el Master Browser determinará, según el número de estaciones del domino (véase la Tabla A.1.), qué estaciones del mismo con capacidad de Browser potencial pasarán a ser Browsers de reserva.

Si nos encontramos en un **grupo de trabajo**, el Master Browser actuará siguiendo las mismas reglas que en un dominio a excepción de aquellas que se refieren a los controladores de dominio, estableciendo los Browsers de reserva según la tabla siguiente:

Tabla A.1. Determinación del número de Browsers de reserva

Núm. de equipos de trabajo o dominio	Núm. Browsers de reserva	Núm. de Master
10	1	1
2-31	1	1
32-63	2	1

A partir de 64 estaciones en el dominio o grupo de trabajo, para cada 32 estaciones más que se añadan se configurará un nuevo Browser de reserva.

Configuración del Master Browser preferido

Un administrador puede configurar cualquier estación instalada con Windows NT Server o Windows NT WorkStation como un **Master Browser preferido**. Cuando se vuelve a reiniciar una estación configurada como Master Browser preferido, su servicio de Examinador de red fuerza una **elección** de Master Browser en el grupo de trabajo o dominio en que se encuentre, finalizado el cual se habrá elegido un nuevo Master Browser. En este proceso de elección las estaciones definidas como Master Browsers preferidos tienen ventaja sobre todos los demás tipos de estación, a excepción, como ya dijimos, de los controladores principales de dominio que son siempre los Master Browsers de su dominio.

Si deseamos **configurar una estación como Master Browser preferido**, debemos modificar a **True** o **Yes** el parámetro del Registro correspondiente a *HKEY_LOCAL_MACHINE\SYSTEM\CurrentControlSet\Services\Browser\Parameters\IsDomainMaster* (Figura A.1). Este parámetro está configurado con valor **False** o **No** por defecto, a excepción que la estación sea ya un Master Browser o un controlador principal de dominio, en cuyo caso es **True** o **Yes**.

Proceso de elección del Master Browser

Cuando una estación no puede localizar un Master Browser o bien cuando un Master Browser preferido entra en red, se debe elegir un nuevo Master Browser en el llamado **proceso de elección**, el cual asegura la existencia de un solo Master Browser en el grupo de trabajo o dominio.

El proceso de elección puede ser iniciado por cualquier estación del grupo o dominio y se llevará a cabo en el protocolo de transporte utilizado por el servicio de Examinador de red de la misma. Esta estación iniciadora graba un evento en el registro de sucesos indicando que ha iniciado un proceso de elección para ese protocolo (ver Figura A.2).

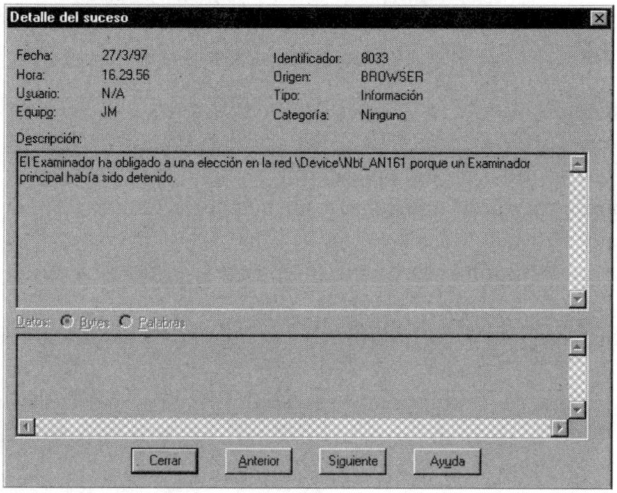

Figura A.2. Evento en el registro de sucesos.

Los siguientes hechos pueden **provocar el inicio de un proceso de elección** en un dominio o grupo de trabajo:

- Una estación cliente no puede localizar un Master Browser en el momento de solicitar la lista de los Browsers de reserva.
- Un Browser de reserva intenta actualizar su lista de recursos y no encuentra su Master Browser.
- Un controlador principal de dominio entra en la red.
- Si un Master Browser recibe una petición de otra estación conforme esta segunda quiere ser el Master Browser, fuerza una elección para asegurar que sólo haya un Master Browser en el dominio o grupo de trabajo.
- Una estación configurada como Master Browser preferido entra en la red.

Cuando una estación inicia una elección (aunque no tenga ninguna posibilidad de ganarla), coloca un paquete en la red llamado **paquete de elección**, el cual contiene su nivel en el ranking de elección. Este paquete es enviado a todas las estaciones que forman parte del dominio o grupo de trabajo mediante un sistema de broadcast. Cada una de las estaciones receptoras del paquete iniciador examina el mismo y compara su nivel de elección con el recibido en el paquete. Si su propio nivel de elección es más alto, la estación en cuestión emite su propio paquete de elección y entra en un estado de *elección en progreso.* Este proceso continua hasta que una estación no recibe otros paquetes de elección que los de ella misma (por lo tanto, no hay ninguna estación en el dominio o grupo que la supere), momento en que se autodenomina Master Browser e inicia sus tareas. Si el equipo que hasta entonces estaba ejerciendo de Master Browser no gana la elección, quedará configurado como Browser de reserva.

Una estación que necesite **obtener su nivel de elección** se basará en una serie de parámetros correspondientes a los diferentes tipos de sistemas que hay en el grupo de trabajo o dominio, cada uno de los cuales tiene su prioridad en el momento de ser elegido el Master Browser. A continuación podemos observar una relación de los **parámetros** a tener en cuenta en el momento de la elección ordenados de mayor a menor importancia:

- El **sistema operativo** de la estación: Windows NT Server, Windows NT WorkStation, Windows para trabajo en grupo o Windows 95.
- La **versión del sistema operativo.**
- **Tipo de estación**: controlador principal de dominio, Master Browser preferido, Master Browser actual.
- Está configurado para que mantenga la lista de estaciones y recursos disponibles (parámetro **MaintainServerList** a **Yes**).
- Orden alfabético del nombre de la estación, de menor a mayor.

Cada vez que se produzca un proceso de elección se calcula un nuevo nivel de elección.

Funcionamiento del servicio

Creación de la lista de estaciones y recursos

Una vez que se ha establecido qué estación será el Master Browser de dominio o del grupo de trabajo y cuáles serán Browsers de reserva, es el momento de **crear la lista de estaciones y recursos** disponibles y de que ésta pueda ser enviada a cualquier equipo que la solicite.

Cuando un Master Browser acaba de ganar una elección y, por tanto, encuentra su lista de estaciones/recursos vacía, fuerza a que todas las estaciones del grupo o dominio se registren contra él enviando un paquete de **petición de registro** a la red que contiene el nombre de la estación y los recursos que comparte. Las estaciones miembros de la comunidad tienen 30 segundos para contestar y realizar su registro. Una vez registradas, las estaciones anunciarán su presencia y recursos compartidos al Master Browser cada 12 minutos, ya que éste necesita mantener su lista actualizada, eliminado de la misma aquellos recursos que ya no sean accesibles y añadiendo los de nueva creación.

Si una vez que se encuentra ya en funcionamiento el Master Browser, entra una nueva estación en el domino o grupo de trabajo con el servicio Servidor iniciado (por tanto, con recursos compartidos), ésta debe anunciar su presencia al Master Browser correspondiente para que sea incluido en la lista, indicándole los recursos que tiene para compartir. Este anuncio se realiza periódicamente enviando un mensaje a través de la red en intervalos de 1, 2, 4, 8 y 12 minutos, para, a continuación, integrarse en el intervalo regular de 12 minutos.

Windows NT nos permite **configurar el tiempo de anuncio** de una estación a su Master Browser. Esta configuración se debe hacer desde el Editor del Registro, añadiendo el parámetro **Announce** (no está por defecto) en la clave del Registro *HKEY_LOCAL_MACHINE\System\CurrentControlSet\Services\LanmanServer\Parameters.* Este parámetro toma un valor de segundos, siendo su defecto 720 (12 minutos). Hemos de considerar, si decidimos modificarlo, que si aumentamos su valor aumentará también el periodo de tiempo en que una estación no accesible está visible en la lista de estaciones/recursos accesibles, mientras que si se disminuye el parámetro, aumentará el tráfico de la red. Si modificamos este parámetro en una estación del dominio o grupo es recomendable modificarlo también en el resto de estaciones miembro para que todas sigan la misma regla de notificaciones.

De igual modo, si una estación pasa a tener un nuevo recurso compartido debe comunicar al Master Browser este hecho para que actualice su lista de estaciones/recursos.

La acción de cerrar e iniciar una estación configurada como Master Browser preferido puede obligar a crear una nueva lista si ésta gana la elección, ya que no encontrará lista de estaciones/recursos. También la parada y posterior arranque del servicio de Examinador de red del Master Browser forzará la construcción de una nueva lista.

Adicionalmente a las comunicaciones de mantenimiento de lista, el **Master Browser** y los **Browsers de reserva** efectúan otras comunicaciones para **sincronizar** sus servicios:

- Cada **Browser de reserva** llama a su Master Browser cada 15 minutos para obtener una actualización de la lista de estaciones/recursos de la red. El Browser de reserva toma esta lista y la envía a cualquier cliente del dominio o grupo que las solicite.
- El **Master Browser** periódicamente se anuncia a los Browsers de reserva mediante un mensaje en la red, los cuales refrescan el nombre del Master Browser con la nueva información.

Hay que tener en cuenta que el **Master Browser de un dominio se puede comunicar además con otros grupos de trabajo o dominio**. De esta manera es posible obtener listas de recursos compartidos en otros grupos de trabajo o dominios a los cuales se puede acceder. Esta funcionalidad se soporta de la siguiente manera:

- Cuando un **Master Browser** entra en la red realiza un anuncio de Master Browser a los otros dominios o grupos de la red física. Este anuncio lo realiza cada minuto durante los cinco primeros minutos después de la conexión, pasando, a partir de entonces, a anunciarse cada 15 minutos para que el resto de dominios o grupos puedan mantener su lista actualizada. Cuando un Master Browser recibe notificación de que un nuevo Master Browser ha entrado en la red, solicita a éste la lista de las estaciones/recursos de su grupo o dominio.
- Un **Master Browser** mantiene, además de la lista de estaciones/recursos de su dominio o grupo, una lista de los grupos de trabajo o dominios disponibles en la red junto a sus estaciones/recursos, la cual también es entregada a los Browsers de reserva junto a la lista de recursos de su grupo de trabajo o dominio. Esta lista también se entrega a los clientes que solicitan la lista de estaciones/recursos disponibles.

Eliminación de estaciones de la lista

Si una estación servidora de recursos (que no sea el Master Browser) es cerrada correctamente provocará que se envíe una notificación al Master Browser en la que se indica que sus recursos ya no están accesibles por el resto de miembros, siendo eliminada de la lista de estaciones/recursos.

Si, en cambio, la estación queda fuera de servicio por avería o cierre incorrecto, el Master Browser no recibirá notificación alguna y no será eliminada inmediatamente de la lista, sino que se eliminará después de que no ha notificado su presencia al Master Browser durante 3 periodos de anuncio. Por tanto, el Master Browser tardará 36 minutos (recordar que cada periodo eran 12 minutos) en advertir que una estación ha quedado fuera de servicio, que, si los sumamos a los 15 minutos que como máximo los Browsers de reserva tardarán en recibir la nueva lista, convertirán en 51 minutos el periodo de tiempo en que una estación saldrá como disponible en el resto de miembros cuando realmente está fuera de servicio.

Si es el Master Browser el que se cierra correctamente, éste forzará una nueva elección de Master Browser, eliminándose la lista actual de estaciones/recursos y generándose una de nuevo con el Master Browser elegido. Si el Master Browser queda fuera de servicio, la estación que advierta esta situación forzará una elección de un nuevo Master Browser con la generación consiguiente de una nueva lista.

Si un dominio o grupo de trabajo no se anuncia a la red durante 3 periodos consecutivos de 15 minutos, será eliminado de la lista del resto de Master Browser de la red. Por lo tanto, si aquí también sumamos los 15 minutos que necesitan los Browsers de reserva para actualizar su lista, es posible que un grupo de trabajo o dominio aparezca en la lista de una estación hasta 45 minutos después de que haya cesado sus servicios. Esta eliminación del dominio o grupo de la lista no significa que no podamos acceder a los recursos de las estaciones activas del mismo, sino que no aparecerán en los cuadros de diálogo de acceso a la red, debiendo acceder a ellas por la ruta completa de acceso (*\\estación\recurso*).

El proceso de examen de la red

Cuando un usuario quiere acceder a las estaciones y recursos de la red, ya sea mediante la opción **Conectar a unidad de red** del **Explorador de Windows NT** o bien desde el icono **Entorno de red**, contacta con el Master Browser del dominio o del grupo de trabajo para obtener una lista de los Browsers de reserva. A continuación, solicita a uno de los Browsers de reserva la lista de los dominios, estaciones y recursos disponibles en la red, la cual es mostrada al usuario que la ha solicitado. El usuario puede seleccionar cualquiera de los recursos mostrados, momento en el cual Windows NT intentará realizar la conexión apropiada, la cual puede ser exitosa, si tiene permisos para el acceso, o denegada si no tiene permisos para el acceso o la estación no está disponible (recordar que hay cierto retardo entre que una estación queda fuera de servicio y que la lista queda actualizada).

Fallos de peticiones

Browser de reserva

Ya se ha comentado que si un Browser de reserva se cierra ordenadamente o bien de manera incorrecta, es eliminado de la lista del Master Browser en un intervalo de tiempo similar al de cualquier estación del dominio o grupo. Pero aunque se elimine, las estaciones no actualizan su lista de Browsers de reserva a los cuales solicitar la lista de estaciones/recursos cuando la necesiten. Por tanto, si en una estación el usuario quiere acceder a los recursos de red se solicita la lista de estaciones/recursos a uno de los Browsers de reserva que tenga asignado el domino o grupo, el cual puede estar ya fuera de servicio. En este caso, el cliente seleccionará otro de los Browsers de reserva de su lista. Si no consigue acceder a ninguno de los Browsers de reserva de su lista, solicitará una nueva lista de Browsers de reserva al Master Browser. Si tampoco pudiera acceder al Master Browser, entonces el cliente forzaría una elección.

Master Browser

Los Browsers de reserva detectan si falla un Master Browser como máximo 15 minutos después de suceder. Cuando esto ocurre, **el Browser de reserva fuerza una elección** para seleccionar un nuevo Master Browser.

Si un Master Browser queda fuera de servicio y no existe ningún Browser de reserva disponible, el servicio de Examinador de red no funcionará correctamente, ya que no será posible obtener ninguna de las listas necesarias (de Browser de reserva o de estaciones/recursos), forzándose una nueva elección en el grupo o dominio.

Si nos encontramos en un dominio y el Master Browser falla (recordar que el Master Browser en un dominio es siempre el controlador principal del dominio), el controlador de reserva que lo sustituye no pasa automáticamente a ser el nuevo Master Browser, sino que se produce un proceso de elección. Si, en cambio, promocionamos este controlador de reserva a controlador principal de dominio, sí que pasará a ser el nuevo Master Browser al cumplir el requisito de ser controlador principal del dominio.

Funcionamiento del servicio en WAN's

Hasta ahora hemos visto el funcionamiento del servicio de Examinador de red en **redes locales**, las cuales podían contener varios grupos o dominios que podían ser accedidos desde cualquier estación de la red. Esto era posible gracias a las **comunicaciones de tipo broadcast**, las cuales utilizan los nombres Netbios para sus comunicaciones.

Pero, ¿qué ocurre con las **redes de ámbito global** como las TCP/IP? Estas redes acostumbran a tener sus dominios separados por routers, los cuales, normalmente, no dejan pasar los mensajes de tipo broadcast. Por lo tanto, nos encontramos con un problema que no admite el uso del servicio de Examinador de red.

Existen tres posibles **soluciones** a este problema desde Windows NT:

- Implementar el servicio **WINS** (Windows Internet Name Service) que permite traducir nombres NetBIOS en direcciones. Como los mensajes con dirección IP si que traspasan los routers, cualquier mensaje del servicio de Examinador de red dirigido a una estación (que contiene el nombre Netbios de la misma) podrá ser traducido en dirección IP y enviado a través del router. Deberemos configurar en cada red local un servidor WINS, mientras los clientes de las mismas deberán tener habilitado el servicio WINS (para más información consultar el capítulo dedicado a TCP/IP y sus servicios).
- Utilizar el **fichero LMHOSTS** que contienen la traducción de nombres Netbios a direcciones IP de todas aquellas estaciones que pertenezcan a dominios fuera de la red local. Este fichero, que estará situado en el directorio **%systemroot%\system32\drivers\etc**, también contendrá el nombre Netbios y la dirección IP de todos los Master Browsers de la red global con el siguiente formato:

```
direc_IP  <nomb_Netbios>  #PRE  #DOM :<nomb_dominio>
```

- Adquirir un router que permita configurar qué tipos de broadcast pueden pasar a través de él y cuáles no. De esta manera no deberemos configurar los dominios de la WAN, sino configurar el router que los una.

Monitorización del servicio

Para poder monitorizar el funcionamiento del servicio de Examinador de red en un grupo de trabajo o dominio, el Kit de recursos de Windows NT Server nos proporciona dos utilidades: **Browmon.exe** y **Browstat.exe**.

La primera de ellas, **Browmon.exe**, es una herramienta gráfica, que nos permite **visualizar la lista de dominios, estaciones y recursos** mantenida en cualquier Master Browser o un Browser de reserva de la red para cada uno de sus protocolos en funcionamiento. También podemos obtener información de las distintas notificaciones que llegan a la estación en monitorización, como pueden ser peticiones de listas, notificaciones de procesos de elección, notificaciones de nuevos recursos, etc.

La segunda herramienta, **Browstat.exe**, no es una herramienta gráfica sino que debe ser utilizada desde el interfaz de órdenes, permitiendo sólo **visualizar información del Master Browser** o Browser de reserva del grupo de trabajo o dominio donde nos encontremos. Como prestación diferenciadora de la utilidad anterior, nos ofrece la posibilidad de forzar una elección en el dominio o grupo, así como de detener el servicio en el Master Browser forzando también, en este caso, una nueva elección.

Apéndice B
Utilidades TCP/IP

En capítulos precedentes hemos indicado que Windows NT soporta la mayor parte de utilidades estándar existentes en el mercado. Hemos creído interesante incluir un apéndice en la presente obra con estas utilidades.

Podemos agrupar todas estas herramientas en dos grandes grupos:

- **Herramientas de diagnóstico:**
  - — Arp : Resolución de direcciones
  - — Hostname
  - — Ipconfig
  - — Lpq
  - — Nbstat
  - — Netstat
  - — Ping
  - — Route
  - — Tracert
- **Herramientas de conectividad:**
  - — Finger
  - — Ftp
  - — Lpr
  - — Rcp
  - — Rexec
  - — Rsh
  - — Telnet: Terminal virtual
  - — Tftp

Nota:

Es importante tener en cuenta que en las diferentes órdenes los parámetros especificados son case-sensitive, es decir, que la interpretación de -a y -A será distinta.

ARP (Protocolo de Resolución de Direcciones)

Este protocolo es el que permite la **resolución de direcciones IP a direcciones físicas** de adaptadores de red.

La orden **Arp** nos mostrará estas tablas de traducción de direcciones utilizadas en el protocolo Arp, lógicamente siempre y cuando tengamos el protocolo TCP/IP instalado. Además de mostrarnos estas tablas, tendremos la posibilidad de modificarlas.

Tabla A.1. Sintaxis de ARP

Sintaxis

arp -a [dirección_IP] [-N [dirección_IP_interfaz]]
arp -d dirección_IP [dirección_IP_interfaz]
arp -s dirección_IP dirección_física [dirección_IP_interfaz]

Parámetros

-a	Muestra las entradas de la tabla de asignación del protocolo ARP. Cuando se especifica una dirección IP se muestra únicamente la dirección IP y física de la estación especificada.
-g	Como el parámetro anterior.
-N	Muestra las entradas de la tabla para la interfaz de red especificada en la dirección.
-d	Elimina la entrada asociada la dirección IP especificada.
-s	Agrega una entrada a la tabla de asignación de ARP asociando la dirección IP y la dirección física especificadas. Estas entradas quedarán registradas de manera permanente.

Las direcciones IP se especifican como 4 números decimales separados por puntos mientras que las direcciones físicas son 6 bytes hexadecimales separados por guiones.

FINGER

La orden **Finger** sirve para **mostrar la información asociada a un usuario** que este ejecutando el servicio Finger.

El resultado de la orden dependerá de la configuración establecida en el sistema remoto.

Tabla A.2. Sintaxis de FINGER

Sintaxis

finger [-l] [usuario]@equipo [...]

Parámetros

-l	Muestra la información en formato lista.
usuario	Nombre del usuario del que queremos obtener información. Si nos interesaran todos los usuarios del equipo no se debe especificar ningún usuario.
@equipo	Es el nombre del servidor del sistema remoto en el que se encuentran los usuarios sobre los que queremos conocer la información.

FTP (Protocolo de transferencia de ficheros)

FTP sirve para realizar la **transferencia de archivos** entre dos equipos distintos utilizando el servidor de FTP en cualquiera de los dos sentidos. En el mundo UNIX a veces es conocido con el nombre de demonio. FTP tiene la posibilidad de ser utilizado interactivamente.

Tabla A.3. Sintaxis de FTP

Sintaxis
FTP [-v] [-d] [-i] [-n] [-g] [-s:nombre_archivo] [-a] [-w:tamaño_búfer] [equipo]

Parámetros

-v	Para no visualizar las respuestas del servidor remoto.
-n	Para que no se establezca el inicio de sesión de manera automática al establecer la conexión.
-i	Para desactivar las peticiones interactivas de datos cuando se transfieren varios archivos.
-d	Para activar el mecanismo de depuración. Se visualizarán todas las órdenes FTP transferidas entre las dos estaciones.
-g	No permite utilizar comodines en los nombres de archivos.
-s	Para especificar un archivo que contendrá las órdenes de FTP a ejecutar automáticamente cuando se inicie FTP.
-a	Utilice cualquier interfaz local cuando vincule una conexión de datos.
-w	Por defecto el tamaño del búfer es de 4096 bytes. Podemos especificar otro tamaño que modifique la opción predeterminada.
Equipo	Nombre o dirección IP del equipo remoto con el que se va a establecer una conexión.

Las **órdenes FTP** que se pueden utilizar son las siguientes:

Tabla A.4. Ordenes FTP

Orden	Sintaxis y cometido
!	Ejecuta la orden en la estación local.
?	Muestra información de ayuda sobre las órdenes FTP.
append	Transfiere un archivo local a un equipo remoto.
ascii	Establece tipo de transferencia a ficheros ASCII (tipo por defecto).
bell	Activar/desactivar emisión de un sonido cuando finaliza la transferencia de archivos (por defecto no se emite sonido).
binary	Establece tipo de transferencia a binario.
bye	Finaliza una sesión FTP con la estación remota y sale de FTP.
cd	Modifica el directorio de trabajo de la estación remota.
close	Finaliza una sesión FTP y retorna al intérprete de órdenes.
debug	Activa/desactiva el modo de depuración. Cuando se activa se imprimen las órdenes enviadas al equipo remoto.
delete	Borra archivos en la estación remota.
dir	Para visualizar directorios y subdirectorios.
disconnect	Para desconectarnos de una estación remota pero continuar trabajando con FTP.
get	Copia un archivo de la estación remota en el equipo local.
glob	Activa/desactiva la posibilidad de utilizar comodines a la hora de especificar nombres de archivos o rutas de acceso. Por defecto se pueden utilizar.

Continúa

Tabla A.4. Continuación

Orden	Sintaxis y cometido
hash	Para activar/desactivar la impresión del signo # para cada bloque de datos transferido. Este símbolo no se imprime por defecto y el tamaño de bloque es de 2048 bytes.
Help	Realiza la misma función que ?.
lcd	Para cambiar de directorio en el equipo local.
literal	Envía los argumentos especificados a la estación remota.
ls	Visualiza una lista abreviada de los archivos y directorios de la estación remota.
mdelete	Borra ficheros en la estación remota.
mdir	Muestra lista de archivos y subdirectorios de un directorio remoto.
mget	Para copiar archivos de la estación remota en el equipo local.
mkdir	Crea un directorio en la estación remota.
mls	Visualiza lista resumida de archivos y subdirectorios de un directorio remoto.
mput	Copia archivos de la estación local a la estación remota.
open	Para conectar con el servidor FTP especificado.
prompt	Activa/desactiva que aparezcan los mensajes de confirmación.
Put	Copia un archivo local en la estación remota.
pwd	Muestra el directorio actual de la estación remota.
quit	Finaliza la sesión de FTP con la estación remota y sale de FTP.
quote	Envía los argumentos especificados al servidor remoto (idéntico a literal).
recv	Copia un fichero remoto a la estación local (idéntico a get).
remotehelp	Visualiza la ayuda para órdenes remotas.
rename	Para renombrar archivos remotos.
rmdir	Borra un directorio remoto.
send	Copia un archivo local en la estación remota (idéntico a put).
status	Visualiza el estado de las conexiones y de las órdenes.
trace	Activa/desactiva el seguimiento de paquetes.
type	Muestra o establece el tipo de transferencia.
user	Especifica el usuario del equipo remoto.
verbose	Activa/desactiva el modo detallado. Cuando se active se podrán visualizar todas las respuestas FTP y las estadísticas.

Hostname

Visualiza el nombre de host de la estación en que nos encontramos.

Tabla A.5. Sintaxis de HOSTNAME

Sintaxis Hostname
Parámetros Sin parámetros

IPCONFIG

Permite **visualizar los valores de configuración de TCP/IP**. Es útil cuando utilizamos mecanismos de configuración automática y deseamos conocer los valores de configuración de la estación local.

Tabla A.6. Sintaxis de IPCONFIG

Sintaxis

ipconfig [/all | /renew [adaptador] | /release [adaptador]]

Parámetros

all	Visualiza todos los datos de configuración. Si no se especifica nada únicamente se nos muestra la dirección IP, la máscara de red y gateway predeterminado.
Renew	Renueva los parámetros de configuración de DHCP cuando se ejecuta el cliente de DHCP. El nombre del adaptador lo podemos conseguir con la propia orden ipconfig.
Release	Libera la configuración.

LPQ

Esta utilidad sirve para **obtener el estado de las colas de impresión** en equipos que utilicen el servidor LPD. Para poder utilizar esta herramienta es necesario tener instalado el servicio de impresión TCP/IP.

Tabla A.7. Sintaxis de LPQ

Sintaxis

lpq -Sservidor -Pimpresora [-l]

Parámetros

-S	Especifica el nombre del servidor al que se encuentra conectada la impresora.
-P	Nombre de la impresora cuyo estado queremos averiguar.
-l	Obtener estado detallado.

LPR

Esta herramienta permite la **impresión de archivos** en los equipos que estén ejecutando un servidor LPD.

Nota:

Para imprimir desde Windows NT un fichero binario a un dispositivo de impresión controlado por una estación UNIX de debe utilizar el parámetro -ol para que el archivo no sea procesado por el servicio Lpdscv. También podemos aplicar esta nota cuando queramos imprimir desde una estación UNIX a una impresora controlada por una estación Windows NT

Tabla A.8. Sintaxis de LPR

Sintaxis
lpr -Sservidor -Pimpresora [-Oopción][-Cclase] [-Jnombre_trabajo] [-x][-d]nombre_archivo_a_imprimir

Parámetros

-S	Especifica el nombre o dirección IP del servidor al que se encuentra conectada la impresora.
-P	Nombre de la impresora para la cola deseada.
-C	Contenido de la página de encabezado para la clase.
-J	Especifica el nombre del trabajo.
-O	Indica el tipo de archivo. Por defecto son archivos de texto. Para indicar un archivo binario PostScript deberíamos poner -Ol.
-x	Indica compatibilidad con SunOS 4.1 y anteriores.
-d	Enviar primero archivo de datos.

NBTSTAT

Esta utilidad de diagnóstico sirve para **visualizar el estado de NetBIOS sobre TCP/IP**.

Tabla A.9. Sintaxis de Nbtstat

Sintaxis
nbtstat [-a nombre_remoto] [-A dirección_IP] [-c] [-n] [-R] [-r] [-S] [-s] [intervalo]

Parámetros

-a	Visualiza la tabla de nombres utilizando nombre de estación.
-A	Visualiza la tabla de nombres utilizando la dirección IP de la estación.
-c	Visualiza el contenido de la caché de nombres y su dirección IP.
-n	Visualiza lista de nombres locales. Equivale a hacer nbtstat -a en la máquina local. Registrado indica que el nombre está registrado por difusión o por el servicio WINS.
-R	Depura la caché y vuelva a cargar el archivo LMHOSTS.
-r	Presenta estadísticas de resolución de nombres. Muestra estadísticas de nombres registrados y resueltos si utilizamos WINS.
-S	Visualiza las sesiones de cliente y servidor mostrando direcciones IP.
-s	Visualiza las sesiones de cliente y servidor mostrando nombres.
intervalo	Es el intervalo para volver a presentar las estadísticas expresado en segundo. Se puede interrumpir la presentación pulsando **Ctrl+C**.

NETSTAT

Visualiza **estadísticas del protocolo** y el estado de las conexiones en una red TCP/IP.

Tabla A.10. Sintaxis de Netstat

Sintaxis

netstat [-a] [-e] [-n] [-s] [-p protocolo] [-r] [intervalo]

Parámetros	
-a	Visualiza las conexiones activas y puertos de escucha.
-e	Visualiza estadísticas de Ethernet.
-n	Visualizar direcciones y números de puerto.
-s	Visualizar estadísticas de cada protocolo (TCP, UDP, ICMP e IP).
-p	Visualizar estadísticas del protocolo especificado.
-r	Visualizar contenido de la tabla de enrutamiento.
intervalo	Para volver a visualizar las estadísticas seleccionadas cada cierto intervalo expresado en segundo. **Ctrl+C** para finalizar la visualización de estas estadísticas.

NSLOOKUP

Esta utilidad muestra **información de los servidores DNS**. Tiene dos **modos de trabajo: interactivo** y **no interactivo.**

Cuando se quiere buscar un único fragmento de datos, se debe utilizar el modo no interactivo, facilitando el nombre o dirección IP de la estación a buscar y, opcionalmente en segundo lugar, el nombre o dirección del servidor DNS.

Cuando se quiere buscar más de un fragmento de datos se debe utilizar el modo interactivo, escribiendo un guión en el primer parámetro y el nombre o dirección del servidor DNS en el segundo.

Nota:

CTRL+C para interrumpir el modo interactivo.
EXIT para salir
256 caracteres es el tamaño máximo de la línea de órdenes.
Órdenes no reconocidas se tratan como nombres de equipo.

Tabla A.11. Sintaxis de Nslookup

Sintaxis

nslookup [-opción ...] [equipo_a_encontrar | - [servidor]]

Parámetros	
-opción	Especifica órdenes nslookup. Cada orden se compone de un guión más nombre de orden o bien del signo igual y un valor.
equipo_a_encontrar	Nombre del equipo o dirección IP a encontrar mediante el servidor DNS predeterminado o especificado. Si ponemos un guión en este parámetro pasaremos a modo interactivo.
servidor	Servidor DNS a utilizar. Si no se indica se utiliza el predeterminado.

PING

Esta herramienta sirve para **comprobar el estado de las conexiones** establecidas entre varias estaciones. La manera de realizar la comprobación de las conexiones es enviar paquetes ICMP desde la estación en que nos encontramos a la estación a comprobar. Esta, cuando recibe los paquetes, enviará una respuesta de eco.

En la utilidad **ping** podremos utilizar tanto direcciones IP como nombres de hosts,. Una comprobación que podremos hacer para verificar que una dirección IP corresponde a un determinado nombre es hacer ping primero al nombre y luego a la dirección y comprobar que realmente recibimos respuesta.

Tabla A.12. Sintaxis de Ping

Sintaxis
ping [-t] [-a] [-n número] [-l longitud] [-f] [-i tiempo_duración] [-v tiempo_de_servicio].
[-r número]
[-s número] [[-j hosts] | [-k hosts]] [-w tiempo_de_espera] lista_de_hosts_a_comprobar

Parámetros

-t	Comprueba el host especificado hasta que es interrumpido.
-a	Resuelve direcciones a nombres.
-n	Transmite el número de paquetes de eco especificado. Por defecto 4.
-l	Tamaño de los paquetes de eco. Por defecto 64 bytes y máximo 8192 bytes.
-f	Indicador de no fragmentar el paquete.
-i	Valor del campo Tiempo de duración.
-v	Valor del campo Tiempo de Servicio.
-r	Registra el camino del paquete de envío y de vuelta en el campo Camino del registro. Número debe ser un valor entre 1 y 9 hosts.
-s	Marca de hora para el número de hops.
-j	Encamina los paquetes mediante la lista especificada en hosts. Ruta variable.
-k	Encamina los paquetes mediante la lista especificada en hosts. Ruta estricta.
-w	Intervalo de tiempo de espera expresado en milisegundos.

RCP

Esta herramienta permite la **copia de archivos entre Windows NT y estaciones que se encuentren ejecutando rshd.**

El **formato** de los nombres origen y destino es el siguiente:

```
[host[.usuario]:]archivo
```

Si no se indica la parte opcional, se supone que es la estación local en la que se está trabajando y el nombre de usuario que inició la sesión en la estación Windows NT. Cuando se utiliza el nombre de host, es obligatorio introducir el nombre de usuario.

Cuando tengamos varios archivos de origen será indispensable que el destino sea un directorio que pueda contener estos archivos.

Tabla A.13. Sintaxis de Rcp

Sintaxis

rcp [-a | -b] [-h] [-r] origen1 origen2 ... origenN destino

Parámetros

-a	Especifica el modo de transferencia ASCII.
-b	Especifica el modo de transferencia binario.
-h	Transfiere archivos ocultos.
-r	Transferir subdirectorios.

REXEC

Es la herramienta que permitirá **ejecutar órdenes en hosts remotos que utilicen el servicio REXEC**. Este servicio se encargará de autentificar el nombre de usuario antes de ejecutar las órdenes solicitando una contraseña.

Tabla A.14. Sintaxis de Rexec

Sintaxis

rexec host [-l nombre_usuario] [-n] orden

Parámetros

host	Host remoto que ejecutará la orden.
-l	nombre de usuario a autentificar.
-n	redirigir la entrada al dispositivo nulo.
orden	especificación del orden a ejecutar.

ROUTE

Esta orden sirve para **controlar las tablas de enrutamiento de la red.**

Tabla A.15. Sintaxis de Route

Sintaxis

route [-f] [orden [destino] [mask máscara_de_subred] [gateway]] [METRIC]

Parámetros

-f	Elimina las tablas de enrutamiento de todas las puertas de enlace (gateways). Si ejecutamos alguna orden en combinación con este parámetro, primero se borran las tablas y, a continuación, se ejecuta la orden.

Continúa

Tabla A.15. Continuación

-p	Cuando se utiliza con la orden ADD establece una ruta permanente para los inicios de sistema, ya que por defecto no se conservan las rutas al iniciar el sistema. Cuando se utiliza con la orden PRINT muestra las listas permanentes registradas. Cuando se utiliza con otras órdenes se ignora.
Orden	PRINT Para imprimir un camino. ADD Para agregar un camino. DELETE Elimina un camino. CHANGE Modifica un camino existente.
destino	Host al que se va a enviar la orden.
mask	Máscara de subred a asociar con la entrada de camino (por defecto 255.255.255.255).
gateway	Especifica una puerta de enlace
METRIC	Especifica la métrica/costo para el destino.

RSH

Esta utilidad ejecuta **órdenes en estaciones remotas que utilicen el servicio RSH.**

Tabla A.16. Sintaxis de Rsh

Sintaxis
rsh host [-l nombre_usuario] [-n] orden

Parámetros

host	Host remoto que ejecutará la orden.
-l	Nombre de usuario a utilizar en la estación remota. Por defecto se utiliza el usuario que ha iniciado la sesión.
-n	Redirigir la entrada de rsh al dispositivo nulo.
orden	orden a ejecutar.

TELNET

Esta herramienta permite iniciar una **emulación con un host remoto** que ejecute un servicio de Servidor de Telnet. **Telnet** proporciona emulación de terminales DEC VT 100, DEC VT 52 o emulaciones TTY utilizando conexiones basadas en TCP.

El cliente Telnet que incorpora Windows NT deberá tener creada una cuenta en el servidor remoto.

Podemos iniciar la herramienta accediendo a la aplicación **Telnet** que encontraremos en **Accesorios** o bien utilizar la interfaz de órdenes.

Nota:

Windows NT en sus versiones Server y WorkStation únicamente incorpora capacidades de cliente de Telnet, por lo cual todo el trabajo de la herramienta queda supeditado a tener un servidor correctamente configurado para proporcionar este servicio.

Tabla A.17. Sintaxis de Telnet

Sintaxis
telnet [host [*puerto*]]

Parámetros

host	Nombre o dirección IP del host remoto con el que queremos conectarnos.
puerto	Especifica el puerto remoto al que nos queremos conectar. El valor por defecto se especifica en el fichero del servicio. Por defecto es el número 23.

TFTP

Esta herramienta realiza la **transferencia de archivos** con una estación remota que esté utilizando el servicio de TFTP. Es similar a FTP pero no lleva consigo autentificación de usuarios. El usuario debe haber iniciado una sesión y los archivos deben poder ser leídos y escritos en la estación remota.

Tabla A.18. Sintaxis de Tftp

Sintaxis
tftp [-i] host [get | put] origen [destino]

Parámetros

-i	Especifica el modo de transferencia binaria. Transferencia byte a byte. Por defecto se utiliza el modo ASCII.
host	Nombre del host.
get	Transfiere el archivo de la estación local a la estación remota.
put	Transfiere el archivo de la estación remota a la estación local.
Origen	Fichero a transferir.
Destino	Donde se va a copiar.

TRACERT

Esta es una utilidad para **diagnóstico** que determina el camino tomado hacia un destino enviando paquetes de eco. Funciona como la utilidad ping del protocolo de mensajes de control de Internet (ICMP) pero con diferentes valores de tiempo de duración (TTL).

Cada encaminador debe decrementar este tiempo del paquete y reenviarlo. TTL será el número de hops. Cuando el tiempo de vida llega a cero el encaminador debe devolver un mensaje de tiempo excedido.

De esta manera la utilidad TRACERT determina la ruta comenzando a enviar paquete primero con TTL igual a 1 y, posteriormente, incrementando este valor hasta localizar el destino o agotar el tiempo máximo.

TRACERT no podrá recibir información de aquellos encaminadores que destruyan el paquete cuando se agote el tiempo de vida y no envíen ningún tipo de información.

Tabla A.18. Sintaxis de Tracert

Sintaxis

tracert [-d] [-h hops_máximos] [-j hosts] [-w tiempo_de_espera] nombre_destino

Parámetros

-d	Especifica que las direcciones no se deben resolver hacia nombres.
-h	Número máximo de hops para encontrar el destino.
-j	Especifica los caminos variables a lo largo de hosts.
-w	Milisegundos a esperar en cada respuesta.
nombre_destino	Nombre del host destino.

Apéndice C

Arquitectura de Windows NT

Windows NT tiene una **arquitectura compuesta por módulos** de forma que cada uno de ellos tiene una función dentro del conjunto de la cual es responsable. Cada módulo tiene encapsulados sus datos y definidas una entradas estándar que son conocidas por el resto de módulos que forman el sistema operativo para ser utilizadas cuando requieran un servicio del mismo. Esta estructura permite la actualización, sustitución o agregación de módulos sin necesidad de reescribir el resto de sistema.

La arquitectura de Windows NT está dividida en **dos secciones** tal y como se puede observar en la Figura C.1:

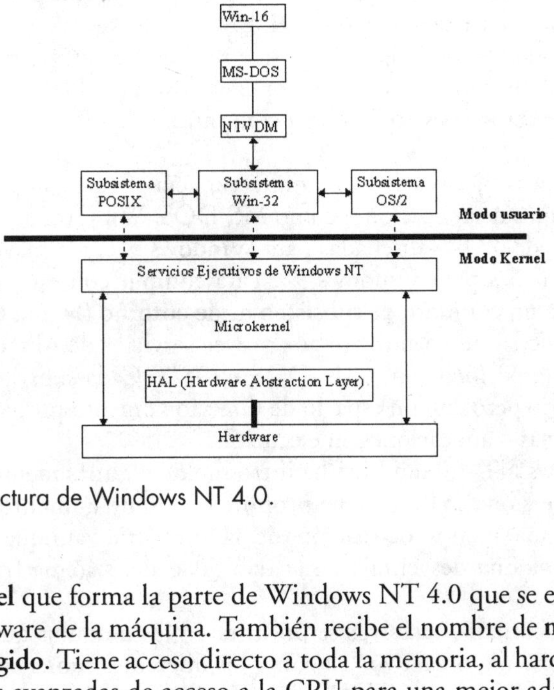

Figura C.1. Arquitectura de Windows NT 4.0.

- **Modo Kernel** que forma la parte de Windows NT 4.0 que se encuentra más cercana al hardware de la máquina. También recibe el nombre de **modo supervisor** o **modo protegido**. Tiene acceso directo a toda la memoria, al hardware y a una serie de funciones avanzadas de acceso a la CPU para una mejor administración de la memoria y de las entradas/salidas. Es el modo en que se ejecuta la mayor parte del sistema operativo.

- **Modo usuario**, la cual no tiene acceso al hardware, sino que debe utilizar APIs (Application Programming Interface), las cuales acceden a servicios proporcionados por el Kernel de Windows NT 4.0. En este modo de ejecución es donde se encontrarán todas las aplicaciones de usuario y algunas del sistema operativo, pudiendo ser paginadas a disco en caso de necesidad de memoria física. Cada proceso en ejecución tiene su propio espacio de direccionamiento, siendo su prioridad de CPU menor a la del modo Kernel.

Esta separación entre modo Kernel y modo usuario proporcionar una mayor robustez al sistema operativo, previniendo el acceso directo al hardware y protegiendo al sistema operativo del acceso al mismo por parte de aplicaciones de usuario que pueden hacer caer el sistema en situaciones de accesos no autorizados.

La definición de este modelo de arquitectura de sistema operativo perseguía unos **objetivos** :

- **Compatibilidad** con sistemas de ficheros existentes (FAT) y diferentes tipos de aplicaciones (MS-DOS, Win-16, OS/2, POSIX).
- Windows NT incluía el **soporte de red** en el sistema operativo, permitiendo conectividad con entornos de host, múltiples protocolos, aplicaciones cliente-servidor (pipes con nombre, RPC y Windows Sockets).
- **Fiabilidad** y **robustez**, protegiendo al sistema operativo y a las aplicaciones de errores en otras aplicaciones a través de un espacio de direccionamiento propio y de un acceso al Kernel del sistema operativo vía APIs.
- Posibilidad de ofrecer el sistema operativo en **múltiples lenguajes** fácilmente.
- Soporte del estándar **UNICODE**.
- Fácil **extensibilidad**, es decir, que sea posible agregar nuevos módulos fácilmente a cualquier nivel del sistema operativo con el objetivo de añadir funcionalidades sin afectar a la estabilidad del conjunto.

Uno de los objetivos de esta arquitectura era ofrecer compatibilidad a la ejecución de diferentes tipos de aplicaciones como MS-DOS, Win-16, OS/2 o POSIX, además de las aplicaciones de 32 bits diseñadas para Windows NT y la mayoría de las aplicaciones de 32 bits diseñadas para Windows 95. Para cumplir con estas exigencias, Windows NT proporciona un conjunto de **subsistemas de entorno** (Figura C.1), cada uno de los cuales es un proceso independiente que provee servicios de API a aplicaciones escritas para un entorno específico como MS-DOS o OS/2. Cada subsistema se ejecuta dentro del modo usuario pero con un espacio de direccionamiento propio que los protege del resto de subsistemas o aplicaciones en ejecución.

Windows NT 4.0 también ha introducido algunas mejoras en la arquitectura respecto a la versión 3.51 que le ha proporcionado un aumento de rendimiento del procesador y una menor ocupación de la memoria, aunque estos cambios también han traído alguna desventaja en la fiabilidad del sistema frente a caídas del sistema gráfico.

En los apartados sucesivos se presentarán los módulos que forman parte del modo Kernel del sistema operativo, así como los diferentes subsistemas que posibilitan la ejecución de los diferentes tipos de aplicaciones sobre Windows NT.

Componentes del modo Kernel

El **modo Kernel de Windows NT 4.0** está compuesto por **tres capas o submódulos** que van desde la más cercana al hardware hasta la más cercana a las aplicaciones de usuario (Figura C.1). Estas tres capas son, de más cercanía a menor cercanía del hardware:

- HAL (Hardware Abstraction Layer) o **capa de abstracción del hardware**: Es la capa que comunica al sistema operativo con el hardware y que permite la compatibilidad entre todas las plataformas hardware con diferentes procesadores.
- **Microkernel**: Es el **corazón del sistema operativo**, ya que entre sus funciones podemos encontrar la planificación de la ejecución de los diferentes threads en el/los procesadores, gestión de las interrupciones y excepciones y, en caso de varios procesadores, sincronización de los mismos. También se encarga de sincronizar algunas actividades de los Servicios Ejecutivos.
- **Servicios Ejecutivos**: Estos servicios se encargan de llevar a cabo las peticiones de servicios de los diferentes subsistemas (los cuales, a su vez, han recibido estas peticiones de servicios a través de las APIs utilizadas en las distintas aplicaciones). Están compuestos por una serie de módulos, algunos de los cuales acceden directamente al hardware por medio de drivers específicos. En la Figura C.2 podemos observar la composición de estos servicios ejecutivos.

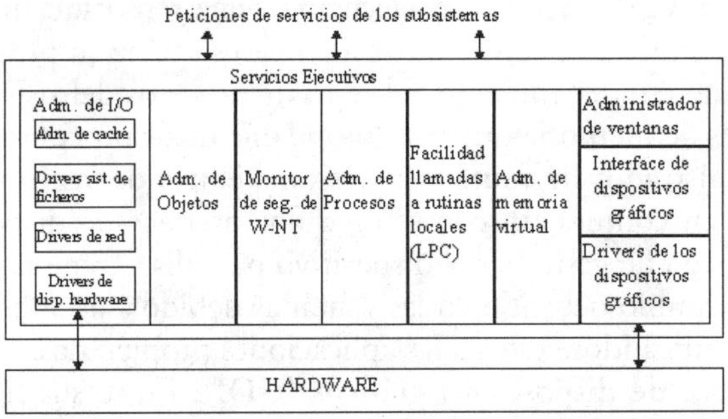

Figura C.2. Composición de los Servicios Ejecutivos de Windows NT.

Composición de los Servicios Ejecutivos

Los **Servicios Ejecutivos** forman la capa del modo Kernel que se encarga de servir las peticiones de acceso a recursos del sistema por parte de las aplicaciones de usuario. Estos Servicios, como se ha dicho anteriormente, están compuestos por una serie de subservicios, independientes unos de los otros. Basándonos en la Figura C.2 y desplazándonos de izquierda a derecha de la misma, podemos distinguir las siguientes **partes:**

- **Administrador de I/O**: Este módulo se encarga de **administrar todas las entradas/salidas** del sistema operativo hacia los distintos dispositivos hardware, comunicándose con éstos a través de los diferentes drivers instalados. Así, se encarga de gestionar el acceso a los discos locales a través de los drivers de los sistemas de ficheros o a los discos de red a través de los drivers de red (para el administrador de I/O no hay diferencia entre acceder a un fichero localizado en un disco local o acceder a un fichero localizado en un disco de red; para más información, véase el capítulo de Trabajo en red). También tiene como tarea el acceso físico a los discos locales debido a peticiones de aplicaciones locales o a peticiones de aplicaciones remotas.

- **Administrador de objetos**: Tiene como tarea administrar la **creación y uso de cualquier objeto** creado en el sistema, como pueden ser directorios, ficheros, procesos, threads, semáforos, eventos, etc..
- **Monitor de seguridad de Windows NT**: Es el responsable de **validar el acceso** a los diferentes objetos del sistema y de generar los registros de auditoría (si está activada) según las directivas establecidas en el subsistema de seguridad.
- **Administrador de procesos**: Se encarga de **crear, administrar y borrar procesos y threads**. Trabaja junto al monitor de seguridad, el administrador de objetos y el administrador de memoria virtual para proveer protección entre los diferentes procesos en ejecución en el sistema.
- **Facilidad de llamadas a rutinas locales**: Cuando las aplicaciones de usuarios realizan peticiones de servicios a los diferentes subsistemas de Windows NT utilizan un mecanismo de comunicación denominado **Llamada a rutina local** (**LPC** - Local Procedure Call), la cual es implementada por este módulo de los Servicios Ejecutivos.
- **Administrador de memoria virtual**: Este administrador se encarga de **mapear las direcciones virtuales** del espacio de direcciones de un proceso en páginas físicas de la memoria (esta memoria utilizada puede ser física o virtual —fichero de paginación—). Cada proceso en ejecución tiene reservado un conjunto de direcciones virtuales privado, con lo que cada proceso tiene su propio espacio de direcciones separado e independiente del resto de procesos del sistema, no pudiendo acceder a zonas de memoria que correspondan a otros procesos.
- **Administrador de ventanas**: Gestiona el **uso de las funciones de ventana**, trabajando en conjunción con el módulo Interface de dispositivos gráficos que es el encargado de gestionar el dispositivo pantalla. Tiene también constancia de cualquier cambio ocurrido en las ventanas debido a acciones producidas por el usuario, notificándose éstos a las aplicaciones propietarias.
- **Interface de dispositivos gráficos (GDI)**: Entre sus funciones se encuentran la **visualización de los gráficos en el monitor o en las impresoras**, comunicándose con los drivers de estos dispositivos a través del módulo correspondiente. Este módulo hace que sean independientes las APIs definidas para visualización gráfica de los dispositivos hardware instalados en la estación.
- **Drivers de los dispositivos gráficos**: Realiza la comunicación entre el módulo anterior (interface de dispositivos gráficos) y los dispositivos gráficos de la estación a través de los drivers correspondientes.

Los subsistemas de entorno

Entre los objetivos de diseño de la arquitectura de Windows NT estaba ofrecer **compatibilidad para la ejecución de diferentes tipos de aplicaciones** como MS-DOS, Win-16, OS/2 o POSIX, la cual efectuaba gracias a un conjunto de **subsistemas de entorno**. Estos subsistemas de entorno son unos procesos que emulan el entorno de los diferentes sistemas operativos y que se ejecutan dentro del modo usuario como cualquier otra aplicación de usuario, poseyendo un espacio de direccionamiento propio que los protege de los errores del resto de subsistemas. Por el mismo motivo, un error en un subsistema no afecta al resto de subsistemas ni al propio sistema operativo.

Los subsistemas se basan en los Servicios Ejecutivos del kernel para producir entornos que satisfacen las necesidades específicas de sus aplicaciones cliente. Los **Servicios Ejecutivos de Windows NT proporcionan los servicios genéricos que pueden utilizar todos los subsistemas de entorno** para realizar las funciones básicas del sistema operativo. Las funciones comunes del sistema operativo se implementan una vez en los Servicios Ejecutivos en lugar de duplicarse en cada subsistema de entorno. Estas funciones están separadas de las características específicas del entorno en los subsistemas de entorno, reduciendo, de esta forma, el esfuerzo necesario para desarrollar nuevos subsistemas de entorno y facilitando el mantenimiento de los mismos.

Las aplicaciones y los subsistemas de entorno tienen una relación cliente-servidor. Los subsistemas (servidores) proporcionan los servicios que utilizan las aplicaciones (clientes). Ya se vio en el apartado de los Servicios Ejecutivos, que **los clientes y los servidores se comunican** entre sí mediante **llamadas a rutinas locales**, las cuales son implementadas por los propios Servicios Ejecutivos.

Windows NT proporciona los siguientes **subsistemas de entorno o máquinas virtuales de DOS** (NTVDM):

- **MS-DOS** (NTVDM)
- **Win-16** (NTVDM)
- Subsistema de entorno para **OS/2**
- Subsistema de entorno para **POSIX**
- Subsistema de entorno **Win-32**

Cada entorno es opcional y es cargado cuando sus servicios son requeridos por una aplicación cliente.

Las aplicaciones no Win-32 utilizan, a veces, controladores de dispositivos para acceder directamente al hardware del equipo. Estos controladores no se pueden instalar en Windows NT debido a la arquitectura del sistema que protege el acceso al hardware desde lugares externos al Kernel de NT, requiriendo, en este caso, un controlador de dispositivo diseñado específicamente para Windows NT. Un ejemplo de este tipo de aplicaciones serían tarjetas de fax, de escáner, utilidades de ampliación de capacidades de disco (que utilizan sus propios controladores de disco) o de mantenimiento de disco o aplicaciones que utilizan sus propios drivers de impresión.

En los siguientes apartados vamos a detallar cada uno de los subsistemas de entorno o máquinas virtuales que proporciona Windows NT, especificando para cada uno de ellos los tipos de aplicaciones soportadas.

Ejecución de aplicaciones basadas en Win32

Las **aplicaciones basadas en Win32** son aplicaciones de 32 bits que se ejecutan **directamente en el subsistema Win32** de Windows NT, el cual se encuentra en el modo usuario. Desde el punto de vista del usuario, no se pueden distinguir (excepto, quizás, por su mayor velocidad) de las aplicaciones basadas en Windows 3.x.. Para las aplicaciones basadas en Win32, todas las funciones las gestiona directamente el subsistema Win32, realizando éste las peticiones correspondientes a los Servicios Ejecutivos.

Cada aplicación Win32 se ejecuta en su **propio espacio de direcciones de 2 GB**. Por esta razón, las aplicaciones basadas en Win32 no pueden corromper la memoria de otra aplicación de este tipo, es decir, si una aplicación basada en Win32 falla, no afecta a las demás.

Windows NT es **multitarea**, lo que significa que se puede planificar la ejecución de varios threads dentro de un mismo proceso. Las aplicaciones basadas en Win32 tienen la ventaja de admitir varios threads de ejecución. En este punto deberíamos ver qué se entiende por **proceso** y qué se entiende por **thread**.

Un **proceso es un objeto** compuesto por:

- Un programa ejecutable que define datos y código inicial
- Un espacio privado de direcciones de memoria en el que se almacena el código y los datos del proceso
- Recursos del sistema, tales como archivos y ventanas
- Como mínimo, un thread para ejecutar el código

Un **thread** es la entidad más básica del sistema que se puede planificar. Contiene:

- Un estado de procesador, incluyendo el puntero de instrucciones actual
- Una pila que se utiliza cuando se ejecuta en modo usuario
- Una pila que se utiliza cuando se ejecuta en modo de procesador privilegiado

Los procesos, no los thread, poseen los recursos del sistema y el espacio de direcciones. Por tanto, todos **los threads de un proceso comparten la misma memoria y los recursos del sistema** asignados al procesador, a excepción del tiempo de procesador que es asignado a cada thread individualmente. En un programa con varios threads, el programador es responsable de asegurar que los distintos threads no interfieren con los demás al utilizar estos recursos compartidos.

Soporte de aplicaciones MS-DOS

Las **aplicaciones** MS-DOS se ejecutan en un proceso Win-32 especial denominado **Máquina Virtual de DOS de NT** (NTVDM). La NTVDM proporciona a las aplicaciones basadas en MS-DOS un entorno MS-DOS simulado, parecido al que proporciona Windows 3.x. (simula un procesador INTEL-486 ejecutando MS-DOS).

Cuando ejecutamos una aplicación MS-DOS, ésta recibe su NTVDM propio (el ejecutable que corresponde a la máquina virtual recibe el nombre de NTVDM.EXE), es decir, cada **NTVDM es independiente** y tiene su propio espacio de direccionamiento como cualquier aplicación Win-32, de tal forma que si falla una NTVDM, no afecta a las restantes ni al resto de procesos en ejecución.

La mayoría de las instrucciones que se ejecutan en una aplicación MS-DOS se ejecutan directamente contra el sistema operativo (a través de llamadas a los Servicios Ejecutivos), mientras otras, como por ejemplo las que intentan un acceso directo a hardware, deben pasar por un emulador para que puedan ser ejecutadas. Este emulador recibe el nombre **de controladores de dispositivos virtuales** (VDDs), el cual permite el acceso al hardware de una forma consistente al diseño de Windows NT. Las VDDs se comunican con los correspondientes controladores de dispositivos de 32 bits de Windows NT y hacen que aparezca ante la aplicación como si se estuvieran comunicando directamente con el hardware. Windows NT proporciona controladores de dispositivos virtuales para el ratón, el teclado, la impresora y el puerto COM.

Si nos encontramos en una plataforma RISC, la máquina virtual de DOS (NTVDM) incluye una **Unidad de ejecución de instrucciones** que emula la ejecución de las instrucciones de una aplicación DOS sobre un INTEL-486, proporcionando, además, un entorno de hardware virtual para estas aplicaciones.

En un procesador INTEL, las aplicaciones DOS en modo carácter pueden ser ejecutadas en una ventana o en pantalla completa, mientras las aplicaciones gráficas tan sólo pueden ejecutarse en una pantalla completa. En el entorno RISC existe la restricción de que cualquier aplicación DOS sólo se puede ejecutar en una ventana y no en pantalla completa.

Configuración de la NTVDM de MS-DOS

AUTOEXEC.BAT y CONFIG.SYS

Durante el inicio, Windows NT agrega las rutas de acceso y las variables de entorno del archivo **C:\AUTOEXEC.BAT** al conjunto de variables de entorno de Windows NT, pasando por alto el resto del contenido del archivo **C:\AUTOEXEC.BAT**, así como el contenido completo del fichero **C:\CONFIG.SYS**. Estos valores de entorno y rutas de acceso serán válidos para todas las aplicaciones del sistema. Esta acción se puede evitar accediendo a la siguiente clave del Registro :

```
\HKEY_LOCAL_MACHINE\Software\Microsoft\Windows NT\Current
Version\Winlogon
```

En ella debemos agregar el parámetro *ParseAutoexec* (Figura C.3) y asignarle 0 (cero). De esta forma se evita que Windows NT analice el archivo *C:\AUTOEXEC.BAT*, de manera que el path y otras variables de entorno de este archivo no afectarán al entorno Windows NT.

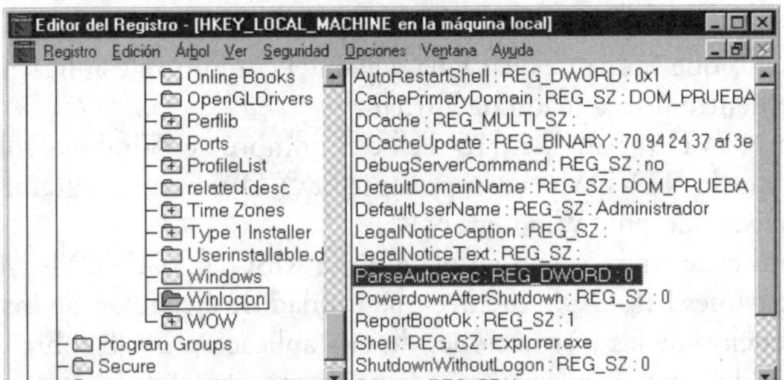

Figura C.3. Parámetro ParseAutoexec del Registro.

Si los archivos *C:\AUTOEXEC.BAT* y *C:\CONFIG.SYS* no existen al instalar Windows NT, el programa de instalación los crea.

Estos dos archivos no existen en plataformas RISC.

AUTOEXEC.NT y CONFIG.NT

Cuando se inicia una NTVDM, se ejecutan los dos archivos de configuración **AUTOEXEC.NT** y **CONFIG.NT** de la NTVDM, los cuales se encuentran en el directorio **%systemroot%\system32**. Los cambios que se realicen en cualquiera de estos archivos entrarán en vigor tan pronto como se guarden los cambios y se inicie una nueva NTVDM, no siendo necesario volver a iniciar el sistema.

Se pueden especificar distintos archivos CONFIG y AUTOEXEC para cada NTVDM, para lo cual basta con editar el archivo **.PIF** asociado con esa aplicación (por defecto, Windows NT utiliza para cualquier aplicación MS-DOS la configuración del fichero _Default.PIF del directorio **%systemroot%**). Los ficheros .PIF también se pueden crear para las aplicaciones MS-DOS del mismo modo que se crean para las aplicaciones Windows 3.x. Para crear, modificar o guardar archivos .PIF, basta con pulsar con el botón derecho del ratón el programa al que le queremos asignar un fichero .PIF y modificar cualquier opción de la página de **Propiedades**; el sistema operativo creará un fichero con el mismo nombre que el programa pero con extensión .PIF que podremos editar y modificar a nuestra conveniencia.

Windows NT admite las mismas órdenes en el archivo AUTOEXEC.NT que MS-DOS 5.0. Si en el archivo CONFIG.NT se incluye una orden no permitida por Windows NT, se pasará por alto.

Soporte de aplicaciones Win-16

Las **aplicaciones Win-16**, es decir, aquellas aplicaciones Windows basadas en Windows 3.x. también **son ejecutadas en una NTVDM**. La diferencia con las aplicaciones MS-DOS es que mientras cada aplicación DOS tenía su propia NTVDM, las aplicaciones Win-16 se ejecutan **todas dentro de una misma NTVDM**, siendo cada aplicación Win-16 un thread del proceso NTVDM. Por tanto, las aplicaciones Win-16 que se ejecutan en una NTVDM de Windows NT comparten el espacio de direccionamiento del proceso, con lo que si una de ellas falla, fallará el conjunto de aplicaciones que se estén ejecutando dentro de esa máquina virtual.

Esta NTVDM para Win-16 recibe el nombre de **Windows sobre Win32 (WOW)**. Al igual que la NTVDM, el componente de WOW es un programa en **modo usuario** de 32 bits ejecutado por Windows NT.

Si nos encontramos en una plataforma RISC, la NTVDM, tal y como ocurría con las aplicaciones MS-DOS, incluye una **unidad de ejecución de instrucciones** que emula la ejecución de las instrucciones de una aplicación DOS sobre un INTEL-486, proporcionando, además, un entorno de hardware virtual para estas aplicaciones.

WOW ofrece las siguientes **funciones** a las aplicaciones que se están ejecutando en su interior:

- La capa WOW se encarga de **traducir las llamadas de 16 bits a llamadas de 32 bits.** Cuando una aplicación llama a una función de Windows 3.x, la capa WOW intercepta la llamada y pasa el control a la función equivalente de Win32. Como resultado, las aplicaciones basadas en Windows 3.x utilizan implícitamente las funciones Win32 para todo.
- Si el subsistema Win32 necesita **devolver algún parámetro** a la aplicación que lo ha llamado, se debe **transformar de 32 bits a 16 bits.** A pesar de que estas transformaciones de 32 bits a 16 y viceversa traen consigo una sobrecarga, se ve compensado con creces por la velocidad ganada al trasladarse a instrucciones de 32 bits.
- El WOW ofrece un **entorno de multitarea no preemptiva**, que es el entorno de ejecución original de las aplicaciones basadas en Windows 3.x., es decir, dentro del procesos WOW las aplicaciones en ejecución se rigen por la multitarea no preemptiva o cooperativa a pesar de que el proceso WOW (que es un proceso Win-32) esté formando parte de un sistema con multitarea preemptiva.

Parámetros de configuración de la NTVDM

Si se modifican los parámetros de configuración de la NTVDM tal y como se ha detallado en el apartado de Soporte a aplicaciones MS-DOS, también afectarán a las NTVDM que se creen para ejecutar aplicaciones Win-16.

Componentes del una sesión WOW

Cada una de las NTVDM que se inician para albergar una aplicación Windows de 16 bits está formada por los siguientes **componentes:**

- Un ejecutable Win-32 **NTVDM.EXE** que forma la máquina virtual de DOS.
- Un proceso **WOWEXEC.EXE** que se ejecuta dentro de la NTVDM y que proporciona una emulación de Windows 3.1. Este proceso se ejecuta tan sólo la primera vez que se ejecuta una aplicación Win-16 dentro de una sesión WOW.

Múltiples componentes WOW

Debido al funcionamiento de la capa WOW, si una aplicación que se está ejecutando en su interior falla, puede afectar a todas las otras aplicaciones 16 bits. Por ejemplo, si una aplicación 16 bits no libera el procesador, las otras aplicaciones 16 bits no podrán obtenerlo (ya que WOW trabajaba en un entorno de multitarea no preemptiva) hasta que se haya cerrado la aplicación que lo tiene en su poder. Esto puede ser un problema si necesitamos ejecutar varias aplicaciones 16 bits en nuestro sistema y deseamos una estabilidad mayor que la que nos ofrece WOW.

Otro problema asociado a la única NTVDM para Win-16 es que mientras en Windows NT cada proceso tiene su cola de entrada, en Win-16 todas las aplicaciones comparten la misma cola de entrada, por lo que si una aplicación la bloquea, bloquea la NTVDM por completo, aunque no afecta al resto de aplicaciones Win-32 del sistema.

En Windows NT 4.0 se pueden **configurar las aplicaciones 16 bits para que se ejecuten en su propio espacio de direcciones** aplicación por aplicación. Cuando se configura una aplicación Win16 para que se ejecute en su propio espacio de memoria, se crea una nueva NTVDM cuando se inicia la aplicación, y dentro de ésta un nuevo entorno de aplicación WOW. A pesar de esto, la NTVDM y el componente WOW predeterminados siempre permanecen cargados, incluso aunque no se cargue ninguna aplicación Win16. Sin embargo, cuando se cierra una aplicación que se ejecuta en un espacio de memoria separado, también se cierra la NTVDM y el WOW que se iniciaron al iniciar la aplicación.

Esta manera de ejecutar las aplicaciones Win16 en espacios separados proporciona una serie de **ventajas**:

- **Fiabilidad.** Una aplicación Win16 con un comportamiento anómalo no afectará a las restantes aplicaciones Win16, ya que éstas no comparten el mismo espacio de direccionamiento ni la cola de entrada.
- Capacidad de ejecutar aplicaciones Win16 con **multitarea de asignación prioritaria.** Si varias aplicaciones se ejecutan en un espacio de memoria compartido, una aplicación ocupada evitará que se puedan utilizar las demás. Sin embargo, si se ejecuta cada aplicación Win16 en su propio espacio de memoria, se podrán utilizar todas las aplicaciones incluso si una o varias están ocupadas, ya que ahora se les aplica la multitarea preemptiva de Windows NT en lugar de la multitarea cooperativa de Windows 3.x.
- **Posibilidad de utilizar varios procesadores.** Al configurarse cada aplicación Win16 en un espacio separado, se pueden ejecutar simultáneamente si el sistema dispone de suficientes procesadores disponibles.

También la ejecución de aplicaciones Win-16 en espacios de direccionamiento separados trae unas **desventajas**:

- **Utilización de memoria adicional**: Puesto que cada aplicación Win16 que se inicia en su propio espacio de memoria inicia otra NTVDM y un entorno de aplicación WOW, el inicio de varias aplicaciones Win16 en sus propios espacios de memoria introducirá una carga adicional sobre el sistema. Esta sobrecarga podría ser de aproximadamente 2 MB de archivo de paginación y 1 MB de RAM por cada espacio de memoria separado utilizado. Dependiendo de la cantidad de memoria RAM del sistema, esta sobrecarga podría afectar al rendimiento del sistema.
- **Interoperabilidad**: Siempre que las aplicaciones Win16 cumplan las especificaciones OLE1, OLE2 y DDE, serán capaces de trabajar con otras aplicaciones (de cualquier subsistema, incluido Win-32) en espacios de memoria separados. Las aplicaciones Win16 que no cumplan totalmente estos estándares, o que dependan de la utilización de memoria compartida para intercambiar datos, **NO** funcionarán correctamente en espacios de memoria separados. Para que estas aplicaciones funcionen correctamente, tendrán que ejecutarse en la NTVDM compartida y el entorno de aplicación WOW predeterminados.

De forma predeterminada, cuando se inicia Windows NT, se inicia una única NTVDM y un componente WOW. Las aplicaciones de Windows de 16 bits (Win16) se ejecutarán dentro de estos componentes en un único espacio de memoria compartido, a no ser que se indique lo contrario. Existen tres **métodos para iniciar una aplicación Win16 en su propio espacio de memoria:**

— Desde el **Explorador de Windows NT** puedo crear un acceso directo a la aplicación que deseo ejecutar en un espacio de memoria separado. A continuación, accedo al ítem **Propiedades** del mismo (pulsando el botón derecho del ratón sobre el acceso directo creado) y selecciono la página **Acceso directo**, la cual mostrará un cuadro como el siguiente:

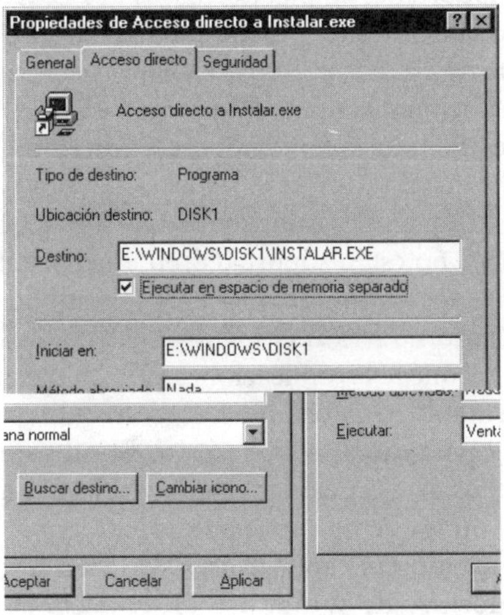

Figura C.4. Página Acceso directo a una aplicación Win-16.

En ella puedo configurar la aplicación para que se inicie en un espacio de memoria separado.

— Desde la opción **Ejecutar** del **menú Inicio.** Si selecciono una aplicación Win-16 para ejecutar tendré habilitada la casilla que indica **Ejecutar en espacio de memoria separado.** Si selecciono la casilla cuando se inicie la aplicación se creará un nuevo NTVDM con un proceso WOW en su interior que gestionará la ejecución de la aplicación.

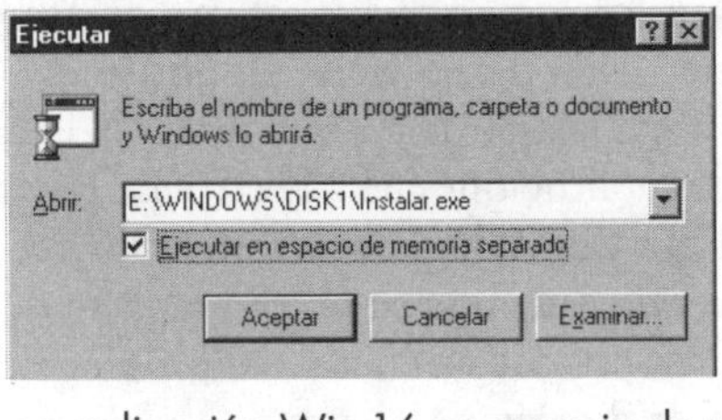

Figura C.5. Ejecución de una aplicación Win-16 en espacio de memoria separado.

— **Interfaz de órdenes.** Desde la interfaz de órdenes, se puede ejecutar una aplicación Win16 en un espacio de memoria separado mediante la orden:

```
Start "nombre aplicación"/Separate.
```

Soporte de aplicaciones OS/2

El **subsistema OS/2** de Windows NT sólo admite las **aplicaciones de 16 bits en modo carácter** de OS/2 1.x en computadoras basadas en INTEL. Las aplicaciones OS/2 2.x y las aplicaciones OS/2 que accedan directamente a la memoria o puertos de entrada/salida tampoco están soportadas en plataformas INTEL. Existen otros tipos de aplicaciones OS/2 como son las aplicaciones Presentation Manager o las aplicaciones AVIO (Advanced Video I/O) que no están soportadas en el paquete estándar de Windows NT, aunque existe un módulo adicional llamado Windows NT Add-On Subsystem for Presentation Manager (se ha de comprar separadamente a Microsoft) que agrega el soporte para las mismas.

Puesto que no existe ningún subsistema OS/2 en las computadoras basadas en RISC, las aplicaciones OS/2 no están soportadas en estas plataformas, aunque, como veremos en el próximo apartado, las aplicaciones OS/2 en modo enlazado se pueden ejecutar en una NTVDM del entorno MS-DOS.

Windows NT reconoce las aplicaciones OS/2 a partir de la información existente en la cabecera del ejecutable. Una vez que ha reconocido una aplicación como OS/2, llama al subsistema OS/2 para cargar la aplicación. El subsistema OS/2 soporta las aplicaciones con varios threads de ejecución y algunas APIs de OS/2 (existen otras APIs soportadas parcialmente y otras que no son soportadas).

Si no ejecutamos ninguna aplicación OS/2 en nuestro sistema, el subsistema OS/2 no utiliza ningún recurso de Windows NT, es decir, el subsistema OS/2, el cual es un proceso de nombre **OS2SRV.EXE**, no se carga hasta que se ejecuta una aplicación OS/2. Una vez cargado el subsistema OS/2, éste continúa existiendo aunque hayamos cerrado la aplicación OS/2 que provocó su carga y no quede ninguna aplicación OS/2 en ejecución. Para liberar los mínimos recursos que utiliza el proceso OS2SRV.EXE, debemos cerrar este proceso (por ejemplo, a través del **Administrador de tareas**). Si, posteriormente, arrancamos otra aplicación OS/2, el proceso OS2SRV.EXE se volverá a cargar.

La **comunicación** entre aplicaciones OS/2 y su subsistema se realiza, como ocurre con el resto de subsistemas, aprovechando la facilidad de llamadas a rutinas locales (**LPC**) implementada en los Servicios Ejecutivos. Cuando una aplicación realiza una llamada a una API, se genera un mensaje al subsistema OS/2 con una petición de servicio, la cual es redirigida a los Servicios Ejecutivos de Windows NT o a otro subsistema. Cuando finaliza la ejecución del servicio, el subsistema OS/2 devuelve, a través de mensaje, el valor de retorno a la aplicación que inició la llamada.

A diferencia de las aplicaciones MS-DOS y de las aplicaciones Win-16 que se ejecutaban dentro de una NTVDM, las aplicaciones OS/2 se ejecutan separadamente del subsistema OS/2, poseyendo cada una su propio espacio de direccionamiento que las protege del resto de aplicaciones del sistema y del propio subsistema (que también se ejecuta dentro de su espacio de direccionamiento).

Aplicaciones enlazadas

Las **aplicaciones enlazadas** son aplicaciones diseñadas para su ejecución en OS/2 o en MS-DOS utilizando un único archivo ejecutable. Las aplicaciones enlazadas se ejecutarán siempre en el subsistema OS/2 (si está disponible) en lugar de en una NTVDM, ya que su ejecución es más rápida. Algunas aplicaciones enlazadas OS/2 en modo carácter llaman a APIs de Presentation Manager, que no están soportadas. En estos casos, es necesario forzarlas a que se ejecuten en una NTVDM, lo que se puede conseguir utilizando la orden FORCEDOS.EXE:

```
FORCEDOS APP_OS2.EXE
```

Componentes del subsistema OS/2

El **subsistema OS/2** está formado por los siguientes **componentes**:

- OS2SRV.EXE: Es el **servidor del subsistema.** Se invoca la primera vez que se ejecuta una aplicación OS/2 y se mantiene activo para servir las peticiones de todas las aplicaciones OS/2 en ejecución.
- OS2.EXE: Es la parte cliente de cada aplicación OS/2, existiendo una instancia para cada aplicación OS/2 ejecutándose.

Configuración del subsistema OS/2

Cuando se inicia por primera vez el subsistema OS/2, Windows NT lee la información de configuración del subsistema del Registro de Windows NT. El Registro guarda la información de configuración de OS/2 en dos lugares:

- *HKEY_LOCAL_MACHINE\Software\Microsoft\OS/2 Subsystem For NT*

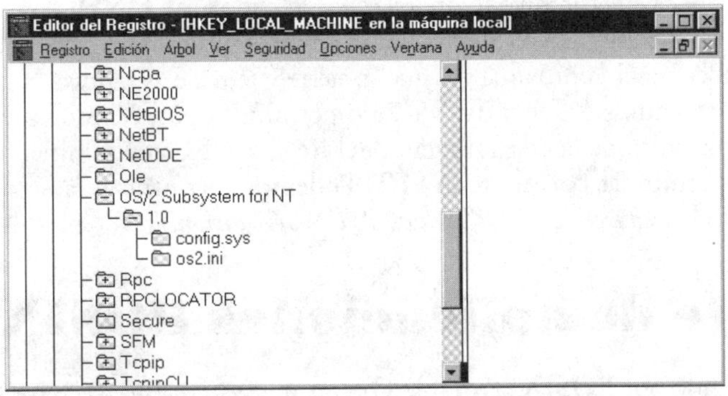

Figura C.6. Clave OS/2 Subsystem for NT del Registro.

- *HKEY_LOCAL_MACHINE\system\CurrentControlSet\Control\Session Manager\Subsystems*

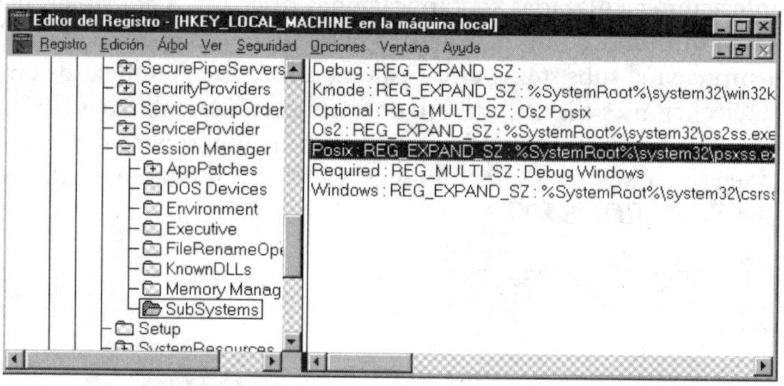

Figura C.7. Clave Subsystems del Registro.

Si no se localiza esta información en el Registro, como puede ser la primera vez que se inicia el subsistema OS/2 en una estación después de instalarla, Windows NT analiza el archivo **C:\CONFIG.SYS** para determinar si se trata de un archivo de configuración de OS/2 y, en caso afirmativo, agrega su información al Registro. Si el fichero **C:\CONFIG.SYS** no fuera un archivo de configuración de OS/2 o no existiera, Windows NT agregaría la siguiente información por defecto al Registro:

- *PROTSHELL=C:\OS2\PMSHELL.EXE C:\OS2\OS2.INI C:\OS2\OS2SYS.INI %SystemRoot%\System32\cmd.exe*
- *SET COMSPEC=%SystemRoot%\System32\cmd.exe*

El subsistema también actualiza la variable de entorno **Os2LibPath** con la información de **LIBPATH** del fichero **C:\CONFIG.SYS** de OS/2 (si existe). En cambio, no añade la información del **PATH** a Windows NT, debiendo hacer esta operación a través del icono **Sistema** del menú **Panel de Control**.

El método recomendado para cambiar la configuración del subsistema OS/2 es editar un archivo **C:\CONFIG.SYS de OS/2** utilizando un editor de textos OS/2. Para poder modificar esta configuración debemos iniciar sesión con un usuario del grupo Administrador. Cuando se abre el archivo, el subsistema OS/2 recupera la información de configuración del Registro y la coloca en el archivo temporal (denominado **C:\CONFIG.SYS**). Cuando se guarda el archivo, el subsistema OS/2 actualiza el Registro y elimina el fichero temporal. Los cambios entrarán en vigor la próxima vez que se cierre y reinicie Windows NT.

Si colocamos órdenes de OS/2 no permitidas por Windows, éste las pasará por alto cuando modifique la configuración del Registro. Existen también una serie de excepciones no permitidas con el orden **SET**. Podemos encontrar una lista de las órdenes permitidas en el *Resource Kit de Windows NT WorkStation.*

Soporte de aplicaciones POSIX

Se entiende por **POSIX** (Portable Operating System Interface for Computing Environments) a un **conjunto de estándares** que están siendo diseñados por el IEEE (Institute of

Electrical and Electronic Engineers) y que definen una serie de aspectos de un sistema operativo como interfaz de programación, seguridad, acceso a la red o interfaz gráfico. Si bien es cierto que inicialmente su objetivo era permitir la portabilidad de las aplicaciones dentro del sistema operativo UNIX, posteriormente se amplió este objetivo a aplicaciones de otros sistemas operativos.

Sólo uno de los estándares POSIX ha llegado al final del diseño y ha tenido cierta aceptación entre los usuarios. Este estándar es **POSIX.1**, el cual tiene definidas las llamadas entre sistema operativo y aplicaciones mediante APIs programadas en C (es el único lenguaje normalizado por este estándar).

POSIX.1 necesita de ciertas funcionalidades por parte del sistema de ficheros (como nombres sensibles a mayúsculas/minúsculas o la posibilidad de que un fichero tenga varios nombres), las cuales sólo cumple el **sistema de ficheros** NTFS. Por ese motivo, es necesario tener una partición con NTFS en nuestra estación si deseamos tener un entorno POSIX normalizado, ya que si ejecutamos una aplicación POSIX que necesita acceder al sistema de ficheros en un equipo con FAT o HPFS, es posible que ésta no funcione correctamente.

El subsistema POSIX de Windows NT se ha diseñado para satisfacer los requisitos del estándar POSIX.1 en su versión más estricta, permitiendo la portabilidad del código con una simple recompilación. Este subsistema admite las aplicaciones en modo carácter con varios threads de ejecución, interactuando éstas directamente con su propio subsistema a través de la facilidad LPC (Llamadas a rutinas locales) implementada en los Servicios Ejecutivos. Este subsistema, al igual que el subsistema OS/2, no se cargará en memoria hasta que se ejecute una aplicación basada en POSIX. De esta forma se reduce el uso de la memoria.

El subsistema POSIX y cada una de las aplicaciones POSIX que ejecutemos poseerán su espacio de memoria propio, protegiéndolas, por tanto, del resto de aplicaciones del sistema.

Configuración del subsistema POSIX

El **subsistema POSIX** está formado por los siguientes **componentes**:

- **PSXSS.EXE**, el componente principal del subsistema POSIX. Se inicia cuando se carga la primera aplicación POSIX. En ningún momento existe más de una copia de PSXSS.EXE en ejecución.
- **POSIX.EXE**, es un programa de Windows NT (de 32 bits) que gestiona las comunicaciones entre el subsistema POSIX y los Servicios Ejecutivos. No se inicia POSIX.EXE hasta que no se ejecute una aplicación POSIX iniciada; por tanto, si un usuario ejecuta tres aplicaciones POSIX simultáneamente, habrá tres copias de POSIX.EXE en ejecución.

Soporte de aplicaciones en distintas plataformas

Durante los apartados anteriores dedicados a cada subsistema de entorno de Windows NT, se han ido detallando las diversas características de los distintos tipos de aplicaciones soportadas por Windows NT en las diferentes plataformas. En ellos se han comentado algunas cuestiones sobre la compatibilidad que deberían tenerse en cuenta cuando se escoja una aplicación para una plataforma específica. A continuación vamos a resumir todas estas especificaciones para obtener una mejor visión global de todas las relaciones aplicaciones/plataformas.

Compatibilidad

La mayoría de los usuarios de ordenadores que cambian a Windows NT usan aplicaciones software escritas para MS-DOS y Windows 3.x. Todas estas aplicaciones contienen instrucciones de código máquina x86 no transportables. Uno de los objetivos de Windows NT es conseguir que estas aplicaciones existentes puedan ejecutarse en todas las plataformas de Windows NT, incluyendo aquellas que no tienen un soporte nativo para las instrucciones en código máquina x86.

Para permitir este objetivo, las versiones de Windows NT desarrolladas para equipos que no tienen procesadores INTEL contienen un código (llamado **unidad de ejecución de instrucciones**) que emula las instrucciones máquina INTEL 80486 utilizando las instrucciones máquina nativas del ordenador. Cuando una aplicación MS-DOS o Windows 3.x se ejecuta en una plataforma que no es INTEL, cada instrucción que ejecuta la aplicación se emula por una o varias instrucciones en el lenguaje máquina nativo del procesador. El proceso de emular estas instrucciones consume tiempo de procesador y ralentiza la ejecución de la aplicación; sin embargo, la disminución de rendimiento es pequeña, ya que los procesadores RISC son varias veces más rápidos que un 80486.

Se dice que las aplicaciones basadas en **MS-DOS y Windows 3.x** son **compatibles binarias** entre todas las plataformas Windows NT debido a que todas las versiones de Windows NT pueden ejecutar la misma imagen binaria.

Las aplicaciones **OS/2 en modo carácter** también son **compatibles binarias** entre todas las plataformas Windows NT basadas en **INTEL**, pero no se soportan en otras plataformas debido a las limitaciones del software de emulación INTEL 80486. De todos modos, si la aplicación OS/2 es una aplicación entrelazada, podrá ejecutarse como una aplicación MS-DOS en una plataforma RISC.

Win32 y POSIX son interfaces de programación de aplicaciones transportables. Se dice que las aplicaciones escritas para estas interfaces de programación son **compatibles a nivel de origen** entre todas las plataformas Windows NT. Esto significa que se necesita un archivo ejecutable diferente para que se ejecute la aplicación en cada plataforma, es decir, la aplicación debe ser recompilada para cada específico procesador. Por ejemplo, la versión Win32 de Word para Windows solo puede ser ejecutada en el procesador donde fue compilada.

Interoperabilidad

Uno de los puntos fuerte de Windows NT es su capacidad para **compartir datos entre aplicaciones**. Todas las aplicaciones Windows NT pueden compartir datos utilizando el **Portapapeles** de Windows NT. Las aplicaciones basadas en **Windows 3.x y Win32** pueden también compartir datos mediante el intercambio dinámico de datos (**DDE**) y la vinculación e incrustación de objetos (**OLE**). Este nivel de interoperabilidad es posible debido a que todos estos subsistemas confían en el subsistema Win32 para las interacciones con el usuario.

Solución de problemas de aplicaciones

En la siguientes lista se describen los **problemas más comunes** que pueden suceder cuando deseamos ejecutar los diferentes tipos de aplicaciones soportadas en Windows NT:

- Algunas aplicaciones MS-DOS escriben directamente en el hardware. Esto no está permitido por el sistema de seguridad de Windows NT, motivo por el cual no funcionan estas aplicaciones.
- Las aplicaciones Win16 que necesitan controladores de dispositivos virtuales no funcionan en Windows NT, ya que estos controladores escriben directamente en el hardware.
- Las aplicaciones Win32 sólo funcionan en la plataforma para la que se han compilado. Comprobar que la aplicación se ha compilado para el hardware en el que se intenta ejecutar.
- Las aplicaciones OS/2 que utilizan la interfaz gráfica de usuario Presentation Manager no son compatibles con Windows NT a no ser que se agregue el módulo de soporte de este tipo de aplicaciones.
- Las aplicaciones POSIX pueden hacer llamadas a APIs no compatibles. Estas aplicaciones no funcionan en Windows NT.

Índice analítico

R

S